清華大學 计算机系列教材

何克忠 李 伟 编著

计算机控制系统

（第2版）

清華大學出版社
北 京

内 容 简 介

本书是作者在《计算机控制系统分析与设计》的基础上，综合了多年来在清华大学计算机科学与技术系从事教学、科研方面的先进技术和经验，吸收了国内外的先进理论、方法和技术，反复修改、总结、编著定稿的。

《计算机控制系统分析与设计》出版后，被许多兄弟院校选用作教材。本书除了保持了原书的特点和优点外，增加了当前使用十分广泛、效果卓著的"模糊控制"（第 6 章），包含有大量工程实用技术的"计算机控制系统的设计与实现"（第 10 章），对书中许多章节做了修改、充实和提高，每章末都附加了练习题。

本书阐述了计算机控制的基本概念；较全面、较系统地介绍计算机控制系统的几种基本分析方法和具有实用价值的设计和实现，并提出了改进措施；介绍一些新型的控制手段、方法及其应用以及有发展前途的集散型控制系统；形成了一套较完整、较充实、较实用的计算机控制系统分析和设计的基本体系。本书注意保持技术、方法的先进性；注重理论联系实际，重视解决工程实际中出现的问题；做到重点突出，层次分明，叙述清楚；书中列举了大量例子、附图和表格，以利于读者掌握、理解和自学。

本书可作为计算机应用、自动控制及工业自动化专业高年级大学生和研究生的教材，也可作为广大科研和工程技术人员的参考书。

图书在版编目（CIP）数据

计算机控制系统/何克忠等编著 .—2 版. —北京：清华大学出版社，2015（2025.1 重印）
清华大学计算机系列教材
ISBN 978-7-302-39180-7
Ⅰ.① 计…　Ⅱ.① 何…　Ⅲ.① 计算机控制系统－高等学校－教材　Ⅳ.① TP273
中国版本图书馆 CIP 数据核字（2015）第 017676 号

责任编辑：白立军
封面设计：常雪影
责任校对：梁　毅
责任印制：丛怀宇

出版发行：清华大学出版社
网　　址：https://www.tup.com.cn，https://www.wqxuetang.com
地　　址：北京清华大学学研大厦 A 座　　**邮　　编**：100084
社 总 机：010-83470000　　**邮　　购**：010-62786544
投稿与读者服务：010-62776969，c-service@tup.tsinghua.edu.cn
质 量 反 馈：010-62772015，zhiliang@tup.tsinghua.edu.cn
课 件 下 载：https://www.tup.com.cn，010-83470236
印 装 者：三河市人民印务有限公司
经　　销：全国新华书店
开　　本：185mm×260mm　　**印　　张**：30　　**字　　数**：745 千字
版　　次：1998 年 4 月第 1 版　　2015 年 7 月第 2 版　　**印　　次**：2025 年 1 月第 9 次印刷
定　　价：79.00 元

产品编号：050227-03

第2版前言

《计算机控制系统》(第1版)自1998年4月出版以来,清华大学出版社先后印刷17次,共发行51000册。

为了让《计算机控制系统》成为广大读者心目中信得过、用得上的著作,编著者对《计算机控制系统》做了逐行、逐页、逐句、逐字的认真校对和核实,以尽量提高本书的正确性和可靠性,还望广大读者不吝赐教,提出宝贵意见。

清华大学自动化系刘中仁教授对《计算机控制系统》一书进行了深入、细致的审阅和校核,在此向刘中仁教授表示诚挚的敬意和深切的谢意。

何克忠

2015年4月

第1版前言

《计算机控制系统》是作者在《计算机控制系统分析与设计》的基础上，综合了多年来在清华大学计算机科学与技术系从事教学、科研方面的先进技术和经验，吸收了国内国外的先进理论、方法和技术，反复修改、总结、编著定稿的。

《计算机控制系统分析与设计》出版后，被许多兄弟院校选作大学或研究生的教材或教学参考书，也被广大科技工作者选作科技参考书。该书曾获电子工业部第二届全国优秀教材二等奖。《计算机控制系统》除了保持了上书的特点和优点外，增加了当前使用十分广泛、效果卓著的“模糊控制”(第6章)，包含有大量工程实用技术的“计算机控制系统的设计与实现”(第10章)，此外，对书中许多章节的内容做了修改、充实和提高，在各章末都附加了练习题。

《计算机控制系统》阐述了计算机控制的基本概念，总结了计算机控制系统的分析方法和具有实用价值的设计方法，介绍了有发展前途的集散型控制系统，简要介绍了计算机控制系统设计和实现，形成了一套比较完整、比较充实、比较实用的计算机控制系统分析和设计的基本体系。

《计算机控制系统》在编写过程中力求做到：比较全面、系统地总结计算机控制系统的几种基本的分析方法和设计方法，并对一些设计方法提出了改进措施；注意保持技术、方法的先进性，书中介绍了一些新型的控制方法、手段及其应用；注重理论联系实际，重视解决工程实际中出现的问题；尽量做到重点突出，层次分明，条理清晰；书中列举了大量例子、附图和表格，以利于读者掌握、理解和自学。

《计算机控制系统》可以作为计算机应用、自动控制及工业自动化专业高年级大学生和研究生的教材或教学参考书，也可作为广大科研和工程技术人员的参考书。

本书第1章至第5章，第7章至第10章的编著和全书的统编、定稿由何克忠完成，第6章由李伟教授编写。叶榛、孙海航、郭木河老师对本书提出了许多宝贵的意见。何刚工程师为本书提供了许多素材，并编写了部分章节。郑志敏、方剑在编写过程中做了大量有益的工作。在此向他们及热情帮助、支持本书出版的同志们表示诚挚的谢意。同时也要感谢清华大学出版社的责编贾仲良老师，他为本书的出版提供了许多宝贵的意见并付出了辛勤的劳动。由于作者水平有限，书中难免存在缺点和错误，殷切欢迎广大读者批评指正。

目　录

第1章

计算机控制概论

自动控制对于工农业生产和科学技术的发展具有越来越重要的作用。不仅在宇宙航行、导弹制导、核技术以及火器控制等新兴学科领域中是必不可少的，而且在金属冶炼、仪器制造及一般工业生产过程中也具有重要的意义，为实现工业生产过程的自动控制及高产、稳产、安全生产、改善劳动条件、提高经济效益创造了条件。

古典控制理论是20世纪40年代发展起来的，直到现在仍然是分析、设计自动控制系统的主要理论基础，它在工程上应用较多，其中应用较普遍的是频率法和根轨迹法。这些方法用来处理单输入-单输出的单变量线性自动控制系统是卓有成效的。随着科学的发展，技术的进步，控制对象越来越复杂、多样，因此自动控制系统日益复杂，出现了多输入-多输出的多变量系统、非线性系统、系统参数随时间变化的时变系统、分布参数控制系统以及最优控制系统等。因此古典控制理论已经难以分析和设计上述复杂的系统了。到20世纪60年代逐渐形成了以状态空间法为基础的现代控制理论，它的形成和发展为数字计算机应用于自动控制领域创造了条件。

生产技术的进步和科学技术的发展，要求有更加复杂、更加完善的控制装置，以期达到更高的精度、更快的速度和更大的效益。然而，若用常规的控制方法，潜力却是有限的，难以满足如此高的性能要求。由于电子计算机出现并应用于自动控制，才使得自动控制发生了巨大的飞跃。因为计算机具有精度高、速度快、存储量大，以及具有逻辑判断的功能等，因此可以实现高级复杂的控制算法，获得快速精密的控制效果。计算机所具有的信息处理能力，能够把过程控制和生产管理有机地结合起来，从而对工厂、企业或企业体系的管理实现自动化。

微电子技术和计算机技术的发展，为计算机控制的发展和应用奠定了坚实的基础。电子计算机在经历了电子管、晶体管、集成电路等阶段，现已到了第五代计算机研制阶段。电子计算机的发展是异常神速的，据统计：自20世纪70年代以来，大规模集成电路的集成度每年几乎增加2倍。每5年至8年，计算机的运算速度提高约10倍，体积缩小90%，成本降低90%。现在的计算机无论在速度、性能、可靠性、能耗、性能价格比等方面都有了突飞猛进的变化。现在计算机的运算速度已经达到了每秒1000万次到1亿次之间。一台普通的个人微型计算机运算速度已经相当于原来的大型机甚至巨型机的速度。

计算机信息处理技术的发展，也从数字发展到文字，从黑白到彩色，从无声到有声，从本地到远方。

正如有关专家预测的，计算机将向微型化、巨型化、网络化、多媒体以及智能化方向发展。

计算机控制是以自动控制理论与计算机技术为基础的。当今已具备推广和应用计算机控制的条件、基础和迫切性。计算机控制既是一门新兴的学科,又与自动控制有密切的关系。事实上,远在20世纪50年代就已经有了采样控制系统的理论,随着计算机控制的推广和应用,人们不断总结,不断提高,逐步形成了计算机控制理论。计算机控制系统的分析方法和设计方法也正在不断提高,日臻完善。

本书阐述计算机控制的基础理论,概述计算机控制系统的分析方法,总结计算机控制系统的设计方法和控制规律(包括新的集散型计算机控制),同时,联系实际讨论计算机控制系统的实现方法(包括硬件和软件实现)。本书还介绍了一些计算机控制系统的应用实例;此外,对计算机辅助设计在自动控制工程中的应用也做了简略的介绍。

1.1 典型的计算机控制系统

计算机控制的领域是非常广泛的,控制对象从小到大,从简单到复杂。计算机可以控制单个电机或阀门,也可以控制和管理一个车间、整个工厂以至整个企业。计算机控制可以是单回路参数的简单控制,也可以是复杂控制规律的多变量解耦控制、最优控制、自适应控制乃至具有人类智慧功能的智能控制。下面介绍几个典型的计算机控制系统,以对计算机控制有一个概貌性的认识,了解计算机控制系统的结构、功能以及计算机控制的特点。

例 1.1 制冷过程计算机控制系统

某工厂的冷库是我国第一座采用计算机控制的万吨级冷库,它有结冻系统、低温冷藏系统和高温冷藏系统三个制冷系统。

采用计算机对制冷工艺作实时控制,其要求如下。

(1) 实现能量匹配的自动调节,以提高制冷效率。

(2) 对各制冷系统作闭环调节,使高、低温冷库分别实现恒温控制,结冻系统达到速冻、低耗。

(3) 对现场参数实现巡回检测,报警监视。

制冷控制是以1台工业控制机为中心,通过模拟量输入通道,开关量输入通道以及中断扩展接口,采集有关工艺参数,并送到计算机进行运算、分析和判断,再通过开关量输出通道以及有关接口进行调节控制。当主机检修时,可进行人工集中检测和遥控。系统如图1.1所示。

计算机控制系统的功能如下。

(1) 通过模拟量输入通道,对现场75个温度点、5个压力点的参数进行巡回检测,定时打印制表;并可以人工选点巡检,数字显示,人工巡检速度可调。

(2) 对现场84个限值监视点进行声、光报警监视。

(3) 温度的闭环调节。

—15℃高温冷藏库房(5间)的恒温调节;

—28℃低温度冷藏库(34间)的恒温调节;

—33℃结冻系统(8间)进行速冻、低耗的最优控制;

系统蒸发温度的调节。

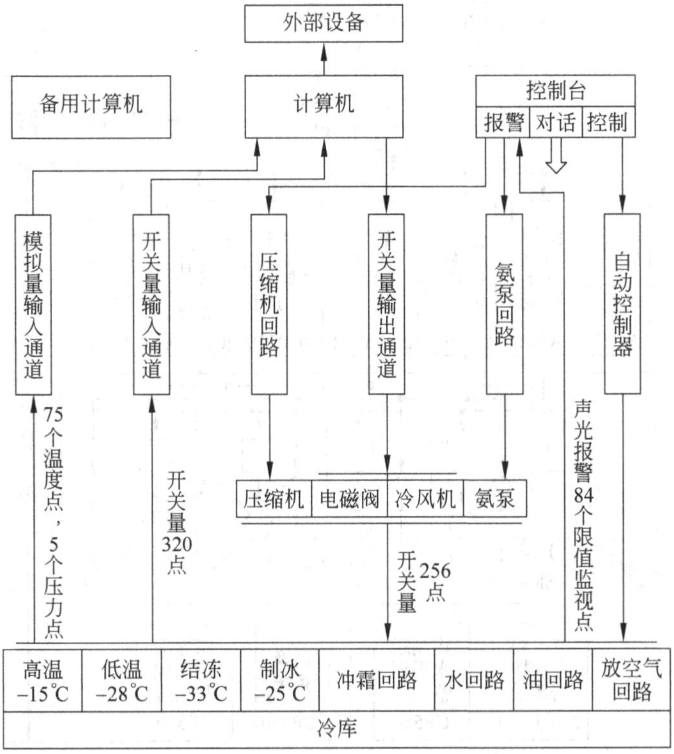

图 1.1　制冷过程计算机控制系统

(4) 自动启停和能量匹配。

对 10 台压缩机进行自动启停、配组及能量匹配控制；

对氨泵回路进行自动启停控制；

对冷风机进行自动启停控制。

(5) 事故处理。

设备异常事故的处理及备用设备的投入运行；

系统及重要设备的事故处理。

制冷过程计算机控制系统操作简便、维修容易、切换灵活、投资少、见效快。系统运转比较稳定可靠，在保鲜质量、降低食品干耗、节约电能、减轻劳动强度、安全生产等方面取得了显著的效果。

例 1.2　冷连轧机自动化系统

五机架冷连轧机是把热轧钢卷轧制成要求厚度的带钢卷。轧制速度为 1800m/min，板厚精度 5μm。由 17 台电子计算机组成分级控制系统。

五机架冷连轧机自动控制系统分为过程监督控制、操作监督控制和设备监督控制三级。五机架冷连轧机控制系统如图 1.2 所示。

过程监控级由 2 台 DIETZ621 计算机实现双机控制。

设备监控级由 13 台 CP550 计算机、数字控制装置、厚度控制装置 AGC 和自动位置控制系统 APC 组成。

操作监控级由 2 台 CP550 IPU 组成，实现过程监控级和设备监控级之间的信息传送。

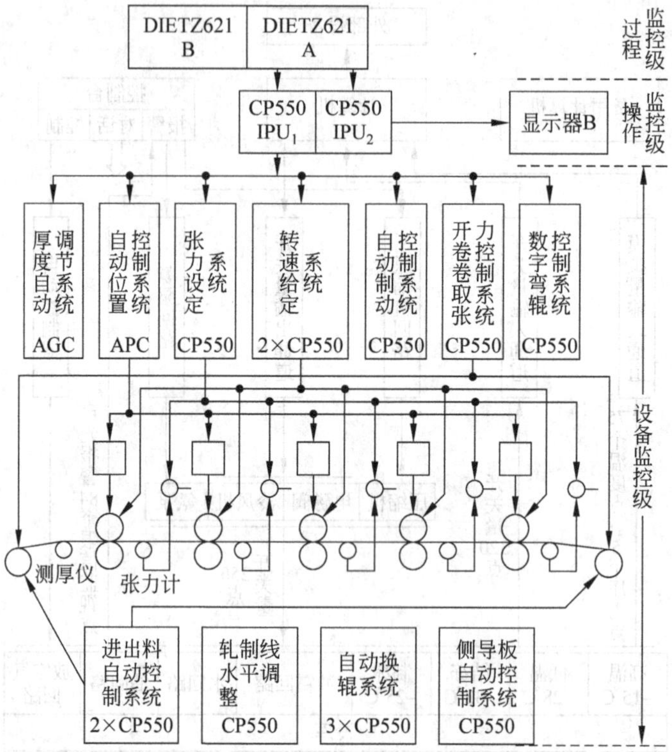

图 1.2　五机架冷连轧机控制系统

计算机控制系统是分级控制，它使设备监控级的计算机软件编制简化，配置容易，也使整个系统的故障处理方便。

1. 过程监控级

过程监控计算机采用 2 台 DIETZ621/8 型，字长 8 位，指令 89 条，指令执行时间为 1.9～8.3μs。

2 台计算机通过母线，构成双机系统，一台在线控制，有故障时，另一台通过母线开关切换，投入运行。

过程监控级的功能如下。

(1) 生产过程数据和信息的收集。

在轧制过程中不断收集生产过程的数据和信息，供自适应和自学习控制使用，并且用作生产记录和报表。

(2) 预设定计算。

根据钢卷的原始数据，预先设置最佳的轧制参数，以便最大限度地利用轧机的轧制能力，使其达到尽可能高的轧制速度。通过最佳计算，求出最佳张力、压力比，以保证轧制带钢的高质量。

(3) 自学习与自适应控制。

对轧制力、马达功率分配等进行自适应计算。

借助于自学习功能使轧制过程自动地不断与波动材料的性能相适应，从而得到符合生产实际情况的最佳设定值。

(4) 跟踪轧制过程。

(5) 对马达电枢电流和轧制力监控并事故报警。

(6) 提供生产计划报表。

2. 操作监控级

由 2 台 CP550 计算机 IPU_1 和 IPU_2 以及显示器 B 组成，可实现三种操作：测试操作、手动操作和自动操作。

CP550 计算机字长 12 位，指令 38 条，指令执行时间 0.5μs。

手动操作时，操作工通过显示器 B 的键盘，把轧制过程所需要的原始数据送 IPU_2 完成手设定计算，经显示器 B 显示，操作工认可，经 IPU_1 输送到设备监控级的有关装置。

自动操作时，操作监控级设定的 182 个设定值经 IPU_2，并通过显示器显示，操作工认可后送 IPU_1，然后，分送到设备监控级的各有关装置。如发现有问题可修正以后再送。

3. 设备监控级

由 13 台 CP550 计算机组成设备监控级，设备监控级由张力设定系统、转速给定系统等 9 个系统组成。

1) 张力设定系统

修正各机架之间的张力值，以保证各机架出口厚度不变。

2) 转速给定系统

用来保证各机架的速度同步，避免堆料或断带。

3) 自动制动系统

为了提高生产效率，焊缝和钢带尾部经过轧机时，要及时、正确地发出制动信号。

4) 开卷和卷取张力控制系统

该系统设定的开卷、卷取张力值是根据轧制过程中开卷机和卷取机的钢卷直径的变化，由 CP550 计算机交替计算出开卷机和卷取机的转矩，并换算成电流值输出，控制开卷机和卷取机的调节系统，从而达到开卷机和卷取机的恒张力控制。

5) 弯辊控制系统

控制正负弯辊，改善带钢板型以保证钢板质量。

6) 进出料控制系统

钢卷直径自动测量和对中，自动拆带，自动寻带头和预开卷，带头矫直和自动喂料，进出料端钢卷小车位置控制，上下料辅助装置的控制。

7) 轧制线水平位置控制

换辊以后，由于工作辊和支撑辊辊径变化，使得下工作辊水平位置高度有变化，CP550 计算机将各机架的轧制线调整到要求的标高。

8) 自动换辊系统

系统的 3 台 CP550 计算机，控制换辊动作，使换辊速度提高，从而提高生产效率。

9) 侧导板和压板控制系统

轧制过程中，由 CP550 计算机调整相应的侧导板和压板，以防止带钢在穿带和出料过程中跑偏。

五机架冷连轧机自动化系统，提高了产品的质量，增加了产量，减轻了劳动强度，降低了能耗，收到了较高的效益。

例 1.3 带钢热连轧机集散型控制系统

带钢热连轧的工艺流程是：板坯从板坯库进入加热炉加热，根据轧制规程以一定节奏将板坯从加热炉送往粗轧区轧制，然后，经过中间辊道进入精轧区轧制成要求尺寸的带钢，再经过热输出辊道冷却，最后由卷取机卷取，经传送链送到钢卷库。

带钢热连轧机集散型控制系统如图 1.3 所示。

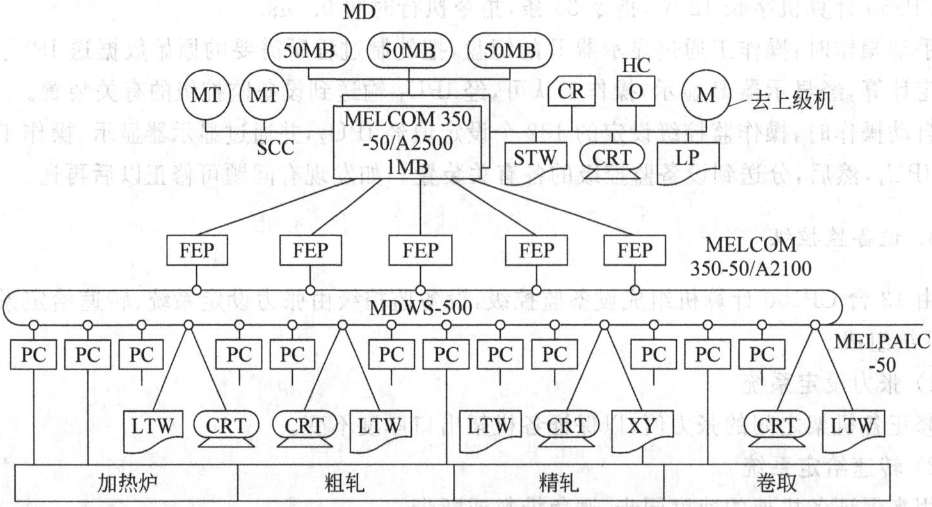

图 1.3 带钢热连轧机集散型控制系统

M—调制解调器	MDWS—数据通道系统
HC—硬拷贝机	FEP—前端处理机
MD—硬磁盘	CRT—显示器
FD—软磁盘	PC—设备控制器
MT—磁带机	LP—行式打印机
CR—读卡机	LTW—行式打字机
XY—XY 记录仪	STW—系统打字机

集散型控制系统由监督计算机(SCC)、前端处理机(FEP)、设备控制器(PC)、环形数据通道(MDWS)和显示操作站(CRT)等组成。

监督计算机(SCC)采用 2 台 MELCOM350-50/A2500 计算机，一台在线运行，另一台离线备用兼作后台作业，有故障时，手动切换。

前端处理机(FEP)由 5 台 MELCOM350-50/A2100 计算机组成，帮助监督计算机处理大量中断请求，提高监督计算机吞吐率和整个系统的实时处理能力。

设备控制器(PC)采用 MELPLAC-50 分布在生产现场作分散控制用。根据信息流量最少的原则按区域划分，并根据要求快速响应的功能及独立功能者单独配置的原则选用。

前端处理机(FEP)和设备控制器(PC)采用共享通道结构的集散型系统。数据通道 MDWS-500 为环行串接的位串行传送信息的专用通信装置，传送线路为一条同轴电缆，传送速度是 6.144Mb/s(每秒兆位),站间距离可达 2km。设备控制器(PC)采集的数据经过数据通道后,变换成逻辑数据送往监督计算机(SCC),使过程输出输入信息得以共享,大大节省了电缆和敷线的费用。

设备控制器(PC)的程序可以由监督计算机编制,经数据通道装入设备控制器。采用这种方式便于对集散型系统进行集中维护和监视。

采用集散型计算机控制方式可以使硬件价格下降,电缆和敷线费用降低,减少功能复杂性,提高实时的响应性能,系统的可靠性提高,故障的危害性减小,使用、维护和扩展简便,使系统的性能价格比大大提高。

例 1.4 同步质子加速器计算机控制系统

12GeV(120 亿电子伏特)能量的同步质子加速器,是一个十分复杂、庞大的系统。它由四段加速器组成:750keV (75 万电子伏特)高压倍加预注入器、20MeV(20 兆电子伏特)直线加速器、500MeV 增强器和 12GeV 主环同步加速器。

计算机控制系统按二级递阶网络设计,计算机直接连到高速数据线上。计算机网络有 1 台中央计算机(CC)、1 台软件开发机(SD)和 6 台卫星计算机 (S_0～S_5)。中央计算机和其他 7 台计算机是通过连接单元(CLU)连接的。卫星计算机分别担负加速器各部分的数据采集与控制。中央计算机及卫星计算机的位置分布及其功能如图 1.4 所示。

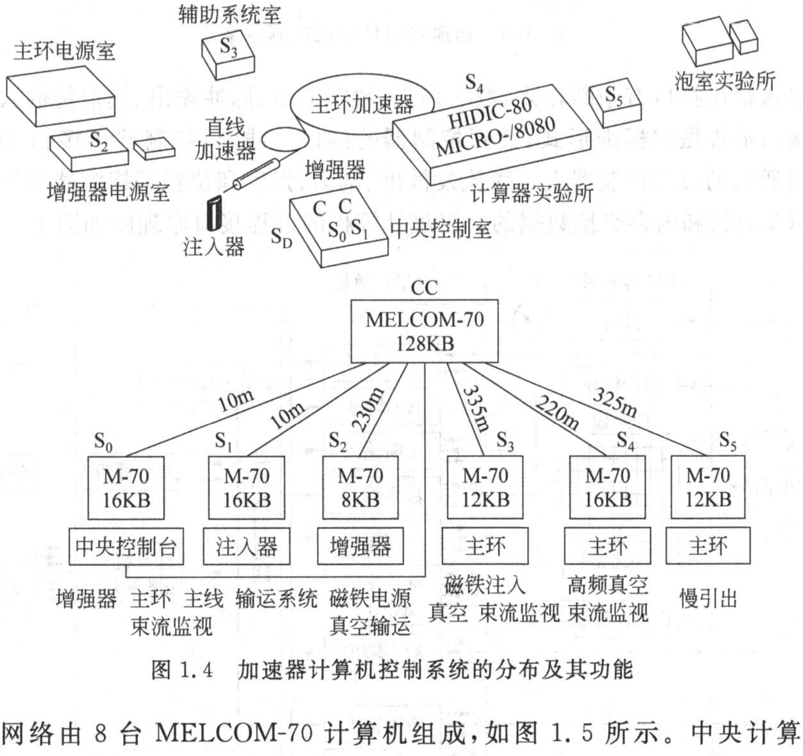

图 1.4 加速器计算机控制系统的分布及其功能

计算机网络由 8 台 MELCOM-70 计算机组成,如图 1.5 所示。中央计算机内存为 256KB(256 千字节),还有一个盒式磁盘以及为了软件研制、数据记录及信息显示的外围设备。卫星计算机内存最大 32KB,各有一个过程输入输出控制器、显示器和操作台。

中央计算机和卫星计算机之间数据交换是用半双工高速并行数据总线进行通信的。数据按 8B 交换,传送率为 200KB/s,计算机之间的传输距离最长为 335m。

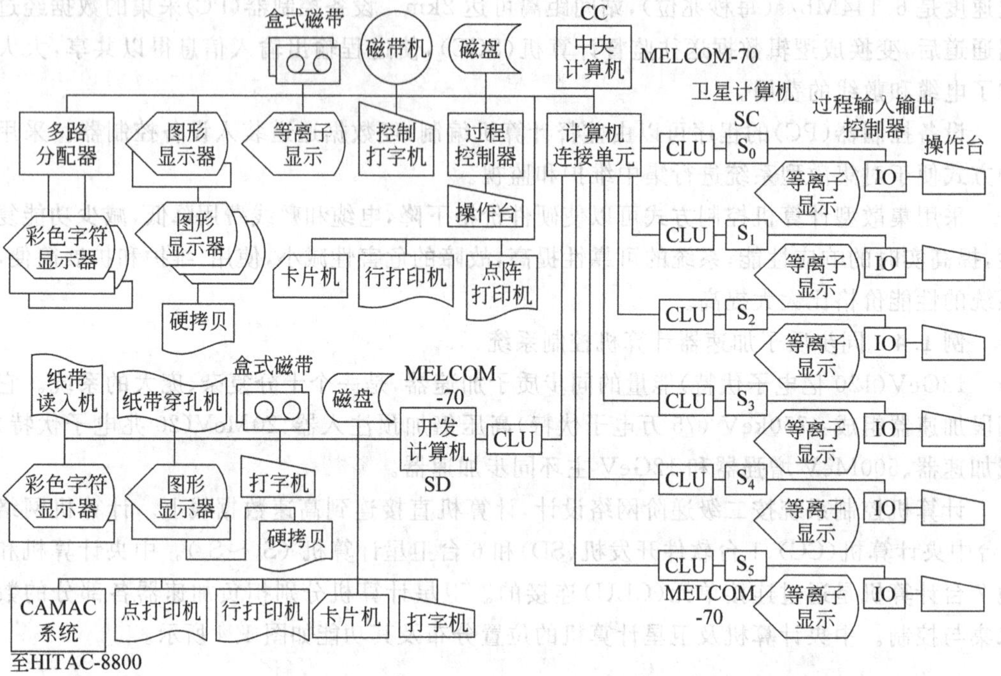

图 1.5　加速器的计算机控制网络

过程输入输出接口有中断输入、数字输入、数字输出、脉冲输出、模拟量输入和模拟量输出。过程接口插件做成标准形式，插到控制器的接口总线上，控制器再接到 MELCOM-70 的输入输出通道的过程控制器上。束流发散度、剖面、强度和位置等探测器的快速数据测量是通过 DMA 直接和内存交换数据的。卫星计算机的过程接口原理图如图 1.6 所示。

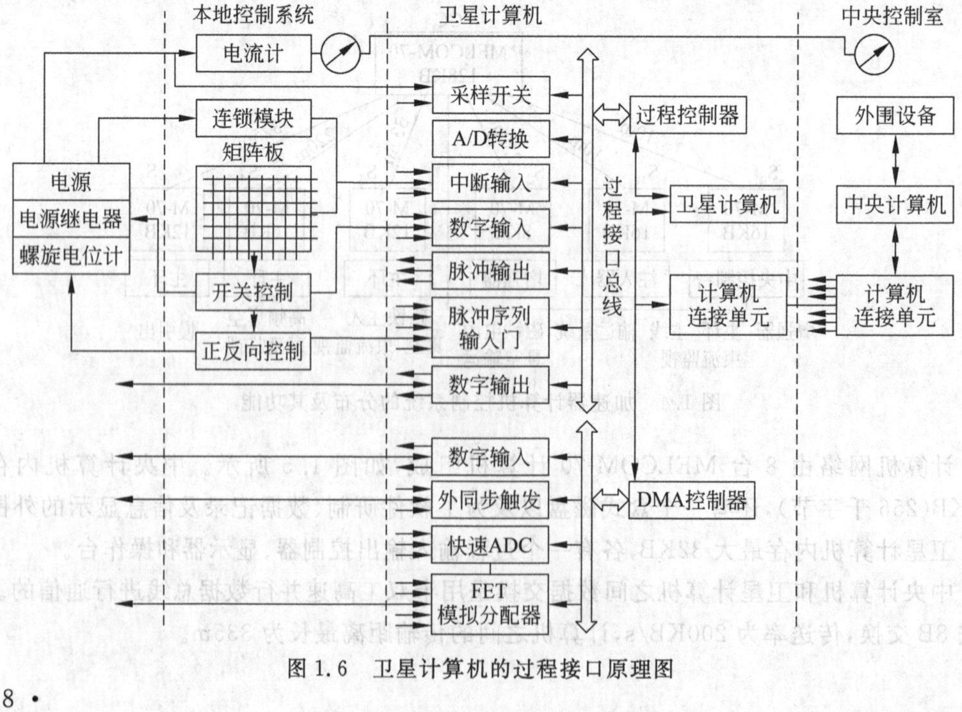

图 1.6　卫星计算机的过程接口原理图

中央计算机(CC)内存 256KB,使用实时磁盘操作系统(RDOS)。RDOS 有前后台管理功能,前台做实时控制,后台做软件研制工作。软件开发机(SD)内存为 64KB,也配有 RDOS。其他卫星计算机(S_0～S_5)上装的是实时管理程序(RTM),全部驻留在内存,长度为 8KB,只管理 16 级任务。

连成网络的 8 台计算机使用的是实时 FORTRAN 语言,占内存 48KB,编译系统是用汇编语言写的,有覆盖功能,32KB 内存就可以使用。各卫星机里的应用程序如数据采集、设备控制,有的用 FORTRANⅣ,也有用汇编语言写的,束流特性等显示程序大部分是用实时 FORTRAN 写的。这些程序在 CC 机和 SD 机上调好后,用二进制的结果程序装配到各卫星机里。

上面简略地介绍了 4 个计算机控制系统,一方面可以大致看出计算机控制系统的使用情况,计算机控制系统的概貌,如系统的结构、组成、规模、功能以及特点等。另一方面,从这些例子大致可以看出计算机控制系统的类型及其分类。

1.2 计算机控制系统的分类

计算机控制系统的分类方法很多,可以按照系统的功能分类,也可以按照控制规律分类,还有按照控制方式分类的。

1. 计算机控制系统按照功能的分类

1) 数据处理系统

尽管数据处理不属于控制的范畴,然而,一个计算机控制系统离不开数据的采集和处理。

数据处理系统对生产过程大量参数作巡回检测、处理、分析、记录以及参数的超限报警。对大量参数的积累和实时分析,可以达到对生产过程进行各种趋势分析。计算机数据处理系统如图 1.7 所示。

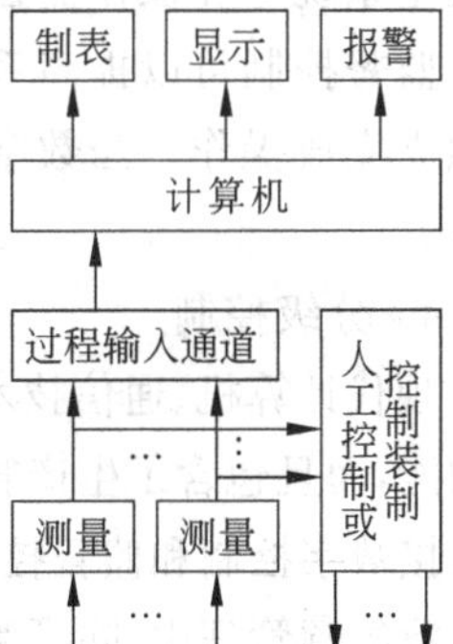

图 1.7 计算机数据处理系统

在例 1.1 制冷过程控制中,对 75 个温度点、5 个压力点的参数作巡回检测,定时打印制表。对现场 84 个限值监视点进行声、光报警监视,可以看作计算机数据处理系统。

2) 直接数字控制(DDC)

计算机通过过程输入通道对控制对象的参数作巡回检测,根据测得的参数,计算机按照一定的控制规律进行运算,运算结果,经过过程输出通道,作用到控制对象,使被控参数符合要求的性能指标。

直接数字控制与模拟调节系统有很大的相似性,直接数字控制是以一台计算机代替多台模拟调节器的功能。由于计算机的特点,除了能够实现 PID 调节规律外,还能进行多回路串级控制、前馈控制、纯滞后补偿控制、多变量解耦控制以及自适应、自学习、最优等复杂规律的控制。直接数字控制系统如图 1.8 所示。例 1.1 制冷过程计算机控制系统的温度控制可以看作是直接数字控制系统。

3) 监督控制(SCC)

监督控制中计算机根据生产过程工艺参数和数学模型给出工艺参数的最佳值,作为模拟调节器或数字调节器的给定值。监督控制系统如图 1.9 所示。

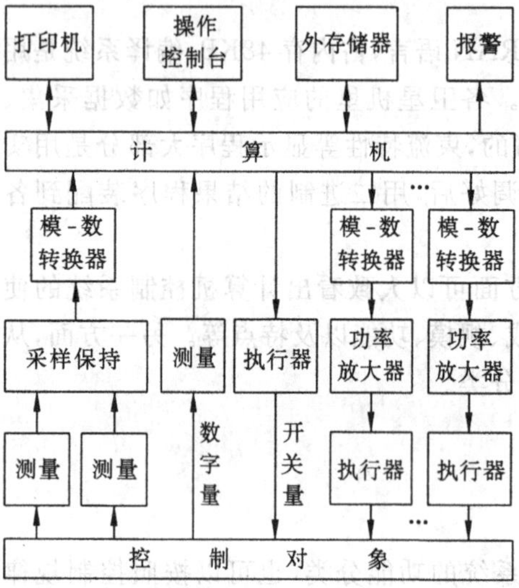

图 1.8 直接数字控制系统

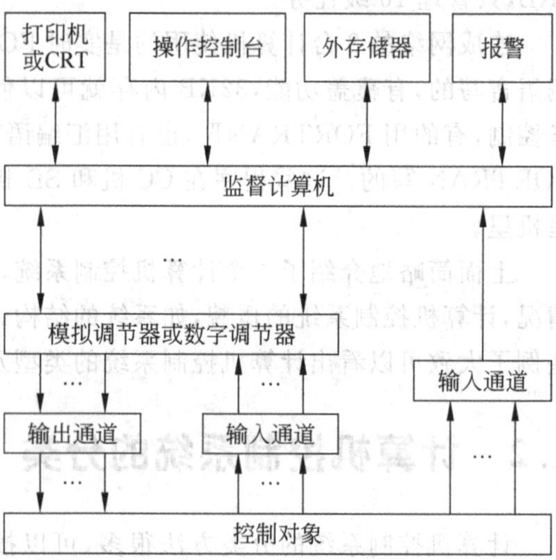

图 1.9 监督控制系统

监督控制的效果取决于数学模型的精确程度。监督计算机是离线工作方式,不直接参与过程调节,而是完成最优工况的计算。在有的系统中,计算机在执行监督控制的同时,也兼做直接数字控制。

在例 1.2 冷连轧机自动化系统中,可以把设备监控级中的自动位置控制系统(APC)、张力设定系统等和操作监控级 IPU_1 看作是监督控制。

监督控制可以提高系统的可靠性,当监督控制级发生故障时,直接数字控制或模拟调节器独立完成操作。当数字调节器或模拟调节器发生故障时,监督控制级可以代替前者执行任务。

4) 分级控制

现代计算机、通信技术和 CRT 显示技术的巨大发展,使得计算机控制系统不单纯包含控制功能,而且包含了生产管理和指挥调度的功能。从图 1.10 可以看到,在分级控制系统中,除了直接数字控制和监督控制以外,还包含了工厂级集中监督计算机和企业级经营管理计算机。在企业经营管理中,除了管理生产过程的控制外,还具有生产管理、收集经济信息、计划调度和产品订货、运输等功能,所以在例 1.2 中冷连轧机自动化系统也是一个分级控制系统。

分级控制系统是工程大系统,分级控制所要解决的不是局部最优化问题,而是一个工厂、一个公司乃至一个区域的总目标或总任务的最优化问题,也即综合自动化问题。最优化的目标函数包括产量最高、质量最好、原料和能耗最小、成本最低、可靠性最高、环境污染最小等指标,它反映了技术、经济、环境等多方面的综合性要求。

分级控制系统的理论基础是大系统理论。如果把"古典"控制理论称为第一代控制理论,现代控制理论称为第二代控制理论,有人把大系统理论称为第三代控制理论(目前尚不成熟,有待工作,推动发展)。智能控制机器人也可以看作一个大系统,智能控制的结构之一

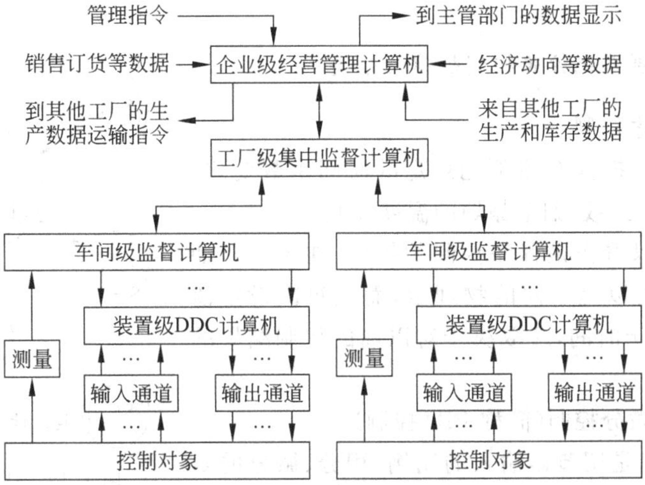

图 1.10　分级控制系统

是分级控制。

大系统除了涉及生产过程综合自动化以外，还涉及其他非工程技术方面的问题，如社会经济、生物生态、行政管理等各个领域。因研究的领域不同可以构成不同的大系统，例如国家行政系统、军队组织系统等。

5）集散型控制

在例 1.3 中，带钢热连轧机计算机控制系统是近年来发展十分迅速、大有发展前途的集散型控制系统。集散型计算机控制系统是以微处理机为核心，实现地理上和功能上分散的控制，又通过高速数据通道把各个分散点的信息集中起来，进行集中的监视和操作，并实现高级复杂规律的控制。

现在欧、美、日等国家都已大批量生产各种型号的集散型综合控制系统，尽管型号五花八门，千变万化，然而，它们的结构都是大同小异的。它们都是由以微处理机为核心的基本调节器、高速数据通道、CRT 操作站和监督计算机等组成。集散型控制系统如图 1.11 所示。

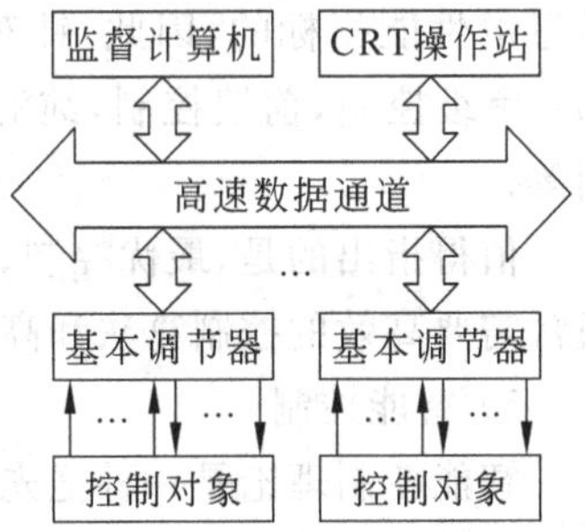

图 1.11　集散型控制系统

集散控制有许多突出的优点，例如：容易实现复杂的控制规律；系统是积木式结构，系统结构灵活，可大可小，易于扩展；系统的可靠性高；采用 CRT 显示技术和智能操作台，操作、监视十分方便；电缆和敷线成本低，施工周期短；易于实现程序控制，如自动开车和自动停车等。

例 1.3 是用于带钢热连轧机的集散型控制系统，采用的是环形数据通道。

6）计算机控制网络

由 1 台中央计算机(CC)和若干台卫星计算机(SC)构成计算机网络，中央计算机配置了齐全的各类外部设备，各个卫星计算机可以共享资源，网络中设备能力以及其他资源可以得到充分利用。

在例 1.4 中同步质子加速器计算机控制系统是一个典型的计算机网络。计算机控制网络如图 1.12 所示。

2. 计算机控制系统按照控制规律的分类

1）程序和顺序控制

程序控制是被控量按照预先规定的时间函数变化，被控制量是时间的函数，如单晶炉的温度控制。

顺序控制可以看作是程序控制的扩展，在各个时期所给出的设定值可以是不同的物理量，而且每次设定值的给出，不仅取决于时间，还取决于对以前的控制结果的逻辑判断。

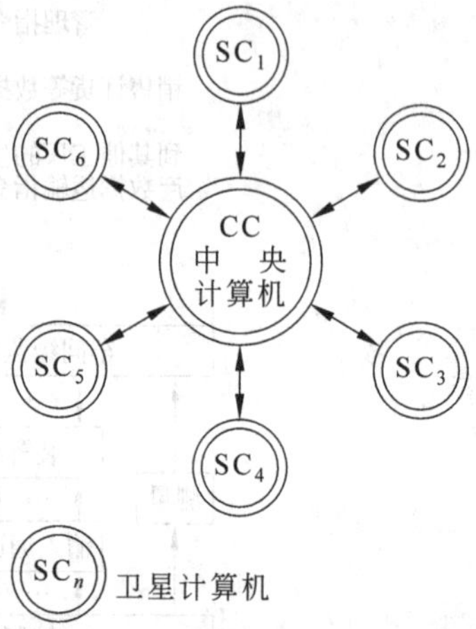

图 1.12 计算机控制网络

2）比例积分微分控制（简称 PID 控制）

调节器的输出是调节器输入的比例、积分、微分的函数。PID 控制是现在应用最广、最为广大工程技术人员熟悉的技术。PID 控制结构简单，参数容易调整，因此无论模拟调节器或者数字调节器多数使用 PID 控制规律。

3）有限拍控制

有限拍控制的性能指标是调节时间最短，要求设计的系统在尽可能短的时间里完成调节过程。有限拍控制通常在数字随动系统中应用。

4）复杂规律的控制

生产实践中控制系统除了给定值的输入外，还存在大量的随机扰动。另外，性能指标的提法，也不单是过渡过程的品质，而且包括能耗最小、产量最高、质量最好等综合性指标。

对于存在随机扰动、纯滞后对象以及多变量耦合的系统，仅用 PID 控制是难以达到满意的性能指标的，因此，针对生产过程的实际情况，可以引进各种复杂规律的控制。例如：串级控制，前馈控制，纯滞后补偿控制，多变量解耦控制以及最优、自适应、自学习控制等。

值得指出的是，最优控制、自适应控制以及自学习系统都要用到繁杂的数学计算，因此，通常需要高效的控制算法和高性能的计算机才能实现这些复杂规律的控制。

5）智能控制

智能控制理论是一种把先进的方法学理论与解决当前技术问题所需要的系统理论结合起来的学科。智能控制理论可以看作是三个主要理论领域的交叉或汇合，这三个理论领域是人工智能、运筹学和控制理论。智能控制系统实质上是一个大系统，是综合的自动化系统。

3. 计算机控制系统按照控制方式可分为开环控制和闭环控制

这种分类方法是和连续系统一样的，关于开环控制和闭环控制的定义在此不再赘述。

本书主要讨论的是闭环计算机控制系统的理论和方法以及闭环计算机控制系统的分析和设计。

1.3 计算机控制系统的结构和组成

为了便于熟悉计算机控制系统的结构和组成，首先观察几个控制系统的例子。

例 1.5 飞机或导弹的姿态控制

图 1.13 是典型的连续控制系统，系统中的所有信号都是连续的时间变量 t 的函数。控制参量是机体的姿态 $\theta(t)$，它是随姿态命令 $\theta_0(t)$ 而变化。系统中的速度反馈回路，用来改善系统的稳定性和动态特性。

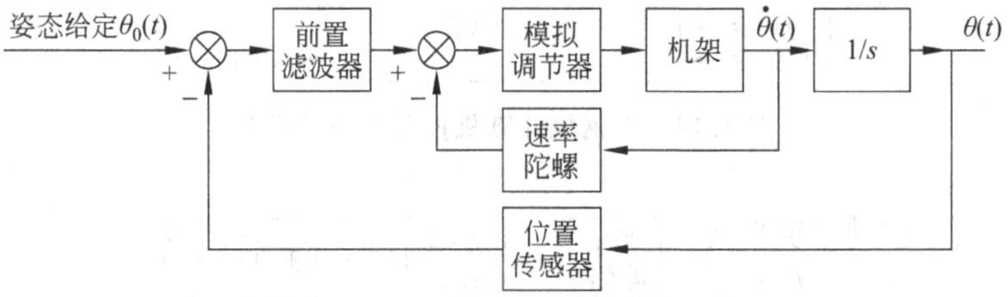

图 1.13 飞机单轴自动驾驶连续控制系统

当图 1.13 中的模拟调节器由数字调节器代替时，即为计算机控制系统，如图 1.14 所示。数字调节器实际上由数字计算机等组成，为了使系统中信号匹配必须加入模-数转换器和数-模转换器。比较图 1.13 和图 1.14 可以看出连续控制系统和计算机控制系统的结构是十分相似的。

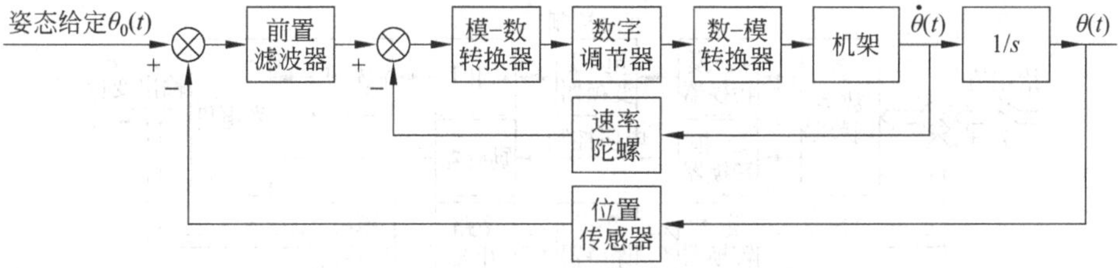

图 1.14 飞机单轴自动驾驶计算机控制系统

图 1.15 是飞机单轴自动驾驶不同采样周期的计算机控制系统，系统中速度反馈和位置反馈采用不同的采样周期 T_1 和 T_2。通常，如果一个回路中信号变化的速率远低于另一个回路中信号变化的速率，则较低速率回路的采样周期可以选得比较长。

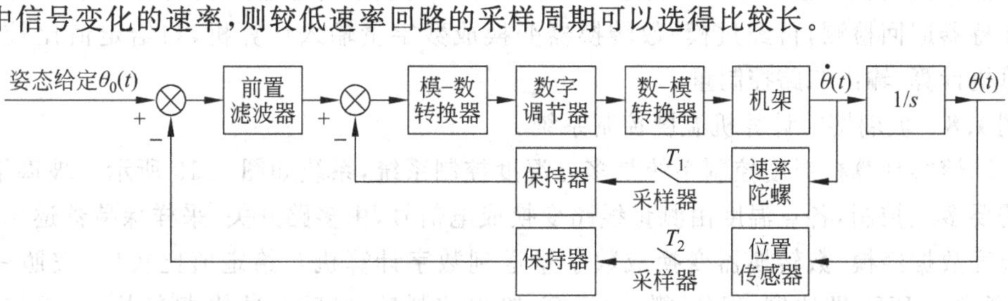

图 1.15 飞机单轴自动驾驶不同采样周期的计算机控制系统

例 1.6 轧钢机计算机控制系统

图 1.16 是轧钢机计算机控制系统示意图。在轧钢机计算机控制系统中，数字计算机同

时控制轧钢机的张力和厚度。张力和厚度由传感器测量后，把数据输入数字计算机，与张力或厚度的给定值比较，经过计算机按照一定的规律计算以后，输出信号去控制轧辊。图1.17是轧钢机计算机厚度控制系统方框图。

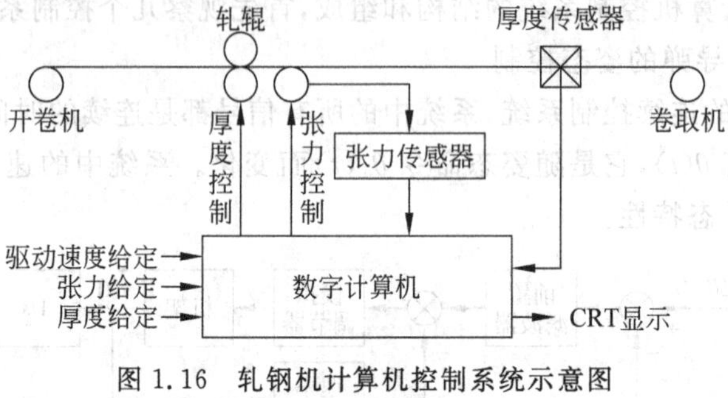

图 1.16　轧钢机计算机控制系统示意图

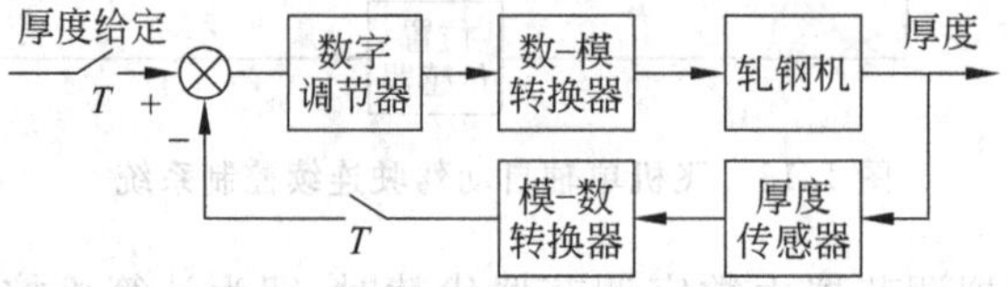

图 1.17　轧钢机计算机厚度控制系统方框图

例 1.7　发电机计算机控制系统

图 1.18 是发电机计算机控制系统方框图。

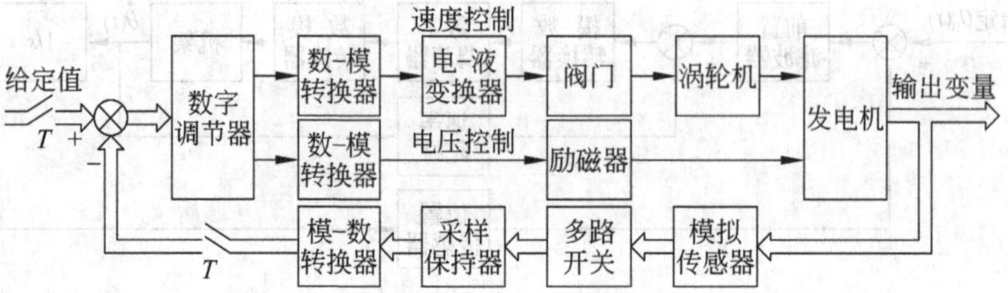

图 1.18　发电机计算机控制系统方框图

数字计算机的输出分为速度控制和电压控制二路，使发电机的输出速度和输出电压等于给定值。发电机的输出电压和转速由反馈通道中的模拟传感器变换成电量，由多路开关、采样保持器巡回检测，再经过模-数转换器变换成数字量输入计算机，与给定值比较后，经过计算机计算，输出二路控制量。

例 1.8　玻璃熔窑计算机温度控制系统

玻璃熔窑计算机温度控制系统是多点温度控制系统，系统如图 1.19 所示。玻璃熔窑的温度需要多点控制，各点温度由测量线路变换成电信号，由多路开关、采样保持器巡回检测，各点温度数据经模-数转换器变换成数字量送到数字计算机与给定值比较后，按照一定的规律(通常为 PID，即比例、积分、微分)运算，输出控制量，然后经过数-模转换器、保持器、执行器分别控制玻璃熔窑相应的各点温度。

与上述类似的例子可以举出成千上万，然而，由上述例子可以看出，尽管控制对象虽然五花八门，被控参数可能千差万别，但是对于计算机闭环控制系统的结构，却是大同小异，都

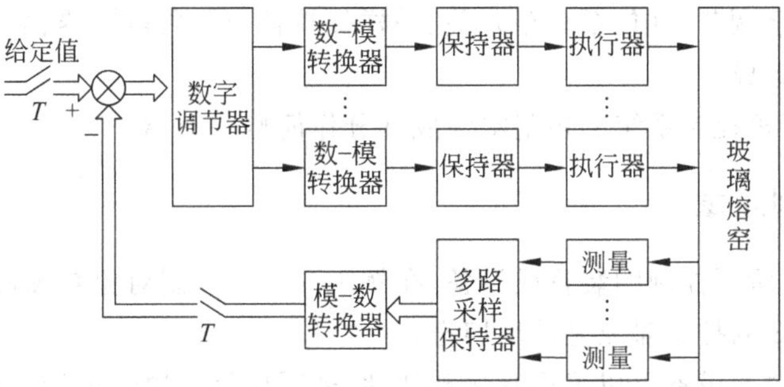

图 1.19 玻璃熔窑计算机温度控制系统

有相同的工作原理、共同的结构及特点。

众所周知，典型的连续控制系统的结构如图 1.20 所示，它由控制对象、测量环节、比较器、调节器和执行器构成输出反馈控制系统。调节器的作用是使被控参数跟随给定值。

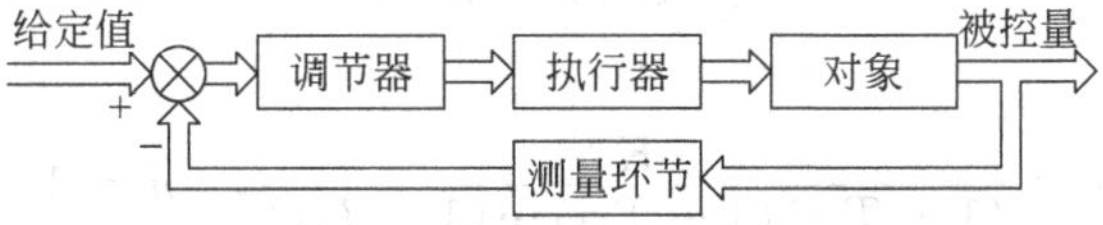

图 1.20 典型的连续控制系统的结构

输出反馈计算机控制系统的结构与典型的连续系统十分相似，只是调节器由数字调节器实现，为了信号的匹配，数字计算机的输入输出两侧分别带有多路开关、采样保持器、模-数转换器以及数-模转换器和保持器，如图 1.21 所示。

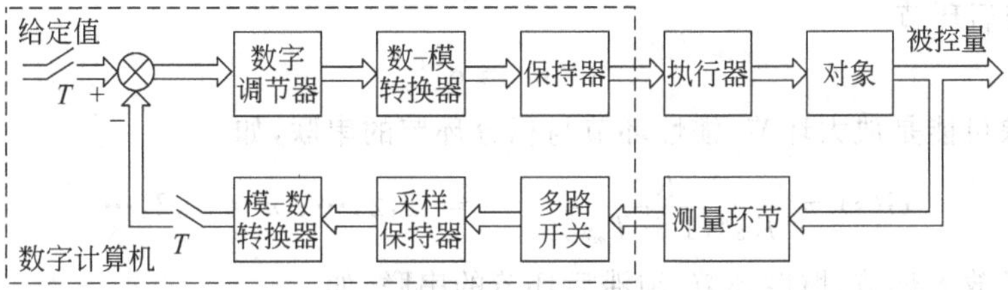

图 1.21 输出反馈计算机控制系统

当然，典型的计算机控制系统的结构除了图 1.21 的输出反馈控制以外，还有状态反馈控制，如图 1.22 所示。

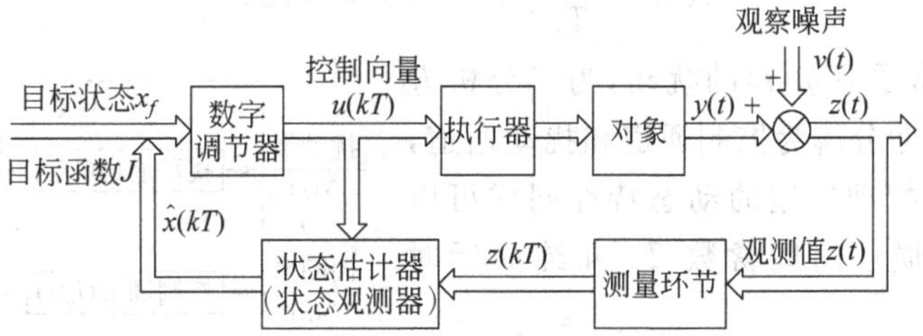

图 1.22 状态反馈计算机控制系统

尽管输出反馈控制和状态反馈控制在结构上略有不同，但是从图 1.21 和图 1.22 可以看出，计算机控制的基本组成是大致相同的。它们都由控制对象(简称对象或过程)、执行器、测量环节和数字调节器(包括多路开关、采样保持器、模-数转换器、数字计算机、数-模转换器和保持器)等组成。

下面就对计算机控制系统的各基本组成部分作简略的介绍。

1.3.1 控制对象

控制对象是指所要控制的装置或设备,在例 1.5 中的控制对象是飞机,例 1.6 的控制对象是轧钢机,例 1.8 的控制对象是玻璃熔窑。

众所周知,装置或设备可以根据其物理特性,列写出该装置输出量与输入量之间的微分方程,运用拉氏变换,得到该装置的传递函数 $G(s)=Y(s)/R(s)$。

控制对象用传递函数来表征时,其特性可以用放大系数 K、惯性时间常数 T_m、积分时间常数 T_i 和纯滞后时间 τ 来描述。控制对象的传递函数可以归纳为如下几类:

(1) 放大环节。

$$G(s) = K \tag{1-1}$$

(2) 惯性环节。

$$G(s) = \frac{K}{(1+T_1 s)(1+T_2 s)\cdots(1+T_n s)}, \quad n = 1,2,\cdots \tag{1-2}$$

当 $T_1=T_2=\cdots=T_m$ 时, $G(s)=\dfrac{K}{(1+T_m s)^n}$, $n=1,2,\cdots$

(3) 积分环节。

$$G(s) = \frac{K}{T_i s^n}, \quad n = 1,2,\cdots \tag{1-3}$$

(4) 纯滞后环节。

$$G(s) = e^{-\tau s} \tag{1-4}$$

实际对象可能是放大环节、惯性环节与积分环节的串联,如

$$G(s) = \frac{K}{T_i s^n (1+T_m s)^l}, \quad l = 1,2,\cdots;\ n = 1,2,\cdots \tag{1-5}$$

也可以是放大环节、惯性环节、纯滞后环节的串联,如

$$G(s) = \frac{K}{(1+T_m s)^l} e^{-\tau s}, \quad l = 1,2,\cdots \tag{1-6}$$

还可能是放大环节、积分环节与纯滞后环节串联,如

$$G(s) = \frac{K}{T_i s^n} e^{-\tau s}, \quad n = 1,2,\cdots \tag{1-7}$$

控制对象经常受到 $n(t)$ 的扰动,为了分析方便,可以把对象特性分解为控制通道和扰动通道,如图 1.23 所示。扰动通道的动态特性同样可以用放大系数 K_n、惯性时间常数 T_n 和纯滞后时间 τ_n 来描述。

图 1.23 对象的控制通道和扰动通道

控制对象也可以按照输入、输出量的个数分类,当对象仅有一个输入 $U(s)$ 和一个输出 $Y(s)$ 时,称为单输入-单输出对象,如图 1.24(a)所示。这是最简单的情况。当对象有多个输入和单个

输出时，称为多输入-单输出对象，如图 1.24 (b)所示。当对象具有多个输入和多个输出时，称为多输入-多输出对象，如图 1.24(c)所示。

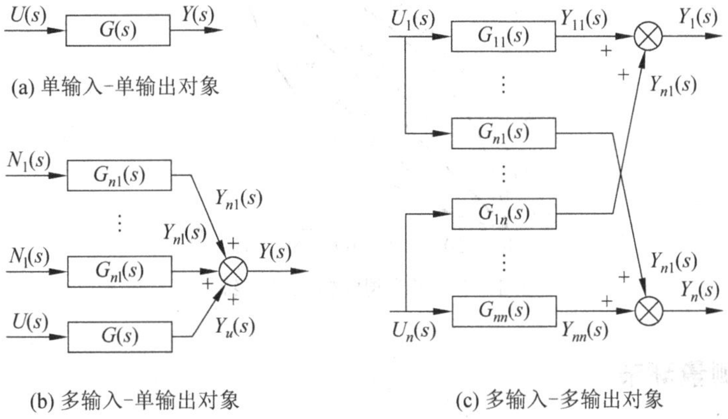

图 1.24　控制对象的输入与输出

1.3.2　执行器

执行器是控制系统中的重要部件，执行器是根据调节器的控制信号，改变输出的角位移或直线位移，并通过调节机构改变被调介质的流量或能量，使生产过程符合预定的要求。执行器按照采用的动力方式可以分为电动执行器、气动执行器和液动执行器三大类。三类执行器的比较如表 1.1 所示。

表 1.1　各类执行器的特点

	电动执行器	气动执行器	液动执行器
构　　造	复杂	简单	简单
体　　积	小	中	大
配管配线	简单	较复杂	复杂
推　　力	小	中	大
动作滞后	小	大	小
维护检修	复杂	简单	简单
使用场合	隔爆型适用于防火防爆	适于防火防爆	要注意火花
价　　格	高	低	高
频率响应	宽	窄	窄
温度影响	较大	较小	较大

电动执行器的输入有连续信号和断续信号两种。连续信号为 0～10mA 或 4～20mA；断续信号指开关信号。气动执行器的输入信号为 0.2～1kgf/cm^2 (1kgf＝9.80665N≈9.8N)。执行器通常由执行机构和调节阀两部分组成。调节阀的特性通常有线性特性、等百分比特性和快开特性。调节阀的输入输出特性如图 1.25 所示。

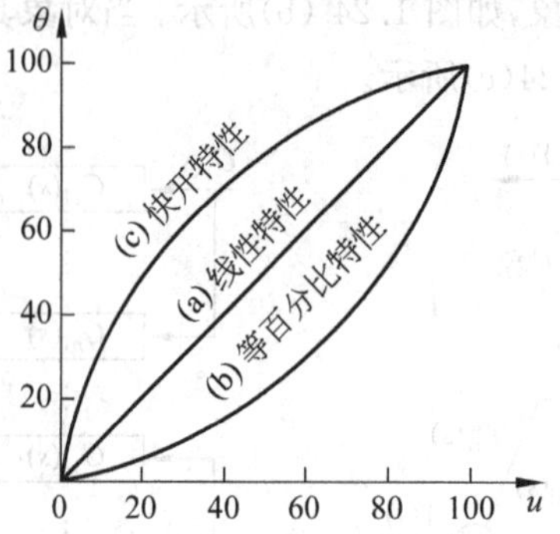

图 1.25　调节阀的输入输出特性

1.3.3　测量环节

测量环节通常由传感器和测量线路构成，它把被控参数转换成某种形式的信号。常用的传感器及其特点如表 1.2 所示。选用传感器的原则如下。

(1) 在测量精度、测量范围上符合要求。

(2) 传感器性能稳定、可靠、重复性好。

(3) 尽可能选择线性度好、线路简单、灵敏度高的传感器。

(4) 电源种类尽量少，电源电压尽量规范化。

表 1.2　常用的传感器及其特点

	类　型	输入输出特性	说　明
温度传感器	热敏开关	开关闭合，通-断输出	可适用不同温度范围和具有通过电流的能力
	热电偶	低内阻(典型值 10Ω)，电压输出，输出灵敏度数十μV/℃，非线性	尺寸小，温度范围宽，需要温度冷端补偿
	热电阻	阻值随温度变化，正温度系数，典型的阻值 20Ω～2kΩ，典型的灵敏度 0.1%/℃～0.66%/℃，线性度好	重复性好，在宽的温度范围内有良好的线性度，需用电桥等测量线路
	热敏电阻	阻值随温度变化，负温度系数，典型的阻值 50Ω～1MΩ，灵敏度约 4%/℃，用线性网络时约 0.4%/℃	灵敏度高，阻值随温度成指数函数的关系，采用线性化网络修正
压力传感器	可变电阻/电位器	输出量是电阻或电阻的比值，典型阻值为 500～5000Ω，灵敏度高	由于灵敏度高，容易形成高电平输出。需要激励电压或电流
	应变片	电阻变化(单片)或电压输出(压变桥)，灵敏度低	输出电平低。需要激励电压或电流
	压电式	电荷输出器件，只响应交流和瞬态变化，典型的上限频率为 20～50kHz，典型的满量程输出 10^{-7} C(库仑)	仅响应交流信号或瞬态信号

续表

	类　型	输入输出特性	说　　明
流量传感器	以压力传感器为基础的流量传感器	参看压力传感器	压力型传感器测量流量，借助于测量静态和流量引起的压力之间的差值 ΔP 或缩颈上的压力降低。特性是非线性的
	频率输出型（叶轮式、旋转式、涡轮式）	从输出的频率得到数字信号	某些传感器需要阻抗变换和/或电压放大，电平平移及缓冲级，然后信号才能利用
	以力为基础的流量传感器	典型的型式有应变电桥和电位器输出	参看压力和力传感器
	热式流量传感器	利用有源温度传感器测量由于流量引起的温度变化	参看温度传感器
液面传感器	浮标式	电阻或电位器输出，典型阻值为 100～2000Ω	能输出高电平，需要激励电压或电流
	热式	电阻性，典型阻抗为 500～2000Ω	自热式温度敏感元件（热敏电阻）用于检测断续电平变化。当液面降到遮不住热敏电阻时，会发生突然的电阻变化
	光学式	电阻性，典型的通断电阻 100Ω～100MΩ	光的吸收或散射遮断光电子的通路
	压力式	参看压力传感器	测量密封罐上部空的部分和液体覆盖部分的压力差，从而得到液面的信息
	测力计式	用称重测量容器内重量，折算液面	参看力传感器
力传感器	金属应变片	电阻随应变而变化，测量线路通常用电桥，典型阻值为 120～350Ω	应变信号微弱
	应变片电桥测力计	输出电压随应变变化，输出是线性的	信号微弱，需要激励电压或电流，典型的激励电压是 5～15V
	半导体应变片	由单独的应变片组成电桥的形式，电压输出，非线性，并受温度影响大	较金属应变片的信号强。需要激励电压和电流
	压电式	电荷输出器件，见压力传感器	见压力传感器

1.3.4 数字调节器及输入、输出通道

数字调节器以数字计算机为核心，数字调节器的控制规律则是由编制的计算机程序来实现的。输入通道包括多路开关、采样保持器、模-数转换器。输出通道包括数-模转换器及保持器。数字调节器及输入、输出通道及其信息的传递和交换过程如图 1.26 所示。

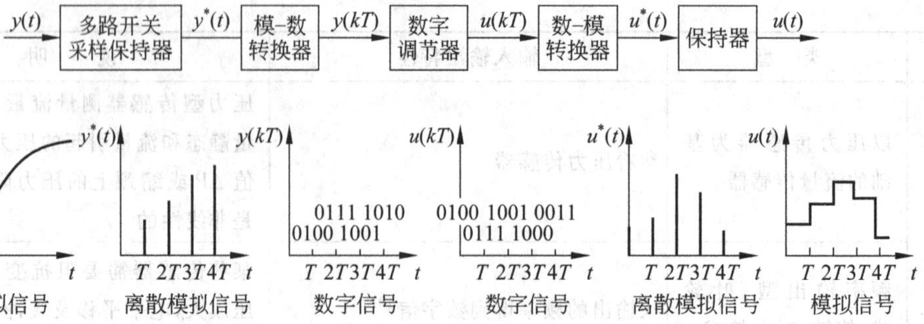

图 1.26　数字调节器的结构及信息的交换和传递

1. 多路开关、采样保持器

多路开关、采样保持器用来对模拟信号 $y(t)$ 采样，并保持一段时间 τ_s。采样得到的是离散模拟信号 $y^*(t)$[$y^*(t)$在时间上是离散的，幅值上是连续的]。

采样周期 T 应满足采样定理的要求。采样时间 τ_s 是足够短的时间，$y(kT) \approx y(kT+\Delta t)$，$0 < \Delta t < \tau_s$。若系统中巡回检测点的点数为 N，则应满足

$$T \geqslant N\tau_s \tag{1-8}$$

2. 采样定理

采样周期 T 是采样频率的倒数 f_s，应满足采样定理的要求。

采样定理(也称 shannon 定理)，给出了从采样的离散信号恢复到原来连续信号所必需的最低频率，是分析和设计离散系统的重要的定理。设连续信号 $y(t)$ 的频谱特性 $|Y(\omega)|$ 如图 1.27 所示。

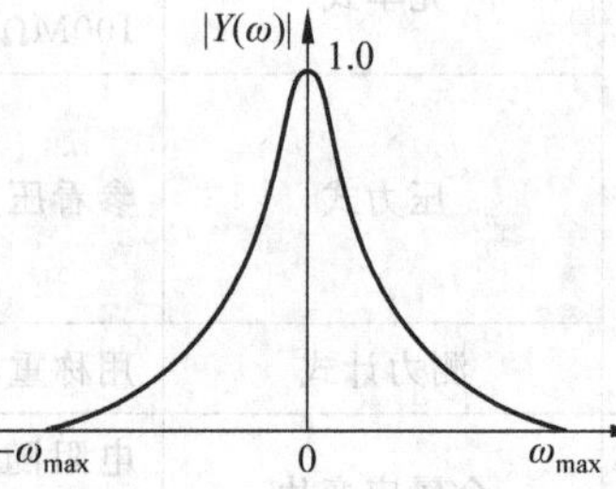

图 1.27　信号 $y(t)$ 的频谱特性

从图 1.27 可见，$y(t)$ 不包含高于 ω_{max} 的频率分量。采样定理可陈述为：

如果采样角频率 $\omega_s = 2\pi/T$ 大于 $2\omega_{max}$，即 $\omega_s \geqslant 2\omega_{max}$，则采样的离散信号 $y^*(t)$ 能够不失真地恢复原来的连续信号 $y(t)$。式中 ω_{max} 是连续信号 $y(t)$ 的频谱特性中的最高角频率。

由频谱分析知道，离散信号 $y^*(t)$ 的频率特性可以表示为

$$Y^*(\omega) = \frac{1}{T}\sum_{K=-\infty}^{+\infty} Y^*[j(\omega + k\omega_s)] \tag{1-9}$$

或者绘制成离散信号的频谱特性，如图 1.28 所示。

通常，连续信号的频谱是孤立的，带宽是有限的，上限频率 ω_{max} 是有限值(图 1.27)。而离散信号 $y^*(t)$ 的频谱则是以 ω_s 为周期的无限多个频谱(图 1.28)。

当 $\omega_s \geqslant 2\omega_{max}$ 时，离散信号 $y^*(t)$ 的频谱 $|Y^*(\omega)|$ 是由无限多个孤立频谱组成的离散频谱，其中与 $k=0$ 对应的便是采样前原来的连续信号 $y(t)$ 的频谱，只是幅度为原来的 $1/T$，其他与 $|k| \geqslant 1$ 对应的各项频谱，都是由于采样而产生的高频频谱。由图 1.28 可以看出，当

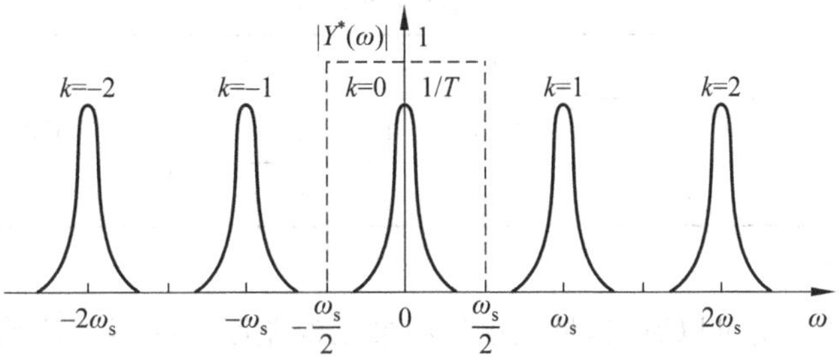

图 1.28　离散信号 $y^*(t)$的频谱特性

$\omega_s \geqslant 2\omega_{max}$时，相邻的频谱就不会重叠。如果把采样后的离散信号 $y^*(t)$加到图 1.28 中虚线所示的理想特性的低通滤波器上，在滤波器的输出端得到的频谱将准确地等于连续信号 $y(t)$ 的频谱$|Y(\omega)|$的 $1/T$ 倍。经过放大器放大 T 倍，便可以从 $y^*(t)$不失真地恢复原来的连续信号 $y(t)$。

从图 1.28 也可看到，随着 ω_s 的降低，相邻间的频谱将会靠近，当 $\omega_s < 2\omega_{max}$时，相邻的频谱将出现重叠，$y^*(t)$在 $k=0$ 离散频谱与 $y(t)$的连续频谱之间产生了畸变。此时，即使仍用理想特性的低通滤波器，$y^*(t)$经过滤波器后也恢复不了原来的 $y(t)$。即信号也产生了畸变。

由采样定理可知，要使采样信号 $y^*(t)$能够不失真地恢复原来的连续信号$y(t)$，必须正确选择采样角频率，使 $\omega_s \geqslant 2\omega_{max}$。

3. 模-数转换器

把离散的模拟信号 $y^*(t)$转换成时间上和幅值上均为离散的数字量 $y(kT)$。转换的精度取决于模-数转换器的位数 n，当位数足够多时，转换可以达到足够高的精度。

转换器末位(最低位)代表的数值称为量化单位 q。

$$q = \frac{y^*_{max} - y^*_{min}}{2^n - 1} \approx \frac{y^*_{max} - y^*_{min}}{2^n} \tag{1-10}$$

y^*_{max}、y^*_{min}分别表示转换器输入的最大值和最小值，n 表示转换器的位数。

由量化引起的误差称为量化误差 ε。

$$\varepsilon = q/2 \tag{1-11}$$

例 1.9　若 $y^*_{max}=10\text{V}$，$y^*_{min}=0\text{V}$，$n=8$，试求量化单位 q 和量化误差 ε。

解：

量化单位　　$q \approx \frac{10\text{V}-0\text{V}}{2^8} \approx 39.1\text{mV}$

量化误差　　$\varepsilon \approx q/2 = 19.5\text{mV}$

例 1.10　若 $y^*_{max}=10\text{V}$，$y^*_{min}=0\text{V}$，$n=12$，试求量化单位 q 和量化误差 ε。

解：

量化单位　　$q \approx \frac{10\text{V}-0\text{V}}{2^{12}} \approx 2.44\text{mV}$

量化误差　　$\varepsilon \approx q/2 = 1.22\text{mV}$

表 1.3 列出了量化单位 q、量化误差 ε 与转换器位数 n 的关系。

表 1.3　q、ε 与 n 的关系

转换位数 n	8	10	12	14	16
量化单位 q/mV	39.1	9.77	2.44	0.610	0.153
量化误差 ε/mV	19.5	4.88	1.22	0.305	0.076

注：$y_{max}^{*}=10V$，$y_{min}^{*}=0V$

显然，由表 1.3 分析可以看出，量化单位和量化误差跟转换器的位数 n 有关，也跟被转换量的范围 $y_{max}^{*}-y_{min}^{*}$ 有关。

4. 数字计算机

计算机控制系统中的数字计算机与外围设备一起，除了实现数字调节器的功能外，同时还具有显示、打印、报警、制表等功能。控制用计算机系统如图 1.29 所示。

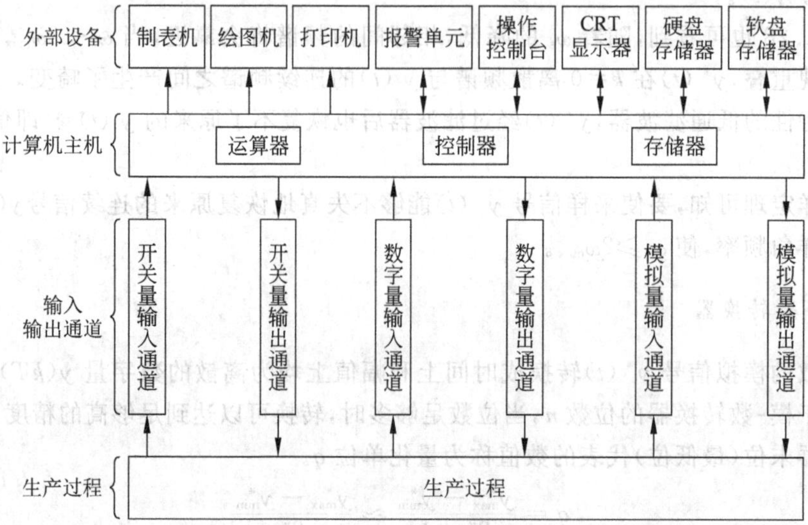

图 1.29　控制用计算机系统

由图 1.29 可见，控制用计算机除了主机外，还配有相应的外部设备，如存储器、显示器、打印机、报警单元、操作控制台等，而且还必须配置输入、输出通道。

对控制用计算机的要求有以下几点：

1）可靠性高

要求故障少，修复快，计算机平均无故障时间（MTBF）数千小时，最好上万小时。计算机平均修复时间（MTTR）尽可能短。

为了提高可靠性可以采用双机或多机系统，也可以采用多级、集散型控制。

2）环境的适应性强

能够适应各种恶劣的环境，例如强电场、强磁场的扰动，腐蚀性气体、高温、低温和高湿度等恶劣的条件。

3）实时性强

生产过程有实时性要求，例如观测和控制工况参数，修改操作条件以及紧急事故处理

等，要求系统配有实时时钟，并且有完善的中断系统。

4）有比较完善的过程通道设备(也称外围设备)

这是指模拟量的输入输出通道、数字量的输入输出通道和开关量的输入输出通道。因而，要求有较完善的输入输出指令和逻辑判断指令。

5）控制用计算机对字长、速度和内存容量的要求

字长：通常为 8～24b；

运算速度：数万次/秒；

内存容量：4～64KB。

6）具有完善的软件系统

软件系统通常包括系统软件和应用软件，如表 1.4 所示。

表 1.4　控制用计算机软件系统

<table>
<tr><td rowspan="3">系统软件</td><td>程序设计系统</td><td colspan="2">程序设计语言
语言处理程序
服务程序</td></tr>
<tr><td colspan="3">操作系统</td></tr>
<tr><td>诊断程序</td><td colspan="2">调机程序
诊断修复程序</td></tr>
<tr><td rowspan="5">应用软件</td><td>过程监控程序</td><td colspan="2">巡回检测程序
数据处理程序
上下限检查及报警程序
工艺操作台服务程序</td></tr>
<tr><td rowspan="3">过程控制程序</td><td colspan="2">判断程序
过程分析程序
开环控制程序</td></tr>
<tr><td>闭环控制程序</td><td>PID 控制
最优控制
复杂规律控制</td></tr>
<tr><td colspan="2">事故处理程序</td></tr>
<tr><td>公共应用程序</td><td colspan="2">制表打印格式
服务子程序库</td></tr>
</table>

用于计算机控制的语言通常有：

汇编语言 (Assembly language)；

在线实时应用语言 66 (CORAL 66)；

ADA 语言 (ADA language)；

MODULA 语言 (MODULA language)；

MODULA-2 语言 (MODULA-2 language)；

控制 BASIC (Control BASIC)；

FORTH 语言（FORTH language）；

FORTRAN 语言（FORTRAN language）；

C 语言（C language）。

为了提高计算机本身的运算精度，可以采用多字节运算，例如 2B、4B、6B 和浮点运算。

5. 数-模转换器

把数字量 $u(kT)$ 转换成离散模拟量 $u^*(t)$[$u^*(t)$ 在时间上是离散的，在幅值上是连续的]，离散模拟量 $u^*(t)$ 不能直接控制阀门或连续对象，还需经过保持器作时间外推变换成模拟量。通常，数-模转换器中包含了零阶保持器。

6. 保持器

保持器是把离散模拟信号 $u^*(t)$ 转换成模拟信号 $u(t)$，用来实现采样点之间的插值，即要得到 $0 \leqslant \Delta t < T$ 时，$u(kT+\Delta t)$ 的值。所以，保持器起了外推器的作用，它根据过去时刻的离散值，外推出采样点之间的数值。外推公式

$$u(kT+\Delta t) = a_0 + a_1\Delta t + a_2\Delta t^2 + \cdots + a_m\Delta t^m \tag{1-12}$$

式(1-12) 称为 m 阶外推公式，代表的是 m 阶保持器。

当 $m=0$ 时，得零阶保持器的外推公式

$$u(kT+\Delta t) = a_0 \tag{1-13}$$

取 $\Delta t=0$ 时，则

$$a_0 = u(kT) \tag{1-14}$$

由式(1-13)和式(1-14)，可得

$$u(kT+\Delta t) = u(kT), \quad 0 \leqslant \Delta t < T \tag{1-15}$$

由式(1-15)可见，零阶保持器是把 kT 时刻的信号一直保持(外推)到 $kT+T$ 时刻前的瞬间。

零阶保持器的冲激响应如图 1.30(a)所示。响应的幅值为 1，宽度为 T。这个特性表明零阶保持器对采样值既不放大，也不衰减，另外，也说明零阶保持器只能不增不减地保持一个采样周期。

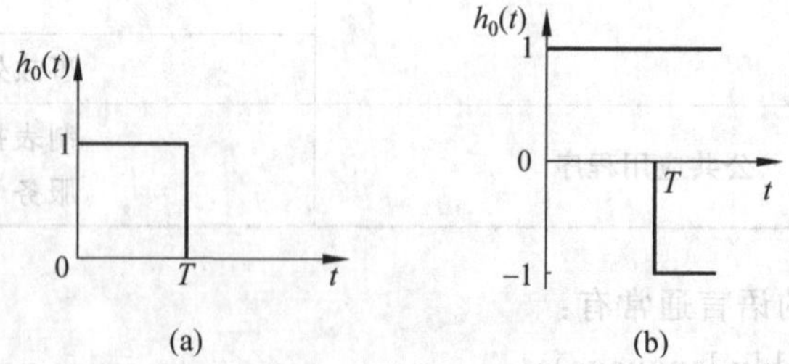

图 1.30　零阶保持器的冲激响应

对于图 1.30(a)特性可分为解为两个阶跃函数之和，如图 1.30(b)所示。

$$h_0(t) = 1(t) - 1(t-T) \tag{1-16}$$

由式(1-16)可以求得零阶保持器的传递函数

$$H_0(s)=\frac{1}{s}-\frac{e^{-Ts}}{s}$$
$$=\frac{1-e^{-Ts}}{s} \tag{1-17}$$

由式(1-17)可以得到零阶保持器的频率特性

$$H_0(\omega)=\frac{1-e^{-j\omega T}}{j\omega}$$
$$=\frac{T}{\omega T/2}e^{-j\omega T/2}\ \frac{e^{-j\omega T/2}-e^{j\omega T/2}}{2j}$$
$$=T\ \frac{\sin(\omega T/2)}{\omega T/2}e^{-j\omega T/2} \tag{1-18}$$

或者表示成

$$H_0(\omega)=|H_0(\omega)|< H_0(\omega) \tag{1-19}$$

由幅频特性

$$|H_0(\omega)|=\left|T\ \frac{\sin(\omega T/2)}{\omega T/2}\right| \tag{1-20}$$

相频特性

$$\angle H_0(\omega)=\Phi_0(\omega)=-\omega T/2 \tag{1-21}$$

零阶保持器的幅频特性和相频特性如图 1.31 所示。从图 1.31 可以看到零阶保持器具有如下特性。

1）低通特性

零阶保持器的输出随着信号频率的提高，幅值迅速衰减，然而，不是理想的低通滤波器。

2）相角滞后特性

信号经过零阶保持器会产生相角滞后，使控制系统的稳定性和动态特性变坏。

当 $\omega=\omega_s$ 时，$\Phi_0(\omega_s)=-180°$，也就是当信号频率跟采样频率相等时，零阶保持器将产生 $-180°$ 的相角滞后。

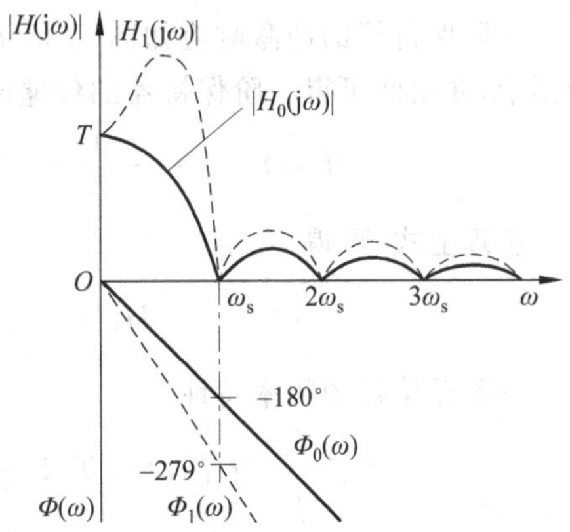

图 1.31 零阶保持器的幅频特性和相频特性

零阶保持器除了由寄存器或集成电路实现外，也可以用 RC 网络实现。

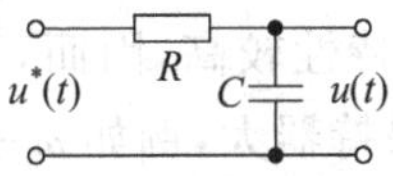

图 1.32 RC 保持器电路图

令 $e^{Ts}\approx 1+Ts$，则

$$H_0(s)=\frac{1-e^{-Ts}}{s}\approx\frac{T}{1+Ts} \tag{1-22}$$

由式(1-22)可得到 RC 保持器电路如图 1.32 所示。

RC 保持器电路对保持电容的要求比较高，要求绝缘电阻大，介质损耗小。并且，保持器的负载电阻应该尽可能高。

式(1-12)中 $m=1$ 时，可得一阶保持器的外推公式

$$u(kT+\Delta t)=a_0+a_1\Delta t \tag{1-23}$$

经推导

$$u(kT+\Delta t)=u(kT)+\frac{u(kT)-u(kT-T)}{T}\Delta t \qquad 0\leqslant \Delta t< T \tag{1-24}$$

由式(1-24)可以看出一阶保持器是利用 kT 和 $kT-T$ 时刻的值作直线外推,斜率为

$$\frac{u(kT)-u(kT-T)}{T} \tag{1-25}$$

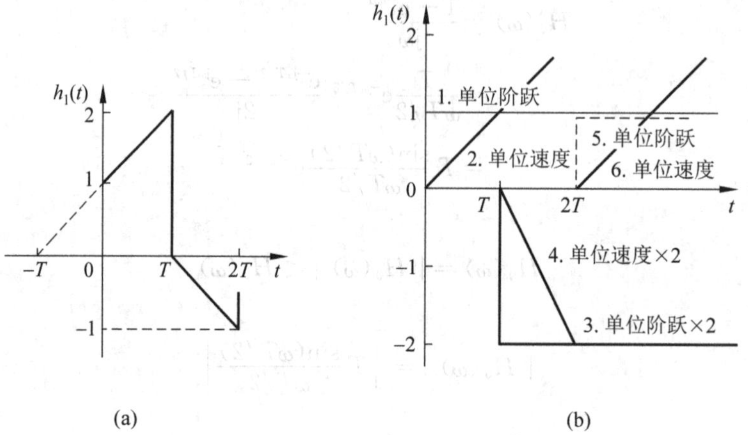

图 1.33　一阶保持器的冲激响应

一阶保持器的冲激响应如图 1.33(a)所示。图 1.33(a)可以分解成图 1.33(b)所示的 6 个函数,并据此可得一阶保持器的传递函数。

$$H_1(s)=\frac{1}{s}+\frac{1}{Ts^2}-\frac{2}{s}e^{-Ts}-\frac{2}{Ts^2}e^{-Ts}+\frac{1}{s}e^{-2Ts}+\frac{1}{Ts^2}e^{-2Ts} \tag{1-26}$$

整理上式,可得

$$H_1(s)=T(1+Ts)\left(\frac{1-e^{-Ts}}{Ts}\right)^2 \tag{1-27}$$

一阶保持器的频率特性

$$\begin{aligned}H_1(\omega)&=T(1+j\omega T)\left(\frac{1-e^{-j\omega T}}{j\omega T}\right)^2\\&=T\sqrt{1+(\omega T)^2}\left[\frac{\sin(\omega T/2)}{\omega T/2}\right]^2 e^{j(\theta-\omega T)}\end{aligned} \tag{1-28}$$

式中

$$\theta=\mathrm{tg}^{-1}\omega T$$

一阶保持器的幅频特性和相频特性如图 1.31 中虚线图所示。

一阶保持器较能复现原来的信号,但是,跟零阶保持器比较,幅频特性较高,因而,高频信号容易通过,从而造成纹波。另外,一阶保持器的相角滞后较零阶保持器大,例如 $\omega=\omega_s$,$\Phi_1(\omega_s)=-279°$,比零阶保持器的相角滞后更大,因而,对控制系统的稳定性和动态特性更为不利。

对于 $m\geqslant 2$ 的保持器,由于实现复杂以及相角滞后太大,工程中基本上不采用。相反,由于零阶保持器比较简单,容易实现,相角滞后相对地也小得多,因此被广泛地采用。

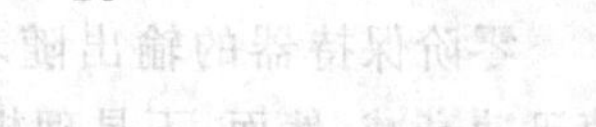

图 1.34　数字调节器的示意图

数字调节器的示意图如图 1.34 所示。

1.4 计算机控制系统的性能及其指标

计算机控制系统的性能跟连续系统类似，可以用稳定性、能控性、能观测性、稳态特性、动态特性等来表征，相应地用稳定裕量、稳态指标、动态指标和综合指标来衡量一个系统的好坏或优劣。

1.4.1 计算机控制系统的稳定性

计算机控制系统在给定输入作用或外界扰动作用下，过渡过程可能有四种情况，如图 1.35所示。

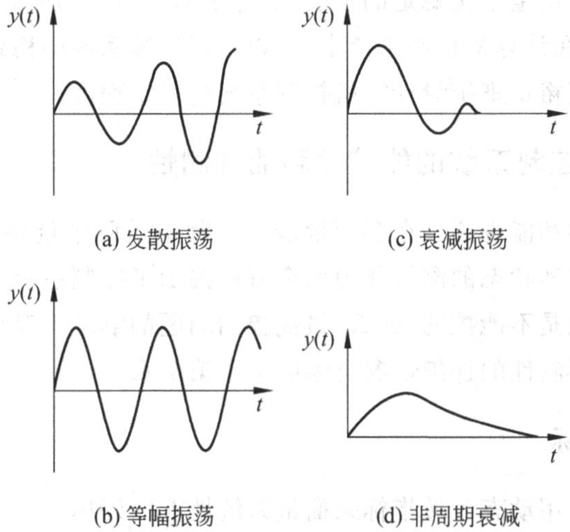

图 1.35 过渡过程曲线

1. 发散振荡

被控参数 $y(t)$的幅值随时间逐渐增大，偏离给定值越来越远，如图 1.35(a)所示。这是不稳定的情况，在实际系统中是不允许的，容易造成严重事故。

2. 等幅振荡

被控参数 $y(t)$的幅值随时间作等幅振荡，系统处于临界稳定状态，如图 1.35(b)所示。在实际系统中也是不允许的。

3. 衰减振荡

被控参数 $y(t)$在输入或扰动作用下，经过若干次振荡以后，回复到给定状态，如图 1.35(c)所示。当调节器参数选择合适时，系统可以在比较短的时间内，以比较少的振荡次数、比较小的振荡幅度回复到给定值状态，得到比较满意的性能指标。

4. 非周期衰减

系统在输入或扰动作用下，被控参数 $y(t)$ 单调、无振荡地回复到给定值状态，如图 1.35(d)所示。同样，只要调节器参数选择得合适，可以使系统既无振荡，又比较快地结束过渡过程。

由上述四种情况可以看出：(a)和(b)两种情况是实际系统中不希望、也不允许出现的情况，前者称为系统不稳定，后者称为临界稳定。(c)和(d)两种情况则是控制系统中常见的两种过渡过程状况，这种系统称为稳定系统。控制系统只有稳定，才有可能谈得上控制系统性能的好坏或优劣，因此计算机控制系统的稳定性跟连续控制系统的稳定性一样，也是一个重要概念，组建一个计算机控制系统，首先必须稳定，才有可能进一步分析该系统的性能指标。所以稳定性分析也是计算机控制理论中的一个重要的方面。

在连续系统中为了衡量系统稳定的程度，引进了稳定裕量的概念，稳定裕量包括相角裕量和幅值裕量。同样，在计算机控制系统中，可以引用连续系统中稳定裕量的概念，因此，也可以用相角裕量和幅值裕量来衡量计算机控制系统的稳定程度。

1.4.2 计算机控制系统的能控性和能观测性

控制系统的能控性和能观测性在多变量最优控制中是两个重要的概念，能控性和能观测性从状态的控制能力和状态的测辨能力两个方面揭示了控制系统的两个基本问题。

如果所研究的系统是不能控的，那么，最优控制问题的解就不存在。

关于能控性和能观测性的详细情况可参阅本书第 7 章。

1.4.3 动态指标

在古典控制理论中用动态时域指标来衡量系统性能的好坏。

动态指标能够比较直观地反映控制系统的过渡过程特性，动态指标包括超调量 σ_p、调节时间 t_s、峰值时间 t_p、衰减比 η 和振荡次数 N。图 1.36 是系统的过渡过程特性。

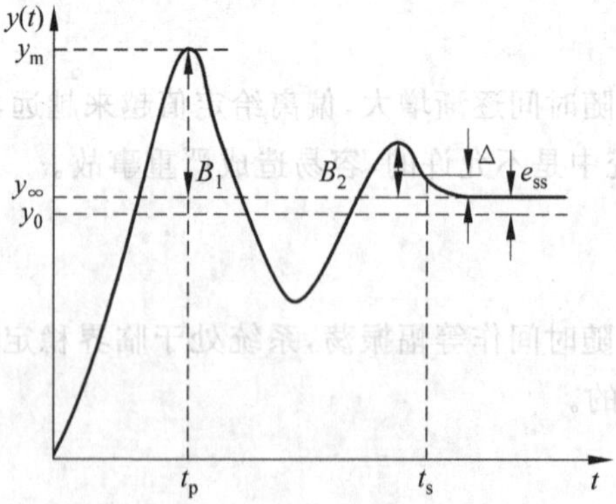

图 1.36 系统过渡过程特性

1. 超调量 σ_p

σ_p 表示了系统过冲的程度，设输出量 $y(t)$ 的最大值 y_m，$y(t)$ 输出量的稳态值 y_∞，则超

调量定义为

$$\sigma_p = \frac{|y_m| - |y_\infty|}{|y_\infty|} \times 100\% \tag{1-29}$$

超调量通常以百分数表示。

2. 调节时间 t_s

调节时间 t_s 反映了过渡过程时间的长短，当 $t>t_s$，若 $|y(t)-y_\infty|<\Delta$，则 t_s 定义为调节时间，式中 y_∞ 是输出量 $y(t)$ 的稳态值，Δ 取 $0.02y_\infty$ 或 $0.05y_\infty$。

3. 峰值时间 t_p

峰值时间 t_p 表示过渡过程到达第一个峰值所需要的时间，它反映了系统对输入信号反应的快速性。

4. 衰减比 η

衰减比 η 表示了过渡过程衰减快慢的程度，它定义为过渡过程第一个峰值 B_1 与第二个峰值 B_2 的比值，即

$$\eta = \frac{B_1}{B_2} \tag{1-30}$$

通常，希望衰减比为 4∶1。

5. 振荡次数 N

振荡次数 N 反映了控制系统的阻尼特性。它定义为输出量 $y(t)$ 进入稳态前，穿越 $y(t)$ 的稳态值 y_∞ 的次数的一半。例如图 1.36 的过渡过程特性，$N=1.5$。

上述 5 项动态指标也称作时域指标，用得最多的是超调量 σ_p 和调节时间 t_s，在过程控制中衰减比 η 也是一个较常用的指标。

在利用频率特性进行控制系统设计时，经常用到频域指标。在用开环对数频率特性设计控制系统时，常采用静态速度误差系数 K_v、相角裕量 γ、幅值裕量 l、穿越频率 ω_c（也称剪切频率）。在用闭环频率特性设计控制系统时，常采用静态速度误差系数 K_v、谐振峰值 M_r、谐振频率 ω_r 及系统的带宽 ω_b。各项指标的含义见图 1.37 所示。

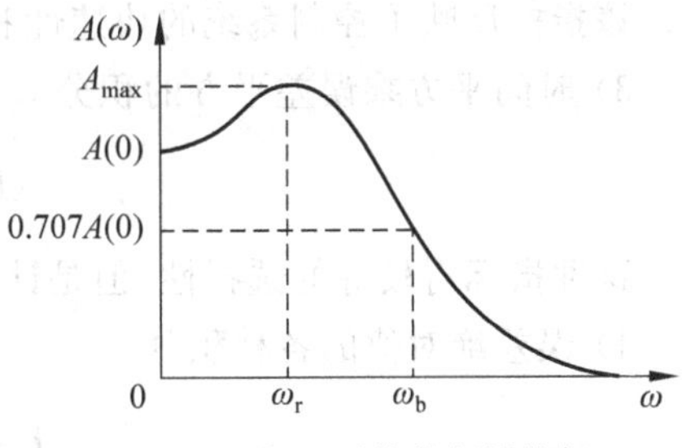

图 1.37 闭环系统的频域指标

$A(0)$：闭环频率特性的零频率值；

M_r：谐振峰值 $M_r=A_{max}/A(0)$；

ω_b：控制系统的带宽 $0\sim\omega_b$。

控制系统设计中也有用阻尼比 ξ 作为指标的。

1.4.4 稳态指标

稳态指标是衡量控制系统精度的指标，用稳态误差来表征，稳态误差是表示输出量 $y(t)$

的稳态值 y_∞ 与要求值 y_0 的差值，定义为

$$e_{ss} = y_0 - y_\infty \tag{1-31}$$

e_{ss}表示了控制精度，因此希望 e_{ss}越小越好。稳态误差 e_{ss}与控制系统本身的特性有关，也与系统的输入信号的型式有关。控制系统的输入有单位阶跃、单位速度、单位加速度等多种类型，不同类型的输入习惯称为不同型式的输入。

1.4.5 综合指标

在现代控制理论中，如最优控制系统的设计时，经常使用综合性指标来衡量一个控制系统。设计最优控制系统时，选择不同的性能指标，使得系统的参数、结构等也不同。所以，设计时应当根据具体情况和要求，正确选择性能指标。选择性能指标时，既要考虑到能对系统的性能做出正确的评价，又要考虑到数学上容易处理以及工程上便于实现。因此，选择性能指标时，通常需要作一定的试探和比较。

综合性指标通常有三种类型。

1. 积分型指标

1）误差平方的积分

$$\boldsymbol{J} = \int_0^t e^2(t)\mathrm{d}t \tag{1-32}$$

这种性能指标着重权衡大的误差，而较少顾及小的误差，但是这种指标数学上容易处理，可以得到解析解，因此还常使用，如在宇宙飞船控制系统中按 $\boldsymbol{J}$ 最小设计，可使动力消耗最少。

2）时间乘误差平方的积分

$$\boldsymbol{J} = \int_0^t te^2(t)\mathrm{d}t \tag{1-33}$$

这种指标较少考虑大的起始误差，着重权衡过渡特性后期出现的误差，有较好的选择性。该指标反映了控制系统的快速性和精确性。

3）时间平方乘误差平方的积分

$$\boldsymbol{J} = \int_0^t t^2e^2(t)\mathrm{d}t \tag{1-34}$$

这种指标有较好的选择性，但是计算复杂，并不实用。

4）误差绝对值的各种积分

$$\boldsymbol{J} = \int_0^t |e(t)|\,\mathrm{d}t \tag{1-35}$$

$$\boldsymbol{J} = \int_0^t t\,|e(t)|\,\mathrm{d}t \tag{1-36}$$

$$\boldsymbol{J} = \int_0^t t^2\,|e(t)|\,\mathrm{d}t \tag{1-37}$$

式(1-35)、式(1-36)和式(1-37)三种积分指标，可以看作与式(1-32)～式(1-34)相对应的性能指标，由于绝对值容易处理，因此使用比较多。对于计算机控制系统，使用式(1-36)积分指标比较合适，即

$$J=\int_0^t t\mid e(t)\mid \mathrm{d}t \quad 或 \quad J=\sum_{j=0}^{k}(jT)\mid e(jT)\mid T=\sum_{j=0}^{k}\mid e(jT)\mid(jT^2)$$

5）加权二次型性能指标

对于多变量控制系统，应当采用误差平方的积分指标

$$J=\int_0^t \boldsymbol{e}^{\mathrm{T}}\boldsymbol{e}\mathrm{d}t=\int_0^t(e_1^2+e_2^2+\cdots)\mathrm{d}t \tag{1-38}$$

若引入加权矩阵 $\boldsymbol{Q}$，则

$$J=\int_0^t \boldsymbol{e}^{\mathrm{T}}\boldsymbol{Q}\boldsymbol{e}\mathrm{d}t=\int_0^t(q_1e_1^2+q_2e_2^2+\cdots)\mathrm{d}t \tag{1-39}$$

若系统中考虑输入量的约束，则

$$J=\int_0^t(\boldsymbol{e}^{\mathrm{T}}\boldsymbol{Q}\boldsymbol{e}+\boldsymbol{u}^{\mathrm{T}}\boldsymbol{R}\boldsymbol{u})\mathrm{d}t \tag{1-40}$$

权矩阵 $\boldsymbol{Q}$ 和 $\boldsymbol{R}$ 的选择是根据对 $\boldsymbol{e}$ 和 $\boldsymbol{u}$ 的各个分量的要求来确定的。

当用状态变量 $\boldsymbol{x}(t)$的函数 $\boldsymbol{F}[\boldsymbol{x}(t), t]$作为被积函数时，积分型性能指标的一般式为

$$J=\int_{t_0}^{t_f}\boldsymbol{F}[\boldsymbol{x}(t),t]\mathrm{d}t \tag{1-41}$$

当 $\boldsymbol{F}[\boldsymbol{x}(t), t]$为实数二次型齐次式时，则 $\boldsymbol{J}$ 即为二次型性能指标。

在离散系统中，二次型性能指标的典型形式为

$$J=\sum_{k=0}^{n-1}\left[\frac{1}{2}\boldsymbol{x}^{\mathrm{T}}(k)\boldsymbol{Q}\boldsymbol{x}(k)+\frac{1}{2}\boldsymbol{u}^{\mathrm{T}}(k)\boldsymbol{R}\boldsymbol{u}(k)\right] \tag{1-42}$$

式中，$\boldsymbol{x}$ 为 n 维状态向量；

$\boldsymbol{u}$ 为 m 维控制微量 ；

$\boldsymbol{Q}$ 为 $n\times n$ 维半正定对称矩阵；

$\boldsymbol{R}$ 为 $m\times m$ 维正定对称矩阵。

2. 末值型指标

$$J=\boldsymbol{S}[\boldsymbol{x}(t_f),t_f] \tag{1-43}$$

$\boldsymbol{J}$ 是末值时刻 t_f 和末值状态 $\boldsymbol{x}(t_f)$的函数，这种性能指标称为末值型性能指标。

当要求在末值时刻 t_f，系统具有最小稳态误差，最准确的定位或最大射程的末值控制中，就可用式(1-43)末值型性能指标。如 $\boldsymbol{J}=\| x(t_f)-x_d(t_f)\|$，$x_d(t_f)$是目标的末值状态。

3. 复合型指标

$$J=\boldsymbol{S}[\boldsymbol{x}(t_f),t_f]+\int_{t_0}^{t_f}\boldsymbol{F}[\boldsymbol{x}(t),t]\mathrm{d}t \tag{1-44}$$

其实复合型指标是积分型指标和末值型指标的复合，是一个更普遍的性能指标型式。

1.5 对象特性对控制性能的影响

假设控制对象的特性归结为对象放大系数 K 和 K_{n}，对象的惯性时间常数 T_{m} 和 T_{n}，以及对象的纯滞后时间 τ 和 τ_{n}。

设反馈控制系统如图 1.38 所示。

控制系统的性能，通常可以用超调量 σ_p、调节时间 t_s 和稳态误差 e_{ss} 等来表征。

1.5.1 对象放大系数对控制性能的影响

前面已经指出，对象可以等效看作由扰动通道 $G_n(s)$ 和控制通道 $G(s)$ 构成，如图 1.23 所示。控制通道的放大系数 K_m，扰动通道的放大系数 K_n，经过推导可以得到以下结论：

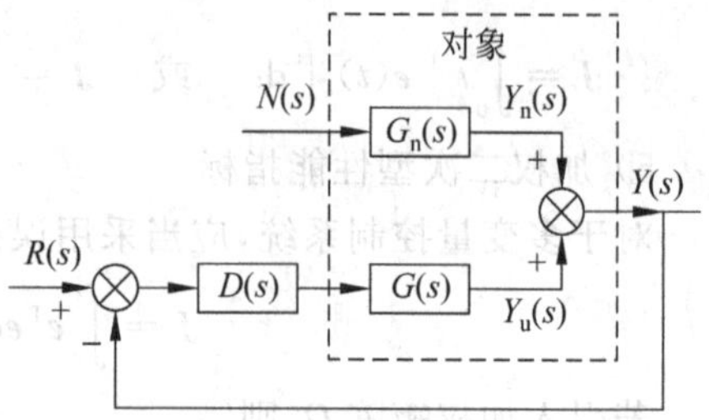

图 1.38 对象特性对反馈控制系统性能的影响

(1) 扰动通道的放大系数 K_n 影响稳态误差 e_{ss}，K_n 越小，e_{ss} 也越小，控制精度越高，所以希望 K_n 尽可能小。

(2) 控制通道的放大系数 K_m 对系统的性能影响不大，因为 K_m 完全可以由调节器 $D(s)$ 的比例系数 K_p 来补偿。

1.5.2 对象的惯性时间常数对控制性能的影响

设扰动通道的惯性时间常数 T_n，控制通道的惯性时间常数 T_m，经过推导，可以得知：

(1) 当 T_n 加大或惯性环节的阶次增加时，可以减少超调量 σ_p。

(2) T_m 越小，反应越灵敏，控制越及时，控制性能越好。

1.5.3 对象的纯滞后时间对控制性能的影响

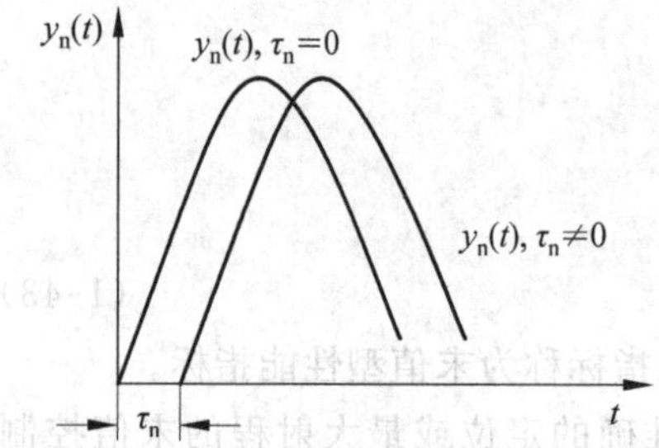

图 1.39 τ_n 对输出量 $y_n(t)$ 的影响

设扰动通道的纯滞后时间 τ_n、控制通道的纯滞后时间 τ。经过分析，可以知道：

(1) 扰动通道纯滞后时间 τ_n 对控制性能影响不大，只是使输出量 $y_n(t)$ 沿时间轴平移了 τ_n，如图 1.39 所示。

(2) 控制通道纯滞后时间 τ 使系统的超调量 σ_p 加大，调节时间 t_s 加长，纯滞后时间 τ 越大，控制性能越差。

1.6 计算机控制研究的课题

计算机控制研究的课题主要有如下几个方面：

1. 数学描述和分析方法

计算机控制系统是离散系统，而且大多数可以近似看作线性离散系统，对于线性离散系统可以用线性差分方程来描述。

$$\sum_{i=0}^{n} a_i y(kT - iT) = \sum_{i=0}^{m} b_i r(kT - iT) \tag{1-45}$$

式中，$y(kT-iT)$ 是系统输出量的时间序列；

$r(kT-iT)$是系统输入量的时间序列；

a_i, b_i 是差分方程的各项系数；

n 是系统输出量的阶次，也是系统的阶次；

m 是系统输入量的阶次；

T 是采样周期。

一个线性离散系统的差分方程的阶次和各项系数主要取决于离散系统本身的结构和特性。

求解差分方程可以用迭代法、古典解法、Z 变换法和离散状态空间法。

在分析计算机控制系统时，很少使用迭代法和古典解法，跟连续控制系统类似，主要使用 Z 变换法和离散状态空间法。

Z 变换定义为

$$Y(z)=\mathscr{Z}[y(kT)]=\sum_{k=0}^{\infty}y(kT)z^{-k} \tag{1-46}$$

实际上，Z 变换是对采样函数 $y(kT)$作拉氏变换。Z 变换有一些重要性质，例如线性性质、平移定理、终值定理、初值定理、迭值定理等，利用这些性质和定理便能够方便地分析计算机控制系统了。

离散状态空间法把计算机控制系统用离散状态空间表达式来表征：

$$\left.\begin{aligned}\boldsymbol{x}(kT+T)&=\boldsymbol{Fx}(kT)+\boldsymbol{Gu}(kT)\\ \boldsymbol{y}(kT)&=\boldsymbol{Cx}(kT)+\boldsymbol{Du}(kT)\end{aligned}\right\} \tag{1-47}$$

式中，$\boldsymbol{x}(kT)$是 n 维状态向量；

$\boldsymbol{u}(kT)$是 m 维控制向量；

$\boldsymbol{y}(kT)$是 p 维输出向量；

$\boldsymbol{F}$ 是 $n\times n$ 维状态矩阵；

$\boldsymbol{G}$ 是 $n\times m$ 维输入矩阵；

$\boldsymbol{C}$ 是 $p\times n$ 维输出矩阵；

$\boldsymbol{D}$ 是 $p\times m$ 维直传矩阵。

可以用离散状态空间法分析和设计计算机控制系统。

2. 离散系统的性能分析

在计算机控制系统中，通常可以用稳定裕量（相角裕量和幅值裕量），动态指标（$\sigma_p, t_s, t_p, N, \eta$ 等），频域指标（$\omega_c, M_r, \omega_r, \omega_b$ 以及 K_v, ξ 等），稳态指标（稳态误差 e_{ss}）来衡量系统性能的好坏。当然，也可以用综合性指标作为衡量或设计计算机控制系统的依据。

3. 计算机控制系统的设计

按照给定的性能指标，设计出数字调节器，使系统满足性能指标的要求。

设计的方法通常有：

离散化设计，如有限拍控制；

模拟化设计，如数字 PID 控制；

离散状态空间法设计，如最少能量控制、离散二次型最优控制；

复杂规律控制系统的设计，如串级控制、前馈控制、纯滞后补偿控制以及多变量解耦控制等。

4. 控制系统的计算机辅助计算和设计

对此课题可以看作由三个方面组成。

(1) 调节器的计算机辅助设计，如最小方差调节器的计算机辅助设计。

(2) 控制系统的计算机数字仿真，如连续系统或离散系统的数字仿真。

(3) 计算机的辅助计算，如用长除法求Z变换的辅助计算、双线性变换的辅助计算等。

1.7 计算机控制的发展方向

1. 最优控制

最优控制是控制技术的一个重要发展方向。最优控制要解决的问题可以归结为：

(1) 利用最优控制的办法，寻找最优设定值或者最优的工况。

(2) 设计出最优调节器，计算机参与在线控制，保证工况稳定在设定值上。

由于最优控制通常需要繁杂的数学运算，需要精确的数学模型。尽管最优控制理论的研究达到了相当高的水平，但是工业中应用尚不多见。大批性能优良、价格低廉的微型计算机的投放市场，以及数字滤波、系统辨识的深入研究，最优控制将会越来越广泛地应用到实际工程中去。

2. 自适应、自学习和自组织系统

自适应控制系统是这样的系统，当运行条件不固定或者随时间变化的时候，系统能够根据对输入量和输出量在线观测积累的数据或信息，进行有效的控制，修正系统的结构、有关参数和控制作用，使系统处于预期的(通常接近于最优的)状态。这种系统通常具有如下功能：

(1) 自动测量和分析输入信号及受控对象特性或者测量和计算系统功能变化的情况。

(2) 据此计算相应的控制策略。

(3) 由执行机构改变控制部件的结构和参数，以实现自适应控制。

自学习系统是自适应系统的发展和延伸。自学习系统就是系统按照运行过程中的“经验”来改进控制算法。自学习可以分为有训练的和无训练的两种。前者比较简单，按照已有的答案告诉机器反应的正确性，并由此来改进机器的控制算法，使之不断趋于理想的算法；后者比较复杂，要作各种试探和搜索、性能测量、统计决策以及模式识别等所谓“人工智能”的技术，它适用于预备知识比较少的场合。

凡能根据环境的变化和运行经验来改变自身结构和参数的系统，通称为自组织系统。自组织系统也是模拟人的神经网络或感觉器官，实现人工智能的一种途径。它具有记忆经验和识别环境变化的能力，能够按照一定的规律改变自己的结构或工作程序以更好地适应环境。

3. 系统辨识

在研究控制系统时，首先要识别清楚系统的情况，并对控制对象和外部环境进行研究以后，才能提出切实可行的方案。系统的辨识就是要弄清楚系统的内在联系和有关参数的一种方法。系统辨识研究的问题可以归纳为：

(1) 控制系统模型结构的研究。

(2) 输入信号的研究。

(3) 测试结果的研究。

(4) 在线辨识的研究 。

4. 分级控制

前面已经提到，分级控制是大系统的一种结构，也是智能控制的一种形式，随着科学技术的发展，现代工业系统日益向大型化、复杂化、人-机化和高可靠性发展，自动化系统已由物质和能量的控制转向跟信息管理系统结合的方向发展，也就是向大型生产过程控制和企业管理相结合的大系统方向发展，因而分级控制也是计算机控制今后发展的重要方向之一。

5. 集散型控制

集散型控制是计算机控制与CRT显示技术和数据通信技术的结合，它具有地理和功能分散，操作管理集中的特点。集散型控制操作简便，容易学习和掌握；人-机联系好；系统扩展灵活；可靠性高；节省电缆，降低了材料和施工费用，施工周期短；具有良好的性能价格比，兼容性好，便于老厂改造，危险性分散等优点。

集散型控制系统自1975年问世以来，世界上已有许多国家生产数十种型号的集散型综合控制系统。我国目前已经引进了一些系统，但是距离实际需要差距还很大，因此集散型控制在我国是大有发展前途的。

1.8 计算机控制的发展前景

计算机控制实质上是自动控制技术与计算机技术的结合。自动控制技术加上计算机技术犹如猛虎添翼。由于计算机具有大量存储信息的能力、强大的逻辑判断功能以及计算机快速运算的本领，计算机控制能够解决常规控制解决不了的难题，能够达到常规控制达不到的优异的性能指标。

(1) 实现复杂的控制规律，提高控制质量，增加产品数量。

常规的模拟调节器只能实现比例-积分-微分调节规律，计算机控制不但具有比例-积分-微分调节功能，而且能够实现复杂的控制规律，例如纯滞后补偿控制、多变量解耦控制、最优控制等。

乙烯裂解炉的温度控制是十分关键的课题，不仅要求温度平稳，而且要求各组炉管之间的温度差尽可能小。裂解炉由四组炉管和相应的四个燃料阀供给燃料。由于炉体结构紧凑，某个阀门的动作，都会引起四组炉管温度的变化。用常规的模拟调节器，即使考虑到各炉管间的耦合，温度仍然难于达到稳定。采用计算机解耦控制，可以克服炉管之间的相互影响，达到平稳、精确地控制温度的目的。

(2) 能够有效地克服随机扰动。

船舶在海洋中航行，扰动因素很多，如风力大小和方向的改变，海浪的波动和冲击，船舶本身的载荷和动力等。多数扰动是难以预知的，因此模拟调节器很难保证控制质量。计算机参与控制以后，可以根据实时检测到的数据，用自动校正的算法估计过程动态，进而自动调整控制信号，保证在扰动出现时仍能具有满意的控制效果。

五机架冷连轧机的速度控制系统，为了保证钢带以 1800 m/min 的速度飞快地传输，必须保持五个机架的轧辊严格同步，否则将会出现断带或轧辊之间堆带。由于材料性能的随机波动，用常规的模拟调节器是达不到控制要求的。采用计算机控制以后，使轧制过程不断地与波动的材料性能相适应，从而得到符合实际情况的最佳设定值，达到了高精度的速度控制。

(3) 控制规律灵活、多样、改动方便。

多台并联的石油裂解炉，其中某台清焦时，为了收到良好的技术经济效果，就应把清焦炉的负荷均匀地分配到其他各台炉上。使用常规仪表，由于参数多，约要 40h 才能完成，而采用计算机控制只需 2h 即可完成，整个系统的年产量可提高 3%。

连续化生产的二氧化钛窑的控制中，从 A 型产品过渡到 B 型产品，用常规的方法需要经过 24h，在此过渡期间的产品是不合格品，采用计算机控制，只需要 3h 便可完成产品的过渡，大大提高了产品的合格率。

随着生产和科学技术的发展，对过程控制的要求也会随之变化。常规控制装置，通常难以很快适应新的要求，对原装置必须改动或拆换，既费材料、资金，又费宝贵的时间。计算机控制则不然，通常不需要改动硬件，只要修改或补充程序或者重新组织和编制程序，就可以很快地适应新的控制要求。如步进电机按照常规的办法控制，要用硬件搭成脉冲分配器，通常一个分配器对应一种步相控制方式。当要求改变步相控制方式时，就要更改脉冲分配器，显然，这是耗资费时的工作。当要求步进电机快速启停时，硬件线路就更加复杂，改换线路也就更加困难。而用计算机控制时，脉冲分配器的工作可由计算机来承担，步相控制方式的改变，无须牵动硬件，只要对控制程序稍作修改，就可以轻而易举地达到控制要求。对于快速启停的实现，也可以由软件方便地达到。

(4) 控制与管理结合，自动化程度进一步提高。

现代化生产中，计算机不仅担负着生产过程的控制任务，而且，也肩负着工厂企业的管理任务，从收集商品信息、情报资料、制定生产计划、产品销售到生产调度、仓库管理都实现计算机化，使得工厂的自动化程度进一步提高。

一个 2×10^6 kW 的电力系统，采用计算机控制以后，电网调度管理人员减少 60%。70%以上的水电站和 90% 以上的变电站实现了无人管理。

(5) 计算机控制投资少、见效快、收效大。

我国某冶炼厂是一个计算机在线控制闪速炼铜企业，计算机控制提供了一个高效、优质、无害工厂的实例。计算机控制闪速炉处理铜精矿 1100 t/d(国内最高 30t/d)；每吨铜耗能 4.17×10^7 kJ(国内水平 5.21×10^7kJ)；生产废热饱和蒸汽 54 t/h，45atm(国内水平与此水平差距甚大)；余热电站装机容量 13000 kW(国内最大 9000 kW)；硫回收率 95.5%(国内水平 20%～80%)；三废排放达到国家标准(国内水平尚达不到)。

某钢厂用单板计算机对定长剪切实时控制，提高了成材率，减轻了工人劳动强度。与手动控制比较，每年可获得经济效益近百万元。

某钢厂 650 轧机使用程序控制以后，劳动力节约 50%以上，每年节省电力 5.5×10^5 kWh。

某化肥厂，使用计算机控制锅炉以后，一年节油1460t，节约重油费26.3万元；降低了烟气对环境的污染；主蒸汽压力更加稳定，为后续工艺稳产、高产提供了良好的条件。

总之，计算机控制在轧钢、冶金、航天、电力、自动驾驶、印刷、造纸、纺织、化工、医药、食品等行业得到了广泛的应用，取得了显著的效果。

计算机控制的优点是突出的，效果是明显的，前景是诱人的。编写本书的目的是希望为推动和普及计算机控制贡献微薄的力量，希望能大力推广和应用计算机控制理论和技术，使计算机控制在现代化建设中发挥巨大的作用。

1.9 练习题

1.1 计算机控制系统是怎样分类的？按功能和按控制规律可各分几类？

1.2 计算机控制系统由哪些部分组成？并画出方框图。

1.3 如何表征控制对象的特性？控制对象可以分为哪些类？实际对象特性是怎样的？

1.4 对象的控制通道和扰动通道的含义是什么？

1.5 执行器可以分为哪些类？电动执行器的输入信号范围是多大？

1.6 常用传感器可以分为哪些类型？

1.7 简述数字调节器及输入输出通道的结构和信息传递过程，并画出示意图。

1.8 试以图说明模拟信号、离散模拟信号和数字信号。

1.9 简述采样定理及其含义。

1.10 多路巡回检测时，采样时间 τ_s、采样周期 T 和通道数 N 之间的关系。

1.11 量化单位、量化误差的含义，它们与转换信号、转换器位数的关系？

1.12 设有模拟信号0～5V和2.5～5V，分别用8位、10位和12位A/D转换器，试计算并列出各自的量化单位和量化误差。

1.13 对于控制用数字计算机有哪些方面的要求？

1.14 试述数-模转换器的作用？如何选择转换器的位数？

1.15 试述保持器的作用和 m 阶保持器的含义。

1.16 试推导出零阶保持器的传递函数，并绘制出幅频特性和相频特性。

1.17 试推导出一阶保持器的传递函数，并绘制出幅频特性和相频特性。

1.18 试述零阶保持器和一阶保持器的特点，并比较两者的优缺点。

1.19 计算机控制系统有哪些主要的性能指标？如何衡量？

1.20 如何衡量系统的稳定性？

1.21 动态特性可以由哪些指标来衡量？

1.22 如何衡量系统的稳态特性？

1.23 综合性指标有何优点？它包含哪几类？

1.24 控制对象的特性对控制性能有怎样的影响？

1.25 计算机控制研究哪些方面的课题？

1.26 计算机控制将向哪些方向发展？

1.27 计算机控制为什么会有良好的发展前景？

第 2 章 线性离散系统的 Z 变换分析法

2.1 概述

计算机控制系统是线性离散系统或者近似当作线性离散系统。研究一个物理系统，必须建立相应的数学模型，解决数学描述和分析工具的问题。本章主要介绍线性离散系统的数学描述和 Z 变换分析法，以便分析线性离散系统的性能，如稳定性、稳态特性和动态特性等；同时也为线性离散系统的设计打下基础。

2.1.1 线性离散系统的数学描述和分析方法

众所周知，对于图 2.1 所示的线性连续系统，其输入和输出之间用线性常微分方程描述，即

$$a_0 \frac{\mathrm{d}^n y(t)}{\mathrm{d}t^n} + a_1 \frac{\mathrm{d}^{n-1} y(t)}{\mathrm{d}t^{n-1}} + \cdots + a_{n-1} \frac{\mathrm{d}y(t)}{\mathrm{d}t} + a_n y(t)$$

$$= b_0 \frac{\mathrm{d}^m r(t)}{\mathrm{d}t^m} + b_1 \frac{\mathrm{d}^{m-1} r(t)}{\mathrm{d}t^{m-1}} + \cdots + b_{m-1} \frac{\mathrm{d}r(t)}{\mathrm{d}t} + b_m r(t) \qquad (2\text{-}1)$$

分析的方法有古典法、拉氏变换分析法和状态空间分析法。

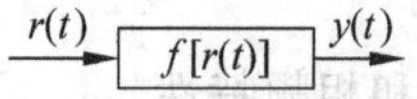

图 2.1 线性连续系统

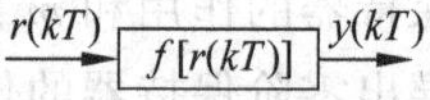

图 2.2 线性离散系统

对于图 2.2 所示线性离散系统，与线性连续系统类似，线性离散系统的输入与输出之间用线性常系数差分方程描述，即

$$\begin{aligned} & y(kT) + a_1 y(kT - T) + a_2 y(kT - 2T) + \cdots \\ & \quad + a_{n-1} y(kT - nT + T) + a_n y(kT - nT) \\ & = b_0 r(kT) + b_1 r(kT - T) + b_2 r(kT - 2T) + \cdots \\ & \quad + b_{m-1} r(kT - mT + T) + b_m r(kT - mT) \end{aligned} \qquad (2\text{-}2)$$

线性离散系统的分析方法也有古典法、Z 变换法和离散状态空间法。

为了便于了解和掌握线性离散系统的分析方法，表 2.1 列出并比较了线性离散系统和线性连续系统的分析方法。

表 2.1　线性连续系统与线性离散系统分析方法的比较

			线性连续系统	线性离散系统
数学描述			线性微分方程 古典解法、变换解法、状态空间解法	线性差分方程 古典解法、变换解法、离散状态空间解法
变换法		变　换	拉普拉斯变换	离散拉普拉斯变换或 Z 变换
变换法		过渡函数	脉冲过渡函数 $h(t)$，输入 $r(t)$ 输出 $y(t)=h(t)\ *\ r(t)$	单位冲激响应 $h(kT)$，输入 $r(kT)$ 输出 $y(kT)=h(kT)*r(kT)$
变换法		传递函数	传递函数 $G_c(s)=\dfrac{Y(s)}{R(s)}$	Z 传递函数 $G_c(z)=\dfrac{Y^*(s)}{R^*(s)}=\dfrac{Y(z)}{R(z)}$
变换法	频率法	频率特性	$G_0(s)\big\|_{s=j\omega}\rightarrow G_0(j\omega)$	$G_0(z)\big\|_{z=e^{j\omega T}}\rightarrow G_0(e^{j\omega T})$
变换法	频率法	对数频率特性	$20\lg\|G_0(j\omega)\|\sim\lg\omega$ $\varphi(\omega)\sim\lg\omega$	$G_0(z)\big\|_{z=\frac{1+jv}{1-jv}}\rightarrow G_0(jv)$ $20\lg\|G_0(jv)\|\sim\lg v$，$\varphi(v)\sim\lg v$
变换法	根轨迹法	幅值条件	$\|G_0(s)\|=1$	$\|G_0(z)\|=1$
变换法	根轨迹法	相角条件	$\angle G_0(s)=\pm180°+i\cdot360°$ $i=0,1,2,3,\cdots$	$\angle G_0(z)=\pm180°+i\cdot360°$ $i=0,1,2,3,\cdots$
变换法	根轨迹法	绘制法则	在 S 平面上作根轨迹	在 Z 平面上作根轨迹，绘制法则与连续系统类似
变换法		系统稳定的充分必要条件	系统的闭环极点分布在 S 平面的左半平面	系统的闭环极点分布在 Z 平面上，以原点为圆心的单位圆(半径为 1)内
变换法		系统的瞬态响应	与闭环极点和零点在 S 平面上的分布有关	与闭环极点和零点在 Z 平面上的分布有关
状态空间法		状态空间表达式	$\dot{\boldsymbol{x}}(t)=\boldsymbol{Ax}(t)+\boldsymbol{Bu}(t)$ $\boldsymbol{y}(t)=\boldsymbol{Cx}(t)+\boldsymbol{Du}(t)$	$\boldsymbol{x}(kT+T)=\boldsymbol{Fx}(kT)+\boldsymbol{Gu}(kT)$ $\boldsymbol{y}(kT)=\boldsymbol{Cx}(kT)+\boldsymbol{Du}(kT)$
状态空间法		传递矩阵	$\boldsymbol{G}(s)=\boldsymbol{H}(s)=\boldsymbol{C}[s\boldsymbol{I}-\boldsymbol{A}]^{-1}\boldsymbol{B}+\boldsymbol{D}$	$\boldsymbol{G}(z)=\boldsymbol{H}(z)=\boldsymbol{C}[z\boldsymbol{I}-\boldsymbol{F}]^{-1}\boldsymbol{G}+\boldsymbol{D}$
状态空间法		特征方程	$\|s\boldsymbol{I}-\boldsymbol{A}\|=0$	$\|z\boldsymbol{I}-\boldsymbol{F}\|=0$
状态空间法	状态方程的解	迭代法	$\boldsymbol{x}(t)=e^{\boldsymbol{A}t}\boldsymbol{x}(0)+\int_0^t e^{\boldsymbol{A}(t-\tau)}\boldsymbol{Bu}(\tau)\mathrm{d}\tau$	$\boldsymbol{x}(kT)=\boldsymbol{F}^k\boldsymbol{x}(0)+\sum_{j=0}^{k-1}\boldsymbol{F}^{k-j-1}\boldsymbol{Gu}(jT)$
状态空间法	状态方程的解	变换法	$\boldsymbol{x}(t)=\mathscr{L}^{-1}[(s\boldsymbol{I}-\boldsymbol{A})^{-1}]\boldsymbol{x}(0)$ $+\mathscr{L}^{-1}[(s\boldsymbol{I}-\boldsymbol{A})^{-1}\boldsymbol{BU}(s)]$	$\boldsymbol{x}(kT)=\mathscr{Z}^{-1}[(z\boldsymbol{I}-\boldsymbol{F})^{-1}z\boldsymbol{x}(0)]$ $+\mathscr{Z}^{-1}[(z\boldsymbol{I}-\boldsymbol{F})^{-1}\boldsymbol{GU}(z)]$
状态空间法		系统稳定的充分必要条件	特征根的实部小于零，$\mathrm{Re}(s_i)<0$ 即分布在 S 平面的左半平面内	特征根的模 $\|z_i\|<1$，即分布在 Z 平面上以原点为圆心的单位圆内

所谓线性离散系统，是表征其特性的差分方程满足叠加定理。

若
$$y_1(kT)=f[r_1(kT)],\quad y_2(kT)=f[r_2(kT)]$$
$$r(kT)=a_1r_1(kT)+a_2r_2(kT),\quad a_1,a_2\ \text{为任意常数}$$
则
$$y(kT)=f[r(kT)]$$

且 $$\begin{aligned} &= f[a_1 r_1(kT) + a_2 r_2(kT)] \\ &= a_1 f[r_1(kT)] + a_2 f[r_2(kT)] \\ &= a_1 y_1(kT) + a_2 y_2(kT) \end{aligned}$$

与连续系统一样,离散系统也可以分为时变系统和时不变系统,本书主要讨论线性时不变系统。时不变系统的输入和输出之间的关系是不随时间变化的。

若系统的输出 $y(kT)$是对输入 $r(kT)$的响应,则当输入为 $r(kT-iT)$时,其输出响应为 $y(kT-iT)$, $k=0,1,2,\cdots$, $i=0,\pm1,\pm2,\cdots$时不变系统也称位移不变系统。

2.1.2 差分方程的解法

一个单输入-单输出的线性离散系统的差分方程如式(2-2),或表示成

$$y(kT) = \sum_{i=0}^{m} b_i r(kT - iT) - \sum_{i=1}^{n} a_i y(kT - iT) \tag{2-3}$$

差分方程的解法有迭代法、古典法和变换法。

1. 迭代法

式(2-2)或式(2-3)是一个 n 阶线性常系数差分方程。如果已知差分方程和输入序列,并且给定输出序列的初始值时,就可以利用迭代关系逐步计算出所需要的输出序列。

例 2.1 已知差分方程

$$y(kT) + y(kT - T) = r(kT) + 2r(kT - 2T)$$

输入序列为 $r(kT)=\begin{cases} k, & k\geqslant 0 \text{ 时} \\ 0, & k<0 \text{ 时} \end{cases}$

初始条件为 $y(0)=2$,试用迭代法求解差分方程。

解: 逐步以 $k=1,2,3,\cdots$,代入差分方程,则有

$$y(0) = 2,\quad y(T) = -1,\quad y(2T) = 3,\quad y(3T) = 2,\quad y(4T) = 6,\cdots$$

可以得到任意 kT 时刻的输出序列 $y(kT)$。

显然迭代法可以求出输出序列 $y(kT)$,但不是数学解析式。迭代法的优点是便于用计算机求解。

2. 古典解法

与微分方程类似,差分方程也有古典解法。差分方程的全解也包含两部分,即对应于齐次方程的通解和对应于非齐次方程的一个特解。

与式(2-2)对应的齐次方程为

$$y(kT) + a_1 y(kT - T) + a_2 y(kT - 2T) + \cdots + a_n y(kT - nT) = 0 \tag{2-4}$$

通解具有 $A\alpha^k$ 的形式,代入式(2-4),有

$$A\alpha^k + a_1 A\alpha^{k-1} + a_2 A\alpha^{k-2} + \cdots + a_n A\alpha^{k-n} = 0$$

因为 $A\alpha^k \neq 0$,对上式两边乘以 α^n,除以 $A\alpha^k$ 可得

$$\alpha^n + a_1\alpha^{n-1} + a_2\alpha^{n-2} + \cdots + a_n = 0 \tag{2-5}$$

式(2-5)称为方程(2-2)的特征方程,若特征方程有两两相异的根 α_i, $i=1,2,3,\cdots,n$,则式(2-2)的通解为

$$
\begin{aligned}
y(kT) &= A_1\alpha_1^k + A_2\alpha_2^k + \cdots + A_n\alpha_n^k \\
&= \sum_{i=1}^{n} A_i\alpha_i^k
\end{aligned}
\qquad (2\text{-}6)
$$

式中的系数 A_i 由初始条件决定。

齐次差分方程(2-4)与连续系统中的齐次微分方程类似，表征了线性离散系统在没有外界作用的情况下，系统的自由运动，它反映了系统本身的物理特性。

当差分方程中包含输入作用时，称方程为非齐次差分方程，式(2-2)即为非齐次差分方程。非齐次差分方程的特解跟微分方程的特解类似，特解的形式要经过试探才能够确定。表 2.2 列出了非齐次差分方程常见的特解形式。

表 2.2　非齐次差分方程的特解形式

<table>
<tr><th colspan="3">输入量 $r(k)$</th><th>输出量 $y(k)$</th></tr>
<tr><td colspan="3">k^m</td><td>$p_0k^m + p_1k^{m-1} + \cdots + p_m$</td></tr>
<tr><td rowspan="3">α^k</td><td colspan="2">α 不是差分方程的任何特征根</td><td>$p\alpha^k$</td></tr>
<tr><td rowspan="2">α 是差分方程的特征根之一</td><td>相异根</td><td>$p_1k\alpha^k + p_2\alpha^k$</td></tr>
<tr><td>$m-1$ 次重根</td><td>$p_1k^{m-1}\alpha^k + p_2k^{m-2}\alpha^k + \cdots + p_m\alpha^k$</td></tr>
</table>

非齐次差分方程的特解，反映了离散系统在外界作用下，系统的强迫运动。

3 变换法

由上述介绍可以看出跟微分方程的古典解法类似，差分方程的古典解法也是十分麻烦的。在连续系统中引入拉氏变换以后使得求解复杂的微、积分问题，变成了简单的代数运算。在求解差分方程时，同样采用变换法，引入 Z 变换以后，使得求解差分方程变得十分简便。

2.2　Z 变换

Z 变换分析法是分析线性离散系统的重要方法之一。

在 Z 变换分析法中将引入 Z 传递函数的概念，作为分析线性离散系统的重要工具。

利用 Z 变换分析法可以方便地分析线性离散系统的稳定性、稳态特性和动态特性。Z 变换分析法还可以用来设计线性离散系统。

2.2.1　Z 变换的定义

在线性连续系统中，连续时间函数 $y(t)$ 的拉氏变换为 $Y(s)$。同样在线性离散系统中，也可以对采样信号 $y^*(t)$ 做拉氏变换。采样信号的表达式为

$$
y^*(t) = \sum_{k=0}^{\infty} y(kT)\delta(t-kT) \qquad (2\text{-}7)
$$

对采样信号 $y^*(t)$ 做拉氏变换，得

$$
\mathscr{L}[y^*(t)] = Y^*(s)
$$

$$= \int_{-\infty}^{\infty} \sum_{k=0}^{\infty} y(kT)\delta(t-kT)\mathrm{e}^{-st}\,\mathrm{d}t$$

$$= \sum_{k=0}^{\infty} y(kT)\int_{-\infty}^{\infty} \delta(t-kT)\mathrm{e}^{-st}\,\mathrm{d}t$$

$$= \sum_{k=0}^{\infty} y(kT)\mathrm{e}^{-kTs} \tag{2-8}$$

式(2-8)中复数变量在指数中，e^{-kTs} 是超越函数，计算很不方便。

令 $z=\mathrm{e}^{Ts}$，则有

$$Y(z) = Y^*(s) = \sum_{k=0}^{\infty} y(kT)z^{-k} \tag{2-9}$$

式(2-9)把采样函数 $y^*(t)$ 变换成 $Y(z)$，$Y(z)$ 称为 $y^*(t)$ 的 Z 变换，也称为离散拉氏变换或采样拉氏变换的。记作 $Y(z)=\mathscr{Z}[y^*(t)]$ 或 $Y(z)=\mathscr{Z}[y(kT)]$。

由 Z 变换的定义

$$Y(z)= \sum_{k=0}^{\infty} y(kT)z^{-k} = y(0) + y(T)z^{-1} + y(2T)z^{-2} + y(3T)z^{-3} + \cdots \tag{2-10}$$

由式(2-10)可以看出采样函数 $y^*(t)$ 的 Z 变换 $Y(z)$ 与采样点上的采样值有关，所以当知道 $Y(z)$ 时，便可以求得时间序列 $y(kT)$，或者，当知道时间序列 $y(kT)$，$k=0, 1, 2, \cdots$ 时，便可求得 $Y(z)$。

例 2.2 试求单位阶跃时间序列 $y(kT)=u(kT)$ 的 Z 变换。

解：

$$Y(z)= \mathscr{Z}[u(kT)] = \sum_{k=0}^{\infty} u(kT)z^{-k}$$

$$= 1 + z^{-1} + z^{-2} + z^{-3} + \cdots \quad (\text{等比数列求和})$$

$$= \frac{1}{1-z^{-1}}$$

或

$$Y(z)= \frac{z}{z-1}$$

例 2.3 试求衰减指数序列 $y(kT)=\mathrm{e}^{-akT}$ 的 Z 变换 $Y(z)$。

解：

$$Y(z)= \mathscr{Z}[\mathrm{e}^{-akT}] = \sum_{k=0}^{\infty} \mathrm{e}^{-akT}z^{-k}$$

$$= 1 + \mathrm{e}^{-aT}z^{-1} + \mathrm{e}^{-2aT}z^{-2} + \mathrm{e}^{-3aT}z^{-3} + \cdots \quad (\text{等比数列求和})$$

$$= \frac{1}{1-\mathrm{e}^{-aT}z^{-1}}$$

或

$$Y(z)= \frac{z}{z-\mathrm{e}^{-aT}}$$

例 2.4 试求指数序列 $y(k)=a^k$ 的 Z 变换 $Y(z)$。

解：

$$Y(z)= \mathscr{Z}[a^k] = \sum_{k=0}^{\infty} a^k z^{-k}$$

$$= 1 + az^{-1} + a^2z^{-2} + a^3z^{-3} + \cdots$$

$$= \frac{1}{1-az^{-1}}$$

或
$$Y(z)=\frac{z}{z-a}$$

例 2.5 试求正弦时间序列 $y(kT)=\sin\omega kT$ 的 Z 变换。

解:
$$\begin{aligned}Y(z)&=\mathscr{Z}[\sin\omega kT]=\mathscr{Z}\left[\frac{e^{j\omega kT}-e^{-j\omega kT}}{2j}\right]\\&=\frac{1}{2j}\left[\frac{z}{z-e^{j\omega T}}-\frac{z}{z-e^{-j\omega T}}\right]\\&=\frac{1}{2j}\frac{(e^{j\omega T}-e^{-j\omega T})z}{z^2-(e^{j\omega T}+e^{-j\omega T})z+1}\\&=\frac{z\sin\omega T}{z^2-2z\cos\omega T+1}\end{aligned}$$

对于 Z 变换还需要指出：Z 变换是对信号 $y(t)$的采样函数 $y^*(t)$在 $t=kT,k=0,1,2,\cdots$的时间序列 $y(kT)$的变换。

若函数 $y_1(t)$，$y_2(t)$如图 2.3 所示，显然 $y_1(t)\neq y_2(t)$，但是 $y_1(kT)=y_2(kT)$，即两个函数在采样点上的值相等时，则 $Y_1(z)=Y_2(z)$。因此，$Y_1(z)=Y_2(z)$时，可能 $y_1(t)=y_2(t)$，也可能 $y_1(t)\neq y_2(t)$。

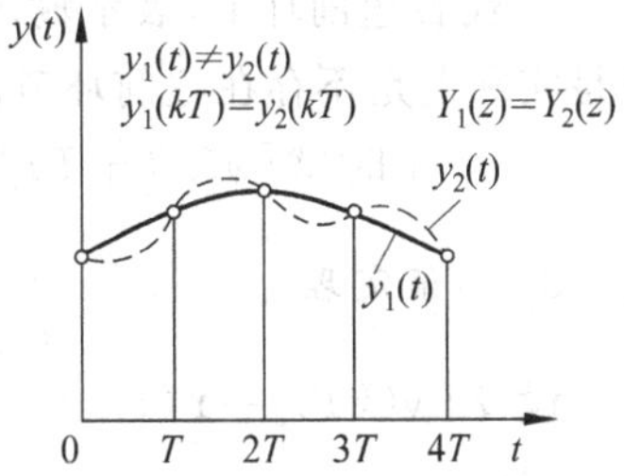

图 2.3　两个不同函数的 Z 变换

常用函数的 Z 变换表见附录 A。

2.2.2　Z 变换的性质和定理

Z 变换的性质和定理跟拉氏变换的性质和定理是很相似的。下面介绍几种常用的性质和定理。

1. 线性性质

设
$$\mathscr{Z}[y(kT)]=Y(z),\quad \mathscr{Z}[x(kT)]=X(z)\text{，且 }a,b\text{ 为常数，则有}$$
$$\mathscr{Z}[ay(kT)]=aY(z),\quad \mathscr{Z}[bx(kT)]=bX(z) \tag{2-11}$$
$$\mathscr{Z}[ay(kT)+bx(kT)]=aY(z)+bX(z) \tag{2-12}$$

由于这个性质，Z 变换是一种线性变换，或者说是一种线性算子。

例 2.6 设序列 $y(kT)=\begin{cases}1, & k\text{ 为偶数},\\0, & k\text{ 为奇数},\end{cases}$ 求 $Y(z)$。

解: 序列可由单位阶跃序列 $u(kT)$和交错序列组合而得，即
$$y(kT)=\frac{1}{2}u(kT)+\frac{1}{2}(-1)^k$$

由式(2-12)可得
$$\begin{aligned}Y(z)&=\mathscr{Z}[y(kT)]=\mathscr{Z}\left[\frac{1}{2}u(kT)+\frac{1}{2}(-1)^k\right]\\&=\frac{z}{2(z-1)}+\frac{z}{2(z+1)}\\&=\frac{z^2}{z^2-1}\end{aligned}$$

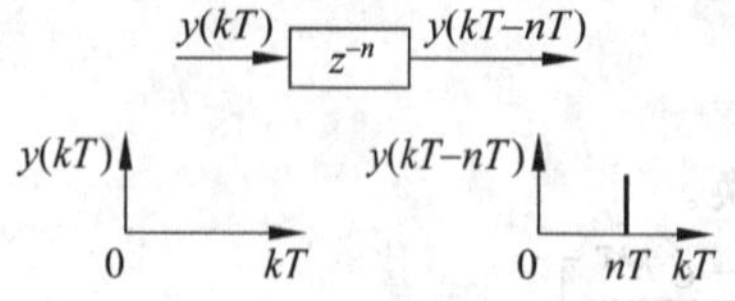

图 2.4　z^{-n}的滞后特性

2. 平移定理

设 $kT<0$ 时，$y(kT)=0$，$\mathscr{Z}[y(kT)]=Y(z)$　(2-13)

1）滞后定理

$$\mathscr{Z}[y(kT-nT)]=z^{-n}Y(z)$$

z^{-n}代表滞后环节，表示把信号滞后 n 个采样周期。如图 2.4 所示。当 $n=1$ 时

$$\mathscr{Z}[y(kT-T)]=z^{-1}Y(z)$$

2）超前定理

$$\mathscr{Z}[y(kT+nT)]=z^{n}Y(z)-\sum_{j=0}^{n-1}z^{n-j}y(jT) \tag{2-14}$$

z^{n} 代表超前环节，表示输出信号超前输入信号 n 个采样周期。z^{n} 在运算中是有用的，但是实际上是不存在超前环节的。

当 $n=1$ 时 $\mathscr{Z}[y(kT+T)]=zY(z)-zy(0)$

3. 初值定理

设 $\mathscr{Z}[y(kT)]=Y(z)$

则
$$y(0)=\lim_{k\to 0}y(kT)=\lim_{z\to\infty}Y(z) \tag{2-15}$$

例 2.7　求单位阶跃序列 $u(kT)$的初值 $u(0)$。

解：
$$\mathscr{Z}[u(kT)]=\frac{1}{1-z^{-1}}$$

$$u(0)=\lim_{z\to\infty}\frac{1}{1-z^{-1}}=1$$

4. 终值定理

设 $\mathscr{Z}[y(kT)]=Y(z)$

则
$$y(\infty)=\lim_{k\to\infty}y(kT)=\lim_{z\to 1}(z-1)Y(z) \tag{2-16}$$

例 2.8　求单位阶跃序列 $u(kT)$的终值 $u(\infty)$。

解：
$$u(\infty)=\lim_{z\to 1}(z-1)\frac{z}{z-1}=1$$

5. 迭值定理

设 $g(kT)=\sum_{i=0}^{k}y(iT)$　　$i=0,1,2,\cdots$

则
$$G(z)=\frac{1}{1-z^{-1}}Y(z) \tag{2-17}$$

例 2.9　已知$y(kT)=\begin{cases}0, & k=0\\ 1, & k=1,2,\cdots\end{cases}$

$$g(kT)=\sum_{i=0}^{k}y(iT)=k\quad 求 G(z)=\mathscr{Z}[g(kT)]$$

解：$y(kT)$是滞后一拍的单位阶跃序列，故

$$Y(z) = \mathscr{Z}[y(kT)] = \frac{z^{-1}}{1-z^{-1}},$$

由式(2-17)，

$$G(z) = \frac{1}{1-z^{-1}}Y(z) = \frac{z^{-1}}{(1-z^{-1})^2}$$

6. 减幅规则

若

$$\mathscr{Z}[y(kT)] = Y(z)$$

则

$$\mathscr{Z}[a^{\pm bkT}y(kT)] = Y(a^{\mp bT}z)$$

利用减幅规则可以求出一些复杂函数的Z变换。例如已知

$$\mathscr{Z}[\sin\omega kT] = \frac{z\sin\omega T}{z^2 - 2z\cos\omega T + 1}$$

利用减幅规则，可以得到

$$\mathscr{Z}[a^{-bkT}\sin\omega kT] = \frac{a^{-bT}z\sin\omega T}{z^2 - 2a^{-bT}z\cos\omega T + a^{-2bT}}$$

上述几个性质和定理是常用的，Z变换的其他性质和定理不再赘述。表2.3列出了Z变换的主要性质和定理。

表2.3 Z变换的主要性质和定理

序号	性　质	时间序列 $x(kT)$，$y(kT)$	Z变换 $X(z)$，$Y(z)$
1	线性性质	$ay(kT)$，$bx(kT)$ $ay(kT)+bx(kT)$	$aY(z)$，$bX(z)$ $aY(z)+bX(z)$
2	滞后定理	$y(kT-nT)$	$z^{-n}Y(z)$
3	超前定理	$y(kT+nT)$	$z^nY(z)-\sum_{j=0}^{n-1}y(jT)z^{n-j}$
4	初值定理	$y(0)$	$\lim_{z\to\infty}Y(z)$
5	终值定理	$y(\infty)$	$\lim_{z\to1}(z-1)Y(z)$
6	迭值定理	$\sum_{i=0}^{k}y(iT)$	$\frac{1}{1-z^{-1}}Y(z)$
7	减幅规则	$a^{\pm bkT}y(kT)$	$Y(a^{\mp bT}z)$
8	复域微分	$(kT)y(kT)$	$-zT\frac{\mathrm{d}Y(z)}{\mathrm{d}z}$
9	复域积分	$\frac{1}{kT}y(kT)$	$\int_z^{\infty}\frac{Y(z)}{Tz}\mathrm{d}z+\lim_{k\to0}\frac{y(kT)}{kT}$
10	卷积定理	$y(kT)*x(kT)$	$Y(z)\cdot X(z)$

综合上述分析，可以看出：

(1) Z变换的性质和定理与拉氏变换的性质和定理是类似的。

(2) 由Z变换定义、性质和定理可以很方便地求出复杂函数的Z变换。

(3) 一些典型时间序列的 Z 变换可以由查表(见附录 A)得到。

(4) Z 变换是离散拉氏变换,须知 $Y(z) \neq Y(s)|_{s=z}$。

2.3 Z 反变换

由 $Y(z)$ 求出相应的时间序列 $y(kT)$ 或数值序列 $y(k)$ 称为 Z 反变换。记作

$$\mathscr{Z}^{-1}[Y(z)] = y(kT) \quad \text{时间序列} \tag{2-18}$$

$$\mathscr{Z}^{-1}[Y(z)] = y(k) \quad \text{数值序列} \tag{2-19}$$

Z 变换是对采样序列的变换,所以 Z 变换得不到采样点之间的函数值。Z 反变换的求法通常有部分分式法,长除法和留数计算法。

2.3.1 部分分式法

部分分式法求取 Z 反变换的过程跟用部分分式法求取拉氏反变换的过程十分相似。

设有

$$Y(z) = \frac{b_0 z^m + b_1 z^{m-1} + \cdots + b_m}{a_0 \prod_{i=1}^{n} (z - p_i)}$$

展开成

$$\frac{Y(z)}{z} = \sum_{i=1}^{n} \frac{A_i}{z - p_i}$$

$$A_i = \left[(z - p_i) \frac{Y(z)}{z} \right]_{z = p_i}$$

则 Z 反变换

$$y(kT) = \mathscr{Z}^{-1}\left[\sum_{i=1}^{n} \frac{zA_i}{z - p_i} \right] \tag{2-20}$$

例 2.10 求 $Y(z)=\dfrac{0.6z^{-1}}{1-1.4z^{-1}+0.4z^{-2}}$ 的 Z 反变换。

解:

$$Y(z) = \frac{0.6z}{z^2 - 1.4z + 0.4}$$

$$\frac{Y(z)}{z} = \frac{A_1}{z-1} + \frac{A_2}{z-0.4}$$

$$A_1 = (z-1)\frac{0.6}{z^2 - 1.4z + 0.4}\bigg|_{z=1} = 1$$

$$A_2 = (z-0.4)\frac{0.6}{z^2 - 1.4z + 0.4}\bigg|_{z=0.4} = -1$$

$$Y(z) = \frac{z}{z-1} - \frac{z}{z-0.4}$$

$$y(kT) = \mathscr{Z}^{-1}[Y(z)] = 1 - (0.4)^k$$

例 2.11 求 $Y(z)=\dfrac{z^3+2z^2+z+1}{z^3-z^2-8z+12}$ 的 Z 反变换。

解:

$$Y(z) = \frac{z^3 + 2z^2 + z + 1}{(z-2)^2(z+3)}$$

$$= A_0 + \frac{A_1 z}{z-2} + \frac{A_2 z^2}{(z-2)^2} + \frac{A_3 z}{z+3}$$

$$= \frac{B_0 z^3 + B_1 z^2 + B_2 z + B_3}{(z-2)^2(z+3)}$$

比较 $Y(z)$的分子部分各项系数

$$B_0 = A_0 + A_1 + A_2 + A_3 = 1$$
$$B_1 =- A_0 + A_1 + 3A_2 - 4A_3 = 2$$
$$B_2 =- 8A_0 - 6A_1 + 4A_3 = 1$$
$$B_3 = 12A_0 = 1$$

可得 $A_0=\frac{1}{12}$，$A_1=\frac{-9}{50}$，$A_2=\frac{19}{20}$，$A_3=\frac{11}{75}$，所以

$$Y(z) = \frac{1}{12} - \frac{9}{50}\frac{z}{z-2} + \frac{19}{20}\frac{z^2}{(z-2)^2} + \frac{11}{75}\frac{z}{z+3}$$

$$y(kT)= \frac{1}{12}\delta(kT) - \frac{9}{50}2^k + \frac{19}{20}(k+1)2^k + \frac{11}{75}(-3)^k$$

$$= \frac{1}{12}\delta(kT) + \frac{19}{20}k2^k + \frac{77}{100}2^k + \frac{11}{75}(-3)^k$$

用部分分式法求 Z 反变换可以得到时间序列或数值序列的数学解析式。部分分式法常用的 Z 变换对如表 2.4 所示。

表 2.4　部分分式法常用的 Z 变换对

$Y(z)$	$y(kT)$
$\frac{z}{z-1}$	1
$\frac{1}{z-a}$	a^{k-1}　$k\geqslant1$ 0　$k<0$
$\frac{z}{z-a}$	a^k
$\frac{z}{(z-a)^2}$	ka^{k-1}
$\frac{z(z+a)}{(z-a)^3}$	k^2a^{k-1}
$\frac{z(z^2+4az+a^2)}{(z-a)^4}$	k^3a^{k-1}

2.3.2　长除法

将 $Y(z)$用长除法展开成 z 的降幂级数，再根据 Z 变换的定义，可以得到 $y(kT)$的前若干项。

设
$$Y(z) = \frac{b_0 z^m + b_1 z^{m-1} + \cdots + b_m}{a_0 z^n + a_1 z^{n-1} + \cdots + a_n}$$

用长除法可得
$$Y(z)=y_0+y_1z^{-1}+y_2z^{-2}+\cdots+y_kz^{-k} \tag{2-21}$$

由 Z 变换定义　　$$Y(z)=y(0)+y(T)z^{-1}+y(2T)z^{-2}+\cdots+y(kT)z^{-k}+\cdots \tag{2-22}$$

可知 $y(0)=y_0$，$y(T)=y_1$，$y(2T)=y_2$，$y(3T)=y_3$，$y(4T)=y_4$，…

例 2.12　求 $Y(z)=\dfrac{0.6z}{z^2-1.4z+0.4}$的 Z 反变换

解：用长除法

$$\begin{array}{r l}
 & 0.6z^{-1}+0.84z^{-2}+0.936z^{-3}+\cdots \\ \hline
z^2-1.4z+0.4 \,\big) & 0.6z \\
 & \underline{0.6z-0.84+0.24z^{-1}} \\
 & 0.84-0.24z^{-1} \\
 & \underline{0.84-1.176z^{-1}+0.336z^{-2}} \\
 & 0.936z^{-1}-0.336z^{-2} \\
 & \underline{0.936z^{-1}-1.310z^{-2}+0.3744z^{-3}} \\
 & \cdots
\end{array}$$

可得 $Y(z)=0.6z^{-1}+0.84z^{-2}+0.936z^{-3}+0.974z^{-4}+0.991z^{-5}+\cdots$

则 $y(0)=0, y(T)=0.6, y(2T)=0.84, y(3T)=0.936$，$y(4T)=0.974$，$y(5T)=0.991$，…

长除法只能求得时间序列或数值序列的前若干项，得不到序列 $y(kT)$或 $y(k)$的数学解析式。

当 $Y(z)$的分子分母项数较多时，用长除法求 Z 反变换就比较麻烦。使用计算机辅助计算可方便、简洁、精确地得到 Z 反变换。

2.3.3　留数计算法

函数 $Y(z)$可以看作是复数 Z 平面上的劳伦级数，级数的各项系数可以利用积分关系求出

$$\mathscr{Z}^{-1}[Y(z)]=y(kT)=\frac{1}{2\pi j}\oint_C Y(z)z^{k-1}\mathrm{d}z \tag{2-23}$$

积分路径 C 应包围被积式中的所有极点。根据留数定理

$$y(kT)=\sum_{i=1}^{n}\mathrm{Res}[Y(z)z^{k-1}]_{z=p_i} \tag{2-24}$$

式中 n 表示极点数，p_i 表示第 i 个极点，

因为　　$$\mathrm{Res}Y(z)z^{k-1}\Big|_{z\to p_i}=\lim_{z\to p_i}(z-p_i)Y(z)z^{k-1}$$

所以　　$$y(kT)=\sum_{i=1}^{n}\lim_{z\to p_i}[(z-p_i)Y(z)z^{k-1}] \tag{2-25}$$

例 2.13　用留数计算法求 $Y(z)=\dfrac{0.6z}{z^2-1.4z+0.4}$的 Z 反变换。

解：　$n=2$，$p_1=1$，$p_2=0.4$

$$y(kT)=\lim_{z\to 1}(z-1)\frac{0.6z^k}{z^2-1.4z+0.4}+\lim_{z\to 0.4}(z-0.4)\frac{0.6z^k}{z^2-1.4z+0.4}$$

$$= 1-(0.4)^k$$

例 2.14 用留数计算法求 $Y(z)=\dfrac{z}{(z-e^{\alpha T})(z-e^{\beta T})}$的 Z 反变换。

解： $n=2$，$p_1=e^{\alpha T}$，$p_2=e^{\beta T}$

$$y(kT)=\lim_{z\to e^{\alpha T}}(z-e^{\alpha T})\frac{z^k}{(z-e^{\alpha T})(z-e^{\beta T})}$$

$$+\lim_{z\to e^{\beta T}}(z-e^{\beta T})\frac{z^k}{(z-e^{\alpha T})(z-e^{\beta T})}=\frac{e^{\alpha kT}}{e^{\alpha T}-e^{\beta T}}-\frac{e^{\beta kT}}{e^{\alpha T}-e^{\beta T}}$$

$$=\frac{e^{\alpha kT}-e^{\beta kT}}{e^{\alpha T}-e^{\beta T}}$$

当 $Y(z)$具有重极点 p_j 时，设重极点阶数为 l，

则
$$y(kT)=\sum_{i=1}^{n-l}\lim_{z\to p_i}[(z-p_i)Y(z)z^{k-1}]$$

$$+\lim_{z\to p_j}\frac{1}{(l-1)!}\frac{d^{l-1}}{dz^{l-1}}[(z-p_j)^lY(z)z^{k-1}] \qquad (2\text{-}26)$$

例 2.15 用留数法求 $Y(z)=\dfrac{z}{(z-\alpha)(z-\beta)^2}$的 Z 反变换。

解： $n=3$，$p_1=\alpha$，$p_2=\beta$，$l=2$

$$y(kT)=\frac{z^k(z-\alpha)}{(z-\alpha)(z-\beta)^2}\Big|_{z=\alpha}+\lim_{z\to\beta}\frac{d}{dz}\frac{z^k(z-\beta)^2}{(z-\alpha)(z-\beta)^2}$$

$$=\frac{\alpha^k}{(\alpha-\beta)^2}+\lim_{z\to\beta}\left[\frac{kz^{k-1}}{z-\alpha}-\frac{z^k}{(z-\alpha)^2}\right]$$

$$=\frac{\alpha^k}{(\alpha-\beta)^2}+\frac{k\beta^{k-1}}{\beta-\alpha}-\frac{\beta^k}{(\beta-\alpha)^2}$$

用留数计算法可以直接得到 Z 反变换的数学解析式。

2.4 用 Z 变换求解差分方程

在连续系统中用拉氏变换求解微分方程，使得复杂的微积分运算变成简单的代数运算。同样，在离散系统中用 Z 变换求解差分方程，使得求解运算变成了代数运算，大大简化和方便了离散系统的分析和综合。

用 Z 变换求解差分方程主要用到了 Z 变换的平移定理

$$\mathscr{Z}[y(kT+nT)]=z^nY(z)-\sum_{j=0}^{n-1}z^{n-j}y(jT)$$

$$\mathscr{Z}[y(kT-nT)]=z^{-n}Y(z)$$

例 2.16 求解差分方程

$$y(kT+2T)+4y(kT+T)+3y(kT)=0$$

$$y(0)=0,\quad y(T)=1$$

解： 对差分方程进行 Z 变换

$$z^2Y(z)-z^2y(0)-zy(T)+4zY(z)-4zy(0)+3Y(z)=0$$

代入初始条件得

$$Y(z)=\frac{z}{z^2+4z+3}=\frac{0.5z}{z+1}-\frac{0.5z}{z+3}$$
$$y(kT)=0.5(-1)^k-0.5(-3)^k$$

例 2.17 求解差分方程

$$y(kT+2T)-4y(kT+T)+3y(kT)=\delta(kT)$$
$$y(kT)=0,\quad k\leqslant 0$$
$$\delta(kT)=\begin{cases}1, & k=0\\ 0, & k\neq 0\end{cases}$$

解：对差分方程作 Z 变换

$$\mathscr{Z}[\delta(kT)]=1,$$
$$z^2Y(z)-z^2y(0)-zy(T)-4[zY(z)-zy(0)]+3Y(z)=1$$

已知 $y(0)=0$，以 $k=-1$ 代入差分方程可得

$$y(T)=0$$

以 $y(0)$，$y(T)$代入 Z 变换式，得

$$Y(z)=\frac{1}{z^2-4z+3}=\frac{1}{(z-3)(z-1)}$$
$$y(kT)=\lim_{z\to 3}(z-3)\frac{z^{k-1}}{z^2-4z+3}+\lim_{z\to 1}(z-1)\frac{z^{k-1}}{z^2-4z+3}$$
$$=0.5(3)^{k-1}-0.5(1)^{k-1}$$

由上述介绍可以看出，用 Z 变换求解差分方程大致可以分为如下几步：

(1) 对差分方程作 Z 变换。

(2) 利用已知初始条件或求出的 $y(0)$，$y(T)$，…代入 Z 变换式。

(3) 由 Z 变换式求出

$$Y(z)=\frac{b_0z^m+b_1z^{m-1}+\cdots+b_m}{a_0z^n+a_1z^{n-1}+\cdots+a_n}。$$

(4) 由 $y(kT)=\mathscr{Z}^{-1}[Y(z)]$，利用部分分式法或长除法或留数计算法，便可得到差分方程的解 $y(kT)$。

2.5 Z 传递函数

2.5.1 Z 传递函数的定义

Z 传递函数是分析线性离散系统的重要的工具。在分析线性连续系统时，定义了传递函数，即在初始静止($t=0$ 时输入量 $r(t)$和输出量 $y(t)$以及它们的各阶导数均为零)的条件下，一个环节(或系统)的输出量的拉氏变换和输入量的拉氏变换之比为该环节(或系统)的传递函数，即

$$G(s)=\frac{\mathscr{L}[y(t)]}{\mathscr{L}[r(t)]}=\frac{Y(s)}{R(s)}$$

在线性离散系统中，与线性连续系统类似，Z 传递函数定义为：在初始静止($k=0$，$1,\cdots,n-2,n-1$ 时，输入序列与输出序列均为零)的条件下，一个环节(或系统)的输出脉冲序列的 Z 变换 $Y(z)$跟输入脉冲序列的 Z 变换 $R(z)$之比，如图 2.5 所示。

$$G(z)=\frac{\mathscr{Z}[y(kT)]}{\mathscr{Z}[r(kT)]}=\frac{Y(z)}{R(z)} \tag{2-27}$$

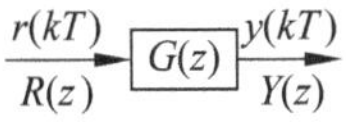

图 2.5　环节(或系统)的 Z 传递函数

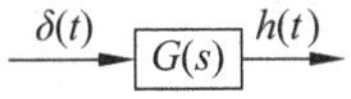

图 2.6　$G(s)=\mathscr{L}[h(t)]$

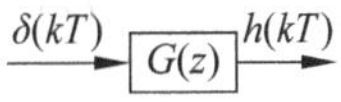

图 2.7　$G(z)=\mathscr{Z}[h(kT)]$

Z 传递函数 $G(z)$也称为脉冲传递函数，本书统一称作 Z 传递函数。

在连续系统中传递函数 $G(s)$反映了环节(或系统)的物理特性，$G(s)$仅取决于描述系统的微分方程。同样，在离散系统中，Z 传递函数 $G(z)$也反映了环节(或系统)的物理特性，$G(z)$仅取决于描述线性离散系统的差分方程。

2.5.2　连续环节(或系统)的离散化

对连续环节(或系统)离散化，方法很多，有冲激不变法、部分分式法和留数法等。

1. 冲激不变法

在图 2.6 中，若系统的输入 $r(t)=\delta(t)$，在连续系统的情况下，$G(s)=\dfrac{\mathscr{L}[h(t)]}{\mathscr{L}[\delta(t)]}$，由于 $\mathscr{L}[\delta(t)]=1$，所以 $G(s)=\mathscr{L}[h(t)]$。即环节(或系统)的传递函数 $G(s)$等于脉冲过渡函数 $h(t)$的拉氏变换。

对于图 2.7 的离散系统，与连续系统类似，$G(z)=\dfrac{\mathscr{Z}[h(kT)]}{\mathscr{Z}[\delta(kT)]}$，因为 $\mathscr{Z}[\delta(kT)]=1$ 所以 $G(z)=\mathscr{Z}[h(kT)]$。即环节(或系统)的 Z 传递函数 $G(z)$等于单位冲激响应 $h(kT)$的 Z 变换。

例 2.18　试离散化连续环节 $G(s)=\dfrac{K}{s+a}$，求 $G(z)$。

解： 脉冲过渡函数 $h(t)=\mathscr{L}^{-1}[G(s)]=K\mathrm{e}^{-at}$，对 $h(t)$采样，采样周期为 T，得 $h(kT)=K\mathrm{e}^{-akT}$，作为离散环节的单位冲激响应，则离散环节的 Z 传递函数

$$G(z)=\mathscr{Z}[h(kT)]=\frac{Kz}{z-\mathrm{e}^{-aT}}$$

例 2.19　设图 2.6 中，$G(s)=\dfrac{K}{(s+a)(s+b)}$，试求 $G(z)$。

解：

$$\begin{aligned}h(t)&=\mathscr{L}^{-1}[G(s)]\\&=\mathscr{L}^{-1}\left[\frac{K}{b-a}\left(\frac{1}{s+a}-\frac{1}{s+b}\right)\right]\\&=\frac{K}{b-a}(\mathrm{e}^{-at}-\mathrm{e}^{-bt})\end{aligned}$$

$$h(kT)=\frac{K}{b-a}(\mathrm{e}^{-akT}-\mathrm{e}^{-bkT})$$

$$\begin{aligned}G(z)=\mathscr{Z}[h(kT)]&=\frac{K}{b-a}\left(\frac{z}{z-\mathrm{e}^{-aT}}-\frac{z}{z-\mathrm{e}^{-bT}}\right)\\&=\frac{K}{b-a}\frac{z(\mathrm{e}^{-aT}-\mathrm{e}^{-bT})}{(z-\mathrm{e}^{-aT})(z-\mathrm{e}^{-bT})}\end{aligned}$$

例 2.20 设图 2.6 中，$G(s)=\dfrac{a}{s(s+a)}$，试求 $G(z)$。

解：

$$h(t)=\mathscr{L}^{-1}[G(s)]=\mathscr{L}^{-1}\left[\frac{1}{s}-\frac{1}{s+a}\right]=u(t)-\mathrm{e}^{-at}$$

$$h(kT)=u(kT)-\mathrm{e}^{-akT}$$

$$G(z)=\mathscr{Z}[h(kT)]=\frac{z}{z-1}-\frac{z}{z-\mathrm{e}^{-aT}}$$

$$=\frac{z(1-\mathrm{e}^{-aT})}{(z-1)(z-\mathrm{e}^{-aT})}$$

例 2.21 试求图 2.8 带有零阶保持器对象的 Z 传递函数 $HG(z)$。

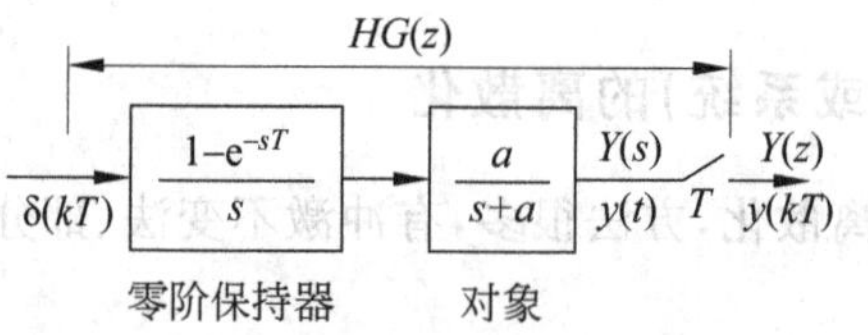

图 2.8 带有零阶保持器对象的 Z 传递函数

解： 广义对象（带有零阶保持器的对象）的传递函数

$$HG(s)=\frac{a(1-\mathrm{e}^{-Ts})}{s(s+a)}$$

相应的脉冲过渡函数

$$y(t)=\mathscr{L}^{-1}[HG(s)]$$

$$=\mathscr{L}^{-1}\left[(1-\mathrm{e}^{-Ts})\left(\frac{1}{s}-\frac{1}{s+a}\right)\right]$$

$$=u(t)-u(t-T)-\mathrm{e}^{-at}+\mathrm{e}^{-a(t-T)}$$

对 $y(t)$ 采样，离散化后，得

$$y(kT)=u(kT)-u(kT-T)-\mathrm{e}^{-akT}+\mathrm{e}^{-a(kT-T)}$$

则

$$HG(z)=\mathscr{Z}[y(kT)]$$

$$=\frac{z}{z-1}-\frac{1}{z-1}-\frac{z}{z-\mathrm{e}^{-aT}}+\frac{1}{z-\mathrm{e}^{-aT}}=\frac{1-\mathrm{e}^{-aT}}{z-\mathrm{e}^{-aT}}$$

由上述例子可以看出冲激不变法由 $G(s)$ 求 $G(z)$ 的步骤如下。

(1) 求 $G(s)$ 的脉冲过渡函数 $h(t)=\mathscr{L}^{-1}[G(s)]$。

(2) 按采样周期 T，对 $h(t)$ 采样，得到单位冲激响应 $h(kT)$。

(3) 由 Z 变换定义及 $G(z)=\mathscr{Z}[h(kT)]$，可得到与 $G(s)$ 相对应的 Z 传递函数 $G(z)$。

为了讨论方便，把上述过程简记为 $G(z)=\mathscr{Z}[G(s)]$，表示根据 $G(s)$，按上述步骤求取 $G(z)$。

同样为了方便，记 $G(z)=\mathscr{Z}[G(s)G(s)]=G_1G_2(z)$，表示传递函数 $G_1(s)$，$G_2(s)$ 乘积的脉冲过渡函数，采样后的 Z 变换。

$G(z)=\mathscr{Z}[G_1(s)]\mathscr{Z}[G_2(s)]=G_1(z)G_2(z)$，表示传递函数 $G_1(s)$，$G_2(s)$ 的脉冲过渡函数分别采样后的 Z 变换的乘积。

表 2.5 列出了一些典型环节带零阶保持器的 Z 传递函数。

表 2.5　典型环节 $G(s)$ 带零阶保持器的 Z 传递函数

序号	$G(s)$	$HG(z)$
1	$\dfrac{K}{T_1 s+1}$	$\dfrac{K(1-e^{-T/T_1})z^{-1}}{1-e^{-T/T_1}z^{-1}}$
2	$\dfrac{K}{T_1 s}$	$\dfrac{KTz^{-1}}{T_1(1-z^{-1})}$
3	$\dfrac{K}{s(T_1 s+1)}$	$\dfrac{Kz^{-1}[(T-T_1+T_1e^{-T/T_1})+(T_1-Te^{-T/T_1}-T_1e^{-T/T_1})z^{-1}]}{1-(1+e^{-T/T_1})z^{-1}+e^{-T/T_1}z^{-2}}$
4	$\dfrac{K}{(T_1 s+1)(T_2 s+1)}$	$\dfrac{K(b_0+b_1z^{-1})z^{-1}}{(T_2-T_1)(1+a_1z^{-1}+a_2z^{-2})}$ $b_0=T_1(e^{-T/T_1}-1)-T_2(e^{-T/T_2}-1)$ $b_1=T_2e^{-T/T_1}(e^{-T/T_2}-1)-T_1e^{-T/T_2}(e^{-T/T_1}-1)$ $a_1=-(e^{-T/T_1}+e^{-T/T_2})$，$a_2=e^{-(T/T_1+T/T_2)}$
5	$\dfrac{Ke^{-\tau s}}{T_1 s+1}$	$\dfrac{K(1-e^{-T/T_1})z^{-l-1}}{1-e^{-T/T_1}z^{-1}}$
6	$\dfrac{Ke^{-\tau s}}{T_1 s}$	$\dfrac{KTz^{-l-1}}{T_1(1-z^{-1})}$
7	$\dfrac{Ke^{-\tau s}}{s(T_1 s+1)}$	$\dfrac{Kz^{-l-1}[(T-T_1+T_1e^{-T/T_1})+(T_1-Te^{-T/T_1}-T_1e^{-T/T_1})z^{-1}]}{1-(1+e^{-T/T_1})z^{-1}+e^{-T/T_1}z^{-2}}$
8	$\dfrac{Ke^{-\tau s}}{(T_1 s+1)(T_2 s+1)}$	$\dfrac{K(b_0+b_1z^{-1})z^{-l-1}}{(T_2-T_1)(1+a_1z^{-1}+a_2z^{-2})}$ $b_0=T_1(e^{-T/T_1}-1)-T_2(e^{-T/T_2}-1)$ $b_1=T_2e^{-T/T_1}(e^{-T/T_2}-1)-T_1e^{-T/T_2}(e^{-T/T_1}-1)$ $a_1=-(e^{-T/T_1}+e^{-T/T_2})$，$a_2=e^{-(T/T_1+T/T_2)}$

注：表中 $HG(z)=\mathscr{Z}\left[\dfrac{1-e^{-Ts}}{s}G(s)\right]$，采样周期 T，纯滞后时间 τ，$l\approx\tau/T$。

2. 部分分式法

若有连续环节

$$G(s)=M(s)\Big/\prod_{i=1}^{n}(s+s_i)=\sum_{i=1}^{n}[A_i/(s+s_i)]$$

则有

$$G(z)=\sum_{i=1}^{n}(s+s_i)G(s)z/(z-e^{sT})\big|_{s=-s_i}$$

例 2.22　已知 $G(s)=\dfrac{K}{(s+a)(s+b)}$，求 $G(z)$。

解： $n=2$，$s_1=-a$，$s_2=-b$

$$\begin{aligned}G(z)&=(s+a)Kz/(s+a)(s+b)(z-e^{sT})\big|_{s=-a}\\&\quad+(s+b)Kz/(s+a)(s+b)(z-e^{sT})\big|_{s=-b}\\&=K[z/(z-e^{-aT})-z/(z-e^{-bT})]/(b-a)\end{aligned}$$

$$=Kz(e^{-aT}-e^{bT})/(b-a)(z-e^{-aT})(z-e^{-bT})$$

3. 留数法

若 $G(s)$已知,具有 N 个不同的极点,有 l 重极点($l=1$,为单极点),则

$$G(z)=\sum_{i=1}^{N}[1/(l-1)!]\frac{d^{l-1}}{ds^{l-1}}[(s+s_i)^l G(s)z/(z-e^{sT})]|_{s=-s_i}$$

例 2.23 已知 $G(s)=\frac{1}{s^2}$,求 $G(z)$

解: $N=1,l=2,s_1=0$

$$G(z)=1/(2-1)!\frac{d}{ds}\{s^2[1/s^2]z/(z-e^{sT})\}|_{s=0}$$
$$=\frac{d}{ds}[z/(z-e^{sT})]|_{s=0}$$
$$=-z(-e^{sT})T/(z-e^{sT})^2|_{s=0}$$
$$=Tz/(z-1)^2$$

例 2.24 已知 $G(s)=\frac{1}{s^3}$,求 $G(z)$。

解: $N=1$, $l=3$, $S_1=0$

$$G(z)=1/2!\frac{d^2}{ds^2}\{s^3[1/s^3]z/(z-e^{sT})\}|_{s=0}$$
$$=1/2\frac{d}{ds}[Tze^{sT}/(z-e^{sT})^2]|_{s=0}$$
$$=1/2[Tze^{sT}T(z-e^{sT})^2-2(z-e^{sT})(-e^{sT}T)Tze^{sT}]/(z-e^{sT})^4|_{s=0}$$
$$=T^2ze^{sT}(z+e^{sT})/2(z-e^{sT})^3|_{s=0}$$
$$=T^2z(z+1)/2(z-1)^3$$

例 2.25 已知 $G(s)=\frac{1}{(s+a)^2}$,求 $G(z)$。

解: $N=1$, $l=2$, $s_1=-a$

$$G(s)=[1/(2-1)!]\frac{d}{ds}\{(s+a)^2[1/(s+a)^2]z/(z-e^{sT})\}|_{s=-a}$$
$$=-z(-e^{sT})T/(z-e^{sT})^2|_{s=-a}$$
$$=Tze^{-aT}/(z-e^{-aT})^2$$

例 2.26 已知 $G(s)=\frac{K}{s^2(s+a)}$,求 $G(z)$。

解: $N=2$, $l_1=2$, $s_1=0$, $s_2=-a$

$$G(z)=\frac{d}{ds}\{s^2[K/s^2(s+a)]z/(z-e^{sT})\}|_{s=0}$$
$$+\frac{d^0}{ds^0}\{(s+a)[K/s^2(s+a)]z/(z-e^{sT})\}|_{s=-a}$$
$$=-Kz[(z-e^{sT})+(s+a)(-e^{sT})T]/(s+a)^2(z-e^{sT})^2|_{s=0}+Kz/a^2(z-e^{-aT})$$
$$=\frac{Kz(aT+1-z)}{a^2(z-1)^2}+\frac{Kz}{a^2(z-e^{-aT})}$$

$$= \frac{Kz[(e^{-aT} + aT - 1)z + 1 - aTe^{-aT} - e^{-aT}]}{a^2(z-1)^2(z - e^{-aT})}$$

例 2.27 已知 $G(s)=\dfrac{(s+c)}{(s+a)(s+b)}$,求 $G(z)$。

解: $N=2$, $l_1=l_2=1$, $s_1=-a$, $s_2=-b$

$$G(z)= \frac{d^0}{ds^0}\left[\frac{(s+a)(s+c)}{(s+a)(s+b)}\frac{z}{(z-e^{sT})}\right]\Bigg|_{s=-a}$$

$$+\frac{d^0}{ds^0}\left[\frac{(s+b)(s+c)}{(s+a)(s+b)}\frac{z}{z-e^{sT}}\right]\Bigg|_{s=-b}$$

$$=\frac{(c-a)}{(b-a)}\frac{z}{(z-e^{-aT})}+\frac{(c-b)}{(a-b)}\frac{z}{(z-e^{-bT})}$$

$$=\frac{(b-a)z^2+[e^{-aT}(c-b)+e^{-bT}(a-c)]z}{(b-a)(z-e^{-aT})(z-e^{-bT})}$$

2.5.3 Z 传递函数的性质

1. Z 传递函数与差分方程

根据 Z 变换以及 Z 反变换的性质,Z 传递函数与差分方程之间可以相互转换。

典型的线性离散系统的差分方程为

$$y(kT)+a_1y(kT-T)+a_2y(kT-2T)+\cdots+a_ny(kT-nT)$$
$$=b_0r(kT)+b_1r(kT-T)+b_2r(kT-2T)+\cdots+b_mr(kT-mT) \quad (2\text{-}28)$$

或

$$y(kT)=\sum_{i=0}^{m}b_ir(kT-iT)-\sum_{i=1}^{n}a_iy(kT-iT) \quad (2\text{-}29)$$

在初始静止条件下,对式(2-29)作 Z 变换

$$Y(z)=\sum_{i=0}^{m}b_iR(z)z^{-i}-\sum_{i=1}^{n}a_iY(z)z^{-i}$$

系统的 Z 传递函数

$$G(z)=\frac{Y(z)}{R(z)}=\frac{\sum_{i=0}^{m}b_iz^{-i}}{1+\sum_{i=1}^{n}a_iz^{-i}} \quad (2\text{-}30)$$

图 2.9 是系统 Z 传递函数的方框图。

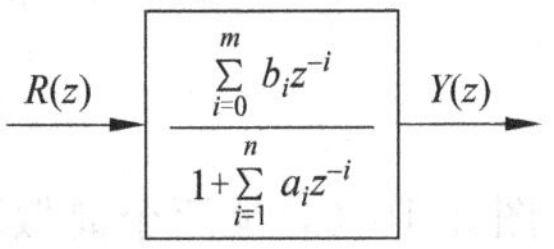

图 2.9 系统 Z 传递函数的方框图

例 2.28 设线性离散系统的差分方程为

$$y(kT)+3y(kT-T)+4y(kT-2T)+5y(kT-3T)$$
$$=r(kT)-3r(kT-T)+2r(kT-2T)$$

且初始静止。试求系统的 Z 传递函数。

解: 对差分方程作 Z 变换得

$$Y(z)+3Y(z)z^{-1}+4Y(z)z^{-2}+5Y(z)z^{-3}$$
$$=R(z)-3R(z)z^{-1}+2R(z)z^{-2}$$

系统的 Z 传递函数为

$$G(z)=\frac{Y(z)}{R(z)}=\frac{1-3z^{-1}+2z^{-2}}{1+3z^{-1}+4z^{-2}+5z^{-3}}$$

或
$$G(z)=\frac{z^3-3z^2+2z}{z^3+3z^2+4z+5}$$

例 2.29 设线性离散系统的 Z 传递函数为

$$G(z)=\frac{z^4+3z^3+2z^2+z+1}{z^4+4z^3+5z^2+3z+2}$$

试求系统的差分方程。

解: 由 $G(z)=\dfrac{Y(z)}{R(z)}=\dfrac{1+3z^{-1}+2z^{-2}+z^{-3}+z^{-4}}{1+4z^{-1}+5z^{-2}+3z^{-3}+2z^{-4}}$可得到

$$Y(z)(1+4z^{-1}+5z^{-2}+3z^{-3}+2z^{-4})=R(z)(1+3z^{-1}+2z^{-2}+z^{-3}+z^{-4})$$

对上式两边作 Z 反变换,可得差分方程为

$$y(kT)+4y(kT-T)+5y(kT-2T)+3y(kT-3T)+2y(kT-4T)$$
$$=r(kT)+3r(kT-T)+2r(kT-2T)+r(kT-3T)+r(kT-4T)$$

由上述两例可以看出,利用 Z 变换和 Z 反变换,在初始静止的条件下,线性差分方程跟 Z 传递函数之间能够相互转换。

2. **开环 Z 传递函数**

线性离散系统的开环 Z 传递函数跟连续系统的开环传递函数具有类似的特性。

1) 串联环节的 Z 传递函数

串联环节如图 2.10 所示,有三种情况。

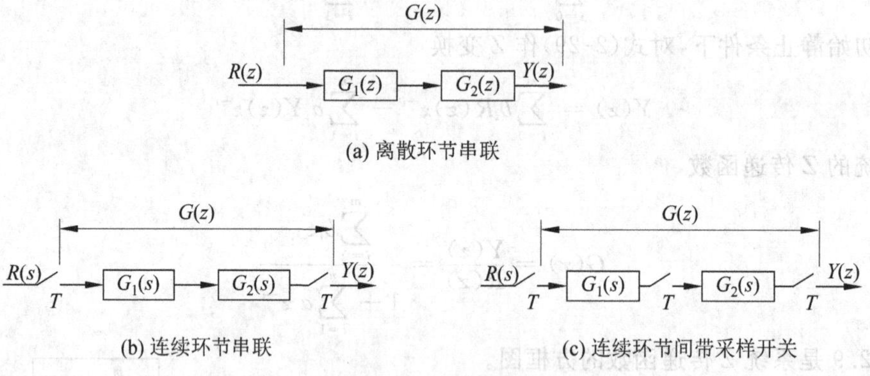

图 2.10 环节串联

图 2.10 (a)是两个离散环节 $G_1(z)$, $G_2(z)$串联,开环 Z 传递函数

$$G(z)=G_1(z)G_2(z) \tag{2-31}$$

例 2.30 设图 2.10 (a)中 $G_1(z)=\dfrac{z}{z-1}$, $G_2(z)=\dfrac{az}{z-e^{-aT}}$,试求开环 Z 传递函数 $G(z)$。

解:
$$G(z)=G_1(z)G_2(z)=\frac{z}{z-1}\frac{az}{z-e^{-aT}}=\frac{az^2}{(z-1)(z-e^{-aT})}$$

图 2.10 (b)是两个连续环节 $G_1(s)$, $G_2(s)$串联,开环 Z 传递函数

$$G(z)=\mathscr{Z}[G_1(s)G_2(s)]=G_1G_2(z) \tag{2-32}$$

例 2.31 设图 2.10(b)中 $G_1(s)=\dfrac{1}{s}$，$G_2(s)=\dfrac{a}{s+a}$,试求开环 Z 传递函数 $G(z)$。

解:

$$
\begin{aligned}
G(z) &= \mathscr{Z}[G_1(s)G_2(s)] = \mathscr{Z}\left[\frac{1}{s}\,\frac{a}{s+a}\right] \\
&= \mathscr{Z}\left[\frac{1}{s}-\frac{1}{s+a}\right] \\
&= \frac{z}{z-1}-\frac{z}{z-\mathrm{e}^{-aT}} \\
&= \frac{z(1-\mathrm{e}^{-aT})}{(z-1)(z-\mathrm{e}^{-aT})}
\end{aligned}
$$

图 2.10(c)是串联的两个连续环节 $G_1(s)$，$G_2(s)$间带有采样开关,开环 Z 传递函数

$$
G(z)=\mathscr{Z}[G_1(s)]\mathscr{Z}[G_2(s)]=G_1(z)G_2(z) \tag{2-33}
$$

例 2.32 设图 2.10(c)中 $G_1(s)=\dfrac{1}{s}$，$G_2(s)=\dfrac{a}{s+a}$,试求开环 Z 传递函数 $G(z)$。

解:

$$
\begin{aligned}
G(z) &= \mathscr{Z}[G_1(s)]\mathscr{Z}[G_2(s)] = \mathscr{Z}\left[\frac{1}{s}\right]\mathscr{Z}\left[\frac{a}{s+a}\right] \\
&= \frac{z}{z-1}\,\frac{az}{z-\mathrm{e}^{-aT}} \\
&= \frac{az^2}{(z-1)(z-\mathrm{e}^{-aT})}
\end{aligned}
$$

从例 2.31、例 2.32 可以看出串联的连续环节之间有无采样开关,开环 Z 传递函数是不同的。

2) 并联环节的 Z 传递函数

并联环节如图 2.11 所示,也有三种情况。

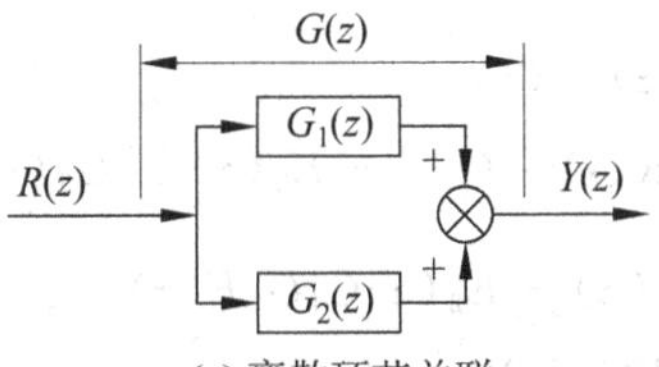

(a) 离散环节并联

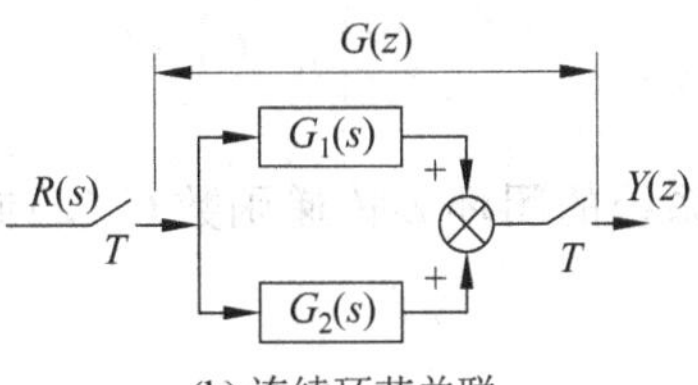

(b) 连续环节并联

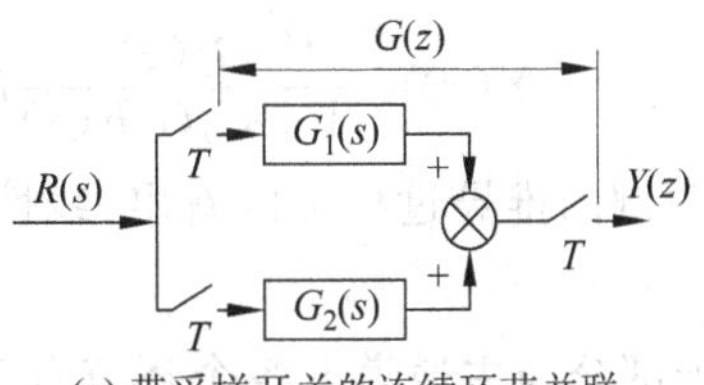

(c) 带采样开关的连续环节并联

图 2.11 环节并联

图 2.11(a) 是两个离散环节并联,开环 Z 传递函数为

$$
G(z)=G_1(z)+G_2(z) \tag{2-34}
$$

图 2.11(b),(c) 是两个连续环节并联,开环 Z 传递函数都是

$$
G(z)=\mathscr{Z}[G_1(s)]+\mathscr{Z}[G_2(s)]=G_1(z)+G_2(z) \tag{2-35}
$$

环节并联的情况比较简单，这里不再举例了。

3. 闭环 Z 传递函数

设线性离散系统如图 2.12 所示。

由图 2.12 可得到

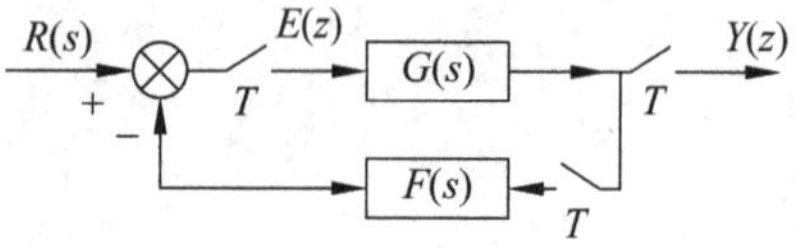

图 2.12 线性离散闭环系统之一

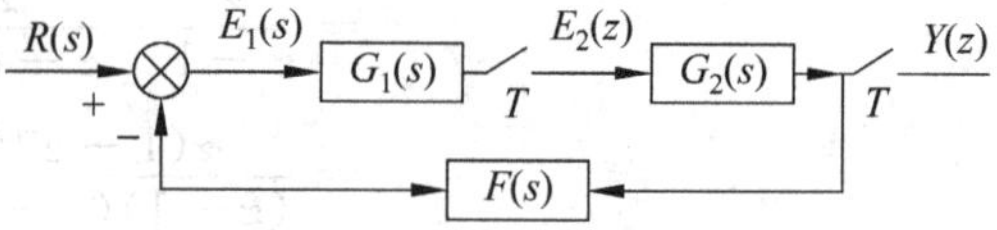

图 2.13 线性离散闭环系统之二

$$Y(z)=E(z)\mathscr{Z}[G(s)]$$

$$E(z)=\mathscr{Z}[R(s)]-E(z)\mathscr{Z}[G(s)]\mathscr{Z}[F(s)]$$

$$=R(z)-E(z)G(z)F(z)$$

$$E(z)=\frac{R(z)}{1+G(z)F(z)}$$

故
$$Y(z)=\frac{G(z)R(z)}{1+G(z)F(z)} \tag{2-36}$$

线性离散系统的闭环 Z 传递函数

$$G_c(z)=\frac{Y(z)}{R(z)}=\frac{G(z)}{1+G(z)F(z)} \tag{2-37}$$

又设线性离散闭环系统如图 2.13 所示。

$$Y(z)=E_2(z)\mathscr{Z}[G_2(s)]$$

$$=E_2(z)G_2(z)$$

$$E_2(z)=\mathscr{Z}[R(s)G_1(s)]-E_2(z)\mathscr{Z}[G_2(s)F(s)G_1(s)]$$

$$=RG_1(z)-E_2(z)G_1G_2F(z)$$

$$E_2(z)=\frac{RG_1(z)}{1+G_1G_2F(z)}$$

$$Y(z)=\frac{G_2(z)}{1+G_1G_2F(z)}RG_1(z) \tag{2-38}$$

从上述两例的推导过程可以看出，线性离散系统的闭环 Z 传递函数 $G_c(z)$ 或输出量的 Z 变换 $Y(z)$。

(1) 分子部分与主通道上各个环节有关。

(2) 分母部分与闭环回路中各个环节有关。

(3) 采样开关的位置对分子、分母部分都有影响。

从上述两例也可以看出，系统的闭环 Z 传递函数 $G_c(z)$ 或输出量的 Z 变换 $Y(z)$ 的推导步骤大致可分为三步。

(1) 在主通道上建立 $Y(z)$ 与中间变量 $E(z)$ 的关系。

(2) 在闭环回路中建立中间变量 $E(z)$ 与 $R(z)$ 或 $R(s)$ 的关系。

(3) 消去中间变量 $E(z)$,建立 $Y(z)$ 与 $R(z)$ 或 $R(s)$ 的关系。

表 2.6 列出了一些典型的线性闭环系统及其 Z 传递函数或输出量的 Z 变换。

例 2.33 设线性离散系统如图 2.14 所示,求系统的闭环 Z 传递函数 $G_c(z)$。

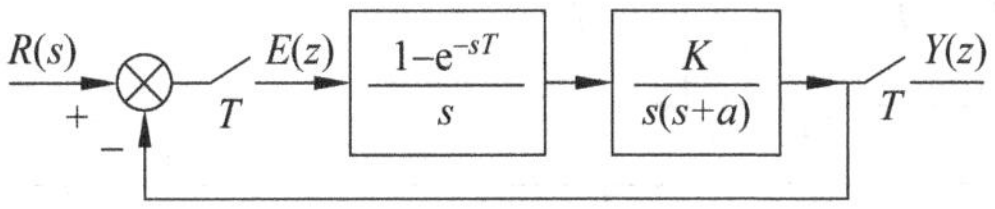

图 2.14 线性离散闭环系统之三

解: 由表 2.6,系统属于①型的特例,$F(s)=1$,

$$G(z)=HG(z)=\mathscr{Z}\left[\frac{1-e^{-sT}}{s}\ \frac{K}{s(s+a)}\right]$$

$$=\frac{K[(e^{-aT}+aT-1)z+(1-e^{-aT}-aTe^{-aT})]}{a^2(z-1)(z-e^{-aT})} \tag{2-39}$$

系统的闭环 Z 传递函数为:

$$G_c(z)=\frac{K[(e^{-aT}+aT-1)z+(1-e^{-aT}-aTe^{-aT})]}{a^2z^2+[K(e^{-aT}+aT-1)-a^2(1+e^{-aT})]z+[K(1-e^{-aT}-aTe^{-aT})+a^2e^{-aT}]} \tag{2-40}$$

4. 扰动作用下离散系统的输出

类似于连续系统,线性离散系统除了参考输入以外,通常还存在扰动作用 $N(s)$。系统如图 2.15 所示。

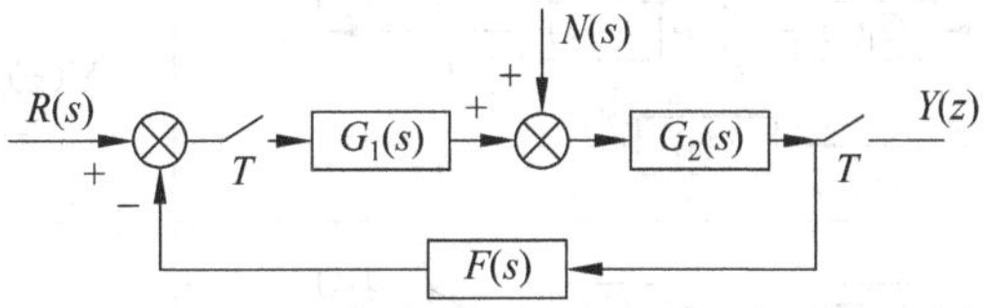

图 2.15 扰动作用下的线性离散系统

为了分析扰动的影响,像连续系统一样,可以令 $R(s)=0$,则系统可以变换成如图 2.16 所示。

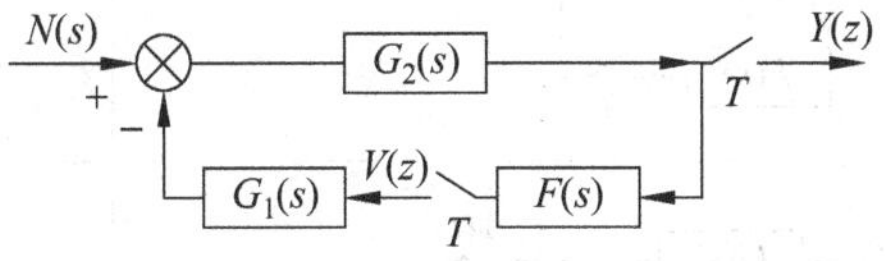

图 2.16 扰动系统的等效方框图

由图 2.16 可得

$$Y(z)=\mathscr{Z}[N(s)G_2(s)-V(z)G_1(s)G_2(s)]$$

$$=NG_2(z)-V(z)G_1G_2(z)$$

$$V(z)=\mathscr{Z}[N(s)G_2(s)F(s)-V(z)G_1(s)G_2(s)F(s)]$$

$$=NG_2F(z)-V(z)G_1G_2F(z)$$

表 2.6　典型的线性离散系统及其闭环 Z 传递函数 $G_c(z)$ 或输出量的 Z 变换 $Y(z)$

类型	系统结构图	$Y(z)$ 或 $G_c(z)$
1	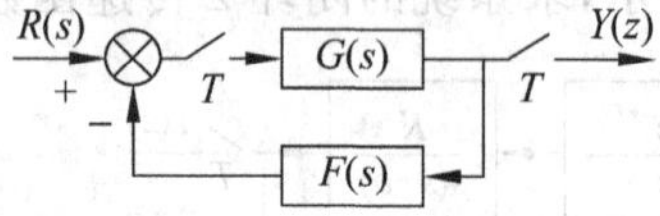	$Y(z)=\dfrac{G(z)}{1+GF(z)}R(z)$ $G_c(z)=\dfrac{G(z)}{1+GF(z)}$
2	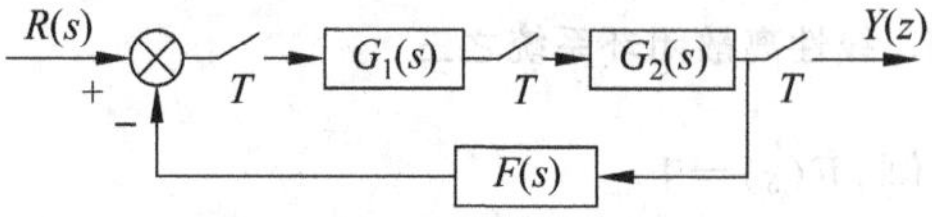	$Y(z)=\dfrac{G_1(z)G_2(z)}{1+G_1(z)G_2F(z)}R(z)$ $G_c(z)=\dfrac{G_1(z)G_2(z)}{1+G_1(z)G_2F(z)}$
3	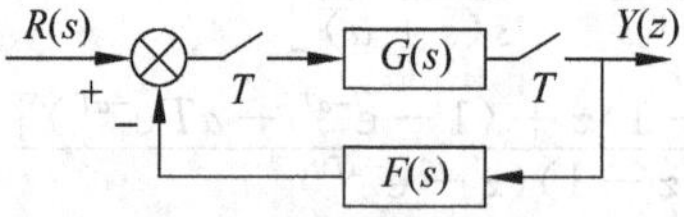	$Y(z)=\dfrac{G(z)}{1+G(z)F(z)}R(z)$ $G_c(z)=\dfrac{G(z)}{1+G(z)F(z)}$
4	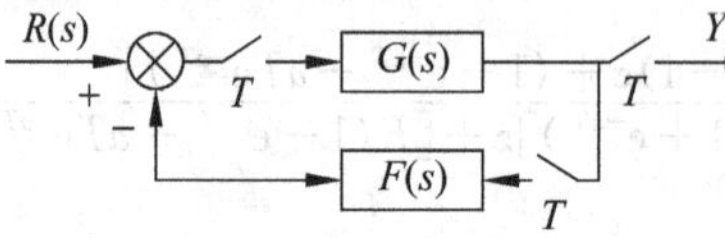	$Y(z)=\dfrac{G(z)}{1+G(z)F(z)}R(z)$ $G_c(z)=\dfrac{G(z)}{1+G(z)F(z)}$
5	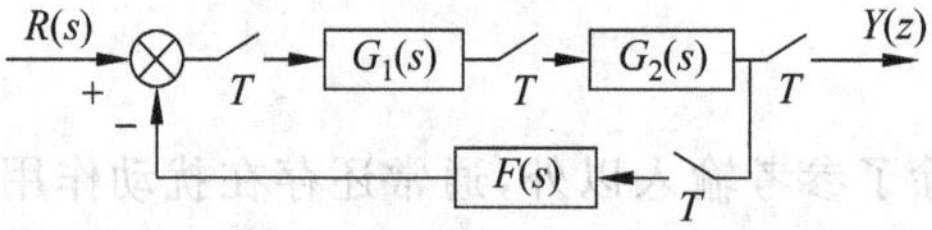	$Y(z)=\dfrac{G_1(z)G_2(z)}{1+G_1(z)G_2(z)F(z)}R(z)$ $G_c(z)=\dfrac{G_1(z)G_2(z)}{1+G_1(z)G_2(z)F(z)}$
6	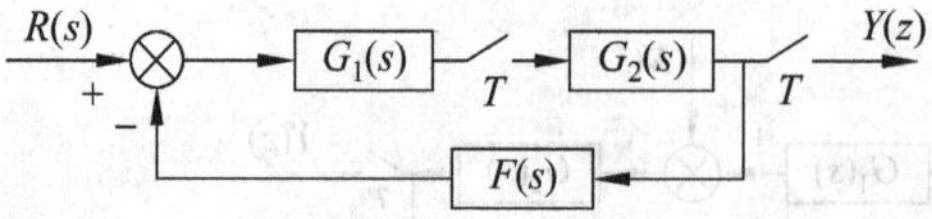	$Y(z)=\dfrac{G_2(z)}{1+G_1G_2F(z)}RG_1(z)$
7	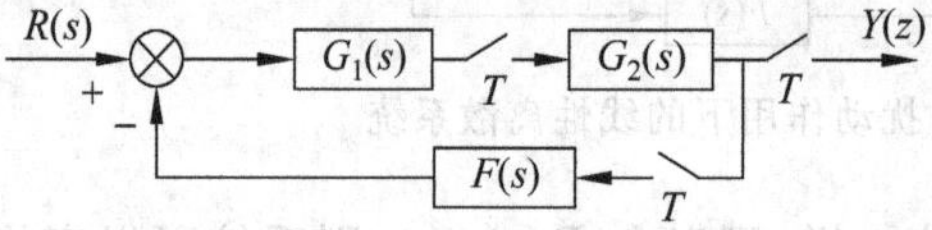	$Y(z)=\dfrac{G_2(z)}{1+G_1F(z)G_2(z)}RG_1(z)$
8	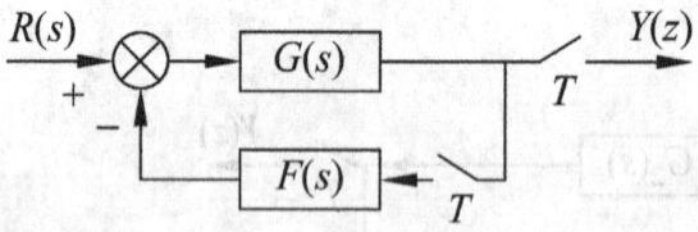	$Y(z)=\dfrac{1}{1+GF(z)}RG(z)$
9	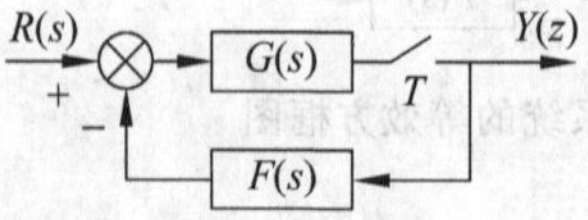	$Y(z)=\dfrac{1}{1+GF(z)}RG(z)$
10	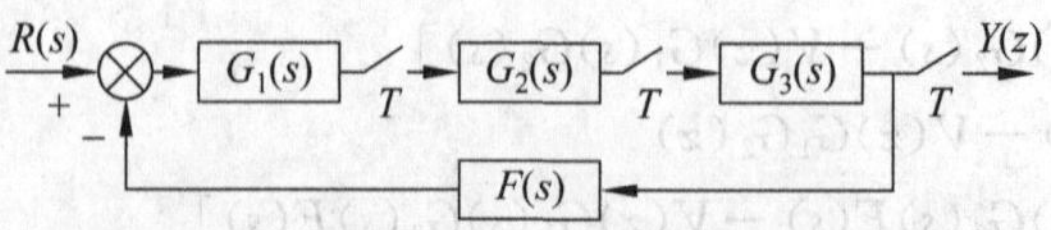	$Y(z)=\dfrac{G_2(z)G_3(z)}{1+G_2(z)G_1G_3F(z)}RG_1(z)$

$$V(z)=\frac{NG_2F(z)}{1+G_1G_2F(z)}$$

则
$$Y(z)=NG_2(z)-\frac{NG_2F(z)G_1G_2(z)}{1+G_1G_2F(z)}$$
$$=\frac{NG_2(z)+NG_2(z)G_1G_2F(z)-NG_2F(z)G_1G_2(z)}{1+G_1G_2F(z)} \tag{2-41}$$

当 $F(s)=1$ 时

$$Y(z)=\frac{NG_2(z)}{1+G_1G_2(z)}$$

2.5.4 用 Z 传递函数来分析离散系统的过渡过程特性

与连续系统用传递函数分析过渡过程类似，可以用 Z 传递函数来分析离散系统的过渡过程特性。

$$G_c(z)=\frac{Y(z)}{R(z)}$$
$$Y(z)=G_c(z)R(z)$$

当离散系统的结构和参数已知时，便可求出相应的 Z 传递函数，在输入信号给定的情况下，便可以得到输出量的 Z 变换 $Y(z)$，经过 Z 反变换，就能得到系统输出的时间序列 $y(kT)$。根据过渡过程曲线 $y(kT)$，可以分析系统的动态特性如 σ_p，$t_s(\approx kT)$ 等。也可以分析系统的稳态特性如稳态误差 e_{ss}。

例 2.34 设线性离散系统如图 2.14，且 $a=1/s$，$K=1$，$T=1s$，输入为单位阶跃序列。试分析系统的过渡过程。

解：将已知参数代入式(2-40)，可得闭环 Z 传递函数

$$G_c(z)=\frac{e^{-1}z+(1-2e^{-1})}{z^2-z+(1-e^{-1})}=\frac{0.368z+0.264}{z^2-z+0.632} \tag{2-42}$$

输入为单位阶跃序列时，$R(z)=\dfrac{z}{z-1}$

$$\begin{aligned}Y(z)&=G_c(z)R(z)\\&=\frac{0.368z^2+0.264z}{z^3-2z^2+1.632z-0.632} \qquad (2\text{-}43)\\&=0.368z^{-1}+z^{-2}+1.4z^{-3}+1.4z^{-4}+1.147z^{-5}+0.895z^{-6}\\&\quad+0.802z^{-7}+0.868z^{-8}+0.993z^{-9}+1.077z^{-10}+1.081z^{-11}\\&\quad+1.032z^{-12}+0.981z^{-13}+0.961z^{-14}+0.973z^{-15}+0.997z^{-16}+\cdots\end{aligned}$$

由 Z 变换的定义，离散系统输出时间序列为

$y(0)=0$； $y(T)=0.368$； $y(2T)=1$； $y(3T)=1.4$；
$y(4T)=1.4$； $y(5T)=1.147$； $y(6T)=0.895$； $y(7T)=0.802$；
$y(8T)=0.868$； $y(9T)=0.993$； $y(10T)=1.077$； $y(11T)=1.081$；
$y(12T)=1.032$； $y(13T)=0.981$； $y(14T)=0.961$； $y(15T)=0.973$；
$y(16T)=0.997$； …

从输出脉冲序列或图 2.17 可以看出，线性离散系统在单位阶跃输入作用下，调节时间 t_s 约 12s(12 个采样周期)，超调量 σ_p 约为 40%，峰值时间 $t_p=3.5s$，振荡次数 $N=1.5$ 次，衰

减比 $\eta\approx 2:1$，稳态误差 $e_{ss}=0$。

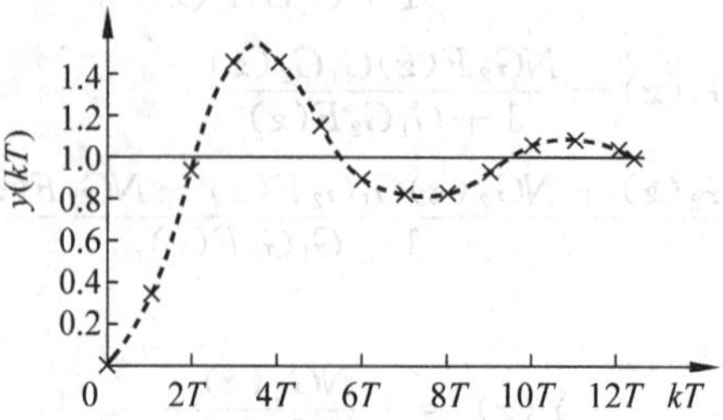

图 2.17　离散系统输出的脉冲序列

2.5.5　用 Z 传递函数来分析离散系统的误差特性

设系统如图 2.18 所示。

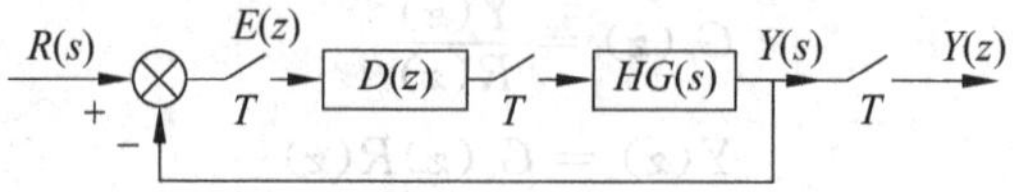

图 2.18　线性离散系统

对于图 2.18 所示系统，离散系统的误差 Z 传递函数

$$G_e(z)=\frac{E(z)}{R(z)}=1-G_c(z) \tag{2-44}$$

所以

$$\begin{aligned}E(z)&=G_e(z)R(z)\\&=\frac{1}{1+D(z)HG(z)}R(z)\\&=e(0)+e(T)z^{-1}+e(2T)z^{-2}+\cdots+e(kT)z^{-k}+\cdots\end{aligned} \tag{2-45}$$

由式(2-45)可以看到：

(1) 系统的误差除了与系统的结构、环节的参数有关外，还与系统的输入型式有关。

(2) 系统在各采样时刻 kT，$k=0,1,2,\cdots$ 的误差值，可以由 $E(z)$ 展开式的各项系数 $e(kT)$ 来确定。

(3) 由 $e(kT)$ 也可以分析系统在某种型式输入时的动态特性。

(4) 当 $e(kT)$ 中的 $k\to\infty$ 时，即可得到系统的稳态特性。因此，为了分析稳态特性可以对误差的 Z 变换 $E(z)$ 施用终值定理以求得 e_{ss}。

下面分析各种典型输入时的稳态特性。

1. 单位阶跃输入

$R(z)=\dfrac{z}{z-1}$，稳态误差为

$$\begin{aligned}e_{ss}=e(\infty)&=\lim_{z\to 1}(z-1)E(z)\\&=\frac{1}{1+D(1)HG(1)}=1/K_s\end{aligned} \tag{2-46}$$

K_s 称为静态位置误差系数，它可以根据开环 Z 传递函数直接求得，即

$$K_s = \lim_{z\to1}[1 + D(z)HG(z)] = 1 + D(1)HG(1) \tag{2-47}$$

当 $D(z)HG(z)$ 具有一个以上 $z=1$ 的极点时

$$\lim_{z\to1}[1 + D(z)HG(z)] = \infty$$

即 $K_s=\infty$，系统的位置误差为零。

2. 单位速度输入

$R(z)=\dfrac{Tz}{(z-1)^2}$，稳态误差为

$$\begin{aligned} e_{ss} &= e(\infty) = \lim_{z\to1}(z-1)E(z) \\ &= \lim_{z\to1}\frac{T}{(z-1)[1+D(z)HG(z)]} = T/K_v \end{aligned} \tag{2-48}$$

K_v 称为静态速度误差系数，它反映了系统在单位速度输入时稳态误差的大小。显然

$$K_v = \lim_{z\to1}(z-1)[1 + D(z)HG(z)] \tag{2-49}$$

当 $D(z)HG(z)$ 具有 2 个以上 $z=1$ 的极点时，

$$\lim_{z\to1}(z-1)[1 + D(z)HG(z)] = \infty$$

即

$$K_v = \infty$$

系统的速度误差为零。

3. 单位加速度输入

$R(z)=\dfrac{T^2z(z+1)}{2(z-1)^3}$，稳态误差为

$$\begin{aligned} e_{ss} &= e(\infty) = \lim_{z\to1}(z-1)E(z) \\ &= \lim_{z\to1}\frac{T^2}{(z-1)^2[1+D(z)HG(z)]} \\ &= T^2/K_a \end{aligned} \tag{2-50}$$

K_a 称为静态加速度误差系数，它反映了系统在单位加速度输入时，稳态误差的大小。

$$K_a = \lim_{z\to1}(z-1)^2[1 + D(z)HG(z)] \tag{2-51}$$

当 $D(z)HG(z)$ 具有 3 个以上 $z=1$ 的极点时，

$$K_a = \lim_{z\to1}(z-1)^2[1 + D(z)HG(z)] = \infty$$

系统的加速度误差为零。

由上述分析可以看出系统的稳态误差，除了与输入型式有关外，还与 $D(z)HG(z)$ 中 $z=1$ 的极点数密切相关。根据 $z=e^{sT}$ 的变换关系，$z=1$ 的极点，对应于 S 平面上 $s=0$ 的极点，即积分环节。在连续系统中开环传递函数中含有的积分环节数 v，相应地把 $v=0,1,2,3,\cdots$ 的系统分别称为 0 型，Ⅰ型，Ⅱ型，Ⅲ型，…系统。对于离散系统，也可类似地把开环 Z 传递函数中含有 $z=1$ 的极点数用 v 来表示，并且也把 $v=0,1,2,3,\cdots$ 的系统分别称为 0 型，Ⅰ型，Ⅱ型，Ⅲ型，…系统等。

对于图 2.18 系统，根据式(2-46)、式(2-48)、式(2-50)可以得到三种典型输入时的稳态

误差，如表 2.7 表示。

表 2.7　不同输入时各类系统的稳态误差

误差类型	位置误差 $r(kT)=1(kT)$	速度误差 $r(kT)=kT$	加速度误差 $r(kT)=(kT)^2/2$
0 型系统	$1/K_s$	∞	∞
Ⅰ型系统	0	T/K_v	∞
Ⅱ型系统	0	0	T^2/K_a
Ⅲ型系统	0	0	0

例 2.35　线性离散系统如图 2.14 所示，且 $a=1/\mathrm{s}$，$K=1$，$T=1\mathrm{s}$，试求系统在单位阶跃、单位速度和单位加速度输入时的稳态误差。

解： 由例 2.34 知系统的闭环 Z 传递函数

$$G_c(z)=\frac{0.368z+0.264}{z^2-z+0.632}$$

系统的误差 Z 传递函数

$$G_e(z)=1-G_c(z)=\frac{z^2-1.368z+0.368}{z^2-z+0.632}$$

误差的 Z 变换

$$E(z)=G_e(z)R(z)=\frac{z^2-1.368z+0.368}{z^2-z+0.632}R(z)$$

稳态误差　$$e_{ss}=\lim_{k\to\infty}e(kT)=\lim_{z\to 1}(z-1)E(z)。$$

(1) 单位阶跃输入时，$R(z)=\dfrac{z}{z-1}$

稳态误差　$$e_{ss}=\lim_{z\to 1}(z-1)\frac{z^2-1.368z+0.368}{z^2-z+0.632}\frac{z}{z-1}=0。$$

跟例 2.34 的过渡过程曲线得出的结论是一致的。

(2) 单位速度输入时，$R(z)=\dfrac{Tz}{(z-1)^2}=\dfrac{z}{(z-1)^2}$　$(T=1\mathrm{s})$

稳态误差　$$e_{ss}=\lim_{z\to 1}(z-1)\frac{z^2-1.368z+0.368}{z^2-z+0.632}\frac{z}{(z-1)^2}$$

$$=\lim_{z\to 1}\left\{\frac{\frac{\mathrm{d}}{\mathrm{d}z}(z^2-1.368z+0.368)z}{\frac{\mathrm{d}}{\mathrm{d}z}[(z^2-z+0.632)(z-1)]}\right\}$$

$$=\lim_{z\to 1}\frac{3z^2-2.736z+0.368}{3z^2-4z+1.632}=1。$$

(3) 单位加速度输入时，$R(z)=\dfrac{z(1+z)}{2(z-1)^3}$　$(T=1\mathrm{s})$

稳态误差 $e_{ss}=\lim\limits_{z\to1}(z-1)\dfrac{z^2-1.368z+0.368}{2(z^2-z+0.632)}\cdot\dfrac{z(1+z)}{(z-1)^3}$

$$=\lim_{z\to1}\left\{\frac{\dfrac{d}{dz}[(z^2-1.368z+0.368)z(1+z)]}{2\dfrac{d}{dz}[(z^2-z+0.632)(z-1)^2]}\right\}=\infty。$$

由上述分析可以看出对于同一线性离散系统，当输入型式改变时，系统的稳态误差 e_{ss} 也随之改变。

上述结论也可以由表 2.7 得到，本系统的开环 Z 传递函数

$$D(z)HG(z)=\frac{0.368z+0.264}{(z-1)(z-0.368)}$$

可见系统含有一阶积分环节，即 $v=1$，所以是Ⅰ型系统。

由表 2.7，可知

单位阶跃输入时 $e_{ss}=0$

单位速度输入时 $e_{ss}=T/K_v$，而

$$K_v=\lim_{z\to1}(z-1)\left[1+\frac{0.368z+0.264}{(z-1)(z-0.368)}\right]=1，则\ e_{ss}=1$$

单位加速度输入时 $e_{ss}=\infty$

可见，表 2.7 与例 2.35 的结论是一致的。

2.6 线性离散系统的稳定性分析

为了用 Z 变换法分析线性离散系统的稳定性，本节将首先介绍 S 平面与 Z 平面的映射关系，接着分析线性离散系统在 Z 平面上的稳定域，最后将介绍线性离散系统的稳定判据。

2.6.1 S 平面与 Z 平面的映射关系

在定义 Z 变换时，令 $z=e^{sT}$，s,z 均为复数变量，T 是采样周期。

设 $s=\sigma+j\omega$，σ 是 s 的实部，ω 是 s 的虚部。

则
$$z=e^{(\sigma+j\omega)T}=e^{\sigma T}e^{j\omega T}\tag{2-52}$$

z 的模 $|z|=e^{\sigma T}$，z 的相角 $\angle z=\omega T$。

当 $\sigma=0$ 时，$|z|=1$，即 S 平面上的虚轴映射到 Z 平面上，是以原点为圆心的单位圆周。

当 $\sigma<0$ 时，$|z|<1$，即 S 平面的左半部分映射到 Z 平面上，是以原点为圆心的单位圆内部分。

当 $\sigma>0$ 时，$|z|>1$，即 S 平面的右半部分映射到 Z 平面上，是以原点为圆心的单位圆外部分。

S 平面与 Z 平面的映射关系如图 2.19 所示。

设 S 平面上左半部分有直线 σ_1，映射到 Z 平面上，是以原点为圆心，以 $e^{\sigma_1 T}$ 为半径的圆

周，显然$|e^{\sigma_1 T}|<1$。

设S平面上右半部分有直线σ_2，映射到Z平面上，是以原点为圆心，以$e^{\sigma_2 T}$为半径的圆周，显然$|e^{\sigma_2 T}|>1$。

另外必须指出：z是采样角频率ω_s的周期函数，当S平面上σ不变，角频率ω由0变到无穷时，z的模不变，只是相角作周期性变化。

在离散系统的采样角频率较系统的通频带高许多时，主要讨论的是主频区，即$\omega=-\omega_s/2—\omega_s/2$，其中$\omega_s=2\pi/T$。其余部分则称为辅频区。

$z—\omega_s$的周期特性如图2.20所示。

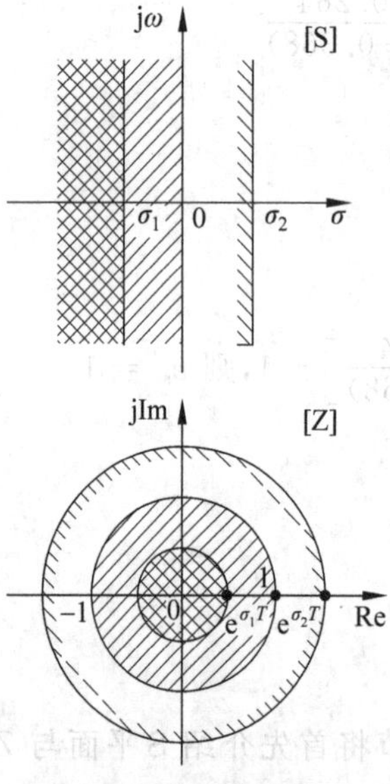

图2.19　S平面与Z平面的映射关系

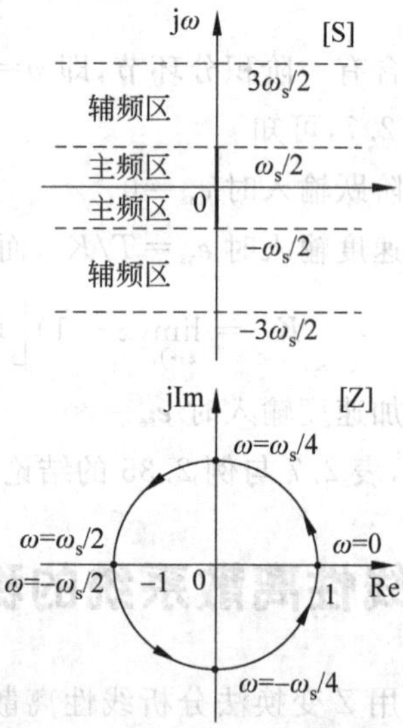

图2.20　$z—\omega_s$的周期特性

2.6.2　线性离散系统的稳定域

设线性离散系统如图2.21所示。

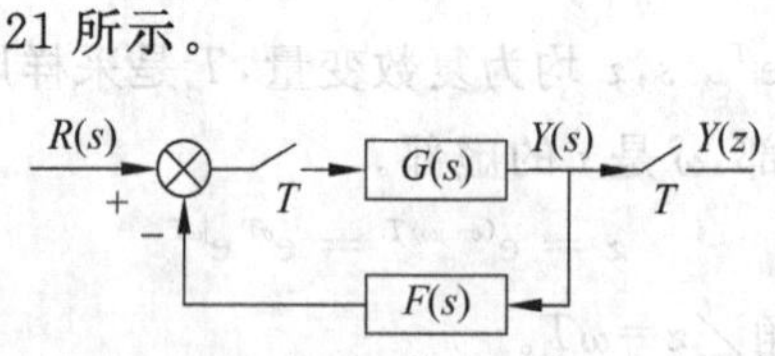

图2.21　线性离散系统

系统的闭环Z传递函数

$$G_c(z)=\frac{Y(z)}{R(z)}=\frac{Y^*(s)}{R^*(s)}=\frac{G^*(s)}{1+GF^*(s)}\tag{2-53}$$

则系统的特征方程为　　$1+GF^*(s)=0$　　(2-54)

设特征方程的根为$s_1,s_2,s_3,\cdots,s_n$。欲使系统稳定，其充分必要条件是全部特征根$s_1,s_2,s_3,\cdots,s_n$都在S平面的左半平面。

S平面上各极点所对应的脉冲响应如图2.22所示。

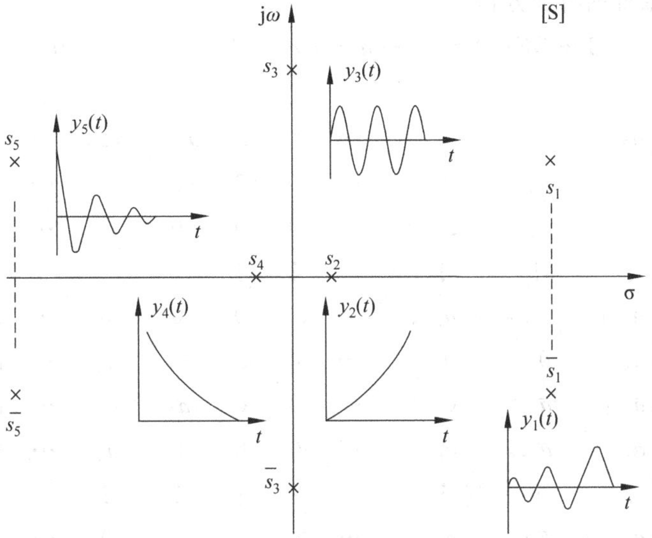

图 2.22　S 平面上各极点所对应的脉冲响应

根据 S-Z 平面的映射关系，设 S 平面上左半平面的 $s_1, s_2, s_3, \cdots, s_n$ 映射到 Z 平面上为 $p_1, p_2, p_3, \cdots, p_n$。则 $p_1, p_2, p_3, \cdots, p_n$，是特征方程 $1+GF(z)=0$ 的特征根。稳定系统的特征根 $p_1, p_2, p_3, \cdots, p_n$ 必然分布在 Z 平面上以原点为圆心的单位圆内。

线性离散系统稳定的充分必要条件是特征方程的全部根或者闭环 Z 传递函数 $G_c(z)$ 的全部极点 p_i，$i=1,2,3,\cdots,n$，都分布在 Z 平面上以原点为圆心的单位圆内。或者所有极点的模 $|p_i|<1$，$i=1,2,3,\cdots,n$。

例 2.36　设线性离散系统的特征方程为

$$(z^2-0.1z-0.3)(z^2-0.1z-0.56)(z-0.9)=0$$

试判断系统的稳定性。

解：由特征方程可得特征根为

$$p_1=-0.5,\ p_2=0.6,\ p_3=-0.7,\ p_4=0.8,\ p_5=0.9$$

由线性离散系统稳定的充分必要条件，因为特征根全部在 Z 平面上以原点为圆心的单位圆内，所以系统稳定。

2.6.3　线性离散系统的稳定判据

由上述介绍可以看出判断线性离散系统的稳定性实质上是判断特征根或者闭环极点的模的大小。当离散系统的阶数较低时，可以直接求出特征根。但是当系统的阶数较高时就很难直接找出特征根。这时可用舒尔-柯恩法或劳斯判据来判断线性离散系统的稳定性。

1. 舒尔-柯恩(Schour-Cohn)稳定判据

舒尔-柯恩判据是通过计算离散系统特征方程式的系数行列式，判断特征根是否在 Z 平面的单位圆内。

设线性离散系统的特征方程为

$$1 + GF(z) = a_0 + a_1 z + a_2 z^2 + \cdots + a_n z^n = 0 \tag{2-55}$$

选系数行列式

$$\Delta_m = \begin{vmatrix} a_0 & 0 & 0 & \cdots & 0 & a_n & a_{n-1} & a_{n-2} & \cdots & a_{n-m+1} \\ a_1 & a_0 & 0 & \cdots & 0 & 0 & a_n & a_{n-1} & \cdots & a_{n-m+2} \\ a_2 & a_1 & a_0 & \cdots & 0 & 0 & 0 & a_n & \cdots & a_{n-m+3} \\ \vdots & \vdots & \vdots & & \vdots & \vdots & \vdots & \vdots & & \vdots \\ a_{m-1} & a_{m-2} & a_{m-3} & \cdots & a_0 & 0 & 0 & 0 & \cdots & a_n \\ \bar{a}_n & 0 & 0 & \cdots & 0 & \bar{a}_0 & \bar{a}_1 & \bar{a}_2 & \cdots & \bar{a}_{m-1} \\ \bar{a}_{n-1} & \bar{a}_n & 0 & \cdots & 0 & 0 & \bar{a}_0 & \bar{a}_1 & \cdots & \bar{a}_{m-2} \\ \bar{a}_{n-2} & \bar{a}_{n-1} & \bar{a}_n & \cdots & 0 & 0 & 0 & \bar{a}_0 & \cdots & \bar{a}_{m-3} \\ \vdots & \vdots & \vdots & & \vdots & \vdots & \vdots & \vdots & & \vdots \\ \bar{a}_{n-m+1} & \bar{a}_{n-m+2} & \bar{a}_{n-m+3} & \cdots & \bar{a}_n & 0 & 0 & 0 & \cdots & \bar{a}_0 \end{vmatrix} \tag{2-56}$$

式中令 $m=1, 2, 3, \cdots, n$，n 为特征方程的阶数，$\bar{a}_n$ 为 a_n 的共轭复数。

Δ_m 是 $2m \times 2m$ 行列式，把各阶行列式顺序排列成 $\Delta_0, \Delta_1, \Delta_2, \cdots, \Delta_m, \cdots, \Delta_n$，其符号变更的数目就是稳定根的数目。所以若系统稳定，变号次数就等于特征方程式(2-55)的阶数。

系统稳定的条件为

$$\left.\begin{aligned} \Delta_m < 0, \quad m \text{为奇数} \\ \Delta_m > 0, \quad m \text{为偶数} \end{aligned}\right\} \tag{2-57}$$

$m=1$ 时，$a_{m-1}=a_0$，$a_{n-m+1}=a_n$

$$\Delta_1 = \begin{vmatrix} a_0 & a_n \\ \bar{a}_n & \bar{a}_0 \end{vmatrix} = a_0\bar{a}_0 - a_n\bar{a}_n \tag{2-58}$$

$m=2$ 时，$a_{m-1}=a_1$，$a_{m-2}=a_0$，$a_{n-m+2}=a_n$

$$\Delta_2 = \begin{vmatrix} a_0 & 0 & a_n & a_{n-1} \\ a_1 & a_0 & 0 & a_n \\ \bar{a}_n & 0 & \bar{a}_0 & \bar{a}_1 \\ \bar{a}_{n-1} & \bar{a}_n & 0 & \bar{a}_0 \end{vmatrix} \tag{2-59}$$

$m=3$ 时

$$\Delta_3 = \begin{vmatrix} a_0 & 0 & 0 & a_n & a_{n-1} & a_{n-2} \\ a_1 & a_0 & 0 & 0 & a_n & a_{n-1} \\ a_2 & a_1 & a_0 & 0 & 0 & a_n \\ \bar{a}_n & 0 & 0 & \bar{a}_0 & \bar{a}_1 & \bar{a}_2 \\ \bar{a}_{n-1} & \bar{a}_n & 0 & 0 & \bar{a}_0 & \bar{a}_1 \\ \bar{a}_{n-2} & \bar{a}_{n-1} & \bar{a}_n & 0 & 0 & \bar{a}_0 \end{vmatrix} \tag{2-60}$$

$m=4$ 时

$$\Delta_4 = \begin{vmatrix} a_0 & 0 & 0 & 0 & a_n & a_{n-1} & a_{n-2} & a_{n-3} \\ a_1 & a_0 & 0 & 0 & 0 & a_n & a_{n-1} & a_{n-2} \\ a_2 & a_1 & a_0 & 0 & 0 & 0 & a_n & a_{n-1} \\ a_3 & a_2 & a_1 & a_0 & 0 & 0 & 0 & a_n \\ \bar{a}_n & 0 & 0 & 0 & \bar{a}_0 & \bar{a}_1 & \bar{a}_2 & \bar{a}_3 \\ \bar{a}_{n-1} & \bar{a}_n & 0 & 0 & 0 & \bar{a}_0 & \bar{a}_1 & \bar{a}_2 \\ \bar{a}_{n-2} & \bar{a}_{n-1} & \bar{a}_n & 0 & 0 & 0 & \bar{a}_0 & \bar{a}_1 \\ \bar{a}_{n-3} & \bar{a}_{n-2} & \bar{a}_{n-1} & \bar{a}_n & 0 & 0 & 0 & \bar{a}_0 \end{vmatrix} \tag{2-61}$$

例 2.37 设线性离散系统如图 2.14 所示，$K=1$，$a=1$，$T=1\text{s}$，试判断系统的稳定性。

解： 系统的特征方程为

$$z^2 - z + 0.632 = 0$$

$$a_0 = 0.632,\ a_1 = -1,\ a_2 = 1$$

$$\Delta_1 = \begin{vmatrix} a_0 & a_2 \\ \bar{a}_2 & \bar{a}_0 \end{vmatrix} = \begin{vmatrix} 0.632 & 1 \\ 1 & 0.632 \end{vmatrix} < 0$$

$$\Delta_2 = \begin{vmatrix} a_0 & 0 & a_2 & a_1 \\ a_1 & a_0 & 0 & a_2 \\ \bar{a}_2 & 0 & \bar{a}_0 & \bar{a}_1 \\ \bar{a}_1 & \bar{a}_2 & 0 & \bar{a}_0 \end{vmatrix} = \begin{vmatrix} 0.632 & 0 & 1 & -1 \\ -1 & 0.632 & 0 & 1 \\ 1 & 0 & 0.632 & -1 \\ -1 & 1 & 0 & 0.632 \end{vmatrix}$$

$$= 1 + 0.632^4 - 2 \times 0.632^2 > 0$$

满足稳定条件，所以系统是稳定的。

例 2.38 设线性离散系统如图 2.14 所示，$K=10$，$a=1$，$T=1\text{s}$，试判断系统的稳定性。

解： 闭环特征方程为 $z^2+2.31z+3=0$

$$a_0 = 3,\ a_1 = 2.31,\ a_2 = 1$$

$$\Delta_1 = \begin{vmatrix} 3 & 1 \\ 1 & 3 \end{vmatrix} = 8 > 0$$

$$\Delta_2 = \begin{vmatrix} 3 & 0 & 1 & 2.31 \\ 2.31 & 3 & 0 & 1 \\ 1 & 0 & 3 & 2.31 \\ 2.31 & 1 & 0 & 3 \end{vmatrix} = 64 > 0$$

由舒尔-柯恩判据知道系统不稳定。

舒尔-柯恩稳定判据适用于高阶系统，当系统是二阶时，判据变得十分简单，特征根均在 Z 平面上单位圆内的条件是

$$F_c(z) = z^2 + \frac{a_1}{a_2}z + \frac{a_0}{a_2}$$

$$\left.\begin{aligned} |F_c(0)| &< 1 \\ F_c(1) &> 0 \\ F_c(-1) &> 0 \end{aligned}\right\} \tag{2-62}$$

利用式(2-62)可以判断系统中参数变化对稳定性的影响。

2. 劳斯(Routh)稳定判据

在连续系统中应用劳斯判据判断系统的极点是否分布在S平面的左半平面；同样在线性离散系统中也可以用劳斯判据判断离散系统的稳定性。不过需要作Z-W变换

令
$$z=\frac{1+w}{1-w} \tag{2-63}$$

经过Z-W变换，Z平面上以原点为圆心的单位圆周映射到W平面上为虚轴；Z平面上单位圆内的各点映射到W平面上为左半平面上各点；Z平面上单位圆外各点映射到W平面上为右半平面上各点。Z-W变换的映射关系如图2.23所示。

Z-W变换是线性变换，所以映射是一一对应的关系。系统的特征方程为

$$A_n z^n + A_{n-1} z^{n-1} + A_{n-2} z^{n-2} + \cdots + A_0 = 0$$

经过Z-W变换，可得到代数方程

$$a_n w^n + a_{n-1} w^{n-1} + a_{n-2} w^{n-2} + \cdots + a_0 = 0 \tag{2-64}$$

对式(2-64)施用劳斯判据便可判断系统的稳定性。

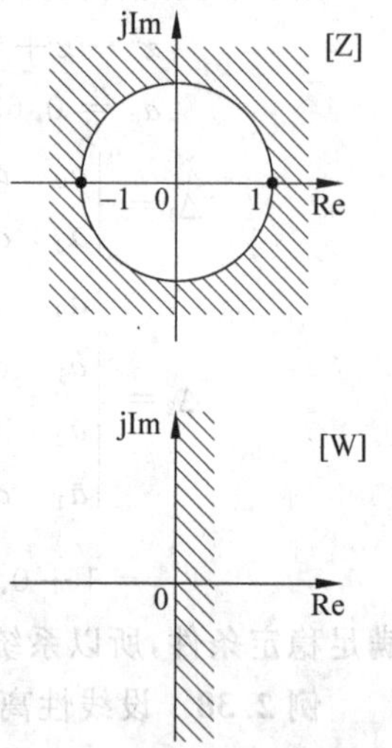

图2.23 Z平面与W平面的映射关系

劳斯判据的要点是：

(1) 特征方程 $a_n w^n + a_{n-1} w^{n-1} + a_{n-2} w^{n-2} + \cdots + a_0 = 0$，若系数 $a_n, a_{n-1}, \cdots, a_0$ 的符号不相同，则系统不稳定。

若系统符号相同，建立劳斯行列表。

(2) 建立劳斯行列表。

$$\begin{array}{cccccc}
w^n & a_n & a_{n-2} & a_{n-4} & a_{n-6} & \cdots \\
w^{n-1} & a_{n-1} & a_{n-3} & a_{n-5} & a_{n-7} & \cdots \\
w^{n-2} & b_1 & b_2 & b_3 & b_4 & \cdots \\
w^{n-3} & c_1 & c_2 & c_3 & c_4 & \cdots \\
w^{n-4} & d_1 & d_2 & d_3 & d_4 & \cdots \\
\vdots & \vdots & \vdots & \vdots & \vdots & \vdots
\end{array}$$

$$b_1 = \frac{-1}{a_{n-1}}\begin{vmatrix} a_n & a_{n-2} \\ a_{n-1} & a_{n-3} \end{vmatrix};\quad b_2 = \frac{-1}{a_{n-1}}\begin{vmatrix} a_n & a_{n-4} \\ a_{n-1} & a_{n-5} \end{vmatrix};\quad b_3 = \frac{-1}{a_{n-1}}\begin{vmatrix} a_n & a_{n-6} \\ a_{n-1} & a_{n-7} \end{vmatrix};\quad \cdots$$

$$c_1 = \frac{-1}{b_1}\begin{vmatrix} a_{n-1} & a_{n-3} \\ b_1 & b_2 \end{vmatrix};\quad c_2 = \frac{-1}{b_1}\begin{vmatrix} a_{n-1} & a_{n-5} \\ b_1 & b_3 \end{vmatrix};\quad c_3 = \frac{-1}{b_1}\begin{vmatrix} a_{n-1} & a_{n-7} \\ b_1 & b_4 \end{vmatrix};\quad \cdots$$

$$d_1 = \frac{-1}{c_1}\begin{vmatrix} b_1 & b_2 \\ c_1 & c_2 \end{vmatrix};\quad d_2 = \frac{-1}{c_1}\begin{vmatrix} b_1 & b_3 \\ c_1 & c_3 \end{vmatrix};\quad d_3 = \frac{-1}{c_1}\begin{vmatrix} b_1 & b_4 \\ c_1 & c_4 \end{vmatrix};\quad \cdots$$

$\cdots$

(3) 若劳斯行列表第一列各元素均为正，则所有特征根均分布在左半平面，系统稳定。

(4) 若劳斯行列表第一列出现负数，表明系统不稳定。第一列元素符号变化的次数，表示右半平面上特征根的个数。

例2.39 设有线性离散系统如图2.24所示，$K=1, T=1\text{s}$，试判断系统的稳定性。

解：系统的闭环Z传递函数

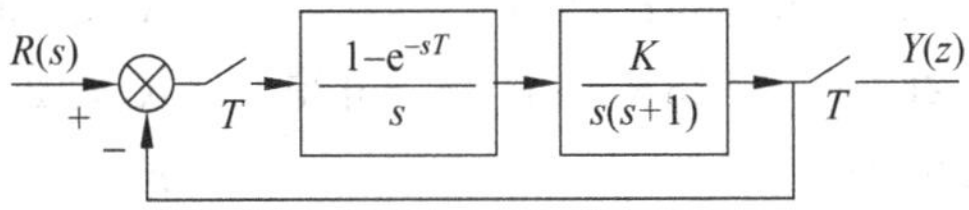

图 2.24　线性离散系统的稳定性

$$G_c(z)=\frac{0.368z+0.264}{z^2-z+0.632}$$

特征方程为　$z^2-z+0.632=0$

令　$z=\dfrac{1+w}{1-w}$，代入特征方程

得到

$$2.632w^2+0.736w+0.632=0$$

建立劳斯行列表

$$\begin{array}{lll} w^2 & 2.632 & 0.632 \\ w^1 & 0.736 & 0 \\ w^0 & 0.632 & \end{array}$$

劳斯行列表的第一列各元素均为正，由劳斯判据可知系统稳定。

例 2.40　设线性离散系统如图 2.24 所示，$K=10$，$T=1\text{s}$，试判断系统的稳定性。

解：经分析系统的特征方程为 $z^2+2.31z+3=0$，直接求解特征方程可得特征根 $p_1=-1.156+\text{j}1.29$，$p_2=-1.156-\text{j}1.29$，显然特征根在单位圆外，系统是不稳定的。

若用劳斯判据来判断，令 $z=\dfrac{1+w}{1-w}$，代入特征方程，得到

$$1.69w^2-4w+6.31=0 \tag{2-65}$$

建立劳斯行列表

$$\begin{array}{lll} w^2 & 1.69 & 6.31 \\ w^1 & -4 & 0 \\ w^0 & 6.31 & \end{array}$$

劳斯行列表的第一列元素出现负号，所以系统不稳定。其实从式(2-65)可以看出各项系数符号不相同，所以也可以断定系统不稳定。不过从劳斯行列表第一列元素符号的变化次数为 2，还可以断定系统有两个不稳定的特征根。

例 2.41　设线性离散系统如图 2.24 所示，$T=1\text{s}$，试求系统的临界放大倍数 K_c。

解：系统的特征方程为 $z^2+(0.368K-1.368)z+0.264K+0.386=0$

作 Z-W 变换 $z=\dfrac{1+w}{1-w}$得

$$(2.736-0.104K)w^2+(1.264-0.528K)w+0.632K=0$$

建立劳斯行列表

$$\begin{array}{lll} w^2 & 2.736-0.104K & 0.632K \\ w^1 & 1.264-0.528K & 0 \\ w^0 & 0.632K & \end{array}$$

欲使系统稳定，必须使劳斯行列表的第一列各元素均为正。故有

$$\begin{cases}2.736-0.104K>0\\1.264-0.528K>0\\0.632K>0\end{cases}\quad \text{可得}\quad \begin{cases}K<26.3\\K<2.4\\K>0\end{cases}$$

所以系统的临界放大倍数 $K_c=2.4$，可选用放大倍数 $0<K<2.4$。

例 2.42 设线性离散系统如图 2.24 所示，$T=0.5\text{s}$，试求系统的临界放大倍数 K_c。

解：系统的特征方程为

$$z^2+(0.107K-1.607)z+0.09K+0.607=0$$

作 Z-W 变换，可得

$$(3.214-0.017K)w^2+(0.786-0.18K)w+0.197K=0$$

建立劳斯行列表，使第一列元素为正，可求得临界放大倍数 $K_c=4.4$。

可以选用放大倍数 $0<K<4.4$。

从上述例子，可以看到利用劳斯稳定判据，能判断系统的稳定性。并且可以利用劳斯判据，分析系统参数如放大倍数 K，采样周期 T，对象特性 a 等对系统稳定性的影响。

另外，从上述例子也可以看到，控制系统中加入零阶保持器以后，系统的稳定性变坏，而且在其他参数固定的情况下，采样周期 T 越长，稳定性越差，临界放大倍数 K_c 越小。反之，减小采样周期 T，可以提高系统的稳定性。放大倍数 K 对离散系统稳定性的影响与连续系统类似，放大倍数 K 加大，系统的稳定性变差。

2.7 线性离散系统的性能分析

线性离散系统的动态特性，取决于闭环 Z 传递函数零点和极点在 Z 平面上分布的情况。

设线性离散系统的闭环 Z 传递函数

$$G_c(z)=\frac{Y(z)}{R(z)}=K\frac{B(z)}{A(z)}=K\frac{\prod_{i=1}^{m}(z-z_i)}{\prod_{i=1}^{n}(z-p_i)} \tag{2-66}$$

式中 z_i、p_i 分别为闭环零点和闭环极点，它们或是实数或是复变函数。通常 $n\geqslant m$。并设系统无重极点。

当输入为单位阶跃序列时

$$Y(z)=K\frac{\prod_{i=1}^{m}(z-z_i)}{\prod_{i=1}^{n}(z-p_i)}\frac{z}{z-1} \tag{2-67}$$

应用留数定理求 $Y(z)$ 的反变换，可得

$$\begin{aligned}y(kT)=&K\frac{B(1)}{A(1)}+\sum_{p_r}\frac{KB(p_r)(p_r)}{(p_r-1)\dot{A}(p_r)}(p_r)^k\\&+\sum_{p_i}2\left|\frac{KB(p_i)}{(p_i-1)\dot{A}(p_i)}\right||p_i|^k\cos(k\theta_i+\varphi_i)\end{aligned} \tag{2-68}$$

式中 p_r 为实数极点，p_i 为复数极点

$$\dot{A}(p_r) = \left.\frac{dA(z)}{dz}\right|_{z=p_r}$$

$$\dot{A}(p_i) = \left.\frac{dA(z)}{dz}\right|_{z=p_i}$$

$$p_i = \alpha_i + j\beta_i$$

$$\theta_i = \mathrm{tg}^{-1}\left(\frac{\beta_i}{\alpha_i}\right)$$

$$\varphi_i = \angle B(p_i) - \angle(p_i - 1) - \angle \dot{A}(p_i)$$

k 为采样时刻 kT 的采样周期数。

由式(2-68)可见，$y(kT)$ 由三部分组成。

(1) $K\dfrac{B(1)}{A(1)}$为常数项，是系统输出的稳态分量。由它可计算出系统的稳态误差 e_{ss}。在单位阶跃输入时，若 $K\dfrac{B(1)}{A(1)}=1$，则系统的稳态误差 e_{ss} 为 0。

(2) $\sum\limits_{p_r}\dfrac{KB(p_r)}{(p_r-1)\dot{A}(p_r)}(p_r)^k$ 是对应于所有实数极点 p_r 的过渡过程分量。式中 $(p_r)^k$ 是随着 k 变化的，对于不同的 p_r，过渡过程分量也随之不同，见图 2.25。

① $p_r>1$ 时，对应的输出分量是发散序列。图 2.25 中极点 $p_1>1$，输出分量 $y_1(kT)$ 是发散序列。

② $p_r=1$ 时，对应的输出分量是等幅不衰减序列。图 2.25 中极点 $p_2=1$，对应的输出分量是 $y_2(kT)$。

③ $0<p_r<1$ 时，对应的输出分量 $y_3(kT)$ 是单调衰减序列。

④ $-1<p_r<0$ 时，对应的输出分量 $y_4(kT)$ 是交替变号的衰减序列。

⑤ $p_r=-1$ 时，对应的输出分量 $y_5(kT)$ 是交替变号的等幅序列。

⑥ $p_r<-1$ 时，对应的输出分量 $y_6(kT)$ 是交替变号的发散序列。

(3) $\sum\limits_{p_i}2\left|\dfrac{KB(p_i)}{(p_i-1)\dot{A}(p_i)}\right||p_i|^k\cos(k\theta_i+\varphi_i)$ 是对应于所有复数极点 $p_i=\alpha_i+j\beta_i$ 的过渡过程分量。式中 $|p_i|^k$ 也是随着 k 变化的，p_i 影响过渡过程的特性。见图 2.26。

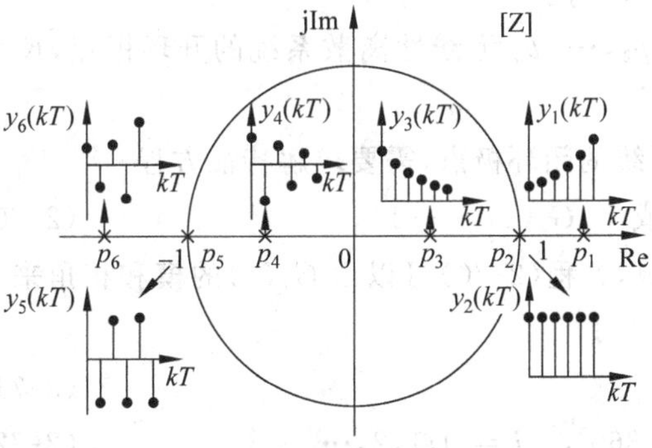

图 2.25 闭环实数极点的分布与过渡分量的关系

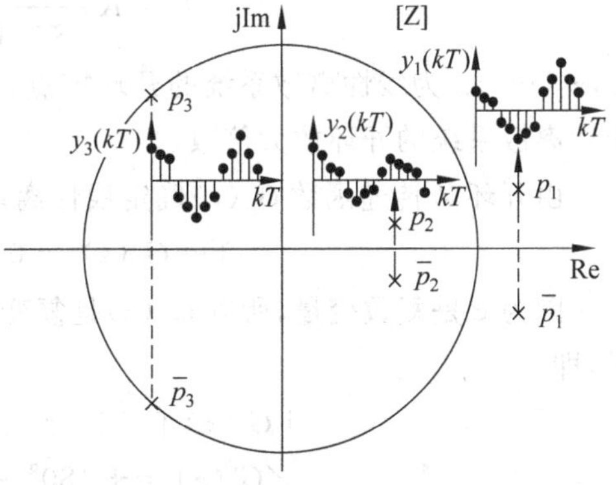

图 2.26 闭环复数极点的分布与过渡分量的关系

① $|p_i|>1$ 时，输出分量是发散振荡。如图 2.26 中 $y_1(kT)$。

② $|p_i|<1$ 时，输出分量是衰减振荡。如图 2.26 中 $y_2(kT)$。

③ $|p_i|=1$ 时，输出分量是等幅振荡。如图 2.26 中 $y_3(kT)$。

综上所述，可以看出线性离散系统的闭环极点的分布影响系统的过渡过程特性。

当极点分布在 Z 平面的单位圆上或单位圆外时，对应的输出分量是等幅的或发散的序列，系统不稳定。

当极点分布在 Z 平面的单位圆内时，对应的输出分量是衰减序列，而且极点越接近 Z 平面的原点，输出衰减越快，系统的动态响应越快。反之，极点越接近于单位圆周，输出衰减越慢，系统过渡过程时间越长。

另外，当极点分布在单位圆内左半平面时，虽然输出分量是衰减的，但是由于交替变号，过渡特性不好。

因此设计线性离散系统时，应该尽量选择极点在 Z 平面上右半圆内，而且尽量靠近原点。

2.8 线性离散系统的根轨迹分析法

在线性连续系统中可以用根轨迹法分析系统的性能。同样，对于线性离散系统也可以用 Z 平面上的根轨迹分析线性离散系统的性能。

2.8.1 根轨迹分析法

设典型的线性离散系统如图 2.27 所示。

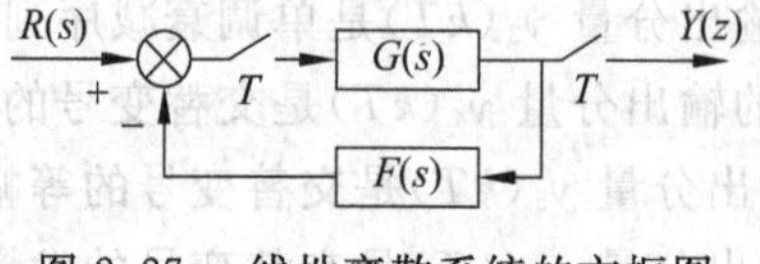

图 2.27 线性离散系统的方框图

开环 Z 传递函数为

$$G_0(z)=G(z)F(z)$$
$$=K\frac{(z-z_1)(z-z_2)\cdots(z-z_m)}{(z-p_1)(z-p_2)\cdots(z-p_n)} \tag{2-69}$$

$z_1,z_2,\cdots,z_m$ 为线性离散系统的开环零点，$p_1,p_2,\cdots,p_n$ 为线性离散系统的开环极点，K 为线性离散系统的开环放大倍数。

由开环 Z 传递函数 $G_0(z)$ 确定线性离散系统的闭环极点，需要求解特征方程

$$1+G_0(z)=0 \quad 或 \quad G_0(z)=-1 \tag{2-70}$$

因为 z 是复数变量，所以 $G_0(z)$ 是复变函数，方程(2-70)可以由 $G_0(z)$ 的模和相角来表示，即

$$|G_0(z)|=1 \tag{2-71}$$

$$\angle G_0(z)=\pm 180°+i\cdot 360°, \quad i=0,1,2,\cdots \tag{2-72}$$

式(2-71)、式(2-72)是根据开环零点和极点，在 Z 平面上绘制线性离散系统的根轨迹

的条件。式(2-71)称为幅值条件,式(2-72)称为相角条件。

在Z平面上绘制线性离散系统的根轨迹的法则与在S平面上绘制线性连续系统的根轨迹的法则类似。

表2.8列出了绘制线性离散系统的基本法则。

表2.9列出了常见线性离散系统的根轨迹图。

表2.8 线性离散系统根轨迹绘制法则

序号	内 容	法 则
1	起点 终点	起于开环极点 终于开环零点(包括无限零点)
2	分支数 对称性	等于开环极点数 $n(>m)$ 或等于开环零点数 $m(>n)$ 根轨迹对称于实轴
3	$n-m$ 条渐近线与实轴交角 $n-m$ 条渐近线与实轴交点	$\varphi_a=\dfrac{(2k+1)\pi}{n-m}\quad(k=0,1,2,\cdots,n-m-1)$ $\sigma_a=\dfrac{\sum\limits_{i=1}^{n}p_i-\sum\limits_{i=1}^{m}z_i}{n-m}$
4	实轴上的根轨迹	实轴上某一区域,若其右方开环实数零点和极点个数之和为奇数时,则该区域必定为根轨迹
5	根轨迹的分离点 d 根轨迹的分离角 φ_β	l 条根轨迹分支相遇,分离点坐标 d 由下式决定 $\sum\limits_{i=1}^{m}\dfrac{1}{d-z_i}=\sum\limits_{i=1}^{n}\dfrac{1}{d-p_i}$ 分离角 $\varphi_\beta=\dfrac{(2k+1)\pi}{l}\quad(k=0,\pm1,\pm2,\cdots)$
6	根轨迹的起始角 θ_{p_i} 根轨迹的终止角 φ_{z_i}	起始角 $\theta_{p_i}=180°+\left(\sum\limits_{j=1}^{m}\varphi_{z_jp_i}-\sum\limits_{\substack{j=1\\j\neq i}}^{n}\theta_{p_jp_i}\right)$ 终止角 $\varphi_{z_i}=180°-\left(\sum\limits_{\substack{j=1\\j\neq i}}^{m}\varphi_{z_jz_i}-\sum\limits_{j=1}^{n}\theta_{p_jz_i}\right)$
7	与单位圆交点	根轨迹与单位圆交点的 K 值可以用劳斯判据来确定(需经过Z-W变换)
8	闭环极点之和 闭环极点之积	特征方程为 $a_0z^n+a_1z^{n-1}+a_2z^{n-2}+\cdots+a_n=0$ $-\sum\limits_{i=1}^{n}p_i=a_1$:当 $n-m\geqslant2$ 时,a_1 与 K 无关 $(-1)^n\prod\limits_{i=1}^{n}p_i=a_n$
9	根轨迹上 z_l 点的放大倍	$K_l=\dfrac{\lvert z_l-p_1\rvert\lvert z_l-p_2\rvert\cdots\lvert z_l-p_n\rvert}{\lvert z_l-z_1\rvert\lvert z_l-z_2\rvert\cdots\lvert z_l-z_m\rvert}$
10	2个开环极点和1个开环有限零点的根轨迹	2个开环极点(实数或复数)和附近1个有限零点的根轨迹 是以零点为圆心,零点到分离点距离为半径的圆周或部分圆周

表 2.9　常见线性离散系统的根轨迹图

序号	$G_0(z)$	根 轨 迹	序号	$G_0(z)$	根 轨 迹
1	$\dfrac{1}{z-1}$	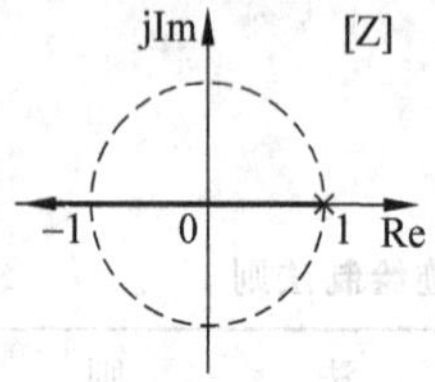	6	$\dfrac{z}{(z-p_1)(z-p_2)}$	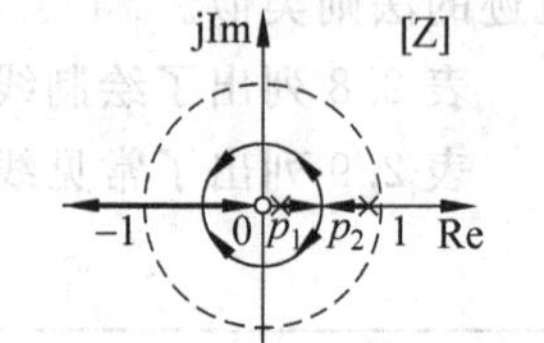
2	$\dfrac{z}{z-1}$	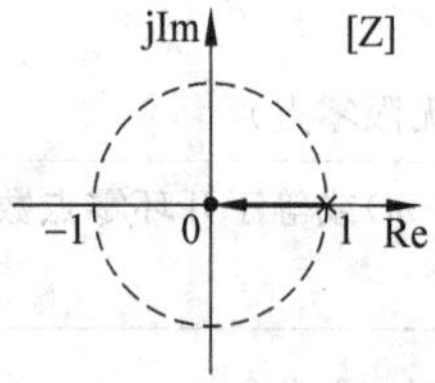	7	$\dfrac{z+z_0}{(z-1)(z-p)}$	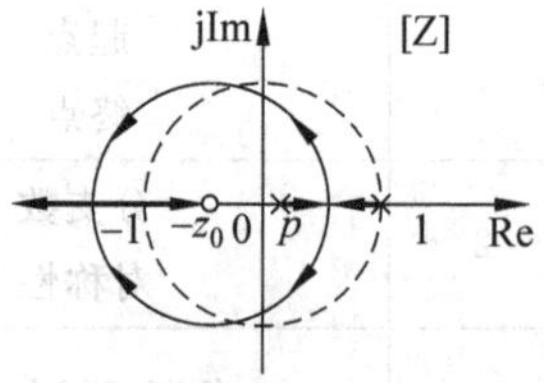
3	$\dfrac{z}{z-p}$	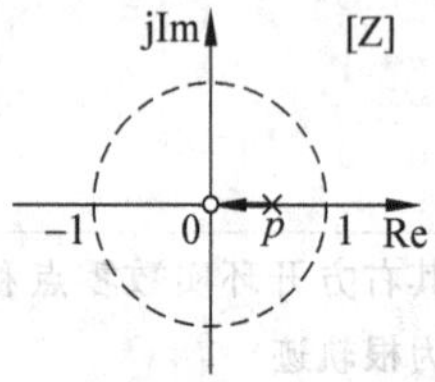	8	$\dfrac{z+z_1}{(z-1)(z-p_1)}$ $z_1>z_0$ $p_1>p$	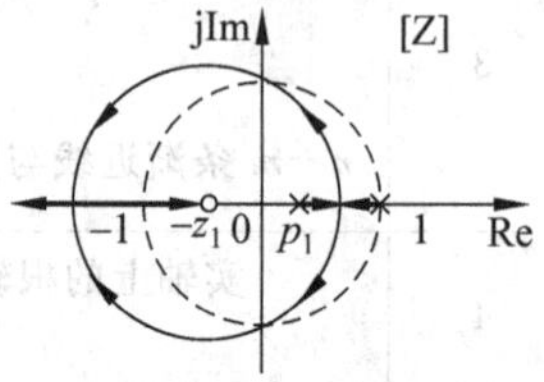
4	$\dfrac{z}{(z-1)^2}$	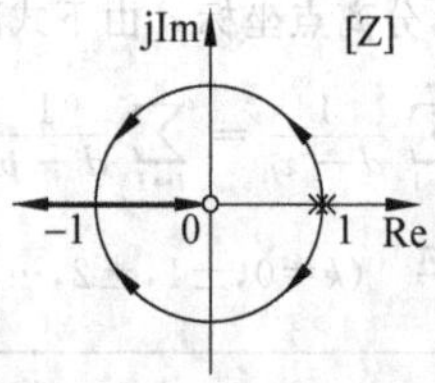	9	$\dfrac{z}{(z-p_1)(z-p_2)}$	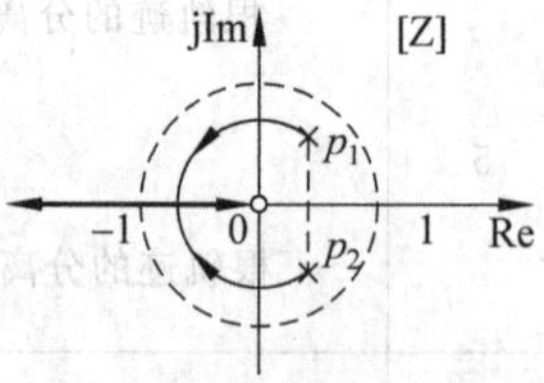
5	$\dfrac{z}{(z-p)^2}$	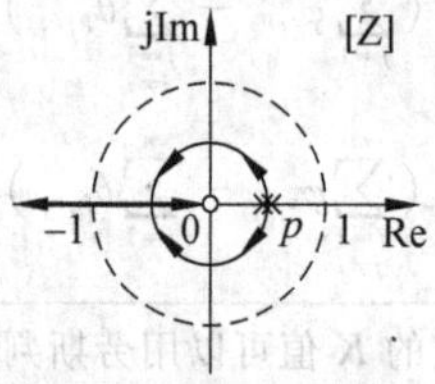	10	$\dfrac{z(z-z_0)}{(z-p_1)(z-p_2)}$	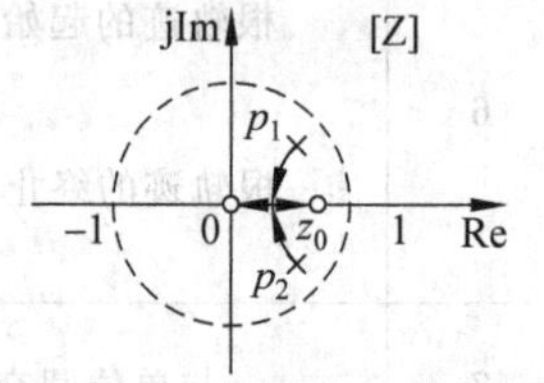

例 2.43　设线性离散系统如图 2.28 所示，试画出 T 为 0.05s，0.1s，1s，5s 时的根轨迹图，并求出相应的临界放大倍数 K_c。

解：

$$HG(z)=\mathscr{Z}\left[\frac{1-e^{-Ts}}{s}\,\frac{K}{s(s+1)}\right]$$

$$=K(1-z^{-1})\mathscr{Z}\left[\frac{1}{s^2}-\frac{1}{s}+\frac{1}{s+1}\right]$$

$$=K(1-z^{-1})\left[\frac{Tz}{(z-1)^2}-\frac{z}{z-1}+\frac{z}{z-e^{-T}}\right]$$

$$=\frac{K[(T-1+e^{-T})z-Te^{-T}+1-e^{-T}]}{(z-1)(z-e^{-T})}$$

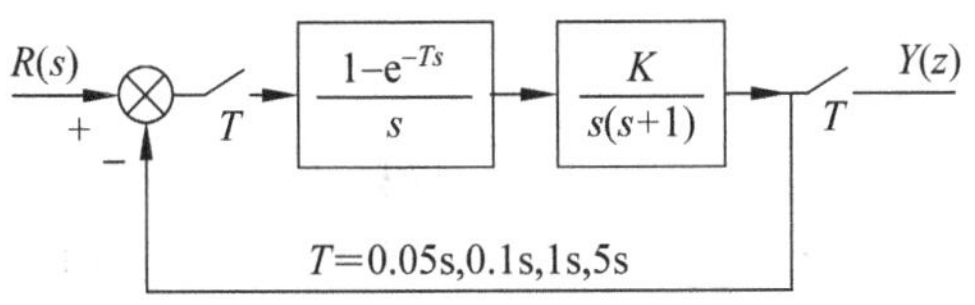

图 2.28　线性离散系统

(1) $T=1\text{s}$ 时，$G_0(z)=HG(z)=K\dfrac{0.368(z+0.722)}{(z-1)(z-0.368)}$，开环零点 $z=-0.722$，开环极点 $p_1=1$，$p_2=0.368$，根据绘制法则可在 Z 平面上作出根轨迹图。

由法则 1：根轨迹的起点为 $p_1=1$，$p_2=0.368$，根轨迹的终点为 $z=-0.722$，$-\infty$。

由法则 2：根轨迹的分支数为 $n=2$，对称于实轴。

由法则 4：实轴上的根轨迹为 0.368～1，−0.722～∞。

由法则 5：分离点坐标 $d_1=-2.09$，$d_2=0.648$。

由法则 10：2 个极点和 1 个有限零点的根轨迹是以零点为圆心，零点到分离点距离为半径的圆。

根据上述各点可作出根轨迹如图 2.29 所示。

为了求临界放大倍数 K_c，可列出特征方程

$$(z-1)(z-0.368)+0.368K(z+0.722)=0$$

或

$$z^2+(0.368K-1.368)z+0.368+0.266K=0$$

临界放大倍数 K_c 即是根轨迹与单位圆周相交时的 K 值。设临界点的闭环极点为 $p_{1c}=e^{j\theta}$，$\bar{p}_{1c}=e^{-j\theta}$，即 $p_{1c}\bar{p}_{1c}$ 共轭，模为 1，所以

$$p_{1c}\bar{p}_{1c}=e^{j\theta}e^{-j\theta}=1$$

特征方程的常数项即为 $p_{1c}\bar{p}_{1c}$，所以

$$0.368+0.266K=1$$

可得临界放大倍数 $K_c=2.38$。

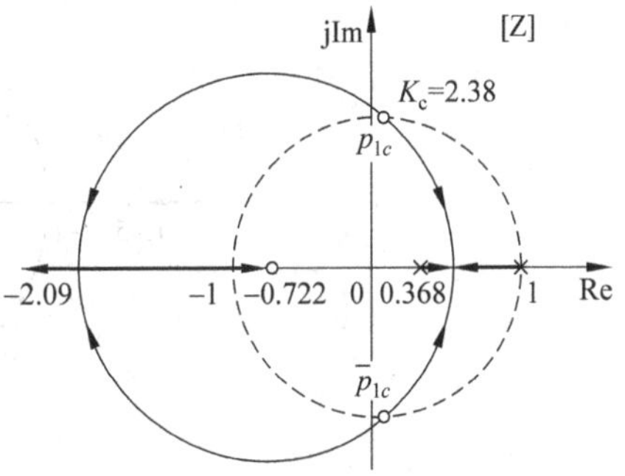

图 2.29　$T=1\text{s}$ 时的根轨迹图

对于其他采样周期 T，用同样的方法可以绘制出根轨迹图，并且求出临界放大倍数。

(2) $T=0.1\text{s}$ 时，$G_0(z)=HG(z)=K\dfrac{0.005(z+0.995)}{(z-1)(z-0.905)}$，开环零点 $z=-0.995$，开环极点 $p_1=1$，$p_2=0.905$，由计算可得到 $d_1=0.952$，$d_2=-2.942$，有了分离点，根据法则 10，便可以作出根轨迹如图 2.30 所示。

由特征方程

$$z^2+(0.005K-1.905)z+0.905+0.00498K=0$$

可求得临界放大倍数 $K_c=19.08$。

(3) $T=5\text{s}$ 时，$G_0(z)=HG(z)=\dfrac{4K(z+0.2399)}{(z-1)(z-0.00674)}$，开环零点 $z=-0.2399$，开环极点 $p_1=1$，$p_2=0.00674$，$d_1=0.313$，$d_2=-0.791$。

根轨迹如图 2.31 所示。

由特征方程

$$z^2+(4K-1.00674)z+0.00674+0.9596K=0$$

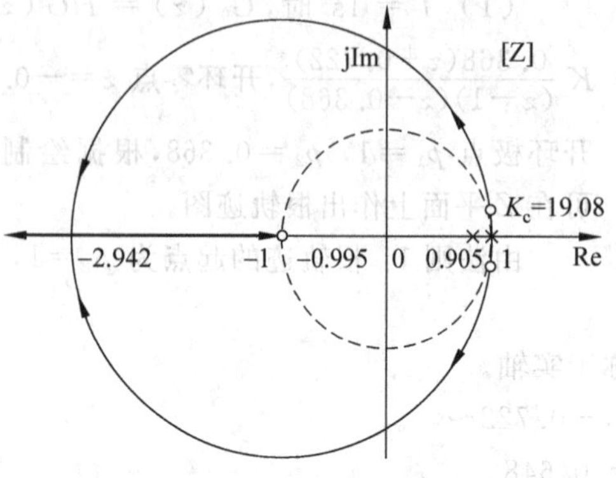

图 2.30　$T=0.1$s 时的根轨迹

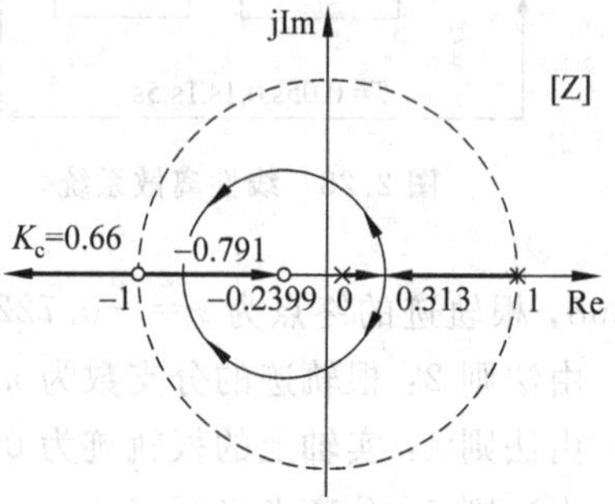

图 2.31　$T=5$s 时的根轨迹

根轨迹与单位圆相交的极点为 $p_1=-1$ 代入方程,可求得临界放大倍数 $K_c=0.66$。

(4) $T=0.05$s 时，$G_0(z)=HG(z)=K\dfrac{0.001(z+1.45)}{(z-1)(z-0.951)}$。

按前述相同方法,可画出根轨迹如图 2.32 所示。$T=0.05$s 时的临界放大倍数 $K_c=33.79$。

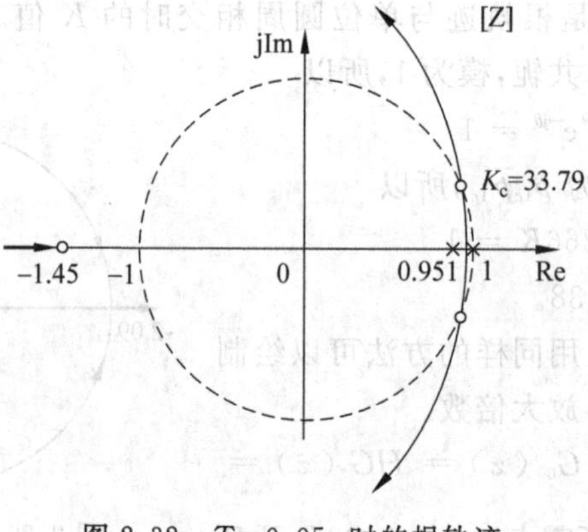

图 2.32　$T=0.05$s 时的根轨迹

从例 2.43 可以看出利用根轨迹法可以分析线性离散系统的稳定性以及参数变化对系统稳定性的影响。

从例 2.43 也可以看出线性离散系统的采样周期对系统的临界放大倍数 K_c 有影响。通常采样周期加长,临界放大倍数降低,如表 2.10 所示。

表 2.10　临界放大倍数与采样周期的关系

采样周期 T(s)	临界放大倍数 K_c
0.05	33.79
0.1	19.08
1	2.38
5	0.66

根轨迹法既能用来分析线性离散系统的性能，也能用来设计线性离散系统。

2.8.2 开环零点、极点的分布对根轨迹的影响

对于高阶系统，当存在一对主导极点时，系统的性能可以用二阶系统来近似。设二阶离散系统如图 2.33 所示。

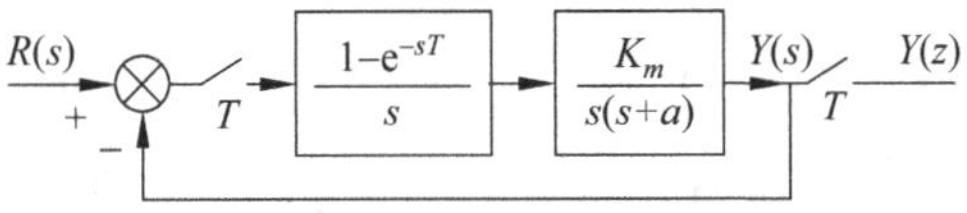

图 2.33 二阶离散系统

系统的开环 Z 传递函数为

$$G_0(z)=\mathscr{Z}[HG(z)]=\mathscr{Z}\left[\frac{K_m(1-\mathrm{e}^{-sT})}{s^2(s+a)}\right]$$

$$=\frac{K_m[(\mathrm{e}^{-aT}+aT-1)z+(1-\mathrm{e}^{-aT}-aT\mathrm{e}^{-aT})]}{a^2(z-1)(z-\mathrm{e}^{-aT})}$$

$$=\frac{K_0(z-z_1)}{(z-1)(z-p_1)} \tag{2-73}$$

由式(2-73)，可知二阶系统有一个零点 $z=z_1$，两个极点 $z=p_1$ 和 $z=1$。并且零点 z_1 是 K_m,a,T 的函数，极点 p_1 是 a,T 的函数。系统的根轨迹如图 2.34 所示。

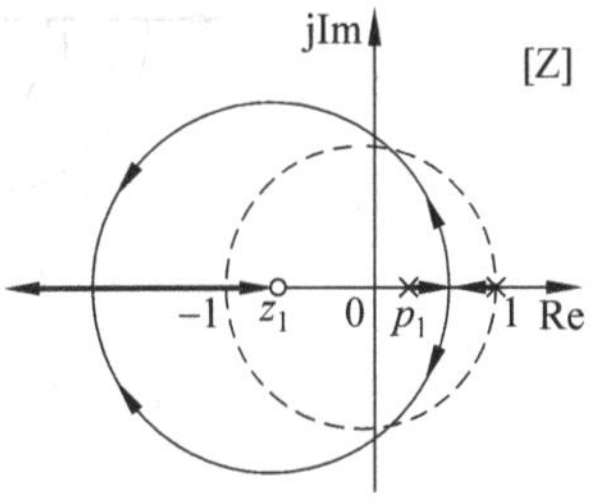

图 2.34 二阶系统的根轨迹

众所周知根轨迹始自极点，终于零点或无限远处，所以在极点处 $K_0=0$；随着 K_0 值的增大，根轨迹趋向零点或无限远处，在零点或无限远处 $K_0\to\infty$。

显然，从根轨迹图可以看到，当零点或极点在 Z 平面上的分布位置改变时，根轨迹的形状也随着改变，因而系统的性能也将发生变化，图 2.35、图 2.36 分别表示了零点和极点分布位置对根轨迹的影响。

从图 2.35 可以看出，在极点位置不变的情况下，零点右移时，根轨迹圆变小，根轨迹与单位圆交点的放大倍数加大，因而临界放大倍数 K_c 加大。

由图 2.36 可以看出，在零点位置不变的情况下，极点位置左移时，根轨迹圆变小，根轨迹与单位圆周交点的放大倍数加大，因而临界放大倍数 K_c 加大。

综上所述，零、极点的分布对二阶系统的根轨迹是有影响的，为了满足性能要求，可以采用零、极点对消的办法，或者附加新的零、极点的办法以获得所需要的性能指标。

2.8.3 Z 平面上的等阻尼比线及其应用

在二阶系统以及具有一对共轭复数主导极点的系统中，经常用阻尼比 ξ 作为一个性能指标。图 2.37(a)表示了 S 平面上的等阻尼比线，等阻尼比线是通过原点，并且与负实轴的交角为 ψ 的射线，$\psi=\cos^{-1}\xi$。当主导极点在等阻尼比线的左边时，系统的最小阻尼比就是 ξ。

等阻尼比线在 Z 平面上已经不是直线，如图 2.37(b)所示是“鸡心”状曲线。

设 $s=\sigma+\mathrm{j}\omega$，在等阻尼比线上

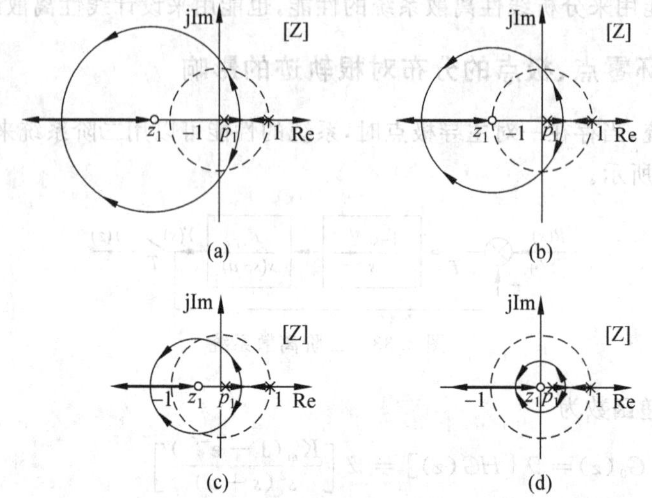

图 2.35　零点分布对二阶系统根轨迹的影响(极点不变)

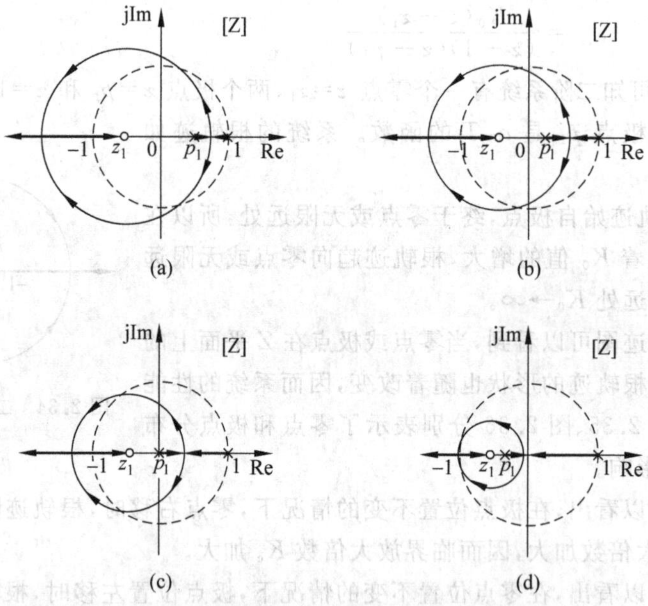

图 2.36　极点分布对二阶系统根轨迹的影响(零点不变)

$$\sigma = -\omega \cdot \mathrm{ctg}\psi = -\frac{\varepsilon\omega}{\sqrt{1-\xi^2}} \tag{2-74}$$

已知 $z=\mathrm{e}^{Ts}=\mathrm{e}^{T(\sigma+\mathrm{j}\omega)}$，Z 平面上的等阻尼比线为

$$z = \mathrm{e}^{-\varepsilon\omega T/\sqrt{1-\xi^2}}\,\mathrm{e}^{\mathrm{j}\omega T} \tag{2-75}$$

由式(2-75)可以看出，当 ξ，T 一定时，等阻尼比线是对数螺旋线。$\omega=0$ 时，$z=1$，ω 增大，z 的模按指数衰减，相角线性增加；当 $\omega=\omega_s/2$ 时，$\angle z=\pi$，螺旋线与负实轴相交，交于 a，a'。因系统通常工作在主频区，对于高频分量具有很强的滤波作用。当系统的极点均在"鸡心"状曲线 $1aa'1$ 内时，系统就具有所要求的阻尼比。

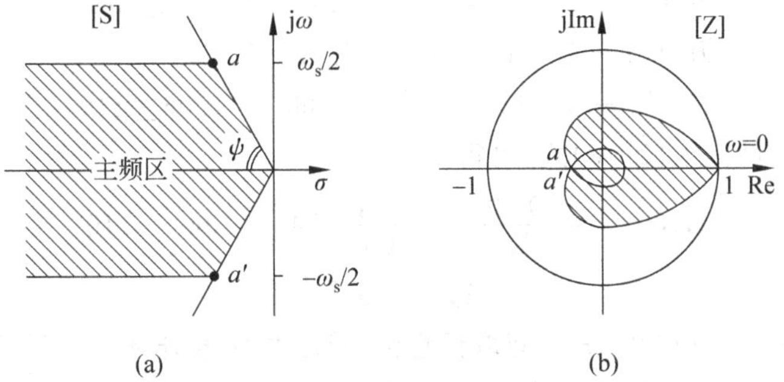

图 2.37　二阶系统的等阻尼比线

根据对系统阻尼比 ξ 的要求，由根轨迹和等阻尼比线的交点，就可以决定系统的放大系数或其他参数。

2.9　线性离散系统的频率特性分析法

与线性连续系统类似，线性离散系统也能用频率特性法分析系统的性能。

在线性离散系统的 Z 传递函数中，如以 $e^{j\omega T}$ 代替复数变量 z，便可以得到线性离散系统的频率特性，即

$$G_0(e^{j\omega T}) = G_0(z)\big|_{z=e^{j\omega T}} \tag{2-76}$$

离散系统的频率特性是系统的输出信号各正弦分量的幅值和相角与输入正弦信号的幅值和相角之间的函数关系。

线性离散系统的频率特性可以在直角平面上绘制出来，也可以画出对数幅频特性和相频特性，即伯德图。

2.9.1　极坐标法

频率特性是 ω_s 的周期函数，前面已经提到 $-\omega_s/2\leqslant\omega\leqslant\omega_s/2(\omega_s=2\pi/T)$ 是主频区，通常情况下，系统的特性主要反映在主频区。另外 $-\omega_s/2\leqslant\omega\leqslant 0$ 和 $0\leqslant\omega\leqslant\omega_s/2$ 的特性对称于实轴，所以只需要作出 $0\leqslant\omega\leqslant\omega_s/2$ 之间的曲线，讨论与此相对应部分的特性。

例 2.44　设线性离散系统如图 2.28 所示，$K=1$，$T=1\text{s}$，试绘制开环频率特性。

解： 系统的开环 Z 传递函数为

$$G_0(z) = \frac{0.368(z+0.722)}{(z-1)(z-0.368)} \tag{2-77}$$

开环频率特性为

$$G_0(e^{j\omega T}) = \frac{0.368(e^{j\omega T}+0.722)}{(e^{j\omega T}-1)(e^{j\omega T}-0.368)} \tag{2-78}$$

为了绘制开环频率特性 $G_0(e^{j\omega T})$，令 ω 由 $0\sim\omega_s/2$ 变化。此时，复数向量 z 的端点 P 在 Z 平面上沿着单位圆的上半圆周由正实轴上(1，j0)移到负实轴上(−1，j0)。对于不同的 ωT 值，$G_0(e^{j\omega T})$ 的幅值 $|G_0(e^{j\omega T})|$ 与相角 $\angle G_0(e^{j\omega T})$ 按式(2-78)可以在 Z 平面上由作图法求得。图 2.38 是 $\omega T=\omega_s T/4=\pi/2$ 时，按式(2-78)求取 $G_0(e^{j\omega T})$ 的相应的复数向量。

$$A = z + 0.722 = e^{j\omega T} + 0.722 = 1.24\angle 54^\circ$$
$$B = z - 1 = e^{j\omega T} - 1 = 1.42\angle 134^\circ$$
$$C = z - 0.368 = e^{j\omega T} - 0.368 = 1.06\angle 110^\circ$$

将上述复数向量代入(2-78)式,可得

$$G_0(e^{j\pi/2}) = \frac{0.368 \times 1.24}{1.42 \times 1.06}\angle 54^\circ - 134^\circ - 110^\circ = 0.303\angle -190^\circ$$

用同样的办法,可以在 0～π 之间取任意值,求取相应的开环频率特性。计算若干点便可得到复数平面上线性离散系统的开环频率特性,图 2.39 是 ωT 由 $\pi/6$～π 的开环频率特性。

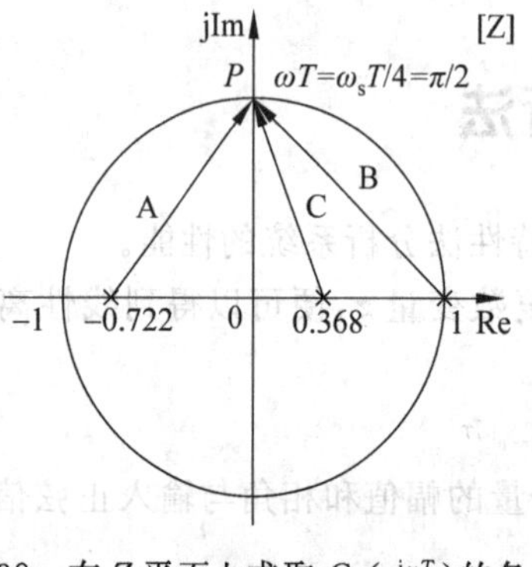

图 2.38　在 Z 平面上求取 $G_0(e^{j\omega T})$ 的各向量

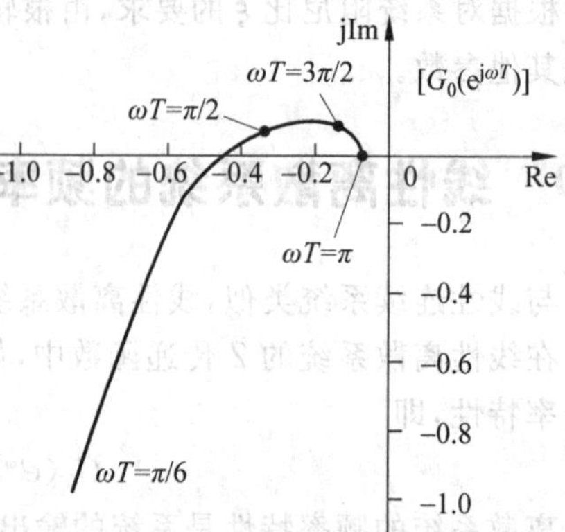

图 2.39　图 2.28 系统的开环频率特性

有了线性离散系统的开环频率特性,和线性连续系统一样,可以应用奈氏判据,判断线性离散系统的稳定性。

奈氏稳定判据是:若线性离散系统开环稳定,则闭环时线性离散系统稳定的充分必要条件是开环频率特性 $G_0(e^{j\omega T})$ 在 $G_0(e^{j\omega T})$ 平面上不包围(−1, j0)点。

若线性离散系统开环不稳定,有 N 个不稳定极点,则闭环系统稳定的充分必要条件是当 ω 从 0 变到 $\omega_s/2$ 时,开环频率特性 $G_0(e^{j\omega T})$ 在 $G_0(e^{j\omega T})$ 平面上正向(反时针)包围(−1, j0) 点 $N/2$ 次。

例 2.45　设线性离散系统的开环频率特性如图 2.40 所示,试分析各系统的稳定性。

解:根据奈氏稳定判据,图 2.40 中(a),(b)两系统的开环频率特性不包围(−1, j0)点,所以对应的闭环离散系统是稳定的。

图 2.40 中(c)系统由于开环频率特性交于 (−1, j0) 点,所以对应的闭环系统处于临界稳定状态。

图 2.40 中(d)系统虽然开环频率特性包围 (−1, j0) 点一次,因为有开环不稳定极点 $N=2$,所以闭环系统是稳定的。

利用$[G_0(e^{j\omega T})]$平面上频率特性,不仅可以分析线性离散系统的稳定性,而且可以分析系统的稳定程度。

线性离散系统的稳定程度,也称相对稳定性,可以用幅值裕量和相角裕量来衡量。

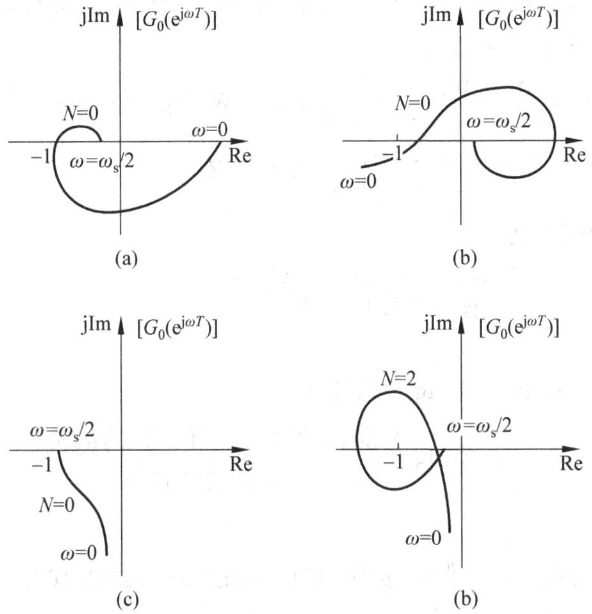

图 2.40　判断线性离散系统的稳定性

幅值裕量 $l=\dfrac{1}{|G_0(e^{j\omega_1 T})|}$，当 $G_0(e^{j\omega_1 T})=-\pi$ 时。

相角裕量 $\gamma=180°+\angle G_0(e^{j\omega_2 T})$，当 $|G_0(e^{j\omega_2 T})|=1$ 时。

例 2.46　设线性离散系统的开环频率特性如图2.41所示，试分析系统的相对稳定性。

解：由图 2.41，$G_0(e^{j\omega_1 T})=-\pi$ 时，$|0a|=|G_0(e^{j\omega_1 T})|=0.51$，由 $l=1/|G_0(e^{j\omega_1 T})|$，幅值裕量

$$l=\frac{1}{0.51}=1.96$$

在图 2.41 上，作单位圆周与 $G_0(e^{j\omega T})$ 交于 b 点，连 $0b$，则 $0b$ 与负实轴夹角 34°，故相角裕量 $\gamma=34°$。

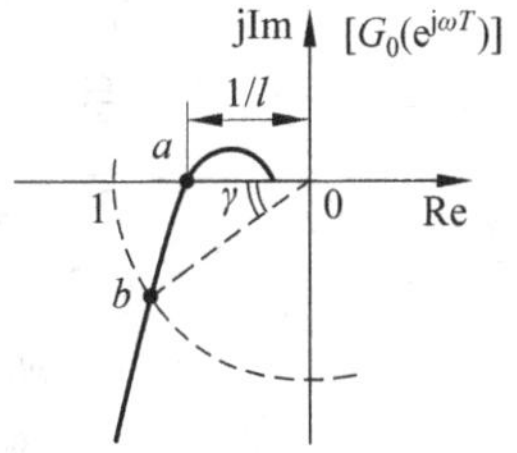

图 2.41　线性离散系统的相对稳定性示意图

2.9.2　对数频率特性法

若已知线性离散系统的开环 Z 传递函数为 $G_0(z)$，作 Z-W 变换，令 $z=\dfrac{1+w}{1-w}$，得

$$G_0(w)=G_0(z)\big|_{z=\frac{1+w}{1-w}} \tag{2-79}$$

为了得到线性离散系统的开环频率特性，令复数变量沿着 W 平面的虚轴由 $v=-\infty$ 变到 $v=+\infty$，其中 $v=I_m(w)$ 称为虚拟频率或伪频率。再令 $w=jv$，可得开环频率特性

$$G_0(jv)=G_0(w)\big|_{w=jv} \tag{2-80}$$

由变换关系 $v=\mathrm{tg}\,\dfrac{\omega T}{2}$，可得 $\omega=\dfrac{2}{T}\mathrm{tg}^{-1}v$。

众所周知，在连续系统中应用对数频率特性分析系统是很方便的，同样对于线性离散系统也可以使用对数频率特性。

例 2.47 设线性离散系统如图 2.28 所示，$K=1$，$T=1\text{s}$，试绘制开环对数频率特性。

解： 系统的开环 Z 传递函数为

$$G_0(z)=\frac{0.368(z+0.722)}{(z-1)(z-0.368)}, \text{作 Z-W 变换，令 } z=\frac{1+w}{1-w} \text{ 得}$$

$$G_0(w)=\frac{0.504(1-w)(1+0.161w)}{w(1+2.165w)},$$

令 $w=\mathrm{j}v$ 可得开环频率特性

$$G_0(\mathrm{j}v)=\frac{0.504(1-\mathrm{j}v)(1+0.161\mathrm{j}v)}{\mathrm{j}v(1+2.165\mathrm{j}v)} \tag{2-81}$$

对数幅频特性

$$\begin{aligned} L(v) &= 20\lg|G_0(\mathrm{j}v)| \\ &= 20\lg\frac{0.504\sqrt{1+v^2}\sqrt{1+(0.161v)^2}}{v\sqrt{1+(2.165v)^2}} \end{aligned} \tag{2-82}$$

相频特性

$$\phi(v)=-\frac{\pi}{2}+\mathrm{tg}^{-1}0.161v-\mathrm{tg}^{-1}v-\mathrm{tg}^{-1}2.165v \tag{2-83}$$

根据式(2-82)，式(2-83)可作出线性离散系统的对数频率特性，亦称伯德图。线性离散系统的伯德图如图 2.42 所示。

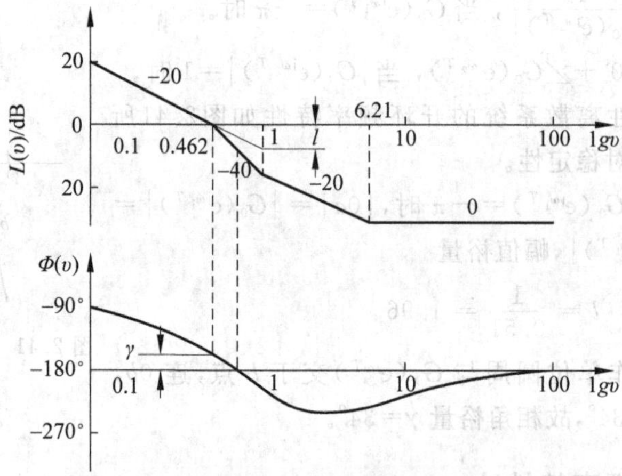

图 2.42 线性离散系统的伯德图

跟连续系统类似，可以应用伯德图分析线性离散系统的性能，判断系统的稳定性并求出其相对稳定性。

利用线性离散系统的伯德图，判断系统稳定性的判据是：

若离散系统开环稳定，则闭环稳定的充分必要条件是开环对数频率特性 $L(v)$ 大于 0dB 的频域内，开环相频特性 $\Phi(v)$ 对于 $-180°$ 线的正负穿越次数相等。

若离散系统开环不稳定，不稳定极点数 N，在开环对数频率特性 $L(v)$ 大于 0dB 的频域内，开环相频特性 $\Phi(v)$ 对于 $-180°$ 线的正穿越次数大于负穿越次数 $N/2$，则线性离散系统稳定，否则为不稳定。

对于图 2.42 的线性离散系统，根据上述稳定判据，开环稳定，$L(v)>0\text{dB}$ 的频域内

$\Phi(v)$对于$-180°$线的正负穿越次数均为零，所以系统稳定。

另外与连续系统类似，在伯德图上也可以求取系统的幅值裕量和相角裕量。对于图2.42系统可以求得系统的幅值裕量$l=6\text{dB}$，相角裕量$34°$。

同样利用线性离散系统的伯德图，可以根据指标要求，设计线性离散系统。

2.10 练习题

2.1 简述线性离散系统的数学描述。

2.2 简述差分方程的求解方法。

2.3 根据Z变换定义，由$Y(z)$求出$y(kT)$：

1. 已知$Y(z)=0.3+0.6z^{-1}+0.8z^{-2}+0.9z^{-3}+0.95z^{-4}+z^{-5}$
2. 已知$Y(z)=z^{-1}-z^{-2}+z^{-3}-z^{-4}+z^{-5}-z^{-6}$

2.4 根据Z变换定义，由$y(kT)$求出$Y(z)$：

1. 已知$y(0)=1, y(T)=1, y(2T)=1, y(3T)=1$
2. 已知

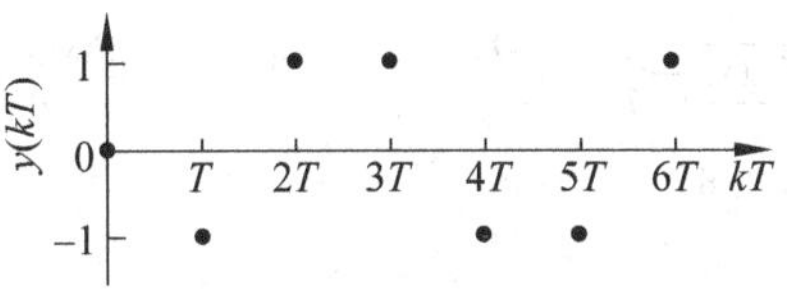

习题图 2.1

2.5 已知离散系统的差分方程，试求输出量的Z变换：

1. $y(kT)=b_0u(kT)+b_1u(kT-T)-a_1y(kT-T)$
   $u(kT)$为单位阶跃序列
2. $y(kT+2T)+3y(kT+T)+2y(kT)=u(kT)+3u(kT-T)$
   $u(kT)$为单位阶跃序列，$y(0)=0$，$y(T)=1$
3. $y(kT+2T)+3y(kT+T)+2y(kT)=0$
   $y(0)=0$，$y(T)=1$
4. $y(kT)+2y(kT-T)-2y(kT-2T)=u(kT)+2u(kT-T)$
   $u(kT)=e^{-akT}$

2.6 已知时间序列，试求相应的Z变换：

1. $3\delta(kT)$	2. $6u(kT)$	3. $4kT$	4. $(kT)^2$
5. a^{kT}，$\lvert a\rvert<1$	6. a^k，$\lvert a\rvert<1$	7. e^{-2kT}	8. $\sin\omega kT$
9. $\cos\omega kT$	10. $e^{-akT}\sin\omega kT$	11. $e^{-akT}\cos\omega kT$	12. $a+be^{-ckT}$
13. $\delta(kT-nT)$	14. $u(kT-nT)$	15. $\sum_{j=0}^{k}e(jT)$，$E(z)=\mathscr{Z}[e(kT)]$	

2.7 试求下列函数的初值和终值：

1. $1/(1-z^{-1})$	2. $z/(z-a)$
3. $T^2z(z+1)/(z-1)^3$	4. $1+5z^{-7}+3z^{-10}$

2.8 已知拉氏变换式，试求离散化以后的Z变换式：

1. $1/s$　　2. $1/s^3$　　3. $a/s(s+a)$

4. $ab/s(s+a)(s+b)$　　5. $1/(s+a)^2$　　6. $s/(s^2+\omega^2)$

2.9 试求下列函数的Z反变换：

1. $0.5z/(z-1)(z-0.5)$　　2. $z/(z-1)(z+0.5)^2$

3. $(z+1)/(z^2+1)$　　4. $(14z^2-14z+3)/(z-0.5)(z-0.25)(z-1)$

5. $(2z-a-b)z/(z-a)(z-b)$　　6. $3+12z^{-1}+6z^{-4}$

7. $10z(z+1)/(z-1)(z^2+z+1)$　　8. $(z^3+2z^2+z+1)/(z^3-z^2-8z+12)$

2.10 已知系统的方框图，试求输出量的Z变换 $Y(z)$：

1.

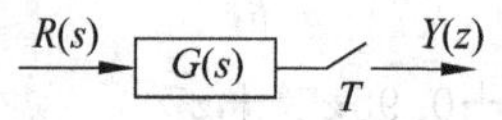

习题图 2.2

2.

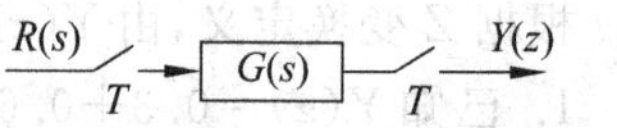

习题图 2.3

3.

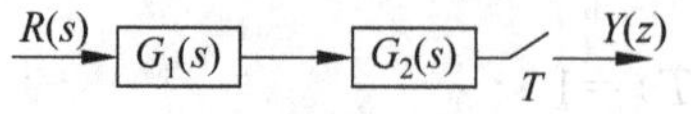

习题图 2.4

4.

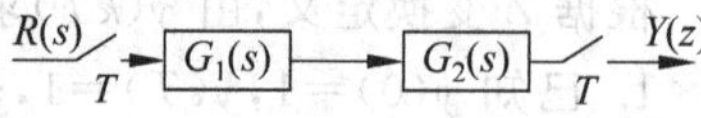

习题图 2.5

5.

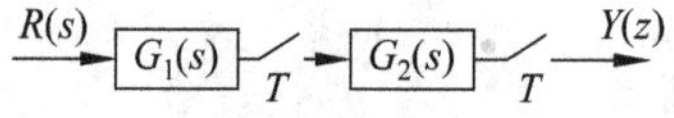

习题图 2.6

6.

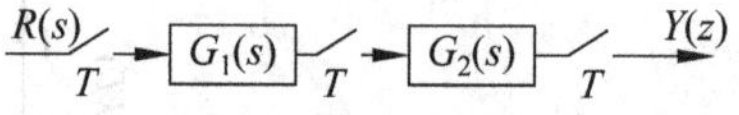

习题图 2.7

7.

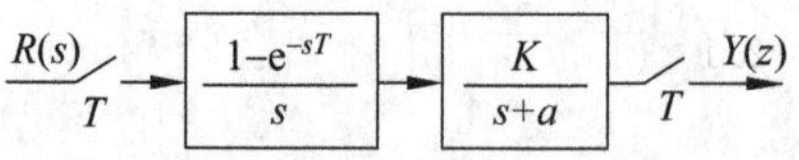

习题图 2.8

8.

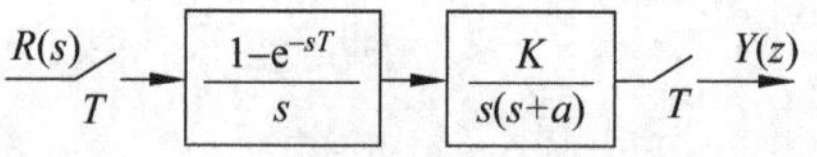

习题图 2.9

9.

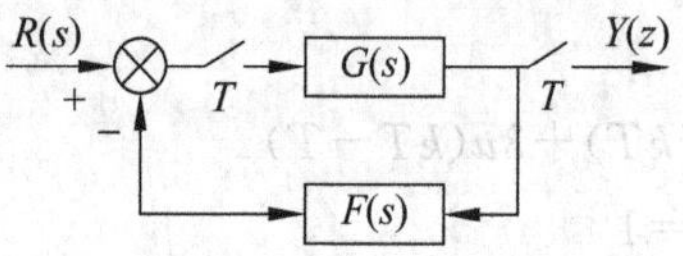

习题图 2.10

10.

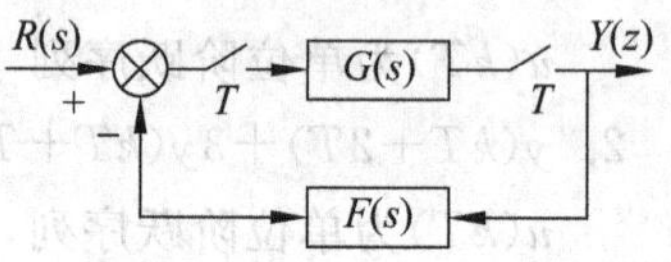

习题图 2.11

11.

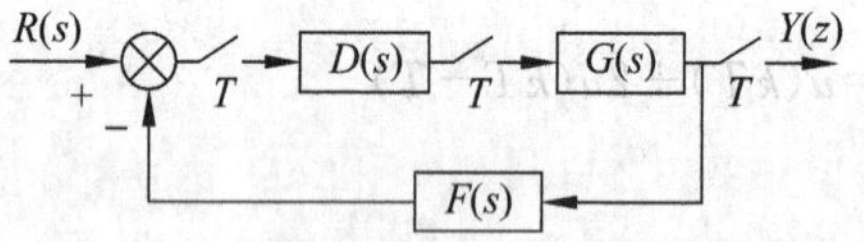

习题图 2.12

12.

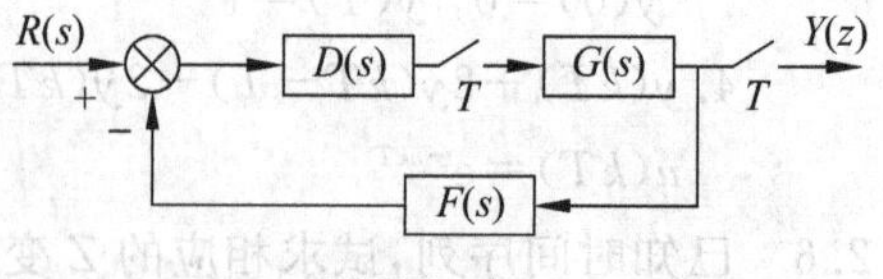

习题图 2.13

13.

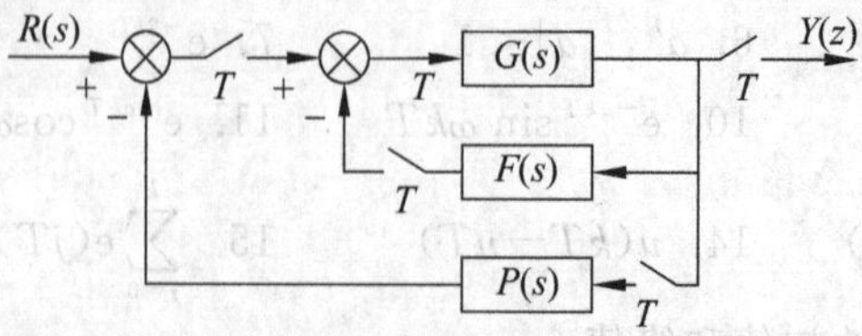

习题图 2.14

14.

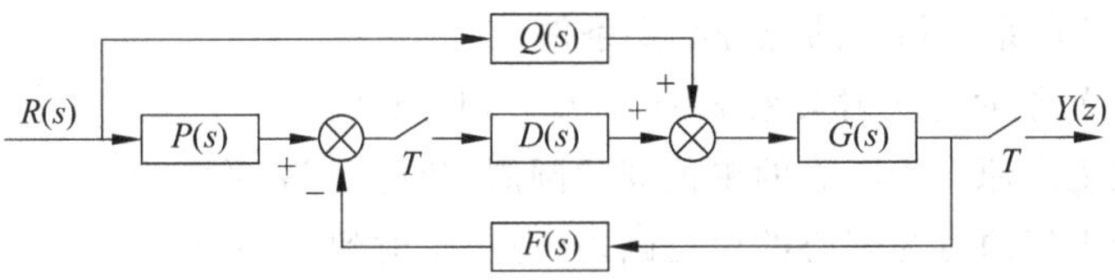

习题图　2.15

15.

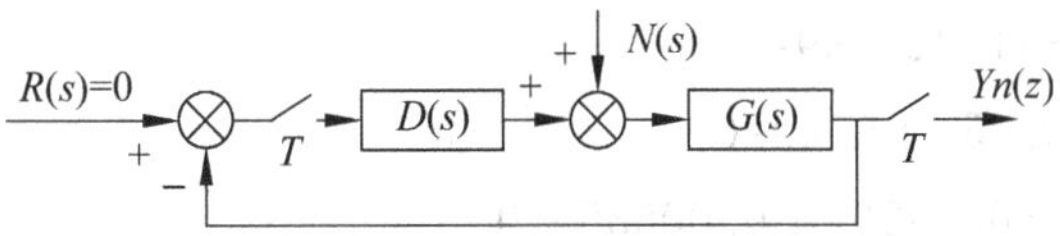

习题图　2.16

2.11　已知对象的传递函数 $G(s)$，试求广义对象的 Z 传递函数 $HG(z)$：

1. $G(s)=K/s(s+a)$
2. $G(s)=K/s(s+a)(s+b)$
3. $G(s)=K(s+c)/s(s+a)(s+b)$
4. $G(s)=K/s(s+a)(s+b)(s+c)$
5. $G(s)=K(s+d)/s(s+a)(s+b)(s+c)$

2.12　已知系统的方框图，对应于题 2.11 中的各 $G(s)$，试求系统（见习题 2.17）的闭环 Z 传递函数$G_c(z)$。

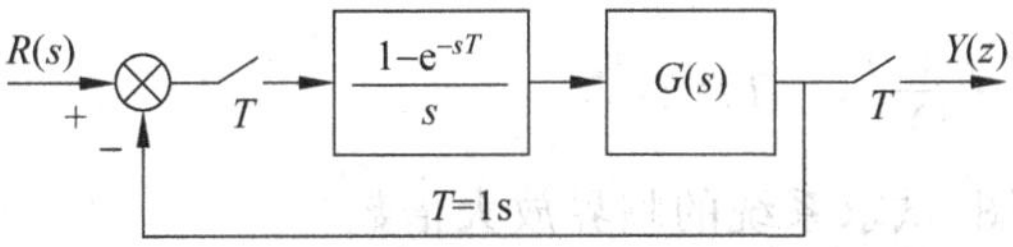

习题图　2.17

2.13　若系统的方框图如习题图 2.17 所示，$T=1\text{s}$，$G(s)=1/s(s+0.3)$，试分析系统在典型输入作用下的输出响应和稳态误差。

1. 单位阶跃输入　　2. 单位速度输入　　3. 单位加速度输入

2.14　S 平面与 Z 平面的映射关系 $z=e^{sT}=e^{\sigma T}e^{j\omega T}$

1. S 平面的虚轴，映射到 Z 平面为________。
2. S 平面的虚轴，当 ω 由 0 趋向∞变化时，Z 平面上轨迹的变化。
3. S 平面的左半平面，映射到 Z 平面为________。
4. S 平面的右半平面，映射到 Z 平面为________。
5. S 平面上，σ 由 0 趋向∞变化时，Z 平面上轨迹的变化。

2.15　当系统的极点已知时，试画出对应于各极点的单位冲激响应。

1. $p=1$	2. $p=0.6$	3. $p=0.1$
4. $p=-1$	5. $p=-0.6$	6. $p=-0.1$
7. $p=2$	8. $p=-2$	9. $p_{12}=0.5\pm j0.5$
10. $p_{12}=-0.5\pm j0.5$	11. $p_{12}=2\pm j0.5$	12. $p_{12}=-2\pm j0.5$

2.16 试述线性离散系统稳定的充分必要条件。

2.17 Z 平面与 W 平面的映射关系 $z=(1+w)/(1-w)$

1. Z 平面上以原点为圆心的单位圆的圆周，映射到 W 平面为________。

2. Z 平面上以原点为圆心的单位圆内各点，映射到 W 平面为________。

3. Z 平面上以原点为圆心的单位圆外各点，映射到 W 平面为________。

2.18 已知闭环系统的特征方程，试判断系统的稳定性，并指出不稳定的极点数。

1. $45z^3-117z^2+119z-39=0$

2. $z^3-1.5z^2-0.25z+0.4=0$

3. $z^3-1.001z^2+0.3356z+0.00535=0$

4. $z^2-z+0.632=0$

5. $(z+1)(z+0.5)(z+2)=0$

2.19 已知单位反馈系统的开环 Z 传递函数，试判断闭环系统的稳定性。

1. $G_0(z)=\dfrac{0.368z+0.264}{z^2-1.368z+0.368}$

2. $G_0(z)=\dfrac{z+0.7}{(z-1)(z-0.368)}$

3. $G_0(z)=\dfrac{10z^2+21z+2}{z^3-1.5z^2+0.5z-0.04}$

4. $G_0(z)=\dfrac{10z}{z^2-z+0.5}$

5. $G_0(s)=\dfrac{10(1-e^{-sT})}{s^2(s+1)}$， $T=1s$

2.20 已知系统的方框图，试求系统的临界放大倍数。

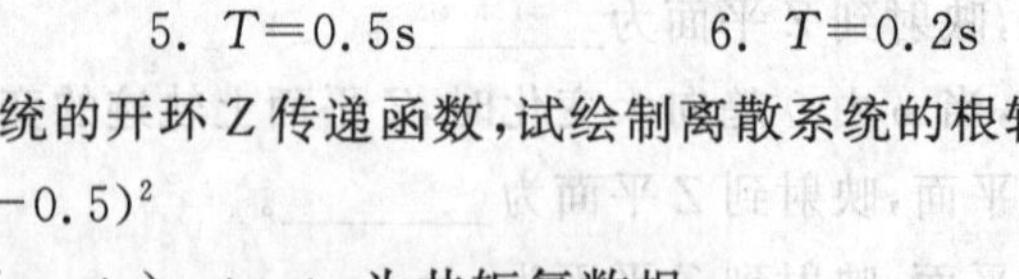

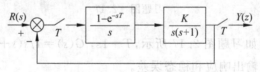

习题图 2.18

1. $T=10s$ 2. $T=5s$ 3. $T=2s$

4. $T=1s$ 5. $T=0.5s$ 6. $T=0.2s$

2.21 已知线性离散系统的开环 Z 传递函数，试绘制离散系统的根轨迹图。

1. $K(z+2)/(z-0.5)^2$

2. $Kz/(z-p_1)(z-p_2)$， p_1,p_2 为共轭复数根

3. $K/(z^2+0.09)$

4. K/z^3

5. $K(z+0.1)(z+0.2)/(z-1)(z-0.4)(z-0.2)$

2.22 已知线性离散系统的开环频率特性，试判断系统的稳定性，若系统稳定，求出幅值裕量 l 和相角裕量 γ。

1.

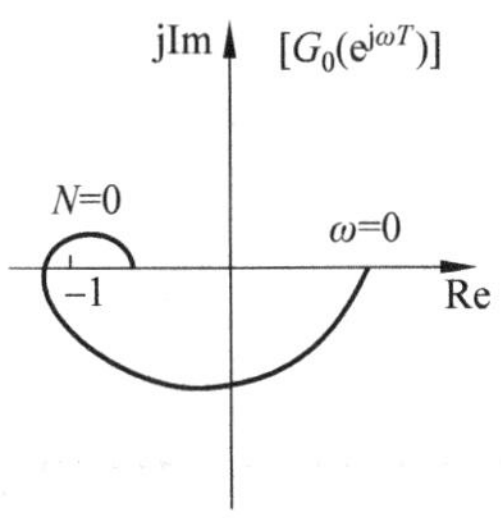

习题图 2.19

2.

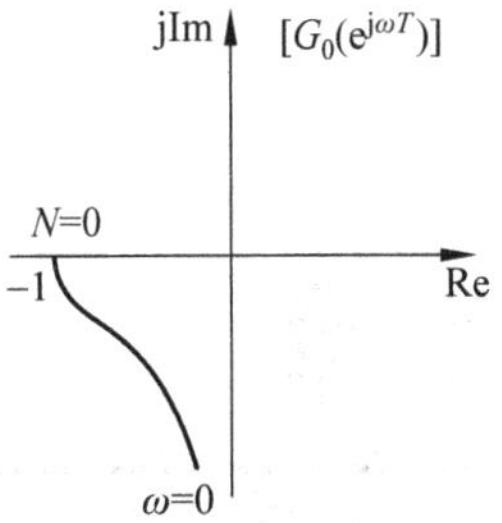

习题图 2.20

3.

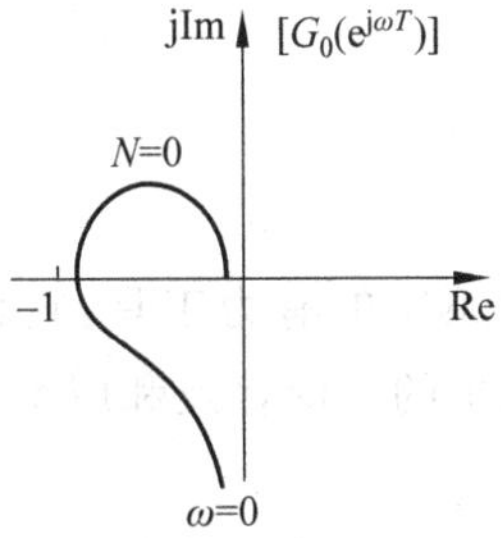

习题图 2.21

4.

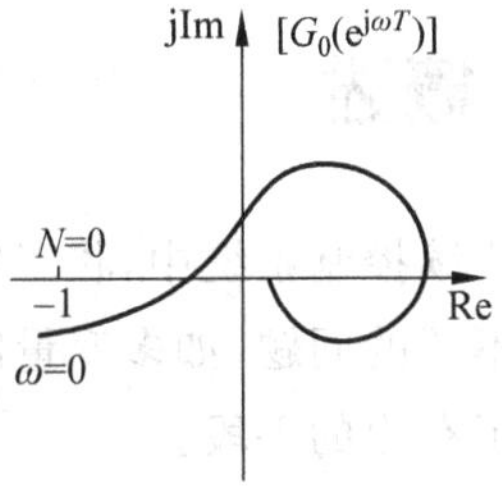

习题图 2.22

2.23 已知线性离散系统的方框图如习题图 2.23。

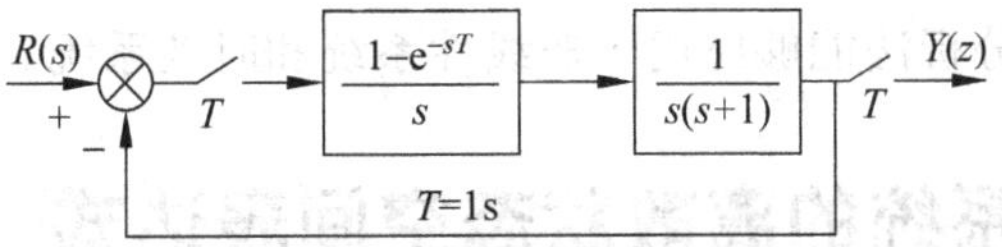

习题图 2.23

1. 绘制线性离散系统的开环频率特性,并判断系统的稳定性。
2. 作 Z-W 变换,绘制线性离散系统的开环对数幅频特性 $L(v)=20\lg|G_0(jv)|$,开环相频特性 $\Phi(v)=\angle G_0(jv)$。

第 3 章

线性离散系统的离散状态空间分析法

3.1 概述

在连续控制系统中，状态空间分析法是分析、研究系统的有力工具，它解决了频率特性法解决不了的问题，如多变量问题、时变问题等。计算机的广泛普及和应用为状态空间分析法提供了有力的手段。

对于离散系统同样可以用离散状态空间分析法来研究和分析。离散状态空间分析法较之 Z 变换法至少有以下的优点。

(1) 离散状态空间表达式适宜于计算机求解。

(2) 离散状态空间分析法对单变量和多变量系统允许用统一的表示法。

(3) 离散状态空间分析法能够应用于非线性系统和时变系统。

3.2 线性离散系统的离散状态空间表达式

在线性连续系统中，是用控制变量 u_i，状态变量 x_j 和输出变量 y_q 来表征系统的动态特性的。如图 3.1 所示。状态变量 x_j 是表征系统本身特性的变量。系统的状态变量 x_j 可以有多种选择方案，但是当系统确定时，状态变量的个数就确定了，而且是最少的，它就是系统的阶数。

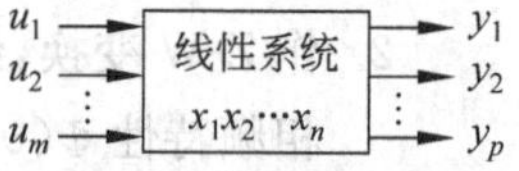

图 3.1 线性连续系统的变量关系

状态变量可以表示成 $n\times 1$ 列向量

$$\boldsymbol{x}(t)=\begin{bmatrix}x_1(t)\\x_2(t)\\\vdots\\x_n(t)\end{bmatrix}\tag{3-1}$$

控制变量可以表示成 $m\times 1$ 列向量

$$\boldsymbol{u}(t)=\begin{bmatrix}u_1(t)\\u_2(t)\\\vdots\\u_m(t)\end{bmatrix}\tag{3-2}$$

输出变量可以表示成 $p\times1$ 列向量

$$\boldsymbol{y}(t)=\begin{bmatrix} y_1(t) \\ y_2(t) \\ \vdots \\ y_p(t) \end{bmatrix} \tag{3-3}$$

线性连续系统的状态空间表达式为

$$\begin{cases} \dot{\boldsymbol{x}}(t)=\boldsymbol{A}\boldsymbol{x}(t)+\boldsymbol{B}\boldsymbol{u}(t) & (3\text{-}4) \\ \boldsymbol{y}(t)=\boldsymbol{C}\boldsymbol{x}(t)+\boldsymbol{D}\boldsymbol{u}(t) & (3\text{-}5) \end{cases}$$

$\boldsymbol{A}$、$\boldsymbol{B}$、$\boldsymbol{C}$、$\boldsymbol{D}$ 是定常的系数矩阵。

式(3-4)称为状态方程,式(3-5)称为输出方程。

与线性连续系统类似,线性离散系统的离散状态空间表达式可以表示为

$$\begin{cases} \boldsymbol{x}(kT+T)=\boldsymbol{F}\boldsymbol{x}(kT)+\boldsymbol{G}\boldsymbol{u}(kT) & (3\text{-}6) \\ \boldsymbol{y}(kT)=\boldsymbol{C}\boldsymbol{x}(kT)+\boldsymbol{D}\boldsymbol{u}(kT) & (3\text{-}7) \end{cases}$$

式(3-6)称为状态方程,式(3-7)称为输出方程。

$\boldsymbol{F}$ 是 $n\times n$ 维矩阵,称为状态矩阵或系统矩阵。

$\boldsymbol{G}$ 是 $n\times m$ 维矩阵,称为输入矩阵或驱动矩阵。

$\boldsymbol{C}$ 是 $p\times n$ 维矩阵,称为输出矩阵。

$\boldsymbol{D}$ 是 $p\times m$ 维矩阵,称为直传矩阵或传输矩阵。

线性离散系统的状态变量图如图 3.2 所示。

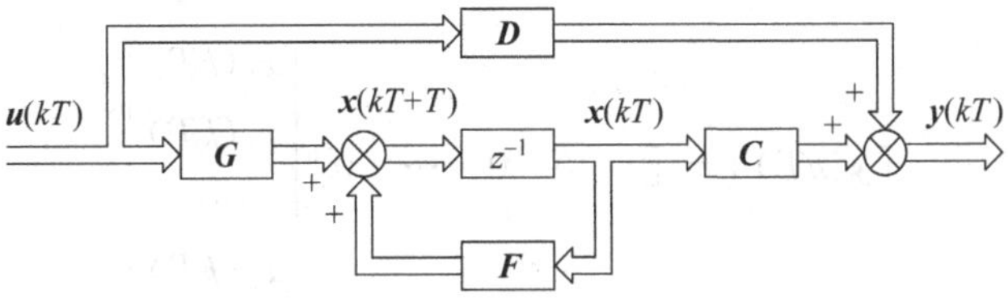

图 3.2 线性离散系统的状态变量图

3.2.1 由差分方程导出离散状态空间表达式

对于单输入单输出的线性离散系统,可以用 n 阶差分方程来描述:

$$\begin{aligned} &y(kT+nT)+a_1y(kT+nT-T)+\cdots+a_ny(kT) \\ &=b_0u(kT+mT)+b_1u(kT+mT-T)+\cdots+b_mu(kT) \end{aligned} \tag{3-8}$$

或表示成

$$y(kT+nT)=\sum_{i=0}^{m}b_iu(kT+mT-iT)-\sum_{i=1}^{n}a_iy(kT+nT-iT) \tag{3-9}$$

为了得到状态空间表达式,应适当选择状态变量,将高阶的差分方程化为一阶差分方程组,然后表示成向量的形式,便可以得到离散状态空间表达式了。

1. $m=0$,即控制变量不包含高于一阶的差分

$$y(kT+nT)+a_1y(kT+nT-T)+\cdots+a_ny(kT)=b_0u(kT) \tag{3-10}$$

选择状态变量

$$\begin{cases} x_1(kT)=y(kT) \\ x_2(kT)=y(kT+T) \\ x_3(kT)=y(kT+2T) \\ \quad\vdots \\ x_n(kT)=y(kT+nT-T) \end{cases} \tag{3-11}$$

由式(3-11)可得

$$\begin{cases} x_1(kT+T)=y(kT+T)=x_2(kT) \\ x_2(kT+T)=y(kT+2T)=x_3(kT) \\ x_3(kT+T)=y(kT+3T)=x_4(kT) \\ \quad\cdots \\ x_n(kT+T)=y(kT+nT) \\ \qquad =-a_nx_1(kT)-a_{n-1}x_2(kT)-\cdots-a_1x_n(kT)+b_0u(kT) \end{cases} \tag{3-12}$$

写成矩阵形式

$$\begin{bmatrix} x_1(kT+T) \\ x_2(kT+T) \\ \cdots \\ x_n(kT+T) \end{bmatrix}=\begin{bmatrix} 0 & 1 & 0 & \cdots & 0 \\ 0 & 0 & 1 & \cdots & 0 \\ \cdots & \cdots & \cdots & \cdots & \cdots \\ -a_n & -a_{n-1} & -a_{n-2} & \cdots & -a_1 \end{bmatrix}\begin{bmatrix} x_1(kT) \\ x_2(kT) \\ \cdots \\ x_n(kT) \end{bmatrix}+\begin{bmatrix} 0 \\ 0 \\ \cdots \\ b_0 \end{bmatrix}\boldsymbol{u}(kT) \tag{3-13}$$

$$[\boldsymbol{y}(kT)]=[1 \quad 0 \quad 0 \quad \cdots \quad 0]\begin{bmatrix} x_1(kT) \\ x_2(kT) \\ \cdots \\ x_n(kT) \end{bmatrix} \tag{3-14}$$

式(3-13)和(3-14)表示成向量形式

$$\begin{cases} \boldsymbol{x}(kT+T)=\boldsymbol{F}\boldsymbol{x}(kT)+\boldsymbol{G}\boldsymbol{u}(kT) \\ \boldsymbol{y}(kT)=\boldsymbol{C}\boldsymbol{x}(kT) \end{cases} \tag{3-15}$$

式中状态矩阵为

$$\boldsymbol{F}=\begin{bmatrix} 0 & 1 & 0 & \cdots & 0 \\ 0 & 0 & 1 & \cdots & 0 \\ \cdots & \cdots & \cdots & \cdots & \cdots \\ -a_n & -a_{n-1} & -a_{n-2} & \cdots & -a_1 \end{bmatrix} \tag{3-16}$$

输入矩阵为

$$\boldsymbol{G}=\begin{bmatrix} 0 \\ 0 \\ \cdots \\ b_0 \end{bmatrix} \tag{3-17}$$

输出矩阵为

$$\boldsymbol{C} = [1 \quad 0 \quad 0 \quad \cdots \quad 0] \tag{3-18}$$

直传矩阵为

$$\boldsymbol{D} = [0] \tag{3-19}$$

例 3.1 线性离散系统的差分方程为：

$$y(kT+4T)+3y(kT+3T)+5y(kT+2T)+4y(kT+T)+6y(kT)=2u(kT)$$

试导出离散状态空间表达式。

解：由差分方程知：$n=4, m=0, p=1$(输出向量维数)。

$a_0=1, a_1=3, a_2=5, a_3=4, a_4=6, b_0=2$。可知

$$\boldsymbol{F} = \begin{bmatrix} 0 & 1 & 0 & 0 \\ 0 & 0 & 1 & 0 \\ 0 & 0 & 0 & 1 \\ -6 & -4 & -5 & -3 \end{bmatrix} \quad \boldsymbol{G} = \begin{bmatrix} 0 \\ 0 \\ 0 \\ 2 \end{bmatrix} \quad \boldsymbol{C} = [1 \quad 0 \quad 0 \quad 0]$$

离散状态空间表达式为：

$$\begin{bmatrix} x_1(kT+T) \\ x_2(kT+T) \\ x_3(kT+T) \\ x_4(kT+T) \end{bmatrix} = \begin{bmatrix} 0 & 1 & 0 & 0 \\ 0 & 0 & 1 & 0 \\ 0 & 0 & 0 & 1 \\ -6 & -4 & -5 & -3 \end{bmatrix} \begin{bmatrix} x_1(kT) \\ x_2(kT) \\ x_3(kT) \\ x_4(kT) \end{bmatrix} + \begin{bmatrix} 0 \\ 0 \\ 0 \\ 2 \end{bmatrix} \boldsymbol{u}(kT)$$

$$\boldsymbol{y}(kT) = [1 \quad 0 \quad 0 \quad 0] \begin{bmatrix} x_1(kT) \\ x_2(kT) \\ x_3(kT) \\ x_4(kT) \end{bmatrix}$$

2. $m \neq 0$，即控制变量包含高于一阶的差分

$$\begin{aligned} & y(kT+nT)+a_1 y(kT+nT-T)+\cdots+a_n y(kT) \\ & = b_0 u(kT+nT)+b_1 u(kT+nT-T)+\cdots+b_n u(kT) \end{aligned} \tag{3-20}$$

选择状态变量

$$\begin{cases} x_1(kT) = y(kT) - h_0 u(kT) \\ x_2(kT) = x_1(kT+T) - h_1 u(kT) \\ x_3(kT) = x_2(kT+T) - h_2 u(kT) \\ \qquad \vdots \\ x_n(kT) = x_{n-1}(kT+T) - h_{n-1} u(kT) \end{cases} \tag{3-21}$$

式中

$$\begin{cases} h_0 = b_0 \\ h_1 = b_1 - a_1 h_0 \\ h_2 = b_2 - a_1 h_1 - a_2 h_0 \\ h_3 = b_3 - a_1 h_2 - a_2 h_1 - a_3 h_0 \\ \qquad \vdots \\ h_n = b_n - a_1 h_{n-1} - a_2 h_{n-2} - \cdots - a_n h_0 \end{cases} \tag{3-22}$$

系统的离散状态空间表达式为

$$\begin{cases} \boldsymbol{x}(kT+T)=\boldsymbol{F}\boldsymbol{x}(kT)+\boldsymbol{G}u(kT) \\ y(kT)=\boldsymbol{C}\boldsymbol{x}(kT)+\boldsymbol{D}u(kT) \end{cases} \tag{3-23}$$

$$\boldsymbol{F}=\begin{bmatrix} 0 & 1 & 0 & \cdots & 0 & 0 \\ 0 & 0 & 1 & \cdots & 0 & 0 \\ \vdots & \vdots & \vdots & & \vdots & \vdots \\ 0 & 0 & 0 & \cdots & 0 & 1 \\ -a_n & -a_{n-1} & -a_{n-2} & \cdots & -a_2 & -a_1 \end{bmatrix} \qquad \boldsymbol{G}=\begin{bmatrix} h_1 \\ h_2 \\ \cdots \\ h_{n-1} \\ h_n \end{bmatrix}$$

$$\boldsymbol{C}=[1\ 0\ 0\ \cdots\ 0\ 0] \qquad \boldsymbol{D}=[h_0]=[b_0]$$

系统的初始条件 $x_1(0),x_2(0),\cdots,x_n(0)$ 可由下式决定

$$\begin{cases} x_1(0)=y(0)-h_0u(0) \\ x_2(0)=y(T)-h_0u(T)-h_1u(0) \\ x_3(0)=y(2T)-h_0u(2T)-h_1u(T)-h_2u(0) \\ \quad\vdots \\ x_n(0)=y(nT-T)-h_0u(nT-T)-h_1u(nT-2T)-\cdots-h_{n-2}u(T)-h_{n-1}u(0) \end{cases} \tag{3-24}$$

例 3.2 设线性离散系统的差分方程为

$$y(kT+2T)+y(kT+T)+0.16y(kT)=u(kT+T)+2u(kT)$$

试写出离散状态空间表达式。

解：设状态变量

$$x_1(kT)=y(kT)$$
$$x_2(kT)=x_1(kT+T)-u(kT)$$

则

$$\begin{cases} x_1(kT+T)=x_2(kT)+u(kT) \\ x_2(kT+T)=-0.16x_1(kT)-x_2(kT)+u(kT) \\ y(kT)=x_1(kT) \end{cases}$$

系统的离散状态空间表达式为

$$\begin{bmatrix} x_1(kT+T) \\ x_2(kT+T) \end{bmatrix}=\begin{bmatrix} 0 & 1 \\ -0.16 & -1 \end{bmatrix}\begin{bmatrix} x_1(kT) \\ x_2(kT) \end{bmatrix}+\begin{bmatrix} 1 \\ 1 \end{bmatrix}\boldsymbol{u}(kT)$$

$$\boldsymbol{y}(kT)=[1 \quad 0]\begin{bmatrix} x_1(kT) \\ x_2(kT) \end{bmatrix}$$

初始条件可由下式决定

$$\begin{bmatrix} x_1(0) \\ x_2(0) \end{bmatrix}=\begin{bmatrix} y(0) \\ y(T)-u(0) \end{bmatrix}$$

此题也可以直接利用公式求出 **F**、**G**、**C**，从而得到离散状态空间表达式。

线性离散系统的阶数为 $n=2$，

$$a_0=1,\quad a_1=1,\quad a_2=0.16$$
$$b_0=0,\quad b_1=1,\quad b_2=2$$

$$h_0 = b_0 = 0$$
$$h_1 = b_1 - a_1 h_0 = 1$$
$$h_2 = b_2 - a_1 h_1 - a_2 h_0 = 1$$
$$\boldsymbol{F} = \begin{bmatrix} 0 & 1 \\ -0.16 & -1 \end{bmatrix} \qquad \boldsymbol{G} = \begin{bmatrix} h_1 \\ h_2 \end{bmatrix} = \begin{bmatrix} 1 \\ 1 \end{bmatrix}$$
$$\boldsymbol{C} = [1 \quad 0] \qquad \boldsymbol{D} = [h_0] = [b_0] = 0$$
$$\begin{cases} \boldsymbol{x}(kT+T) = \begin{bmatrix} 0 & 1 \\ -0.16 & -1 \end{bmatrix} \boldsymbol{x}(kT) + \begin{bmatrix} 1 \\ 1 \end{bmatrix} \boldsymbol{u}(kT) \\ \boldsymbol{y}(kT) = [1 \quad 0] \boldsymbol{x}(kT) \end{cases}$$

3.2.2 由 Z 传递函数建立离散状态空间表达式

一个线性离散系统可以用 Z 传递函数来表征，当系统的 Z 传递函数知道时，便可以建立该系统的离散状态空间表达式。由 Z 传递函数建立离散状态空间表达式，通常有直接程序法、分式展开法、迭代程序法和嵌套程序法。

1. 直接程序法

设线性离散系统的 Z 传递函数

$$G_c(z) = \frac{b_1 z^{-1} + b_2 z^{-2} + \cdots + b_n z^{-n}}{1 + a_1 z^{-1} + a_2 z^{-2} + \cdots + a_n z^{-n}} \qquad (m = n-1)$$

$G_c(z)$是有理分式，零点和极点不容易找到，可以采用直接程序法求离散状态空间表达式。当 $G_c'(z)$ 的分子的阶次 m 等于分母的阶次 n 时，化 $G_c'(z) = b_0 + G_c(z)$，对于 $G_c(z)$，$m<n$ 。

令
$$\left.\begin{aligned} Q(z) &= Y(z)/(b_1 z^{-1} + b_2 z^{-2} + \cdots + b_n z^{-n}) \\ &= U(z)/(1 + a_1 z^{-1} + a_2 z^{-2} + \cdots + a_n z^{-n}) \end{aligned}\right\} \tag{3-25}$$

由式(3-25)可得：

$$Q(z) = U(z) - a_1 z^{-1} Q(z) - a_2 z^{-2} Q(z) - \cdots - a_n z^{-n} Q(z) \tag{3-26}$$
$$Y(z) = b_1 z^{-1} Q(z) + b_2 z^{-2} Q(z) + \cdots + b_n z^{-n} Q(z) \tag{3-27}$$

由式(3-26)和式(3-27)可画出状态变量图，如图 3.3 所示。

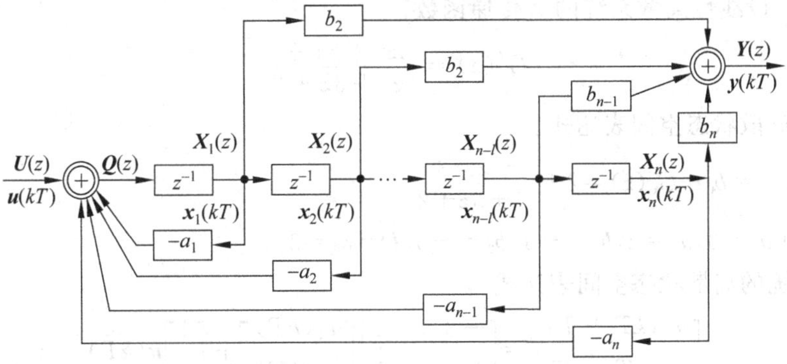

图 3.3　直接程序法建立的状态变量图

由图 3.3 可选择状态变量

$$
\begin{cases}
x_1(z) = z^{-1}Q(z) \\
x_2(z) = z^{-2}Q(z) = z^{-1}x_1(z) \\
\vdots \\
x_{n-1}(z) = z^{-n+1}Q(z) = z^{-1}x_{n-2}(z) \\
x_n(z) = z^{-n}Q(z) = z^{-1}x_{n-1}(z)
\end{cases} \tag{3-28}
$$

对(3-28)做Z反变换得

$$
\begin{cases}
x_2(kT+T) = x_1(kT) \\
x_3(kT+T) = x_2(kT) \\
\vdots \\
x_{n-1}(kT+T) = x_{n-2}(kT) \\
x_n(kT+T) = x_{n-1}(kT)
\end{cases} \tag{3-29}
$$

由式(3-26)及式(3-28)可得

$$
\begin{aligned}
x_1(kT+T) = &-a_1x_1(kT) - a_2x_2(kT) - a_3x_3(kT) - \cdots \\
&- a_{n-1}x_{n-1}(kT) - a_nx_n(kT) + u(kT)
\end{aligned} \tag{3-30}
$$

由式(3-27)可得输出方程

$$
y(kT) = b_1x_1(kT) + b_2x_2(kT) + \cdots + b_{n-1}x_{n-1}(kT) + b_nx_n(kT) \tag{3-31}
$$

由式(3-29)～式(3-31)可得状态空间表达式：

$$
\begin{cases}
\boldsymbol{x}(kT+T) = \boldsymbol{F}\boldsymbol{x}(kT) + \boldsymbol{G}\boldsymbol{u}(kT) \\
\boldsymbol{y}(kT) = \boldsymbol{C}\boldsymbol{x}(kT) + \boldsymbol{D}\boldsymbol{u}(kT)
\end{cases} \tag{3-32}
$$

其中

$$
\boldsymbol{F} = \begin{bmatrix}
-a_1 & -a_2 & \cdots & -a_{n-1} & -a_n \\
1 & 0 & \cdots & 0 & 0 \\
\cdots & \cdots & \cdots & \cdots & \cdots \\
0 & 0 & \cdots & 0 & 0 \\
0 & 0 & \cdots & 1 & 0 \\
b_1 & b_2 & \cdots & b_{n-1} & b_n
\end{bmatrix} \quad
\boldsymbol{G} = \begin{bmatrix} 1 \\ 0 \\ \cdots \\ 0 \\ 0 \end{bmatrix}
$$

$$
\boldsymbol{C} = [\, b_1 \quad b_2 \quad \cdots \quad b_{n-1} \quad b_n \,] \quad \boldsymbol{D} = [0]
$$

例 3.3 设线性离散系统的Z传递函数

$$
G_c'(z) = \frac{2z^2+5z+1}{z^2+3z+2}
$$

试求系统的离散状态空间表达式。

解：$G_c'(z) = b_0 + G_c(z) = 2 + \dfrac{-z-3}{z^2+3z+2}$

$G_c(z)$中 $a_1=3, a_2=2, b_1=-1, b_2=-3, D=b_0=2$。

可得系统的离散状态空间表达式

$$
\begin{cases}
\begin{bmatrix} x_1(kT+T) \\ x_2(kT+T) \end{bmatrix} = \begin{bmatrix} -3 & -2 \\ 1 & 0 \end{bmatrix} \begin{bmatrix} x_1(kT) \\ x_2(kT) \end{bmatrix} + \begin{bmatrix} 1 \\ 0 \end{bmatrix} \boldsymbol{u}(kT) \\
\boldsymbol{y}(kT) = [-1 \quad -3] \begin{bmatrix} x_1(kT) \\ x_2(kT) \end{bmatrix} + [2]\boldsymbol{u}(kT)
\end{cases}
$$

系统的状态变量如图 3.4 所示。

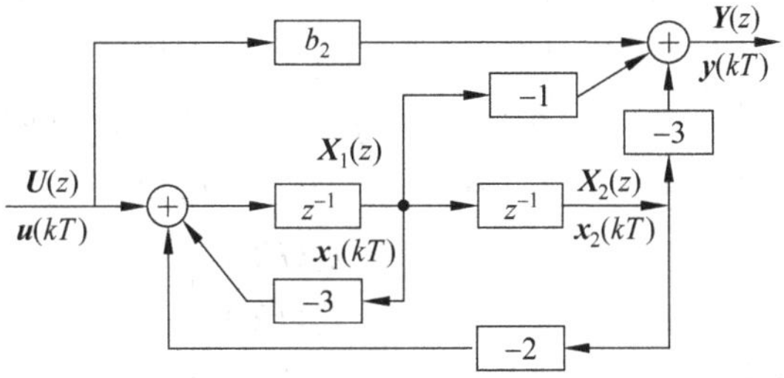

图 3.4 例 3.3 中系统的状态变量图

2. 分式展开法

设线性离散系统的 Z 传递函数

$$G_c(z)=\frac{Y(z)}{U(z)}=\frac{b_0z^m+b_1z^{m-1}+b_2z^{m-2}+\cdots+b_m}{(z+p_1)(z+p_2)\cdots(z+p_n)}\quad(m\leqslant n)\tag{3-33}$$

当 $G_c(z)$ 的极点已经知道时，可采用分式展开法，下面分两种情况讨论。

1) $G_c(z)$ 具有不同极点 p_i

$$G_c(z)=b_0+\frac{d_1}{z+p_1}+\frac{d_2}{z+p_2}+\cdots+\frac{d_n}{z+p_n}\tag{3-34}$$

$$d_i=\lim_{z\to-p_i}[(z+p_i)G_c(z)]\qquad i=1,2,\cdots,n\tag{3-35}$$

$$Y(z)=\left(b_0+\sum_{i=0}^{n}\frac{d_i}{z+p_i}\right)U(z)\tag{3-36}$$

由式(3-36)可得系统的状态变量图，如图 3.5 所示。

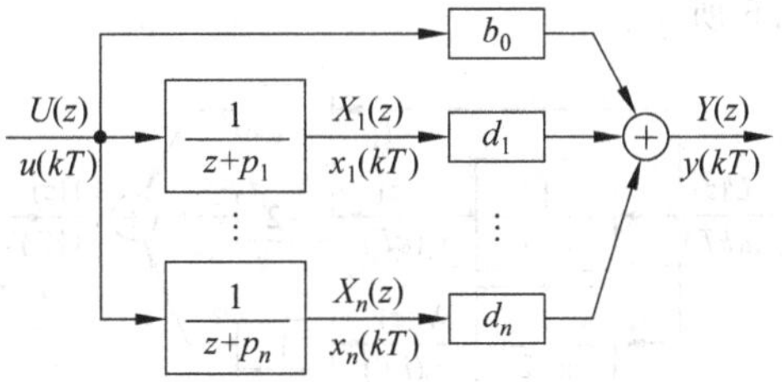

图 3.5 分式展开法相异极点时的状态变量图

由图 3.5 选择状态变量可得

$$X_i(z)=\frac{1}{z+p_i}U(z)\tag{3-37}$$

求 Z 反变换，可得

$$x_i(kT+T)=-p_ix_i(kT)+u(kT)\tag{3-38}$$

由式(3-38)、(3-37)及式(3-36)可得系统的离散状态空间表达式为

$$
\begin{cases}
\begin{bmatrix} x_1(kT+T) \\ x_2(kT+T) \\ \vdots \\ x_{n-1}(kT+T) \\ x_n(kT+T) \end{bmatrix} = \begin{bmatrix} -p_1 & 0 & \cdots & 0 & 0 \\ 0 & -p_2 & \cdots & 0 & 0 \\ \vdots & \vdots & & \vdots & \vdots \\ 0 & 0 & \cdots & -p_{n-1} & 0 \\ 0 & 0 & \cdots & 0 & -p_n \end{bmatrix} \begin{bmatrix} x_1(kT) \\ x_2(kT) \\ \vdots \\ x_{n-1}(kT) \\ x_n(kT) \end{bmatrix} + \begin{bmatrix} 1 \\ 1 \\ \vdots \\ 1 \\ 1 \end{bmatrix} \boldsymbol{u}(kT) \\
\boldsymbol{y}(kT) = [\, d_1 d_2 \quad \cdots \quad d_{n-1} d_n \,] \begin{bmatrix} x_1(kT) \\ x_2(kT) \\ \vdots \\ x_{n-1}(kT) \\ x_n(kT) \end{bmatrix} + [\, b_0 \,]\, \boldsymbol{u}(kT)
\end{cases} \tag{3-39}
$$

例 3.4 设线性离散系统的 Z 传递函数

$$G_c(z) = \frac{2z^2 + 5z + 1}{(z+1)(z+2)}$$

试求系统的离散状态空间表达式。

解： $G_c(z) = 2 + \dfrac{d_1}{z+1} + \dfrac{d_2}{z+2}$，　$b_0 = 2, p_1 = 1, p_2 = 2$

由　$d_i = \lim\limits_{z \to -p_i} (z+p_i) G_c(z)$　得 $d_1 = -2, d_2 = 1$

由式(3-39)可得系统的离散状态空间表达式

$$
\begin{cases}
\begin{bmatrix} x_1(kT+T) \\ x_2(kT+T) \end{bmatrix} = \begin{bmatrix} -1 & 0 \\ 0 & -2 \end{bmatrix} \begin{bmatrix} x_1(kT) \\ x_2(kT) \end{bmatrix} + \begin{bmatrix} 1 \\ 1 \end{bmatrix} \boldsymbol{u}(kT) \\
\boldsymbol{y}(kT) = [-2 \quad 1] \begin{bmatrix} x_1(kT) \\ x_2(kT) \end{bmatrix} + [2] \boldsymbol{u}(kT)
\end{cases}
$$

系统的状态变量图如图 3.6 所示。

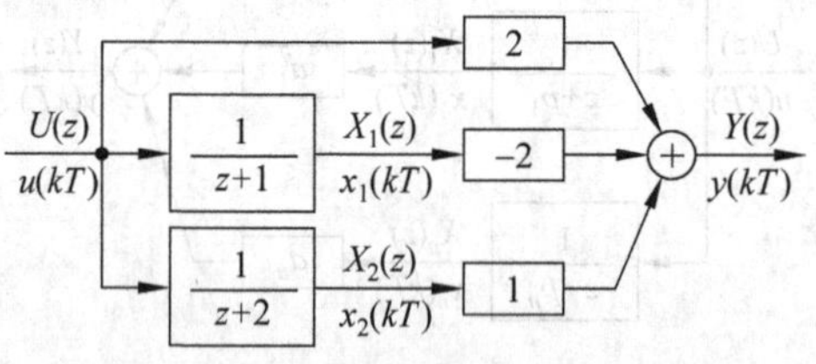

图 3.6　例 3.4 中系统的状态变量图

2) $G_c(z)$具有多重极点 p_n

设 $G_c(z)$在 $z = -p_n$ 处有 l 重极点

$$G_c(z) = \frac{b_0 z^m + b_1 z^{m-1} + \cdots + b_{m-1} z + b_m}{(z+p_1)(z+p_2)\cdots(z+p_{n-l})(z+p_n)^l} \tag{3-40}$$

式中 $m \leqslant n$，当 $m = n$ 时与前述相同，化为

$$G_c(z) = b_0 + \frac{d_1}{z+p_1} + \frac{d_2}{z+p_2} + \cdots + \frac{d_{n-l}}{z+p_{n-l}}$$

$$+\frac{e_l}{z+p_n}+\frac{e_{l-l}}{(z+p_n)^2}+\cdots+\frac{e_l}{(z+p_n)^l} \tag{3-41}$$

$$d_i=\lim_{z\to -p_i}[(z+p_i)G_c(z)],\quad i=1,2,\cdots,n-l \tag{3-42}$$

$$e_j=\frac{1}{(j-1)!}\lim_{z\to -p_n}\frac{\mathrm{d}^{j-1}}{(\mathrm{d}z)^{(j-1)}}[G_c(z)(z+p_n)^l]$$

$$j=l,l-1,\cdots,1 \tag{3-43}$$

由式(3-14)可得状态变量图如图 3.7 所示。

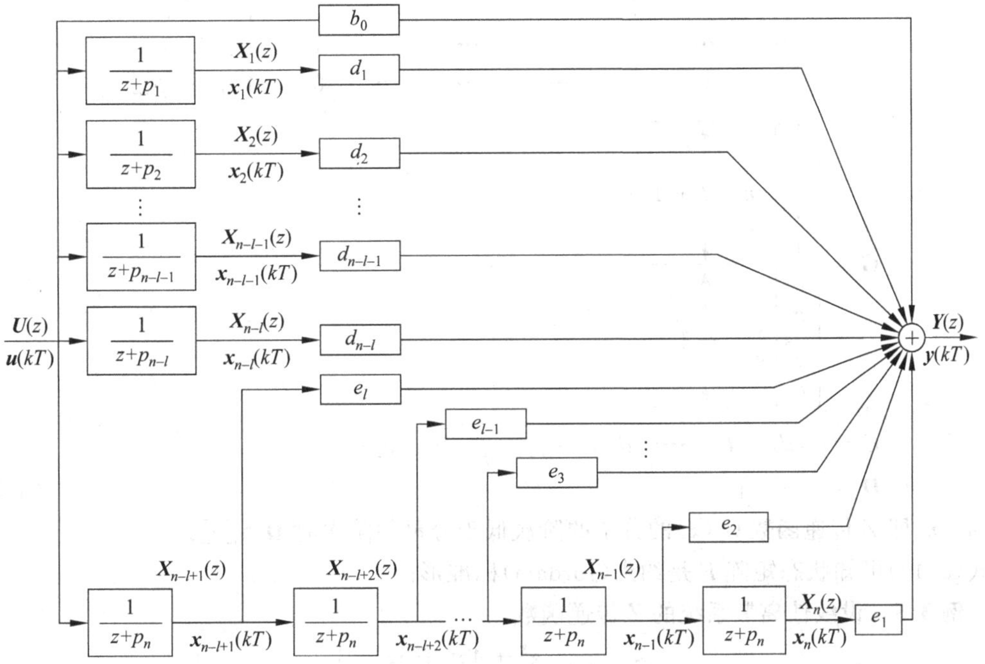

图 3.7　分式展开法重极点时状态变量图

选择状态变量

$$X_i(z)=\frac{1}{z+p_i}U(z),\quad i=1,2,\cdots,n-l \tag{3-44}$$

$$X_{n-l+j}(z)=\frac{1}{(z+p_n)^j}U(z),\quad j=1,2,\cdots,l \tag{3-45}$$

对式(3-44)求 Z 反变换，即可得

$$x_i(kT+T)=-p_ix_i(kT)+u(kT)\qquad i=1,2,\cdots,n-l \tag{3-46}$$

对式(3-45)求 Z 反变换较为复杂

$$\begin{aligned}
&j=1\quad x_{n-l+1}(kT+T)=-p_nx_{n-l+1}(kT)+u(kT)\\
&j=2\quad x_{n-l+2}(kT+T)=-p_nx_{n-l+2}(kT)+x_{n-l+1}(kT)\\
&\vdots
\end{aligned} \tag{3-47}$$

其余类推

$$x_{n-l+j}(kT+T)=-p_nx_{n-l+j}(kT)+x_{n-l+j-1}(kT)$$

由式(3-46)、式(3-47)及式(3-41)可推导出系统的离散状态空间表达式

$$\begin{cases} \boldsymbol{x}(kT+T)=\boldsymbol{F}\boldsymbol{x}(kT)+\boldsymbol{G}\boldsymbol{u}(kT) \\ \boldsymbol{y}(kT)=\boldsymbol{C}\boldsymbol{x}(kT)+\boldsymbol{D}\boldsymbol{u}(kT) \end{cases} \tag{3-48}$$

$$\boldsymbol{F}=\begin{bmatrix} -p_1 & 0 & 0 & \cdots & \cdots & \cdots & \cdots & 0 & 0 \\ 0 & -p_2 & 0 & \cdots & \cdots & \cdots & \cdots & 0 & 0 \\ \vdots & \vdots & & & & & & \vdots & \vdots \\ 0 & 0 & \cdots & -p_{n-l} & 0 & 0 & \cdots & 0 & 0 \\ \cdots & \cdots & \cdots & 0 & -p_n & 0 & \cdots & \cdots & 0 \\ \cdots & \cdots & \cdots & 0 & 1 & -p_n & \cdots & \cdots & 0 \\ \vdots & \vdots & \vdots & & & & & \vdots & \vdots \\ \cdots & \cdots & \cdots & \cdots & \cdots & \cdots & 1 & -p_n & 0 \\ 0 & 0 & \cdots & \cdots & \cdots & \cdots & 0 & 1 & -p_n \end{bmatrix} \tag{3-49}$$

$$\boldsymbol{G}=\begin{bmatrix} 1 \\ 1 \\ \vdots \\ 1 \\ 0 \\ 0 \\ \vdots \\ 0 \end{bmatrix} \begin{matrix} \left.\begin{matrix} \\ \\ \\ \\ \end{matrix}\right\} n-l+1 \\ \left.\begin{matrix} \\ \\ \\ \\ \end{matrix}\right\} l-1 \end{matrix} \tag{3-50}$$

$$\boldsymbol{C}=[\ d_1 \quad d_2 \quad \cdots \quad d_{n-l} \quad e_l \quad e_{l-1} \quad \cdots \quad e_1\ ] \tag{3-51}$$

$$\boldsymbol{D}=[\ b_0\ ] \tag{3-52}$$

当 $m<n$，即Z传递函数 $G_c(z)$ 的分子的阶次低于分母的阶次时 $\boldsymbol{D}=[0]$。

由式(3-49)可知状态矩阵 $\boldsymbol{F}$ 是约当(Jordam)标准形。

例 3.5 设线性离散系统的Z传递函数

$$G_c(z)=\frac{z^3+4z^2+5z+3}{(z+1)^2(z+2)}$$

试求系统的离散状态空间表达式。

解：

$$G_c(z)=1+\frac{1}{z+2}-\frac{1}{z+1}+\frac{1}{(z+1)^2} \tag{3-53}$$

由式(3-53)得 $n=3, l=2, b_0=1, d_1=1, e_1=1, e_2=-1, p_1=2, p_3=1$，所以

$$\boldsymbol{F}=\begin{bmatrix} -2 & 0 & 0 \\ 0 & -1 & 0 \\ 0 & 1 & -1 \end{bmatrix} \quad \boldsymbol{G}=\begin{bmatrix} 1 \\ 1 \\ 0 \end{bmatrix}$$

$$\boldsymbol{C}=[\ 1 \quad -1 \quad 1\ ] \quad \boldsymbol{D}=[b_0]=[1]$$

线性离散系统的状态空间表达式为

$$\begin{cases} \begin{bmatrix} x_1(kT+T) \\ x_2(kT+T) \\ x_3(kT+T) \end{bmatrix}=\begin{bmatrix} -2 & 0 & 0 \\ 0 & -1 & 0 \\ 0 & 1 & -1 \end{bmatrix}\begin{bmatrix} x_1(kT) \\ x_2(kT) \\ x_3(kT) \end{bmatrix}+\begin{bmatrix} 1 \\ 1 \\ 0 \end{bmatrix}\boldsymbol{u}(kT) \\ \boldsymbol{y}(kT)=[\ 1 \quad -1 \quad 1\ ]\begin{bmatrix} x_1(kT) \\ x_2(kT) \\ x_3(kT) \end{bmatrix}+[\ 1\ ]\boldsymbol{u}(kT) \end{cases}$$

系统的状态变量图如图 3.8 所示。

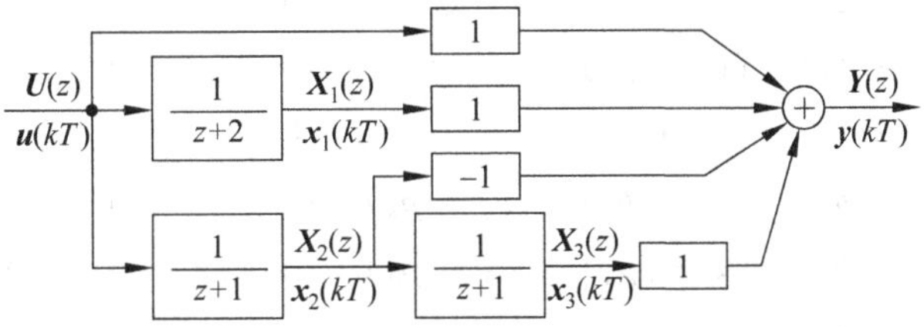

图 3.8　例 3.5 中系统的状态变量图

3. 迭代程序法

设线性离散系统的 Z 传递函数

$$G_c(z)=\frac{b_0(z+\hat{z}_1)(z+\hat{z}_2)\cdots(z+\hat{z}_m)}{(z+p_1)(z+p_2)\cdots(z+p_n)}\qquad(m\leqslant n)\tag{3-54}$$

系统 Z 传递函数的零点和极点已知时，可用迭代程序法求其离散状态空间表达式。

当 $m=n$ 时

$$\begin{aligned}G_c(z)&=b_0+\frac{b(z+z_1)(z+z_2)\cdots(z+z_m)}{(z+p_1)(z+p_2)\cdots(z+p_n)}\\&=b_0+\frac{b}{z+p_1}\,\frac{z+z_1}{z+p_2}\cdots\frac{z+z_{n-1}}{z+p_n}\end{aligned}\tag{3-55}$$

当 $m<n$ 时式(3-55)中 $b_0=0$。

由式(3-55)可得系统的状态变量图如图 3.9 所示。

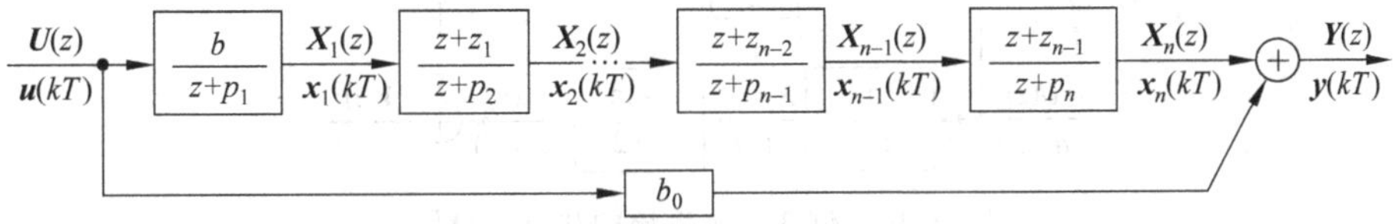

图 3.9　迭代程序法的状态变量图

据图 3.9，可列出状态空间表达式

$$\begin{cases}x_1(kT+T)=-p_1x_1(kT)+bu(kT)\\x_2(kT+T)=-p_2x_2(kT)+x_1(kT+T)+z_1x_1(kT)\\\qquad\qquad\quad=(z_1-p_1)x_1(kT)-p_2x_2(kT)+bu(kT)\\x_3(kT+T)=(z_1-p_1)x_1(kT)+(z_2-p_2)x_2(kT)-p_3x_3(kT)+bu(kT)\\\qquad\qquad\quad\vdots\\x_n(kT+T)=(z_1-p_1)x_1(kT)+(z_2-p_2)x_2(kT)+\cdots\\\qquad\qquad\quad+(z_{n-1}-p_{n-1})x_{n-1}(kT)-p_nx_n(kT)+bu(kT)\\\boldsymbol{y}(kT)=x_n(kT)+b_0u(kT)\end{cases}\tag{3-56}$$

由式(3-56)可得

$$
F=\begin{bmatrix} -p_1 & 0 & 0 & \cdots & 0 & 0 \\ (z_1-p_1) & -p_2 & 0 & \cdots & 0 & 0 \\ (z_1-p_1) & (z_2-p_2) & -p_3 & \cdots & 0 & 0 \\ \vdots & \vdots & \vdots & & \vdots & \vdots \\ (z_1-p_1) & (z_2-p_2) & (z_3-p_3) & \cdots & -p_{n-1} & 0 \\ (z_1-p_1) & (z_2-p_2) & (z_3-p_3) & \cdots & (z_{n-1}-p_{n-1}) & -p_n \end{bmatrix} \tag{3-57}
$$

$$
G=\begin{bmatrix} b \\ b \\ b \\ \vdots \\ b \\ b \end{bmatrix} \tag{3-58}
$$

$$
C=[\,0 \quad 0 \quad 0 \quad \cdots \quad 0 \quad 1\,] \tag{3-59}
$$

$$
D=[\,b_0\,] \tag{3-60}
$$

例 3.6 设线性离散系统的 Z 传递函数

$$
G_c(z)=\frac{2z^2+5z+1}{z^2+3z+2}
$$

试求系统的离散状态空间表达式。

解：

$$
G_c(z)=2+\frac{1-z-3}{(z+1)(z+2)}
$$

系统状态变量图如图 3.10 所示。

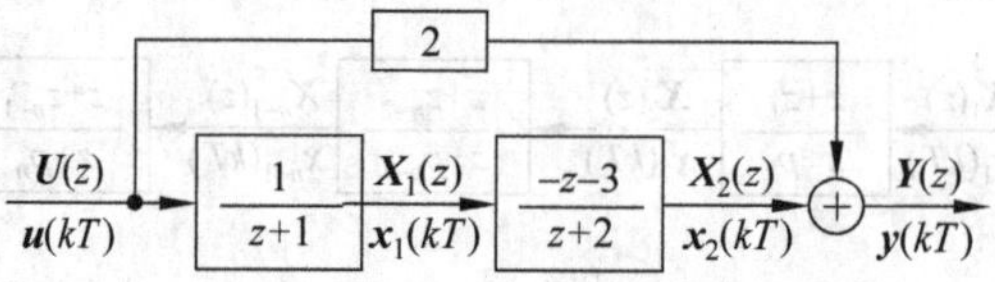

图 3.10　例 3.6 中系统的状态变量图

由状态变量可得

$$
\begin{cases} X_1(z)=\dfrac{1}{z+1}U(z) \\ X_2(z)=\dfrac{-z-3}{z+2}X_1(z) \\ Y(z)=X_2(z)+2U(z) \end{cases} \tag{3-61}
$$

由式(3-61)可得

$$
\begin{cases} x_1(kT+T)=-x_1(kT)+u(kT) \\ x_2(kT+T)=-x_1(kT+T)-3x_1(kT)-2x_2(kT) \\ \qquad\qquad\quad =-2x_1(kT)-2x_2(kT)-u(kT) \\ y(kT)=x_2(kT)+2u(kT) \end{cases} \tag{3-62}
$$

由式(3-62)可得离散状态空间表达式

$$
\begin{cases}
\begin{bmatrix} x_1(kT+T) \\ x_2(kT+T) \end{bmatrix} = \begin{bmatrix} -1 & 0 \\ -2 & -2 \end{bmatrix} \begin{bmatrix} x_1(kT) \\ x_2(kT) \end{bmatrix} + \begin{bmatrix} 1 \\ -1 \end{bmatrix} \boldsymbol{u}(kT) \\
\boldsymbol{y}(kT) = [\,0 \quad 1\,] \begin{bmatrix} x_1(kT) \\ x_2(kT) \end{bmatrix} + [\,2\,] \boldsymbol{u}(kT)
\end{cases}
\tag{3-63}
$$

4. 嵌套程序法

本方法与直接程序法一样,能够适用于 $G_c(z)$ 的零、极点未知的情况。

设系统的 Z 传递函数

$$
G_c(z) = \frac{Y(z)}{U(z)} = \frac{b_0 z^n + b_1 z^{n-1} + \cdots + b_n}{z^n + a_1 z^{n-1} + \cdots + a_n}
\tag{3-64}
$$

或

$$
G_c(z) = \frac{Y(z)}{U(z)} = \frac{b_0 + b_1 z^{-1} + \cdots + b_n z^{-n}}{1 + a_1 z^{-1} + \cdots + a_n z^{-n}}
\tag{3-65}
$$

由式(3-65)可得

$$
\begin{aligned}
& Y(z) + a_1 z^{-1} Y(z) + \cdots + a_n z^{-n} Y(z) \\
& \quad = b_0 U(z) + b_1 z^{-1} U(z) + \cdots + b_n z^{-n} U(z)
\end{aligned}
$$

$$
\begin{aligned}
Y(z) = {} & b_0 U(z) + z^{-1}[b_1 U(z) - a_1 Y(z)] + z^{-2}[b_2 U(z) - a_2 Y(z)] \\
& + \cdots + z^{-n}[b_n U(z) - a_n Y(z)]
\end{aligned}
\tag{3-66}
$$

写成嵌套形式,得

$$
\begin{aligned}
Y(z) = {} & b_0 U(z) + z^{-1}\{b_1 U(z) - a_1 Y(z) + z^{-1}[b_2 U(z) - a_2 Y(z)] \\
& + z^{-1}[b_3 U(z) - a_3 Y(z) + \cdots]\}
\end{aligned}
\tag{3-67}
$$

选择状态变量如下

$$
\begin{cases}
X_n(z) = z^{-1}[b_n U(z) - a_n Y(z)] \\
X_{n-1}(z) = z^{-1}[b_{n-1} U(z) - a_{n-1} Y(z) + X_n(z)] \\
\quad \vdots \\
X_2(z) = z^{-1}[b_2 U(z) - a_2 Y(z) + X_3(z)] \\
X_1(z) = z^{-1}[b_1 U(z) - a_1 Y(z) + X_2(z)]
\end{cases}
\tag{3-68}
$$

由式(3-66)得

$$
Y(z) = b_0 U(z) + X_1(z)
\tag{3-69}
$$

将式(3-69)代入式(3-68),并做 Z 反变换,可得差分方程组

$$
\begin{cases}
x_n(kT+T) = -a_n x_1(kT) + (b_n - a_n b_0) u(kT) \\
x_{n-1}(kT+T) = -a_{n-1} x_1(kT) + x_n(kT) + (b_{n-1} - a_{n-1} b_0) u(kT) \\
\quad \vdots \qquad\qquad\qquad\qquad\qquad\qquad\qquad\qquad\qquad\qquad\qquad\qquad (3\text{-}70) \\
x_2(kT+T) = -a_2 x_1(kT) + x_3(kT) + (b_2 - a_2 b_0) u(kT) \\
x_1(kT+T) = -a_1 x_1(kT) + x_2(kT) + (b_1 - a_1 b_0) u(kT) \\
y(kT) = x_1(kT) + b_0 u(kT) \qquad\qquad\qquad\qquad\qquad\qquad\qquad (3\text{-}71)
\end{cases}
$$

由式(3-70)、式(3-71)可得状态变量图,如图 3.11 所示。

式(3-70)、式(3-71)的矩阵形式为

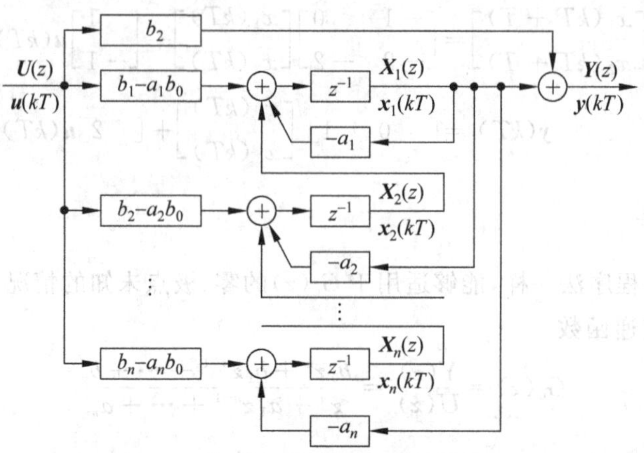

图 3.11　嵌套程序法的状态变量图

$$\begin{bmatrix} x_1(kT+T) \\ x_2(kT+T) \\ \vdots \\ x_{n-1}(kT+T) \\ x_n(kT+T) \end{bmatrix} = \begin{bmatrix} -a_1 & 1 & 0 & \cdots & 0 \\ -a_2 & 0 & 1 & \cdots & 0 \\ \vdots & \vdots & \vdots & & \vdots \\ -a_{n-1} & 0 & 0 & \cdots & 1 \\ -a_n & 0 & 0 & \cdots & 0 \end{bmatrix} \begin{bmatrix} x_1(kT) \\ x_2(kT) \\ \vdots \\ x_{n-1}(kT) \\ x_n(kT) \end{bmatrix} + \begin{bmatrix} b_1-a_1b_0 \\ b_2-a_2b_0 \\ \vdots \\ b_{n-1}-a_{n-1}b_0 \\ b_n-a_nb_0 \end{bmatrix} \boldsymbol{u}(kT) \tag{3-72}$$

$$\boldsymbol{y}(kT) = [1 \quad 0 \quad \cdots \quad 0 \quad 0] \begin{bmatrix} x_1(kT) \\ x_2(kT) \\ \vdots \\ x_{n-1}(kT) \\ x_n(kT) \end{bmatrix} + b_0\boldsymbol{u}(kT) \tag{3-73}$$

例 3.7　设线性离散状态空间表达式

$$G_c(z) = \frac{2z^2+5z+1}{z^2+3z+2}$$

试求系统的离散状态空间表达式。

解：由 $G_c(z)$知 $b_0=2, b_1=5, b_2=1, a_1=3, a_2=2$，由式(3-72)、式(3-73)得

$$\begin{cases} \begin{bmatrix} x_1(kT+T) \\ x_2(kT+T) \end{bmatrix} = \begin{bmatrix} -3 & 1 \\ -2 & 0 \end{bmatrix} \begin{bmatrix} x_1(kT) \\ x_2(kT) \end{bmatrix} + \begin{bmatrix} -1 \\ -3 \end{bmatrix} \boldsymbol{u}(kT) \\ \boldsymbol{y}(kT) = [1 \quad 0] \begin{bmatrix} x_1(kT) \\ x_2(kT) \end{bmatrix} + 2\boldsymbol{u}(kT) \end{cases}$$

从上述由 Z 传递函数建立状态空间表达式的过程可以看到，首先需把高阶的离散系统分解为若干个一阶环节，然后根据超前(或滞后)定理和初始静止的条件，推导出离散状态空间表达式。

从例 3.3、例 3.4、例 3.6 和例 3.7 可以看出：状态变量的选择不是唯一的，对于同一个线性离散系统，用不同的方法可以得到不同的离散状态空间表达式。尽管状态变量的选择不是唯一的，但是状态变量的个数是相同的，而且状态变量的个数跟系统的阶数相同。

3.3 线性离散系统离散状态方程的求解

线性离散系统的离散状态方程是由高阶差分方程化为一阶差分方程组得到的，所以求解差分方程的方法可以适用于求解离散状态方程。通常离散状态方程的求解方法有迭代法和 Z 变换法。

1. 迭代法

设线性离散系统的离散状态空间表达式为

$$\begin{cases} \boldsymbol{x}(kT+T)=\boldsymbol{F}\boldsymbol{x}(kT)+\boldsymbol{G}\boldsymbol{u}(kT) \\ \boldsymbol{y}(kT)=\boldsymbol{C}\boldsymbol{x}(kT)+\boldsymbol{D}\boldsymbol{u}(kT) \end{cases} \tag{3-74}$$

初始值 $\boldsymbol{x}(0)$、$\boldsymbol{u}(0)$。

以 $k=0,1,2,\cdots$，代入式(3-74)可得

$$\boldsymbol{x}(T)=\boldsymbol{F}\boldsymbol{x}(0)+\boldsymbol{G}\boldsymbol{u}(0)$$

$$x(2T)=\boldsymbol{F}\boldsymbol{x}(T)+\boldsymbol{G}\boldsymbol{u}(T)=\boldsymbol{F}^2\boldsymbol{x}(0)+\boldsymbol{F}\boldsymbol{G}\boldsymbol{u}(0)+\boldsymbol{G}\boldsymbol{u}(T)$$

$$\boldsymbol{x}(3T)=\boldsymbol{F}^3\boldsymbol{x}(0)+\boldsymbol{F}^2\boldsymbol{G}\boldsymbol{u}(0)+\boldsymbol{F}\boldsymbol{G}\boldsymbol{u}(T)+\boldsymbol{G}\boldsymbol{u}(2T)$$

$$\vdots$$

$$\boldsymbol{x}(kT)=\boldsymbol{F}^k\boldsymbol{x}(0)+\sum_{j=0}^{k-1}\boldsymbol{F}^{k-j-1}\boldsymbol{G}\boldsymbol{u}(jT) \tag{3-75}$$

有了离散状态方程的解式(3-75)，便可以得到输出方程

$$\boldsymbol{y}(kT)=\boldsymbol{C}\boldsymbol{x}(kT)+\boldsymbol{D}\boldsymbol{u}(kT) \tag{3-76}$$

式(3-75)中记 $\boldsymbol{\Phi}(kT)=\boldsymbol{F}^k$。

$\boldsymbol{\Phi}(kT)$ 称为线性离散系统的状态转移矩阵。状态转移矩阵具有如下的性质

$$\begin{cases} \boldsymbol{\Phi}(kT+T)=\boldsymbol{F}\boldsymbol{\Phi}(kT) \\ \boldsymbol{\Phi}(0)=\boldsymbol{I} \end{cases} \tag{3-77}$$

式中 $\boldsymbol{I}$ 是单位矩阵。

$\boldsymbol{\Phi}(kT)=\boldsymbol{F}^k$ 可以看作是式(3-77)矩阵差分方程的唯一解。它描述了线性离散系统由 $t=0$ 的初始状态 $\boldsymbol{x}(0)$ 向任意时刻 $t=kT$ 的状态 $\boldsymbol{x}(kT)$ 转移的特性。因此 $\boldsymbol{\Phi}(kT)$ 称为线性离散系统的状态转移矩阵。

线性离散系统的解式(3-75)还可以用状态转移矩阵来表示，即

$$\begin{cases} \boldsymbol{x}(kT)=\boldsymbol{\Phi}(kT)\boldsymbol{x}(0)+\sum\limits_{j=0}^{k-1}\boldsymbol{\Phi}(kT-jT-T)\boldsymbol{G}\boldsymbol{u}(jT) \\ \boldsymbol{y}(kT)=\boldsymbol{C}\boldsymbol{\Phi}(kT)\boldsymbol{x}(0)+C\sum\limits_{j=0}^{k-1}\boldsymbol{\Phi}(kT-jT-T)\boldsymbol{G}\boldsymbol{u}(jT)+\boldsymbol{D}\boldsymbol{u}(kT) \end{cases} \tag{3-78}$$

例 3.8 用迭代法求解线性离散系统的状态方程

$$\begin{cases} \boldsymbol{x}(kT+T)=\begin{bmatrix} 0 & -1 \\ -0.4 & 0.3 \end{bmatrix}\boldsymbol{x}(kT)+\begin{bmatrix} 0 \\ 1 \end{bmatrix}\boldsymbol{u}(kT) \\ \boldsymbol{y}(kT)=\begin{bmatrix} 0 & 1 \end{bmatrix}\boldsymbol{x}(kT) \\ \boldsymbol{x}(0)=\begin{bmatrix} x_1(0) \\ x_2(0) \end{bmatrix}=\begin{bmatrix} 1 \\ -1 \end{bmatrix},\ \boldsymbol{u}(kT)=\begin{cases} 1 & k\geqslant 0 \\ 0 & k<0 \end{cases} \end{cases}$$

解：令 $k=0,1,2,\cdots$，及初始条件代入离散状态空间表达式，可以得到

$$\boldsymbol{x}(T)=\begin{bmatrix}0 & -1\\ -0.4 & 0.3\end{bmatrix}\begin{bmatrix}1\\ -1\end{bmatrix}+\begin{bmatrix}0\\ 1\end{bmatrix}[1]=\begin{bmatrix}1\\ 0.3\end{bmatrix}$$

$$\boldsymbol{y}(T)=\begin{bmatrix}0 & 1\end{bmatrix}\begin{bmatrix}1\\ 0.3\end{bmatrix}=0.3$$

$$\boldsymbol{x}(2T)=\begin{bmatrix}0 & -1\\ -0.4 & 0.3\end{bmatrix}\begin{bmatrix}1\\ 0.3\end{bmatrix}+\begin{bmatrix}0\\ 1\end{bmatrix}[1]=\begin{bmatrix}-0.3\\ 0.69\end{bmatrix}$$

$$\boldsymbol{y}(2T)=\begin{bmatrix}0 & 1\end{bmatrix}\begin{bmatrix}-0.3\\ 0.69\end{bmatrix}=0.69$$

$$\boldsymbol{x}(3T)=\begin{bmatrix}0 & -1\\ -0.4 & 0.3\end{bmatrix}\begin{bmatrix}-0.3\\ 0.69\end{bmatrix}+\begin{bmatrix}0\\ 1\end{bmatrix}[1]=\begin{bmatrix}-0.69\\ 1.327\end{bmatrix}$$

$$\boldsymbol{y}(3T)=\begin{bmatrix}0 & 1\end{bmatrix}\begin{bmatrix}-0.69\\ 1.327\end{bmatrix}=1.327$$

$$\cdots$$

k	0	1	2	3	…
$x_1(kT)$	1	1	−0.3	−0.69	…
$x_2(kT)$	−1	0.3	0.69	1.327	…
$y(kT)$	−1	0.3	0.69	1.327	…

用迭代法求解离散状态方程只能得到有限项时间序列，得不到状态变量和输出变量的数学解析式。

2. Z 变换法

设线性离散系统的状态空间表达式为

$$\begin{cases}\boldsymbol{x}(kT+T)=\boldsymbol{F}\boldsymbol{x}(kT)+\boldsymbol{G}\boldsymbol{u}(kT)\\ \boldsymbol{y}(kT)=\boldsymbol{C}\boldsymbol{x}(kT)+\boldsymbol{D}\boldsymbol{u}(kT)\end{cases}\tag{3-79}$$

对式(3-79)进行 Z 变换，可得

$$z\boldsymbol{X}(z)-z\boldsymbol{x}(0)=\boldsymbol{F}\boldsymbol{X}(z)+\boldsymbol{G}\boldsymbol{U}(z)$$

$$\boldsymbol{X}(z)=(z\boldsymbol{I}-\boldsymbol{F})^{-1}[z\boldsymbol{x}(0)+\boldsymbol{G}\boldsymbol{U}(z)]\tag{3-80}$$

对式(3-80)进行 Z 反变换，可得

$$\boldsymbol{x}(kT)=\mathscr{Z}^{-1}\{(z\boldsymbol{I}-\boldsymbol{F})^{-1}[z\boldsymbol{x}(0)+\boldsymbol{G}\boldsymbol{U}(z)]\}\tag{3-81}$$

对比式(3-75)，下式成立

$$\boldsymbol{\Phi}(kT)=\mathscr{Z}^{-1}[(z\boldsymbol{I}-\boldsymbol{F})^{-1}z]\tag{3-82}$$

例 3.9 用 Z 变换法求解线性离散状态方程

$$\boldsymbol{x}(kT+T)=\begin{bmatrix}0 & -1\\ -0.4 & 0.3\end{bmatrix}\boldsymbol{x}(kT)+\begin{bmatrix}0\\ 1\end{bmatrix}\boldsymbol{u}(kT)$$

$$\boldsymbol{y}(kT)=\begin{bmatrix}0 & 1\end{bmatrix}\boldsymbol{x}(kT)$$

$$\boldsymbol{x}(0)=\begin{bmatrix}x_1(0)\\ x_2(0)\end{bmatrix}=\begin{bmatrix}1\\ -1\end{bmatrix},\quad \boldsymbol{u}(kT)=\begin{cases}1, & k\geqslant 0\\ 0, & k<0\end{cases}$$

解：

$$x(kT)=\mathscr{Z}^{-1}\{(zI-F)^{-1}[zx(0)+GU(z)]\}$$

$$(zI-F)^{-1}=\begin{bmatrix} z & 1 \\ 0.4 & z-0.3 \end{bmatrix}^{-1}$$

$$=\begin{bmatrix} \frac{z-0.3}{(z-0.8)(z+0.5)} & \frac{-1}{(z-0.8)(z+0.5)} \\ \frac{-0.4}{(z-0.8)(z+0.5)} & \frac{z}{(z-0.8)(z+0.5)} \end{bmatrix}$$

$$zx(0)+GU(z)=z\begin{bmatrix} 1 \\ -1 \end{bmatrix}+\begin{bmatrix} 0 \\ 1 \end{bmatrix}\begin{bmatrix} \frac{z}{z-1} \end{bmatrix}=\begin{bmatrix} z \\ \frac{2z-z^2}{z-1} \end{bmatrix}$$

$$(zI-F)^{-1}[zx(0)+GU(z)]=\begin{bmatrix} \frac{z-0.3}{(z-0.8)(z+0.5)} & \frac{-1}{(z-0.8)(z+0.5)} \\ \frac{-0.4}{(z-0.8)(z+0.5)} & \frac{z}{(z-0.8)(z+0.5)} \end{bmatrix}\begin{bmatrix} z \\ \frac{2z-z^2}{z-1} \end{bmatrix}$$

$$=\begin{bmatrix} \frac{z(z^2-0.3z-1.7)}{(z-0.8)(z+0.5)(z-1)} \\ \frac{-z(z^2-1.6z-0.4)}{(z-0.8)(z+0.5)(z-1)} \end{bmatrix}$$

$$=\begin{bmatrix} \frac{5z}{z-0.8}-\frac{2z}{3(z+0.5)}-\frac{10z}{3(z-1)} \\ \frac{-4z}{z-0.8}-\frac{z}{3(z+0.5)}+\frac{10z}{3(z-1)} \end{bmatrix}$$

取 Z 反变换即可得到方程的解

$$x(kT)=\begin{bmatrix} 5(0.8)^k-2(-0.5)^k/3-10/3 \\ -4(0.8)^k-(-0.5)^k/3+10/3 \end{bmatrix}$$

$$y(kT)=[-4(0.8)^k-(-0.5)^k/3+10/3]$$

用 Z 变换法求解离散状态方程，可以得到状态变量和输出变量的数学解析式。

3.4　线性离散系统的 Z 传递矩阵

设线性离散系统的状态空间表达式为

$$\begin{cases} x(kT+T)=Fx(kT)+Gu(kT) \\ y(kT)=Cx(kT)+Du(kT) \end{cases} \tag{3-83}$$

式中，$x(kT)$是 $n\times1$ 维状态向量；

$u(kT)$是 $m\times1$ 维输入向量；

$y(kT)$是 $p\times1$ 维输出向量。

对式(3-83)做 Z 变换，可得

$$\begin{cases} zX(z)-zx(0)=FX(z)+GU(z) \\ Y(z)=CX(z)+DU(z) \end{cases}$$

当初始条件为零，即 $x(0)=0$ 时

$$\begin{aligned}\boldsymbol{Y}(z) &= [\boldsymbol{C}(z\boldsymbol{I}-\boldsymbol{F})^{-1}G+D]U(z)\\ &= \boldsymbol{G}_c(z)\boldsymbol{U}(z)\\ \boldsymbol{G}_c(z) &= [\boldsymbol{C}(z\boldsymbol{I}-\boldsymbol{F})^{-1}\boldsymbol{G}+\boldsymbol{D}]\end{aligned} \tag{3-84}$$

称 $\boldsymbol{G}_c(z)$ 为线性离散系统的 Z 传递矩阵($p\times m$ 维矩阵)。它反映了在初始静止的条件下,输出量的 Z 变换 $\boldsymbol{Y}(z)$ 与输入量的 Z 变换 $\boldsymbol{U}(z)$ 之间的关系。

对于单输入单输出系统,$\boldsymbol{G}_c(z)$ 是 1×1 维矩阵,即为 Z 传递函数 $\boldsymbol{G}_c(z)$。

例 3.10 设线性离散系统的状态空间表达式为

$$\begin{cases}\boldsymbol{x}(kT+T)=\begin{bmatrix}0 & -1\\ -0.4 & 0.3\end{bmatrix}\boldsymbol{x}(kT)+\begin{bmatrix}0\\1\end{bmatrix}\boldsymbol{u}(kT)\\ \boldsymbol{y}(kT)=\begin{bmatrix}1 & 1\\ 0 & 1\end{bmatrix}\boldsymbol{x}(kT)\end{cases}$$

初始条件为零。试求线性离散系统的 Z 传递矩阵,并求出单位阶跃输入时的输出响应。

解:

$$(z\boldsymbol{I}-\boldsymbol{F})^{-1}=\begin{bmatrix}\dfrac{z-0.3}{(z-0.8)(z+0.5)} & \dfrac{-1}{(z-0.8)(z+0.5)}\\ \dfrac{-0.4}{(z-0.8)(z+0.5)} & \dfrac{z}{(z-0.8)(z+0.5)}\end{bmatrix}$$

$$\begin{aligned}\boldsymbol{G}_c(z) &= [\boldsymbol{C}(z\boldsymbol{I}-\boldsymbol{F})^{-1}\boldsymbol{G}+\boldsymbol{D}]\\ &= \begin{bmatrix}1 & 1\\ 0 & 1\end{bmatrix}\begin{bmatrix}\dfrac{z-0.3}{(z-0.8)(z+0.5)} & \dfrac{-1}{(z-0.8)(z+0.5)}\\ \dfrac{-0.4}{(z-0.8)(z+0.5)} & \dfrac{z}{(z-0.8)(z+0.5)}\end{bmatrix}\begin{bmatrix}0\\ 1\end{bmatrix}\\ &= \begin{bmatrix}\dfrac{z-0.7}{(z-0.8)(z+0.5)} & \dfrac{z-1}{(z-0.8)(z+0.5)}\\ \dfrac{-0.4}{(z-0.8)(z+0.5)} & \dfrac{z}{(z-0.8)(z+0.5)}\end{bmatrix}\begin{bmatrix}0\\ 1\end{bmatrix}\\ &= \begin{bmatrix}\dfrac{z-1}{(z-0.8)(z+0.5)}\\ \dfrac{z}{(z-0.8)(z+0.5)}\end{bmatrix}\end{aligned}$$

单位阶跃输入时,

$$\boldsymbol{U}(z)=\frac{z}{z-1}$$

$$\begin{aligned}\boldsymbol{Y}(z) &= \boldsymbol{G}_c(z)\boldsymbol{U}(z)\\ &= \begin{bmatrix}\dfrac{z-1}{(z-0.8)(z+0.5)}\\ \dfrac{z}{(z-0.8)(z+0.5)}\end{bmatrix}\frac{z}{z-1}=\begin{bmatrix}\dfrac{z}{(z-0.8)(z+0.5)}\\ \dfrac{z^2}{(z-1)(z-0.8)(z+0.5)}\end{bmatrix}\\ &= \begin{bmatrix}\dfrac{10z}{13(z-0.8)}-\dfrac{10z}{13(z+0.5)}\\ \dfrac{13z}{3.9(z-1)}-\dfrac{12z}{3.9(z-0.8)}-\dfrac{z}{3.9(z+0.5)}\end{bmatrix}\end{aligned}$$

对上式做 Z 反变换可得：

$$\boldsymbol{y}(kT)=\begin{bmatrix}(10/13)(0.8)^k-(10/13)(-0.5)^k\\(10/3)-(40/13)(0.8)^k-(10/39)(-0.5)^k\end{bmatrix}$$

3.5 线性离散系统的 Z 特征方程

在线性连续系统中，用特征方程来表征系统的动态特性，同样在线性离散系统中引进 Z 特征方程的概念来描述一个线性离散系统的动态特性。

设线性离散系统的状态方程为

$$\boldsymbol{x}(kT+T)=\boldsymbol{F}\boldsymbol{x}(kT)+\boldsymbol{G}\boldsymbol{u}(kT) \tag{3-85}$$

对式(3-85)做 Z 变换，可得

$$\boldsymbol{X}(z)=(z\boldsymbol{I}-\boldsymbol{F})^{-1}[z\boldsymbol{x}(0)+\boldsymbol{G}\boldsymbol{U}(z)]$$

仿照线性连续系统令矩阵($z\boldsymbol{I}-\boldsymbol{F}$)的行列式

$$|z\boldsymbol{I}-\boldsymbol{F}|=0 \tag{3-86}$$

称式(3-86)为线性离散系统的 Z 特征方程。

例 3.11 设线性离散系统的状态矩阵

$$\boldsymbol{F}=\begin{bmatrix}a_{11} & a_{12}\\a_{21} & a_{22}\end{bmatrix}$$

试求线性离散系统的 Z 特征方程。

解：

$$|z\boldsymbol{I}-\boldsymbol{F}|=\left|\begin{bmatrix}z & 0\\0 & z\end{bmatrix}-\begin{bmatrix}a_{11} & a_{12}\\a_{21} & a_{22}\end{bmatrix}\right|=\begin{vmatrix}z-a_{11} & -a_{12}\\-a_{21} & z-a_{22}\end{vmatrix}$$

$$=z^2-(a_{11}+a_{22})z+a_{11}a_{22}-a_{12}a_{21}$$

$$z^2-(a_{11}+a_{22})z+a_{11}a_{22}-a_{12}a_{21}=0 \tag{3-87}$$

式(3-87)即为线性离散系统的 Z 特征方程或称为矩阵 $\boldsymbol{F}$ 的 Z 特征方程。

Z 特征方程的根也称为矩阵 $\boldsymbol{F}$ 的特征值，就是线性离散系统的极点。

对于一个 n 阶的系统，仅有 n 个特征值。因为特征方程是表征了系统的动态特性，因此尽管一个系统的状态变量的选择不是唯一的，但是系统的 Z 特征方程是不变的。

例 3.12 设线性离散系统的 Z 传递函数为

$$G_c(z)=\frac{2z^2+5z+1}{z^2+3z+2}$$

试用不同方法导出离散状态方程，并求出 Z 特征方程。

解：由例 3.3 用直接程序法导出了离散状态方程，且

$$\boldsymbol{F}=\begin{bmatrix}-3 & -2\\1 & 0\end{bmatrix} \tag{3-88}$$

Z 特征方程为 $$z^2+3z+2=0 \tag{3-89}$$

特征值为 $p_1=-2,\quad p_2=-1$

由例 3.4 用分式展开法导出了离散状态方程，且

$$F=\begin{bmatrix}-1 & 0\\ 0 & -2\end{bmatrix} \tag{3-90}$$

Z 特征方程为
$$z^2+3z+2=0 \tag{3-91}$$
特征值为
$$p_1=-2,\quad p_2=-1$$
由例 3.6 用迭代法导出了离散状态方程，且
$$F=\begin{bmatrix}-1 & 0\\ 2 & -2\end{bmatrix} \tag{3-92}$$
Z 特征方程为
$$z^2+3z+2=0 \tag{3-93}$$
特征值为
$$p_1=-2,\quad p_2=-1$$
由例 3.7 用嵌套法导出了离散状态方程，且
$$F=\begin{bmatrix}-3 & 1\\ -2 & 0\end{bmatrix} \tag{3-94}$$
Z 特征方程为
$$z^2+3z+2=0 \tag{3-95}$$
特征值为
$$p_1=-2,\quad p_2=-1$$

由例 3.12 可以清楚看到一个线性离散系统，用不同的方法可以得到不同的离散状态方程，如式(3-88)、式(3-90)、式(3-92)和式(3-94)中的状态矩阵 $\boldsymbol{F}$ 是不同的。但是，它们的 Z 特征方程如式(3-89)、式(3-91)、式(3-93)和式(3-95)是相同的，因而它们的特征值也相同：$p_1=-2, p_2=-1$。而且特征值的个数就等于离散系统的阶数。

3.6 计算机控制系统的离散状态空间表达式

一个计算机控制系统，通常由数字计算机和连续环节组成，计算机控制系统的离散状态空间表达式，可以通过连续环节的状态空间表达式离散化得到，也可以用 Z 变换得到。下面首先介绍用 Z 变换求得计算机控制系统的离散状态空间表达式。

例 3.13 已知计算机控制系统如图 3.12 所示，初始静止。

试求系统的离散状态空间表达式。

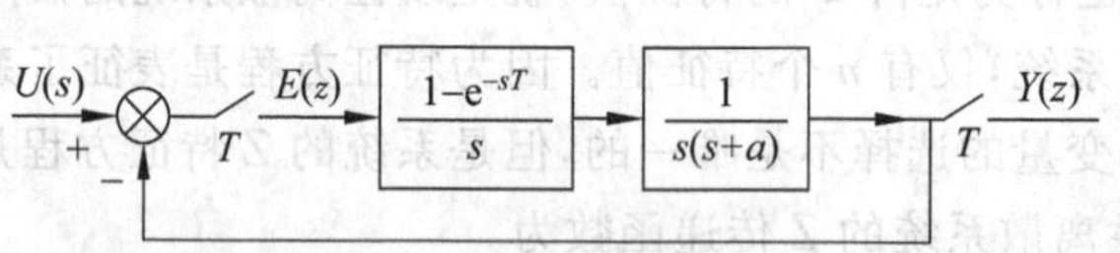

图 3.12 计算机控制系统之一

解： 广义对象即带零阶保持器的对象的传递函数
$$HG(s)=\frac{1-e^{-sT}}{s^2(s+a)}$$

广义对象的 Z 传递函数
$$HG(z)=\frac{T}{a(z-1)}-\frac{1-e^{-aT}}{a^2(z-e^{-aT})} \tag{3-96}$$
由式(3-96)可以建立系统的方框图如图 3.13 所示。

选择状态变量

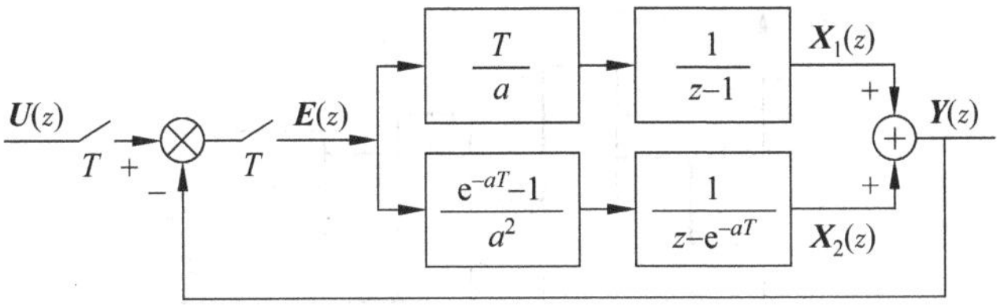

图 3.13　图 3.12 的等效方框图

$$\begin{cases} X_1(z) = \dfrac{T}{a(z-1)}[U(z) - X_1(z) - X_2(z)] \\ X_2(z) = \dfrac{e^{-aT} - 1}{a^2(z - e^{-aT})}[U(z) - X_1(z) - X_2(z)] \end{cases} \tag{3-97}$$

由式(3-97)可得

$$\begin{cases} zX_1(z) = \left(1 - \dfrac{T}{a}\right)X_1(z) - \dfrac{T}{a}X_2(z) + \dfrac{T}{a}U(z) \\ zX_2(z) = \dfrac{1 - e^{-aT}}{a^2}X_1(z) + \dfrac{a^2 e^{-aT} - e^{-aT} + 1}{a^2}X_2(z) + \dfrac{e^{-aT} - 1}{a^2}U(z) \end{cases} \tag{3-98}$$

由式(3-98)可得离散状态方程，由图 3.13 可得离散状态空间表达式。

$$\begin{cases} \begin{bmatrix} x_1(kT+T) \\ x_2(kT+T) \end{bmatrix} = \begin{bmatrix} 1 - \dfrac{T}{a} & -\dfrac{T}{a} \\ \dfrac{1 - e^{-aT}}{a^2} & \dfrac{(a^2 - 1)e^{-aT} + 1}{a^2} \end{bmatrix} \begin{bmatrix} x_1(kT) \\ x_2(kT) \end{bmatrix} + \begin{bmatrix} \dfrac{T}{a} \\ \dfrac{e^{-aT} - 1}{a^2} \end{bmatrix} \boldsymbol{u}(kT) \\ \boldsymbol{y}(kT) = \begin{bmatrix} 1 & 1 \end{bmatrix} \begin{bmatrix} x_1(kT) \\ x_2(kT) \end{bmatrix} \end{cases} \tag{3-99}$$

当 $a=1$ 时 $\boldsymbol{F} = \begin{bmatrix} 1-T & -T \\ 1-e^{-T} & 1 \end{bmatrix}$

系统的 Z 特征方程为

$$|z\boldsymbol{I} - \boldsymbol{F}| = \left| \begin{bmatrix} z - 1 + T & T \\ e^{-T} - 1 & z - 1 \end{bmatrix} \right| = z^2 + (T-2)z + (1 - Te^{-T}) = 0$$

当用连续部分的状态空间表达式离散化时，也即要求导出连续部分的离散状态方程。假设计算机控制系统的方框图如图 3.14 所示。

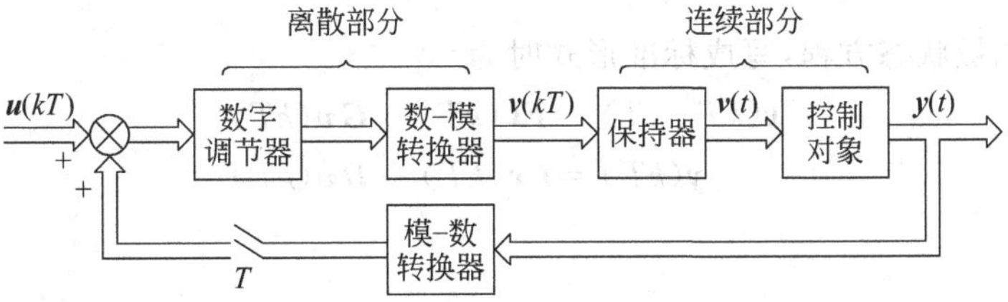

图 3.14　计算机控制系统的方框图

由图 3.14 可见，计算机控制系统由连续部分和离散部分组成。连续部分就是保持器和控制对象。绝大多数情况下使用的是零阶保持器，其输出特性如图 3.15 所示。显然，零阶保持器的输出 $v(t)$ 是阶梯信号。

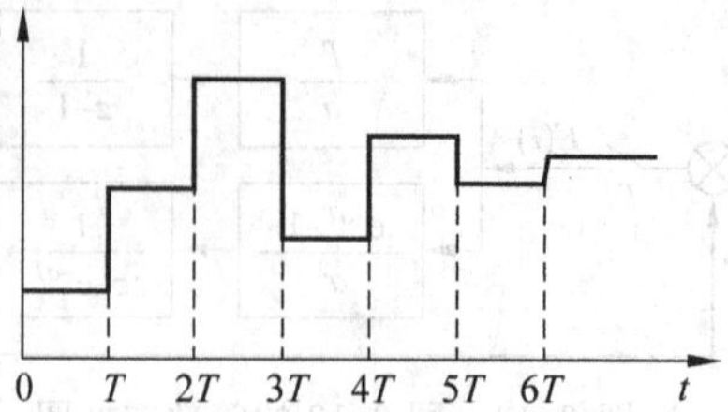

图 3.15　零阶保持器的输出

连续对象的动态特性可以用状态空间表达式表示

$$\begin{cases} \dot{\boldsymbol{x}}(t) = \boldsymbol{A}\boldsymbol{x}(t) + \boldsymbol{B}\boldsymbol{v}(t) \\ \boldsymbol{y}(t) = \boldsymbol{C}\boldsymbol{x}(t) + \boldsymbol{D}\boldsymbol{v}(t) \\ \boldsymbol{x}(t_0) = \boldsymbol{x}(0) \end{cases} \tag{3-100}$$

式(3-100)的解为

$$\boldsymbol{x}(t) = \mathrm{e}^{\boldsymbol{A}(t-t_0)}\boldsymbol{x}(0) + \int_{t_0}^{t} \mathrm{e}^{\boldsymbol{A}(t-\tau)}\boldsymbol{B}\boldsymbol{v}(\tau)\mathrm{d}\tau \tag{3-101}$$

当 $v(t)$是阶梯信号时

$$v(t) = v(kT) = \text{const}, \quad kT \leqslant t < kT + T \tag{3-102}$$

初始条件为

$$x(0) = x(t_0) = x(kT)$$

$$\left.\begin{aligned} &\text{积分的上限为} \quad t = kT + T \\ &\text{积分的下限为} \quad t_0 = kT, \text{且 } t - t_0 = T \end{aligned}\right\} \tag{3-103}$$

由式(3-101)可得

$$\boldsymbol{x}(kT + T) = \mathrm{e}^{\boldsymbol{A}T}\boldsymbol{x}(kT) + \int_{kT}^{kT+T} \mathrm{e}^{\boldsymbol{A}[kT+T-\tau]}\boldsymbol{B}\boldsymbol{v}(kT)\mathrm{d}\tau \tag{3-104}$$

在积分区间内，输入是常数，而且积分对所有的 k 都成立，做变量置换 $t=kT+T-\tau$，则有

$$\int_{kT}^{kT+T} \mathrm{e}^{\boldsymbol{A}[kT+T-\tau]}\boldsymbol{B}\mathrm{d}\tau = \int_{0}^{T} \mathrm{e}^{\boldsymbol{A}t}\boldsymbol{B}\mathrm{d}t \tag{3-105}$$

式(3-105)是与 T 有关的常数矩阵，将其代入式(3-104)，可得

$$\boldsymbol{x}(kT + T) = \mathrm{e}^{\boldsymbol{A}T}\boldsymbol{x}(kT) + \left(\int_{0}^{T} \mathrm{e}^{\boldsymbol{A}t}\boldsymbol{B}\mathrm{d}t\right)\boldsymbol{v}(kT) \tag{3-106}$$

即为所要求的离散状态方程，写成标准形式时为

$$\begin{cases} \boldsymbol{x}(kT + T) = \boldsymbol{F}\boldsymbol{x}(kT) + \boldsymbol{G}\boldsymbol{v}(kT) \\ \boldsymbol{y}(kT) = \boldsymbol{C}\boldsymbol{x}(kT) + \boldsymbol{D}\boldsymbol{v}(kT) \end{cases} \tag{3-107}$$

式中，$\boldsymbol{F}=\mathrm{e}^{\boldsymbol{A}T}$

$$\boldsymbol{G}=\int_{0}^{T}\mathrm{e}^{\boldsymbol{A}t}\boldsymbol{B}\mathrm{d}t$$

例 3.14　已知计算机控制系统如图 3.16 所示，试求计算机控制系统的离散状态空间表达式。

解：由图 3.16 可得：

$$\boldsymbol{e}(t) = \boldsymbol{u}(t) - \boldsymbol{y}(t)$$

$$e^*(t)=e(kT)=u(kT)-y(kT)$$

对象 $1/s(s+1)$ 的状态空间表达式为

$$\begin{cases}\begin{bmatrix}\dot{x}_1(t)\\ \dot{x}_2(t)\end{bmatrix}=\begin{bmatrix}-1 & 0\\ 1 & 0\end{bmatrix}\begin{bmatrix}x_1(t)\\ x_2(t)\end{bmatrix}+\begin{bmatrix}1\\ 0\end{bmatrix}v(t)\\ y(t)=x_2(t)\end{cases}$$

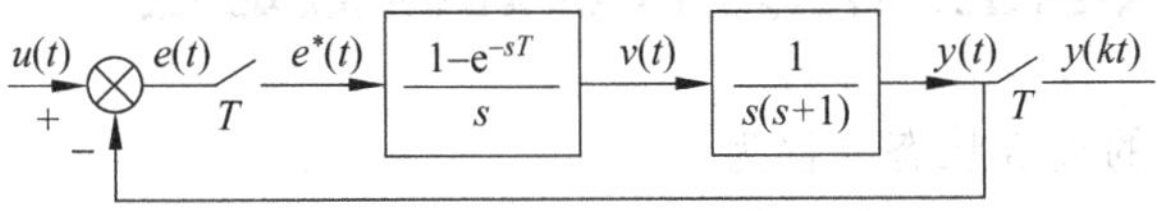

图 3.16 计算机控制系统之二

因系统采用零阶保持器，$v(t)$是阶梯信号，由此可求得对象的离散化状态空间表达式。

由对象的状态空间表达式，可知

$$\boldsymbol{A}=\begin{bmatrix}-1 & 0\\ 1 & 0\end{bmatrix},\quad \boldsymbol{B}=\begin{bmatrix}1\\ 0\end{bmatrix}$$

则对象的离散状态空间表达式的状态矩阵

$$\boldsymbol{F}=\mathrm{e}^{\boldsymbol{A}T}=\begin{bmatrix}\mathrm{e}^{-T} & 0\\ 1-\mathrm{e}^{-T} & 1\end{bmatrix}$$

对象的输入矩阵

$$\boldsymbol{G}=\int_0^T \mathrm{e}^{\boldsymbol{A}t}\boldsymbol{B}\,\mathrm{d}t=\int_0^T\begin{bmatrix}\mathrm{e}^{-t} & 0\\ 1-\mathrm{e}^{-t} & 1\end{bmatrix}\begin{bmatrix}1\\ 0\end{bmatrix}\mathrm{d}t=\int_0^T\begin{bmatrix}\mathrm{e}^{-t}\\ 1-\mathrm{e}^{-t}\end{bmatrix}\mathrm{d}t$$

$$=\begin{bmatrix}1-\mathrm{e}^{-T}\\ T-1+\mathrm{e}^{-T}\end{bmatrix}$$

所以，离散状态方程为

$$\boldsymbol{x}(kT+T)=\begin{bmatrix}\mathrm{e}^{-T} & 0\\ 1-\mathrm{e}^{-T} & 1\end{bmatrix}\boldsymbol{x}(kT)+\begin{bmatrix}1-\mathrm{e}^{-T}\\ T-1+\mathrm{e}^{-T}\end{bmatrix}\boldsymbol{e}(kT)$$

以 $\boldsymbol{e}(kT)=\boldsymbol{u}(kT)-\boldsymbol{y}(kT)$ 代入上式

$$\begin{bmatrix}x_1(kT+T)\\ x_2(kT+T)\end{bmatrix}=\begin{bmatrix}\mathrm{e}^{-T} & 0\\ 1-\mathrm{e}^{-T} & 1\end{bmatrix}\begin{bmatrix}x_1(kT)\\ x_2(kT)\end{bmatrix}+\begin{bmatrix}1-\mathrm{e}^{-T}\\ T-1+\mathrm{e}^{-T}\end{bmatrix}[u(kT)-y(kT)]$$

$$=\begin{bmatrix}\mathrm{e}^{-T} & 0\\ 1-\mathrm{e}^{-T} & 1\end{bmatrix}\begin{bmatrix}x_1(kT)\\ x_2(kT)\end{bmatrix}-\begin{bmatrix}1-\mathrm{e}^{-T}\\ T-1+\mathrm{e}^{-T}\end{bmatrix}x_2(kT)+\begin{bmatrix}1-\mathrm{e}^{-T}\\ T-1+\mathrm{e}^{-T}\end{bmatrix}\boldsymbol{u}(kT)$$

经过整理可得

$$\begin{cases}\begin{bmatrix}x_1(kT+T)\\ x_2(kT+T)\end{bmatrix}=\begin{bmatrix}\mathrm{e}^{-T} & \mathrm{e}^{-T}-1\\ 1-\mathrm{e}^{-T} & 2-T-\mathrm{e}^{-T}\end{bmatrix}\begin{bmatrix}x_1(kT)\\ x_2(kT)\end{bmatrix}+\begin{bmatrix}1-\mathrm{e}^{-T}\\ T-1+\mathrm{e}^{-1}\end{bmatrix}\boldsymbol{u}(kT)\\ \boldsymbol{y}(kT)=x_2(kT)\end{cases}$$

系统的 Z 特征方程

$$|zI-F|=\begin{vmatrix} z-e^{-T} & 1-e^{-T} \\ e^{-T}-1 & z-2+T+e^{-T} \end{vmatrix}=z^2+(T-2)z+(1-Te^{-T})=0$$

对照例 3.13,对于同一个计算机控制系统,用不同的方法都能得出相同的 Z 特征方程。

3.7 用离散状态空间法分析系统的稳定性

设线性离散系统的离散状态方程为

$$\boldsymbol{x}(kT+T)=\boldsymbol{F}\boldsymbol{x}(kT)+\boldsymbol{G}\boldsymbol{u}(kT) \tag{3-108}$$

用迭代法求解式(3-108)得

$$\boldsymbol{x}(kT)=\boldsymbol{F}^k\boldsymbol{x}(0)+\sum_{j=0}^{k-1}\boldsymbol{F}^{k-j-1}\boldsymbol{G}\boldsymbol{u}(jT) \tag{3-109}$$

分析系统稳定性时只考虑状态方程的齐次解,即 $\boldsymbol{u}(kT)=0$ 的情况,则

$$\boldsymbol{x}(kT)=\boldsymbol{F}^k\boldsymbol{x}(0) \tag{3-110}$$

设 $\boldsymbol{F}$ 是 $n\times n$ 维矩阵,具有两两相异的特征值 $p_1,p_2,\cdots,p_n$。根据西尔维斯特展开定理,$\boldsymbol{F}^k$ 可以展开成级数。

$$\boldsymbol{F}^k=\sum_{i=1}^{n}\boldsymbol{F}_i p_i^k \tag{3-111}$$

式中 $\boldsymbol{F}_i$ 称为 $\boldsymbol{F}$ 的相容矩阵或要素矩阵,且

$$\boldsymbol{F}_i=\prod_{\substack{j=1\\ j\neq i}}^{n}\frac{[\boldsymbol{F}-p_i\boldsymbol{I}]}{p_i-p_j} \tag{3-112}$$

矩阵 $\boldsymbol{F}_i$ 跟 $\boldsymbol{F}$ 及其 n 个特征值 p_i 有关,但是 $\boldsymbol{F}_i$ 是确定的,与 k 无关。于是状态方程的解为

$$\boldsymbol{x}(kT)=\sum_{i=1}^{n}\boldsymbol{F}_i p_i^k\boldsymbol{x}(0) \tag{3-113}$$

显然只有 $|p_i|<1, i=1,2,\cdots,n$,当 $k\to\infty$ 时 $\boldsymbol{x}(kT)$ 才收敛,系统才是稳定的。

由此可以得到线性离散系统的稳定判据:线性离散系统稳定的充分必要条件是系统的 Z 特征方程的所有特征根 $z=p_i$,$|p_i|<1$。

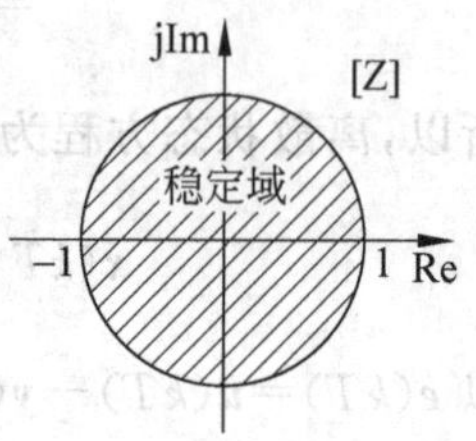

图 3.17 线性离散系统的稳定域

特征值在 Z 平面上的分布与稳定性的关系如图 3.17 所示。

例 3.15 设线性离散系统如图 3.16 所示。试判断采样周期 $T=1\text{s},3\text{s},5\text{s}$ 时系统的稳定性。

解:线性离散系统的状态空间表达式为

$$\begin{cases} \boldsymbol{x}(kT+T)=\begin{bmatrix} e^{-T} & e^{-T}-1 \\ 1-e^{-T} & 2-T-e^{-T} \end{bmatrix}\boldsymbol{x}(kT)+\begin{bmatrix} 1-e^{-T} \\ T-1+e^{-T} \end{bmatrix}\boldsymbol{u}(kT) \\ \boldsymbol{y}(k)=[0 \quad 1]\boldsymbol{x}(kT) \end{cases}$$

系统的状态矩阵为

$$\boldsymbol{F}=\begin{bmatrix} e^{-T} & e^{-T}-1 \\ 1-e^{-T} & 2-T-e^{-T} \end{bmatrix}$$

当 T=1s 时

$$F=\begin{bmatrix}0.368 & -0.632\\0.632 & 0.632\end{bmatrix}$$

Z 特征方程为

$$|zI-F|=\begin{vmatrix}z-0.368 & 0.632\\-0.632 & z-0.632\end{vmatrix}=z^2-z+0.632=0$$

$z_1=0.5+j0.618$，$z_2=0.5-j0.618$，可知$|p_i|=0.795<1$，所以系统稳定。

当 $T=3$s 时

$$F=\begin{bmatrix}0.05 & -0.95\\0.95 & -1.05\end{bmatrix}$$

Z 特征方程为

$$\begin{vmatrix}z-0.05 & 0.95\\-0.95 & z+1.05\end{vmatrix}=z^2+z+0.85=0$$

$z_1=0.5+j0.77$，$z_2=0.5-j0.77$，因此$|p_i|=0.918<1$，系统稳定。

当 $T=5$s 时

$$F=\begin{bmatrix}0.0067 & -0.9933\\0.9933 & -3.0067\end{bmatrix}$$

Z 特征方程为

$$\begin{vmatrix}z-0.0067 & 0.9933\\-0.9933 & z+3.0067\end{vmatrix}=z^2+3z+0.967=0$$

$z_1=-0.37$，$z_2=-2.63$，得$|p_2|>1$，所以系统不稳定。

从例 3.15 可以看到，可用 Z 特征根在 Z 平面上的分布来判断线性系统的稳定性。同时也可以看到，在线性离散系统中，采样周期 T 是系统的一个重要参量：当 T 比较小时，系统稳定；当 T 加大时，特征根的模加大，在 Z 平面内向单位圆靠近；当 T 大于一定值时，特征根的模大于 1，即在单位圆外，系统变得不稳定了。

3.8 练习题

3.1 已知线性离散系统的差分方程，试导出离散状态空间表达式：

1. $y(kT+2T)+0.2y(kT+T)+0.5y(kT)=u(kT)$
2. $y(kT+3T)+0.5y(kT+2T)+0.2y(kT+T)+y(kT)$
$=u(kT+T)+1.2u(kT)$

3.2 已知线性离散系统的方框图，试求出对应于各 $G(s)$的闭环系统的离散状态空间表达式。

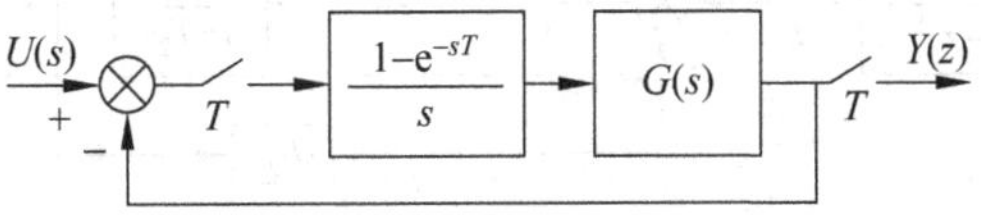

习题图 3.1

1. $G(s)=K/(s+a)$ 2. $G(s)=K/s(s+a)$ 3. $G(s)=K/s(s+a)(s+b)$

3.3 已知线性离散系统的离散状态方程：

$$\boldsymbol{x}(kT+T)=\begin{bmatrix}0 & 1\\ -0.16 & -1\end{bmatrix}\boldsymbol{x}(kT)+\begin{bmatrix}1\\ -1\end{bmatrix}\boldsymbol{u}(kT)$$

$$\boldsymbol{x}(0)=\begin{bmatrix}1\\ -1\end{bmatrix},\quad \boldsymbol{u}(kT)=1,\quad k\geqslant 0$$

1. 试用迭代法，求解 $\boldsymbol{x}(kT)$

2. 试用 Z 变换法求解 $\boldsymbol{x}(kT)$。

3.4 已知线性离散系统的状态空间表达式，试求线性离散系统的 Z 传递矩阵。

1.
$$\boldsymbol{x}(kT+T)=\begin{bmatrix}1 & 0.8\\ 0.6 & 0.5\end{bmatrix}\boldsymbol{x}(kT)+\begin{bmatrix}1\\ 0.8\end{bmatrix}\boldsymbol{u}(kT)$$

$$\boldsymbol{y}(kT)=\begin{bmatrix}1.2 & 0.8\\ 0.2 & 0.6\end{bmatrix}\boldsymbol{x}(kT)$$

2.
$$\boldsymbol{x}(kT+T)=\begin{bmatrix}1.2 & 0.7\\ 1 & 0.6\end{bmatrix}\boldsymbol{x}(kT)+\begin{bmatrix}1.2\\ 0.8\end{bmatrix}\boldsymbol{u}(kT)$$

$$\boldsymbol{y}(kT)=\begin{bmatrix}0.5 & 0.6\\ 0.4 & 0.8\end{bmatrix}\boldsymbol{x}(kT)+\begin{bmatrix}1\\ 0.8\end{bmatrix}\boldsymbol{u}(kT)$$

3.5 已知系统的方框图，试推导出系统的离散状态空间表达式，并求 $\boldsymbol{y}(kT)$。

1. $r(t)=1(t)$, $T=1$ s, $x_1(0)=x_2(0)=0$

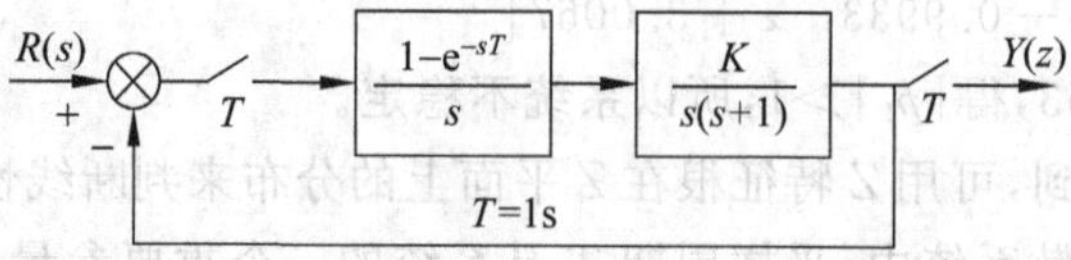

习题图 3.2

2. $K=2000\text{s}^{-2}$, $\alpha=3$, $T=0.005\text{s}$, $r(t)=1(t)$, $x_1(0)=x_2(0)=0$

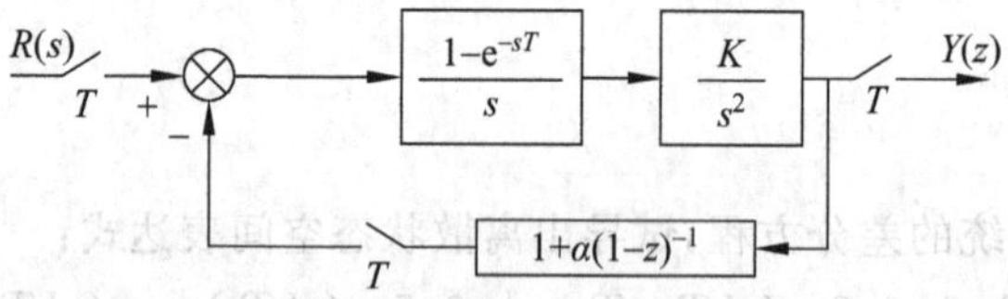

习题图 3.3

3. $r(t)=1(t)$，初始条件为 0，$K_1=1$, $K_2=67$, $K_f=0.03$, $b_0=1.44$, $b_1=1.26$, $T_1=3\text{s}$, $T_2=0.1\text{s}$

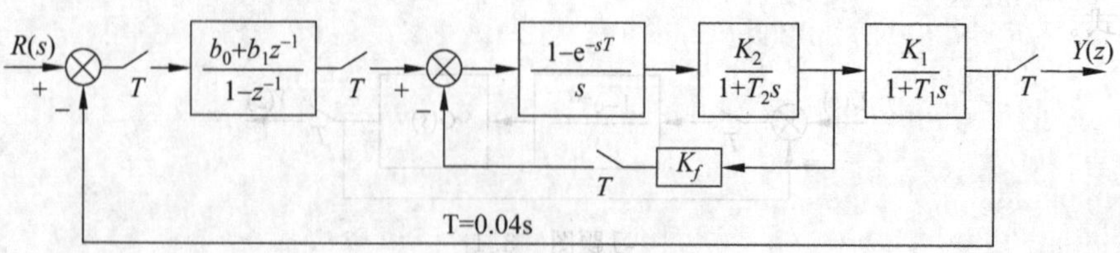

习题图 3.4

3.6 已知线性离散系统的状态方程，试判断系统的稳定性。

1. $\boldsymbol{x}(kT+T)=\begin{bmatrix}1 & 0.5\\0.5 & 0\end{bmatrix}\boldsymbol{x}(kT)$

2. $\boldsymbol{x}(kT+T)=\begin{bmatrix}0.368 & 0.632\\0.632 & 0.632\end{bmatrix}\boldsymbol{x}(kT)+\begin{bmatrix}0.632\\0.368\end{bmatrix}\boldsymbol{u}(kT)$

3. $\boldsymbol{x}(kT+T)=\begin{bmatrix}0 & 1\\-0.75 & 1\end{bmatrix}\boldsymbol{x}(kT)+\begin{bmatrix}0\\1\end{bmatrix}\boldsymbol{u}(kT)$

4. $\boldsymbol{x}(kT+T)=\begin{bmatrix}0 & 1\\-0.16 & -1\end{bmatrix}\boldsymbol{x}(kT)+\begin{bmatrix}1\\-1\end{bmatrix}\boldsymbol{u}(kT)$

5. $\boldsymbol{x}(kT+T)=\begin{bmatrix}1 & 0.8\\0.6 & 0.5\end{bmatrix}\boldsymbol{x}(kT)+\begin{bmatrix}1\\0.8\end{bmatrix}\boldsymbol{u}(kT)$

6. $\boldsymbol{x}(kT+T)=\begin{bmatrix}1.2 & 0.7\\1 & 0.6\end{bmatrix}\boldsymbol{x}(kT)+\begin{bmatrix}1.2\\0.8\end{bmatrix}\boldsymbol{u}(kT)$

第 4 章

计算机控制系统的离散化设计

计算机控制系统的设计是指在给定系统性能指标的条件下，设计出数字调节器，使系统达到要求的性能指标。计算机控制系统的设计通常分为离散化设计、模拟化设计、状态空间法设计和复杂规律控制的设计。

本章介绍的离散化设计是在 Z 平面上设计的方法，对象可以用离散模型表示，或者用离散化模型表示的连续对象。离散化设计比模拟设计精确，所以离散化设计也称为精确设计法。离散化设计时也应该合理选择采样周期，系统必须工作在线性区。

本章将介绍几种离散化设计方法，重点介绍有限拍设计，也简略介绍 W 变换法设计和根轨迹法设计。

4.1 有限拍设计概述

有限拍设计是系统在典型的输入作用下，设计出数字调节器，使系统的调节时间最短或者系统在有限个采样周期内结束过渡过程。有限拍控制实质上是时间最优控制，系统的性能指标是调节时间最短(或者尽可能地短)。

典型的输入型式，通常指：

单位阶跃输入 $r(kT)=u(kT),\quad R(z)=\dfrac{1}{1-z^{-1}}$

单位速度输入 $r(kT)=kT,\quad R(z)=\dfrac{Tz^{-1}}{(1-z^{-1})^2}$

单位加速度输入 $r(kT)=\dfrac{(kT)^2}{2},\quad R(z)=\dfrac{T^2z^{-1}(1+z^{-1})}{2(1-z^{-1})^3}$

单位重加速度输入 $r(kT)=\dfrac{(kT)^3}{6},\quad R(z)=\dfrac{T^3z^{-2}(1+4z^{-1}+z^{-2})}{6(1-z^{-1})^4}$

…

$$r(kT)=\frac{(kT)^{m-1}}{(m-1)!},\quad R(z)=\frac{A'(z^{-1})}{(m-1)!(1-z^{-1})^m}$$

所以，典型输入的 Z 变换具有 $R(z)=\dfrac{A(z^{-1})}{(1-z^{-1})^m}$的形式。

有限拍随动系统如图 4.1 所示，图中 $D(z)$是数字调节器模型，由计算机实现。$H_0(s)$是零阶保持器的传递函数。

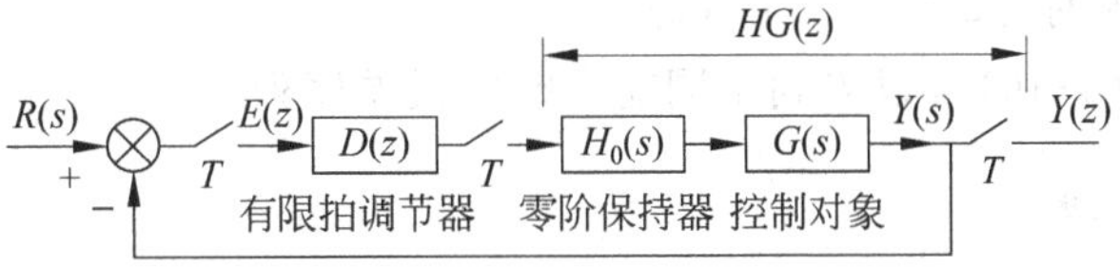

图 4.1　有限拍随动系统

$G(s)$是控制对象的传递函数。零阶保持器和控制对象离散化以后，成为广义对象的 Z 传递函数 $HG(z)$

$$HG(z)=\mathscr{Z}[H_0(s)G(s)] \tag{4-1}$$

有限拍随动系统的闭环 Z 传递函数

$$G_c(z)=\frac{D(z)HG(z)}{[1+D(z)HG(z)]} \tag{4-2}$$

有限拍随动系统的误差 Z 传递函数

$$\begin{aligned}G_e(z)&=\frac{E(z)}{R(z)}=1-G_c(z)\\&=\frac{1}{[1+D(z)HG(z)]}\end{aligned} \tag{4-3}$$

有限拍随动系统的调节器由式(4-2)和式(4-3)可得

$$D(z)=\frac{G_c(z)}{G_e(z)HG(z)} \tag{4-4}$$

由式(4-4)可见，有限拍数字调节器跟对象特性 $HG(z)$和闭环 Z 传递函数 $G_c(z)$有关，也跟误差 Z 传递函数 $G_e(z)$有关。

众所周知，随动系统的调节时间也就是系统的误差 $e(kT)$达到恒定值或趋于零所需要的时间，根据 Z 变换的定义

$$\begin{aligned}E(z)&=\sum_{k=0}^{\infty}e(kT)z^{-k}\\&=e(0)+e(T)z^{-1}+e(2T)z^{-2}+e(3T)z^{-3}+\cdots+e(kT)z^{-k}+\cdots\end{aligned} \tag{4-5}$$

由式(4-5)，就可以知道 $e(0),e(T),e(2T),\cdots,e(kT),\cdots$有限拍系统就是要求系统在典型的输入作用下，当 $k\geqslant N$ 时，$e(kT)$为恒定值或 $e(kT)$等于零。N 为尽可能小的正整数。由式(4-3)可知

$$E(z)=G_e(z)R(z)=G_e(z)\frac{A(z^{-1})}{(1-z^{-1})^m} \tag{4-6}$$

在特定的输入作用下，为了使式(4-6)中 $E(z)$是尽可能少的有限项，必须合理地选择$G_e(z)$。

若选择
$$G_e(z)=(1-z^{-1})^M F(z)\qquad M\geqslant m \tag{4-7}$$

$F(z)$是 z^{-1}的有限多项式，不含有$(1-z^{-1})$因子。则可使 $E(z)$是有限多项式。

当选择 $M=m$，且 $F(z)=1$ 时，不仅可以使数字调节器简单，阶数比较低，而且，还可以使 $E(z)$的项数较少，因而调节时间 t_s 较短。据此，对于不同的输入，可以选择不同的误差 Z 传递函数 $G_e(z)$。

单位阶跃输入时，选择
$$G_e(z)=1-z^{-1} \tag{4-8}$$

单位速度输入时，选择　　　$G_e(z)=(1-z^{-1})^2$　　　(4-9)

单位加速度输入时，选择　　$G_e(z)=(1-z^{-1})^3$　　　(4-10)

由式(4-6)～式(4-10)可以得到不同输入时的误差序列。

1. 单位阶跃输入时

$$E(z)=G_e(z)R(z)=(1-z^{-1})\frac{1}{[1-z^{-1}]}=1 \tag{4-11}$$

由Z变换定义可以得到

$$e(0)=1, e(T)=e(2T)=e(3T)=\cdots=0 \tag{4-12}$$

误差及输出序列如图4.2所示。

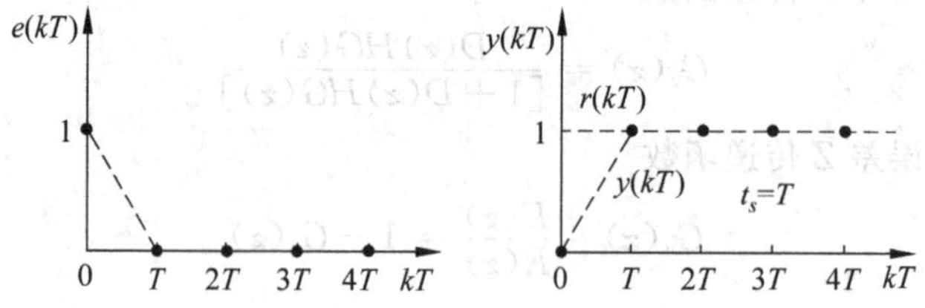

(a) 误差序列　　(b) 输出序列

图4.2　单位阶跃输入时的误差及输出序列

由图4.2可以看到单位阶跃输入时，有限拍随动系统的调节时间 $t_s=T$，T 为系统的采样周期。

2. 单位速度输入时

$$E(z)=G_e(z)R(z)=(1-z^{-1})^2\frac{Tz^{-1}}{(1-z^{-1})^2}=Tz^{-1} \tag{4-13}$$

$$e(0)=0, e(T)=T, e(2T)=e(3T)=\cdots=0 \tag{4-14}$$

误差及序列如图4.3所示。

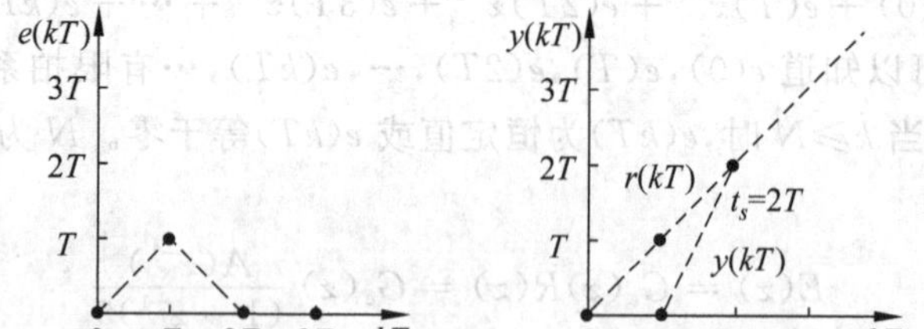

(a) 误差序列　　(b) 输出系列

图4.3　单位速度输入时的误差及输出序列

由图4.3可见，单位速度输入时，有限拍随动系统的调节时间 $t_s=2T$。

同理，可以做出单位加速度输入时，有限拍随动系统的误差及输出序列的波形，如图4.4所示。调节时间 $t_s=3T$。

对于有限拍控制，由上述分析可以看到：

(1) 对于不同的典型输入，为了获得有限拍响应，应合理选择误差Z传递函数 $G_e(z)$。

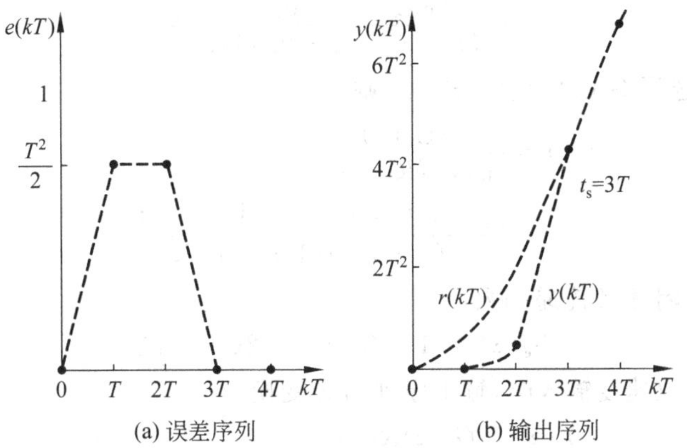

图 4.4　单位加速度输入时的误差及输出序列

(2) 对于典型输入，选定 $G_e(z)$ 后，又由广义对象特性 $HG(z)$，便可由式(4-4)求得有限拍调节器

$$D(z)=\frac{[1-G_e(z)]}{G_e(z)HG(z)}$$

(3) 对应于三种典型输入，有限拍随动系统的调节时间 t_s 分别为 T、$2T$ 和 $3T$。或者说，有限拍系统分别经过一拍、二拍和三拍达到稳定。

三种典型输入时的有限拍系统如表 4.1 所示。

表 4.1　三种典型输入时的有限拍系统

输入函数 $r(kT)$	误差 Z 传递函数 $G_e(z)$	闭环 Z 传递函数 $G_c(z)$	有限拍调节器 $D(z)$	调节时间 t_s
$u(kT)$	$1-z^{-1}$	z^{-1}	$\dfrac{z^{-1}}{(1-z^{-1})HG(z)}$	T
kT	$(1-z^{-1})^2$	$2z^{-1}-z^{-2}$	$\dfrac{2z^{-1}-z^{-2}}{(1-z^{-1})^2HG(z)}$	$2T$
$(kT)^2/2$	$(1-z^{-1})^3$	$3z^{-1}-3z^{-2}+z^{-3}$	$\dfrac{3z^{-1}-3z^{-2}+z^{-3}}{(1-z^{-1})^3HG(z)}$	$3T$

例 4.1　设有限拍随动系统如图 4.1 所示，对象特性 $G(s)=\dfrac{10}{s(0.1s+1)}$，采用零阶保持 $H_0(s)=\dfrac{(1-e^{-sT})}{s}$，采样周期 $T=0.1s$，试设计单位速度输入时的有限拍调节器。

解：广义对象的 Z 传递函数：

$$\begin{aligned}HG(z)&=\mathscr{Z}\left[\frac{(1-e^{-sT})}{s}\frac{10}{s(0.1s+1)}\right]\\&=(1-z^{-1})\mathscr{Z}\left[\frac{100}{s^2(s+10)}\right]\\&=(1-z^{-1})\left[\frac{10Tz^{-1}}{(1-z^{-1})^2}-\frac{1}{(1-z^{-1})}+\frac{1}{(1-e^{-10T}z^{-1})}\right],\quad T=0.1s\end{aligned}$$

$$=\frac{0.368z^{-1}(1+0.717z^{-1})}{(1-z^{-1})(1-0.368z^{-1})}$$

单位速度输入时，选择 $G_e(z)=(1-z^{-1})^2$，则

$$D(z)=\frac{[1-G_e(z)]}{G_e(z)HG(z)}$$

$$=\frac{5.435(1-0.5z^{-1})(1-0.368z^{-1})}{(1-z^{-1})(1+0.717z^{-1})}$$

有限拍随动系统的闭环 Z 传递函数

$$G_e(z)=1-G_e(z)=2z^{-1}-z^{-2}$$

有限拍随动系统单位速度输入时，输出序列的 Z 变换

$$Y(z)=G_c(z)R(z)$$

$$=(2z^{-1}-z^{-2})\frac{Tz^{-1}}{(1-z^{-1})^2}$$

$$=2Tz^{-2}+3Tz^{-3}+4Tz^{-4}+\cdots$$

由 Z 变换定义，输出序列为

$$y(0)=0,y(T)=0,y(2T)=2T,y(3T)=3T,y(4T)=4T,\cdots$$

有限拍随动系统单位速度输入时，经过两个采样周期，即 $k\geqslant 2$，$y(kT)=r(kT)$。输出响应曲线如图 4.5 所示。

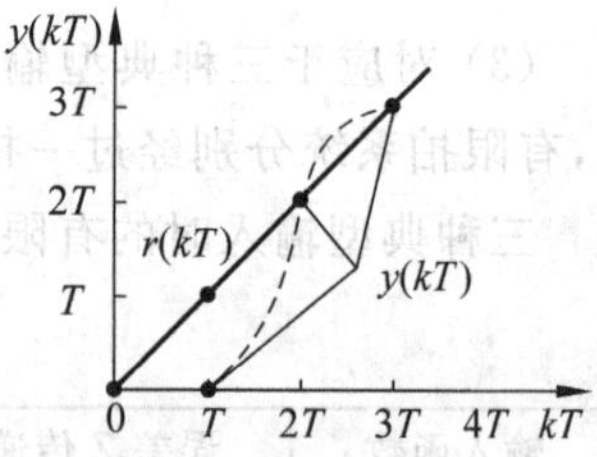

图 4.5　单位速度输入时有限拍输出响应

本例中，按单位速度输入设计的有限拍调节器，当输入形式改变时，输出响应的情况：

(1) 单位阶跃输入时

$$Y(z)=G_c(z)R(z)$$

$$=(2z^{-1}-z^{-2})\frac{1}{1-z^{-1}}$$

$$=2z^{-1}+z^{-2}+z^{-3}+\cdots$$

输出序列为

$$y(0)=0,y(T)=2,y(2T)=1,y(3T)=1,\cdots$$

按单位速度输入设计的有限拍系统，当单位阶跃输入时，经过两个采样周期，即 $k\geqslant 2$，$y(kT)=r(kT)$。但是 $k=1$ 时，超调量达到 100%。

输出响应如图 4.6(a)所示。

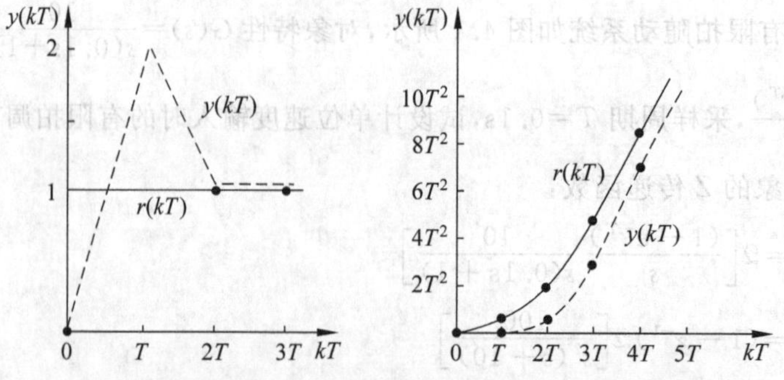

(b) 单位阶跃输入　　(b) 单位加速度输入

图 4.6　按单位速度输入设计的有限拍系统

(2) 单位加速度输入时

$$
\begin{aligned}
Y(z) &= G_c(z)R(z) \\
&= (2z^{-1} - z^{-2})\frac{T^2 z^{-1}(1+z^{-1})}{2(1-z^{-1})^3} \\
&= T^2 z^{-2} + 3.5T^2 z^{-3} + 7T^2 z^{-4} + 11.5T^2 z^{-5} + \cdots
\end{aligned}
$$

单位加速度输入时,输入和输出序列如表 4.2 所示。

表 4.2 单位加速度输入时,输入、输出序列

kT	0	T	$2T$	$3T$	$4T$	$5T$	…
$r(kT)$	0	$T^2/2$	$2T^2$	$4.5T^2$	$8T^2$	$12.5T^2$	…
$y(kT)$	0	0	T^2	$3.5T^2$	$7T^2$	$11.5T^2$	…
$e(kT)$	0	$T^2/2$	T^2	T^2	T^2	T^2	…

由表 4.2 可见,按单位速度输入设计的有限拍系统,当输入为单位加速度时,系统经过二拍达到稳定,但是输出与输入之间始终存在误差,即当 $k \geqslant 2$ 时,$e(kT)=T^2$。

这个结论也可以根据 $E(z)$的终值定理得到。

输入和输出响应如图 4.6 (b)所示。

由以上分析可以看出,按照某种典型输入设计的有限拍系统,当输入型式改变时,系统的性能变坏,输出响应不一定理想。

4.2 有限拍调节器的设计

由式(4-4),有限拍调节器 $D(z)=\dfrac{G_c(z)}{G_e(z)HG(z)}$,它跟系统的闭环 Z 传递函数 $G_c(z)$和输入型式[与选择的 $G_e(z)$]有关,也跟对象的特性 $HG(z)$有关。

当对象特性 $HG(z)$中包含 z^{-r}因子以及单位圆上($z=1$ 除外)和单位圆外的零点时,有限拍调节器将可能无法实现。

设

$$
HG(z) = \frac{z^{-r}\prod_{i=1}^{l}(1-z_i z^{-1})}{\prod_{i=1}^{n}(1-p_i z^{-1})} \tag{4-15}
$$

则

$$
D(z) = \frac{z^{r}\prod_{i=1}^{n}(1-p_i z^{-1})G_c(z)}{G_e(z)\prod_{i=1}^{n}(1-z_i z^{-1})} \tag{4-16}
$$

式中,z_i 是 $HG(z)$的零点,p_i 是 $HG(z)$的极点。

由式(4-16)可见,若 $D(z)$中存在 z^r 环节,则表示数字调节器应具有超前特性,即在环节施加输入信号之前 r 个采样周期就应当有输出,这样的超前环节是不可能实现的。所以

$HG(z)$分子中含有 z^{-r} 因子时，必须使闭环 Z 传递函数 $G_c(z)$ 的分子中含有 z^{-r} 因子，以抵消 $HG(z)$ 中的 z^{-r} 因子，以免 $D(z)$ 中出现超前环节 z^r。

在式(4-16)中，若在 $\prod_{i=1}^{l}(1-z_iz^{-1})$ 中，存在单位圆上($z_i=1$ 除外)和单位圆外的 z_i 时，则 $D(z)$ 将是发散不可实现的，因此，$D(z)$ 中不允许包含 $HG(z)$ 的这类零点，也不允许它们作为 $G_c(z)$ 的极点，所以只能把 $HG(z)$ 中 $|z_i|\geqslant 1(z_i=1$ 除外)的零点作为 $G_c(z)$ 的零点，从而保证了 $D(z)$ 的稳定性。当然，$G_c(z)$ 的分子部分增加了这些 $|z_i|\geqslant 1(z_i=1$ 除外)的零点以后，将使调节时间 t_s 加长。

由式(4-4)，有限拍系统的闭环 Z 传递函数

$$G_c(z)=D(z)HG(z)G_e(z) \tag{4-17}$$

若对象特性 $HG(z)$ 的极点 $\prod_{i=1}^{n}(1-p_iz^{-1})$ 中，存在单位圆上($p_i=1$ 除外)或单位圆外的极点时，为了保证系统的输出稳定，$HG(z)$ 的单位圆上($p_i=1$ 除外)或单位圆外的极点，用 $G_e(z)$ 的零点对消掉。

综上所述，设计有限拍调节器时，必须顾及 $D(z)$ 的可实现性要求，合理选择 $G_e(z)$ 和 $G_c(z)$。

(1) $D(z)$ 必须是可实现的，$D(z)$ 不包含单位圆上($z=1$ 除外)和单位圆外的极点；$D(z)$ 不包含超前环节。

(2) 选择 $G_c(z)$ 时，应把 $HG(z)$ 分子中 z^{-r} 因子，作为 $G_c(z)$ 分子的因子，即 $G_c(z)$ 的分子部分必须包含 $HG(z)$ 分子部分的因子 $z^{-r}(r=1,2,3,\cdots)$；应把 $HG(z)$ 的单位圆上($z_i=1$ 除外)和单位圆外的零点作为 $G_c(z)$ 的零点。

(3) 选择 $G_e(z)$ 时，必须考虑输入型式，并把 $HG(z)$ 的所有不稳定极点，即单位圆上($p_i=1$ 除外)和单位圆外的极点作为 $G_e(z)$ 的零点。

例 4.2 设有限拍随动系统如图 4.1 所示，对象特性 $G(s)=\dfrac{10}{s(1+s)(1+0.1s)}$，$H_0(s)=\dfrac{(1-e^{-sT})}{s}$，采样周期 $T=0.5$s，试设计单位阶跃输入时的有限拍调节器。

解：广义对象的 Z 传递函数为

$$\begin{aligned}HG(z)&=\mathscr{Z}\left[\frac{(1-e^{-sT})}{s}\frac{10}{s(1+s)(1+0.1s)}\right]\\&=\mathscr{Z}\left[(1-e^{-sT})\left(\frac{10}{s^2}-\frac{11}{s}+\frac{100/9}{(1+s)}-\frac{1/9}{(10+s)}\right)\right]\\&=\frac{(1-z^{-1})}{9}\left[\frac{90Tz^{-1}}{(1-z^{-1})^2}-\frac{99}{(1-z^{-1})}+\frac{100}{(1-e^{-T}z^{-1})}-\frac{1}{(1-e^{-10T}z^{-1})}\right]\\&=\frac{0.7385z^{-1}(1+1.4815z^{-1})(1+0.05355z^{-1})}{(1-z^{-1})(1-0.6065z^{-1})(1-0.0067z^{-1})}\end{aligned} \tag{4-18}$$

$HG(z)$ 的分子存在 z^{-1} 因子，并有单位圆外零点 $z=-1.4815$。因此，闭环 Z 传递函数 $G_c(z)$ 应包含 $z^{-1}(1+1.4815z^{-1})$，即把 $HG(z)$ 的单位圆外零点和 z^{-1} 因子作为 $G_c(z)$ 的零点和因子，可选择

$$G_c(z)=az^{-1}(1+1.4815z^{-1}) \tag{4-19}$$

根据单位阶跃输入，误差 Z 传递函数 $G_e(z)$ 应选为 $(1-z^{-1})$，又因为 $G_c(z)=1-G_e(z)$，

$G_e(z)$和$G_c(z)$应该是阶次相同的多项式，因此，$G_e(z)$还应包含$(b_0+b_1z^{-1})$，即

$$G_e(z)=(1-z^{-1})(b_0+b_1z^{-1}) \tag{4-20}$$

解式(4-19)和式(4-20)，可得$a=0.403$，$b_0=1$，$b_1=0.597$。

则

$$G_c(z)=0.403z^{-1}(1+1.4815z^{-1})$$
$$G_e(z)=(1-z^{-1})(1+0.597z^{-1})$$

有限拍调节器

$$D(z)=\frac{G_c(z)}{G_e(z)HG(z)}=\frac{0.5457(1-0.6065z^{-1})(1-0.0067z^{-1})}{(1+0.597z^{-1})(1+0.05355z^{-1})}$$

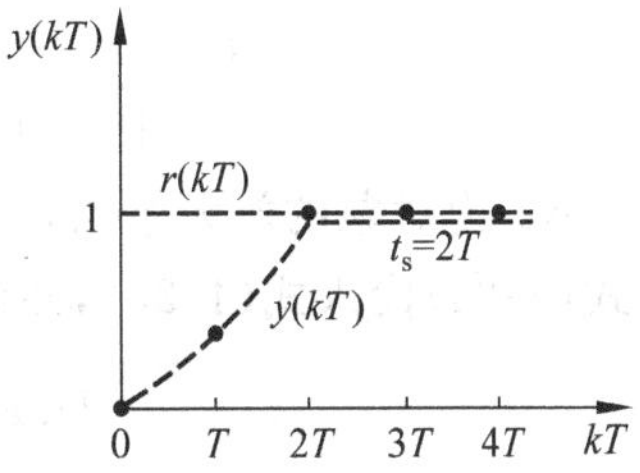

图 4.7　例 4.2 的输出响应

有限拍随动系统单位阶跃输入时，输出响应

$$\begin{aligned}Y(z)&=G_c(z)R(z)\\&=0.403z^{-1}(1+1.4815z^{-1})\frac{1}{(1-z^{-1})}\\&=0.403z^{-1}+z^{-2}+z^{-3}+\cdots\end{aligned}$$

即$y(0)=0$，$y(T)=0.403$，$y(2T)=y(3T)=\cdots=1$。输出响应如图 4.7 所示。

由于闭环 Z 传递函数包含了单位圆外零点，所以系统的调节时间延长到两拍，即$t_s=2T=1\text{s}$。

4.3 采样频率的选择

按照典型输入设计的有限拍系统，其调节时间t_s为一个到几个采样周期T。也就是说调节时间t_s跟有限拍系统的采样周期T有关，那么，当系统的采样频率无限增加，也就是采样周期无限缩短时，系统的调节时间t_s不是趋近于零了吗？事实上，从能量的角度来说，这是不可能的，因为，不可能提供无穷大的能量，使系统在一瞬间从一种状态进入另一种状态。

另外，由于采样频率f_s的上限受饱和特性的限制，不可能无限提高f_s。

有限拍随动系统如图 4.8 所示。

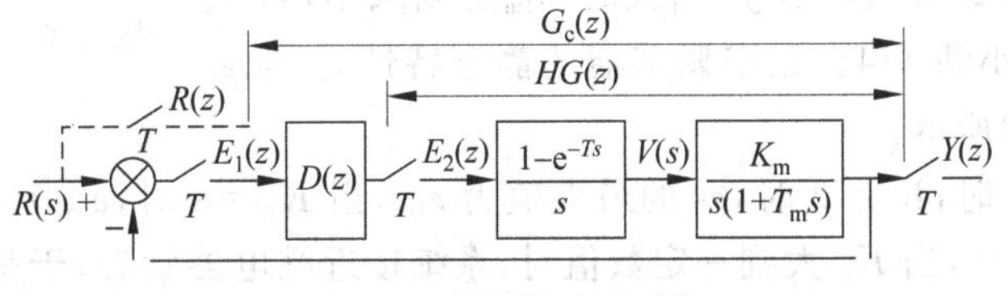

图 4.8　有限拍随动系统

单位阶跃输入时，有限拍系统的闭环 Z 传递函数

$$G_c(z)=z^{-1} \tag{4-21}$$

由式(4-4)，开环 Z 传递函数为

$$D(z)HG(z)=\frac{G_c(z)}{G_e(z)}=\frac{z^{-1}}{(1-z^{-1})} \tag{4-22}$$

由式(4-22)，数字调节器

$$D(z) = \frac{1}{HG(z)} \frac{z^{-1}}{(1 - z^{-1})} \tag{4-23}$$

对于图 4.8 所示系统，广义对象的 Z 传递函数为

$$HG(z) = \gamma K_m T \frac{z^{-1}(1 + bz^{-1})}{(1 - z^{-1})(1 - az^{-1})} \tag{4-24}$$

式中

$$a = e^{-T/T_m} \approx 1 - T/T_m + (T/T_m)^2/2, \qquad T \ll T_m,$$
$$\gamma = 1 - (1 - a)T_m/T \approx T/2T_m$$

K_m 为对象的放大系数，T_m 为对象的惯性时间常数。

把式(4-24)代入式(4-23)，并设数字调节器的比例系数 K_p，可得

$$D(z) = \frac{1}{\gamma K_m T} \frac{1 - az^{-1}}{1 + bz^{-1}} = K_p \frac{1 - az^{-1}}{1 + bz^{-1}} \tag{4-25}$$

已知 $\gamma \approx T/2T_m$，由式(4-25)可得

$$\begin{aligned} K_p &\approx 1/\gamma K_m T \\ &\approx 2T_m/K_m T^2 \\ &\approx f_s^2(2T_m/K_m) \end{aligned} \tag{4-26}$$

即数字调节器的比例系数 K_p 与采样频率 f_s 的平方成正比。

设控制对象是电动机，电动机的最大转速 n_m，减速比 i；计算机输出寄存器的最大数字量 e_{2m}；电机的放大系数

$$K_m = \frac{n_m/i}{e_{2m}}$$

电机最大转速 n_m 对应于计算机寄存器的最大输出 e_{2m}，电机的静态特性 n 与 e_2 的关系如图 4.9(b)所示，要使电机工作在线性区，必须使 $e_2 < e_{2m}$。

对于数字调节器的比例系数

$$K_p = e_2/e_1$$

与 e_{2m} 相对应的 e_1 的最大值为 e_{1m}

$$e_{1m} = e_{2m}/K_p = (e_{2m}K_m/2T_m)(1/f_s^2) \tag{4-27}$$

式中 e_{2m}、K_m 和 T_m 是常数。当 f_s 增大时，e_{1m} 急剧减小，当 f_s 加大一倍时，e_{1m} 缩小到 1/4。数字调节器的静态特性 e_2 与 e_1 的关系如图 4.9(b)所示。

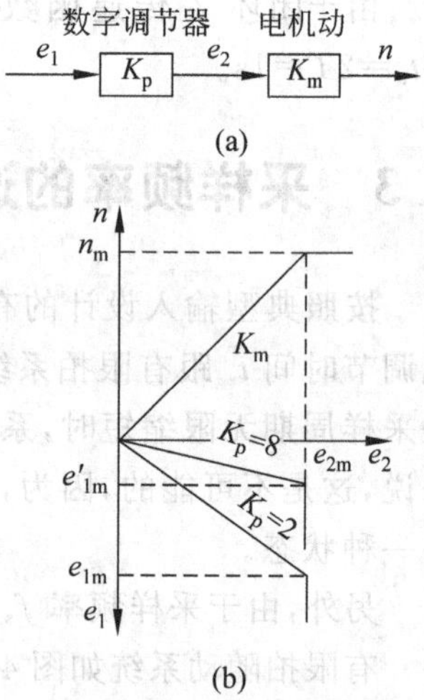

图 4.9 电机的饱和特性对线性范围的影响

在图 4.9(b)中时，$K_p = 2$ 时，e_1 的最大值为 e_{1m}，当 $K_p = 8$ 时，$e'_{1m} = e_{1m}/4$，即 K_p 增加，系统的线性范围变窄，当 K_p 大到一定数值时，系统接近继电器状态，于是，系统处于非线性状态，前面讨论的有限拍设计也就失去了根基，因此 K_p 不能无限增大，也就是系统的采样频率不能无限提高。

根据实践经验，通常选择 $T/T_m < 1/16$，或者大致选择采样周期 T 比时间常数 T_m 小一个数量级。

有限拍随动系统的设计方法是简便的，结构也是简单的，设计结果可以得到解析解，便于计算机实现。但是有限拍设计存在如下一些问题。

(1) 有限拍系统对输入形式的适应性差，当系统的输入形式改变，尤其存在随机扰动时，系统的性能变坏。

(2) 有限拍系统对参数的变化很敏感，实际系统中，随着环境、温度、时间等条件的变化，对象参数的变化是不可避免的，对象参数的变化必将引起系统的性能变坏。

(3) 不能期望无限提高采样频率 f_s 来缩短调节时间 t_s，因为采样频率 f_s 的上限受到饱和特性的限制。

(4) 有限拍设计只能保证采样点上的误差为零或恒值，不能保证采样点之间的误差也为零或恒值，也就是说，系统存在纹波，而纹波对系统的工作是有害的。

4.4 有限拍无纹波设计

有限拍系统采用 Z 变换方法进行设计，采样点上的误差为零，不能保证采样点之间的误差值也为零，有限拍系统的输出响应在采样点之间存在纹波。纹波不仅造成误差，也消耗功率，浪费能量，而且造成机械磨损。

有限拍无纹波设计的要求是系统在典型的输入作用下，经过尽可能少的采样周期以后，系统达到稳定。并且，在采样点之间没有纹波。

有限拍系统如图 4.8 所示。系统有纹波时，各点的波形如图 4.10 所示。该系统是单位速度输入时的有限拍系统，当 $k \geqslant 2$ 时，$e_1(kT)=0$，$y(kT)=r(kT)$ 这是二拍系统。但是，在采样点之间，存在纹波。这表示电机的转速不稳，显然，这是由于 $v(t)$ 不是恒定值，在某值附近上下波动引起的，这个波动又是零阶保持器的输入 $e_2(kT)$ 的波动造成的。

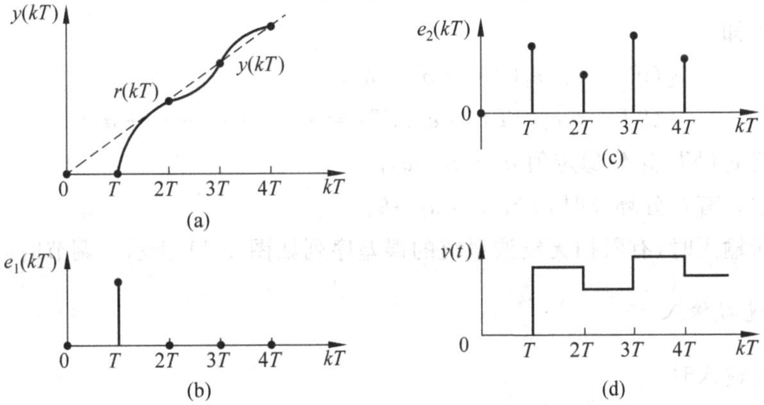

图 4.10 有纹波有限拍系统的各点波形图

对于例 4.1 的二拍系统

$$
\begin{aligned}
E_1(z) &= G_e(z)R(z) \\
&= (1-z^{-1})^2 \frac{Tz^{-1}}{(1-z^{-1})^2} = Tz^{-1} \\
E_2(z) &= D(z)E_1(z) \\
&= \frac{5.435(1-0.5z^{-1})(1-0.368z^{-1})}{(1-z^{-1})(1+0.717z^{-1})} Tz^{-1}, \quad T = 0.1\text{s}
\end{aligned}
$$

$$=\frac{(0.5435z^{-1}-0.4713z^{-2}+0.1z^{-3})}{(1-0.283z^{-1}-0.717z^{-2})}$$

$$=0.5435z^{-1}+0.3175z^{-2}+0.5796z^{-3}+0.3916z^{-4}+\cdots$$

尽管二拍系统 $k\geqslant 2$ 时，$e_1(kT)=0$ 但是由上式可见 $e_2(kT)\neq 0$，这就是造成输出纹波的原因。

有限拍无纹波设计就是要求当 $k\geqslant N$ 时，$e_2(kT)$ 保持恒定值，或为零，N 为某正整数。由图 4.8

$$E_2(z)=D(z)E_1(z)=D(z)G_e(z)R(z) \tag{4-28}$$

若选定 $D(z)G_e(z)$ 是 z^{-1} 的有限多项式，那么，在确定的输入作用下，经过有限拍，$e_2(kT)$ 就能达到某恒定值，而且能保证系统的输出没有纹波。下面讨论不同类型输入的有限拍无纹波系统。

1. 单位阶跃输入

单位阶跃输入时

$$R(z)=\frac{1}{(1-z^{-1})}$$

选择 $$D(z)G_e(z)=a_0+a_1z^{-1}+a_2z^{-2}$$

则 $$E_2(z)=\frac{(a_0+a_1z^{-1}+a_2z^{-2})}{(1-z^{-1})}$$

$$=a_0+(a_0+a_1)z^{-1}+(a_0+a_1+a_2)z^{-2}+(a_0+a_1+a_2)z^{-3}+\cdots$$

$$=a_0+(a_0+a_1)z^{-1}+(a_0+a_1+a_2)(z^{-2}+z^{-3}+\cdots) \tag{4-29}$$

由式(4-29)可知

$$e_2(0)=a_0,\ e_2(T)=a_0+a_1,$$

$$e_2(2T)=e_2(3T)=e_2(4T)=\cdots=(a_0+a_1+a_2)$$

即从第二拍起 $e_2(kT)$ 达到稳定值 $a_0+a_1+a_2$。

当系统中含有积分环节时，$a_0+a_1+a_2=0$。

单位阶跃输入时，有限拍无纹波系统的误差序列如图 4.11 所示。调节时间 $t_s=2T$。

2. 单位速度输入

单位速度输入时

$$R(z)=\frac{Tz^{-1}}{(1-z^{-1})^2}$$

仍选 $$D(z)G_e(z)=a_0+a_1z^{-1}+a_2z^{-2},$$

则 $$E_2(z)=Ta_0z^{-1}+T(2a_0+a_1)z^{-2}+T(3a_0+2a_1+a_2)z^{-3}$$

$$+T(4a_0+3a_1+2a_2)z^{-4}+\cdots m \tag{4-30}$$

由式(4-30)，可知

$$e_2(0)=0$$

$$e_2(T)=Ta_0$$

$$e_2(2T)=T(2a_0+a_1)$$

$$e_2(3T) = T(3a_0 + 2a_1 + a_2) = e_2(2T) + T(a_0 + a_1 + a_2)$$
$$e_2(4T) = T(4a_0 + 3a_1 + 2a_2) = e_2(3T) + T(a_0 + a_1 + a_2)$$
$$\cdots$$

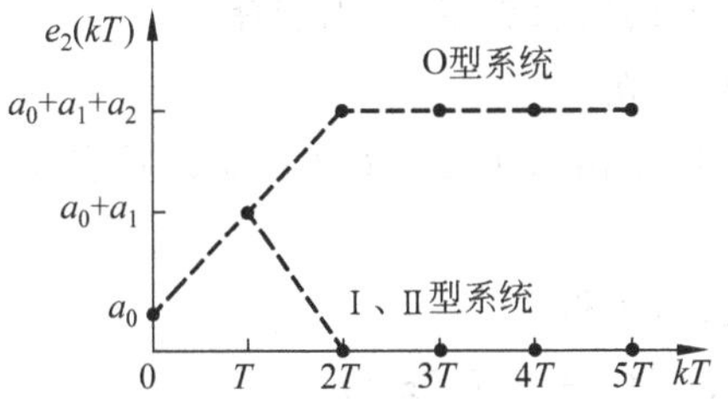

图 4.11 无纹波系统的误差序列（单位阶跃输入时）

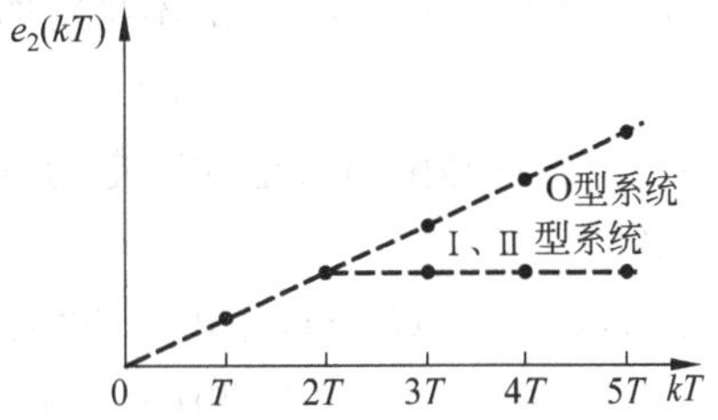

图 4.12 无纹波系统的误差序列（单位速度输入时）

即当 $k \geqslant 3$ 时，$e_2(kT) = e_2(kT-T) + T(a_0 + a_1 + a_2)$。

若系统中含有积分环节时，$a_0 + a_1 + a_2 = 0$，有限拍系统从第二拍起，即 $k \geqslant 2$ 时，$e_2(kT) = (2a_0 + a_1)$。

若系统中不含积分环节 $a_0 + a_1 + a_2 \neq 0$，有限拍从第二拍起，即 $k \geqslant 2$，$e_2(kT)$ 做匀速变化。

$e_2(kT)$ 的波形如图 4.12 所示。调节时间 $t_s = 2T$。

对于单位加速度输入，可以用与上述相同的方法进行分析讨论。

上面分析时，$D(z)G_e(z)$ 的项数为 3，是比较简单的特例。当取的项数较多时，采用上述方法可以得到类似的结果，但是调节时间 t_s 会加长。

为了使 $e_2(kT)$ 是有限拍，应该让 $D(z)G_e(z)$ 是 z^{-1} 的有限多项式，由式(4-4)可得

$$D(z)G_e(z) = \frac{G_c(z)}{HG(z)}$$
$$= G_c(z) \frac{\prod_{i=1}^{n}(1 - p_i z^{-1})}{z^{-r}\prod_{i=1}^{l}(1 - z_i z^{-1})} \tag{4-31}$$

式中 p_i、z_i 分别是 $HG(z)$ 的极点和零点。由式(4-31)可以看出，$HG(z)$ 的极点 p_i 不会影响 $D(z)G_e(z)$ 成为 z^{-1} 的有限多项式，而 $HG(z)$ 的零点 z_i 有可能使 $D(z)G_e(z)$ 成为 z^{-1} 的无限多项式，因此有限拍无纹波系统的设计，要求 $G_c(z)$ 的零点包含 $HG(z)$ 的全部零点。这也是有限拍无纹波设计与有限拍有纹波设计的唯一不同之处。在有限拍有纹波设计时，只要求 $G_c(z)$ 的零点包含 $HG(z)$ 的单位圆上（$z_i = 1$ 除外）和单位圆外的零点。

例 4.3 设有限拍无纹波随动系统如图 4.1 所示，对象特性 $G(s) = \dfrac{10}{s(1+0.1s)}$，采用零阶保持器，采样周期 $T = 0.1s$，试设计单位阶跃输入时的有限拍无纹波调节器 $D(z)$。

解： 广义对象的 Z 传递函数

$$HG(z) = \mathscr{Z}\left[\frac{(1 - e^{-sT})}{s}\,\frac{10}{s(0.1s + 1)}\right]$$
$$= \frac{0.368z^{-1}(1 + 0.717z^{-1})}{(1 - z^{-1})(1 - 0.368z^{-1})}$$

$HG(z)$具有z^{-1}因子，零点$z_1=-0.717$，极点$p_1=1,p_2=0.368$。

闭环Z传递函数$G_c(z)$应选为包含因子z^{-1}和$HG(z)$的全部零点，所以

$$G_c(z) = az^{-1}(1+0.717z^{-1}) \tag{4-32}$$

$G_e(z)$应由输入型式，$HG(z)$的不稳定的极点和$G_c(z)$的阶次决定，所以选择

$$G_e(z) = (1-z^{-1})(b_0+b_1z^{-1}) \tag{4-33}$$

式中$(1-z^{-1})$项是由输入型式决定的，$(b_0+b_1z^{-1})$项是由$G_e(z)$与$G_c(z)$应该具有相同阶次决定的。

由$G_e(z)=1-G_c(z)$，将式(4-32)、式(4-33)代入，可得

$$(1-z^{-1})(b_0+b_1z^{-1}) = 1-az^{-1}(1+0.717z^{-1})$$

解方程可得　$a=0.5824, b_0=1, b_1=0.4176$。

有限拍无纹波调节器

$$\begin{aligned} D(z) &= \frac{G_c(z)}{G_e(z)HG(z)} \\ &= \frac{1.5826(1-0.368z^{-1})}{(1+0.4176z^{-1})} \end{aligned}$$

所设计的系统是否有限拍无纹波，可观察$E_2(z)$。

$$\begin{aligned} E_2(z) &= D(z)G_e(z)R(z) \\ &= \frac{(1-z^{-1})(1+0.4176z^{-1})\times 1.5826(1-0.368z^{-1})}{(1+0.4176z^{-1})(1-z^{-1})} \\ &= 1.5826-0.5824z^{-1} \end{aligned}$$

由Z变换的定义，可得

$$e_2(0) = 1.5826$$

$$e_2(T) = -0.5824$$

$$e_2(2T) = e_2(3T) = e_2(4T) = \cdots = 0$$

系统二拍以后，即$k\geqslant 2$，$e_2(kT)=0$，所以能保证系统的输出是无纹波的。调节时间$t_s=2T=0.2\text{s}$。

对于单位阶跃输入设计的有限拍无纹波系统，当输入为单位速度时

$$\begin{aligned} E_2(z) &= D(z)G_e(z)R(z) \\ &= \frac{1.528(1-0.368z^{-1})}{(1+0.4176z^{-1})}(1-z^{-1})(1+0.4176z^{-1})\frac{Tz^{-1}}{(1-z^{-1})^2} \\ &= \frac{0.1528z^{-1}-0.05823z^{-2}}{1-z^{-1}} \\ &= 0.1528z^{-1}+0.0946z^{-2}+0.0946z^{-3}+\cdots \end{aligned}$$

由此可得

$$e_2(0) = 0$$

$$e_2(T) = 0.1528$$

$$e_2(2T) = e_2(3T) = e_2(4T) = \cdots = 0.0946$$

即系统经过二拍达到稳态，调节时间$t_s=2T=0.2\text{s}$，但是存在固定的稳态误差，这是因为

$$E_1(z) = G_e(z)R(z)$$

$$=(1-z^{-1})(1-0.4176z^{-1})\frac{Tz^{-1}}{(1-z^{-1})^2}$$
$$=0.1z^{-1}+0.1418z^{-2}+0.1418z^{-3}+0.1418z^{-4}+\cdots$$

从 $e_1(kT)$ 也可以看到系统经过二拍达到稳定，并且存在固定误差 0.1418。

例 4.4 对例 4.3 的系统，试设计单位速度输入时的有限拍无纹波调节器 $D(z)$。

解： 广义对象的 Z 传递函数

$$HG(z)=\mathscr{Z}\left[\frac{(1-e^{-sT})}{s}\right]\frac{10}{s(0.1s+1)}$$
$$=\frac{0.368z^{-1}(1+0.717z^{-1})}{(1-z^{-1})(1-0.368z^{-1})}$$

选择

$$\left.\begin{aligned}G_c(z)&=z^{-1}(1+0.717z^{-1})(a_0+a_1z^{-1})\\G_e(z)&=(1-z^{-1})^2(b_0+b_1z^{-1})\end{aligned}\right\}\tag{4-34}$$

$G_c(z)$ 中 z^{-1} 和 $1+0.717z^{-1}$ 是由于 $HG(z)$ 中含有 z^{-1} 因子和零点 $z=-0.717$，$G_e(z)$ 中 $(1-z^{-1})^2$ 是由单位速度输入决定的。而 $G_c(z)$ 中 $(a_0+a_1z^{-1})$ 的项和 $G_e(z)$ 中的 $(b_0+b_1z^{-1})$ 项是为了使 $G_e(z)$ 和 $G_c(z)$ 的阶次相同，且使式子 $G_c(z)=1-G_e(z)$ 成立。由式(4-34)可得

$$z^{-1}(1+0.717z^{-1})(a_0+a_1z^{-1})=1-(1-z^{-1})^2(b_0+b_1z^{-1})$$

解方程，可得

$$a_0=1.408,a_1=-0.826,b_0=1,b_1=0.592$$

单位速度输入时，有限拍无纹波调节器

$$D(z)=\frac{G_c(z)}{G_e(z)HG(z)}=\frac{3.826(1-0.5864z^{-1})(1-0.368z^{-1})}{(1-z^{-1})(1+0.592z^{-1})}$$

$$E_2(z)=D(z)G_e(z)R(z)$$
$$=\frac{3.826(1-0.5864z^{-1})(1-0.368z^{-1})}{(1-z^{-1})(1+0.592z^{-1})}(1-z^{-1})^2(1+0.592z^{-1})\frac{Tz^{-1}}{(1-z^{-1})^2}$$
$$=0.3826z^{-1}+0.0174z^{-2}+0.1z^{-3}+0.1z^{-4}+\cdots$$

由 Z 变换定义可得

$$e_2(0)=0$$
$$e_2(T)=0.3825$$
$$e_2(2T)=0.0174$$
$$e_2(3T)=e_2(4T)=e_2(5T)=\cdots=0.1$$

系统三拍以后，即 $k\geqslant 3$，$e_2(kT)=0.1$，所以系统的调节时间 $t_s=3T=0.3\text{s}$，并且可保证系统的输出是无纹波的。

与有纹波有限拍系统一样，按单位速度输入设计的有限拍无纹波系统，当输入为单位阶跃函数时，调节时间 $t_s=3T=0.3\text{s}$，超调量 σ_p 相当大。

为了作出有限拍无纹波系统的输出响应(包括采样点之间的输出值)，可以用广义 Z 变换或扩展 Z 变换求出 $Y(z,\Delta)=G_e(z)D(z)HG(z,\Delta)R(z)$ 然后求出相应的 $y(t)$。图 4.13 表示有限拍无纹波系统的输出响应。

由例 4.4 可以看出，为了消除纹波，导致系统的调节时间加长或者调节性能变坏。有限拍无纹波设计，仍然只是针对某种类型的输入信号。当输入型式改变时，系统的动态性能通

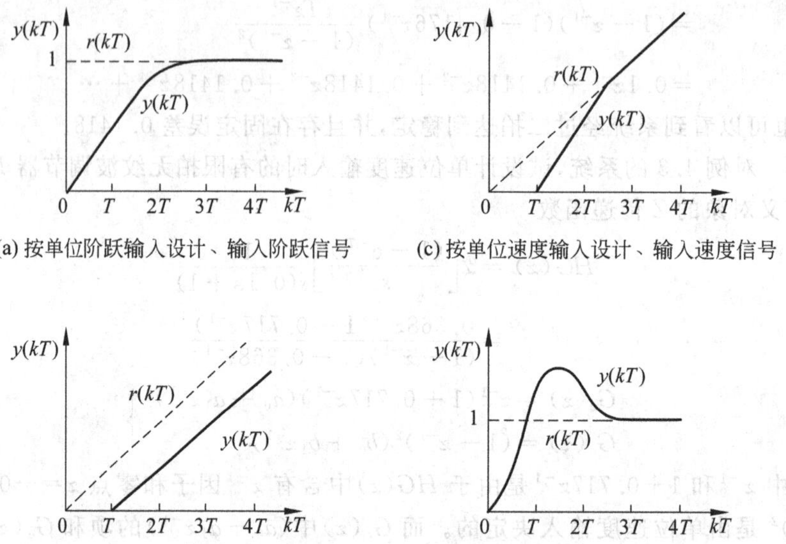

(a) 按单位阶跃输入设计、输入阶跃信号　(c) 按单位速度输入设计、输入速度信号

(b) 按单位阶跃输入设计、输入速度信号　(d) 按单位速度输入设计、输入阶跃信号

图 4.13　有限拍无纹波系统的输出响应

常变坏。

4.5　有限拍设计的改进

有限拍系统的设计是以调节时间作为唯一的性能指标。当系统的输入型式改变时，系统的性能指标将变坏，如调节时间 t_s 加长，超调量 σ_p 加大，稳态误差增加。为了使有限拍系统的性能满足实际需要，可以对有限拍设计作某些改进。例如，用换接程序的办法来改善过渡过程，采用折中设计和最小均方误差设计以获得比较满意的过渡过程。

1. 用换接程序来改善过渡过程

前面已经提到，按照单位速度输入的有限拍系统，当输入单位阶跃时，超调量 σ_p 达到 100%，调节时间 $t_s=2T$。

为了改善过渡过程，可以采用换接程序的办法，设系统如图 4.14 所示。

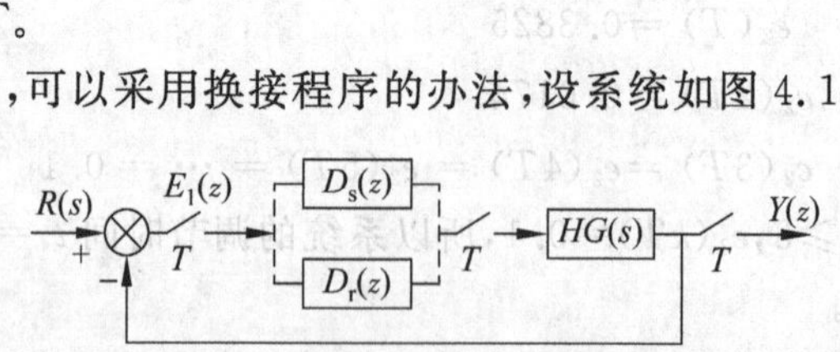

图 4.14　换接程序有限拍系统

图中，$D_r(z)$是按照单位速度输入设计的有限拍调节器

$$D_r(z)=\frac{G_c(z)}{G_e(z)HG(z)} \tag{4-35}$$

其中，$G_e(z)=A_r(z^{-1})(1-z^{-1})^2$，$G_c(z)=1-G_e(z)$。

$D_s(z)$是按照单位阶跃输入设计的有限拍调节器。

$$D_s(z) = \frac{G_c(z)}{G_e(z)HG(z)} \tag{4-36}$$

其中，$G_e(z)=A_s(z^{-1})(1-z^{-1})$，$G_c(z)=1-G_e(z)$。

$D_r(z)$、$D_s(z)$中 $HG(z)$是广义对象的 Z 传递函数。

系统刚投入时，相当于阶跃输入，$D_s(z)$接入系统，作为过渡程序。当系统的误差 $e_1(kT)$减少到一定程度，例如$|e_1(kT)|\leqslant|E_m|$时，再接入正常的跟踪程序 $D_r(z)$，即

$$|e_1(kT)|>|E_m|,\quad \text{接入 } D_s(z)$$
$$|e_1(kT)|\leqslant|E_m|,\quad \text{接入 } D_r(z)$$

E_m 可以根据系统的运行情况，选择适当的数值。这种换接程序的办法，既可以缩短调节时间 t_s，又可以减少超调量 σ_p。换接子程序的流程图如图 4.15 所示。

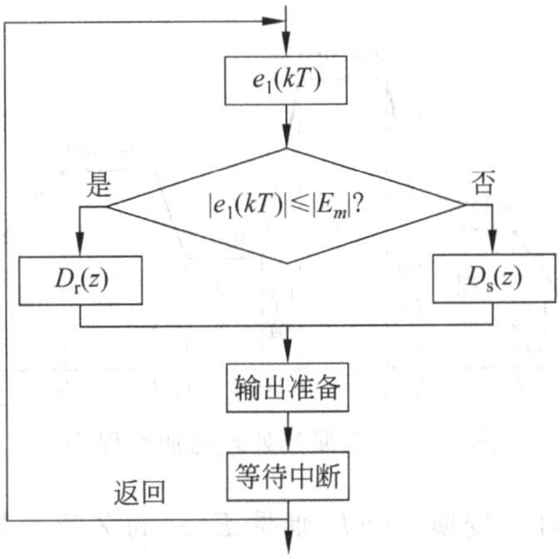

图 4.15　有限拍控制换接子程序的流程图

2. 折中设计法

对于有 100%的超调量在许多情况下是不允许的，为了得到接近满意的过渡过程特性，可以在超调量 σ_p，稳态误差 e_{ss}，调节时间 t_s 等性能指标之间采用折中的数值。

折中设计有很多办法，其中之一是先按单位速度输入，设计有限拍有纹波或有限拍无纹波系统，选择 $G_c(z)$和 $G_e(z)$，然后，取

$$G_c'(z) = G_c(z)/(1-\alpha z^{-1}) \tag{4-37}$$

$$G_e'(z) = G_e(z)/(1-\alpha z^{-1}) \tag{4-38}$$

式中$|\alpha|$应小于 1，否则，系统将会不稳定。添加因式 $1-\alpha z^{-1}$以后，将使 $G_e'(z)$多项式的项数较 $G_e(z)$时加多，因此调节时间 t_s 加长，但是系统的超调量将会减少。

为了获得满意的性能指标，可选取两个 α，$|\alpha|<1$，分别计算出对应的 $G_c'(z)$，并求出相应的输出响应 $y(kT)$，比较两个 α 所对应的系统性能指标。若性能指标仍不满足要求，根据 α 变化对性能影响的趋势，再选 α，计算出 $y(kT)$，直到获得满意的性能指标，确定出 α。由 α 便可定出 $G_c'(z)$、$G_e'(z)$，从而得到折中的调节器 $D'(z)$。

这种折中设计，靠多次凑试，选择 α，进行指标核算，直到性能指标达到相对满意为止，这种设计方法带有盲目性，设计工作量比较大。

3. 最小均方误差设计

有限拍设计对输入信号的型式是十分敏感的，而实际工程中输入信号的型式经常是复杂的，例如金属材料的热处理，橡胶加工的硫化处理等工艺经常是程序跟踪控制，典型的时间特性如图 4.16 所示，从图中可以看出，热处理程序跟踪系统的输入，既有阶跃输入，也有速度输入。要求设计的跟踪系统，在阶跃输入或速度输入时，调节时间和超调量都比较小，稳态误差为零。此时系统的性能指标就不能只是调节时间最短了，而必须使用综合性积分指标。最小均方误差设计使用的性能指标是误差的平方和最小，即

$$J=\sum_{k=0}^{\infty}[e(kT)]^2 \to 最小 \tag{4-39}$$

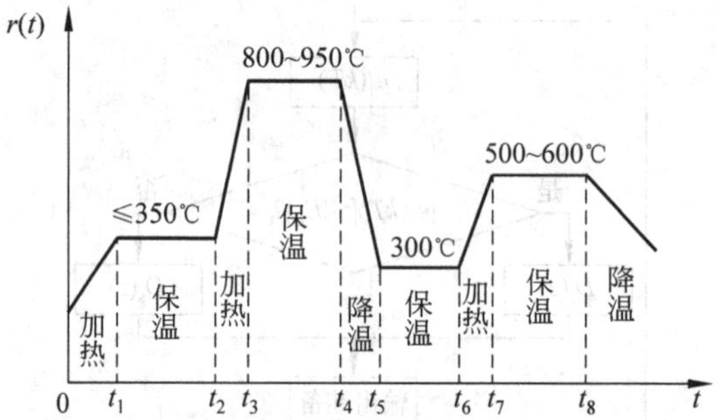

图 4.16 金属热处理的加热程序

设 $E(z)$ 是误差 $e(kT)$ 的 Z 变换，$e(kT)$ 则是 $E(z)$ 的 Z 反变换，所以

$$e(kT)=\frac{1}{2\pi j}\oint_c E(z)z^{k-1}\mathrm{d}z \tag{4-40}$$

式中 c 表示在 Z 平面上绕过单位圆内的奇异点，沿着单位圆进行的积分回路，所以

$$\begin{aligned}J&=\sum_{k=0}^{\infty}[e(kT)]^2\\&=\sum_{k=0}^{\infty}[e(kT)]\left[\frac{1}{2\pi j}\oint_c E(z)z^{k-1}\mathrm{d}z\right]\\&=\frac{1}{2\pi j}\oint_c E(z)z^{-1}\left[\sum_{k=0}^{\infty}e(kT)z^k\right]\mathrm{d}z\end{aligned} \tag{4-41}$$

根据 Z 变换定义，误差的 Z 变换为

$$E(z)=\sum_{k=0}^{\infty}e(kT)z^{-k}$$

若用 z^{-1} 代替 z，则可得

$$E(z^{-1})=\sum_{k=0}^{\infty}e(kT)z^k \tag{4-42}$$

将式(4-42)代入式(4-41)便可得到性能指标的表达式

$$J=\sum_{k=0}^{\infty}[e(kT)]^2=\frac{1}{2\pi j}\oint_c E(z)E(z^{-1})z^{-1}\mathrm{d}z \tag{4-43}$$

有了式(4-43)，当知道 $G_e(z)$ 及输入型式，就可以得到误差信号，因而，也能够求出性能

指标 J。

最小均方误差设计是一种工程设计的方法，在有限拍设计的基础上，引入一个或几个极点，以改善过渡过程，通常引入一个极点 $z=\alpha$，$|\alpha|<1$，以保证系统稳定。

$$\left.\begin{aligned} G_c'(z) &= G_c(z)/(1-\alpha z^{-1}) \\ G_e'(z) &= G_e(z)/(1-\alpha z^{-1}) \end{aligned}\right\} \tag{4-44}$$

式中 $G_e(z)$ 和 $G_c(z)$ 可以按照 4.2 节或者 4.4 节介绍的原则选择，若按照 4.2 节介绍的原则选择 $G_e(z)$ 和 $G_c(z)$，则是有纹波的最小均方误差系统。若按照 4.4 节介绍的原则选择 $G_e(z)$ 和 $G_c(z)$，得到的是无纹波的最小均方误差系统。

在 $G_e'(z)$ 和 $G_c'(z)$ 中引入极点以后，当 α 改变时，系统的输出波形，调节时间，超调量，稳态误差都会发生变化，因此系统的性能 J 是 α 的函数，即 $J=f(\alpha)$。对于不同的输入型式有不同 J-α 的关系，例如对于阶跃输入 $J_s=f_s(\alpha)$，对于速度输入 $J_r=f_r(\alpha)$，希望跟踪系统对两种不同输入的性能指标 J_s 和 J_r 都比较小，则 $J_s=f_s(\alpha)$ 和 $J_r=f_r(\alpha)$ 曲线的交点的 α 值，就是所要求的最小均方误差设计的 α 值。

例 4.5 设最小均方误差系统如图 4.1 所示，$G(s)=\dfrac{10}{s(1+s)(1+0.05s)}$，采用零阶保持器，采样周期 $T=0.2\text{s}$，试设计最小均方误差调节器。

解： 广义对象的 Z 传递函数

$$\begin{aligned} HG(z) &= \mathscr{Z}\left[\frac{1-\mathrm{e}^{-sT}}{s}\,\frac{10}{s(1+s)(1+0.05s)}\right] \\ &= \frac{0.76z^{-1}(1+0.045z^{-1})(1+1.14z^{-1})}{(1-z^{-1})(1-0.135z^{-1})(1-0.0183z^{-1})} \end{aligned}$$

$HG(z)$ 有 z^{-1} 因子，且有单位圆外零点 $z=-1.14$，当按单位速度输入设计时，选择

$$\left.\begin{aligned} G_e'(z) &= \frac{(1-z^{-1})^2(1+b_1z^{-1})}{1-\alpha z^{-1}} \\ G_c'(z) &= \frac{z^{-1}(1+1.14z^{-1})(a_0+a_1z^{-1})}{1-\alpha z^{-1}} \end{aligned}\right\} \tag{4-45}$$

由式(4-45)及 $G_c'(z)=1-G_e'(z)$ 可得到

$$\left.\begin{aligned} b_1 &= 0.816-0.284\alpha \\ a_0 &= 1.184-0.716\alpha \\ a_1 &= -0.716+0.249\alpha \end{aligned}\right\} \tag{4-46}$$

式(4-46)是三个方程四个未知数，为了得到确切的解，需要引用式(4-43)，即均方误差最小的条件。因为

$$E(z)=G_e'(z)R(z)=\frac{Tz^{-1}(1+b_1z^{-1})}{1-\alpha z^{-1}}$$

所以

$$\begin{aligned} J_r &= \sum_{k=0}^{\infty}[e(kT)]^2 \\ &= \frac{T^2}{2\pi\mathrm{j}}\oint_c \frac{(1+b_1z^{-1})(1+b_1z)}{z(1-\alpha z^{-1})(1-\alpha z)}\mathrm{d}z \end{aligned}$$

应用留数定理可得

$$J_r = T^2\,\frac{1+2\alpha b_1+b_1^2}{1-\alpha^2} \approx T^2\,\frac{1.666(1-0.298\alpha)}{1-\alpha} \tag{4-47}$$

当系统的输入为阶跃信号时

$$E(z)=G_e'(z)R(z)$$

$$=\frac{(1-z^{-1})^2(1+b_1z^{-1})}{1-\alpha z^{-1}}\frac{1}{1-z^{-1}}=\frac{(1-z^{-1})(1+b_1z^{-1})}{1-\alpha z^{-1}}$$

$$J_s=\sum_{k=0}^{\infty}[e(kT)]^2$$

$$=\frac{1}{2\pi j}\oint_c\frac{(1-z)^2(z+b_1)(1+b_1z)}{z^2(z-\alpha)(\alpha z-1)}dz$$

由留数定理可得

$$J_s=\frac{2[(1-b_1)^2+b_1(1+\alpha)]}{1+\alpha}=\frac{1.7+1.27\alpha-0.41\alpha^2}{1+\alpha} \tag{4-48}$$

由式(4-47)和式(4-48)可得出 $J_r=f_r(\alpha)$ 和 $J_s=f_s(\alpha)$，曲线如图 4.17 所示。由图 4.17 可知，欲使阶跃输入和速度输入时，均方误差都比较小，应该选择 $\alpha=0.02$。于是，由式(4-46)可得

$$b_1=0.81\qquad a_0=1.17\qquad a_1=-0.711$$

将各数代入式(4-45)，便可得

$$G_e'(z)=\frac{(1-z^{-1})^2(1+0.81z^{-1})}{1-0.02z^{-1}}$$

$$G_c'(z)=\frac{z^{-1}(1+1.14z^{-1})(1.17-0.711z^{-1})}{1-0.02z^{-1}}$$

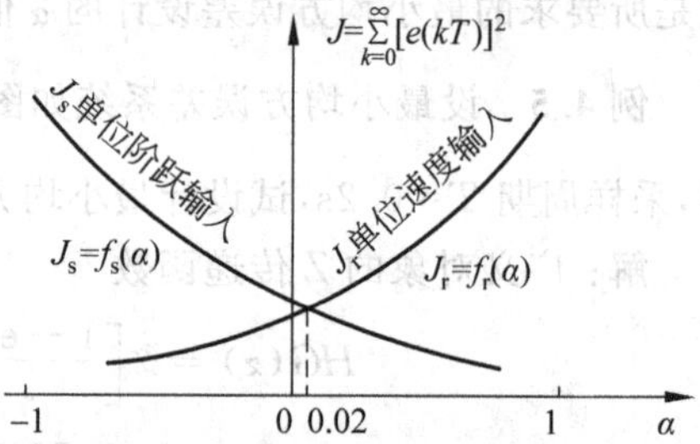

图 4.17　例 4.5 均方误差与 α 的关系

最小均方误差调节器为

$$D(z)=\frac{G_c'(z)}{G_e'(z)HG(z)}$$

$$=\frac{1.55(1-0.61z^{-1})(1-0.135z^{-1})(1-0.018z^{-1})}{(1-z^{-1})(1+0.81z^{-1})(1+0.045z^{-1})}$$

根据 $G_e'(z)$ 可以分析最小均方误差系统的过渡过程特性。

当单位速度输入时，

$$E(z)=G_e'(z)R(z)$$

$$=\frac{(1-z^{-1})^2(1+0.81z^{-1})}{1-0.02z^{-1}}\frac{Tz^{-1}}{(1-z^{-1})^2},\quad T=0.2\text{s}$$

$$=0.2z^{-1}+0.17z^{-2}+0.0034z^{-3}+0.00007z^{-4}+\cdots$$

由此得到

$$e_2(0)=0$$
$$e_2(T)=0.2$$
$$e_2(2T)=0.17$$
$$e_2(3T)=0.0034$$
$$e_2(4T)=0.00007$$
$$\cdots$$

可见，最小均方误差系统单位速度输入时的调节时间 $t_s\leqslant 3T=0.6\text{s}$，最大偏差约 20%。

当单位阶跃输入时

$$
\begin{aligned}
E(z) &= G_e'(z)R(z) \\
&= \frac{(1-z^{-1})^2(1+0.81z^{-1})}{1-0.02z^{-1}} \frac{1}{1-z^{-1}} \\
&= 1-0.17z^{-1}-0.8134z^{-2}-0.016z^{-3}-0.00033z^{-4}-\cdots
\end{aligned}
$$

由此可得

$$
\begin{aligned}
e_2(0) &= 1 \\
e_2(T) &= -0.17 \\
e_2(2T) &= -0.8134 \\
e_2(3T) &= -0.016 \\
e_2(4T) &= -0.00033 \\
&\cdots
\end{aligned}
$$

可见，最小均方误差系统单位阶跃输入时的调节时间 $t_s \leqslant 3T = 0.6\text{s}$，最大超调量 $\sigma_p \approx 81\%$。

如果设计的最小均方误差系统的综合性能指标尚不理想，可以改选 α 值，确定 $G_e'(z)$ 和 $G_c'(z)$，并计算系统的误差或输出响应，直到获得满意的性能指标，决定 α 以后，便可确定最小均方误差调节器了。

从以上分析可以看出，最小均方误差设计是跟折衷设计类似的，不过，折中设计带有很大的盲目性，靠多次凑试来确定 α。而最小均方误差设计则是以均方误差最小为设计指标，有明确的设计目标。

4.6 扰动系统的有限拍设计

在工程实际中控制系统除了受给定的输入作用外，还存在外界的扰动。因而，系统在外界扰动作用下能尽快稳定下来，对保证系统的正常工作是有意义的。

设扰动系统如图 4.18(a)所示，系统的扰动作用为 $N(s)$。扰动系统的等效方框图如图 4.18(b)所示。

对于图 4.18(b)，系统输出的 Z 变换

$$Y_n(z) = NG(z)/[1+D_n(z)HG(z)]$$

式中

$$NG(z) = \mathscr{Z}[N(s)G(s)]$$

$$HG(z) = \mathscr{Z}[H_0(s)G(s)]$$

系统的输出对扰动的闭环 Z 传递函数

$$G_n(z) = \frac{Y_n(z)}{N(z)} = \frac{NG(z)/N(z)}{1+D_n(z)HG(z)} \tag{4-49}$$

由式(4-49)可得到扰动系统的数字调节器

$$D_n(z) = \frac{NG(z)/N(z) - G_n(z)}{G_n(z)HG(z)} \tag{4-50}$$

由于系统的输入是外界扰动，因此，在外界扰动作用下，系统的输出量稳态值应为零，由终值定理

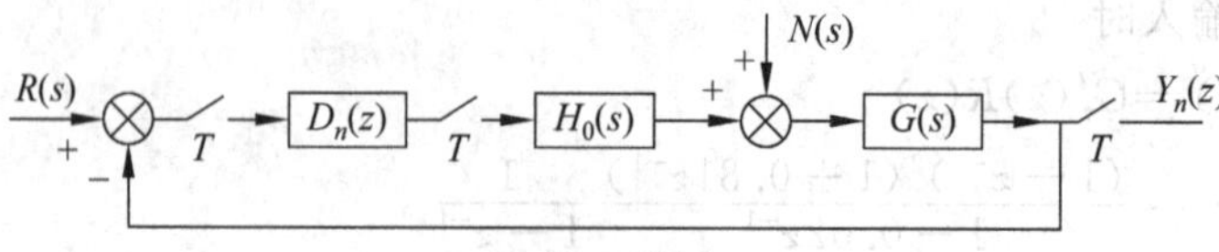

(a) 扰动系统

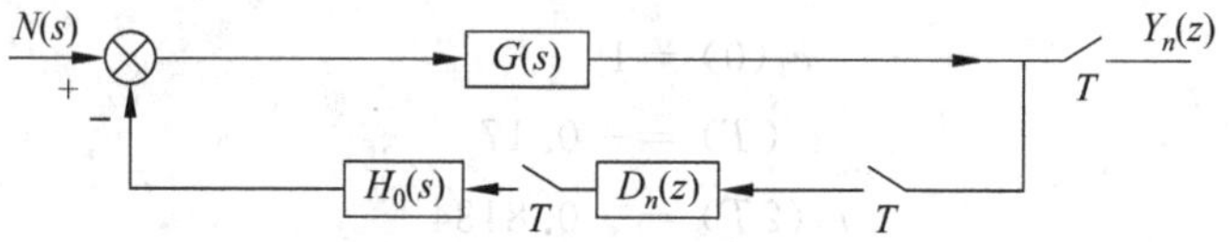

(b) 扰动系统的等效方框图

图 4.18　有限拍扰动系统的方框图

$$y_n(\infty) = \lim_{z \to 1}(z-1)G_n(z)N(z) = 0 \tag{4-51}$$

设系统的扰动具有 $A(z^{-1})(1-z^{-1})^{-m}$ 的形式，为了使 $y_n(\infty)=0$，$G_n(z)$ 必须具有 $(1-z^{-1})^m F(z)$ 的形式，其中

$$F(z) = a_0 + a_1 z^{-1} + a_2 z^{-2} + \cdots + a_l z^{-l} \tag{4-52}$$

也就是说 $G_n(z)$ 与扰动型式有关，$F(z)$ 应是有限多项式。

当外界扰动是阶跃函数 $N(s)=a/s$ 时

$$\frac{NG(z)}{N(z)} = \frac{\mathscr{Z}[aG(s)/s]}{\mathscr{Z}[a/s]} = (1-z^{-1})\mathscr{Z}[G(s)/s] = HG(z) \tag{4-53}$$

所以，扰动系统的闭环 Z 传递函数为

$$G_n(z) = \frac{HG(z)}{1+D_n(z)HG(z)} \tag{4-54}$$

将式(4-53)代入式(4-50)，可得扰动系统的数字调节器

$$D_n(z) = \frac{HG(z)-G_n(z)}{G_n(z)HG(z)} \tag{4-55}$$

例 4.6　设扰动系统如图 4.18(a) 所示，对象特性 $G(s)=\dfrac{e^{-sT}}{1+s}$，采用零阶保持器，采样周期 $T=1$s，在单位阶跃扰动作用下，试设计扰动系统的有限拍调节器。

解：扰动系统广义对象的 Z 传递函数为

$$HG(z) = \mathscr{Z}\left[\frac{1-e^{-sT}}{s}\frac{e^{-sT}}{1+s}\right] = \frac{(1-e^{-T})z^{-2}}{1-e^{-T}z^{-1}}$$

已知外界扰动是单位阶跃扰动，且 $HG(z)$ 的分子具有 z^{-2} 因子，因此，闭环 Z 传递函数应选择如下形式

$$G_n(z) = z^{-2}(1-z^{-1})(a_0 + a_1 z^{-1})$$

式中，z^{-2} 取决于 $HG(z)$ 的因子 z^{-2}，$(1-z^{-1})$ 是由扰动型式，即单位阶跃扰动决定的。

扰动系统的有限拍数字调节器

$$D_n(z) = \frac{HG(z)-G_n(z)}{G_n(z)HG(z)}$$

$$=\frac{[(1-e^{-T})z^{-2}/(1-e^{-T}z^{-1})]-z^{-2}(1-z^{-1})(a_0+a_1z^{-1})}{[(1-e^{-T})z^{-2}/(1-e^{-T}z^{-1})][z^{-2}(1-z^{-1})(a_0+a_1z^{-1})]}$$

$$=\frac{(1-e^{-T}-a_0)+(a_0-a_1+a_0e^{-T})z^{-1}+[a_1+(a_1-a_0)e^{-T}]z^{-2}-a_1e^{-T}z^{-3}}{a_0(1-e^{-T})z^{-2}+(a_1-a_0)(1-e^{-T})z^{-3}-a_1(1-e^{-T})z^{-4}} \tag{4-56}$$

为使调节器简单，容易实现，令

$$1-e^{-T}-a_0=0,a_0-a_1+a_0e^{-T}=0$$

则可求得

$$a_0=(1-e^{-T})=0.632,T=1s$$

$$a_1=a_0(1+e^{-T})=0.865$$

将 a_0、a_1 的值代入式(4-56)，则

$$D_n(z)=\frac{2.383-0.797z^{-1}}{1+0.368z^{-1}-1.371z^{-2}}$$

有限拍扰动系统对单位阶跃扰动时的输出响应

$$\begin{aligned}Y_n(z)&=G_n(z)N(z)\\&=z^{-2}(1-z^{-1})(0.632+0.865z^{-1})\frac{1}{1-z^{-1}}\\&=0.632z^{-2}+0.865z^{-3}\\y(0)&=0\\y(T)&=0\\y(2T)&=0.632\\y(3T)&=0.865\\y(4T)&=y(5T)=\cdots=0\end{aligned}$$

由此可见，在单位扰动作用下，有限拍扰动系统经过四拍，系统的输出恒为零，所以调节时间 $t_s=4T=4s$。

4.7 有限拍设计的小结

有限拍设计的目标是使调节时间 t_s 尽可能短。

有限拍系统的设计跟输入型式 $R(z)$、广义对象的 Z 传递函数 $HG(z)$ 以及对输出纹波的要求有关。为了设计出稳定、可实现的有限拍调节器，必须依据上述几个方面合理选择 $G_e(z)$ 和 $G_c(z)$，并由此得出有限拍数字调节器 $D(z)=G_c(z)/G_e(z)HG(z)$。

表 4.3 列出了设计有限拍调节器时选择 $G_e(z)$ 和 $G_c(z)$ 的原则。

有限拍系统的调节时间 t_s 与采样周期 T 有关，通常 T 越短，调节时间 t_s 越短，但是采样周期 T 不能无限缩短，或者说采样频率 f_s 不能无限提高，因为对象的饱和特性限制了采样上限频率。通常，选择采样周期 $T\leqslant T_m/16$，T_m 为对象的惯性时间常数。

有限拍系统对输入型式是敏感的，为了提高有限拍系统对输入型式的适应能力可以采用换接程序的办法来改善过渡过程特性或者采用折衷设计法或者采用最小均方误差设计等方法。

表 4.3　有限拍调节器设计表

	有限拍有纹波设计	有限拍无纹波设计	折中设计	最小均方误差设计
性能指标	调节时间 t_s 最短		凑试 σ_p, t_s 较小	$J=\sum_{k=0}^{\infty}[e(kT)]^2$ 最小
选 $G_e(z)$	$(1-z^{-1})^m\prod_{i=1}^{l}(1-p_iz^{-1})F(z^{-1})$		$(1-z^{-1})^m\prod_{i=1}^{l}(1-p_iz^{-1})F(z^{-1})/(1-\alpha z^{-1})$	
	m 与输入型式有关，p_i 是 $HG(z)$ 极点，$\lvert p_i\rvert\geqslant 1(p_i=1$ 除外$)$，$F(z^{-1})$ 是有限多项式			
选 $G_c(z)$	$z^{-r}\prod_{i=1}^{l}(1-z_iz^{-1})P(z^{-1})$		$z^{-r}\prod_{i=1}^{l}(1-z_iz^{-1})P(z^{-1})/(1-\alpha z^{-1})$	
	$\lvert z_i\rvert\geqslant 1(z_i=1$ 外$)$	全部 z_i	同左	
	z^{-r} 是 $HG(z)$ 分子中的因子，z_i 是 $HG(z)$ 的零点，$P(z^{-1})$ 是 z^{-1} 的有限多项式			
$D(z)$	$\dfrac{1-G_e(z)}{G_e(z)HG(z)}$ 或 $\dfrac{G_c(z)}{[1-G_c(z)]HG(z)}$			

4.8　W 变换设计法

W 域伯德图校正与对数频率特性法校正类似，但是 W 域伯德图校正需要对离散系统的开环 Z 传递函数 $G_0(z)$ 做 Z-W 变换。W 域伯德图校正法的步骤，通常分为如下几步。

(1) 求出校正前系统的开环 Z 传递函数 $G_0(z)$。

(2) 经 Z-W 变换，令 $z=\dfrac{1+w}{1-w}$ 代入 $G_0(z)$ 得到 $G_0(w)$。

(3) 令 $w=\mathrm{j}v$，做 $G_0(\mathrm{j}v)$ 的对数幅频特性 $L_0(v)$ 和相频特性 $\Phi_0(v)$，即伯德图。

(4) 根据伯德图，用跟连续系统相同的办法，分析校正前系统的性能指标。

(5) 根据给定的性能指标，用跟连续系统相同的办法，做出希望的对数频率特性 $L(v)$，并由 $L_0(v)$ 和 $L(v)$ 确定校正网络 $D(v)$，即可得 $D(w)$。

(6) 由 $D(w)$，做 W-Z 变换，令 $w=\dfrac{z-1}{z+1}$，可得 $D(z)$。于是，$D(z)$ 便可由计算机实现了。

例 4.7　设有计算机控制系统如图 4.19 所示，采样周期 $T=2\mathrm{s}$，要求设计数字调节器 $D(z)$，使系统满足如下指标：相角裕量 $\geqslant 45°$，静态速度误差系数 $K_v\geqslant 3$。

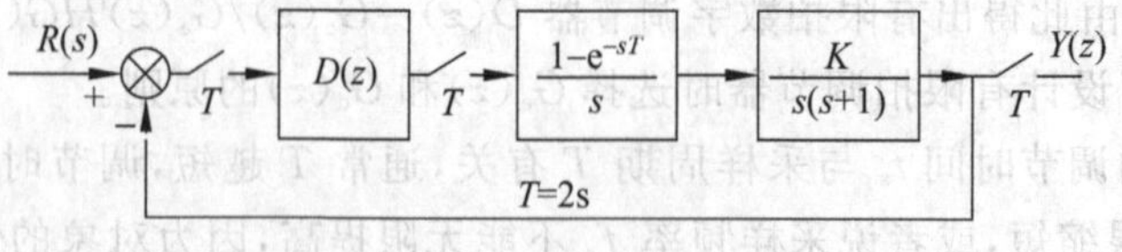

图 4.19　例 4.7 计算机控制系统

解：校正前开环 Z 传递函数为

$$G_0(z)=\mathscr{Z}\left[\frac{1-\mathrm{e}^{-sT}}{s}\frac{K}{s(1+s)}\right]$$

$$=\mathscr{Z}\left\{K(1-\mathrm{e}^{-sT})\left[\frac{1}{s^2}-\frac{1}{s}+\frac{1}{s+1}\right]\right\}$$

$$=\frac{K(1.135z+0.595)}{(z-1)(z-0.135)} \tag{4-57}$$

静态速度误差系数

$$K_v=\lim_{z\to1}(z-1)G_0(z)=\lim_{z\to1}\frac{K(1.135+0.595)}{(z-0.135)}$$

可得 $K_v=2K\geqslant3$,为留有裕量取 $K=2$,则

$$G_0(z)=\frac{2(1.135z+0.595)}{(z-1)(z-0.135)}$$

令 $z=\dfrac{1+w}{1-w}$,可得

$$G_0(w)=\frac{2(1-w)(1+0.312w)}{w(1+1.312w)} \tag{4-58}$$

令 $w=\mathrm{j}v$,v 称为虚拟频率或伪频率。

$$G_0(\mathrm{j}v)=\frac{2(1-\mathrm{j}v)(1+\mathrm{j}0.312v)}{\mathrm{j}v(1+\mathrm{j}1.132v)} \tag{4-59}$$

由上式可做出校正前系统的开环对数幅频特性 $L_0(v)$和相频特性 $\Phi_0(v)$,如图 4.20 所示。由图可见系统是不稳定的。为了使系统达到要求的相角裕量 45°,将幅频特性 $L_0(v)$在 $v=0.56\mathrm{s}^{-1}$处衰减 16dB(分贝),而高频和低频段的特性基本不变,为此选用校正网络

$$D(w)=\frac{1+aT_iw}{1+T_iw},\quad(a<1) \tag{4-60}$$

由于要衰减 16dB,可得,

$$20\lg a=-16\mathrm{dB}$$

所以 $$a=10^{-0.8}=0.158$$

为了忽略校正网络的相角滞后对原来系统相频特性的影响,选择$\dfrac{1}{aT_i}$是校正后系统剪切频率的 1/10,因此

$$\frac{1}{aT_i}=0.056\mathrm{s}^{-1}$$

由此可得

$$\frac{1}{T_i}=0.009\mathrm{s}^{-1}$$

校正网络的 W 传递函数为

$$D(w)=\frac{(1+17.86w)}{(1+111.1w)}$$

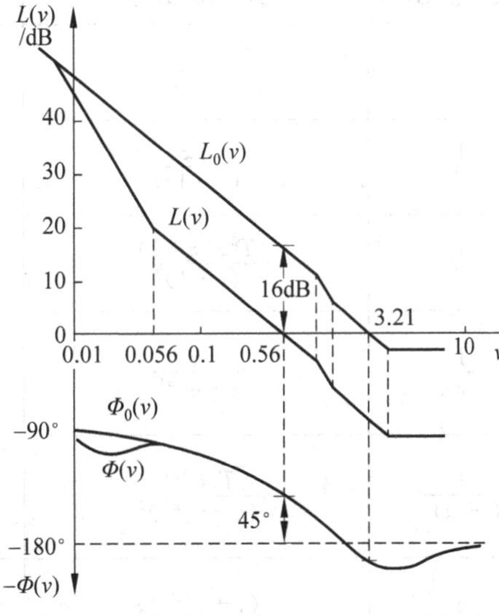

图 4.20　例 4.7 系统的对数频率特性

系统校正以后的对数幅频特性 $L(v)$和相频特性 $\Phi(v)$如图 4.20 所示。

$$D(z)=D(w)\Big|_{w=\frac{z-1}{z+1}}=\frac{0.168(1-0.894z^{-1})}{1-0.982z^{-1}} \tag{4-61}$$

为了观察系统校正以后的动态特性,可以求出系统的闭环 Z 传递函数

$$G_c(z)=\frac{G_0(z)D(z)}{1+G_0(z)D(z)}=\frac{0.381z^2-0.141z-0.179}{z^3-1.736z^2+1.109z-0.312}$$

系统单位阶跃输入时,输出量的 Z 变换

$$
\begin{aligned}
Y(z) &= G_c(z)R(z) \\
&= \frac{0.381z^3 - 0.141z^2 - 0.179z}{z^4 - 2.736z^3 + 2.845z^2 - 1.421z + 0.312} \\
&= 0.381z^{-1} + 0.901z^{-2} + 1.202z^{-3} + 1.267z^{-4} + 1.208z^{-5} + 1.127z^{-6} \\
&\quad + 1.071z^{-7} + 1.046z^{-8} + 1.039z^{-9} + 1.037z^{-10} + 1.033z^{-11} + 1.026z^{-12} \\
&\quad + 1.018z^{-13} + \cdots
\end{aligned}
$$

由此可知

$y(0)=0$	$y(T)=0.381$	$y(2T)=0.901$
$y(3T)=1.202$	$y(4T)=1.267$	$y(5T)=1.208$
$y(6T)=1.127$	$y(7T)=1.071$	$y(8T)=1.046$
$y(9T)=1.039$	$y(10T)=1.037$	$y(11T)=1.033$
$y(12T)=1.026$	$y(13T)=1.018$	…

可做出过渡过程曲线，并且可以知道：调节时间 $t_s \approx 8T = 16\text{s}$；超调量 $\sigma_p \approx 26.7\%$。

为了便于使用，免去繁杂的数学运算，现把常用函数的拉氏变换 $G(s)$、Z 变换 $G(z)$、W 变换 $G(w)$ 列于表 4.4。

表 4.4　常用函数的拉氏变换、Z 变换和 W 变换表

拉氏变换 $G(s)$	Z 变换 $G(z)$	W 变换 $G(w)$
$\frac{1}{s}$	$\frac{z}{z-1}$	$\frac{1+w}{2w}$
$\frac{1}{s^2}$	$\frac{Tz}{(z-1)^2}$	$\frac{T(1+w)(1-w)}{4w^2}$
$\frac{1}{s^3}$	$\frac{T^2z(z+1)}{(z-1)^3}$	$\frac{T^2(1+w)(1-w)}{8w^3}$
$\frac{1}{s+a}$	$\frac{z}{z-e^{-aT}}$	$\frac{(1+w)}{(1-e^{-aT})\left[1+\frac{1+e^{-aT}}{1-e^{-aT}}w\right]}$
$\frac{1}{(s+a)^2}$	$\frac{Tze^{-aT}}{(z-e^{-aT})^2}$	$\frac{(1+w)(1-w)Te^{-aT}}{(1-e^{-aT})^2\left[1+\frac{1+e^{-aT}}{1-e^{-aT}}w\right]}$
$\frac{a}{s(s+a)}$	$\frac{(1-e^{-aT})z}{(z-1)(z-e^{-aT})}$	$\frac{(1+w)(1-w)}{2w\left[1+\frac{1+e^{-aT}}{1-e^{-aT}}w\right]}$
$\frac{a}{s^2(s+a)}$	$\frac{Tz}{(z-1)^2}-\frac{1-e^{-aT}}{a(z-1)(z-e^{-aT})}$	$\frac{T(1+w)(1-w)}{4w^2}-\frac{(1+w)(1-w)}{2aw\left[1+\frac{1+e^{-aT}}{1-e^{-aT}}w\right]}$
$\frac{\omega}{s^2+\omega^2}$	$\frac{z\sin\omega T}{z^2-2z\cos\omega T+1}$	$\frac{(1+w)(1-w)\sin\omega T}{2[(1+w^2)-(1-w^2)\cos\omega T]}$
$\frac{\omega}{(s+a)^2+\omega^2}$	$\frac{ze^{-aT}\sin\omega T}{z^2-2ze^{-2aT}\cos\omega T+e^{-2aT}}$	$\frac{(1+w)(1-w)e^{-aT}\sin\omega T}{(1+w)^2-2(1+w)(1-w)e^{-aT}\cos\omega T+(1-w)^2e^{-2aT}}$

4.9 根轨迹设计法

在第 2 章已经介绍了用根轨迹法分析线性离散系统的法则跟用根轨迹法分析连续系统是类似的。同样，也可以用根轨迹法来综合线性离散系统。

例 4.8 计算机控制系统如图 4.21 所示，采样周期 $T=0.1\text{s}$，试用根轨迹法设计数字调节器 $D(z)$，使系统的阻尼比 $\xi=0.7$，$K_v \geqslant 0.5$。

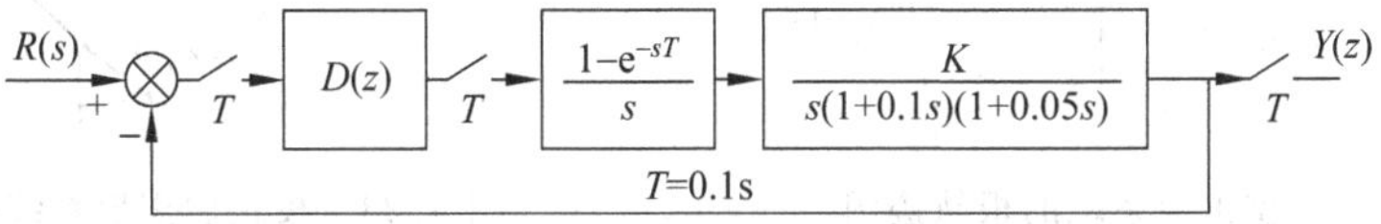

图 4.21 计算机控制系统

解： 系统校正前的开环 Z 传递函数

$$G_0(z)=\mathscr{Z}\left[\frac{1-e^{-sT}}{s}\frac{K}{s(1+0.1s)(1+0.05s)}\right]$$

$$=\frac{0.0164K(z+0.12)(z+1.93)}{(z-1)(z-0.368)(z-0.135)} \tag{4-62}$$

由式(4-62)可在 Z 平面上作出根轨迹，如图 4.22 所示，由根轨迹，可得系统的临界放大倍数 $K_c=13.2$。在图 4.22 上做 $\xi=0.7$ 的等阻尼比线，根轨迹与等阻尼比线的交点的放大倍数为 2.6。

由速度误差系数公式

$$K_v=\lim_{z\to 1}(z-1)G_0(z)$$

$$=\lim_{z\to 1}(z-1)\frac{0.0164\times 2.6(z+0.12)(z+1.93)}{(z-1)(z-0.368)(z-0.135)}$$

$$=0.26 \tag{4-63}$$

可见，校正前的系统，若 $\xi=0.7$ 时，K_v 只有 0.26，不满足指标要求，为了改善系统的性能，添加合适的零、极点，使根轨迹弯向 Z 平面的左半面。根据开环零、极点分布对根轨迹的影响，应该引入一个新的零点，以抵消原来的极点 0.368。同时，附加一个新的极点 −0.950，以使根轨迹弯向左边。由此得到校正网络的 Z 传递函数为

$$D(z)=\frac{z-0.368}{z+0.950} \tag{4-64}$$

校正后的计算机控制系统的开环 Z 传递函数为

$$D(z)G_0(z)=\frac{z-0.368}{z+0.950}\frac{0.0164K(z+0.12)(z+1.93)}{(z-1)(z-0.368)(z-0.135)}$$

$$=\frac{0.0164K(z+0.12)(z+1.93)}{(z-1)(z-0.135)(z+0.950)} \tag{4-65}$$

由式(4-65)可以作出校正以后，离散系统的根轨迹图如图 4.23 所示。

校正系统的根轨迹与单位圆交点的放大倍数即临界放大倍数 $K_c=61.8$，根轨迹与 $\xi=0.7$ 的等阻尼比线交点的放大倍数 $K=17.1$。根据静态速度误差的公式

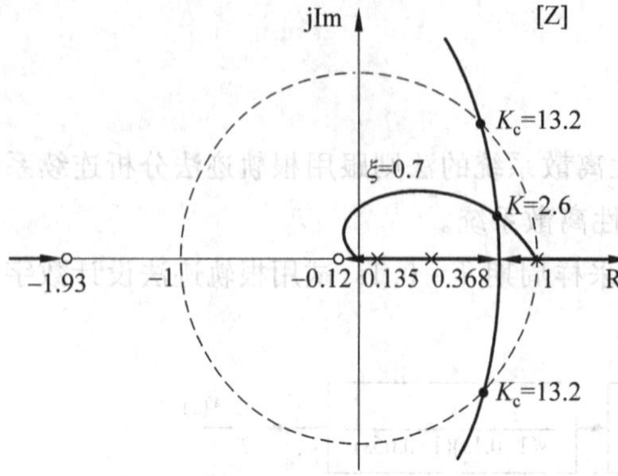

图 4.22 校正前系统的根轨迹图

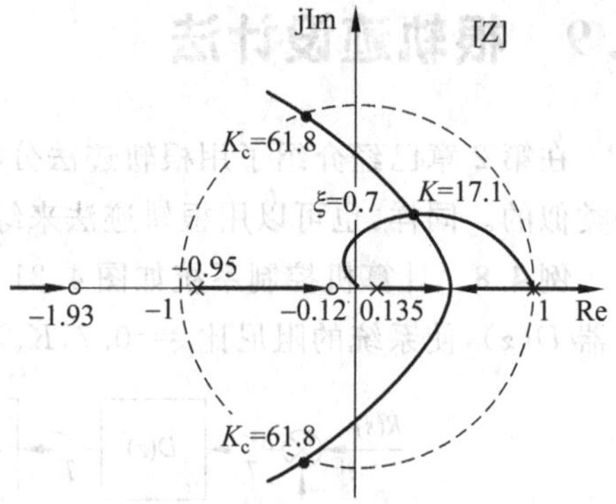

图 4.23 校正后离散系统的根轨迹图

$$
\begin{aligned}
K_v &= \lim_{z\to 1}(z-1)D(z)G_0(z) \\
&= \lim_{z\to 1}(z-1)\frac{0.0164\times 17.1(z+0.12)(z+1.93)}{(z-1)(z-0.135)(z+0.950)} \\
&\approx 0.55
\end{aligned}
$$

由此可见经过校正以后的系统 $\xi=0.7, K_v>0.5$，所以满足性能指标的要求。

为了观察系统经过校正以后的动态特性，可以计算校正以后系统的闭环 Z 传递函数。

$$
\begin{aligned}
G_c(z) &= \frac{G_0(z)D(z)}{1+G_0(z)D(z)} \\
&= \frac{0.28(z^2+2.05z+0.232)}{z^3-0.095z^2-0.369z+0.193}
\end{aligned}
$$

当输入单位阶跃序列时，系统输出的 Z 变换

$$
\begin{aligned}
Y(z) &= G_c(z)R(z) \\
&= \frac{0.28(z^2+2.05z+0.232)}{z^3-0.095z^2-0.369z+0.193}\,\frac{z}{z-1} \\
&= 0.28z^{-1}+0.827z^{-2}+0.943z^{-3}+1.08z^{-4}+1.004z^{-5}+1.04z^{-6} \\
&\quad +0.982z^{-7}+1.016z^{-8}+0.99z^{-9}+z^{-10}+0.985z^{-11}+\cdots
\end{aligned}
$$

按 Z 变换定义，可得

$y(0)=0$	$y(T)=0.28$	$y(2T)=0.827$
$y(3T)=0.943$	$y(4T)=1.08$	$y(5T)=1.004$
$y(6T)=1.04$	$y(7T)=0.982$	$y(8T)=1.016$
$y(9T)=0.99$	$y(10T)=1.0$	$y(11T)=0.985$

…

校正后系统的超调量 $\sigma_p=8\%$，调节时间 $t_s=5T=0.5\text{s}$。

4.10 练习题

4.1 有限拍设计中如何选择 $G_c(z)$、$G_e(z)$？它们与哪些因素有关？

4.2 采样频率的选择受哪些因素的影响？

4.3 有限拍控制有什么特点？如何改进？

4.4 有限拍有纹波和无纹波设计有什么差别？

4.5 设有限拍系统如图，试设计单位阶跃输入时的有限拍调节器 $D(z)$。

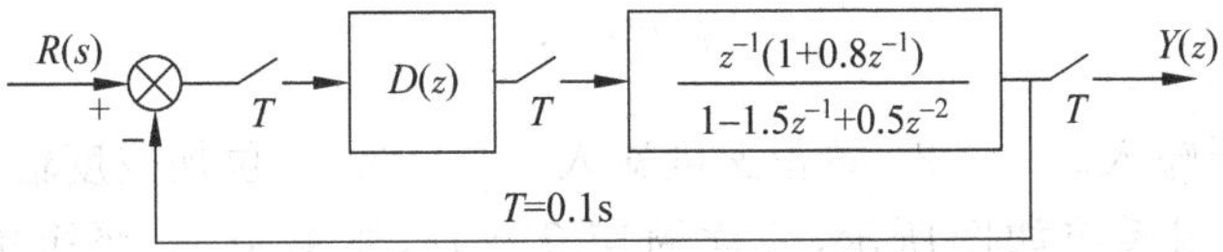

习题图 4.1

1. 有限拍有纹波调节器。　　2. 有限拍无纹波调节器。

4.6 设有限拍系统如图，设计单位阶跃输入时的有限拍有纹波调节器 $D(z)$。

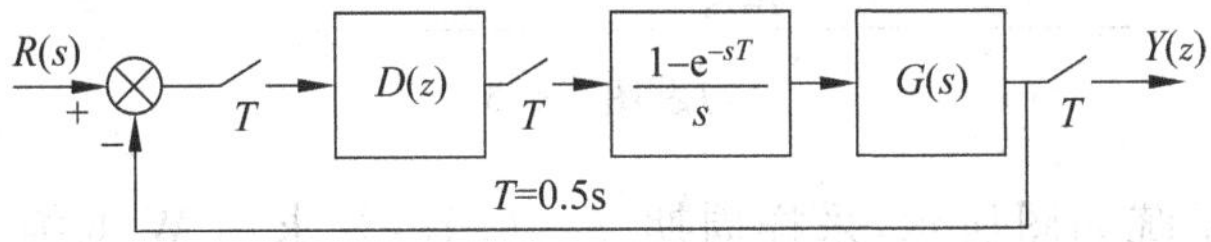

习题图 4.2

1. $G(s)=\dfrac{1}{(s+2)^2}$　　2. $G(s)=\dfrac{1}{s(s+3)}$

3. $G(s)=\dfrac{s+1}{s(s+5)}$　　4. $G(s)=\dfrac{3}{s(s+1)(s+3)}$

4.7 设有限拍系统如图，试设计在各种典型输入时的有限拍有纹波调节器 $D(z)$。

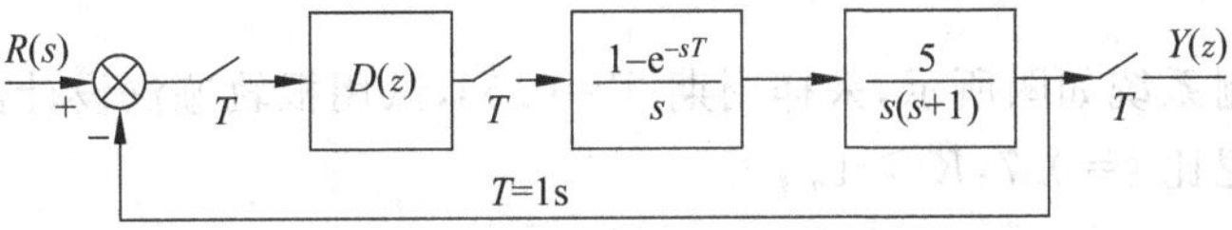

习题图 4.3

1. 单位阶跃输入。　　2. 单位速度输入。　　3. 单位加速度输入。

4.8 设有限拍系统如图，试设计在单位阶跃输入时，不同采样周期的有限拍有纹波调节器 $D(z)$。

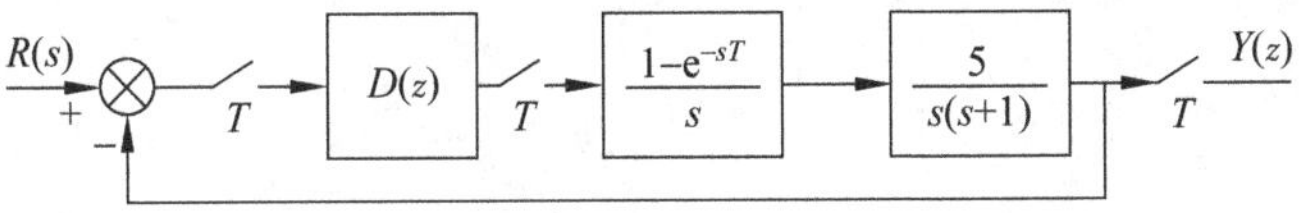

习题图 4.4

1. $T=10\text{s}$　　2. $T=1\text{s}$　　3. $T=0.1\text{s}$　　4. $T=0.01\text{s}$

4.9 设系统如题 4.7 所示，试设计在各种典型输入时的有限拍无纹波调节器 $D(z)$，$T=1\text{s}$。

1. 单位阶跃输入。　　2. 单位速度输入。　　3. 单位加速度输入。

4.10 设系统如题 4.8 所示，试设计单位阶跃输入时不同采样周期的有限拍无纹波调节器 $D(z)$。

1. $T=5\text{s}$　　2. $T=0.5\text{s}$　　3. $T=0.05\text{s}$

4.11 设系统的结构如图，试设计在各种典型输入时的有限拍无纹波调节器 $D(z)$。

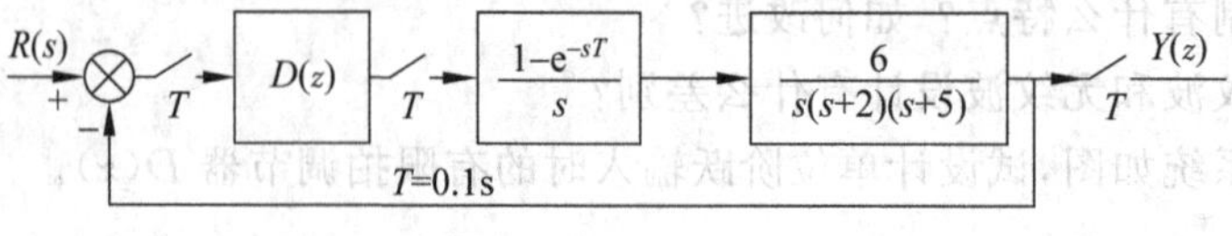

习题图　4.5

1. 单位阶跃输入。　　2. 单位速度输入。　　3. 单位加速度输入。

4.12　设计算机控制系统如图所示，采样周期 $T=1\text{s}$，要求用 W 变换法设计数字调节器 $D(z)$，使系统满足如下指标：相角裕量 $\gamma \geqslant 45°$，静态速度误差系数 $K_v \geqslant 5$。

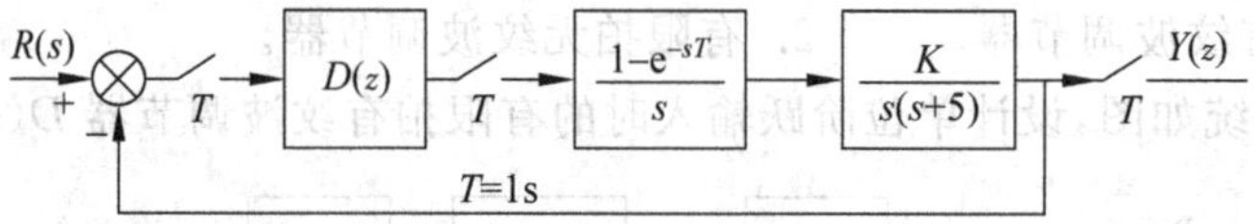

习题图　4.6

4.13　计算机控制系统如图所示，采样周期 $T=0.1\text{s}$，要求用 W 变换法设计数字调节器 $D(z)$，使系统满足如下指标，相角裕量 $\gamma \geqslant 50°$，幅值裕量 $l \geqslant 16\text{dB}$，速度误差系数 $K_v \geqslant 3$，剪切频率 $\omega_c \geqslant 25\text{s}^{-1}$。

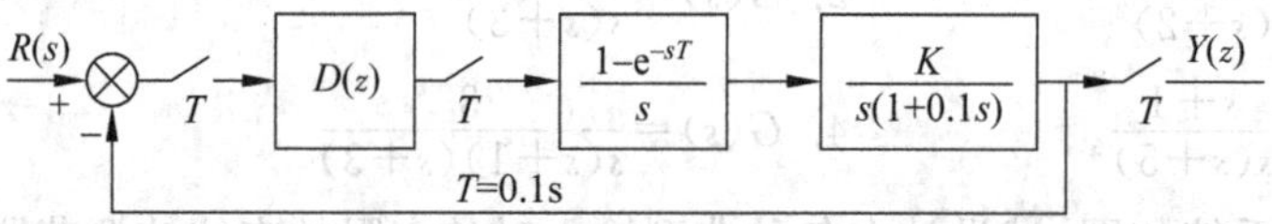

习题图　4.7

4.14　计算机控制系统如图所示，采样周期 $T=0.5\text{s}$，试用根轨迹法设计数字调节器 $D(z)$，使系统阻尼比 $\xi=0.7$，$K_v \geqslant 1$。

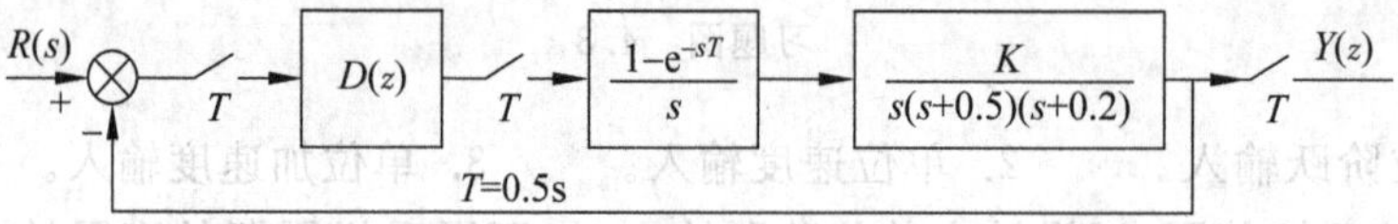

习题图　4.8

第5章

计算机控制系统的模拟化设计

5.1 概述

典型的计算机控制系统如图5.1所示。系统的输出 $y(t)$ 经测量环节送多路开关、采样保持、模数转换器转变为数字量 $y(kT)$，与输入量 $r(t)$ 经采样后的 $r(kT)$ 比较，得到 $e(kT)=r(kT)-y(kT)$。$e(kT)$ 送数字调节器，按照某种控制策略，经过运算后输出控制量 $u(kT)$，$u(kT)$ 经数模转换器，保持器得到 $u(t)$，经过执行器改变控制对象的输出 $y(t)$。

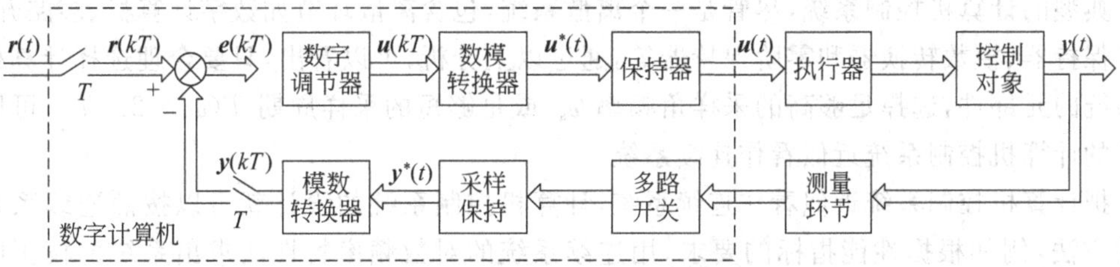

图5.1 典型的计算机控制系统

通常，计算机的运算速度相对于控制对象是足够高的，经过运算不会降低精度，也不会产生大的滞后。对于模数转换器和数模转换器可以根据精度的要求，选择相应位数的转换器，根据信息的带宽，选择适当转换速度的转换器。经过转换的信息既不会带来大的误差，也不会带来大的滞后。当信息经过保持器(最常用的是零阶保持器)时，将会发生幅值衰减和相角滞后。

设有模拟信号 $u_0(t)$，其频率特性为 $U_0(\mathrm{j}\omega)$，那么，$u_0(t)$ 的采样信号 $u_0^*(t)$ 的频率特性为

$$U_0^*(\mathrm{j}\omega)=\frac{1}{T}\sum_{k=-\infty}^{\infty}U_0[\mathrm{j}(\omega+k\omega_s)] \tag{5-1}$$

即是以采样角频率 ω_s 为周期的连续频谱。式中 T 为采样周期，$T=2\pi/\omega_s$。

已知零阶保持器的频率特性为

$$H_0(\mathrm{j}\omega)=T\,\frac{\sin(\omega T/2)}{\omega T/2}\mathrm{e}^{-\mathrm{j}\omega T/2} \tag{5-2}$$

采样信号 $u_0^*(t)$ 作用于零阶保持器如图5.2所示。

零阶保持器输出 $u(t)$ 的频率特性

$$U(\mathrm{j}\omega)=H_0(\mathrm{j}\omega)U_0^*(\mathrm{j}\omega)$$

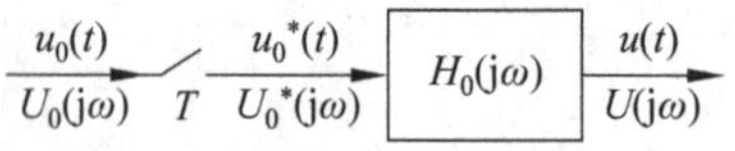

图 5.2　零阶保持器的信息传递

$$= T\frac{\sin(\omega T/2)}{\omega T/2}e^{-j\omega T/2}\ \frac{1}{T}\sum_{k=-\infty}^{\infty}U_0[j(\omega+k\omega_s)] \tag{5-3}$$

当采样频率足够高时，由于保持器的低通滤波特性，除了主频谱以外，高频部分全都被滤掉，则式(5-3)可以简化为

$$U(j\omega)\approx\frac{\sin(\omega T/2)}{\omega T/2}e^{-j\omega T/2}U_0(j\omega) \tag{5-4}$$

当信号 $U_0(j\omega)$ 的截止频率 $\omega_m \ll \omega_s$ 时，则

$$\frac{\sin(\omega T/2)}{\omega T/2}\approx 1$$

若 $\omega_m/\omega_s < 1/10$，相角滞后不大，约 18°，于是，由式(5-4)可得

$$U(j\omega)\approx U_0(j\omega) \tag{5-5}$$

式(5-5)说明了当系统的通频带 ω_m 比采样角频率 ω_s 低很多时，可以忽略掉零阶保持器的影响。

典型的计算机控制系统，尽管是一个离散系统，包含离散环节如数字计算机、多路开关、采样保持器、模数转换器和零阶保持器等，通过以上分析，可以看出，只要合理选择计算机控制系统的元部件，选择足够高的采样角频率 ω_s，或足够短的采样周期 $T(\omega_s=2\pi/T)$，可以将离散的计算机控制系统近似看作连续系统。

把计算机控制系统近似看作连续系统，计算机控制系统的设计就可以按照连续系统的设计方法，例如根据性能指标的要求，用连续系统的对数频率特性法求出系统的校正网络 $D(s)$，对 $D(s)$ 离散化以后，由计算机实现数字调节规律 $D(z)$。

对于计算机控制系统的性能指标，在古典控制理论范围内，仍然可以沿用类似于连续系统中的稳定性、稳态误差和动态性能指标。比较常用的有两种提法，一种是：稳定裕量（幅值裕量和相角裕量）、误差系数（如位置、速度和加速度误差系数）和动态性能指标（如谐振峰值、谐振频率、通频带、阻尼比）等。另一种提法是：系统在单位阶跃、单位速度或单位加速度等典型输入作用下，具有最短的调节时间（在离散系统中，调节时间的长短以采样周期个数表示，如果把一个采样周期称为一拍，则称调节时间最短的系统称为有限拍系统）。第 4 章中使用的性能指标就是这种有限拍指标。

5.2　对数频率特性法校正

这种方法是基于连续系统的对数频率特性，首先，作出系统的固有对数频率特性 $L_0(\omega)$。再根据性能指标要求，画出希望的对数频率特性 $L(\omega)$，校正网络的对数频率特性 $L_d(\omega)=L(\omega)-L_0(\omega)$，有了 $L_d(\omega)$ 便可得到相应的校正网络的传递函数 $D(s)$，对 $D(s)$ 离散化，便可得到 $D(z)$，由计算机予以实现。

例 5.1　计算机控制系统如图 5.3 所示，采样周期 $T=0.02\text{s}$，要求速度误差系数 $K_v > 300\text{s}^{-1}$；剪切频率 $\omega_c \approx 25\text{s}^{-1}$，谐振峰值 $M_r \leqslant 1.5$，试设计串联校正装置 $D(z)$。

已知 $T=0.02\text{s}$，$\omega_s=2\pi/T=314\text{s}^{-1}$，且知 $\omega_c=25\text{s}^{-1}$，所以 $\omega_c \ll \omega_s$，由控制理论得知，闭环系统的通频带 ω_m 与开环系统的剪切频率 ω_c 接近，即 $\omega_m \approx \omega_s$，所以 $\omega_m \ll \omega_s$，图 5.3 的系统可以忽略掉零阶保持器的影响，用连续系统的设计方法设计计算机控制系统。

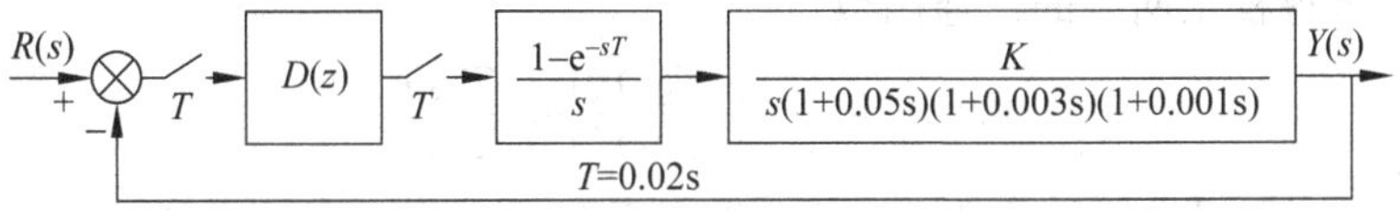

图 5.3　例 5.1 的计算机控制系统

(1) 根据速度误差系数的要求，为了留有裕量，取 $K=\sqrt{2}K_v \approx 420$，确定了 $\omega=1$ 处的幅值

$$L_0(1)=20\lg K=20\lg 420 \approx 52.5\text{dB}$$

对象的传递函数则为

$$G(s)=\frac{420}{s(1+0.05s)(1+0.003s)(1+0.001s)} \tag{5-6}$$

由 $L_0(1)$ 及式(5-6)便可在图 5.4 上作出固有对数频率特性 $L_0(\omega)$(A—B—C—D—E)。

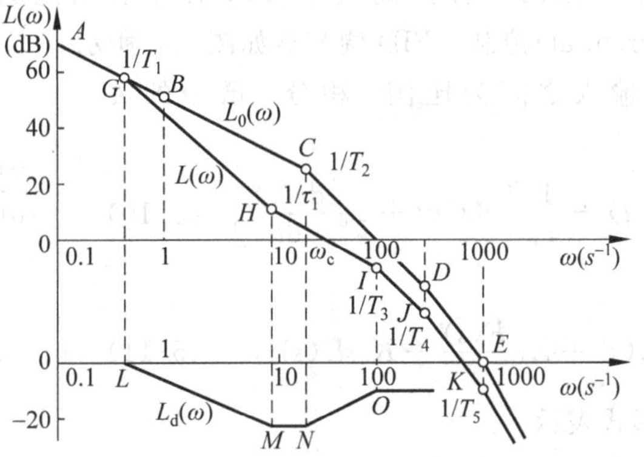

图 5.4　例 5.1 系统的对数频率特性

(2) 由剪切频率 $\omega_c=25\text{s}^{-1}$ 和谐振峰值 $M_r \leqslant 1.5$ 的要求，按照连续系统的设计公式

$$\tau_1 \geqslant \frac{1}{\omega_c}\frac{M_r}{M_r-1}=\frac{1}{25\text{s}^{-1}}\frac{1.5}{1.5-1}=0.12\text{s}$$

τ_1 为希望频率特性 $L(\omega)$ 的第二转折频率。

(3) 经过 $\omega_c=25\text{s}^{-1}$ 做斜率为 $-20\text{dB}/10$ 倍频的斜线交于 $\omega=1/\tau_1$ 的 H 点，并过 H 点做斜率为 $-40\text{dB}/10$ 倍频的斜线，与 $L_0(\omega)$ 交于 G 点，G 点的频率为 $1/T_1$，是 $L(\omega)$ 的第一转折频率，$1/T_1 \approx 0.5\text{s}^{-1}$ 所以，$T_1 \approx 2\text{s}$。

(4) 为了保证 M_r 的要求，在高频段，应该满足小时间常数的计算公式

$$\sum_{i=3}^{5} T_i \leqslant \frac{1}{\omega_c}\frac{M_r}{M_r+1}-\frac{T}{2}=\frac{1}{25\text{s}^{-1}}\frac{1.5}{1.5+1}-\frac{0.02\text{s}}{2}=0.014\text{s} \tag{5-7}$$

为使校正网络简单，在高频段 $L(\omega)$ 的转折频率选得和 $L_0(\omega)$ 的相同，即

$$T_4=0.003\text{s},\quad T_5=0.001\text{s}$$

由式(5-7) 知 $\sum_{i=3}^{5} T_i=0.014\text{s}$，即 $T_3+T_4+T_5=0.014\text{s}$，所以 $T_3=0.01\text{s}$。

$1/T_3$ 即为希望对数频率特性的第三转折频率。因此，根据以上各点，可以得到希望对数频率特性 $L(\omega)$，即折线 A—G—H—I—J—K。

校正网络的频率特性 $L_d(\omega)=L(\omega)-L_0(\omega)$，即折线 L—M—N—Q 。

由图 5.4 可得校正网络的传递函数

$$D(s)=\frac{(1+T_b s)(1+T_d s)}{(1+T_a s)(1+T_c s)} \tag{5-8}$$

式中，$T_a=T_1=2s$； $T_b=\tau_1=0.1s$； $T_c=T_3=0.01s$； $T_d=T_2=0.05s$。

把各时间常数代入式(5-8)，可得到校正网络

$$D(s)=\frac{(1+0.12s)(1+0.05s)}{(1+2s)(1+0.01s)} \tag{5-9}$$

得到了 $D(s)$ 即连续校正环节的传递函数以后，可以将 $D(s)$ 离散化，得到校正环节的 Z 传递函数 $D(z)$。

5.3 数字 PID 控制

PID 控制是应用最广泛的一种控制规律，PID 控制表示比例(proportional)—积分(integral)—微分(differential)控制。PID 调节器如图 5.5 所示。

调节器的输出与输入之间为比例—积分—微分的关系，即

$$u(t)=K_p\left[e(t)+\frac{1}{T_i}\int_0^t e(t)\mathrm{d}t+T_d\frac{\mathrm{d}e(t)}{\mathrm{d}t}\right] \tag{5-10}$$

或者

$$U(s)=K_pE(s)+K_i\frac{E(s)}{s}+K_d sE(s) \tag{5-11}$$

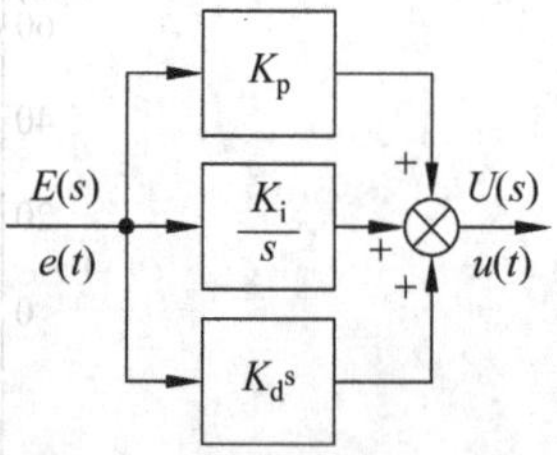

图 5.5 PID 调节器的方框图

若以传递函数的形式表示

$$D(s)=\frac{U(s)}{E(s)}=K_p+K_i\frac{1}{s}+K_d s \tag{5-12}$$

式中，T_i 为积分时间常数，T_d 为微分时间常数，

K_p 称为比例系数，$K_i=\frac{K_p}{T_i}$ 称为积分系数，$K_d=K_pT_d$ 称为微分系数。

在计算机控制系统中使用的是数字 PID 调节器，就是对式(5-10)离散化，离散化时，令

$$\left.\begin{aligned} u(t)&\approx u(kT)\\ e(t)&\approx e(kT)\\ \int_0^t e(t)\mathrm{d}t&\approx T\sum_{j=0}^{k}e(jT)\\ \frac{\mathrm{d}e(t)}{\mathrm{d}t}&\approx\frac{e(kT)-e(kT-T)}{T}\end{aligned}\right\} \tag{5-13}$$

式中，T 是采样周期，显然，上述离散化过程中，采样周期 T 必须足够短，才能保证有足够的精度。由式(5-10)及式(5-13)可得

$$u(kT)=K_p\left\{e(kT)+\frac{T}{T_i}\sum_{j=0}^{k}e(jT)+\frac{T_d}{T}[e(kT)-e(kT-T)]\right\} \tag{5-14}$$

式(5-14)称为位置式 PID。由 Z 变换的滞后定理

$$\mathscr{Z}[e(kT-T)] = z^{-1}E(z)$$

由 Z 变换的迭值定理

$$\mathscr{Z}\left[\sum_{j=0}^{k} e(jT)\right] = E(z)/(1-z^{-1})$$

式(5-14)的 Z 变换式为

$$U(z) = K_p\{E(z) + TE(z)/T_i(1-z^{-1}) + T_d[E(z) - z^{-1}E(z)]/T\} \tag{5-15}$$

由式(5-15)便可得到数字调节器的 Z 传递函数

$$D(z) = \frac{U(z)}{E(z)} = K_p + K_i\frac{1}{1-z^{-1}} + K_d(1-z^{-1}) \tag{5-16}$$

或者
$$D(z) = \frac{K_p(1-z^{-1}) + K_i + K_d(1-z^{-1})^2}{1-z^{-1}} \tag{5-17}$$

式中,K_p 称为比例系数;

$K_i = K_p\dfrac{T}{T_i}$称为积分系数,T 为采样周期;

$K_d = K_p\dfrac{T_d}{T}$称为微分系数。

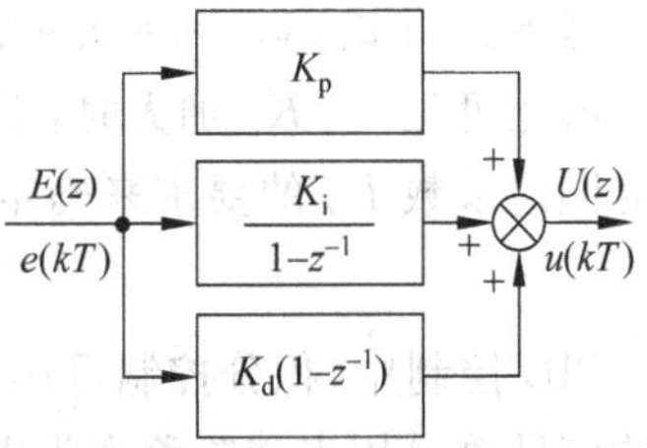

图 5.6　数字 PID 调节器的方框图

数字 PID 调节器的方框图如图 5.6 所示。

PID 控制中,比例作用 K_p 加大将会减小稳态误差,提高系统的动态响应速度。

例 5.2　计算机控制系统如图 5.7 所示,采样周期 $T=0.1\text{s}$,若数字调节器 $D(z)=K_p$,试分析 K_p 对系统性能的影响以及选择 K_p 的方法。

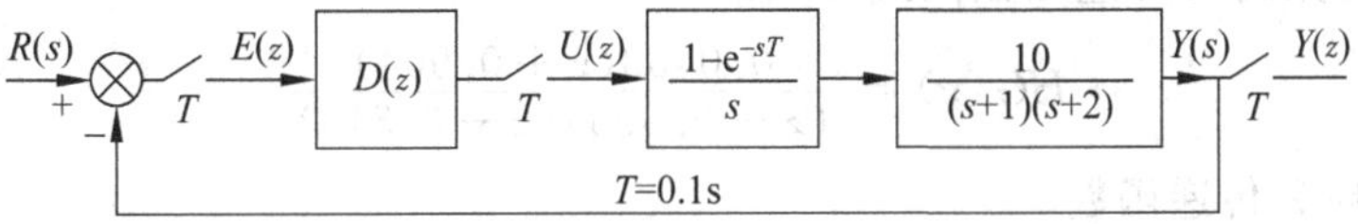

图 5.7　带数字 PID 调节器的计算机控制系统

解:系统广义对象的 Z 传递函数

$$\begin{aligned}HG(z) &= \mathscr{Z}\left[\frac{1-e^{-sT}}{s}\ \frac{10}{(s+1)(s+2)}\right]\\ &= \mathscr{Z}\left\{(1-e^{-sT})\left[\frac{5}{s} - \frac{10}{s+1} + \frac{5}{s+2}\right]\right\}\\ &= \frac{0.0453z^{-1}(1+0.904z^{-1})}{(1-0.905z^{-1})(1-0.819z^{-1})}\\ &= \frac{0.0453(z+0.904)}{(z-0.905)(z-0.819)}\end{aligned} \tag{5-18}$$

若数字调节器 $D(z)=K_p$,则系统的闭环 Z 传递函数

$$\begin{aligned}G_c(z) &= \frac{Y(z)}{R(z)} = \frac{D(z)HG(z)}{1+D(z)HG(z)}\\ &= \frac{0.0453(z+0.904)K_p}{z^2 - 1.724z + 0.741 + 0.0453K_p z + 0.04095K_p}\end{aligned} \tag{5-19}$$

当 $K_p=1$，系统在单位阶跃输入时，输出量的 Z 变换

$$Y(z)=\frac{0.0453z^2+0.04095z}{z^3-2.679z^2+2.461z-0.782} \tag{5-20}$$

由式(5-20)及 Z 变换性质，可求出输出序列 $y(kT)$，见图 5.8。

系统在单位阶跃输入时，输出量的稳态值

$$\begin{aligned} y(\infty) &= \lim_{z\to 1}(z-1)G_c(z)R(z) \\ &= \lim_{z\to 1}\frac{0.0453z(z+0.904)K_p}{z^2-1.724z+0.741+0.0453K_pz+0.04095K_p} \\ &= \frac{0.08625K_p}{0.017+0.08625K_p} \end{aligned} \tag{5-21}$$

当 $K_p=1$ 时，$y(\infty)=0.835$，稳态误差 $e_{ss}=0.165$；

当 $K_p=2$ 时，$y(\infty)=0.901$，稳态误差 $e_{ss}=0.09$；

当 $K_p=5$ 时，$y(\infty)=0.9621$，稳态误差 $e_{ss}=0.038$。

由此可见，当 K_p 加大时，系统的稳态误差将减小。通常，比例系数是根据系统的静态速度误差系数 K_v 的要求来确定的。

$$K_v=\lim_{z\to 1}(z-1)HG(z)K_p \tag{5-22}$$

PID 控制中，积分控制可用来消除系统的稳态误差，因为只要存在偏差，它的积分所产生的信号总是用来消除稳态误差的，直到偏差为零，积分作用才停止。

例 5.3 计算机控制系统仍如图 5.7 所示，采用数字 PI 校正 $D(z)=K_p+K_i\frac{1}{1-z^{-1}}$，试分析积分作用及参数的选择。

解：广义对象的 Z 传递函数同式(5-18)

$$HG(z)=\frac{0.0453(z+0.904)}{(z-0.905)(z-0.819)}$$

系统的开环 Z 传递函数

$$\begin{aligned} G_0(z) &= D(z)HG(z) \\ &= \left(K_p+K_i\frac{1}{1-z^{-1}}\right)\frac{0.0453(z+0.904)}{(z-0.905)(z-0.819)} \\ &= \frac{(K_p+K_i)\left(z-\dfrac{K_p}{K_p+K_i}\right)\times 0.0453(z+0.904)}{(z-0.905)(z-0.819)(z-1)} \end{aligned} \tag{5-23}$$

为了确定积分系数 K_i，可以使由于积分校正增加的零点 $\left(z-\frac{K_p}{K_0+K_i}\right)$ 抵消极点 $(z-0.905)$。

由此可得

$$\frac{K_p}{K_p+K_i}=0.905 \tag{5-24}$$

假设放大倍数 K_p 已由静态速度误差系数确定，若选定 $K_p=1$，则由式(5-24)可以确定 $K_i\approx 0.105$，数字调节器的 Z 传递函数

$$D(z)=\frac{1.105(z-0.905)}{(z-1)} \tag{5-25}$$

系统经过 PI 校正以后的闭环 Z 传递函数

$$G_c(z)=\frac{Y(z)}{R(z)}=\frac{D(z)HG(z)}{1+D(z)HG(z)}$$

$$=\frac{0.05(z+0.904)}{(z-1)(z-0.819)+0.05(z+0.904)} \tag{5-26}$$

系统在单位阶跃输入时，输出量的 Z 变换

$$Y(z)=G_c(z)R(z)$$

$$=\frac{0.05(z+0.904)}{(z-1)(z-0.819)+0.05(z+0.904)}\frac{z}{z-1} \tag{5-27}$$

由式(5-27)可以求出输出响应 $y(kT)$，见图 5.8。

系统在单位阶跃输入时，输出量的稳态值

$$y(\infty)=\lim_{z\to 1}(z-1)Y(z)$$

$$=\lim_{z\to 1}\frac{0.05z(z+0.904)}{(z-1)(z-0.819)+0.05z(z+0.904)}$$

$$=1$$

所以，系统的稳态误差 $e_{ss}=0$，可见系统加积分校正以后，消除了稳态误差，提高了控制精度。

系统采用数字 PI 控制可以消除稳态误差。但是，由式(5-27)作出的输出响应曲线可以见到系统的超调量达到 45%，而且调节时间也很长。为了改善动态性能还必须引入微分校正，即采用数字 PID 控制。

微分控制的作用，实质上是跟偏差的变化速度有关，也就是微分的控制作用跟偏差的变化率有关系。微分控制能够预测偏差，产生超前的校正作用，因此，微分控制可以较好地改善动态性能。

例 5.4 计算机控制系统仍如图 5.7 所示，采用数字 PID 控制，$D(z)=K_p+\frac{K_i}{1-z^{-1}}+K_d(1-z^{-1})$，试分析微分作用及参数的选择。

解： 广义对象的 Z 传递函数仍同式(5-18)

$$HG(z)=\frac{0.0453(z+0.904)}{(z-0.905)(z-0.819)}$$

校正装置的 Z 传递函数

$$D(z)=\frac{K_p(1-z^{-1})+K_i+K_d(1-z^{-1})^2}{(1-z^{-1})}$$

$$=\frac{(K_p+K_i+K_d)\left(z^2-\frac{K_p+2K_d}{K_p+K_i+K_d}z+\frac{K_d}{K_p+K_i+K_d}\right)}{z(z-1)} \tag{5-28}$$

假设 $K_p=1$ 已定，并要求 $D(z)$ 的两个零点对消 $HG(z)$ 的两个极点 $z=0.905$ 和 $z=0.819$，则

$$z^2-\frac{K_p+2K_d}{K_p+K_i+K_d}z+\frac{K_d}{K_p+K_i+K_d}=(z-0.905)(z-0.819) \tag{5-29}$$

由式(5-29)可得方程

$$\frac{K_p+2K_d}{K_p+K_i+K_d}=1.724 \tag{5-30}$$

$$\frac{K_d}{K_p + K_i + K_d} = 0.7412 \tag{5-31}$$

由 $K_p = 1$ 及式(5-30)、式(5-31)可解得

$$K_i = 0.069, \quad K_d = 3.062$$

数字 PID 调节器的 Z 传递函数

$$D(z) = \frac{4.131(z-0.905)(z-0.819)}{z(z-1)} \tag{5-32}$$

系统的开环 Z 传递函数

$$\begin{aligned} G_0(z) &= D(z)HG(z) \\ &= \frac{4.131(z-0.905)(z-0.819) \times 0.0453(z+0.904)}{z(z-1)(z-0.905)(z-0.819)} \\ &= \frac{0.187(z+0.904)}{z(z-1)} \end{aligned}$$

系统的闭环 Z 传递函数

$$G_c(z) = \frac{D(z)HG(z)}{1 + D(z)HG(z)} = \frac{0.187(z+0.904)}{z(z-1) + 0.187(z+0.904)}$$

系统在单位阶跃输入时，输出量的 Z 变换

$$Y(z) = G_c(z)R(z) = \frac{0.187(z+0.904)}{z(z-1) + 0.187(z+0.904)} \frac{z}{z-1} \tag{5-33}$$

由式(5-33)，可以求出输出响应 $y(kT)$，见图(5.8)。系统在单位阶跃输入时，输出量的稳态值

$$\begin{aligned} y(\infty) &= \lim_{z\to 1}(z-1)Y(z) \\ &= \lim_{z\to 1} \frac{0.187(z+0.904)z}{z(z-1) + 0.187(z+0.904)} \\ &= 1 \end{aligned}$$

系统的稳态误差 $e_{ss} = 0$，所以系统在 PID 控制时，由于积分的控制作用，对于单位阶跃输入，稳态误差也为零。由于微分控制作用，系统的动态特性也得到很大改善，调节时间 t_s 缩短，超调量 σ_p 减小。

从图 5.8 的三条过渡过程曲线，可以分析和比较比例、积分、微分控制的作用以及它们的控制效果。

数字 PID 控制系统可以分为位置式 PID、增量式 PID 和速度式 PID。式(5-14)是位置式 PID 算法。位置式 PID 数字调节器的输出 $u(kT)$ 是全量输出，是执行机构所应达到的位置(如阀门的开度)，数字调节器的输出 $u(kT)$ 跟过去的状态有关，计算机的运算工作量大，需要对 $e(kT)$ 做累加，而且，计算机的故障有可能使 $u(kT)$ 做大幅度的变化，这种情况往往是生产实践中不允许的，而且有些场合可能会造成严重的事故。现在增量式 PID 控制有比较广泛的应用增量式 PID 是对位置式 PID(5-14)取增量，数字调节器的输出只是增量 $\Delta u(kT)$。

$$\begin{aligned} \Delta u(kT) &= K_p[e(kT) - e(kT-T)] + K_i e(kT) \\ &\quad + K_d[e(kT) - 2e(kT-T) + e(kT-2T)] \end{aligned} \tag{5-34}$$

或者表示成

$$\Delta u(kT) = K_p \Delta e(kT) + K_i e(kT) + K_d [\Delta e(kT) - \Delta e(kT-T)] \tag{5-35}$$

式中

$$\Delta e(kT) = e(kT) - e(kT-T)$$
$$\Delta e(kT-T) = e(kT-T) - e(kT-2T)$$

增量式 PID 的算法流程如图 5.9 所示。

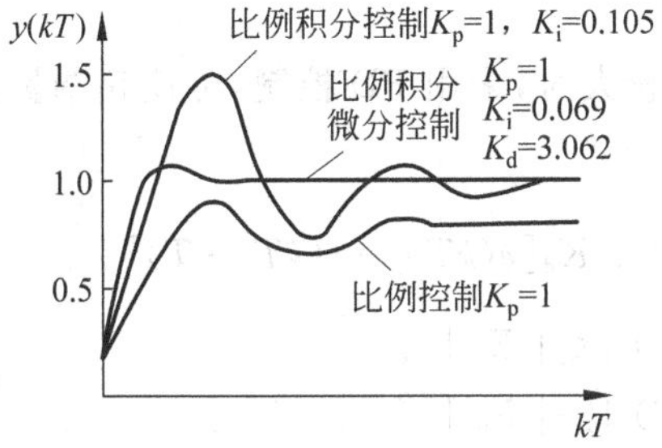

图 5.8 比例积分微分控制时系统的输出响应

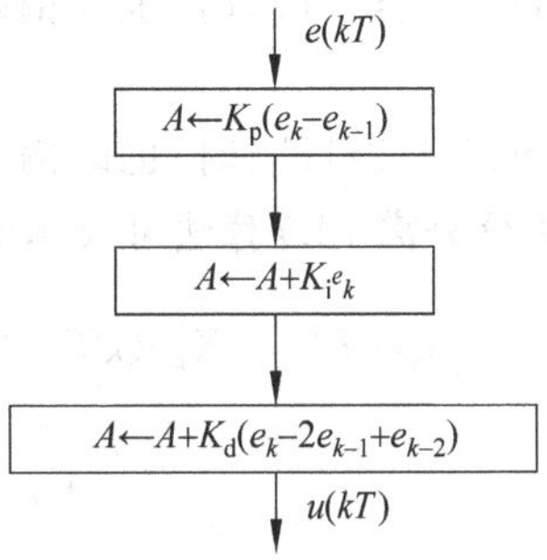

图 5.9 增量式 PID 的算法流程图

增量式算法和位置式算法本质上无大的差别，增量式算法把计算机的一部分累加的功能 $u'(kT)=K_i\sum_{j=0}^{k}e(jT)$ 由其他部件去完成。

现在，计算机控制系统中使用比较多的是步进电机带动电位器完成累加的功能。增量式算法虽然只是算法上的一点改动，却带来了不少的优点。

(1) 计算机(数字调节器)只输出增量，计算机误动作时造成的影响比较小。

(2) 手动-自动切换的冲击小。

(3) 算式中不需要作累加，增量只跟最近的几次采样值有关，容易获得较好的控制效果。由于式中无累加，消除了当偏差存在时发生饱和的危险。

数字 PID 控制除了位置算式、增量算式外，还有速度算式。速度算式是增量算式除以采样周期 T。

$$v(kT) = \frac{\Delta u(kT)}{T} = K_p \left\{ \frac{1}{T}[e(kT) - e(kT-T)] + \frac{1}{T_i} e(kT) + \frac{T_d}{T^2}[e(kT) - 2e(kT-T) + e(kT-2T)] \right\} \tag{5-36}$$

速度算法和增量算法一样没有偏差的积分 $\sum_{j=0}^{k}e(jT)$ 项，消除了当偏差存在时发生积分饱和的危险。采用速度算法时，执行器必须有积分特性，如电磁阀等，目前速度式算法使用得不多。

5.4 数字 PID 控制的改进

数字 PID 控制是应用最普遍的一种控制规律，人们在实践中不断总结经验，不断改进，使得 PID 控制日臻完善。下面介绍几种数字 PID 的改进算法如积分分离算法、不完全微分算法、微分先行算法、带死区的 PID 算法等。

5.4.1 积分分离 PID 控制算法

系统中加入积分校正以后，会产生过大的超调量，这对某些生产过程是绝对不允许的，引进积分分离算法，既保持了积分的作用，又减小了超调量，使得控制性能有了较大的改善。

积分分离算法要设置积分分离阈 E_0。

当 $|e(kT)| \leqslant |E_0|$ 时，也即偏差值 $|e(kT)|$ 比较小时，采用 PID 控制，可保证系统的控制精度。

当 $|e(kT)| > |E_0|$ 时，也即偏差值 $|e(kT)|$ 比较大时，采用 PD 控制，可使超调量大幅度降低。积分分离 PID 算法可表示为

$$u(kT) = K_p e(kT) + K_l K_i \sum_{j=0}^{k} e(jT) + K_d[e(kT) - e(kT - T)] \tag{5-37}$$

$$K_l = \begin{cases} 1, & |e(kT)| \leqslant |E_0| \\ 0, & |e(kT)| > |E_0| \end{cases} \tag{5-38}$$

K_l 称为逻辑系数。

积分分离 PID 系统如图 5.10 所示。积分分离 PID 控制算法流程如图 5.11 所示。

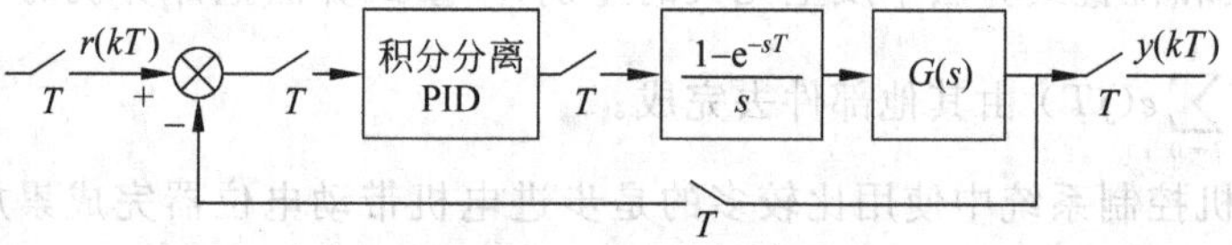

图 5.10 积分分离 PID 系统

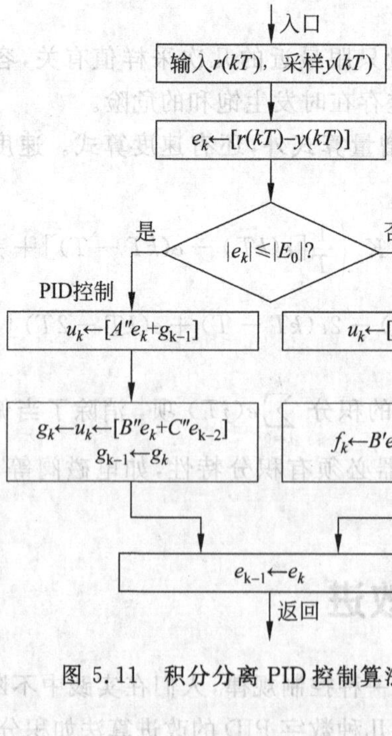

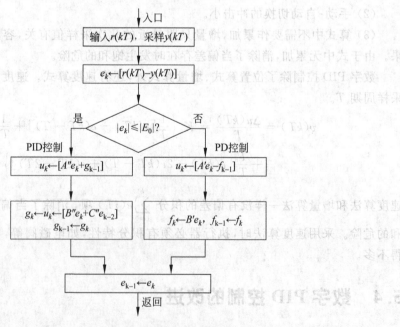

图 5.11 积分分离 PID 控制算法流程图

由流程图可见，当$|e(kT)|>|E_0|$时，$K_l=0$时，为PD控制，PD控制算法为

$$\begin{aligned}
u_k &= K_p'\left[e_k+\frac{T_d'}{T}(e_k-e_{k-1})\right] \\
&= K_p'\left(1+\frac{T_d'}{T}\right)e_k-K_p'\frac{T_d'}{T}e_{k-1} \\
&= A'e_k-B'e_{k-1}=A'e_k-f_{k-1}
\end{aligned} \tag{5-39}$$

式中，$e_k=e(kT)$，$e_{k-1}=e(kT-T)$；

$$A'=K_p'\left(1+\frac{T_d'}{T}\right);$$

$$B'=K_p'-\frac{T_d'}{T};$$

$$f_k=B'e_k \text{ 或 } f_{k-1}=B'e_{k-1}$$

当$|e(kT)|\leqslant|E_0|$时，$K_l=1$，作PID控制，PID控制的算法为

$$\begin{aligned}
u_k-u_{k-1} &= K_p''\left[(e_k-e_{k-1})+\frac{T}{T_i''}e_k+\frac{T_d''}{T}(e_k-2e_{k-1}+e_{k-2})\right] \\
&= K_p''\left(1+\frac{T}{T_i''}+\frac{T_d''}{T}\right)e_k-K_p''\left(1+\frac{2T_d''}{T}\right)e_{k-1}+K_p''\frac{T_d''}{T}e_{k-2} \\
&= A''e_k-B''e_{k-1}+C''e_{k-2} \\
u_k &= A''e_k+u_{k-1}-B''e_{k-1}+C''e_{k-2} \\
&= A''e_k+g_{k-1}
\end{aligned} \tag{5-40}$$

式中

$$A''=K_p''\left(1+\frac{T}{T_i''}+\frac{T_d''}{T}\right);$$

$$B''=K_p''\left(1+\frac{2T_d''}{T}\right);$$

$$C''=K_p''\frac{T_d''}{T};$$

$$g_k=u_k-B''e_k+C''e_{k-1}$$

或者

$$g_{k-1}=u_{k-1}-B''e_{k-1}+C''e_{k-2}$$

有了式(5-39)和式(5-40)便可编制出计算机的控制程序。

采用积分分离PID算法以后，控制效果如图5.12所示。由图可见，采用积分分离PID使得控制系统的性能有了较大的改善。

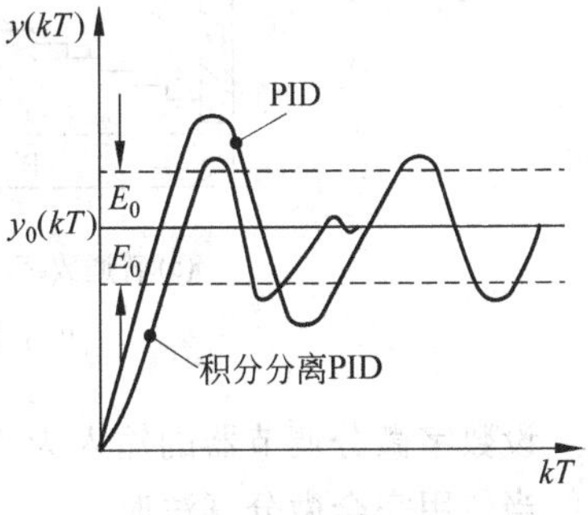

图 5.12　积分分离PID控制的效果

5.4.2　不完全微分PID算法

众所周知，微分作用容易引进高频干扰，因此数字调节器中串接低通滤波器(一阶惯性环节)来抑制高频干扰，低通滤波器的传递函数

$$G_f(s)=\frac{1}{1+T_f s} \tag{5-41}$$

不完全微分PID控制如图5.13所示。

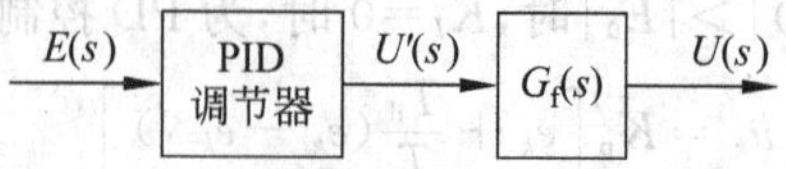

图 5.13 不完全微分 PID 控制

由图(5.13)可得

$$u'(t) = K_p\left[e(t) + \frac{1}{T_i}\int_0^t e(t)\mathrm{d}t + T_d\frac{\mathrm{d}e(t)}{\mathrm{d}t}\right]$$

$$T_f\frac{\mathrm{d}u(t)}{\mathrm{d}t} + u(t) = u'(t)$$

所以

$$T_f\frac{\mathrm{d}u(t)}{\mathrm{d}t} + u(t) = K_p\left[e(t) + \frac{1}{T_i}\int_0^t e(t)\mathrm{d}t + T_d\frac{\mathrm{d}e(t)}{\mathrm{d}t}\right] \tag{5-42}$$

对式(5-42)离散化,可得差分方程

$$u(kT) = au(kT-T) + (1-a)u'(kT) \tag{5-43}$$

式中,$a=T_f/(T+T_f)$

$$u'(kT) = K_p\left\{e(kT) + \frac{T}{T_i}\sum_{j=0}^{k}e(jT) + \frac{T_d}{T}[e(kT)-e(kT-T)]\right\}$$

与普通 PID 一样,不完全微分 PID 也有增量式算法,即

$$\Delta u(kT) = a\Delta u(kT-T) + (1-a)\Delta u'(kT) \tag{5-44}$$

式中,$a=T_f/(T+T_f)$

$$\Delta u'(kT) = K_p\left\{\Delta e(kT) + \frac{T}{T_i}e(kT) + \frac{T_d}{T}[\Delta e(kT) - \Delta e(kT-T)]\right\}$$

普通的数字 PID 调节器在单位阶跃输入时,微分作用只有在第一个周期里起作用,不能按照偏差变化的趋势在整个调节过程中起作用。另外,微分作用在第一个采样周期里作用很强,容易溢出。控制作用 $u(kT)$ 如图 5.14 (a)所示。

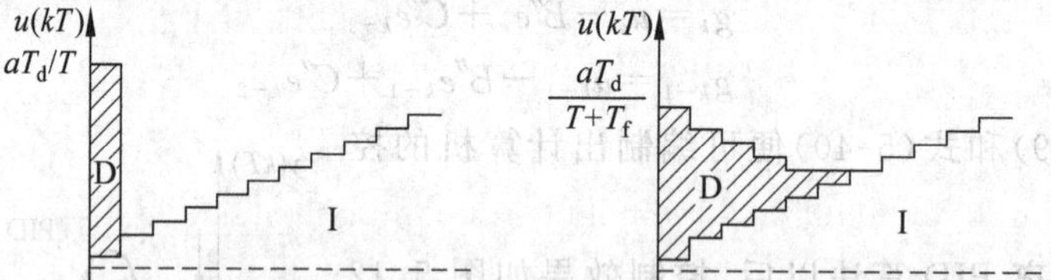

图 5.14 数字 PID 调节器的控制作用

设数字微分调节器的输入为阶跃序列 $e(kT)=a, k=0,1,2,\cdots$

当使用完全微分算法时

$$U(s) = T_d sE(s)$$

或

$$u(t) = T_d\frac{\mathrm{d}e(t)}{\mathrm{d}t}$$

离散化上式可得

$$u(kT) = \frac{T_d}{T}[e(kT) - e(kT-T)] \tag{5-45}$$

由式(5-45)可得

$$u(0) = \frac{T_d}{T}a$$

$$u(T) = u(2T) = \cdots = 0$$

可见普通数字 PID 中的微分作用，只有在第一个采样周期内起作用，通常 $T_d \gg T$，所以 $u(0) \gg a$。

不完全微分数字 PID 不但能抑制高频干扰，而且克服了普通数字 PID 控制的缺点，数字调节器输出的微分作用能在各个周期里按照偏差变化的趋势，均匀地输出，真正起到了微分作用，改善了系统的性能。不完全微分数字 PID 调节器在单位阶跃输入时，输出的控制作用如图 5.14 (b)所示。

对于数字微分调节器，当使用不完全微分算法时

$$U(s) = \frac{T_d s}{1 + T_f s}E(s)$$

或

$$u(t) + T_f \frac{du(t)}{dt} = T_d \frac{de(t)}{dt}$$

对上式离散化，可得

$$u(kT) = \frac{T_f}{T+T_f}u(kT-T) + \frac{T_d}{T+T_f}[e(kT) - e(kT-T)] \tag{5-46}$$

当 $k \geqslant 0$ 时，$e(kT)=a$，由式(5-46)可得

$$u(0) = \frac{T_d}{T+T_f}a$$

$$u(T) = \frac{T_f T_d}{(T+T_f)^2}a$$

$$u(2T) = \frac{T_f^2 T_d}{(T+T_f)^3}a$$

$$\cdots$$

显然，$u(kT) \neq 0, k = 1, 2, \cdots$，并且

$$u(0) = \frac{T_d}{T+T_f}a \ll \frac{T_d}{T}a$$

因此，在第一个采样周期里不完全微分数字调节器的输出比完全微分数字调节器的输出幅度小得多。而且调节器的输出十分近似于理想的微分调节器，所以不完全微分具有比较理想的调节性能。

尽管不完全微分 PID 较之普通 PID 的算法复杂，但是，由于其良好的控制特性，因此使用越来越广泛，越来越受到广泛的重视。

5.4.3 微分先行 PID 算法

微分先行是把微分运算放在比较器附近，它有两种结构如图 5.15 所示。图 5.15(a)是输出量微分，图 5.15(b)是偏差微分。

输出量微分是只对输出量 $y(t)$ 进行微分，而对给定值 $r(t)$ 不作微分，这种输出量微分

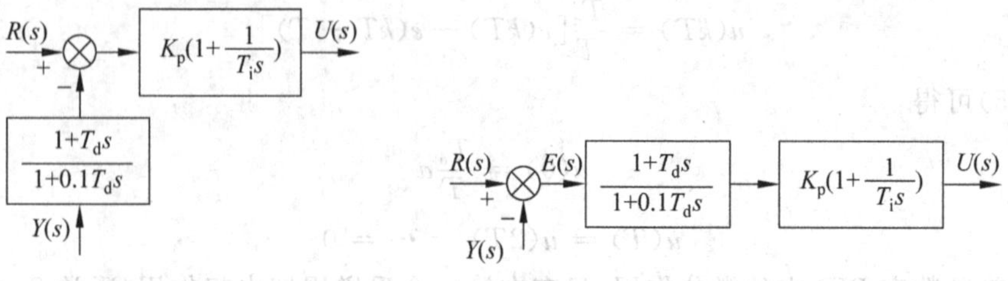

(a) 输出量微分　　(b) 偏差微分

图 5.15　微分先行 PID 控制

控制适用于给定值频繁提降的场合，可以避免因提降给定值时所引起的超调量过大、阀门动作过分剧烈的振荡。

偏差微分是对偏差值微分，也就是对给定值 $r(t)$ 和输出量 $y(t)$ 都有微分作用，偏差微分适用于串级控制的副控回路，因为副控回路的给定值是由主控调节器给定的，也应该对其作微分处理，因此，应该在副控回路中采用偏差微分 PID。

5.4.4　带死区的 PID 控制

在要求控制作用少变动的场合，可采用带死区的 PID，带死区的 PID 实际上是非线性控制系统，当

$$\begin{aligned} &|e(kT)|>|e_0| \text{ 时}, \quad e'(kT)=e(kT) \\ &|e(kT)|\leqslant|e_0| \text{ 时}, \quad e'(kT)=0 \end{aligned} \tag{5-47}$$

带死区 PID 的结构如图 5.16 所示。

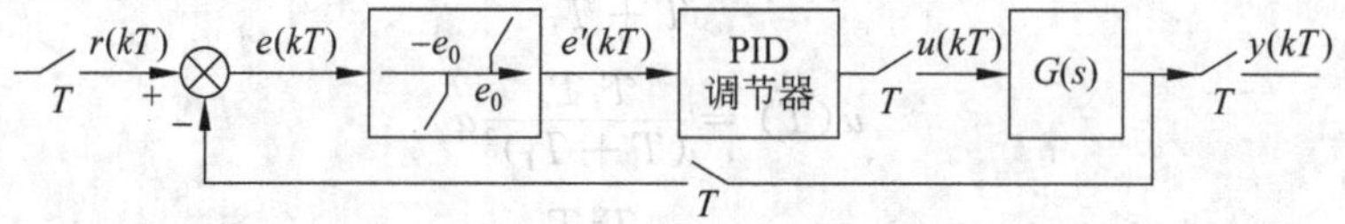

图 5.16　带死区 PID 的结构

带死区 PID 的算法流程图如图 5.17 所示。

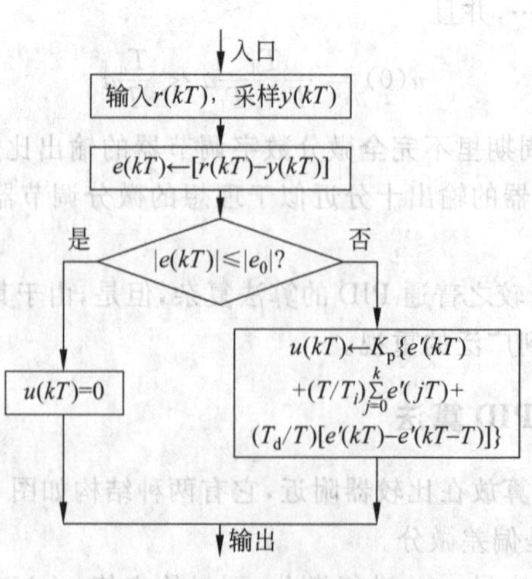

图 5.17　带死区 PID 的算法流程图

对于带死区的 PID 数字调节器，当$|e(kT)|\leqslant|e_0|$时，数字调节器的输出为零，即$u(kT)=0$。当$|e(kT)|>|e_0|$时，数字调节器有 PID 输出。

5.5 数字 PID 调节器参数的整定

模拟 PID 调节器的整定是按照工艺对控制性能的要求，决定调节器的参数 K_p、T_i、T_d，这是工程中使用最普遍，最为广大工程技术人员所熟知的。

数字 PID 调节器参数的整定，除了需要确定 K_p、T_i、T_d 外，还需要确定系统的采样周期 T。生产过程(对象)通常有较大的惯性时间常数，而大多数情况，采样周期与对象的时间常数相比要小得多，所以数字调节器参数的整定可以仿照模拟 PID 调节器参数整定的各种方法。本节将介绍 PID 控制参数对控制性能的影响、采样周期的选择、扩充临界比例度法、扩充响应曲线法、归一参数整定法和 PID 参数的其他调试方法。

5.5.1 PID 调节器参数对控制性能的影响

在连续控制系统中使用最普遍的控制规律是 PID，即调节器的输出 $u(t)$ 与输入 $e(t)$ 之间成比例，积分、微分的关系。

$$u(t)=K_p\left[e(t)+\frac{1}{T_i}\int_0^t e(t)\mathrm{d}t+T_d\frac{\mathrm{d}e(t)}{\mathrm{d}t}\right] \tag{5-48}$$

同样，在计算机控制系统中，使用比较普遍的也是 PID 控制规律，此时，数字调节器的输出与输入之间的关系是

$$u(kT)=K_p\left\{e(kT)+\frac{T}{T_i}\sum_{j=0}^{k}e(jT)+\frac{T_d}{T}[e(kT)-e(kT-T)]\right\} \tag{5-49}$$

下面以 PID 控制为例，讨论控制参数，即比例系数 K_p、积分时间常数 T_i 和微分时间常数 T_d 对系统性能的影响，反馈控制系统如图 5.18 所示。

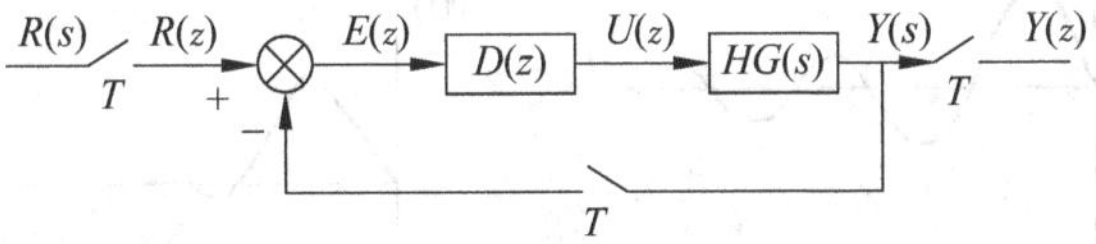

图 5.18　负反馈控制系统的方框图

1. 比例控制 K_p 对系统性能的影响

1) 对动态特性的影响

比例控制 K_p 加大，使系统的动作灵敏，速度加快，K_p 偏大，振荡次数加多，调节时间加长。当 K_p 太大时，系统会趋于不稳定。若 K_p 太小，又会使系统的动作缓慢。图 5.19 比较了不同 K_p 对动态性能的影响。

2) 对稳态特性的影响

加大比例控制 K_p，在系统稳定的情况下，可以减小稳态误差 e_{ss}，提高控制精度，但是加大 K_p，只是减少 e_{ss}，却不能完全消除稳态误差。

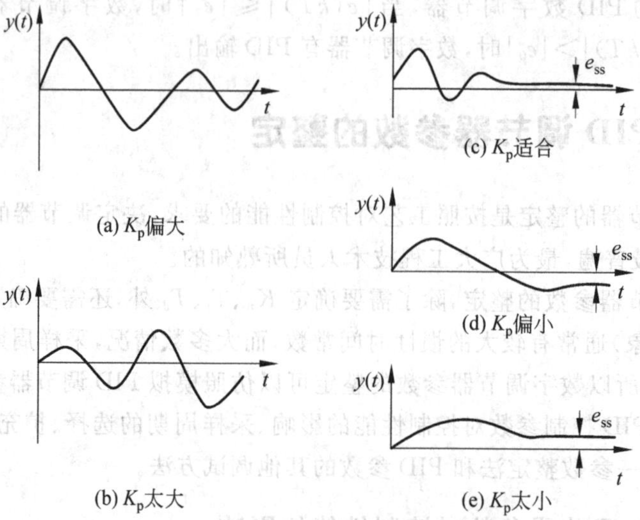

图 5.19　不同 K_p 对控制性能的影响

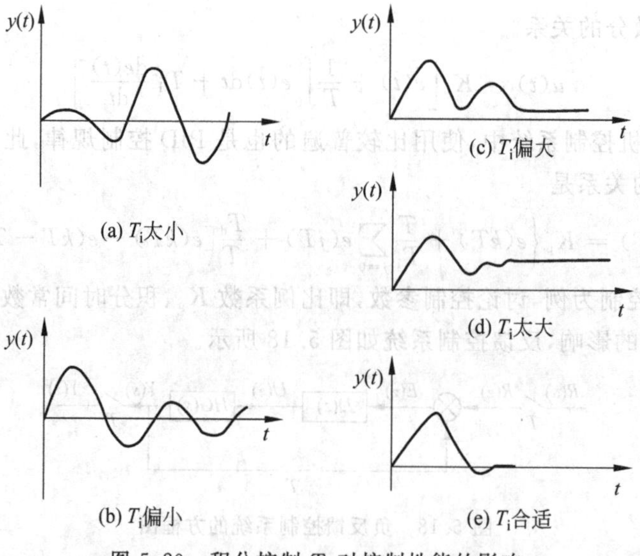

图 5.20　积分控制 T_i 对控制性能的影响

2. 积分控制 T_i 对控制性能的影响

积分控制通常与比例控制或微分控制联合作用，构成 PI 控制或 PID 控制。积分控制对性能的影响如图 5.20 所示。

1）对动态特性的影响

积分控制 T_i 通常使系统的稳定性下降。T_i 太小系统将不稳定。T_i 偏小，振荡次数较多。T_i 太大，对系统性能的影响减少。当 T_i 合适时，过渡特性比较理想。

2）对稳态特性的影响

积分控制 T_i 能消除系统的稳态误差，提高控制系统的控制精度。但是若 T_i 太大时，积分作用太弱，以至不能减小稳态误差。

3. 微分控制 T_d 对控制性能的影响

微分控制经常与比例控制或积分控制联合作用，构成 PD 控制或 PID 控制。

微分控制可以改善动态特性，如超调量 σ_p 减少，调节时间 t_s 缩短，允许加大比例控制，使稳态误差减小，提高控制精度。图 5.21 反映了微分控制 T_d 对控制性能的影响。

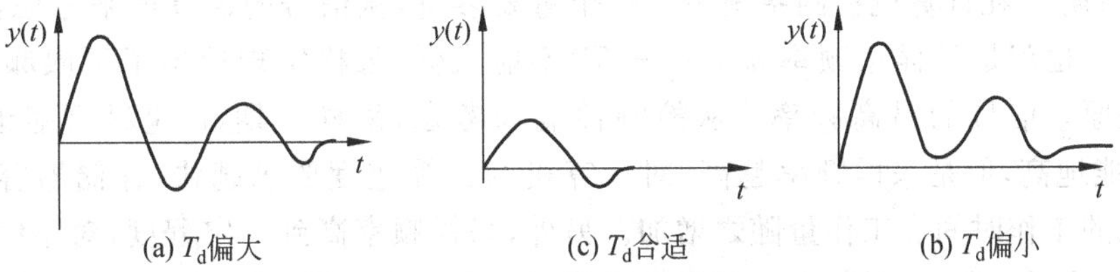

图 5.21 微分控制 T_d 规律对控制性能的影响

当 T_d 偏大时，超调量 σ_p 较大，调节时间较长。

当 T_d 偏小时，超调量 σ_p 也较大，调节时间 t_s 也较长。只有合适时，可以得到比较满意的过渡过程。

综合起来，不同的控制规律各有特点，对于相同的控制对象，不同的控制规律，有不同的控制效果，图 5.22 曲线是不同控制规律时的过渡过程曲线。

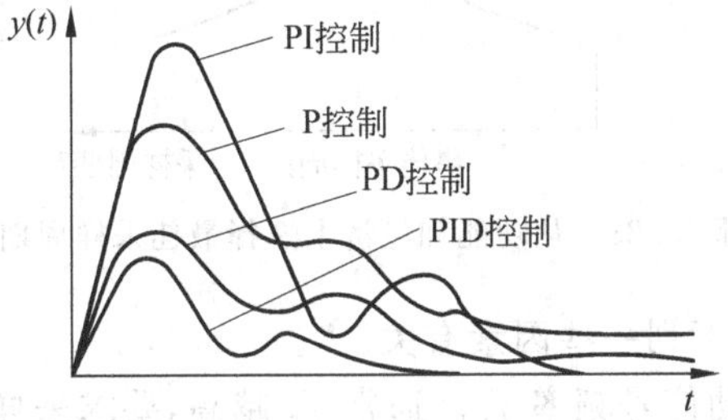

图 5.22 各种控制规律对控制性能的影响

4. 控制规律的选择

PID 调节器长期以来应用十分普遍，为广大工程技术人员所接受和熟悉。究其原因：可以证明对于特性为 $Ke^{-\tau s}/(1+T_m s)$ 和 $Ke^{-\tau s}/[(1+T_1 s)(1+T_2 s)]$ 的控制对象，PID 控制是一种最优的控制算法；PID 控制参数 K_p、T_i、T_d 相互独立，参数整定比较方便；PID 算法比较简单，计算工作量比较小，容易实现多回路控制。使用中，根据对象特性、负荷情况，合理选择控制规律是至关重要的。

根据分析可以得出如下几点结论。

(1) 对于一阶惯性的对象，负荷变化不大，工艺要求不高，可采用比例(P)控制。例如，用于压力、液位、串级副控回路等。

(2) 对于一阶惯性与纯滞后环节串联的对象，负荷变化不大，要求控制精度较高，可采用比例积分(PI)控制。例如，用于压力、流量、液位的控制。

(3) 对于纯滞后时间 τ 较大，负荷变化也较大，控制性能要求高的场合，可采用比例积分微分(PID)控制。例如,用于过热蒸汽温度控制、pH 值控制。

(4) 当对象为高阶(二阶以上)惯性环节又有纯滞后特性,负荷变化较大,控制性能要求也高时,应采用串级控制,前馈—反馈、前馈—串级或纯滞后补偿控制。例如,用于原料气出口温度的串级控制。

5.5.2 采样周期 T 的选择

采样周期 T 在计算机控制系统中是一个重要参量,从信号的保真度来考虑,采样周期 T 不宜太长,也就是采样角频率 $\omega_s(=2\pi/T)$ 不能太低,采样定理给出了下限频率即 $\omega_s\geqslant 2\omega_m$,$\omega_m$ 是原来信号的最高频率。从控制性能来考虑,采样周期 T 应尽可能地短,也即 ω_s 应尽可能地高,但是采样频率越高,对计算机的运算速度要求越快,存储器容量要求越大,计算机的工作时间和工作量随之增加。另外,采样频率高到一定程度,对系统性能的改善已经不显著了。所以,对每个回路都可以找到一个最佳的采样周期 T。图 5.23 是从功能和经济角度分析的最佳采样周期。

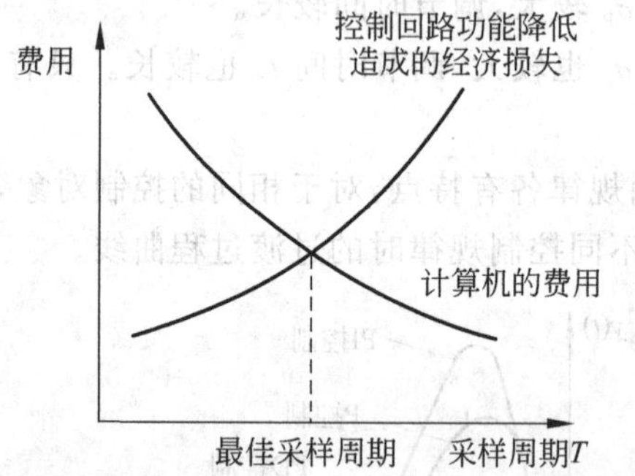

图 5.23 从功能和经济上选择最佳采样周期

采样周期 T 的选择与下列一些因素有关。

(1) 作用于系统的扰动信号频率 f_n。通常 f_n 越高,要求采样频率 f_s 也要相应提高,即采样周期($T=2\pi/f_s$)缩短。

(2) 对象的动态特性。当系统中仅是惯性时间常数起作用时,$\omega_s\geqslant 10\omega_m$,$\omega_m$ 为系统的通频带;当系统中纯滞后时间 τ 占有一定分量时,应该选择 $T\approx\tau/10$;当系统中纯滞后时间 τ 占主导作用时,可选择 $T\approx\tau$。表 5.1 列出了几种常见的对象,选择采样周期的经验数据。

表 5.1 常见对象选择采样周期的经验数据

受控物理量	采样周期/s	备　注
流量	1～5	优先选用 1～2s
压力	3～10	优先选用 6～8s
液位	6～8	优先选用 7s
温度	15～20	取纯滞后时间常数
成分	15～20	优先选用 18s

(3) 测量控制回路数。测量控制回路数 N 越多，采样周期 T 越长。若采样时间为 τ_s，则采样周期 $T \geqslant N\tau_s$。

(4) 与计算字长有关。计算字越长，计算时间越多，采样频率就不能太高。反之，计算字长较短，便可适当提高采样频率。

采样周期可在比较大的范围内选择，另外，确定采样周期的方法也是比较多的，所以应根据实际情况选择合适的采样周期。

5.5.3 扩充临界比例度法选择 PID 参数

扩充临界比例度法是以模拟调节器中使用的临界比例度法为基础的一种 PID 数字调节器参数的整定方法。整定步骤如下。

(1) 选择合适的采样周期 T，调节器做纯比例 K_p 控制。

(2) 逐渐加大比例 K_p，使控制系统出现临界振荡，如图 5.24 所示。由临界振荡过程求得相应的临界振荡周期 T_s，并记下临界振荡增益 K_s。

(3) 选择控制度，控制度的定义是数字调节器和模拟调节所对应的过渡过程的误差平方的积分之比，即

$$\text{控制度} = \frac{\left[\min\int_0^\infty e^2\,dt\right]_D}{\left[\min\int_0^\infty e^2\,dt\right]_A} \tag{5-50}$$

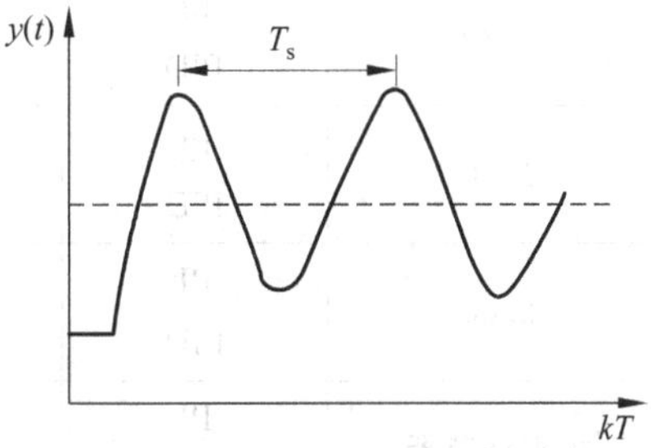

图 5.24 扩充临界比例度实验曲线

实际上，控制效果是采用误差平方的积分作为性能的评价函数。当控制度为 1.05 时，数字调节器与模拟调节器的控制效果相当。当控制度为 2.0 时，数字调节器较模拟调节器的控制质量差一倍。按照式(5-50)选择的控制度应该向 1.05、1.2、1.5、2.0 中的一个近似整。

(4) 选择控制度以后，按表 5.2 选择采样周期 T、K_p、T_i 和 T_d。

表 5.2 扩充临界比例度法 PID 参数计算公式

控制度	控制规律	T/T_s	K_p/K_s	T_i/T_s	T_d/T_s
1.05	PI	0.03	0.55	0.88	—
	PID	0.014	0.63	0.49	0.14
1.20	PI	0.05	0.49	0.91	—
	PID	0.043	0.47	0.47	0.16
1.50	PI	0.14	0.42	0.99	—
	PID	0.09	0.34	0.43	0.20
2.00	PI	0.22	0.36	1.05	—
	PID	0.16	0.27	0.40	0.22
模拟调节器	PI	—	0.57	0.83	—
	PID	—	0.70	0.50	0.13
Ziegler-Nichols 整定式	PI	—	0.45	0.83	—
	PID	—	0.60	0.50	0.125

(5) 按照求得的整定参数，设数运行，观察控制效果，再适当调整参数，直到获得比较满意的控制效果。

5.5.4 扩充响应曲线法选择 PID 参数

在数字调节器参数的整定中也可以采用类似模拟调节器的响应曲线法，称为扩充响应曲线法。应用扩充响应曲线法时，要预先在对象动态响应曲线上求出等效纯滞后时间 τ，等效惯性时间常数 T_m 及它们的比值 T_m/τ，其余步骤跟扩充临界比例度法相似。表 5.3 列出了 PID 参数与 T_m、τ 及 T_m/τ 的关系。

表 5.3 扩充响应曲线法 PID 数字调节器参数计算公式

控制度	控制规律	T/τ	$K_p/(T_m/\tau)$	T_i/τ	T_d/τ
1.05	PI	0.10	0.84	3.40	—
	PID	0.05	1.15	2.00	0.45
1.20	PI	0.20	0.78	3.60	—
	PID	0.16	1.00	1.90	0.55
1.50	PI	0.50	0.68	3.90	—
	PID	0.34	0.85	1.62	0.65
2.00	PI	0.80	0.57	4.20	—
	PID	0.60	0.60	1.50	0.82
模拟调节器	PI	—	0.90	3.30	—
	PID	—	1.20	2.00	0.40
Ziegler-Nichols 整定式	PI	—	0.90	3.30	—
	PID	—	1.20	3.00	0.50

扩充临界比例度法和扩充响应曲线法，适用于“纯滞后加一阶惯性”的对象，其他特性的对象可以采用其他方法来整定。

例如，可以采用整定模拟调节器参数用的经验法、衰减曲线法等。又如当采样周期和对象特性已知时，为了得到良好的比例积分(PI)控制，可通过系统的特征方程来求取有关参数。对于一阶和二阶非周期对象，还可以采用第 4 章介绍的有限拍设计的方法。

5.5.5 PID 归一参数的整定法

调节器参数的整定乃是一项烦琐而又费时的工作，当一台计算机控制数十乃至数百个控制回路时，整定参数是十分浩繁的工作。因此，近年来国内外在数字 PID 调节器参数的工程整定方面做了大量的研究工作，PID 归一参数的整定法是一种简易的整定法。

设 PID 的增量算式为

$$\Delta u(kT)=K_p\left\{[e(kT)-e(kT-T)]+\frac{T}{T_i}[e(kT)]+\frac{T_d}{T}[e(kT)-2e(kT-T)+e(kT-2T)]\right\}$$

$$=K_p\left[\left(1+\frac{T}{T_i}+\frac{T_d}{T}\right)e(kT)-\left(1+2\frac{T_d}{T}\right)e(kT-T)+\frac{T_d}{T}e(kT-2T)\right]$$

$$=K_p[d_0e(kT)+d_1e(kT-T)+d_2e(kT-2T)] \tag{5-51}$$

式中，T 为采样周期；T_i 为积分时间常数；T_d 为微分时间常数。

$$\left.\begin{aligned} d_0 &= 1+\frac{T}{T_i}+\frac{T_d}{T} \\ d_1 &= -\left(1+2\frac{T_d}{T}\right) \\ d_2 &= \frac{T_d}{T} \end{aligned}\right\} \tag{5-52}$$

对式(5-51)做 Z 变换，可得数字 PID 调节器的 Z 传递函数为

$$D(z)=\frac{U(z)}{E(z)}=\frac{K_p(d_0+d_1z^{-1}+d_2z^{-2})}{1-z^{-1}} \tag{5-53}$$

式中 $U(z)$ 和 $E(z)$ 分别为数字调节器输出量和输入量的 Z 变换。

前面介绍的数字 PID 调节器参数的整定，就是要确定 T、K_p、T_i 和 T_d 4 个参数，为了减少在线整定参数的数目，根据大量实际经验的总结，人为假设约束的条件，以减少独立变量的个数。例如取

$$\left.\begin{aligned} T &\approx 0.1T_s \\ T_i &\approx 0.5T_s \\ T_d &\approx 0.125T_s \end{aligned}\right\} \tag{5-54}$$

式中，T_s 是纯比例控制时的临界振荡周期。

将式(5-54)代入式(5-52)、式(5-53)可得到数字调节器的 Z 传递函数

$$D(z)=\frac{K_p(2.45-3.5z^{-1}+1.25z^{-2})}{1-z^{-1}} \tag{5-55}$$

相应的差分方程为

$$\Delta u(kT)=K_p[2.45e(kT)-3.5e(kT-T)+1.25e(kT-2T)] \tag{5-56}$$

由式(5-56)可以看出，对 4 个参数的整定简化成了对一个参数 K_p 的整定，使问题明显地简化了。

应用约束条件减少整定参数数目的归一参数整定法是有发展前途的，因为它不仅对数字 PID 调节器的整定有意义，而且对实现 PID 自整定系统也将带来许多方便。

5.5.6 变参数的 PID 控制

工业生产过程中不可预测的干扰很多。若只有一组固定的参数，要满足各种负荷或干扰时的控制性能的要求是困难的，因此必须设置多组 PID 参数。当工况发生变化时，能及时改变 PID 参数以与其相适应，使过程控制性能最佳。目前使用的有如下几种形式。

(1) 对某些控制回路根据负荷不同，采用几组不同的 K_p、T_i、T_d 参数，以提高控制质量。

(2) 时序控制：按照一定的时间顺序采用不同的给定值和 K_p、T_i、T_d 参数。

(3) 人工模型：模拟现场操作人员的操作方法，把操作经验编制成程序，然后由计算机自动改变给定值或 K_p、T_i、T_d 参数。

(4) 自寻最优：编制自动寻优程序，一旦工况变化，控制性能变坏，计算机执行自动寻

优程序，自动寻找合适的 PID 参数，保持系统的性能处于良好的状态。

5.6 数字 PID 调节器参数的自寻最优控制

数字 PID 调节器参数的整定，或者需要进行对象参数和过渡特性的测试和计算，或者需要借助于积累的调试经验，才能获得比较满意的整定效果。因此，数字 PID 参数的整定是一项十分麻烦、复杂的工作，尤其当计算机控制系统控制许多回路时，数字 PID 参数整定的工作量非常浩繁。

众所周知，数字 PID 参数对于对象参数变化的适应性是有限的。当对象特性或参数随着环境条件变化时，原来整定了的数字 PID 参数会不适应变化了的对象特性和参数，使得系统的控制性能变坏。另外，系统或者对象经常会受到各种扰动的作用，也会使得系统的性能变坏。

为了减少数字 PID 参数整定的麻烦，克服因环境变化或扰动作用造成的系统性能的降低，可以采用数字 PID 调节器参数的自寻最优控制。

自寻最优控制是利用计算机的快速运算和强大的逻辑判断能力，按照选定的寻优方法，不断探测，不断调整，自动寻找最优的数字 PID 调节参数，使得系统的性能处于最优状态。

在数字 PID 参数自寻最优控制中，要解决的主要问题如下。

(1) 性能指标的选择。

(2) 寻优方法的选择。

(3) 自寻最优数字调节器的设计。

5.6.1 性能指标的选择

在数字 PID 调节器参数的自寻最优控制中，所选择的性能指标应当既能反映动态性能，又包含稳态特性，显然，只有选择积分型指标才能满足上述要求。

由于误差绝对值积分指标容易处理，尤其是误差绝对值乘以时间的积分在计算机控制中，数据容易处理，使用方便，应用十分普遍。因此，可以选用

$$J=\int_0^t t\mid e(t)\mid \mathrm{d}t \tag{5-57}$$

作为系统的性能指标，对应于这种目标函数，当系统在单位阶跃输入时，具有响应快，超调量小，选择性好等优点。为了适应于计算机计算，可将式(5-57)离散化，得到

$$J=\sum_{j=0}^{k}\mid e(jT)\mid jT^2 \tag{5-58}$$

在采样周期 T 固定时，T^2 为常量，上式可简化为

$$J=\sum_{j=0}^{k}\mid e(jT)\mid j \tag{5-59}$$

对于一般的控制系统，J 经常是极值型函数。最优化理论表明：具有极值特性的函数，在经过有限步搜索以后，是一定能够找到极值点的。

5.6.2 寻优方法

参数寻优的方法很多，例如斐波那契法、黄金分割法(0.618)、插值法、坐标轮换法、步长加速法、方向加速法、单纯形加速法和随机搜索法等。但是，由于单纯形加速法具有控制参数收敛快、计算工作量小、简单实用等特点，因此，在线数字 PID 参数自寻最优控制中比较普遍使用单纯形加速法。

单纯形就是在一定的空间中的最简单的图形。N 维的单纯形，就是 $N+1$ 个顶点组成的图形。如二维空间，单纯形是三角形。

设二元函数 $J(X_1,X_2)$ 构成二维空间，有不在一条直线上的三个点 X_H、X_G、X_L 构成了一个单纯形。由三个顶点计算出相应的函数值 J_H、J_G、J_L。若 $J_H>J_G>J_L$，对于求极小值问题来说，J_H 最差，J_G 次之，J_L 最好。

可以想象函数的变化趋势：一般情况下，好点在差点对称位置的可能性比较大，因此将 X_GX_L 的中点 X_F 与 X_H 连接，并在 X_HX_F 的射线方向上取 X_R，使 $X_HX_F=X_FX_R$，如图 5.25 所示。

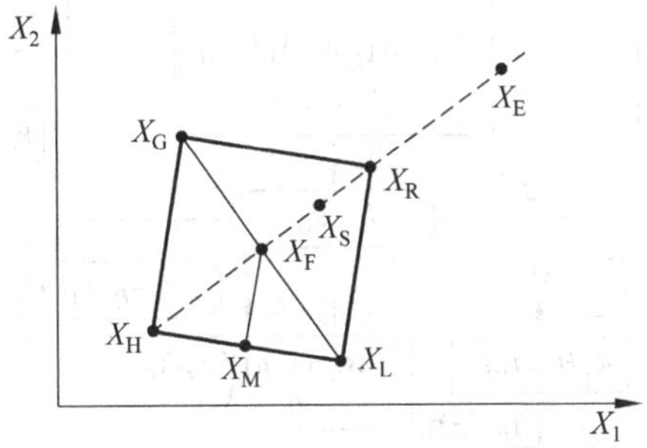

图 5.25 单纯形法的反射与反射点

以 X_R 作为计算点，计算 X_R 的函数 J_R。

(1) 若 $J_R\geqslant J_G$，说明步长太大，以致 X_R 并不比 X_H 好多少，因此需要压缩步长，可在 X_R 与 X_H 间另选新点 X_S。

(2) 若 $J_R<J_G$，说明情况有好转，而且还可以加大步长，可在 X_HX_R 的延长线上取一新点 X_E。

① 若 $J_E<J_R$，取 X_E 作为新点 X_S。

② 若 $J_E\geqslant J_R$，取 X_R 作为新点 X_S。

总之，总是可以得到一个新点 X_S。

若 $J_S<J_G$，说明情况确有改善，可舍弃原来的 X_H 点，而以 X_G、X_L、X_S 三点构成一个新的单纯形$\{X_GX_LX_S\}$，称为单纯形扩张，然后，重复上述步骤。

若 $J_S\geqslant J_G$，说明 X_S 代替 X_H 改善不大，可把原来的单纯形$\{X_HX_GX_L\}$按照一定的比例缩小，例如边长都缩小一半，构成新的单纯形$\{X_FX_LX_M\}$，称为单纯形收缩。然后，重复以前的步骤，直到满足给定的收敛条件。

有了上述单纯形算法原理，可以画出算法流程图如图 5.26 所示，并据此可编制出相应的程序。

图 5.26 中，X_0 为初始点；λ 为压缩因子，可取 $\lambda=0.75$；μ 为扩张因子，可取 $\mu=1.5$；

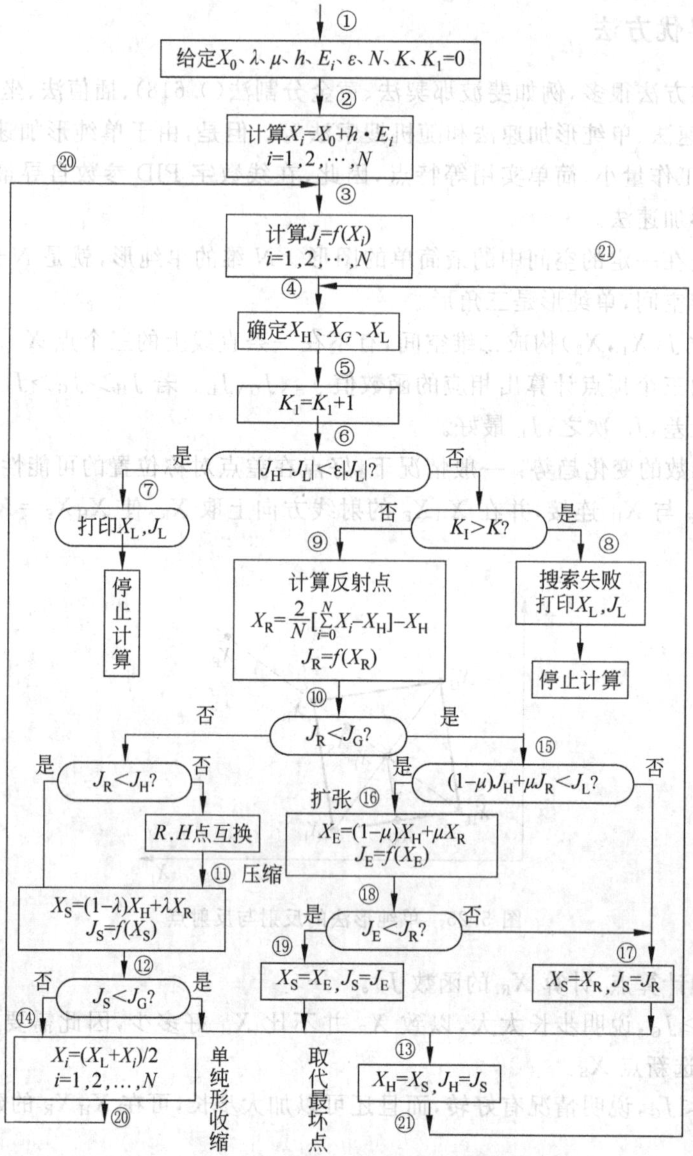

图 5.26　单纯形加速算法流程图

h 为初始步长，$h\in[0.5,1.5]$，h 的选择影响单纯形搜索的效果；E_i 为第 i 个单位坐标向量；ε 为寻优精度，可取 $\varepsilon=0.03$；N 为维数，$N=3$；K 为最大迭代次数。

5.6.3　自寻最优数字调节器的设计

数字 PID 参数自寻最优控制系统如图 5.27 所示。

自寻最优数字调节器除了实现信号的变换、给定、比较功能以外，还需要完成性能指标的计算和 PID 参数的自动寻优。

数字 PID 控制算法可采用位置式算法。

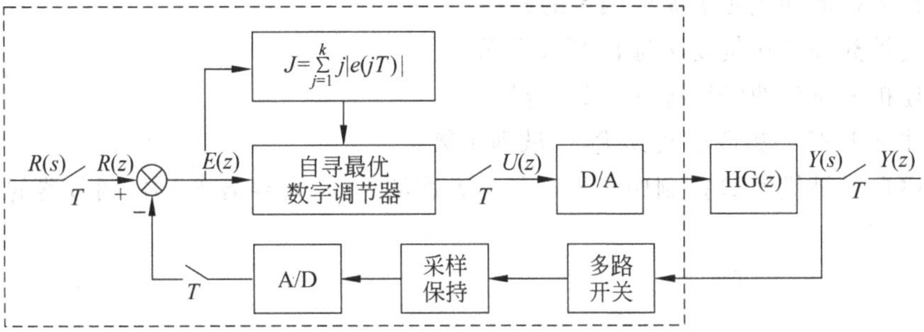

图 5.27　数字 PID 参数自寻最优控制系统

$$u(kT) = K_p e(kT) + K_i \sum_{j=0}^{k} e(jT) + K_d \Delta e(kT) \tag{5-60}$$

式中，$e(kT)=r(kT)-y(kT)$

$\Delta e(kT)=e(kT)-e(kT-T)$

$K_i=K_p T/T_i$

$K_d=K_p T_d/T$

T 为采样周期。控制程序的实际算法为

$$u(kT) = u(kT - T) + \Delta u(kT) \tag{5-61}$$

$$\Delta u(kT) = A'e(kT) - B'e(kT - T) + C'e(kT - 2T)$$

式中，$A'=K_p+K_i+K_d$

$B'=K_p+2K_d$

$C'=K_d$

经推导，可得

$$K_p = B' - 2C'$$

$$T_i = (B' - 2C')T/(A' - B' + C')$$

$$T_d = C'T/(B' - 2C)$$

因此，若已知 A'、B'、C'便可推导出相应的 K_p、T_i 和 T_d。

5.7　练习题

5.1　离散的计算机控制系统，在什么情况下可以近似看作连续系统？为什么？

5.2　试列出数字 PID 控制的位置算式、增量算式和速度算式。

5.3　试列出数字 PID 调节器的 Z 传递函数。

5.4　为什么要引进积分分离 PID 算法？试列出积分分离 PID 算式。

5.5　不完全微分 PID 的优点是什么？试列出其算式。

5.6　什么是微分先行 PID？有几种？各自用在何处？

5.7　什么是带死区的 PID 控制？

5.8　数字 PID 调节器需整定哪些参数？

5.9　简述 PID 参数 K_p、T_i、T_d 对系统的动态特性和稳态特性的影响。

5.10 选择采样周期应考虑哪些因素的影响?

5.11 简述扩充临界比例度法选择 PID 参数。

5.12 简述扩充响应曲线法选择 PID 参数。

5.13 简述 PID 归一参数法及其优点,试列出算式。

5.14 简述自寻最优 PID 控制中指标和寻优方法的选择、自寻最优 PID 调节器的特点。

第6章

模糊控制

6.1 概述

基于解析模型的控制方法有较长的发展历史，经过许多学者的不懈努力已经建立了一套完善的理论体系，并且非常成功地解决了许多问题。但是，当人们将这种控制方法应用于具有非线性动力学特征的复杂系统时，受到了严峻的挑战。特别是面对无法精确解析建模的物理对象和信息不足的病态过程，基于解析模型的控制理论更显得束手无策。这就迫使人们去探索新的控制方法和途径去解决这类问题，在这样一个背景下诞生了基于模糊逻辑的控制方法，并且今天它已成长为最活跃和最为有效的一种智能控制技术。

一些学者对人类处理复杂对象的行为进行了长期的观察，进而发现人们控制一个对象的过程与基于解析模型的控制机理完全不同，即不是首先建立被控对象的数学模型，然后根据这一模型去精确地计算出系统所需要的控制量，而是完全在模糊概念的基础上利用模糊的量完成对系统的合理控制。让我们简单地回顾一下：一个优秀的杂技演员在表演走钢丝时是如何保持他身体的平衡呢？当他的身体向一个方向倾斜时，他是通过身体的重心去感觉其倾斜程度，然后根据倾斜程度产生一个相反方向的力去恢复身体的平衡，当身体的倾斜程度愈大，所产生恢复平衡的力也就愈大。分析杂技演员保持身体平衡的过程，我们可以意识到一个重要的事实：杂技演员是无法准确地感知出身体的倾斜角为多大，并且也无法精确地计算出恢复平衡的力要多大，但是他确实能够有效地保持身体的平衡。显然，杂技演员走钢丝的这种平衡能力是很难用解析的方式来描述的。相反，这种能力是来源于杂技演员多年的训练经验和积累的专业知识。

为了有效地描述这种经验和知识，一些从事智能技术的专家一直在探索表达经验和知识的有效方法。在这其中，以查德(Zadeh)教授1965年提出的基于模糊集合论的模糊逻辑(Fuzzy Logic)，是一种表达具有不确定性经验和知识的有效工具。1974年马达尼(Mamdani)教授在他的博士论文中首次论述了如何将模糊逻辑应用于过程控制，从而开创了模糊控制的先河。

6.2 模糊逻辑的基本概念

既然模糊控制的基础是模糊逻辑，那么什么是模糊逻辑呢？模糊逻辑可以说是一种逻辑的形式化。这种形式化的逻辑是以一种严密的数学框架来处理人类那些具有模糊特征的概念，如很多、很少、热与冷。模糊逻辑通常是利用模糊集合论来描述。什么是模糊集合呢？在以布尔逻辑（二值逻辑）为基础的传统集合论中，一个特定的研究对象对于一个给定集合来说只有两种可能，即或者属于这个集合的成员或者不属于。与布尔逻辑相反，在模糊集合论中一个特定的研究对象在一个给定集合中具有一个隶属度，而这个隶属度是介于0（完全不属于这个集合）与1（完全属于这个集合）的函数值。显然，模糊逻辑能以一种更接近自然的方式来处理人类那些具有模糊特征的概念。例如，按照布尔逻辑像"张三是高个子"的这样一条语句（或等价于"张三是属于高个子人的集合"）仅是"对"（TRUE）与"错"（FALSE）这两种结果之一。相反，模糊逻辑将通过"张三是高个子"这条语句将给"张三"在高个子人这个集合中赋予一个隶属度，如0.7。类似布尔逻辑对其真值的所定义操作算子，模糊逻辑也定义了这些算子，如与（AND）、或（OR）和非（NOT），来对隶属度值进行操作。

在基于模糊逻辑的模糊控制中，一个重要概念是语言变量（Linguistic Variable）。一个语言变量的重要特征是这种变量的值，用一个或多个词或句子来表达而不是用一个数字来表达。例如，在"李四年轻"的这样一条语句中，我们说"年龄"这个语言变量对"李四"而言具有一个语言值（Linguistic Value）"年轻"。这个例子说明，对于利用语言变量表达的语句来说不像严格的数字语句那样"精确"。这正是语言变量和模糊逻辑之间关系的关键。像"李四年轻"的这样一条语句能够被描述为"年龄（李四）＝年轻"，这里"年轻"是所有可能年龄集合（年少、年轻、年老等）中的一个模糊子集（Fuzzy Subset）。所有可能的年龄集合被认为是问题的论域，从这个集合中所获得的是语言值。在上述讨论中我们提到模糊逻辑是利用模糊集合来描述的，模糊集合的同义词是隶属度函数（Membership Function）。集合为"年轻人"这样的模糊子集不同于传统的集合，因为模糊子集中元素的隶属性没有明确的边界，所以人们也将问题论域中的元素与它们在模糊子集中相应隶属度之间的映射关系称之为隶属度函数，如图6.1所示。当一个数值是清晰值（Crisp）时，它的隶属度就是模糊子集的隶属度函数在该清晰值的值。

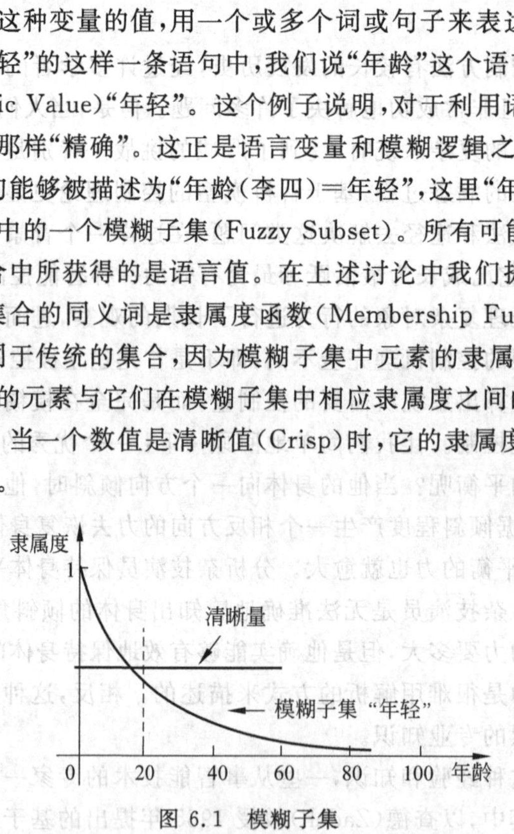

图6.1 模糊子集

模糊控制中常用的另一个重要概念是产生式规则（Production Rules）。在人工智能中，人的经验和知识常以If［Conditions］Then［Actions］产生式规则的形式来表示。例如，根据人们的经验，锅炉温度和压力的控制可以用下述产生式规则来描述：

If temperature is low or pressure is low
then set throttle to medium;
If temperature is low and pressure is high
then set throtle to low;

…

在这里，温度(temperature)和压力(pressure)均是模糊控制器的输入(条件)；管道的节流阀位(throttle)是控制器的输出(结论)。那么在模糊控制中是如何完成这些产生式规则的运算呢？这将是下面要介绍的模糊控制中另一个重要概念：模糊逻辑推理(Fuzzy Logic Inference)。简单地说，根据产生式规则，以条件到结论为基础去计算模糊子集中的隶属度，然后产生那些将要被执行的动作，这一过程被称之为完成了一个推理。在许多学者的努力下，提出了多种模糊逻辑推理方法。目前在模糊控制中，常用的两种模糊逻辑推理方法分别是最大-最小值法(Max-Min Inference Method)和最大-点积法(Max-Product Inference Method)。在这两种方法中，根据产生式规则计算最终输出隶属度函数的基本思想是利用产生式规则中一个条件计算赋予这个输出量的值(集合)，该值(集合)是根据该条件中变量的模糊子集的隶属度裁剪或按比例变换而得到，通过这种方式对产生式规则中每一个条件均可得到一个输出量的值(集合)，将这些输出量的值(集合)并集在一起便产生了最终输出的隶属度函数。在最大-最小值推理方法中，输出量的值(集合)是通过裁剪的方式而得到最终输出的隶属度函数，图 6.2 说明了这一过程。而在最大-点积推理方法中，输出量的值(集合)是通过比例变换的方式而得到最终输出的隶属度函数。

所有的模糊逻辑推理规则都激发相应输出的隶属度函数，这些隶属度函数是以模糊值的方式代表了所有输出的信息。显然，这样的模糊值是无法控制一个被控对象的。为了产生一个清晰的输出控制量去控制被控对象，我们需要某种方法去选择一个能够最好表达最终输出隶属度函数的值，我们称这样的方法为模糊集的清晰化方法。在模糊控制中常用的清晰化方法是质心法。在质心法中，一个清晰的输出控制量是由输出隶属度函数的质心所对应的值来确定，如图 6.2 所示。

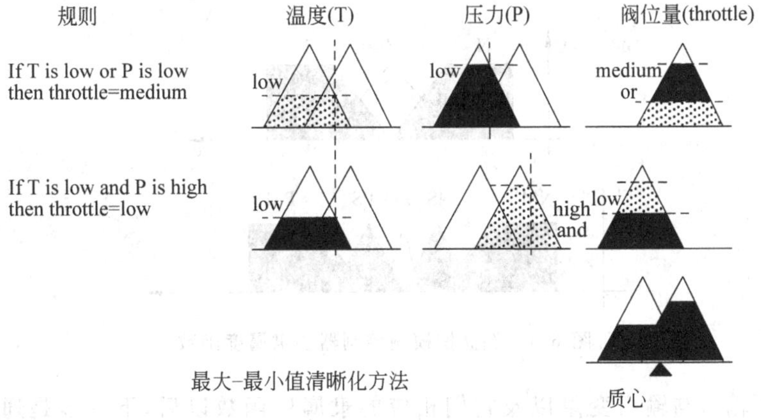

图 6.2　模糊控制的推理和清晰化过程

6.3　模糊逻辑控制器的设计方法

到目前为止，已经介绍了模糊控制中的一些常用概念。利用这些概念就可以设计模糊控制器了。现在以一个单级倒立摆为对象，简单地说明模糊控制器的设计过程。图6.3是倒立摆装置的示意图：该装置有一个被安装在小车上的倒摆，该小车被一台电动机所驱动。其控制目的是通过倒摆的倾斜程度确定电动机所需的电压(即小车水平运动的速度)来保持倒摆的垂直平衡。

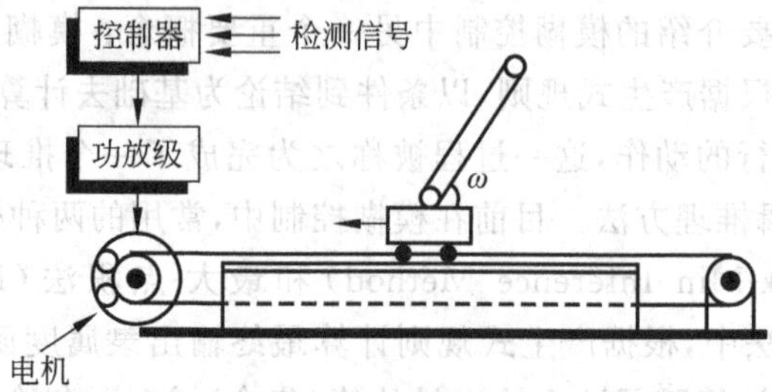

图 6.3　倒立摆的示意图

首先，要确定该模糊控制的输入与输出变量。在这个例子中输入与输出变量是很清楚的(在有些问题中输入与输出变量的确定不是一件容易的事情)。输入变量是由传感器测得的倒立摆的角度 ε 和角速度 ω，输出变量是控制电机的电压 u。

第二步是确定输入与输出变量的模糊子集，即隶属度函数。输入变量的隶属度函数是将真实的物理量——角度 ε 和角速度 ω 转变成模糊量。输出变量的隶属度函数将通过清晰化方法产生一个真实的物理输出量——电压 u。在文献中常采用的隶属度函数是三角形和高斯指数形。在这里选用三角形函数，如图 6.4 所示。

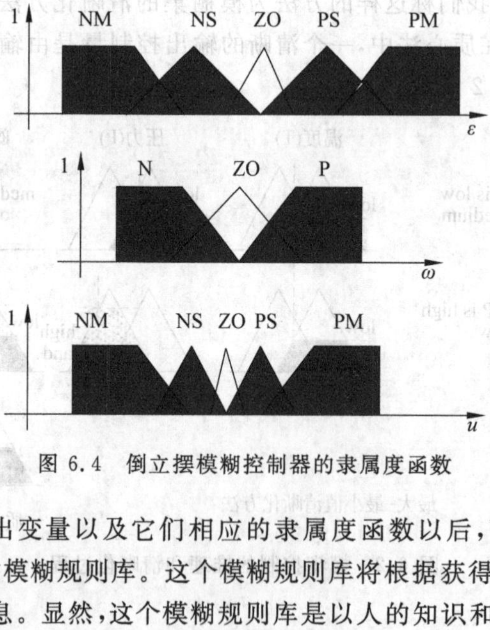

图 6.4　倒立摆模糊控制器的隶属度函数

在确定了输入与输出变量以及它们相应的隶属度函数以后，下一步是通过定义一族 IF-THEN 规则来确定的模糊规则库。这个模糊规则库将根据获得的输入信息和推理方式来决定所要求的输出信息。显然，这个模糊规则库是以人的知识和经验为基础的。作为例子，从控制单级倒立摆的模糊规则库中列出几条规则：

规则 1：If ω is PM and ε is ZO then u is NM

规则 2：If ω is PS and ε is P then u is NS

规则 3：If ω is PS and ε is N then u is ZO

规则 4：If ω is NS and ε is N then u is PS

规则 5：If ω is NM and ε is ZO then u is PM

在这里 PM、PS、ZO、NS 和 NM 分别代表模糊值 Positive Medium、Positive Small、Zero、Negative Small 和 Negative Medium。设计单级倒立摆模糊控制器的最后一步是选取一种清晰化方法，利用这种方法将由规则推理而得到的模糊值（集合）变换成一个清晰的电压输出值去控制电机。通过这个例子可以对模糊控制器的特点做如下概括。

（1）模糊控制器的设计是基于人的知识和经验，在对单级倒立摆模糊控制器的设计过程中没有借助于倒立摆的解析模型，所以模糊控制器适用于对无法精确解析建模的物理对象和信息不足的病态过程。

（2）从方法论的角度来说，模糊控制器的设计是以控制对象的物理特性为出发点，而不是以控制对象的数学表达形式为出发点，所以要想设计好一个给定对象的模糊控制器必须要了解控制对象的物理特性。

（3）由于人们知识和经验的不同和用来表达知识和经验的规则不同，人们在设计同一个被控对象时，将确定不同的隶属度函数和规则库，但都能达到良好控制的目的。

（4）模糊控制器设计的难点在于如何有效地确定隶属度函数和规则库，到目前为止是一个还没有解决的难题，所以在实际应用中常常借助于模拟仿真的手段或利用自组织的算法来优化隶属度函数和规则库。

从原理上来讲，设计一个用于实际工程系统的模糊控制器并不困难，因为它根本不需要很高深的数学工具。对于设计一个非线性系统的模糊控制器来说，与设计一个线性系统的模糊控制器没有什么本质上的区别，特别是它适用于无法精确解析建模的物理对象和信息不足的病态过程。正因为这些优点，仅有 30 多年历史的模糊控制方法已经广泛而成功地应用于许多领域，例如，机器人控制与导航、船舶的自动驾驶、蒸汽机、热水系统、水泥窑的控制、核反应堆系统、飞行器、洗衣机、电视机、照相机等。

6.4 模糊控制器的动态特性

事实上，模糊控制器是一个具有非线性特征的控制器。进一步分析模糊控制器的特性有助于模糊控制器的设计，因此本节将讨论模糊控制器的动态特性以及隶属度函数对控制特性的影响。

在这里选取一维的 bang-bang 模糊控制器作为分析的对象，控制器的输入量是 x，输出量是 u。为了简便起见，该控制器的输入量和输出量均定义三个模糊子集 $\mu_{ZO}(x)$，$\mu_{POS}(x)$ 和 $\mu_{NEG}(x)$，并且其隶属度函数为三角函数，如图 6.5 所示。为了使模糊控制器达到负反馈的作用，设计如下规则：

规则 1：If x is POS then u is NEG

规则 2：If x is ZO then u is ZO

规则 3：If x is NEG then u is POS

在这里 β 表示三角形隶属度 $\mu_{ZO}(x)$ 的宽度，d 是一个参变量（$0\leqslant d\leqslant 1$），并且 K 是模糊控制器的最大输出强度。为了便于分析，将该模糊控制器的激发状态分为如下三种情况。

第一种情况：当 $x<-\beta$ 时，仅规则 3 被激发，则控制器的输出 $u=K$。

第二种情况：当 $x<\beta$ 时，仅规则 1 被激发，则控制器的输出 $u=-K$。

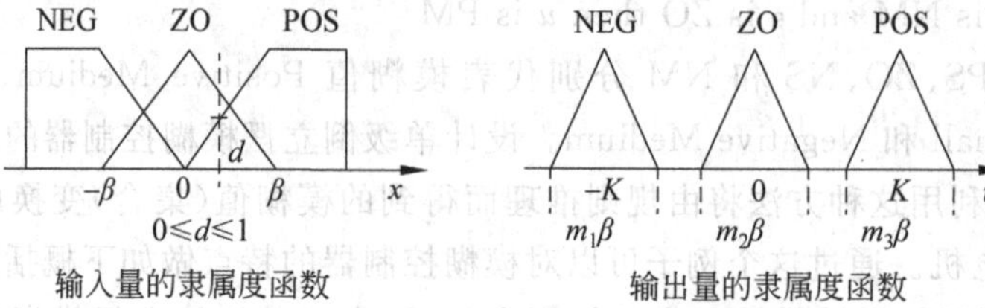

图 6.5 输入量、输出量的隶属度函数

第三种情况：当 $x=d\beta(0\leqslant d\leqslant 1)$ 时，规则 2 和 3 被激发，它们的激发过程如表 6.1 所示。

表 6.1 激发过程

输入模糊子集	激发强度	控制动作	推理的面积
ZO	$1-d$	ZO→0	$(1+d)(1-d)m_2\beta$
POS	d	NEG→$-K$	$(2-d)m_1\beta$

模糊控制器的第一步是根据输入量 x 的大小来确定有关模糊子集 $\mu_{\mathrm{ZO}}(x)$ 和 $\mu_{\mathrm{POS}}(x)$ 的强度，在这里分别用 $1-d$ 和 d。然后，根据所激发的规则来计算由模糊子集 $\mu_{\mathrm{ZO}}(x)$ 和 $\mu_{\mathrm{POS}}(x)$ 所产生的推理面积。根据定义的规则可知，输入端的隶属度函数 $\mu_{\mathrm{ZO}}(x)$ 与输出级的隶属度函数 $\mu_{\mathrm{ZO}}(u)$ 有关，而 $\mu_{\mathrm{POS}}(x)$ 与 $\mu_{\mathrm{NEG}}(u)$ 因为输出变量的隶属度函数是对称的，所以在输出级的对应于隶属度函数 $\mu_{\mathrm{ZO}}(u)$ 产生的推理面积可以由 $\mu_{\mathrm{ZO}}(u)$ 的右半边函数 $\mu_{\mathrm{ZO}}^{+}(u)$ 来求得（见图 6.6）。

$$\mu_{\mathrm{ZO}}^{+}(u)=1-\frac{u}{m_2\beta} \tag{6-1}$$

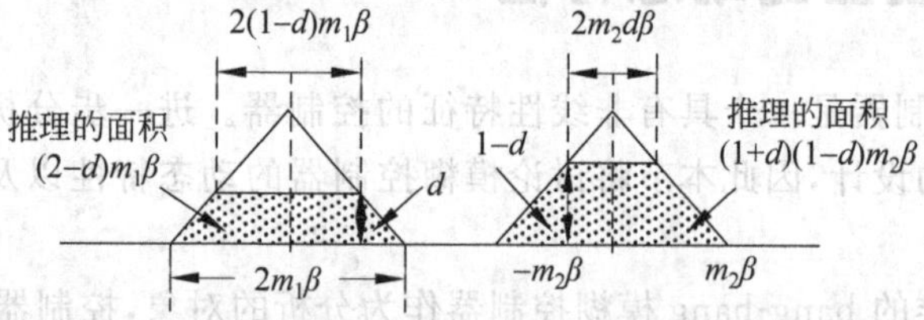

图 6.6 由模糊子集 $\mu_{\mathrm{ZO}}(u)$ 和 $\mu_{\mathrm{POS}}(x)$ 所产生的推理面积

因为它的激发强度是 $\mu_{\mathrm{ZO}}^{+}(u)=1-d$，相应的 u 值是 $m_2d\beta$，所以很容易根据梯形的面积公式来计算 $\mu_{\mathrm{ZO}}(u)$ 的推理面积

$$(2m_2d\beta+2m_2\beta)(1-d)/2=(1+d)(1-d)m_2\beta \tag{6-2}$$

同理，可以求得 $\mu_{\mathrm{NEG}}(u)$ 由 $\mu_{\mathrm{POS}}(x)$ 激发强度为 d，相应的 u 值是 $(1-d)m_1\beta$ 以及所得的推理面积为 $(2-d)m_1\beta$。利用质心法来对模糊推理的结果进行清晰化，可得到模糊控制器的输出 u

$$u=\frac{(1+d)(1-d)m_2\beta\times 0+(-K)(2-d)dm_1\beta}{(1+d)(1-d)m_2\beta+(2-d)dm_1\beta}$$

$$=-\frac{(2-d)dm_1\beta K}{(1+d)(1-d)m_2\beta+(2d-d^2)m_1\beta}$$

$$=-\frac{(2-d)dm_1S_k\beta}{(1+d)(1-d)m_2+(2d-d^2)m_1}\qquad (K=S_k\beta)$$

$$=-\underbrace{S_kd\beta}_{\text{线性部分}}-\underbrace{\frac{(d^3-d)m_2+(d^3-3d^2+2d)m_1}{(1-d^2)m_2+(2d-d^2)m_1}S_k\beta}_{\text{非线性部分}}\tag{6-3}$$

通过式(6-3)可以看出，模糊控制器是由线性和非线性两部分组成。为了研究模糊控制器的非线性特性，令 $m=m_2/m_1$ 来得到模糊控制器的非线性部分

$$u_{\mathrm{NL}}=-\frac{(2-m)d-3d^2+(m+1)d^3}{m+2d-(m+1)d^3}\tag{6-4}$$

在这里，让 m 在区域(0.2,2)内变化来考察模糊控制器输出非线性部分 u_{NL} 和模糊控制器输出 u 特性，如图 6.7 和图 6.8 所示。

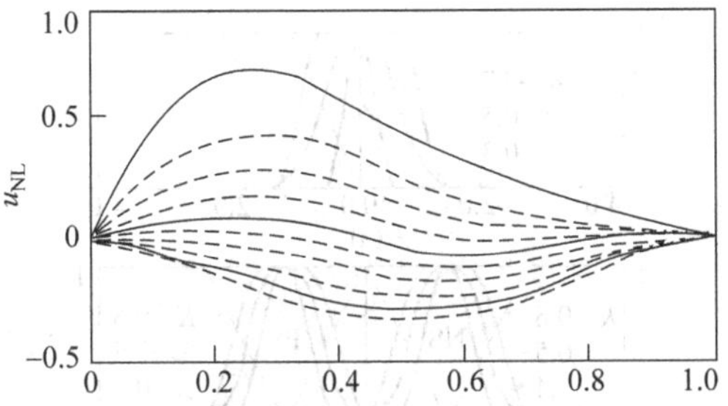

图 6.7 模糊控制器输出量的非线性部分

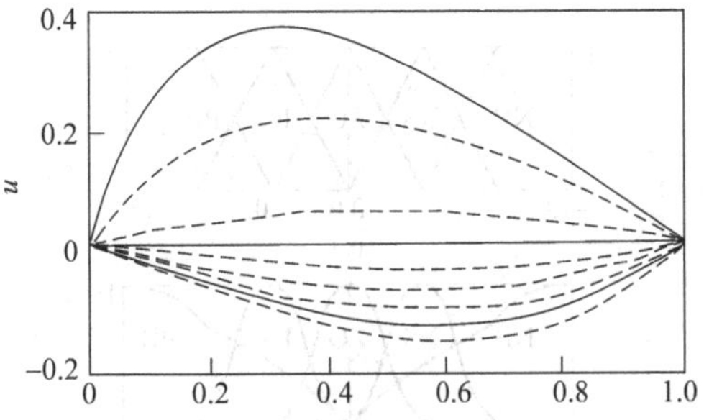

图 6.8 模糊控制器输出量

从这个例子可以看出，最简单的 bang-bang 模糊控制器具有很强的非线性特性。对于一个复杂模糊控制器来说它的解析表达式是十分复杂的，因为它的有效分析是十分困难的。显然，它的控制特性要受到隶属度函数和规则的影响。然而，针对一个特定的控制对象如何有效地选取隶属度函数，即如何确定隶属度函数的个数、形状和论域是没有解决好的问题。在这里，以传统的模糊控制器为背景（见图 6.9）来讨论隶属度函数的变化对控制特性的影响，表 6.2 给出了该模糊控制器的规则库。为此，我们选择如下的非线性系统作为研究的对象：

$$\ddot{y}+2.0\xi\omega\dot{y}y+\omega^2y^2=\omega^2u\tag{6-5}$$

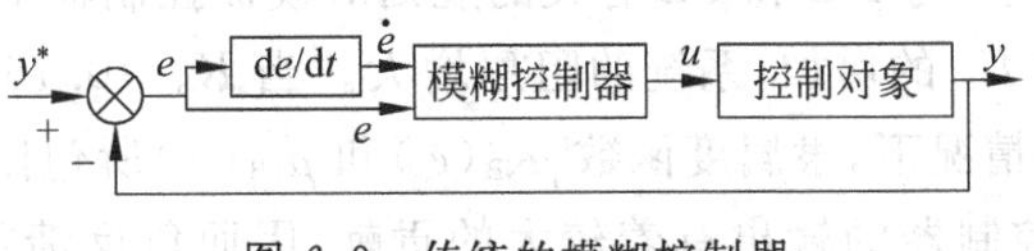

图 6.9 传统的模糊控制器

在这里，$\xi=1$ 和 $\omega=1$。在下面的讨论中，主要研究当误差变化率 $\dot{e}$ 的隶属度函数变化时，控制特性的变化。在这里，误差变化率 $\dot{e}$ 的隶属度函数被定义为三次样条插值，如图6.10(b)所示。这些隶属度函数的形状可以通过移动它们的“动点”来改变，这些“动点”沿着图 6.11 中给定虚线的移动是改变它们的参数来实现的。其中参数 K_b 表示隶属度函数 $\mu_{\mathrm{NB}}(\dot{e})$ 和 $\mu_{\mathrm{PB}}(\dot{e})$ 的移动点；K_s 表示隶属度函数 $\mu_{\mathrm{NS}}(\dot{e})$ 和 $\mu_{\mathrm{PS}}(\dot{e})$ 的移动点；K_z 表示隶属函度数 $\mu_{\mathrm{ZO}}(\dot{e})$ 的移动点，如图 6.11(a)～图 6.11(c)所示。为了方便起见 K_b、K_s、K_z 被记为矢量 K，并且

参数矢量 $K=(K_b,K_s,K_z)$。

表 6.2 模糊控制器的规则库

$\dot{e}$ \ e	NB	NS	ZO	PS	PB
NB	PB	PB	PB	PS	ZO
NS	PB	PB	PS	ZO	NS
ZO	PB	PS	ZO	NS	NB
PS	PS	ZO	NS	NB	NB
PB	ZO	NS	NB	NB	NB

能够在域内[0.15,0.85]×[0.15,0.85]×[0.15,0.85]变化。相反,相对于 e 和 u 的隶属度函数被选为三角函数,并且在系统的运行过程中不变,它们分别如图 6.10(a)和图6.10 (c)所示。

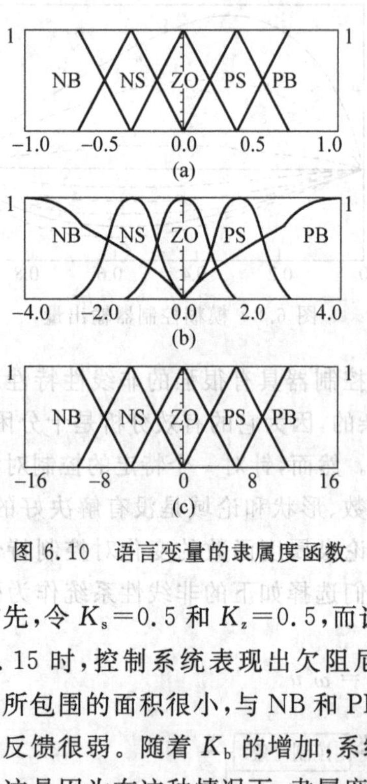

图 6.10 语言变量的隶属度函数

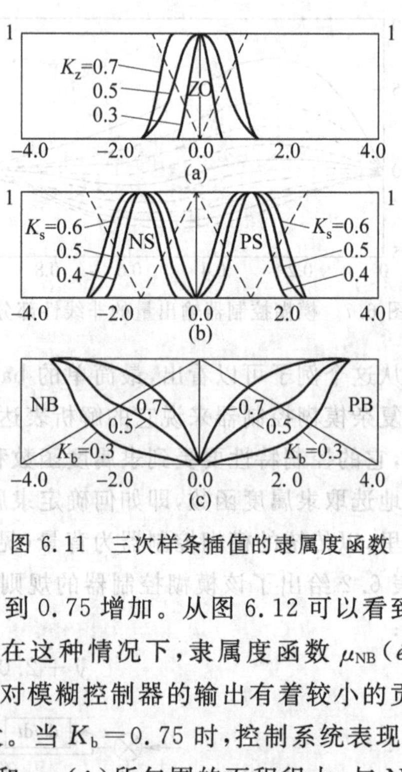

图 6.11 三次样条插值的隶属度函数

首先,令 $K_s=0.5$ 和 $K_z=0.5$,而让 K_b 从 0.15 到 0.75 增加。从图 6.12 可以看到,当 $K_b=0.15$ 时,控制系统表现出欠阻尼。这是因为在这种情况下,隶属度函数 $\mu_{NB}(\dot{e})$ 和 $\mu_{PB}(\dot{e})$所包围的面积很小,与 NB 和 PB 有关的规则对模糊控制器的输出有着较小的贡献,因而负反馈很弱。随着 K_b 的增加,系统的阻尼增大。当 $K_b=0.75$ 时,控制系统表现出过阻尼。这是因为在这种情况下,隶属度函数 $\mu_{NB}(\dot{e})$和 $\mu_{PB}(\dot{e})$所包围的面积很大,与 NB 和 PB 有关的规则对模糊控制器的输出有着较大的贡献,因而负反馈很强。类似地,令 $K_b=0.5$ 和 $K_z=0.5$,而让 K_s从 0.15 到 0.75 增加。从图 6.13 可以看到,当 $K_s=0.15$ 时控制系统表现出的阻尼要强于 $K_s=0.75$,这是因为当 K_s 很小时,隶属度函数 $\mu_{NS}(\dot{e})$和 $\mu_{PS}(\dot{e})$所包围的面积很小,与 NS 和 PS 有关的规则对模糊控制器的输出有着较小的贡献,相反这使 NB 和 PB 有关的规则对模糊控制器输出的贡献增加。最后,令 $K_b=0.5$ 和 $K_s=0.5$,而让K_z 从0.15到 0.85 增加。图的模拟结果表明,$K_z=0.15$ 和 $K_z=0.85$ 对系统的响应曲线变化不大。

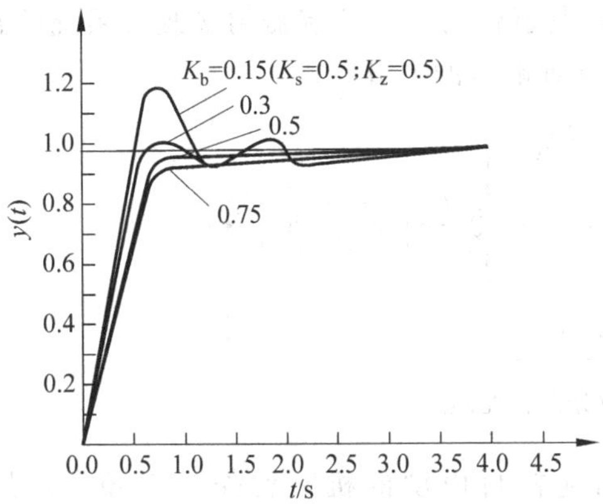

图 6.12 当参数 K_b 变化时系统的动态响应

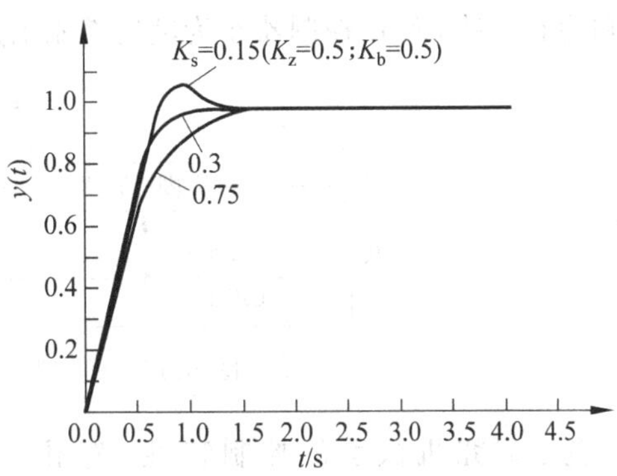

图 6.13 当参数 K_s 变化时系统的动态响应

通过模拟研究，可以得知隶属度函数 $\mu_{NB}(\dot{e})$ 和 $\mu_{PB}(\dot{e})$ 对系统的影响最大，而隶属度函数 $\mu_{ZO}(\dot{e})$ 对系统控制的特性影响最小，如图 6.14 所示。当然，也可以利用类似的方法来研究 e 和 u 的隶属度函数对控制特性的影响，这一点读者可以自行尝试。通过研究，我们认为在确定好控制器输入和输出变量论域的前提条件下，误差变化率 $\dot{e}$ 的隶属度函数对系统的影响较大。

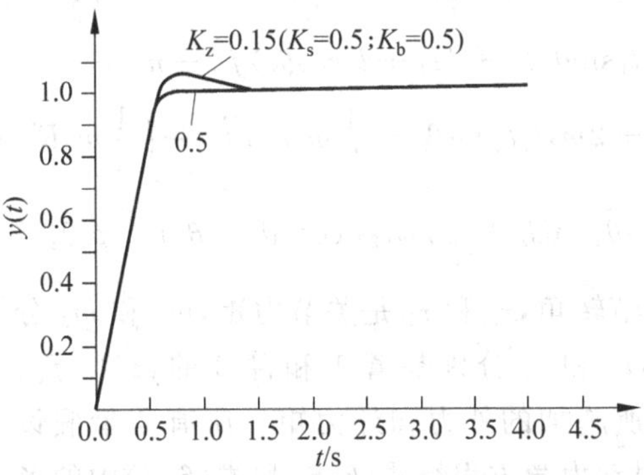

图 6.14 当参数 K_z 变化时系统的动态响应

6.5 用于机械手的混合模糊控制系统

众所周知，机械手的控制是一个非常复杂的控制过程。目前，绝大多数商品化的机器人都是把传统的 PID 控制器作为角关节的控制，因为这类控制器结构简单。然而，这类控制器难以保证在全局范围内获得理想的控制特性，因为机器人的运动学方程是高度非线性而且紧耦合，另外动力学方程的参数难以精确估算。自适应控制方法能够用来改善控制性能，但是它们的算法对实时控制来说又太复杂。基于经验知识的模糊控制器不需要一个精确的数学模型，所以它有可能适用于机器人的控制。在本节将讨论一种用于机械手的控制的高效能混合控制系统。该系统是由一个模糊逻辑(FL)控制器和一个传统的微分(D)控制器所构成的。图 6.15 给出了控制方案的框图。如前所述，在控制器中其模糊化部分是将实际的物理量通过隶属度函数转变为模糊量。控制器包含一个模糊规则集和 min-max 推理算法，以获得合适的模糊控制值。在这一方案中，FL 控制器作为主导控制器用来改善系统的瞬态和稳态性能，而 D 控制器作为辅助控制器用来保证响应的平滑性。

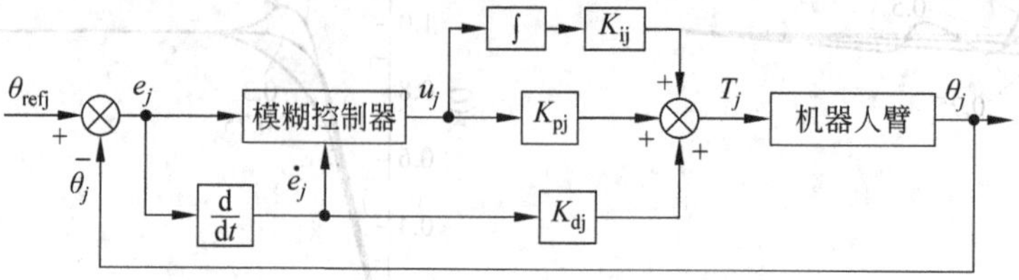

图 6.15　模糊逻辑与微分混合控制系统

为了研究机械手的控制特性，选用一个两连杆自由度的机械臂作为对象。使用 Lagrangian-Euler 和 Newton-Euler方法可以得到一个一般化机器的动力学方程。图 6.16 表示了一个两关节杆的机械手，其对应的(含负载项和摩擦力项)动力学方程如下：

$$\begin{aligned}\tau_1 = &\left[\frac{1}{4}(m_1R_1^2+m_2R_2^2)+\frac{1}{3}(m_1l_1^2+m_2l_2^2)+m_2l_1^2+m_2l_1l_2\cos\theta_2\right]\ddot{\theta}_1 \\ &+\left(\frac{1}{4}m_1R_2^2+\frac{1}{3}m_2l_2^2+\frac{1}{2}l_1l_2m_2\cos\theta_2\right)\ddot{\theta}_2-\frac{1}{2}m_2l_1l_2\dot{\theta}_2^2\sin\theta_2 \\ &-m_2l_1l_2\dot{\theta}_1\dot{\theta}_2\sin\theta_2+\frac{1}{2}m_2l_2g\cos(\theta_1+\theta_2)+\left(\frac{1}{2}m_1+m_2\right)l_1g\cos\theta_1 \\ &+v_1\dot{\theta}_1+l_1\sin\theta_2f_x+(l_2+l_1\cos\theta_2)f_y+n_z\end{aligned} \tag{6-6}$$

$$\begin{aligned}\tau_2 = &\left(\frac{1}{4}m_2R_2^2+2m_2l_1l_2\cos\theta_2+\frac{1}{3}m_2l_2^2\right)\ddot{\theta}_1+\left(\frac{1}{4}m_1R_2^2+\frac{1}{3}m_2l_2^2\right)\ddot{\theta}_2 \\ &+\frac{1}{2}m_2l_1l_2\dot{\theta}_1^2\sin\theta_2+\frac{1}{2}m_2l_2g\cos(\theta_1+\theta_2)+v_2\dot{\theta}_2+l_2f_y+n_z\end{aligned} \tag{6-7}$$

这里的 θ_1 和 θ_2 是关节转角，τ_1 和 τ_2 是关节力矩，m_1 和 m_2 分别是臂 1 和臂 2 的质量，l_1 和 l_2 分别是臂 1 和臂 2 的长度，f_x、f_y 和 n_z是在机械臂末端所施加的外力和外力矩。所有质量假设集中于臂的中心。现在对动力学方程组式(6-6)和式(6-7)中的各项做简单的物理解释。显然，与 f_x、f_y 和 n_z 有关的力矩是外部施加给机械臂的外力矩。其中，与重力加速度 g 有关的项是重力效应，它们是质量 m_1 和对各自关节轴所产生的力矩，并与手臂的姿态有关，当手臂沿水平轴完全伸开时，重力所产生的力矩最大。其中与角加速度 $\ddot{\theta}_j$ 有关的项是转动惯量项，它们与机械臂的转动惯量有关，并且转动惯量随机械臂的姿态而改变。当手臂全部伸开时，转动惯量最大；而当手臂全部收回时，转动惯量最小。与速度平方项 $\dot{\theta}_j^2$ 有关的力矩是由离心力所产生；而与两关节速度乘积 $\dot{\theta}_1\dot{\theta}_2$ 有关的力矩是由哥氏力所产生。

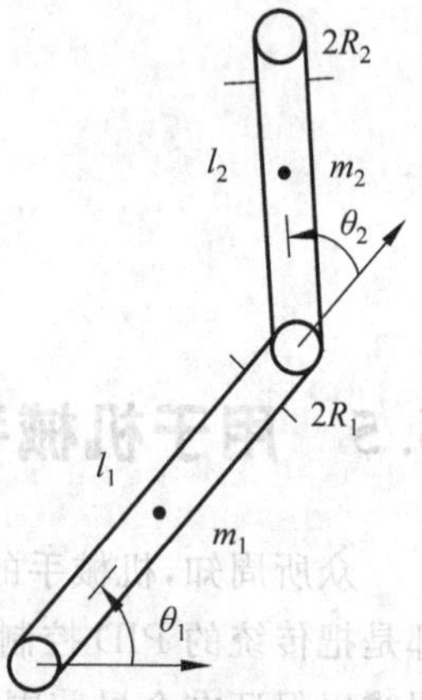

图 6.16　两关节连杆的机械手

从动力学方程组式(6-6)和式(6-7)可以看出，其动力学特征既是非线性又是相互耦合的。此外，实际上动力学方程组中的参数，如质量 m_1 和 m_2 及臂长度 l_1 和 l_2 都很难精确得到。如果采用 PID 控制，提供给第 j 个角关节的力矩可以由下式计算：

$$\tau_j = K_{Pj}e_j(t) + K_{Ij}\int e_j(t)\mathrm{d}t + K_{Dj}\,\dot{e}_j(t) \tag{6-8}$$

这里控制器的参数 K_{Pj}、K_{Ij}和 K_{Dj}可以由 Ziegler Nichols 方法来确定，$e_j(t)=\theta_{\text{refj}}-\theta_j$ 是第 j 个角变量误差，其中 $j=1,2$。

隶属度函数和模糊规则集根据我们的知识或经验来确定。第 j 个角关节控制器的输入信号是关节角误差以及它的微分量，控制器的输出信号由模糊规则集确定。语言变量 PB(positive big)、PM(positive medium)、PS(positive small)、NS(negative small)、NM(negative medium)、NB(negative big)和 ZO(zero)用于模糊化 $e_j(t)$和 $u_j(t)$，而 P(positive)、N(negative)和 ZO(zero)用来模糊化$\dot{e}_j(t)$。其隶属度函数如图 6.17 所示。角关节 1 和角关节 2 的模糊规则集在逻辑上是一致的，如表 6.3 所示。一般而言，三角形的隶属度函数常用于模糊控制中。由经验可知道，系统的瞬态响应取决于$\dot{e}_j(t)$的隶属度函数，而稳态误差则受$u_j(t)$的隶属度函数的影响。因此，我们提出如下准则。

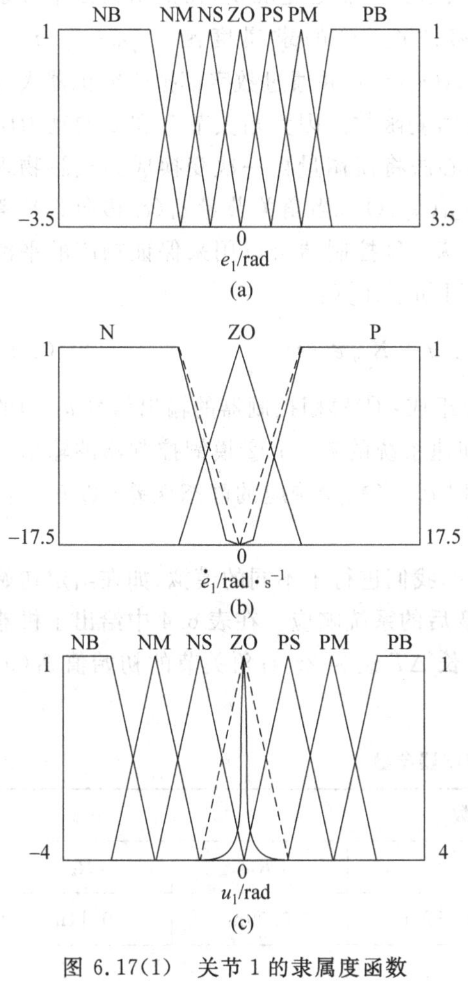

图 6.17(1) 关节 1 的隶属度函数

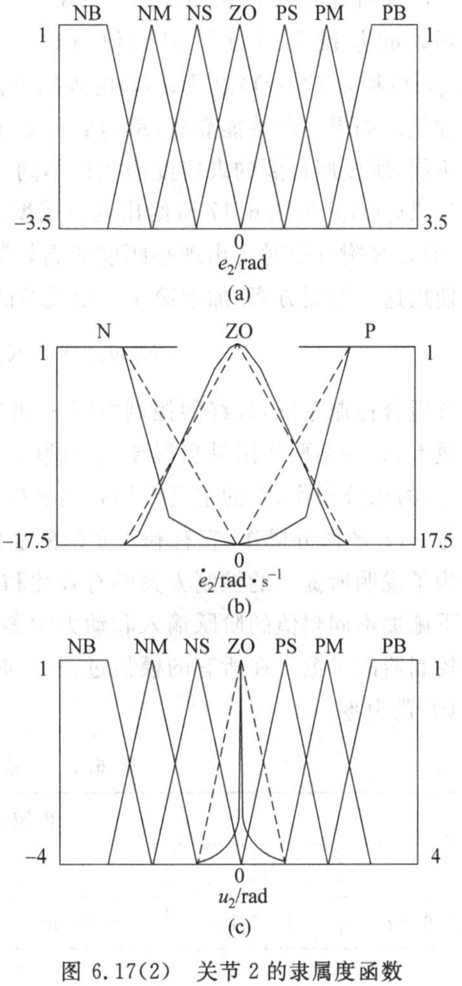

图 6.17(2) 关节 2 的隶属度函数

(1) 如果 $\theta_j(t)$远离 θ_{refj}，那么角关节上应施加强的加速控制以减少其误差 $e_j(t)$。

(2) 如果 $\theta_j(t)$接近 θ_{refj}，则应施加强的减速控制以抑制角关节的速度。

(3) 如果在瞬态过程之后存在一个稳态误差，那么 FL 控制器应产生一个合适的输出 $u_j(t)$以便消除这一误差。

表 6.3　机械手角关节 1 和 2 的模糊规则集

$\dot{e}_j$ \ e_j	NB	NM	NS	ZO	PS	PI	P
N	PB	PM	PM	PS	ZO	NS	NM
ZO	PB	PM	PS	ZO	NS	NM	NB
P	PM	PS	ZO	NS	NM	NM	NB

因为稳态误差与 $u_j(t)$的隶属度函数 $\mu_{PB}(u_j(t))$、$\mu_{PM}(u_j(t))$、$\mu_{PS}(u_j(t))$、$\mu_{NS}(u_j(t))$、$\mu_{NM}(u_j(t))$和 $\mu_{NB}(u_j(t))$无关，因此只需要研究 $u_j(t)$的隶属度函数 $\mu_{ZO}(u_j(t))$对稳态误差的影响以及研究 $e_i(t)$的隶属度函数与瞬态特性的关系。按照上述准则，在常用的三角形隶属度函数的基础上通过增加插值点的办法来修改 $\dot{e}_j(t)$的隶属度函数 $\mu_P(\dot{e}_j(t))$、$\mu_{ZO}(\dot{e}_j(t))$和 $\mu_N(\dot{e}_j(t))$以及 $u_j(t)$的隶属度函数 $\mu_{ZO}(u_j(t))$，并通过数字模拟研究机器人的控制性能。如果控制性能满意，就得到所要求的隶属度函数。因为角关节 1 和 2 的动力学特征不同，所以所得到的隶属度函数也不同。用质心法将模糊量再一次变换成为实际物理量。如果$u_j(t)$采用图 6.17 所给出的隶属度函数 $\mu_{ZO}(u_j(t))$，当角关节量 $\theta_j(t)$移向其参考值 $\theta_{\mathrm{ref}j}$时在其附近有时会出现小幅度的高频脉冲振荡。D 控制器可以用来保证响应的平滑性。使用这一控制方案，加给第 j 个角关节的力矩可如下计算：

$$\tau_j = K_{Pj}u_j(t) + K_{Ij}\int u_j(t)\,\mathrm{d}t + K_{Dj}\dot{e}_j(t) \tag{6-9}$$

利用该混合控制系统，最终的控制力矩 τ_j 由三部分组成：①模糊控制器的输出信号 $u_j(t)$的比例放大，它的主要作用是当误差 $e_j(t)$很大时来加速系统的响应；②模糊控制器的输出信号 $u_j(t)$的积分操作，它的主要作用是当 $\theta_j(t)$接近时 $\theta_{\mathrm{ref}j}$来减少响应的静态误差；③速度反馈信号 $e_j(t)$的微分操作，它有利于系统的稳定。

为了说明所提出的控制方案的有效性和鲁棒性，我们进行了不同的模拟，如在给定初始姿态下施加不同幅值的阶跃输入和动力学参数改变后的系统响应。在表 6.4 中给出了机器人和控制器的参数。在所有的模拟过程中，时间步长 ΔT 选为 2ms；角关节的初始值 $\theta_1(0)$和 $\theta_2(0)$置为零。

表 6.4　机械手和控制器参数

机械臂的参数					
m_1	m_2	l_1	l_2	R_1	R_2
15.91kg	11.36kg	0.435m	0.4325m	0.09m	0.11m

控制参数		
K_{p1}=800Nm/rad	K_{i1}=200Nm/(rad·s)	K_{d1}=50(Nm·s)/rad
K_{p2}=800Nm/rad	K_{i2}=200Nm/(rad·s)	K_{d2}=50(Nm·s)/rad

模拟 1 ($\theta_{ref1}=60°, \theta_{ref2}=60°$)

图 6.18 示出了机器人的响应。使用 FL 控制，在启动阶段($0s<t<0.2s$)有很强的加速控制施加在角关节 1 和 2 上；当 $\theta_1(t)$ 和 $\theta_2(t)$ 接近 θ_{ref1} 和 θ_{ref2} 时有很强的减速控制施加在角关节 1 和 2。可以清楚地观察到：与 PID 控制相比，FL 控制展示了非常小的超调量，快的过渡时间和高的精度。

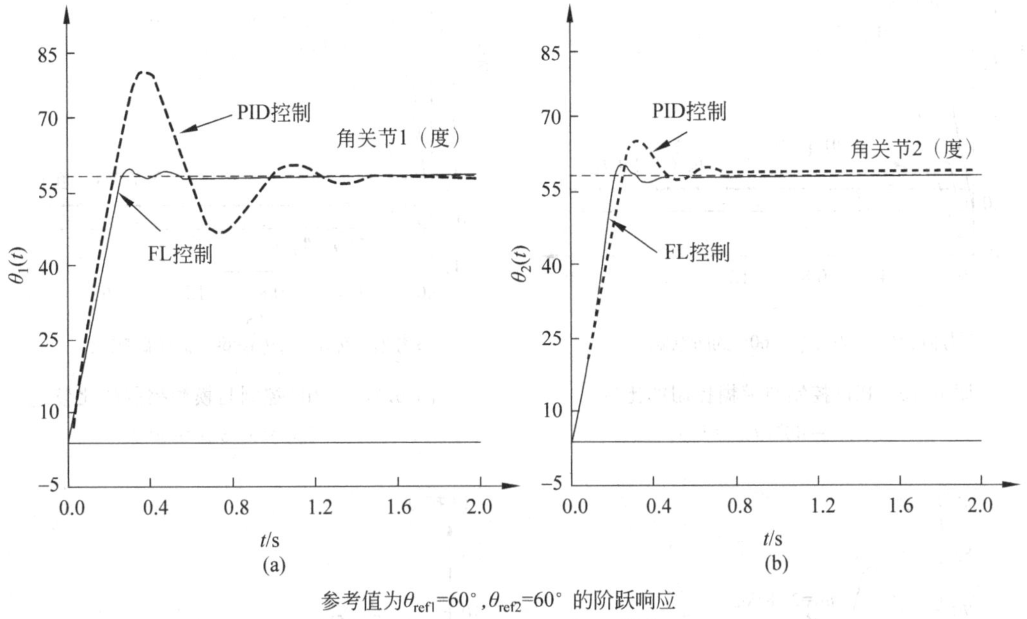

图 6.18 PID 控制与模糊控制的比较($\theta_{ref1}=60°, \theta_{ref2}=60°$)

模拟 2 ($\theta_{ref1}=60°, \theta_{ref2}=5°$)

在这一情况下，$e_1(0)$很大而 $e_2(0)$很小，所以当角关节 $\theta_1(t)$ 以很高的速度移向 $\theta_{ref1}(t)$ 时，角关节 2 将经受一个由 $\theta_1(t)$ 产生的耦合力矩。在 PID 控制下，在启动阶段($0s<t<0.2s$)角关节 $\theta_2(t)$ 由于耦合力矩向参考值相反的方向运动，如图 6.19 所示。然而，模糊控制能够有效地补偿这一耦合影响，同样获得理想的控制性能。

模拟 3($\theta_{ref1}=5°, \theta_{ref2}=60°$)

这一例子与模拟 2 相反。因为 $e_1(0)$很小，$e_2(0)$很大，当角关节 $\theta_2(t)$ 以高速向 θ_{ref2} 运动时，角关节 1 将经受一个由角关节 $\theta_2(t)$ 所产生的耦合力矩。类似地，角关节 1 的 PID 控制不能有效地补偿来自角关节 $\theta_2(t)$ 的耦合力矩，如图 6.20 所示角关节 $\theta_1(t)$ 的响应特性变得非常差，这是由于控制器的参数不适合这一姿态。如果我们通过增加 K_{P1} 和 K_{i1} 来改善在这一姿态下的控制特性，可以在模拟 1 中 $\theta_1(t)$ 的超调量将变得更大。而模糊控制同样展示了理想的控制性能。

模拟 4(质量的改变)

在这一模拟中，假定其参考值($\theta_{erf1}=60°, \theta_{ref2}=15°$)，$m_1$ 和 m_2 增加 50%(在实际当中尽管不能准确获得，但不会相差 50%)。图 6.21(a)给出的模拟结果表明，在质量 m_1 和 m_2 分别增加 50%以后由 PID 控制的系统其响应特性变坏，如超调量增加而且振荡次数增加。而 FL 控制在质量 m_1 和 m_2 增加 50%的条件下仍能获得非常理想的控制特性如图 6.21(b)所示。

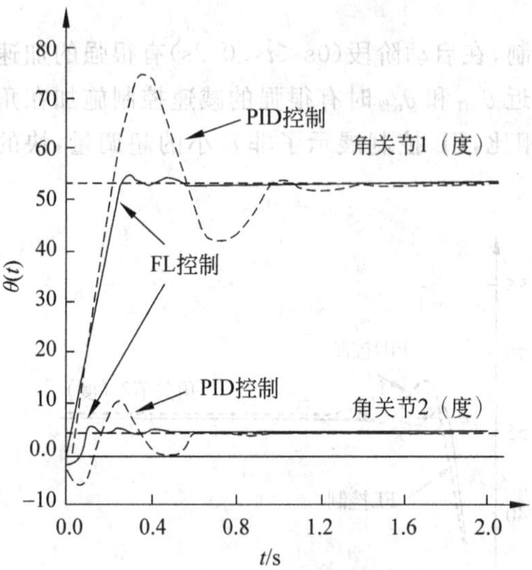

参考值为θ_{ref1}=60°，θ_{ref2}=60° 的阶跃响应

图 6.19　PID 控制与模糊控制的比较

（$\theta_{ref1}=60°$，$\theta_{ref1}=5°$）

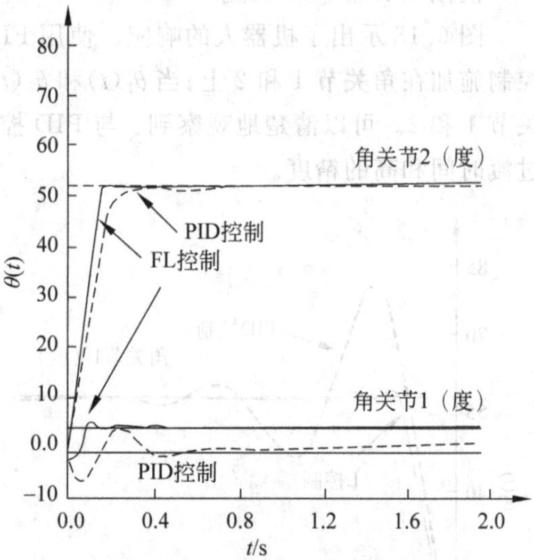

参考值为θ_{ref1}=5°，θ_{ref2}=60° 的阶跃响应

图 6.20　PID 控制与模糊控制的比较

（$\theta_{ref1}=5°$，$\theta_{ref2}=60°$）

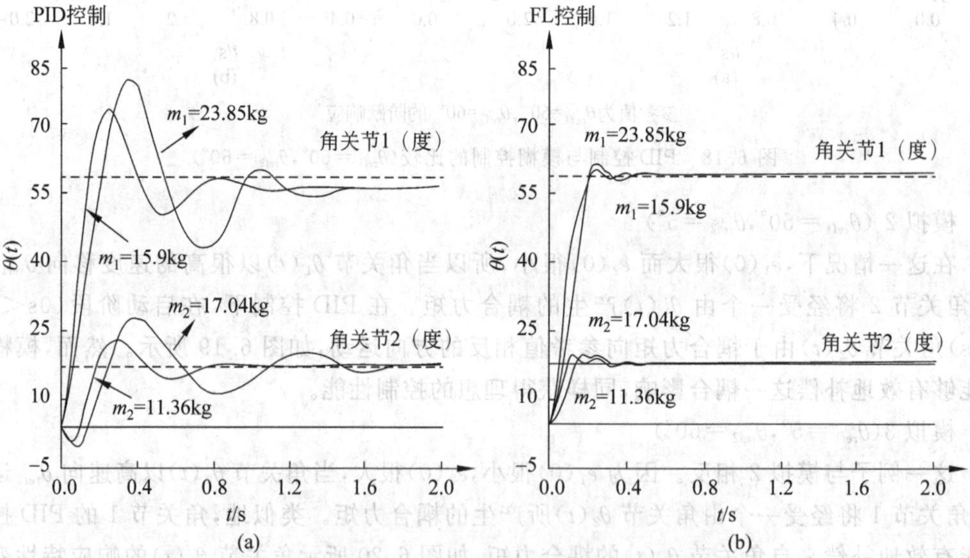

质量改变50%的阶跃响应（θ_{ref1}=60°，θ_{ref2}=15°）

图 6.21　质量改变时 PID 控制与模糊控制的比较

模拟 5(臂长度的改变)

在这一模拟中，仍假定其参考值 $\theta_{ref1}=60°$，$\theta_{ref2}=15°$。l_1 和 l_2 增加 50%(在实际中臂长 l_1 和 l_2 也不会由于不准确而导致 50%的误差)。显然，由于臂长 l_1和 l_2的增加，将增加系统的不稳定性。图 6.22(a)给出的模拟结果表明，在臂长 l_1 和 l_2增加 50%以后，PID 控制器将使系统的超调量和振荡次数明显增大。要使系统在这一几何参数改变的条件下仍能良好地工作，应相应改变控制器的参数。而模糊控制同样展示了非常良好的鲁棒性，如图 6.22(b)

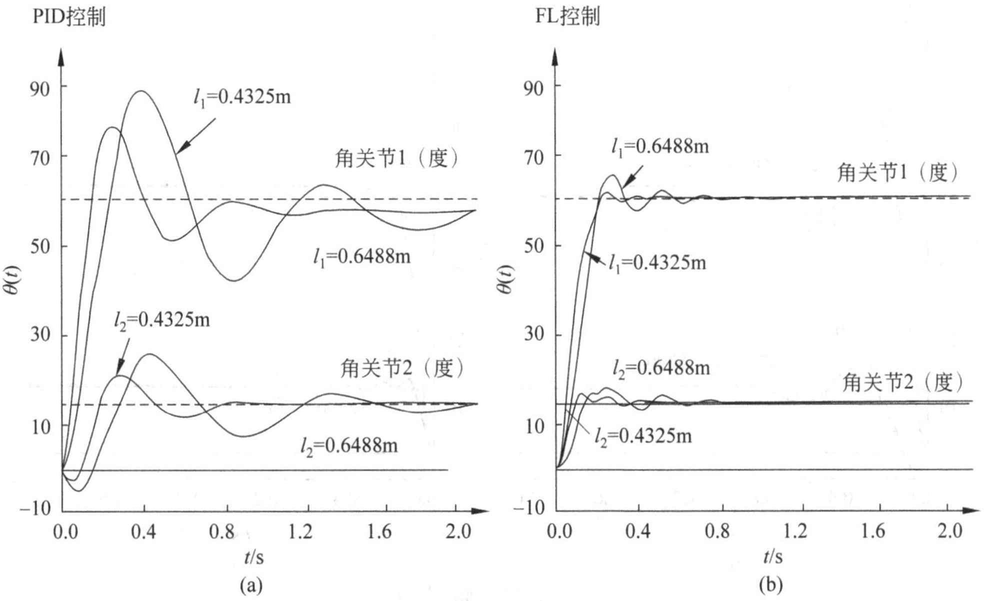

质量改变50%的阶跃响应（θ_{ref1}=60°，θ_{ref2}=15°）

图 6.22　臂长度改变时 PID 控制与模糊控制的比较

所示。

模拟 6(摩擦力的变化)

图 6.23 给出了当存在角关节摩擦力时控制机器人的模拟结果。参考值仍设置为 $\theta_{erf1}=60°$，$\theta_{ref2}=15°$，图 6.23(a)中摩擦力的系数为 $v_1=0$ 和 $v_2=0$；在图 6.23(b)中摩擦力的系数为 $v_1=15$ Nm·s 和 $v_2=15$ Nm·s 。比较图 6.23(a)和图 6.23(b)，可以发现使用 PID 控制器时摩擦力的变化对机器人的动态响应有着较大的影响。而 FL 控制器能够自适应补偿这些摩擦力，以至于在没有摩擦力和存在摩擦力时均能获得理想的控制特性。

模拟 7(负载的变化)

图 6.24 给出了当负荷变化时控制机器人的模拟结果。参考值仍设置为 $\theta_{ref1}=60°$，$\theta_{ref2}=15°$，图 6.24(a)中为空载：$f_x=0$，$f_y=0$ 和 $n_z=0$；在图 6.24(b)中负载为 $f_x=25$N，$f_y=30$N和 $n_z=20$Nm。比较图 6.24(a)和图 6.24(b)，可以发现使用 PID 控制器时负荷的变化对机器人的静态精度有着较大的影响。而 FL 控制器能够自适应补偿这些负荷的变化，以至于在负载变化时均能获得理想的控制特性。这些模拟结果表明，此控制方案具有很好的鲁棒性，它适用于像机器人这样具有非线性动力学特征和参数不能精确估算的系统。

6.6　模糊控制器的优化方法

在过去的 30 多年中，模糊逻辑控制器已经成功地应用于许多具有非线性动力学方程或具有未知结构的系统，因为这种控制器是利用模糊集合与模糊规则将人的经验和知识集成到控制器中的。然而，模糊逻辑控制器具有难以优化的严重缺陷。

一种优化模糊逻辑控制器常用方法是控制工程师根据经验定义语言变量的隶属度函数和控制规则。这些存储在计算机内的隶属度函数和控制规则在系统运行过程中将不能被改

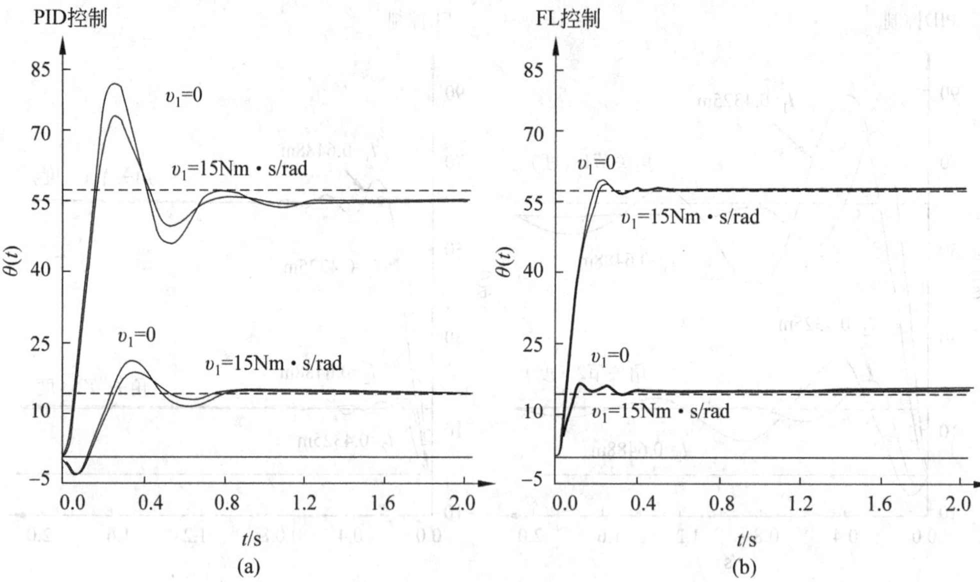

(θ_{ref1}=60°, θ_{ref2}=15°)

图 6.23 摩擦力变化时 PID 控制与模糊控制的比较

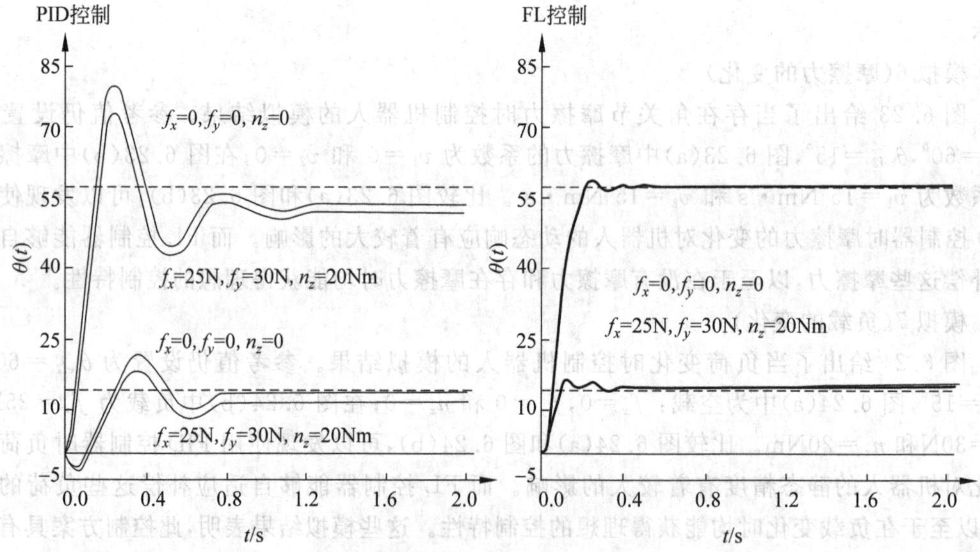

(θ_{ref1}=60°, θ_{ref2}=15°)

图 6.24 负载变化时 PID 控制与模糊控制的比较

变。不幸的是，对于一个具有特定要求的系统来说，不存在一般性准则来有效地确定隶属度函数和控制规则。优化模糊逻辑控制器的另一种方法是根据系统的前期响应利用自组织算法来自动地修改规则，以达到理想的控制效果。在这一方法中，修改规则库事实上是基于一个定义的性能指标来优化一个决策表。然而，在这样一个决策表中存在着许多的元素要在系统运行过程被优化（这是一个高维的优化问题），所以要在较少的采样时间内完成规则库的优化是一个艰苦的工作。

在本节，在图 6.25 所示的控制结构基础上提出了一种自动地调节模糊控制器的新方法。该方法的主要思想是来自动地修改隶属度函数的形状而不是修改规则库。在这里，仍利用 6.4 节所选取的隶属度函数。然后利用 Nelder Mead 单纯形法根据系统的前期响应来优化它们。这种方法比传统的自组织方法更为有效，因为它把优化决策表转变为寻找决定某些特定隶属度函数形状的参数矢量。此外，利用两个或三个参数来调节模糊控制器也能够容易被控制工程师完成。

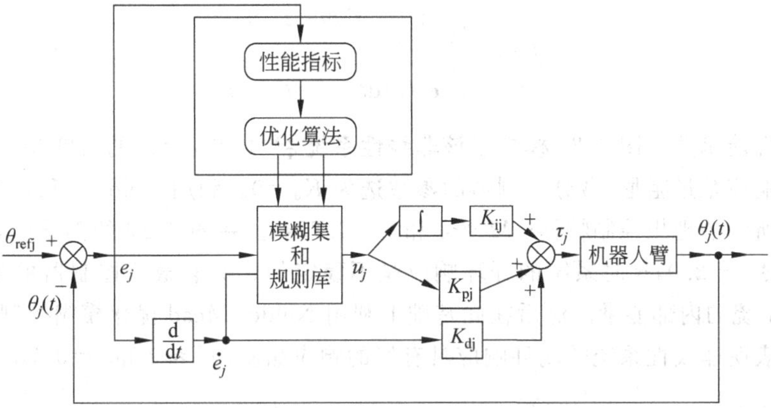

图 6.25　自动调节的模糊控制

在这里，利用误差平方积分准则：

$$\boldsymbol{J}=\int_0^{t_0} e^2(t)\,\mathrm{d}t \tag{6-10}$$

来描述系统的响应性能。如前所述，因为对应于误差变化率 $\dot{e}(t)$ 隶属度函数的参数矢量 $\boldsymbol{K}=(K_b,K_s,K_z)$ 对系统的响应特性有着极大的影响，所以 $\boldsymbol{J}=f(K_b,K_s,K_z)$ 或 $\boldsymbol{J}=f(\boldsymbol{K})$ 是参数矢量 $\boldsymbol{K}=(K_b,K_s,K_z)$ 的函数。为了获得理想的控制特性，必须通过搜索相应的矢量 $\boldsymbol{K}^*=(K_z^*,K_s^*,K_b^*)$ 来计算最小值 $f(\boldsymbol{K}^*)$。因为许多系统难以获得它的精确动力学方程，所以很难得到其解析式。因为 Nelder Mead 单纯形算法适用于求解那些缺乏解析模型的优化问题，所以它被用来优化隶属度函数。根据前面的讨论，隶属度函数 $\mu_{ZO}(\dot{e}(t))$ 对系统的控制特性影响很弱，所以参数 K_z 在系统运行过程假设为常数。利用 Nelder Mead 单纯形算法计算最小值简述如下。

(1) 从三个点开始 $\boldsymbol{K}_1=(c,K_s^{(1)},K_b^{(1)})$，$\boldsymbol{K}_2=(c,K_s^{(2)},K_b^{(2)})$，$\boldsymbol{K}_3=(c,K_s^{(3)},K_b^{(3)})$ 并且计算 $\boldsymbol{J}_1=f(\boldsymbol{K}_1)$，$\boldsymbol{J}_2=f(\boldsymbol{K}_2)$ 和 $\boldsymbol{J}_3=f(\boldsymbol{K}_3)$。

(2) 找出最大值 $\boldsymbol{J}_h$、中间值 $\boldsymbol{J}_g$ 和最小值 $\boldsymbol{J}_l$ 以及相应的点 $\boldsymbol{K}_h$、$\boldsymbol{K}_g$ 和 $\boldsymbol{K}_l$。

(3) 找出 $\boldsymbol{K}_g$ 和 $\boldsymbol{K}_l$ 的中点：$\boldsymbol{K}_f=0.5(\boldsymbol{K}_g+\boldsymbol{K}_l)$ 并且计算 $\boldsymbol{J}_f=f(\boldsymbol{K}_f)$。

(4) 在 $\boldsymbol{K}_f$ 的方向反射 $\boldsymbol{K}_h$ 计算 $\boldsymbol{K}_r$ 和 $\boldsymbol{J}_r=f(\boldsymbol{K}_r)$。

(5) 如果 $\boldsymbol{J}_r\geqslant\boldsymbol{J}_g$，进行压缩 $\boldsymbol{K}_c=\gamma\boldsymbol{K}_h+(1-\gamma)\boldsymbol{K}_f$ 并计算 $\boldsymbol{J}_c=f(\boldsymbol{K}_c)$，这里 $\gamma(0<\gamma<1)$ 是压缩系数。如果 $\boldsymbol{J}_r<\boldsymbol{J}_g$，从 $\boldsymbol{K}_c=\gamma\boldsymbol{K}_r+(1-\gamma)\boldsymbol{K}_f$ 计算 $\boldsymbol{K}_c$ 和求解 $\boldsymbol{J}_c=f(\boldsymbol{K}_c)$。

(6) 如果 $\boldsymbol{J}_c<\boldsymbol{J}_h$，用 $\boldsymbol{K}_c$ 代替 $\boldsymbol{K}_h$，检查收敛性并且如果不收敛返回到第(2)步。如果 $\boldsymbol{J}_c\geqslant\boldsymbol{J}_h$，走向下一步。

(7) $\boldsymbol{K}_h = \boldsymbol{K}_h + 0.5(\boldsymbol{K}_h - \boldsymbol{K}_l)$和$\boldsymbol{K}_g = \boldsymbol{K}_g + 0.5(\boldsymbol{K}_g - \boldsymbol{K}_l)$减少单纯形的尺寸并且计算$\boldsymbol{J}_h$和$\boldsymbol{J}_g$,检查收敛性并且如果不收敛返回到第(2)步。

为了验证所提方法的有效性和鲁棒性,我们利用数字仿真来模拟式(6-5)的非线性系统的阶跃、线性和正弦响应。在所有的仿真研究中,控制对象的初值 $y(0)$, $\dot{y}(0)$设置为零。

模拟 1(阶跃响应)

在正向阶跃控制中,选取

$$J = \begin{cases} \int_0^{t_0} 150e^2(t)\,\mathrm{d}t & t \geqslant 0 \\ \int_0^{t_0} e^2(t)\,\mathrm{d}t & t < 0 \end{cases} \tag{6-11}$$

作为系统的性能函数。图 6.26 模拟了该非线性系统 $\xi=1$ 和 $\omega=1$)的阶跃响应。因为这个系统的开环响应是过阻尼,微分控制器的参数选为 $K_d=0$。利用 Nelder Mead 优化算法,我们得到了图所示的理想控制特性($M_p \approx 0$ 和 $t_s=0.72$s)。在图 6.27 的例子中,选取非线性系统的参数 $\xi=-2.0$,这时系统的开环响应是不稳定的。选取微分控制器的参数为 $K_d=4.0$ 来消除系统的内部能量。然后在此基础上利用 Nelder Mead 优化模糊控制器。图 6.27 的模拟结果表明非线性系统的闭环响应具有好的响应品质($M_p \approx 0$ 和$t_s=0.78$s)。

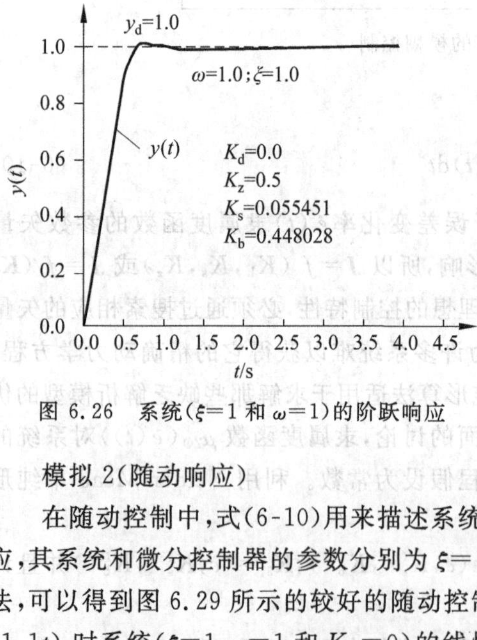

图 6.26 系统($\xi=1$ 和 $\omega=1$)的阶跃响应

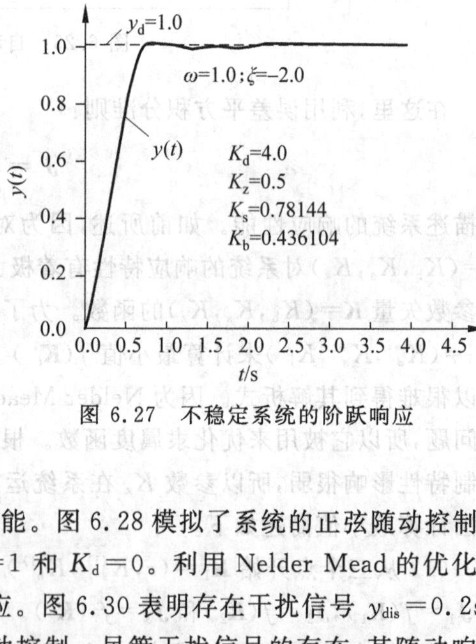

图 6.27 不稳定系统的阶跃响应

模拟 2(随动响应)

在随动控制中,式(6-10)用来描述系统的性能。图 6.28 模拟了系统的正弦随动控制响应,其系统和微分控制器的参数分别为 $\xi=1$, $\omega=1$ 和 $K_d=0$。利用 Nelder Mead 的优化算法,可以得到图 6.29 所示的较好的随动控制响应。图 6.30 表明存在干扰信号 $y_{dis}=0.2\sin(1.1t)$ 时系统($\xi=1$, $\omega=1$ 和 $K_d=0$)的线性随动控制。尽管干扰信号的存在,其随动响应的误差极小。

利用 Nelder Mead 算法优化模糊控制器的优点在于:优化过程的收敛性好并且与选取的初值无关,但它的缺点是难以做到模糊控制器的在线学习。为了使模糊控制能够在系统的运行在线地调整和修改自身的参数,模糊控制器的结构可以用一神经网络来表达。

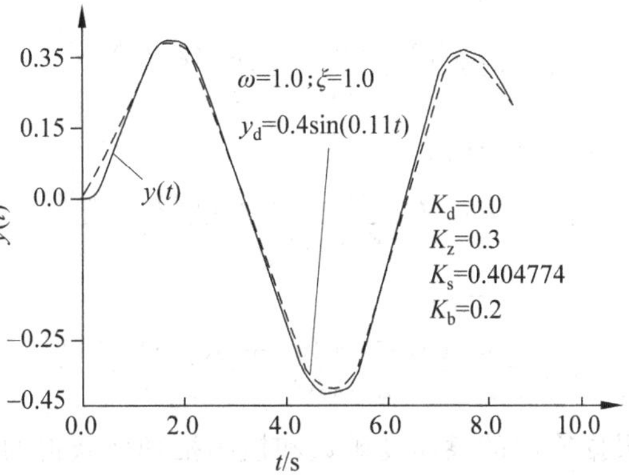

图 6.28 系统的正弦随动控制响应

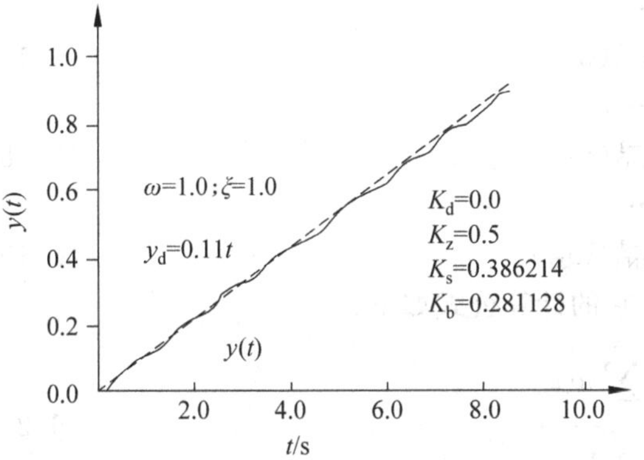

图 6.29 系统的线性随动控制响应

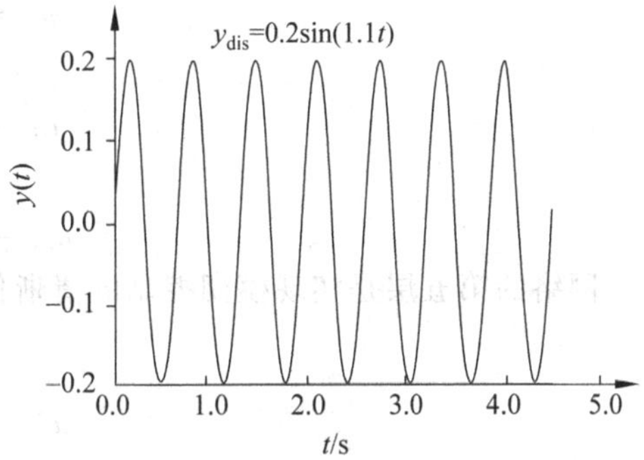

图 6.30 系统的干扰信号

图 6.31 示出了一种神经-模糊网络。在这种结构中，网络的第一和第二层用来表达输入量的隶属度函数。网络的第三层用来表达表中的规则。例如，表的规则可以表示如下。

规则 1：If e is NB and $\dot{e}$ NB Then y is PB

…

规则 i：If e is PB and $\dot{e}$ NB Then y is ZO

…

规则 j：If e is NB and $\dot{e}$ PB Then y is ZO

…

规则 25：If e is PB and $\dot{e}$ PB Then y is NB

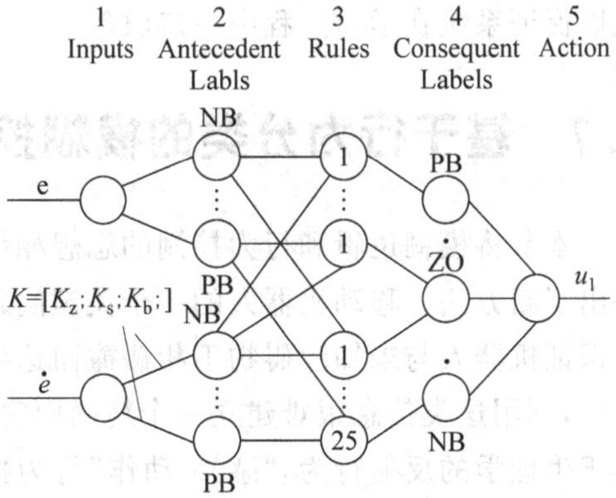

图 6.31 一种神经-模糊网络控制器

由于传统的模糊推理方法，像 Max-Min 等方法，都不可微分，所以不能够利用神经网络学习。为了克服这一缺陷，我们利用 Hamid R. Berenji 的 softmin 来实现模糊推理。例如，规则 1 可以用下式表示：

$$w_1 = \frac{\mu_{\mathrm{NB}}(e)\mathrm{e}^{-K\mu_{\mathrm{NB}}(e)} + \mu_{\mathrm{NB}}(\dot{e})\mathrm{e}^{-K\mu_{\mathrm{NB}}(\dot{e})}}{\mathrm{e}^{-K\mu_{\mathrm{NB}}(e)} + \mathrm{e}^{-K\mu_{\mathrm{NB}}(\dot{e})}} \tag{6-12}$$

$$\cdots$$

$$w_i = \frac{\mu_{PB}(e)e^{-K\mu_{PB}(e)} + \mu_{NB}(\dot{e})e^{-K\mu_{NB}(\dot{e})}}{e^{-K\mu_{PB}(e)} + e^{-K\mu_{NB}(\dot{e})}} \tag{6-13}$$

$$\cdots$$

$$w_j = \frac{\mu_{NB}(e)e^{-K\mu_{NB}(e)} + \mu_{PB}(\dot{e})e^{-K\mu_{PB}(\dot{e})}}{e^{-K\mu_{NB}}(e) + e^{-K\mu_{PB}(\dot{e})}} \tag{6-14}$$

$$\cdots$$

$$w_{25} = \frac{\mu_{PB}(e)e^{-K\mu_{PB}}(e) + \mu_{NB}(\dot{e})e^{-K\mu_{NB}(\dot{e})}}{e^{-K\mu_{PB}(e)} + e^{-K_{\mu_{NB}}(\dot{e})}} \tag{6-15}$$

在网络的第四层，根据输出的隶属度函数和模糊推理所获得的权值 w_i 来计算每条规则的激发强度

$$u_1 = \mu_{PB}^{-1}(w_1) \tag{6-16}$$

$$\cdots$$

$$u_i = \mu_{ZO}^{-1}(w_i) \tag{6-17}$$

$$\cdots$$

$$u_j = \mu_{ZO}^{-1}(w_j) \tag{6-18}$$

$$\cdots$$

$$u_{25} = \mu_{NB}^{-1}(w_{25}) \tag{6-19}$$

网络的第五层是实现模糊控制的清晰化，它的计算公式如下：

$$u^* = \frac{\sum_{i=1}^{25} w_i u_i}{\sum_{i=1}^{25} w_i} \tag{6-20}$$

在这里，所有的隶属度函数均如前所定义。在这个模糊神经网络的基础上，利用 Back-progation 算法可以学习。虽然这种模糊神经网络可以在线地调整模糊控制器的参数，但是难以保证系统在学习过程中一定收敛。

6.7 基于行为分类的模糊控制器的设计方法

本节将模糊逻辑和行为控制的思想相结合，为移动机器人在未知环境中导航这一难题提出了新方法。移动机器人的一个关键问题是提高它在未知和复杂环境中的导航能力。为了保证机器人与未知障碍物不相碰撞而达到目标，必须利用传感器来获取现实世界的信息。显然，利用这类信息很难建立一个精确而完整的环境模型来实时规划机器人的非碰撞路径。基于生理学的反射行为，“感知-动作”行为控制被用来实现机器人的导航。例如，机器人的漫游行为可以用如下两个简单的“感知-动作”来描述：如果障碍物在机器人的左侧，机器人向右拐；如果障碍物在机器人的右侧，机器人向左拐。因为这一方法不需要建立一个完整的环境模型复杂的推理过程，所以它适宜于机器人在动态环境中导航。然而在实际应用中，必须补充更多的“感知-动作”行为使机器人完成复杂的操作，所以该方法的关键问题之一是如何有效地协调多个“感知-动作”行为之间的冲突与竞争。Brooks 教授利用定义行为优先级的策略来进行多个行为之间的协调。但是，当机器人在复杂环境中操作时这一策略不十分

有效。图 6.31 中的例子说明：机器人必须根据局部的环境信息来有效地融合如避障、边沿跟踪和目标导向这些多个"感知-动作"行为，以至于它能够达到 U 形物体内的目标。实现"感知-动作"行为的一般方法是人工势场法。人工势场法的重要缺点是：针对不同的行为，如避障、漫游和目标导向，在预编程过程中必须付出极大的代价来实验和调节一些有关势场的预值。特别是这些预值与环境的状态密切相关。

在这里我们介绍了一种在非结构化环境中基于模糊逻辑的移动机器人"感知-动作"行为控制的新方法。不同于基于人工势场的行为控制方法，该方法是利用模糊逻辑来融合多个"感知-动作"行为而不是根据优先级来抑制某些行为。这一方法也不同于一般仅用于避障的模糊控制，因为在我们的方法中利用了"感知-动作"行为的思想；将感知和决策集成在同一模式中，并且直接面向动态环境来改善系统的实时响应和可靠性。

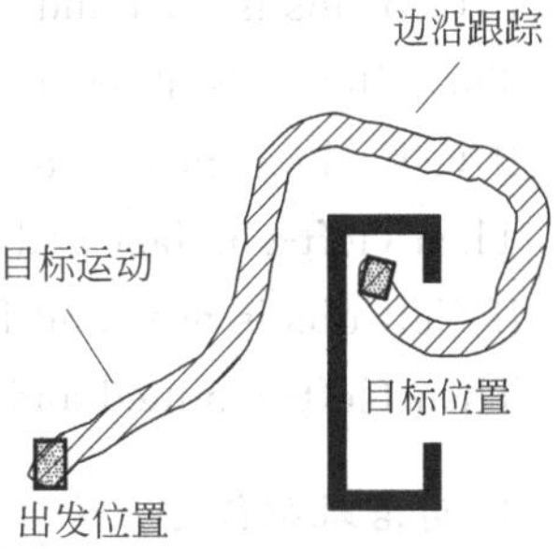

图 6.32 利用局部环境信息进行机器人的导航

图 6.32 给出了移动机器人的模糊逻辑控制方案。为了获取环境的信息，15 个超声传感器被安装在 THMR-II (Tinghua Mobile Robot-Model II)移动机器人上。这些超声传感器被分为三组分别来测试左方、前方和右方的障碍物，如图 6.33 所示。该机器人具有两个主动轮和一个从动轮。两个主动轮的速度由一个驱动系统来控制。模糊控制器的输入信号是机器人和障碍物之间的距离以及机器人与目标之间的方位角，分别记为左方障碍距离 left-obs、前方障碍距离 front-obs、右方障碍距离 right-obs 和方位角 head-ang，当目标位于机器人的左面时方位角定义为正；反之为负，如图 6.34 所示。根据局部的环境信息，模糊逻辑算法融合所有的"感知-动作"行为来控制机器人主动轮的速度。在本文中，left-v 和 right-v 分别代表机器人左右轮的速度。语言变量 fast、med(medium)和 slow 来模糊化 left-obs、front-obs 和 ght-obs；P(positive)、Z(zero)和 N(negtive 来模糊化 head-ang；far，med 和 near 来模糊化 left-v 和 right-v。

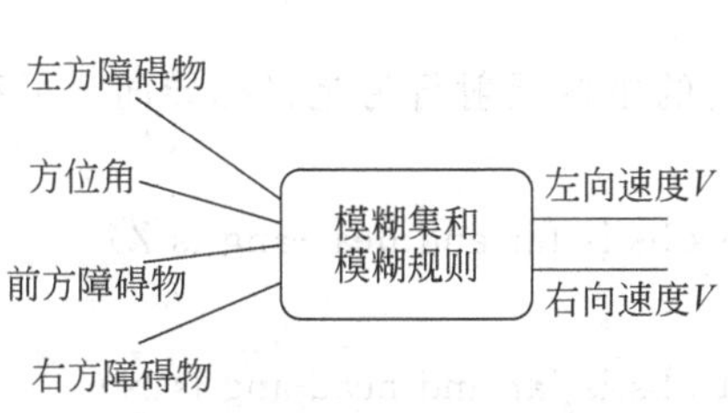

图 6.33 移动机器人的模糊逻辑控制方案

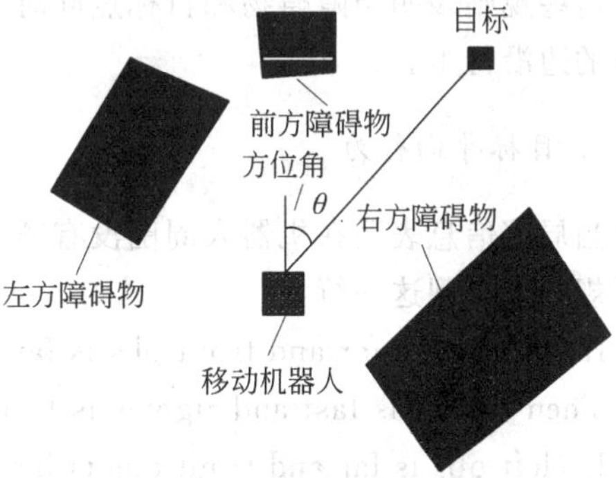

图 6.34 机器人方位角的定义

下面我们利用模糊逻辑来描述"感知-动作"行为。为了使机器人能够在复杂的环境中达到给定的目标，机器人必须具备如下"感知-动作"行为：①避障；②边沿跟踪；③目标导向；④在弯曲和狭窄道路上减速。为此，建立一个模糊逻辑规则库来描述上述这些行为。

下面列举一些模糊逻辑规则来说明这些行为是如何被实现的。

1. 避障及弯曲和狭窄道路上减速行为

当环境信息表明机器人接近障碍物或在弯曲和狭窄道路上行驶时，它的主要行为是减速避障，为了实现这一行为采用如下 If-Then 规则：

If (left-obs is near and front-obs is near and right-obs is near and head-ang is any)
Then (left-v is fast and right-v is slow)
If (left-obs is med and front-obs is near and right-obs is near and head-ang is any)
Then (left-v is slow and right-v is fast)
If (left-obs is near and front-obs is near and right-obs is med and head-ang is any)
Then (left-v is fast and right-v is slow)
If (left-obs is near and front-obs is med and right-obs is near and head-ang is any)
Then (left-v is med and right-v is med)

2. 边沿跟踪行为

当机器人移向一个位于 U 形物体内的目标时(见图 6.33)或从这样一个物体中逃避出来时，机器人必须表现出边沿跟踪行为。可利用如下规则来实现这一行为：

If (left-obs is far and front-obs is far and right-obs is near and head-ang is P)
Then (left-v is med and right-v is med)
If (left-obs is near and front-obs is far and right-obs is far and head-ang is N)
Then (left-v is med and right-v is med)
If (left-obs is far and front-obs is med and right-obs is near and head-ang is P)
Then (left-v is med and right-v is med)
If (left-obs is near and front-obs is med and right-obs is far and head-ang is N)
Then (left-v is med and right-v is med)

这些规则表明当障碍物和目标点同时在机器人的左侧(或右侧)时，机器人应该沿着障碍物的边沿行走。

3. 目标导向行为

当局部信息表明在机器人周围没有障碍物时，它的主要反射行为是目标导向。可利用如下规则来实现这一行为：

If (left-obs is far and front-obs is far and right-obs is far and head-ang is Z)
Then (left-v is fast and right-v is fast)
If (left-obs is far and front-obs is far and right-obs is far and head-ang is N)
Then (left-v is slow and right-v is fast)
If (left-obs is far and front-obs is far and right-obs is far and head-ang is P)
Then (left-v is fast and right-v is slow)

这些规则表明当机器人周围没有障碍物时机器人主要调节它的方向并且快速地移向目标。

在基于人工势场法“感知-动作”行为控制中，机器人主动轮的速度是通过行为抑制的策略来决定的。为此，在预编程过程中必须付出极大的努力来试验和调节人工势场法的一些预值。另外，这些预值随环境的改变而改变。在基于模糊逻辑的“感知-动作”行为控制中，因为“感知-动作”行为是通过模糊集合来描述，所以“感知-动作”行为的融合可以方便地利用 Min-Max 推理算法和求质心的清晰化方法来完成。

为了说明所提方法的有效性和鲁棒性，下面给出机器人在未知环境中导航的仿真模拟结果。图 6.35 模拟了机器人达到一个位于一 U 形物体内目标的导航过程。在开始阶段，由于机器人周围有较大的非碰撞空间，所以机器人的目标导向行为强于其他的行为，因而它以高速向目标运动。当它接近 U 形物体时，它自动减少目标导向行为的权值和增加避障和边沿行走行为的权值。当机器人发现 U 形物体的入口时，它增加避障和目标导向行为的权值，使机器人缓慢地达到目标。图 6.35 模拟了机器人在一个混乱环境中的运动。在这个环境中，我们任意地选取一些目标点。可以看到：仅利用超声传感器所获取的局部信息，机器人通过有效地融合所有的“感知-动作”行为却达到所给定的目标。图 6.36 给出在未知环境中与一个运动障碍物避免碰撞的例子。在这个例子中运动障碍物的运动方向正好封锁了机器人的路径，如图6.36(a)所示。当机器人探测到这个障碍物时急剧右转弯，如图 6.36(a)和图 6.36(b)所示。当机器人绕过该运动障碍物后，直接达到目标，如图 6.36(c)和图 6.36(d)所示。

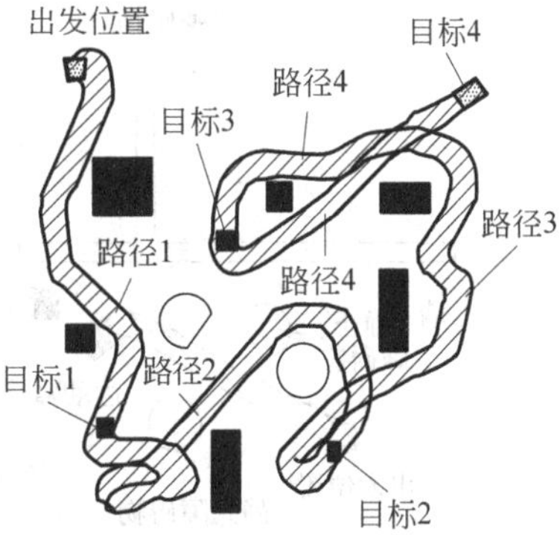

图 6.35　机器人在一个混乱环境中的运动

在这里，我们利用了模糊逻辑来描述“感知-动作”行为。因为该方法是利用模糊逻辑的近似推理来融合多个“感知-动作”行为而不是根据行为的优先级来激发某一行为，所以它比传统的“感知-动作”行为控制方法更为有效。仿真模拟试验结果表明，利用该方法可以改善机器人在未知环境中的导航能力。另外，该方法还适于多传感器的集成与融合。

最后，我们来讨论如何利用行为分类的思想来设计模糊-神经控制系统。众所周知，模糊控制器的设计准则是利用模糊逻辑将知识和经验集成在控制器内，而获取这些知识和经验的过程是被控对象的响应行为而不是分析系统的解析模型。因此，利用模糊逻辑可以建立一种新的建模方式，即通过定义某些响应“行为”来描述系统的特征。这种描述系统特性的思想如下：因为模糊控制器的输出信号是由系统的响应“行为”来决定，所以利用同一模糊控制器来控制具有“类似”行为的系统（尽管它们的动力学方程不同）将产生“类似”的控制结果。我们将利用下面的模拟来说明该思想的可行性。设有如下二阶系统：

$$\ddot{y} + 2.0\xi\omega\dot{y} + \omega^2 y = \omega^2 u \tag{6-21}$$

该二阶系统的开环和闭环阶跃响应如图 6.37 所示。

在这里，$\xi=1.4$ 和 $\omega=0.575$。闭环控制的响应是通过优化模糊控制器而得到的。现在将这一优化好的模糊控制器来控制式(6-5)的非线性系统，同样获得了与二阶系统一样

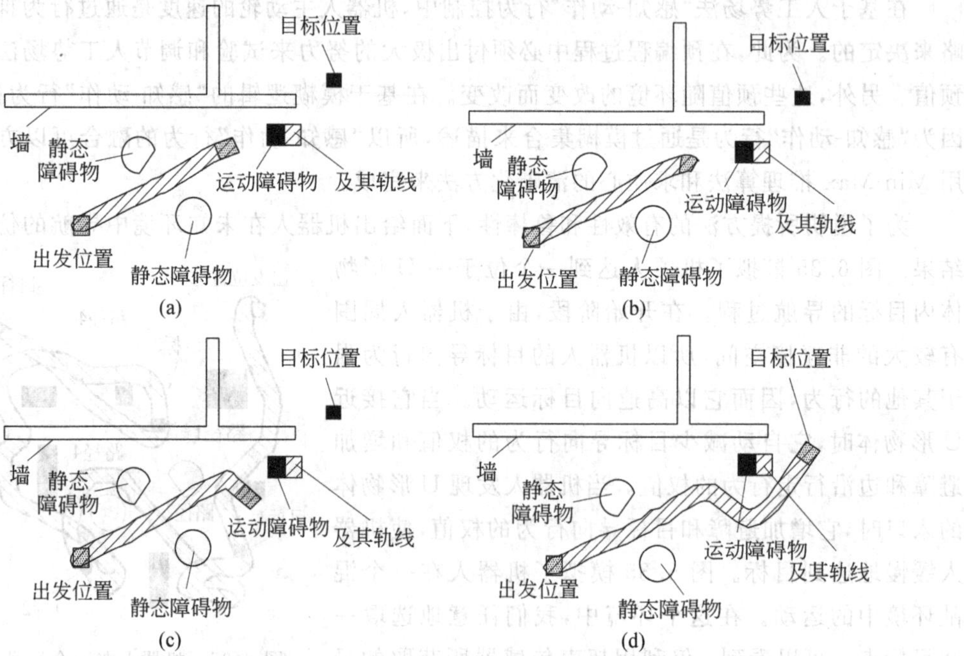

图 6.36 机器人与一个运动障碍物的碰撞避免

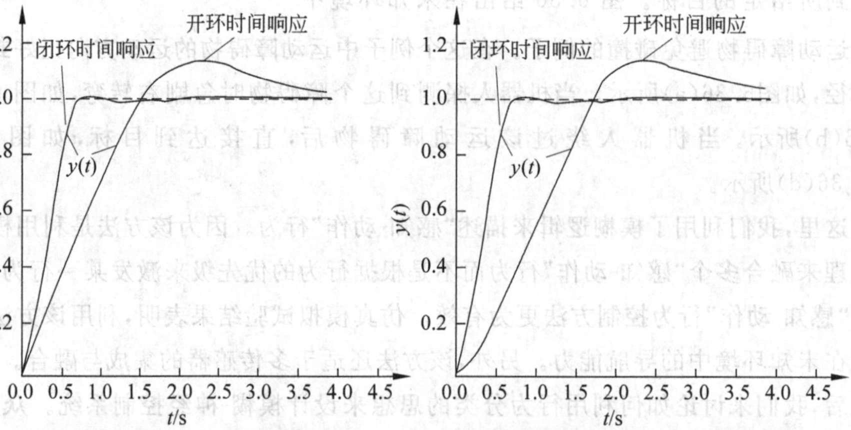

(a) 二阶线性系统的开环和闭环响应　(b) 二阶非线性系统的开环和闭环响应

图 6.37 二阶系统的开环和闭环响应

好的闭环响应，尽管式(6-21)二阶系统的动力学方程和它的参数（$\xi=1.4$ 和 $\omega=0.575$）不同于式(6-5)非线性系统的动力学方程和它的参数（$\xi=1$ 和 $\omega=1$）。按照行为分类的观点，对于一个给定的输入来说，可以将所有具有"类似"响应行为的系统归纳为一类，而不管是否非线性或具有不确定性。因为在同一模糊控制器作用下，这一类系统将获得"相同"的控制特性，所以我们便可以从这一类系统中挑选出一个最简单的系统（例如，二阶系统）来设计模糊控制器。

在这个思想的基础上，我们提出如下的模糊-神经网络的控制系统。该控制系统是在图 6.38 的控制系统的基础上，增加了一个神经网络来"感知"系统的响应行为和确定最佳的模糊控制器参数。为了实现这一目的，神经网络的输入样本是一族具有不同 ξ 和 ω 的二阶系统，神经网络的输出样板是相对于这些优化好的模糊控制器的隶属度函数的参数 $K=(K_b, K_s, K_z)$，如图 6.38 所示。

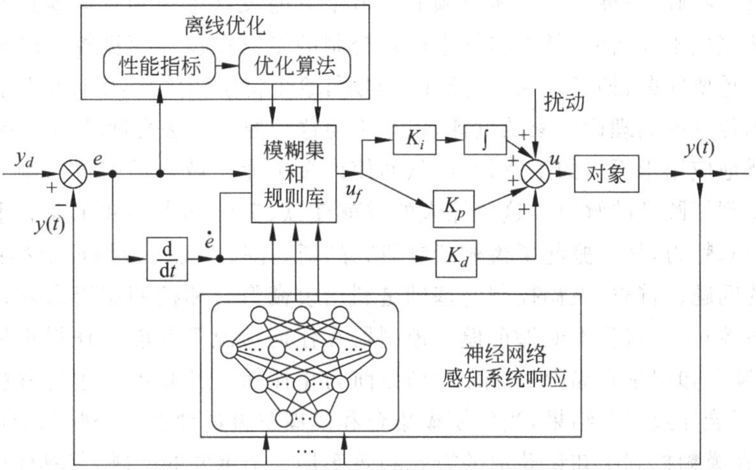

图 6.38　基于行为建模的混合控制系统

第 s 隐含层的第 j 个节点的输出值

$$q_j^{[s]} = f(\mathrm{Net}_j^{[s]}) = \sum_i (w_{ji}^{[s]} * q_i^{[s-1]})$$

这里 $w_{ji}^{[s]}$ 是连接第 $s-1$ 层第 i 个节点到第 s 层第 j 个节点的权值，并且 $f(x)$ 是 sigmoid 转换函数

$$f(x) = \frac{1}{1+\mathrm{e}^{-x}}$$

Widrow-Hoff δ 学习规则用来修改权值。对于输出层来说，权值的修改公式如下

$$\begin{cases} \delta_z = f'(w_{zi}^{[3]} * q_{zi}^{[3]}) \sum_k (t_{zk}^* - \hat{t}_{zk}) \\ \delta_s = f'(w_{si}^{[3]} * q_{si}^{[3]}) \sum_k (t_{sk}^* - \hat{t}_{sk}) \\ \delta_b = f'(w_{bi}^{[3]} * q_{bi}^{[3]}) \sum_k (t_{bk}^* - \hat{t}_{bk}) \end{cases}$$

对于其他层来说，权值的修改公式为

$$\delta_j^{[s]} = f'(\mathrm{Net}_j^{[s]}) \sum_k (\mathrm{d}_k^{[s+1]} * w_{kj}^{[s+1]}) \quad s = 1,2,3$$

网络的权值 $w_{ji}^{[s]}$ 将由下式来修改

$$w_{ij}(t+1) = w_{ij}(t) + \Delta w_{ij}(t+1)$$

$$\Delta w_{ij}(t+1) = \eta \delta_j^{[s]} \mathrm{Net}_i^{[s-1]} + \alpha \Delta w_{ij}(t)$$

在这里，η 和 α 分别是学习率和动量矩系数。

这种基于“行为”分类的神经-模糊控制系统的设计方法具有上述 Nelder Mead 优化方法和模糊神经控制器的优点，既具有较好的收敛性又具有在线学习的能力。

6.8 小结

当然,模糊控制的发展不是一帆风顺的。由于它的设计思想和哲学观点与基于解析模型的控制方法截然不同,特别是许多从事模糊控制的专家在设计模糊控制时没有将传统控制领域的一些重要问题,如稳定性、可控性等问题,给予特别的关注,所以模糊控制在萌芽的初期常常受到传统控制理论专家的批评,以至于使这种控制方法发展缓慢。但在日本,模糊控制却被广泛地应用于不同的工业领域,从而使许多工业领域中用解析控制方法不能有效处理的难题得到了圆满的解决。这些惊人的成就使欧、美的学术界和工业界重新来认识模糊控制的价值和魅力,从而掀起了模糊控制研究的新高潮。当然,模糊控制本身的确存在一些需要解决的问题。首先,模糊控制的基础是利用模糊集合和模糊逻辑来表达人的经验和知识去控制被控对象,这就不能保证模糊控制器在任何情况下都能工作得很好,这是因为:第一,人的经验和知识是有局限的;第二,到目前为止任何一种知识表达的方法都不是完美无缺的,而有可能导致错误结果,当然模糊集合和模糊逻辑这种表达经验和知识的方式也不例外。所以,在模糊控制中知识获取的方式和效率是一个重要的问题,其具体表现是研究获取隶属度函数和规则的有效方法。在这一思想指导下,模糊逻辑控制和神经元网络以及遗传算法的结合成为一个研究热点。其次,在目前模糊控制器的设计过程中往往需要大量的时间通过模拟仿真的手段来确定隶属度函数和规则,这就需要良好的开发系统。目前在国际上常用的开发系统有美国 Togai 公司推出的 TILShell 和德国 Aachen 大学研制的 Fuzzy-Tech,这两套系统均是以良好图形界面为基础的专家系统,但其弱点是在线修改能力不强并且对中国学者来说价格太昂贵。所以,研究和开发性能良好且价格合理的模糊控制开发系统和相应的专用芯片,对促进模糊控制的研究和应用是十分重要的。另外,一些从事解析控制理论的学者希望通过他们的努力为模糊控制建立起类似与传统控制理论的体系,去有效地解决模糊控制的稳定性、可控性、鲁棒性等问题,然而在实现这一美好愿望的过程中确实有许多难点,如非线性、非解析化、不确定性等问题。总之,仅有 20 多年历史的模糊控制方法还是不完善的,无论在理论研究方面还是在工程应用领域都有许多工作要做。希望我国的学者和工程技术人员利用这一新型智能控制技术为推动我国科学技术和经济的发展做出贡献。

6.9 练习题

6.1 你是如何理解模糊逻辑是转换语言信息与数据信息的一个有效工具?

6.2 建立一个如 6.4 节讨论的一维 bang-bang 模糊控制器,来分析它的动态特性。

6.3 利用 6.5 节给出的机械臂参数,参照 6.5 节的讨论来设计一个模糊控制器,并做如下的模糊实验:

1. 比较 PID 控制器与模糊控制器的控制特性。
2. 比较单纯模糊控制器与混合控制器的控制特性。
3. 改变隶属度函数时,机械臂的响应特性。

第7章

离散状态空间设计法

7.1 概述

离散状态空间设计法是利用离散状态空间表达式，根据性能指标要求，设计出满足要求的计算机控制系统。离散状态空间设计法的主要优点是能够处理多输入-多输出系统、时变系统和非线性系统等。这种设计方法容易理解，便于计算机辅助设计和实现，但是难于沿用古典的控制理论中现成的设计方法。采用离散状态空间法设计控制系统还没有像古典的控制理论那样确立起一套完整的规则，离散状态空间设计法也没有像古典控制理论那样直观的性能指标，各种目标函数和二次型指标都不能十分确切地反映出实际被控制对象的希望特性。然而，由于计算机越来越多地应用于控制系统，离散状态空间设计法正逐渐受到人们的重视和普及应用。

离散状态空间法通常是与最优控制和最优状态估计联系在一起的。最优线性控制理论的研究在最近的十多年里已经达到了鼎盛时期，但是实际工业中的应用仍不多见。另一方面，数据的平滑、滤波或预报都是以最优估计为基础的，像以 Kalman-Bucy 算法为基础的数据预测器受到了广泛重视，但是还未广泛应用于实时控制器。最优估计经常用在测量、导航和物理观测的数据采集方面，由于大批各类廉价工业控制机的投放市场，加上最优控制理论的普及，有可能使得具有二次型指标的最优线性控制器的实际应用有所增加。

本章除了介绍离散状态空间设计法以外，还将讨论离散状态空间设计法中重要的问题，即离散系统的能控性和能观测性。还将介绍一些最优控制的设计方法，例如最小能量控制、离散二次型最优控制、最大值原理最优控制等。

7.2 离散系统的能控性和能观测性

控制系统的能控性和能观测性的概念是 Kalman 提出来的，在多变量最优控制系统中，这两个概念具有重要意义。事实上，能控性和能观测性可以给出最优控制问题存在完整解的条件。

能控性指的是控制作用对被控系统影响的可能性。如果在一个有限的时间间隔里，可以用一个无约束的控制向量，使得系统由初始状态 $\boldsymbol{x}(t_0)$ 转移到终点状态 $\boldsymbol{x}(t_f)$，那么系统就

称为在时间 t_0 是能控的。

能观测性反映了由系统的量测，确定系统状态的可能性。如果系统在状态 $\boldsymbol{x}(t_0)$，可通过在一个有限的时间间隔内，由输出量的观测值确定，那么系统就称为在时间 t_0 是能观测的。

能控性和能观测性从状态的控制能力和状态的测辨能力两个方面揭示了控制系统构成的两个基本问题。

如果所研究的系统是不能控的，那么，最优控制问题的解是不存在的。尽管大多数物理系统是能控和能观测的，然而，也有部分物理系统可能不具有能控性和能观测性。因此，我们应当弄清楚系统在什么条件下是能控的或能观测的。

7.2.1 离散系统的能控性

设离散系统的离散状态方程为

$$\boldsymbol{x}(kT+T)=\boldsymbol{F}\boldsymbol{x}(kT)+\boldsymbol{G}\boldsymbol{u}(kT) \tag{7-1}$$

式中，$\boldsymbol{x}(kT)$为状态向量，n 维；

$\boldsymbol{u}(kT)$为控制向量，m 维；

$\boldsymbol{F}$ 为状态矩阵，$n\times n$ 维，是非奇异矩阵；

$\boldsymbol{G}$ 为输入矩阵，$n\times m$ 维；

T 为采样周期。

为了讨论方便，假设 $\boldsymbol{u}(kT)$是一维标量，$\boldsymbol{u}(kT)$在 $kT\leqslant t\leqslant kT+T$ 的时间内是一个常值。如果在有限采样间隔 $0\leqslant kT\leqslant NT$ 内，存在阶梯信号 $\boldsymbol{u}(kT)$，使得状态 $\boldsymbol{x}(kT)$由任意初始状态开始，经过 NT 进入状态 $\boldsymbol{x}(NT)$，那么由式(7-1)所确定的离散系统是能控的。如果每一个状态都是能控的，系统称为状态完全能控的。

方程(7-1)的解为

$$\boldsymbol{x}(kT)=\boldsymbol{F}^k\boldsymbol{x}(0)+\sum_{j=0}^{k-1}\boldsymbol{F}^j\boldsymbol{G}\boldsymbol{u}(kT-jT-T) \tag{7-2}$$

NT 时刻的解为

$$\boldsymbol{x}(NT)=\boldsymbol{F}^N\boldsymbol{x}(0)+\sum_{j=0}^{N-1}\boldsymbol{F}^j\boldsymbol{G}\boldsymbol{u}(NT-jT-T) \tag{7-3}$$

或者

$$\boldsymbol{x}(NT)-\boldsymbol{F}^N\boldsymbol{x}(0)=\boldsymbol{F}^{N-1}\boldsymbol{G}\boldsymbol{u}(0)+\boldsymbol{F}^{N-2}\boldsymbol{G}\boldsymbol{u}(T)+\cdots+\boldsymbol{G}\boldsymbol{u}(NT-T) \tag{7-4}$$

引入 n 维向量

$$\boldsymbol{h}_k=\boldsymbol{F}^k\boldsymbol{G},\quad k=0,1,2,\cdots,N-1 \tag{7-5}$$

则式(7-4)可表示为

$$\boldsymbol{x}(NT)-\boldsymbol{F}^N\boldsymbol{x}(0)=\boldsymbol{h}_0\boldsymbol{u}(NT-T)+\boldsymbol{h}_1\boldsymbol{u}(NT-2T)+\cdots+\boldsymbol{h}_{N-1}\boldsymbol{u}(0) \tag{7-6}$$

初始状态 $\boldsymbol{x}(0)$及终止状态 $\boldsymbol{x}(NT)$为任意给定值时，为了满足式(7-6)，在向量组$\{\boldsymbol{h}_0,\boldsymbol{h}_1,\boldsymbol{h}_2,\cdots,\boldsymbol{h}_{N-1}\}$中必须有 n 个独立的向量，这是因为控制变量 $\boldsymbol{u}(0)$、$\boldsymbol{u}(T)$、$\boldsymbol{u}(2T)$、…、$\boldsymbol{u}(NT-T)$都为标量。在 $\boldsymbol{x}(0)$、$\boldsymbol{x}(NT)$任意给定时，达到 $\boldsymbol{x}(NT)$所需的步数 N 不可能低于

系统的阶数 n，也就是 $N\geqslant n$。设 $N=n$，用线性方程表示式(7-6)，可有

$$\begin{bmatrix} & \cdots & & \cdots & & \cdots & \\ & \cdots & & \cdots & & \cdots & \\ \boldsymbol{h}_0 & \cdots & \boldsymbol{h}_1 & \cdots & \cdots & \cdots & \boldsymbol{h}_{n-1} \\ & \cdots & & \cdots & & \cdots & \\ & \cdots & & \cdots & & \cdots & \end{bmatrix}\begin{bmatrix}\boldsymbol{u}(nT-T)\\ \boldsymbol{u}(nT-2T)\\ \cdots\\ \cdots\\ \boldsymbol{u}(0)\end{bmatrix}=[\boldsymbol{x}(nT)-\boldsymbol{F}^n\boldsymbol{x}(0)] \tag{7-7}$$

为了使控制序列 $\boldsymbol{u}(0)$、$\boldsymbol{u}(T)$、$\boldsymbol{u}(2T)$、…、$\boldsymbol{u}(nT-T)$，不论式(7-7)右边取任何值的时候都能够存在，系数矩阵的各个列向量必须线性独立，也就是满足

$$\begin{aligned}[\boldsymbol{h}_0 \quad \cdots \quad \boldsymbol{h}_1 \quad \cdots \quad \cdots \quad \cdots \quad \boldsymbol{h}_{n-1}] &= \text{rank}[\boldsymbol{G}, \boldsymbol{FG}, \boldsymbol{F}^2G, \cdots, \boldsymbol{F}^{n-1}\boldsymbol{G}] \\ &= n(\text{系统的阶数})\end{aligned} \tag{7-8}$$

如果式(7-8)成立，那么就能够在有限拍时间内使系统的状态从 $\boldsymbol{x}(0)$ 转移到 $\boldsymbol{x}(NT)$，就称系统是完全能控的。应当注意，以上结论只有当 $\boldsymbol{u}(kT)$ 不受约束时，才是正确的。如果 $\boldsymbol{u}(kT)$ 受约束时，那么必须大于 n 个采样周期。

设 $N=n$，式(7-4)的两边左乘 $-\boldsymbol{F}^{-n}$($\boldsymbol{F}$ 必须正则)，则

$$\boldsymbol{x}(0)-\boldsymbol{F}^{-n}\boldsymbol{x}(nT)=-\boldsymbol{F}^{-1}\boldsymbol{Gu}(0)-\boldsymbol{F}^{-2}\boldsymbol{Gu}(T)-\cdots-\boldsymbol{F}^{-n}\boldsymbol{Gu}(nT-T) \tag{7-9}$$

令

$$\boldsymbol{f}_k=-\boldsymbol{F}^{-k}\boldsymbol{G}, \qquad k=1,2,\cdots,n \tag{7-10}$$

则式(7-9)可表示为

$$\boldsymbol{x}(0)-\boldsymbol{F}^{-n}\boldsymbol{x}(nT)=\boldsymbol{f}_1u(0)+\boldsymbol{f}_2\boldsymbol{u}(T)+\cdots+\boldsymbol{f}_n\boldsymbol{u}(nT-T) \tag{7-11}$$

因此，状态完全能控的条件也可以表达为式(7-10)表示的 $\boldsymbol{f}_n$ 是线性独立的。

如果控制向量 $\boldsymbol{u}(kT)$ 是 m 维向量，则系统的能控性仍旧由上述相同的条件决定。

例 7.1 设二阶系统如图 7.1 所示，采样周期 $T=1\text{s}$，试判断系统的能控性。

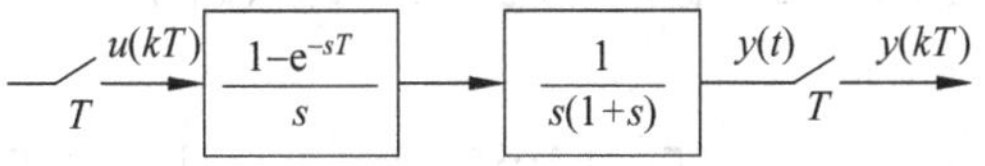

图 7.1 二阶系统的能控性

解：二阶系统的离散状态空间表达式为

$$\left.\begin{aligned}\begin{bmatrix}x_1(kT+T)\\x_2(kT+T)\end{bmatrix}&=\begin{bmatrix}0.368 & 0\\0.632 & 1\end{bmatrix}\begin{bmatrix}x_1(kT)\\x_2(kT)\end{bmatrix}+\begin{bmatrix}0.632\\0.368\end{bmatrix}\boldsymbol{u}(kT)\\ \boldsymbol{y}(kT)&=x_2(kT)\end{aligned}\right\} \tag{7-12}$$

所以

$$\left.\begin{aligned}\boldsymbol{F}^{-1}&=\begin{bmatrix}0.368 & 0\\0.632 & 1\end{bmatrix}^{-1}=\begin{bmatrix}2.718 & 0\\-1.718 & 1\end{bmatrix}\\ \boldsymbol{G}&=\begin{bmatrix}0.632\\0.368\end{bmatrix}\end{aligned}\right\} \tag{7-13}$$

由式(7-13)可得

$$\left.\begin{aligned}\boldsymbol{f}_1&=-\boldsymbol{F}^{-1}\boldsymbol{G}=-\begin{bmatrix}2.718 & 0\\-1.718 & 1\end{bmatrix}\begin{bmatrix}0.632\\0.368\end{bmatrix}=\begin{bmatrix}-1.718\\0.718\end{bmatrix}\\ \boldsymbol{f}_2&=-\boldsymbol{F}^{-2}\boldsymbol{G}=-\begin{bmatrix}2.718 & 0\\-1.718 & 1\end{bmatrix}^2\begin{bmatrix}0.632\\0.368\end{bmatrix}=\begin{bmatrix}-4.669\\3.669\end{bmatrix}\end{aligned}\right\} \tag{7-14}$$

因此

$$\text{rank}[\boldsymbol{f}_1,\boldsymbol{f}_2]=\text{rank}\begin{bmatrix}-1.718 & -4.669\\ 0.718 & 3.669\end{bmatrix}=2 \tag{7-15}$$

在控制向量不受约束的情况下，系统是完全能控的。

如果离散系统是由 Z 传递函数描述时，该离散系统能控的条件是 Z 传递函数的分子和分母不存在对消因子，否则离散系统是不能控的。

例 7.2 设离散系统的 Z 传递函数为

$$G_c(z)=\frac{Y(z)}{U(z)}=\frac{z+a}{(z+a)(z+b)} \tag{7-16}$$

试判断系统的能控性。

解：由系统的 Z 传递函数可得

$$\begin{aligned}(z+a)(z+b)Y(z)&=(z+a)U(z)\\ [z^2+(a+b)z+ab]Y(z)&=(z+a)U(z)\end{aligned} \tag{7-17}$$

系统的差分方程为

$$\begin{aligned}y(kT+2T)+(a+b)y(kT+T)+aby(kT)\\ =u(kT+T)+au(kT)\end{aligned} \tag{7-18}$$

设 $\qquad x_1(kT)=y(kT),\quad x_2(kT)=x_1(kT+T)-u(kT)$

所以

$$\left.\begin{aligned}x_1(kT+T)&=x_2(kT)+u(kT)\\ x_2(kT+T)&=-abx_1(kT)-(a+b)x_2(kT)-bu(kT)\end{aligned}\right\} \tag{7-19}$$

离散系统的离散状态方程为

$$\begin{bmatrix}x_1(kT+T)\\ x_2(kT+T)\end{bmatrix}=\begin{bmatrix}0 & 1\\ -ab & -(a+b)\end{bmatrix}\begin{bmatrix}x_1(kT)\\ x_2(kT)\end{bmatrix}+\begin{bmatrix}1\\ -b\end{bmatrix}\boldsymbol{u}(kT) \tag{7-20}$$

离散系统的能控性矩阵

$$\begin{aligned}[\boldsymbol{G}\ \ \cdots\ \ \boldsymbol{FG}]&=\left\{\begin{bmatrix}1\\ -b\end{bmatrix}\begin{matrix}\cdots\\ \cdots\end{matrix}\begin{bmatrix}0 & 1\\ -ab & -(a+b)\end{bmatrix}\begin{bmatrix}1\\ -b\end{bmatrix}\right\}\\ &=\begin{bmatrix}1 & -b\\ -b & b^2\end{bmatrix}=0\end{aligned} \tag{7-21}$$

由式(7-21)可知能控性矩阵是奇异的，所以离散系统是不能控的。

能控性反映了系统的状态向量从初始状态转移到所希望的状态的可能性。同样，能否使输出向量 $\boldsymbol{y}(kT)$ 转移到所希望的数值也是一个很重要的问题，由于输出向量和状态向量之间存在如下关系：

$$\boldsymbol{y}(kT)=\boldsymbol{Cx}(kT) \tag{7-22}$$

所以由式(7-8)可以证明，输出的能控性条件是

$$\text{rank}[\boldsymbol{CG},\boldsymbol{CFG},\boldsymbol{CF}^2\boldsymbol{G},\cdots,\boldsymbol{CF}^{n-1}\boldsymbol{G}]=p \tag{7-23}$$

式中，p 是输出向量的维数。

7.2.2 离散系统的能观测性

系统极点配置的时候需要全状态变量反馈，但是能否测量和重构全部状态，就要判断系统的能观测性。也就是在有限的步数内(与初始状态无关)，分析测量和重构所有状态的可

能性，能观测性取决于系统的特性 $\boldsymbol{F}$ 和 $\boldsymbol{C}$。

设离散系统的状态空间表达式为

$$\left.\begin{aligned}\boldsymbol{x}(kT+T)&=\boldsymbol{F}\boldsymbol{x}(kT)+\boldsymbol{G}\boldsymbol{u}(kT)\\ \boldsymbol{y}(kT)&=\boldsymbol{C}\boldsymbol{x}(kT)\end{aligned}\right\}\tag{7-24}$$

式中，$\boldsymbol{y}(kT)$是 p 维输出向量；

$\boldsymbol{x}(kT)$是 n 维状态向量；

$\boldsymbol{u}(kT)$是 m 维控制向量；

$\boldsymbol{F}$ 是 $n\times n$ 维状态矩阵；

$\boldsymbol{G}$ 是 $n\times m$ 维输入矩阵；

$\boldsymbol{C}$ 是 $p\times n$ 维输出矩阵。

如果给出有限个采集周期内的输出 $\boldsymbol{y}(kT)$，就可以确定系统的初始状态向量 $\boldsymbol{x}(0)$，那么系统是可观测的。

设从 0 瞬间开始测量 n 次(每隔周期 T 测量一次)，因为

$$\left.\begin{aligned}\boldsymbol{x}(kT)&=\boldsymbol{F}^k\boldsymbol{x}(0)\\ \boldsymbol{y}(kT)&=\boldsymbol{C}\boldsymbol{G}^k\boldsymbol{x}(0)\end{aligned}\right\}\tag{7-25}$$

式(7-25)中不包含由 $\boldsymbol{u}(kT)$ 引起的分量，因为 $\boldsymbol{F}$、$\boldsymbol{G}$、$\boldsymbol{C}$ 和 $u(kT)$都已知时，该分量可从 $\boldsymbol{x}(kT)$、$\boldsymbol{y}(kT)$中扣除。由 n 次测量可得

$$\left.\begin{aligned}\boldsymbol{y}(0)&=\boldsymbol{C}\boldsymbol{x}(0)\\ \boldsymbol{y}(T)&=\boldsymbol{C}\boldsymbol{F}x(0)\\ &\vdots\\ \boldsymbol{y}(nT-T)&=\boldsymbol{C}\boldsymbol{F}^{n-1}\boldsymbol{x}(0)\end{aligned}\right\}\tag{7-26}$$

式(7-26)的矩阵形式为

$$\begin{bmatrix}\boldsymbol{y}(0)\\ \boldsymbol{y}(T)\\ \vdots\\ \boldsymbol{y}(nT-T)\end{bmatrix}=\begin{bmatrix}\boldsymbol{C}\\ \boldsymbol{C}\boldsymbol{F}\\ \vdots\\ \boldsymbol{C}\boldsymbol{F}^{n-1}\end{bmatrix}\boldsymbol{x}(0)\tag{7-27}$$

写成初始值 $\boldsymbol{x}(0)$的表达式

$$\boldsymbol{x}(0)=\begin{bmatrix}\boldsymbol{C}\\ \boldsymbol{C}\boldsymbol{F}\\ \vdots\\ \boldsymbol{C}\boldsymbol{F}^{n-1}\end{bmatrix}^{-1}\begin{bmatrix}\boldsymbol{y}(0)\\ \boldsymbol{y}(T)\\ \vdots\\ \boldsymbol{y}(nT-T)\end{bmatrix}\tag{7-28}$$

离散系统完全能观测是根据 $\boldsymbol{y}(0)$、$\boldsymbol{y}(T)$、…，$\boldsymbol{y}(nT-T)$，由式(7-28)可以确定 $x_1(0)$、$x_2(0)$、…、$x_n(0)$，为了确定 n 个未知数，需要 $\boldsymbol{y}(kT)$的 n 组值，因此时间序列从 0 到 $nT-T$。为了求得 $x_1(0)$、$x_2(0)$、…、$x_n(0)$的一组唯一解，矩阵

$$\begin{bmatrix}\boldsymbol{C}\\ \boldsymbol{C}\boldsymbol{F}\\ \vdots\\ \boldsymbol{C}\boldsymbol{F}^{n-1}\end{bmatrix}\tag{7-29}$$

中应该找出 n 个线性无关的方程，也就是式(7-29) 矩阵的秩应为 n 。也即

$$\operatorname{rank}\begin{bmatrix} \boldsymbol{C} \\ \boldsymbol{CF} \\ \vdots \\ \boldsymbol{CF}^{n-1} \end{bmatrix} = n \tag{7-30}$$

例 7.3 设系统如图 7.1 所示，试分析系统的能观测性。

解：由式(7-12)知

$$\boldsymbol{F} = \begin{bmatrix} 0.368 & 0 \\ 0.632 & 1 \end{bmatrix}$$

$$\boldsymbol{C} = \begin{bmatrix} 0 & 1 \end{bmatrix}$$

所以

$$\operatorname{rank}\begin{bmatrix} \boldsymbol{C} \\ \cdots \\ \boldsymbol{CF} \end{bmatrix} = \operatorname{rank}\begin{bmatrix} \begin{bmatrix} 0 & 1 \end{bmatrix} \\ \begin{bmatrix} 0 & 1 \end{bmatrix}\begin{bmatrix} 0.368 & 0 \\ 0.632 & 1 \end{bmatrix} \end{bmatrix}$$

$$= \operatorname{rank}\begin{bmatrix} 0 & 1 \\ 0.632 & 1 \end{bmatrix} = 2 \tag{7-31}$$

离散系统是完全能观测的。

例 7.4 设系统的运动方程为

$$\theta = \frac{M}{I} \tag{7-32}$$

试讨论系统的能观测性。

解：设 $\theta_1 = \theta, \theta_2 = \dot{\theta}$，系统的状态方程为

$$\begin{bmatrix} \dot{\theta}_1 \\ \dot{\theta}_2 \end{bmatrix} = \begin{bmatrix} 0 & 1 \\ 0 & 0 \end{bmatrix}\begin{bmatrix} \theta_1 \\ \theta_2 \end{bmatrix} + \begin{bmatrix} 0 \\ 1 \end{bmatrix}\frac{M}{I} \tag{7-33}$$

离散化以后，得

$$\begin{bmatrix} \theta_1(kT+T) \\ \theta_2(kT+T) \end{bmatrix} = \begin{bmatrix} 1 & T \\ 0 & 1 \end{bmatrix}\begin{bmatrix} \theta_1(kT) \\ \theta_2(kT) \end{bmatrix} + \begin{bmatrix} 0 \\ 1 \end{bmatrix}\frac{M}{I} \tag{7-34}$$

式中，T 是采样周期。如果 θ 是可测量的，则

$$\boldsymbol{C} = \begin{bmatrix} 1 & 0 \end{bmatrix} \tag{7-35}$$

离散系统的能观测矩阵为

$$\begin{bmatrix} \boldsymbol{C} \\ \boldsymbol{CF} \end{bmatrix} = \begin{bmatrix} 1 & 0 \\ 1 & T \end{bmatrix} \tag{7-36}$$

式(7-36)矩阵是非奇异的，所以系统是能观测的。

如果 $\dot{\theta}$ 是可以测量的，θ 是不能测量的，则 $\boldsymbol{C} = [0 \quad 1]$，系统的能观测矩阵为

$$\begin{bmatrix} \boldsymbol{C} \\ \boldsymbol{CF} \end{bmatrix} = \begin{bmatrix} 0 \quad\quad 1 \\ \begin{bmatrix} 0 & 1 \end{bmatrix}\begin{bmatrix} 1 & T \\ 0 & 1 \end{bmatrix} \end{bmatrix} = \begin{bmatrix} 0 & 1 \\ 0 & 1 \end{bmatrix} = 0 \tag{7-37}$$

式(7-37)是奇异的，所以系统是不能观测的。

由上所述，如果 θ 能够测量，则在有限的步数内（决定于精度的要求）可观测到 $\dot{\theta}$。仅有

$\dot{\theta}$可以测量，状态 θ 是不能观测的。这是因为为了求 θ 值必须知道初始值和$\dot{\theta}$ 的时间函数。

7.3 离散状态空间设计法

设多输入-多输出系统如图 7.2 所示，离散状态空间设计法的目标是利用离散状态空间表达式，设计出数字调节器 $D(z)$，使得计算机控制系统满足或者达到要求的性能指标。

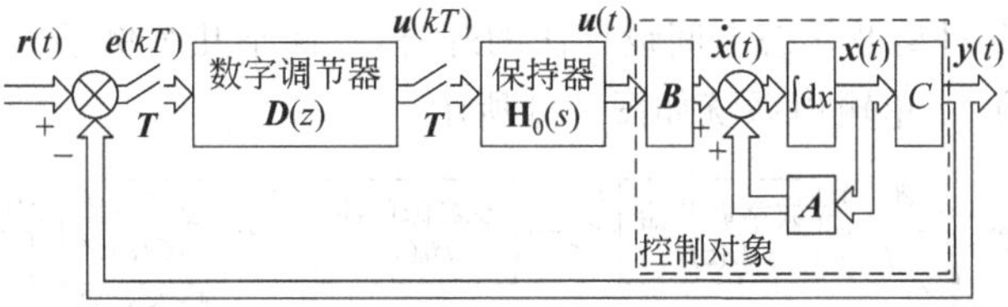

图 7.2 多输入-多输出系统的方框图

计算机控制系统中控制对象经常是连续对象，对象的特性是用状态空间表达式表示为

$$\left.\begin{aligned}\dot{\boldsymbol{x}}(t) &= \boldsymbol{A}\boldsymbol{x}(t) + \boldsymbol{B}\boldsymbol{u}(t) \\ \boldsymbol{y}(t) &= \boldsymbol{C}\boldsymbol{x}(t)\end{aligned}\right\} \tag{7-38}$$

式中，$\boldsymbol{x}(t)$是 n 维状态向量；

$\boldsymbol{u}(t)$是 m 维控制向量；

$\boldsymbol{y}(t)$是 p 维输出向量；

$\boldsymbol{A}$ 是$n\times n$ 维状态矩阵；

$\boldsymbol{B}$ 是$n\times m$ 维输入矩阵；

$\boldsymbol{C}$ 是$p\times n$ 维输出矩阵。

设计时应首先把对象离散化，用离散状态空间表达式表征控制对象。

离散状态空间设计法的步骤可以分为如下几步。

(1) 对连续对象离散化，设采样周期为 T，对象的离散状态空间表达式为

$$\left.\begin{aligned}\boldsymbol{x}(kT+T) &= \boldsymbol{F}\boldsymbol{x}(kT) + \boldsymbol{G}\boldsymbol{u}(kT) \\ \boldsymbol{y}(kT) &= \boldsymbol{C}\boldsymbol{x}(kT)\end{aligned}\right\} \tag{7-39}$$

式中，$\boldsymbol{x}(kT)$是 n 维状态向量；

$\boldsymbol{u}(kT)$是 m 维控制向量；

$\boldsymbol{y}(kT)$是 p 维输出向量；

$\boldsymbol{F}$ 是$n\times n$ 维状态矩阵；

$\boldsymbol{G}$ 是$n\times m$ 维输入矩阵；

$\boldsymbol{C}$ 是$p\times n$ 维输出矩阵。

$\boldsymbol{F}$、$\boldsymbol{G}$ 与式 (7-38) 式中的 $\boldsymbol{A}$、$\boldsymbol{B}$ 有关

$$\boldsymbol{F} = \mathrm{e}^{\boldsymbol{A}T} \tag{7-40}$$

$$\boldsymbol{G} = \int_0^T \mathrm{e}^{\boldsymbol{A}T}\,\mathrm{d}t\boldsymbol{B} \tag{7-41}$$

式(7-39)和式(7-38)中的 $\boldsymbol{C}$ 相同。

(2) 计算能够使 $\boldsymbol{y}(t)$经过 N 个采样周期单调地达到稳态的数字调节器的输出序

列$\boldsymbol{u}(kT)$。

(3) 计算误差序列 $\boldsymbol{e}(kT)$

$$\boldsymbol{e}(kT)=\boldsymbol{r}(kT)-\boldsymbol{y}(kT) \tag{7-42}$$

(4) 分别对 $\boldsymbol{u}(kT)$、$\boldsymbol{e}(kT)$取 Z 变换，取两者之比，即可求得数字调节器的 Z 传递矩阵$\boldsymbol{D}(z)$

$$\boldsymbol{D}(z)=\frac{\mathscr{Z}[\boldsymbol{u}(kT)]}{\mathscr{Z}[\boldsymbol{e}(kT)]} \tag{7-43}$$

为了了解和加深对离散状态空间设计法的理解，下面举几个例子。

例 7.5 设单输入-单输出系统如图 7.3 所示。

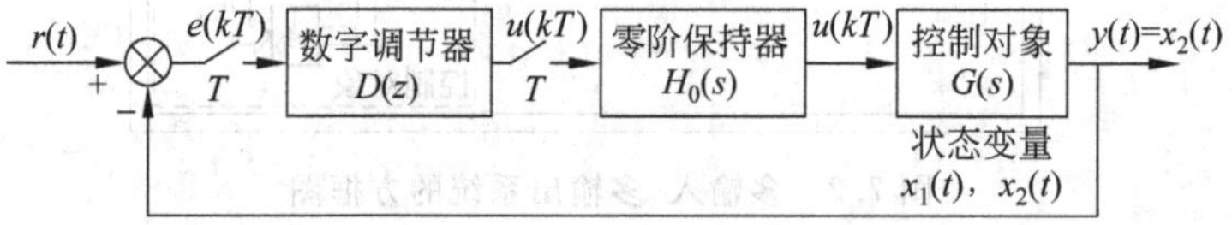

图 7.3 单输入-单输出系统的方框图

控制对象 $G(s)=\dfrac{1}{s(1+s)}$，采样周期 $T=1\text{s}$，试用离散状态空间设计法设计数字调节器 $D(z)$，使过程在有限拍时间内结束。

解：已知控制对象 $G(s)=\dfrac{1}{s(1+s)}$，零阶保持器 $H_0(s)=\dfrac{1-\mathrm{e}^{-Ts}}{s}$，控制对象的状态空间表达式为

$$\left.\begin{aligned}\begin{bmatrix}\dot{x}_1(t)\\ \dot{x}_2(t)\end{bmatrix}&=\begin{bmatrix}-1&0\\1&0\end{bmatrix}\begin{bmatrix}x_1(t)\\x_2(t)\end{bmatrix}+\begin{bmatrix}0\\1\end{bmatrix}\boldsymbol{u}(t)\\ \boldsymbol{y}(t)&=\begin{bmatrix}0&1\end{bmatrix}\begin{bmatrix}x_1(t)\\x_2(t)\end{bmatrix}\end{aligned}\right\} \tag{7-44}$$

本例中的控制量 $\boldsymbol{u}(t)$是将控制器的输出序列 $\boldsymbol{u}(kT)$经零阶保持器以后得到的分段不变的阶跃值。式(7-44)离散化以后可以得到对象的离散状态方程：

$$\left.\begin{aligned}\begin{bmatrix}x_1(kT+T)\\x_2(kT+T)\end{bmatrix}&=\begin{bmatrix}0.368&0\\0.632&1\end{bmatrix}\begin{bmatrix}x_1(kT)\\x_2(kT)\end{bmatrix}+\begin{bmatrix}0.632\\0.368\end{bmatrix}\boldsymbol{u}(kT)\\ \boldsymbol{y}(kT)&=x_2(kT)\end{aligned}\right\} \tag{7-45}$$

设输入函数 $\boldsymbol{r}(t)$为单位阶跃函数，控制变量 $\boldsymbol{u}(kT)$不受约束。在式 (7-45)中，令 $k=0$，且

$$x_1(0)=x_2(0)=0$$

所以

$$\begin{bmatrix}x_1(T)\\x_2(T)\end{bmatrix}=\begin{bmatrix}0.632\\0.368\end{bmatrix}\boldsymbol{u}(0) \tag{7-46}$$

为实现有限拍调节，就要确定调节器输出 $\boldsymbol{u}(0)$、$\boldsymbol{u}(1)$、$\boldsymbol{u}(2)$、$\boldsymbol{u}(3)$、…，使对象从任意初始状态

$$\begin{bmatrix}x_1(0)\\x_2(0)\end{bmatrix}$$

转移到这样的状态,即当 $t=t_1>0$ 时,输出 $\boldsymbol{y}(t)=\boldsymbol{r}(t)$,即

$$y(t)=r(t)=1 \quad (t\geqslant 0) \tag{7-47}$$

这个要求也可表示成

$$\left.\begin{aligned} y(t)&=1\\ \dot{y}(t)&=0\end{aligned}\right\} \quad (t\geqslant t_1>0) \tag{7-48}$$

输出的导数为零,保证 $\boldsymbol{y}(t)$达到输入的大小以后不再变化。

根据状态方程(7-44)及式(7-45),则式(7-48)可改写成

$$\left.\begin{aligned} x_2(NT)&=1\\ x_1(NT)&=0\end{aligned}\right\} \quad (N>0) \tag{7-49}$$

下面讨论 N 为何值时,式(7-49)成立。

1. $N=1$

由式(7-46)

$$\left.\begin{aligned} x_1(T)&=0=0.632\boldsymbol{u}(0)\\ x_2(T)&=1=0.368\boldsymbol{u}(0)\end{aligned}\right\} \tag{7-50}$$

式(7-50)中 $u(0)$不可能同时满足两式。说明一个采样周期达不到要求的目标。由式(7-50)可得

$$\boldsymbol{u}(0)=\frac{1}{0.368}=2.718 \tag{7-51}$$

$$\begin{bmatrix} x_1(T)\\ x_2(T)\end{bmatrix}=\begin{bmatrix} 1.718\\ 1\end{bmatrix} \tag{7-52}$$

对于式(7-45),令 $k=1$

$$\begin{bmatrix} x_1(2T)\\ x_2(2T)\end{bmatrix}=\begin{bmatrix} 0.368 & 0\\ 0.632 & 1\end{bmatrix}\begin{bmatrix} x_1(T)\\ x_2(T)\end{bmatrix}+\begin{bmatrix} 0.632\\ 0.368\end{bmatrix}\boldsymbol{u}(T)$$

$$=\begin{bmatrix} 0.632\\ 2.087\end{bmatrix}+\begin{bmatrix} 0.632\\ 0.368\end{bmatrix}\boldsymbol{u}(T) \tag{7-53}$$

为了使 $x_2(2T)=1$,可设

$$\boldsymbol{u}(T)=\frac{1-2.087}{0.368}=-2.954 \tag{7-54}$$

因此,可以得到

$$\begin{bmatrix} x_1(2T)\\ x_2(2T)\end{bmatrix}=\begin{bmatrix} -1.235\\ 1\end{bmatrix} \tag{7-55}$$

当 $k=3$ 时,同样可以得到 $x_2(3T)=y(3T)=1$,即 $e(3T)=0$,并有 $u(2T)=2.120$。重复上述运算便可得到序列

$$\{u(kT)\}=\{2.718,-2.952,2.122,\cdots\} \tag{7-56}$$

$$\{e(kT)\}=\{1,0,0,\cdots\} \tag{7-57}$$

由式(7-56)、式(7-57)及 Z 变换的定义,可得数字调节器的 Z 传递函数

$$D(z)=\frac{\mathscr{Z}[u(kT)]}{\mathscr{Z}[e(kT)]}=\frac{2.718-2.954z^{-1}+2.122z^{-2}+\cdots}{1}$$

$$=(2.718-z^{-1})[1-0.7182z^{-1}+(0.7182)^2z^{-2}-(0.7182)^3z^{-3}+\cdots]$$

$$=\frac{2.718-z^{-1}}{1+0.7182z^{-1}} \tag{7-58}$$

系统的数字调节器如式(7-58)所示，系统的输出响应如图7.4所示。系统在单位阶跃输入时经过一拍就能使 $y(kT)=r(kT)$，但是在采样点以外输出值与输入值不等，即输出响应有纹波，因此实际应用较少。

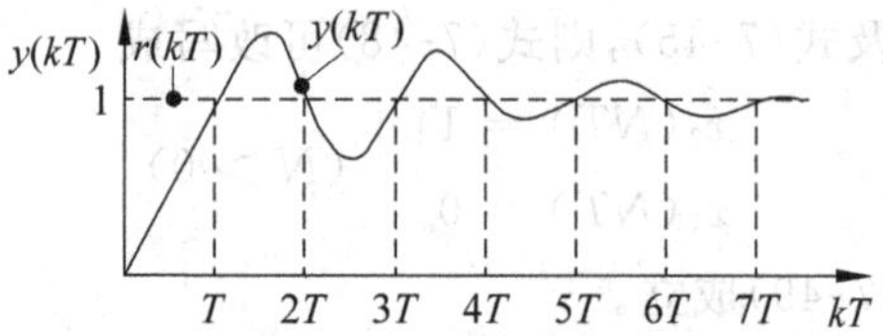

图7.4　$N=1$ 时系统的阶跃响应

2. $N=2$（无纹波情况）

当用两个采样周期来达到所要求的目标时，可以保证系统的输出是无纹波的。

$$\begin{bmatrix}x_1(2T)\\x_2(2T)\end{bmatrix}=\begin{bmatrix}0.368 & 0\\0.632 & 1\end{bmatrix}\begin{bmatrix}x_1(0)\\x_2(0)\end{bmatrix}+\begin{bmatrix}0.368 & 0\\0.632 & 1\end{bmatrix}\begin{bmatrix}0.632\\0.368\end{bmatrix}\boldsymbol{u}(0)+\begin{bmatrix}0.632\\0.368\end{bmatrix}\boldsymbol{u}(T) \tag{7-59}$$

根据设计要求（希望两拍消除误差）和初始条件可得

$$\begin{bmatrix}x_1(2T)\\x_2(2T)\end{bmatrix}=\begin{bmatrix}0\\1\end{bmatrix}\quad 和 \quad \begin{bmatrix}x_1(0)\\x_2(0)\end{bmatrix}=\begin{bmatrix}0\\0\end{bmatrix} \tag{7-60}$$

代入式(7-59)，可得

$$\begin{bmatrix}0\\1\end{bmatrix}=\begin{bmatrix}0.233 & 0.632\\0.768 & 0.368\end{bmatrix}\begin{bmatrix}\boldsymbol{u}(0)\\\boldsymbol{u}(T)\end{bmatrix} \tag{7-61}$$

解式(7-61)，可得

$$\begin{bmatrix}\boldsymbol{u}(0)\\\boldsymbol{u}(T)\end{bmatrix}=\begin{bmatrix}1.58\\-0.58\end{bmatrix} \tag{7-62}$$

数值 $u(0)$、$u(T)$ 唯一地规定了所要求的控制序列的前两项，在它们的驱动下，系统从状态

$$\begin{bmatrix}x_1(0)\\x_2(0)\end{bmatrix}=\begin{bmatrix}0\\0\end{bmatrix}$$

转移到了新的要求的状态

$$\begin{bmatrix}x_1(2T)\\x_2(2T)\end{bmatrix}=\begin{bmatrix}0\\1\end{bmatrix}$$

系统在单位阶跃输入作用下，经过二拍输出与输入相等，且输出导数为0，系统是有限拍无纹波控制。因为经过两拍输出响应已消除误差，所以

$$\boldsymbol{u}(kT)=0,\quad k\geqslant 2$$

控制序列只有两项

$$\boldsymbol{U}(z)=1.58-0.58z^{-1} \tag{7-63}$$

为了确定数字调节器的Z传递函数 $D(z)$，应求出 $E(z)$，已知

$$
\begin{aligned}
r(kT) &= 1 \\
y(kT) &= x_2(kT) \\
\boldsymbol{e}(kT) &= \boldsymbol{r}(kT) - \boldsymbol{y}(kT) \\
&= r(kT) - x_2(kT)
\end{aligned}
$$

且

$$
\begin{aligned}
x_2(0) &= 0 \\
x_2(T) &= (0.368)\boldsymbol{u}(0) \\
&= 0.368 \times 1.58 = 0.582 \\
x_2(2T) &= 1
\end{aligned}
$$

所以

$$
\begin{aligned}
e(0) &= 1 \\
e(T) &= 1 - 0.582 = 0.418 \\
e(2T) &= 0
\end{aligned}
$$

根据Z变换定义

$$E(z) = 1 + 0.418z^{-1} \tag{7-64}$$

由式(7-63)和式(7-64)可得数字调节器的Z传递函数

$$D(z) = \frac{U(z)}{E(z)} = \frac{1.58 - 0.58z^{-1}}{1 + 0.418z^{-1}} \tag{7-65}$$

有限拍无纹波系统的输入、输出及控制作用如图7.5所示。

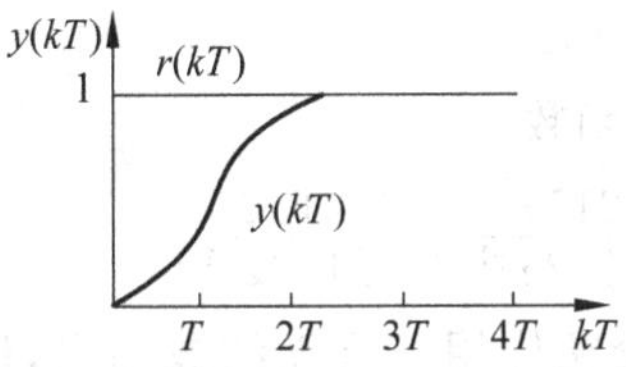

(a) 输入和输出响应

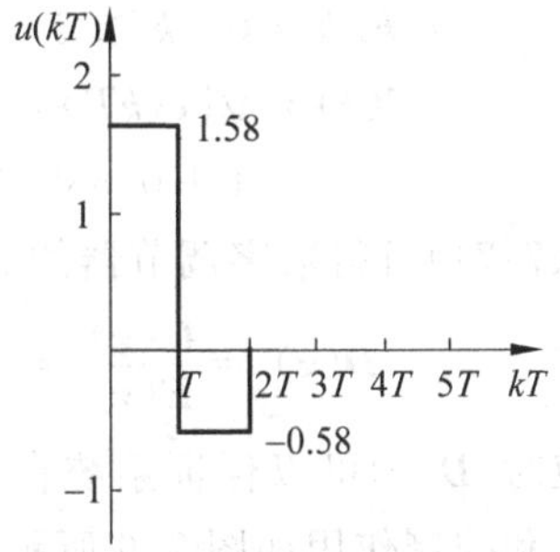

(b) 控制作用

图 7.5　有限拍无纹波系统的输入、输出及控制的作用

3. $N=3$（控制作用受约束系统）

在实际的控制系统中由于装置的容量和额定值等的限制，控制作用 $\boldsymbol{u}(kT)$ 是受约束的，在这种系统中，可以由延长调整时间来实现有限拍控制。这里设计的要求是系统在单位阶跃输入作用下，在尽可能短的时间里达到稳定；对象的控制作用是受约束的。

$$|\boldsymbol{u}(kT)| \leqslant M = 1, \quad k = 0,1,2,\cdots$$

假设经过两拍，系统达到稳定，由式(7-63)

$$\boldsymbol{u}(0) = 1.58 > 1$$

控制量超过约束条件，设 $\boldsymbol{u}(0)=1$，$k=1$ 时由状态方程和初始条件可得

$$\begin{bmatrix} x_1(T) \\ x_2(T) \end{bmatrix} = \begin{bmatrix} 0.632 \\ 0.368 \end{bmatrix} \boldsymbol{u}(0) = \begin{bmatrix} 0.632 \\ 0.368 \end{bmatrix} \tag{7-66}$$

$$\begin{bmatrix} x_1(2T) \\ x_2(2T) \end{bmatrix} = \begin{bmatrix} 0.368 & 0 \\ 0.632 & 1 \end{bmatrix} \begin{bmatrix} 0.632 \\ 0.368 \end{bmatrix} + \begin{bmatrix} 0.632 \\ 0.368 \end{bmatrix} \boldsymbol{u}(T) \tag{7-67}$$

假设系统经过三拍($k=3$)达到稳态,则

$$\begin{bmatrix} x_1(3T) \\ x_2(3T) \end{bmatrix} = \begin{bmatrix} 0.368 & 0 \\ 0.632 & 1 \end{bmatrix}^2 \begin{bmatrix} 0.632 \\ 0.368 \end{bmatrix} + \begin{bmatrix} 0.368 & 0 \\ 0.632 & 1 \end{bmatrix} \begin{bmatrix} 0.632 \\ 0.368 \end{bmatrix} \boldsymbol{u}(T)$$

$$+ \begin{bmatrix} 0.632 \\ 0.368 \end{bmatrix} \boldsymbol{u}(2T) = \begin{bmatrix} 0 \\ 1 \end{bmatrix} \tag{7-68}$$

由式(7-68)可得到

$$\begin{bmatrix} \boldsymbol{u}(T) \\ \boldsymbol{u}(2T) \end{bmatrix} = \begin{bmatrix} 0.215 \\ -0.215 \end{bmatrix} \tag{7-69}$$

式(7-69)中 $\boldsymbol{u}(T)$、$\boldsymbol{u}(2T)$ 满足约束条件,因此控制序列

$$\{\boldsymbol{u}(kT)\} = \{1, 0.215, -0.125, 0, \cdots\}$$

$$\boldsymbol{U}(z) = \mathscr{Z}[\boldsymbol{u}(kT)] = 1 + 0.215z^{-1} - 0.215z^{-2} \tag{7-70}$$

误差序列

$$e(0) = r(0) - x_2(0) = 1 - 0 = 1$$

$$e(T) = r(T) - x_2(T) = 1 - 0.368 = 0.632$$

由式(7-67)、式(7-69)可得

$$e(2T) = r(2T) - x_2(2T) = 1 - 0.847 = 0.153$$

$$e(kT) = 0 \quad k \geqslant 3$$

所以

$$\boldsymbol{E}(z) = \mathscr{Z}[\boldsymbol{e}(kT)]$$

$$= 1 + 0.632z^{-1} + 0.153z^{-2} \tag{7-71}$$

由式(7-70)、式(7-71)可得数字调节器的 Z 传递函数

$$\boldsymbol{D}(z) = \frac{\boldsymbol{U}(z)}{\boldsymbol{E}(z)} = \frac{1 + 0.215z^{-1} - 0.215z^{-2}}{1 + 0.632z^{-1} + 0.153z^{-2}} \tag{7-72}$$

控制作用受约束时,$\boldsymbol{D}(z)$可以保证系统在单位阶跃作用下是无纹波输出,调节时间为 $3T$。系统的输出响应和控制作用如图 7.6 所示。

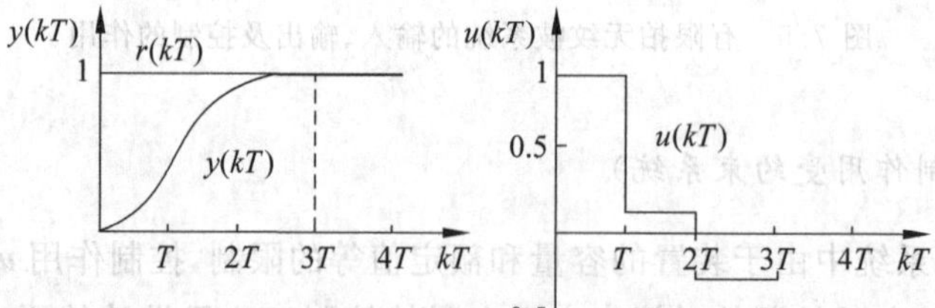

(a) 输入和输出响应　　(b) 控制作用

图 7.6　控制作用受约束系统的有限拍无纹波控制

例 7.5 讨论的是单位阶跃输入时有限拍控制的离散状态空间设计法,当输入作用形式改变,如单位速度输入或单位加速度输入时,设计方法是类似的,通常调节时间要加长。

例 7.6　设多变量系统如图 7.2 所示,试设计单位阶跃输入作用下的有限拍控制系统。

解:连续对象的状态空间表达式

$$\left.\begin{aligned}\dot{\boldsymbol{x}}(t) &= \boldsymbol{A}\boldsymbol{x}(t) + \boldsymbol{B}\boldsymbol{u}(t) \\ \boldsymbol{y}(t) &= \boldsymbol{C}\boldsymbol{x}(t)\end{aligned}\right\}$$

对象的离散状态空间表达式

$$\left.\begin{aligned}\boldsymbol{x}(kT+T) &= \boldsymbol{F}\boldsymbol{x}(kT) + \boldsymbol{G}\boldsymbol{u}(kT) \\ \boldsymbol{y}(kT) &= \boldsymbol{C}\boldsymbol{x}(kT)\end{aligned}\right\}$$

式中

$$\boldsymbol{F} = \mathrm{e}^{\boldsymbol{A}T}$$

$$\boldsymbol{G} = \int_0^T \mathrm{e}^{\boldsymbol{A}T}\,\mathrm{d}t\boldsymbol{B}$$

设初始状态 $\boldsymbol{x}(0)=0$,则

$$\boldsymbol{x}(kT) = \sum_{j=0}^{k-1} \boldsymbol{F}^{k-j-1}\boldsymbol{G}\boldsymbol{u}(jT) \tag{7-73}$$

所以输出为

$$\boldsymbol{y}(kT) = \sum_{j=0}^{k=1} \boldsymbol{C}\boldsymbol{F}^{k-j-1}\boldsymbol{G}\boldsymbol{u}(jT) \tag{7-74}$$

假设系统经过 N 拍(NT)使输出 $\boldsymbol{y}(kT)$与 $\boldsymbol{r}(kT)$输入一致,则

$$\boldsymbol{r}(NT) = \boldsymbol{y}(NT) = \sum_{j=0}^{N=1} \boldsymbol{C}\boldsymbol{F}^{N-j-1}\boldsymbol{G}\boldsymbol{u}(jT) \tag{7-75}$$

写成矩阵形式

$$[\boldsymbol{C}\boldsymbol{F}^{N-1}\boldsymbol{G} \quad \boldsymbol{C}\boldsymbol{F}^{N-2}\boldsymbol{G} \quad \cdots \quad \boldsymbol{C}\boldsymbol{G}]\begin{bmatrix}\boldsymbol{u}(0) \\ \boldsymbol{u}(T) \\ \vdots \\ \boldsymbol{u}(NT-T)\end{bmatrix} = \boldsymbol{r}(kT) \tag{7-76}$$

为了保证 $t \geqslant NT$ 时系统达到稳态且无纹波,$t=NT$ 的状态变量对时间的导数必须等于零,即

$$\dot{\boldsymbol{x}}(NT) = \boldsymbol{A}\boldsymbol{x}(NT) + \boldsymbol{B}\boldsymbol{u}(NT) = 0 \tag{7-77}$$

以式(7-73)代入式(7-77)可得

$$\boldsymbol{A}\left[\sum_{j=0}^{N-1} \boldsymbol{F}^{N-j-1}\boldsymbol{G}\boldsymbol{u}(jT)\right] + \boldsymbol{B}\boldsymbol{u}(NT) = 0 \tag{7-78}$$

把式(7-76)和式(7-78)合并,并用矩阵表示,则

$$\begin{bmatrix}\boldsymbol{C}\boldsymbol{F}^{N-1}\boldsymbol{G} & \boldsymbol{C}\boldsymbol{F}^{N-2}\boldsymbol{G} & \cdots & \boldsymbol{C}\boldsymbol{G} & 0 \\ \boldsymbol{A}\boldsymbol{F}^{N-1}\boldsymbol{G} & \boldsymbol{A}\boldsymbol{F}^{N-2}\boldsymbol{G} & \cdots & \boldsymbol{A}\boldsymbol{G} & \boldsymbol{B}\end{bmatrix}\begin{bmatrix}\boldsymbol{u}(0) \\ \boldsymbol{u}(T) \\ \vdots \\ \boldsymbol{u}(NT-T) \\ \boldsymbol{u}(NT)\end{bmatrix} = \begin{bmatrix}\boldsymbol{r}(kT) \\ 0\end{bmatrix} \tag{7-79}$$

由式(7-79)可以求得出调节器的控制序列 $\boldsymbol{u}(0)$、$\boldsymbol{u}(T)$、…、$\boldsymbol{u}(NT)$。对于线性系统 $\boldsymbol{u}(kT)$与$\boldsymbol{r}(kT)$成正比,所以

$$\boldsymbol{u}(kT) = \boldsymbol{p}(kT)\boldsymbol{r}(kT) \tag{7-80}$$

对于误差序列

$$\begin{aligned} \boldsymbol{e}(kT) &= \boldsymbol{r}(kT) - \boldsymbol{y}(kT) \\ &= \boldsymbol{r}(kT) - \sum_{j=0}^{k-1} \boldsymbol{CF}^{k-j-1}\boldsymbol{Gu}(jT) \end{aligned} \tag{7-81}$$

对于单位阶跃输入 $\boldsymbol{r}(kT)$，可简记为 $\boldsymbol{r}$，并将式(7-80)代入式(7-81)可得

$$\begin{aligned} \boldsymbol{e}(kT) &= \boldsymbol{r} - \sum_{j=0}^{k-1} \boldsymbol{CF}^{k-j-1}\boldsymbol{Gp}(jT)\boldsymbol{r} \\ &= \left[I - \sum_{j=0}^{k-1} \boldsymbol{CF}^{k-j-1}\boldsymbol{Gp}(jT) \right]\boldsymbol{r} \end{aligned} \tag{7-82}$$

$$\begin{aligned} \boldsymbol{E}(z) &= \mathscr{Z}[\boldsymbol{e}(kT)] \\ &= \sum_{k=0}^{N-1} \left[\boldsymbol{I} - \sum_{j=0}^{k-1} \boldsymbol{CF}^{k-j-1}\boldsymbol{Gp}(jT) \right]\boldsymbol{r}z^{-k} \end{aligned} \tag{7-83}$$

对(7-80)做 Z 变换，可得

$$\begin{aligned} \boldsymbol{U}(z) &= \mathscr{Z}[\boldsymbol{u}(kT)] \\ &= \left[\sum_{k=0}^{N-1} \boldsymbol{p}(kT)z^{-k} + \sum_{k=N}^{\infty} \boldsymbol{p}(kT)z^{-k} \right]\boldsymbol{r} \end{aligned} \tag{7-84}$$

当 $k \geqslant N$ 时，对象的输入 $\boldsymbol{u}(kT)$ 保持恒定的 $\boldsymbol{p}(NT)$，又有 $\sum_{k=N}^{\infty}\boldsymbol{p}(NT)z^{-k} = \boldsymbol{p}(NT)\sum_{k=N}^{\infty} z^{-k} = \boldsymbol{p}(NT)\frac{z^{-N}}{1-z^{-1}}$，所以

$$\boldsymbol{U}(z) = \left[\sum_{k=0}^{N-1} \boldsymbol{p}(kT)z^{-k} + \boldsymbol{p}(NT)\frac{z^{-N}}{1-z^{-1}} \right]\boldsymbol{r} \tag{7-85}$$

由式(7-83)、式(7-85)可得多变量有限拍系统的数字调节器

$$\boldsymbol{D}(z) = \frac{\boldsymbol{U}(z)}{\boldsymbol{E}(z)} = \frac{\sum_{k=0}^{N-1} \boldsymbol{p}(kT)z^{-k} + \boldsymbol{p}(NT)\frac{z^{-N}}{1-z^{-1}}}{\sum_{k=0}^{N-1}\left[\boldsymbol{I} - \sum_{j=0}^{k-1} \boldsymbol{CF}^{k-j-1}\boldsymbol{Gp}(jT) \right]z^{-k}} \tag{7-86}$$

例 7.7 设有一阶单变量系统，即 $n=m=p=1$，其对象特性为

$$\left.\begin{aligned} \dot{\boldsymbol{x}} &= \boldsymbol{ax} + \boldsymbol{bu} \\ \boldsymbol{y} &= \boldsymbol{cx} \end{aligned}\right\} \tag{7-87}$$

试设计有限拍调节器 $\boldsymbol{D}(z)$。

解：对象的离散状态方程

$$\left.\begin{aligned} \boldsymbol{x}(kT+T) &= \boldsymbol{Fx}(kT) + \boldsymbol{Gu}(kT) \\ \boldsymbol{y}(kT) &= \boldsymbol{cx}(kT) \end{aligned}\right\} \tag{7-88}$$

式中
$$\boldsymbol{F} = \mathrm{e}^{aT}, \quad \boldsymbol{G} = \int_0^T \mathrm{e}^{aT}\mathrm{d}t\boldsymbol{b} = \boldsymbol{a}^{-1}(\mathrm{e}^{aT}-1)\boldsymbol{b}$$

式(7-79)中取 $N=1$

$$\begin{bmatrix} \boldsymbol{CG} & 0 \\ \boldsymbol{aG} & b \end{bmatrix}\begin{bmatrix} \boldsymbol{u}(0) \\ \boldsymbol{u}(T) \end{bmatrix} = \begin{bmatrix} \boldsymbol{r} \\ 0 \end{bmatrix} \tag{7-89}$$

即

$$\begin{bmatrix} \boldsymbol{ca}^{-1}(\mathrm{e}^{aT}-1)\boldsymbol{b} & 0 \\ (\mathrm{e}^{aT}-1)\boldsymbol{b} & \boldsymbol{b} \end{bmatrix}\begin{bmatrix} u(0) \\ u(T) \end{bmatrix} = \begin{bmatrix} \boldsymbol{r} \\ 0 \end{bmatrix} \tag{7-90}$$

由式(7-90)可得

$$\left.\begin{aligned}\boldsymbol{u}(0) &= \frac{\boldsymbol{a}}{\boldsymbol{bc}(\mathrm{e}^{aT}-1)}\boldsymbol{r} = \boldsymbol{p}(0)\boldsymbol{r}\\ \boldsymbol{u}(T) &= \frac{-\boldsymbol{a}}{\boldsymbol{bc}}\boldsymbol{r} = \boldsymbol{p}(T)\boldsymbol{r}\end{aligned}\right\} \tag{7-91}$$

又有误差序列

$$\left.\begin{aligned}\boldsymbol{e}(0) &= \boldsymbol{r}\\ e(T) = \boldsymbol{e}(2T) &= \cdots = 0\end{aligned}\right\} \tag{7-92}$$

由式(7-91)和式(7-92)可得数字调节器

$$\begin{aligned}\boldsymbol{D}(z) &= \frac{\boldsymbol{U}(z)}{\boldsymbol{E}(z)} = \frac{\mathscr{Z}[\boldsymbol{u}(kT)]}{\mathscr{Z}[\boldsymbol{e}(kT)]} = \left[\boldsymbol{p}(0)\boldsymbol{r} + \boldsymbol{p}(T)\boldsymbol{r}\,\frac{z^{-1}}{1-z^{-1}}\right]\Big/\boldsymbol{r}\\ &= \frac{\boldsymbol{a}(1-\mathrm{e}^{aT}z^{-1})}{\boldsymbol{b}\,\boldsymbol{c}(\mathrm{e}^{aT}-1)(1-z^{-1})}\end{aligned} \tag{7-93}$$

例 7.8 设有二阶单输入单输出对象，即 $n=2, m=p=1$，其状态方程为

$$\left.\begin{aligned}\begin{bmatrix}\dot{x}_1\\ \dot{x}_2\end{bmatrix} &= \begin{bmatrix}-1 & 0\\ 1 & 0\end{bmatrix}\begin{bmatrix}x_1\\ x_2\end{bmatrix} + \begin{bmatrix}1\\ 0\end{bmatrix}\boldsymbol{u}\\ \boldsymbol{y} &= [0 \quad 1]\begin{bmatrix}x_1\\ x_2\end{bmatrix}\end{aligned}\right\} \tag{7-94}$$

试设计有限拍调节器。

解：设采样周期 $T=1\mathrm{s}$，对象的离散状态方程为

$$\begin{bmatrix}x_1(kT+T)\\ x_2(kT+T)\end{bmatrix} = \begin{bmatrix}\mathrm{e}^{-1} & 0\\ 1-\mathrm{e}^{-1} & 1\end{bmatrix}\begin{bmatrix}x_1(kT)\\ x_2(kT)\end{bmatrix} + \begin{bmatrix}1-\mathrm{e}^{-1}\\ \mathrm{e}^{-1}\end{bmatrix}\boldsymbol{u}(kT) \tag{7-95}$$

设式(7-79)中 $N=2$，可得

$$\begin{bmatrix}\boldsymbol{CFG} & \boldsymbol{CG} & 0\\ \boldsymbol{AFG} & \boldsymbol{AG} & \boldsymbol{B}\end{bmatrix}\begin{bmatrix}\boldsymbol{u}(0)\\ \boldsymbol{u}(T)\\ \boldsymbol{u}(2T)\end{bmatrix} = \begin{bmatrix}\boldsymbol{r}\\ 0\\ 0\end{bmatrix} \tag{7-96}$$

以 $\boldsymbol{F}$、$\boldsymbol{G}$、$\boldsymbol{C}$、$\boldsymbol{A}$、$\boldsymbol{B}$ 代入式(7-96)，可得

$$\begin{bmatrix}0.768 & 0.368 & 0\\ -0.232 & -0.632 & 1\\ 0.232 & 0.632 & 0\end{bmatrix}\begin{bmatrix}\boldsymbol{u}(0)\\ \boldsymbol{u}(T)\\ \boldsymbol{u}(2T)\end{bmatrix} = \begin{bmatrix}\boldsymbol{r}\\ 0\\ 0\end{bmatrix} \tag{7-97}$$

由式(7-97)可得

$$\begin{bmatrix}\boldsymbol{u}(0)\\ \boldsymbol{u}(T)\\ \boldsymbol{u}(2T)\end{bmatrix} = \begin{bmatrix}\boldsymbol{p}(0)\\ \boldsymbol{p}(T)\\ \boldsymbol{p}(2T)\end{bmatrix}\boldsymbol{r} = \begin{bmatrix}1.58\\ -0.58\\ 0\end{bmatrix}\boldsymbol{r} \tag{7-98}$$

由误差序列

$$\left.\begin{aligned}e(0) &= r, \quad e(T) = 0.418r\\ e(kT) &= 0, \quad k = 2,3,\cdots\end{aligned}\right\} \tag{7-99}$$

所以

$$\begin{aligned}E(z) &= \mathscr{Z}[e(kT)]\\ &= (1+0.418z^{-1})r\end{aligned} \tag{7-100}$$

数字调节器

$$D(z)=\frac{U(z)}{E(z)}=\frac{1.58-0.58z^{-1}}{1+0.48z^{-1}} \tag{7-101}$$

例 7.9 设四阶多输入多输出对象,即 $n=4,m=p=2$,对象的状态方程为

$$\left.\begin{aligned}\begin{bmatrix}\dot{x}_1\\\dot{x}_2\\\dot{x}_3\\\dot{x}_4\end{bmatrix}&=\begin{bmatrix}1&1&-5&-1\\0&-2&0&0\\2&1&-6&-1\\-2&-1&2&-3\end{bmatrix}\begin{bmatrix}x_1\\x_2\\x_3\\x_4\end{bmatrix}+\begin{bmatrix}1&1\\0&2\\0&2\\0&-1\end{bmatrix}\begin{bmatrix}u_1\\u_2\end{bmatrix}\\\begin{bmatrix}y_1\\y_2\end{bmatrix}&=\begin{bmatrix}3&2&-3&2\\1&2&1&3\end{bmatrix}\begin{bmatrix}x_1\\x_2\\x_3\\x_4\end{bmatrix}\end{aligned}\right\} \tag{7-102}$$

试设计最少拍调节器 $D(z)$,设采样周期 $T=0.1\text{s}$。

解:对象的离散状态方程的系数矩阵为

$$\boldsymbol{F}=\begin{bmatrix}1.0&0.0779&-0.398&-0.0705\\0&0.819&0&0\\0.164&0.0779&0.506&-0.0705\\-0.164&-0.0779&0.164&0.741\end{bmatrix} \tag{7-103}$$

$$\boldsymbol{G}=\begin{bmatrix}0.104&0.0734\\0&0.1813\\0.164&0.169\\-0.164&-0.0861\end{bmatrix} \tag{7-104}$$

由于系统是双输入双输出,所以式(7-79)中取 $N=2$,可得

$$\begin{bmatrix}\boldsymbol{CFG}&\boldsymbol{CG}&0\\\boldsymbol{AFG}&\boldsymbol{AG}&\boldsymbol{B}\end{bmatrix}\begin{bmatrix}\boldsymbol{u}(0)\\\boldsymbol{u}(T)\\\boldsymbol{u}(2T)\end{bmatrix}=\begin{bmatrix}\boldsymbol{r}\\0\end{bmatrix} \tag{7-105}$$

将式(7-102)~式(7-104)的数值代入式(7-105)可得

$$\left[\begin{array}{cc:cc:cc}0.214&-0.086&0.268&-0.095&0&0\\0.064&0.259&0.086&0.346&0&0\\\hdashline 0.019&-0.346&0.068&-0.501&1.0&1.0\\0&-0.297&0&-0.362&0&2.0\\\hdashline 0.106&-0.432&0.164&-0.597&0&2.0\\-0.106&0.211&-0.164&-0.267&0&-1.0\end{array}\right]\begin{bmatrix}u_1(0)\\u_2(0)\\\hdashline u_1(T)\\u_2(T)\\\hdashline u_1(2T)\\u_2(2T)\end{bmatrix}=\begin{bmatrix}r_1\\r_2\\\hdashline 0\\0\\\hdashline 0\\0\end{bmatrix} \tag{7-106}$$

解式(7-106)可得

$$\begin{bmatrix} \boldsymbol{p}(0) \\ \cdots \\ \boldsymbol{p}(T) \\ \cdots \\ \boldsymbol{p}(2T) \end{bmatrix} = \begin{bmatrix} 24.01 & 1.575 \\ -1.969 & 9.843 \\ & \cdots \\ -15.750 & 0.195 \\ 0.962 & -4.184 \\ & \cdots \\ 0.529 & 0.353 \\ -0.118 & 0.588 \end{bmatrix} \tag{7-107}$$

由式(7-84),数字调节器输出的 Z 变换为

$$\boldsymbol{U}(z) = \left\{ \begin{bmatrix} 24.01 & 1.575 \\ -1.969 & 9.843 \end{bmatrix} + \begin{bmatrix} -15.75 & 0.195 \\ 0.962 & -4.814 \end{bmatrix} z^{-1} + \begin{bmatrix} 0.529 & 0.353 \\ -0.118 & 0.588 \end{bmatrix} \frac{z^{-2}}{1-z^{-1}} \right\} \begin{bmatrix} r_1 \\ r_2 \end{bmatrix} \tag{7-108}$$

由式(7-85),误差 $\boldsymbol{e}(kT)$ 的 Z 变换为

$$\boldsymbol{E}(z) = \{\boldsymbol{I} + [\boldsymbol{I} - \boldsymbol{CGp}(0)] z^{-1}\} \boldsymbol{r} \tag{7-109}$$

$$= \left\{ \begin{bmatrix} 1 & 0 \\ 0 & 1 \end{bmatrix} + \left[\begin{bmatrix} 1 & 0 \\ 0 & 1 \end{bmatrix} - \begin{bmatrix} 0.268 & -0.095 \\ 0.086 & 0.346 \end{bmatrix} \begin{bmatrix} 24.01 & 1.575 \\ -1.969 & 9.843 \end{bmatrix} \right] z^{-1} \right\} \begin{bmatrix} r_1 \\ r_2 \end{bmatrix}$$

$$= \begin{bmatrix} 2-6.622z^{-1} & 0.513z^{-1} \\ -1.384z^{-1} & 2-3.541z^{-1} \end{bmatrix} \begin{bmatrix} r_1 \\ r_2 \end{bmatrix} \tag{7-110}$$

数字调节器的 Z 传递矩阵

$$\boldsymbol{D}(z) = \frac{\boldsymbol{U}(z)}{\boldsymbol{E}(z)}$$

$$= \begin{bmatrix} \dfrac{24.01-39.76z^{-1}+16.34z^{-2}}{1-6.621z^{-1}-1.08z^{-2}} & \dfrac{1.575-1.38z^{-1}+0.58z^{-2}}{0.513z^{-1}-0.515z^{-2}} \\ \dfrac{-1.969+2.931z^{-1}+1.8z^{-2}}{1.384z^{-1}-1.398z^{-2}} & \dfrac{9.843-3.542z^{-1}+25.402z^{-2}}{1-3.541z^{-1}+2.542z^{-2}} \end{bmatrix} \tag{7-111}$$

7.4 最小能量控制系统的设计

在许多应用中,例如宇宙航行控制,要求以最少的必须的控制能量去完成预定的任务,称为最小能量控制,设所研究的系统的离散状态空间表达式为

$$\left.\begin{aligned} \boldsymbol{x}(kT+T) &= \boldsymbol{Fx}(kT) + \boldsymbol{Gu}(kT) \\ \boldsymbol{y}(kT) &= \boldsymbol{Cx}(kT) \end{aligned}\right\} \tag{7-112}$$

最小能量控制是要求用最少的控制能量驱使式(7-112)的系统,在 N 次迭代时间里,从任意的初始状态 $\boldsymbol{x}(0)$转移到所要求的状态 $\boldsymbol{x}_f$。控制能量可表示为

$$\boldsymbol{E}_N = \sum_{k=0}^{N-1} \boldsymbol{u}^T(kT)\boldsymbol{u}(kT)$$

则性能指标函数可表示为

$$\boldsymbol{J}=\boldsymbol{E}_N=\sum_{k=0}^{N-1}\boldsymbol{u}^{\mathrm{T}}(kT)\boldsymbol{u}(kT) \tag{7-113}$$

当控制输入是单变量时

$$\boldsymbol{J}=\boldsymbol{E}_N=\sum_{k=0}^{N-1}\boldsymbol{u}^2(kT) \tag{7-114}$$

最小能量控制系统的设计是在给定系统式(7-112)的情况下，设计出一个调节器，其控制作用$\boldsymbol{u}(0)$、$\boldsymbol{u}(T)$、…、$\boldsymbol{u}(NT-T)$使得

(1) 系统经过N次迭代，以最小能量，从任意的初始状态$\boldsymbol{x}(0)$转移到所要求的状态$\boldsymbol{x}_f$。

(2) 若$N<n$（系统的阶次为n），系统经过N次迭代，达不到状态$\boldsymbol{x}_f$。则应要求经过N次迭代系统从状态$\boldsymbol{x}(0)$转移到状态$\boldsymbol{x}(NT)$，使得欧几里德距离最小，即

$$\|\boldsymbol{x}_f-\boldsymbol{x}(NT)\|=\{[\boldsymbol{x}_f-\boldsymbol{x}(NT)]^{\mathrm{T}}[\boldsymbol{x}_f-\boldsymbol{x}(NT)]\}^{1/2} \tag{7-115}$$

为最小。

为了叙述方便，令$\boldsymbol{x}_f=0$，即所要求的状态$\boldsymbol{x}_f$为零状态。这种假设不影响其一般性，因为系统在N次迭代时间里，能够从任意状态转移到零状态，也必定能转移到其他任意的状态。

适当选择$\boldsymbol{u}(0)$、$\boldsymbol{u}(T)$、…、$\boldsymbol{u}(NT-T)$，使得系统由$\boldsymbol{x}(0)$转移到$\boldsymbol{x}_f=0$，对离散状态方程(7-112)经过迭代运算可得

$$\boldsymbol{x}(NT)=\boldsymbol{F}^N\boldsymbol{x}(0)+\boldsymbol{F}^{N-1}\boldsymbol{G}\boldsymbol{u}(0)+\cdots+\boldsymbol{F}\boldsymbol{G}\boldsymbol{u}(NT-2T)+\boldsymbol{G}\boldsymbol{u}(NT-T) \tag{7-116}$$

用$\boldsymbol{F}^{-N}$左乘等式两端，且利用$\boldsymbol{x}(NT)=0$及$\boldsymbol{f}_k=-\boldsymbol{F}^{-k}\boldsymbol{G}$可得

$$\boldsymbol{x}(0)=\boldsymbol{f}_1\boldsymbol{u}(0)+\boldsymbol{f}_2\boldsymbol{u}(T)+\cdots+\boldsymbol{f}_N\boldsymbol{u}(NT-T) \tag{7-117}$$

方程(7-117)表明了如果$\boldsymbol{x}(NT)=0$，初始状态$\boldsymbol{x}(0)$一定能够表示成$\boldsymbol{f}_1$、$\boldsymbol{f}_2$、…、$\boldsymbol{f}_N$的线性组合。对于n阶能控系统，向量$\boldsymbol{f}_1$、$\boldsymbol{f}_2$、…、$\boldsymbol{f}_N$构成线性无关的向量集，当$N\geqslant n$时，总能使系统从初始状态$\boldsymbol{x}(0)$转移到要求的状态$\boldsymbol{x}_f=0$。当$N<n$时则不然。

1. $N\geqslant n$

对于$N\geqslant n$，状态向量总能够在N次迭代时间以后从初始状态转移到零状态。方程(7-117)表示成矩阵形式时

$$\boldsymbol{x}(0)=\boldsymbol{f}\boldsymbol{u} \tag{7-118}$$

式中，$\boldsymbol{f}$是$n\times N$矩阵，其列向量为$\boldsymbol{f}_i$；

$\boldsymbol{u}$是$N\times 1$控制向量，其分量是$\boldsymbol{u}(kT)$，$k=0,1,2,\cdots,N-1$。

最小能量控制问题的解是控制向量$\boldsymbol{u}$必须满足方程(7-118)，并且能量最小。

假设控制作用是单变量$\boldsymbol{u}(0)$、$\boldsymbol{u}(T)$、…、$\boldsymbol{u}(NT-T)$。对于n阶能控系统，$n\times N$矩阵的秩为n，故具有最小右逆（关于左逆和右逆矩阵理论请参阅有关文献），方程(7-118)的最小欧几里德解为

$$\boldsymbol{u}_N=\boldsymbol{f}^{RM}\boldsymbol{x}(0)=\boldsymbol{f}^{\mathrm{T}}(\boldsymbol{f}\boldsymbol{f}^{\mathrm{T}})^{-1}\boldsymbol{x}(0) \tag{7-119}$$

由于$\boldsymbol{u}_N$是方程的最小欧几里德解，所以$\boldsymbol{u}_N$也是最小能量的解，控制能量的测度

$$\|\boldsymbol{u}_N\|=\sum_{k=0}^{N-1}[u(kT)]^2 \tag{7-120}$$

应取最小。

矩阵 $\boldsymbol{f}^{\mathrm{T}}(\boldsymbol{f}\boldsymbol{f}^{\mathrm{T}})^{-1}$是 $N\times n$ 矩阵，用 $\boldsymbol{x}(0)$右乘它，以产生最少能量控制序列需要做 Nn 次乘法。产生第一个采样周期内的控制作用，需要做 n 次乘法，即

$$u(0)=\sum_{j=1}^{n}\alpha_{ij}x_j \tag{7-121}$$

式中，α_{ij} 是 $\boldsymbol{f}^{\mathrm{T}}(\boldsymbol{f}\boldsymbol{f}^{\mathrm{T}})^{-1}$的（$i,j$）元素；

x_j 是 $\boldsymbol{x}(0)$的第 j 个分量。

然后调节器在第一个采样周期内应用 $u(0)$，并同时确定其余分量 $u(T)$、$u(2T)$、…、$u(NT-T)$。从检测 $\boldsymbol{x}(0)$到把 $\boldsymbol{u}(0)$施加到对象上的这段时间基本上是完成对方程(7-121)做 n 次乘法所需要的时间。如果这段时间跟采样周期及对象的时间常数比较起来很小，那么实时最小能量控制的决策是行得通的。实际工程中，大多数对象是能控的，并且只要选择 $N\geqslant n$，总能保证在 N 个采样周期内把任意初始状态转移到要求的状态。

2. $N<n$

当对象为能控时，处理方法与 $N\geqslant n$ 类似。在经过 N 次迭代以后，$\boldsymbol{x}(NT)\neq\boldsymbol{x}_f=0$ 则必须使欧几里德距离

$$\|\boldsymbol{x}_f-\boldsymbol{x}(NT)\|=\|\boldsymbol{x}(NT)\|=\left[\sum_{i=1}^{n}x_i^2(NT)\right]^{1/2} \tag{7-122}$$

为最小。

在 $N<n$ 时，不再提能量最小，最小能量控制问题等价于选择控制序列，使得欧几里德距离 $\|\boldsymbol{x}(NT)\|$ 为最小值。

例 7.10 设对象特性为 $G(s)=\dfrac{1}{s(s+1)}$，采样周期 1s，且使用零阶保持器。求 $N=2,3,4$ 时的最小能量控制序列。

解： 对象离散状态方程的状态矩阵和输入矩阵为

$$\boldsymbol{F}=\begin{bmatrix}1 & 1-\mathrm{e}^{-T}\\0 & \mathrm{e}^{-T}\end{bmatrix}=\begin{bmatrix}1 & 0.632\\0 & 0.368\end{bmatrix}$$

$$\boldsymbol{G}=\begin{bmatrix}\mathrm{e}^{-T}\\1-\mathrm{e}^{-T}\end{bmatrix}=\begin{bmatrix}0.368\\0.632\end{bmatrix}$$

$$\boldsymbol{F}^{-1}=\begin{bmatrix}1 & 1-\mathrm{e}\\0 & \mathrm{e}\end{bmatrix}=\begin{bmatrix}1 & -1.7183\\0 & 2.7183\end{bmatrix}$$

由 $\boldsymbol{f}_k=-\boldsymbol{F}^{-k}\boldsymbol{G}$，可求得

$$\boldsymbol{f}_1=\begin{bmatrix}0.7183\\-1.7183\end{bmatrix},\quad \boldsymbol{f}_2=\begin{bmatrix}3.6708\\-4.6708\end{bmatrix}$$

$$\boldsymbol{f}_3=\begin{bmatrix}11.6965\\-12.6965\end{bmatrix},\quad \boldsymbol{f}_4=\begin{bmatrix}33.5126\\-34.5126\end{bmatrix}$$

显然 $\boldsymbol{f}_1$、$\boldsymbol{f}_2$ 线性无关，对象是能控的。因为系统阶数 $n=2$，当 $N=2,3,4$ 时，就可以应用 $N\geqslant n$的结果了。

当 $N=4$ 时

$$\boldsymbol{f} = [\boldsymbol{f}_1, \boldsymbol{f}_2, \boldsymbol{f}_3, \boldsymbol{f}_4]$$

$$= \begin{bmatrix} 0.7183 & 3.6708 & 11.6965 & 33.5126 \\ -1.7183 & -4.6708 & -12.6965 & -34.5126 \end{bmatrix}$$

$$\boldsymbol{f}\boldsymbol{f}^{\mathrm{T}} = \begin{bmatrix} 1273.8924 & -1323.4916 \\ -1323.4916 & 1377.0897 \end{bmatrix}$$

$$(\boldsymbol{f}\boldsymbol{f}^{\mathrm{T}})^{-1} = \begin{bmatrix} 0.5225 & 0.5022 \\ 0.5022 & 0.4833 \end{bmatrix}$$

$$\boldsymbol{f}^{RM} = \boldsymbol{f}^{\mathrm{T}}(\boldsymbol{f}\boldsymbol{f}^{\mathrm{T}})^{-1} = \begin{bmatrix} -0.4876 & -0.4698 \\ -0.4275 & -0.4143 \\ -0.2632 & -0.2643 \\ 0.1794 & 0.1473 \end{bmatrix}$$

根据式(7-119)可得最小能量控制

$$\begin{bmatrix} \boldsymbol{u}(0) \\ \boldsymbol{u}(T) \\ \boldsymbol{u}(2T) \\ \boldsymbol{u}(3T) \end{bmatrix} = \begin{bmatrix} -0.4876 & -0.4698 \\ -0.4275 & -0.4143 \\ -0.2643 & -0.2632 \\ 0.1794 & 0.1473 \end{bmatrix} \boldsymbol{x}(0)$$

当 $N=3$ 时

$$\begin{bmatrix} \boldsymbol{u}(0) \\ \boldsymbol{u}(T) \\ \boldsymbol{u}(2T) \end{bmatrix} = \begin{bmatrix} -0.7910 & -0.7191 \\ -0.500 & -0.4738 \\ 0.2910 & 0.1929 \end{bmatrix} \boldsymbol{x}(0)$$

当 $N=2$ 时

$$\begin{bmatrix} \boldsymbol{u}(0) \\ \boldsymbol{u}(T) \end{bmatrix} = \begin{bmatrix} -1.5820 & -1.2433 \\ 0.5820 & 0.2433 \end{bmatrix} \boldsymbol{x}(0)$$

以上就是最小能量控制的解，调节器的模型为 $\boldsymbol{f}^{RM}$。

设系统初始状态 $\boldsymbol{x}(0) = \begin{bmatrix} -40.9067 \\ 43.5067 \end{bmatrix}$，转移到状态 $\boldsymbol{x}(NT)=0$，则最小能量控制的解为

$N=4$ 时

$$u(0) = -0.4963, \quad u(T) = -0.5352$$

$$u(2T) = -0.6408, \quad u(3T) = -0.9277$$

$N = 3$ 时

$$u(0) = 1.0732, \quad u(T) = -0.1602$$

$$u(2T) = -3.5130$$

$N = 2$ 时

$$u(0) = 10.6225, \quad u(T) = -13.2225$$

前面已提及最小能量控制的性能指标是

$$\boldsymbol{J}_N = \boldsymbol{E}_N = \sum_{k=0}^{N-1} [u(kT)]^2$$

$$\boldsymbol{J}_4 = \boldsymbol{E}_4 = \sum_{k=0}^{3} [u(kT)]^2$$

$$= (-0.4963)^2 + (-0.5352)^2 + (-0.6408)^2 + (-0.9277)^2$$

$$=-1.8041$$

对于 $N=3$

$$J_3 = E_3 = \sum_{k=0}^{2}[u(kT)]^2$$
$$=(1.0732)^2 + (-0.1602)^2 + (-3.5130)^2$$
$$=13.5186$$

对于 $N=2$

$$J_2 = E_2 = \sum_{k=0}^{1}[u(kT)]^2 = (10.6225)^2 + (-13.2225)^2$$
$$=287.6720$$

由上述分析可见，不论取 $N=2$，$N=3$ 或 $N=4$，只要分别采用相应的控制序列，都能使系统从初始状态 $\boldsymbol{x}(0)$ 转移到零状态，而且控制能量最小。但是，随着迭代次数（采样周期数）的增加，所需要的控制能量会急剧减少。

前面讨论的最小能量控制系统的控制作用的幅度是不受限制的。而在许多实际控制系统中，控制作用的幅度是受限制的。

具有幅度限制的最小能量控制是要求设计一个调节器其输出的控制作用，在有限个采样周期内，使系统从初始状态 $\boldsymbol{x}(0)$ 转移到零状态。附加的约束条件是对该采样周期数来讲，是最小能量解，而且所有控制作用的任一个分量 $u_i(kT)$ 的绝对值都不超过所给定的某个正整数 a，即

$$|u_i(kT)| \leqslant a, \qquad k = 0,1,2,\cdots,N-1$$

为使对象转移到零状态，用最小右逆矩阵求解，计算出

$$\boldsymbol{u}_N(kT) = \boldsymbol{f}^{RM}\boldsymbol{x}(0)$$

检验 $|u(kT)| \leqslant a$ 否？$(k=0,1,2,\cdots,N-1)$ 若满足，则可找到控制序列。否则继续计算 $N=n, N=n+1,\cdots$。直到找到满足约束条件的 $\boldsymbol{f}^{RM}\boldsymbol{x}(0)$ 为止。

例 7.11 题意同例 7.10，但控制作用的约束条件为 $|u(kT)| \leqslant 1, k=0,1,2,\cdots,N-1$，初始状态为 $\boldsymbol{x}(0)=\begin{bmatrix}-40.9097\\ 43.5056\end{bmatrix}$，试求最小能量的控制作用。

解： 根据例 7.10 的计算，当选择 $N=2$ 或 $N=3$ 时，不满足 $|u(kT)| \leqslant 1$ 的约束条件。对于 $N=4$，各控制作用为

$$u(0) = -0.4693, \qquad u(T) = -0.5352$$
$$u(2T) = -0.6408, \qquad u(3T) = -0.9277$$

满足 $|u(kT)| \leqslant 1$ 的约束条件，故满足约束条件的最小能量控制作用如上所列。

7.5 离散二次型指标的最优控制

离散二次型指标的最优控制所研究的系统离散状态方程是线性的，而性能指标或目标函数则是二次型的，简称为 L-Q 控制。设系统的状态方程为

$$\boldsymbol{x}(kT+T) = \boldsymbol{F}\boldsymbol{x}(kT) + \boldsymbol{G}\boldsymbol{u}(kT) \tag{7-123}$$
$$k = 0,1,2,\cdots,N-1$$

且初始状态 $\boldsymbol{x}(0)$已知。目标函数

$$J=\frac{1}{2}\|\boldsymbol{x}(kT)\|_S^2+\frac{1}{2}\sum_{k=0}^{N-1}[\|\boldsymbol{x}(kT)\|_Q^2+\|\boldsymbol{u}(kT)\|_R^2] \tag{7-124}$$

要求设计调节器，产生控制向量 $\boldsymbol{u}(kT)$，$k=0,1,2,\cdots,N-1$，使得式(7-123)表征的系统从初始状态 $\boldsymbol{x}(0)$转移到要求的状态 $\boldsymbol{x}_f$，而且满足 J 最小。式 (7-124) 中

$$\left.\begin{aligned}\|\boldsymbol{x}(NT)\|_S^2&=\boldsymbol{x}^T(NT)\boldsymbol{S}\boldsymbol{x}(NT)\\ \|\boldsymbol{x}(kT)\|_Q^2&=\boldsymbol{x}^T(kT)\boldsymbol{Q}\boldsymbol{x}(kT)\\ \|\boldsymbol{u}(kT)\|_R^2&=\boldsymbol{u}^T(kT)\boldsymbol{R}\boldsymbol{u}(kT)\end{aligned}\right\} \tag{7-125}$$

$\boldsymbol{S}$、$\boldsymbol{Q}$、$\boldsymbol{R}$ 为加权矩阵，它们取决于与控制目标、状态向量和控制向量有关的物理限制(上、下限值等)以及所研究问题的性质。这里用拉格朗日乘数法解这个问题。

把式 (7-123) 写成

$$\boldsymbol{F}\boldsymbol{x}(kT)+\boldsymbol{G}\boldsymbol{u}(kT)-\boldsymbol{x}(kT+T)=0\quad k=0,1,2,\cdots,N-1, \tag{7-126}$$

作为约束条件，可构造出拉格朗日函数

$$\begin{aligned}L=&\frac{1}{2}\|\boldsymbol{x}(NT)\|_S^2+\frac{1}{2}\sum_{k=0}^{N-1}\{\|\boldsymbol{x}(kT)\|_Q^2+\|\boldsymbol{u}(kT)\|_R^2\}\\&+\sum_{k=0}^{N-1}\boldsymbol{\lambda}^T(kT+T)[\boldsymbol{F}\boldsymbol{x}(kT)+\boldsymbol{G}\boldsymbol{u}(kT)-\boldsymbol{x}(kT+T)]\end{aligned} \tag{7-127}$$

在式(7-126)约束条件下使式(7-124)取得极值的条件是

$$\left.\begin{aligned}\frac{\partial L}{\partial \boldsymbol{x}(kT)}&=0,\quad k=0,1,2,\cdots,N-1\\ \frac{\partial L}{\partial \boldsymbol{u}(kT)}&=0,\quad k=0,1,2,\cdots,N-1\\ \frac{\partial L}{\partial \boldsymbol{\lambda}(kT)}&=0,\quad k=0,1,2,\cdots,N-1\end{aligned}\right\} \tag{7-128}$$

由式(7-127)、式(7-128)及矩阵的运算法则(见第 7.8 节)

$$\left.\begin{aligned}\frac{\partial L}{\partial \boldsymbol{x}(kT)}&=\boldsymbol{Q}\boldsymbol{x}(kT)+\boldsymbol{F}^T\boldsymbol{\lambda}(kT+T)-\boldsymbol{\lambda}(kT)=0\\ \frac{\partial L}{\partial \boldsymbol{u}(kT)}&=\boldsymbol{R}\boldsymbol{u}(kT)+\boldsymbol{G}^T\boldsymbol{\lambda}(kT+T)=0\\ \frac{\partial L}{\partial \boldsymbol{\lambda}(kT)}&=\boldsymbol{F}\boldsymbol{x}(kT)+\boldsymbol{G}\boldsymbol{u}(kT)-\boldsymbol{x}(kT+T)=0\end{aligned}\right\} \tag{7-129}$$

当 $k=0$ 时，可得

$$\frac{\partial L}{\partial \boldsymbol{x}(0)}=\boldsymbol{Q}\boldsymbol{x}(0)+\boldsymbol{F}^T\boldsymbol{\lambda}(T)-\boldsymbol{\lambda}(0)=0$$

又

$$\frac{\partial L}{\partial \boldsymbol{x}(NT)}=\boldsymbol{S}\boldsymbol{x}(NT)-\boldsymbol{\lambda}(NT)=0 \tag{7-130}$$

用 $\boldsymbol{\lambda}(NT)=\boldsymbol{S}\boldsymbol{x}(NT)$可以定出终止阶段的拉格朗日的乘数(称作辅助向量或伴随向量)值。由式(7-129)可得

$$\left.\begin{aligned}\boldsymbol{\lambda}(kT)&=\boldsymbol{Q}\boldsymbol{x}(kT)+\boldsymbol{F}^T\boldsymbol{\lambda}(kT+T)\\ \boldsymbol{u}(kT)&=-\boldsymbol{R}^{-1}\boldsymbol{G}^T\boldsymbol{\lambda}(kT+T)\end{aligned}\right\} \tag{7-131}$$

将式(7-131)代入式(7-123),得

$$x(kT+T)=Fx(kT)-GR^{-1}G^{T}\lambda(kT+T) \tag{7-132}$$

假定存在李卡堤变换

$$\lambda(kT)=p(kT)x(kT) \tag{7-133}$$

将式(7-133)代入式(7-131)、式(7-132)可得

$$p(kT)x(kT)=Qx(kT)+F^{T}p(kT+T)x(kT+T) \tag{7-134}$$

$$x(kT+T)=Fx(kT)-GR^{-1}G^{T}p(kT+T)x(kT+T) \tag{7-135}$$

由式(7-135),有

$$x(kT+T)=[I+GR^{-1}G^{T}p(kT+T)]^{-1}Fx(kT) \tag{7-136}$$

把式(7-136)代入式(7-134),得出

$$p(kT)x(kT)=Qx(kT)+F^{T}p(kT+T)[I+GR^{-1}G^{T}p(kT+T)]^{-1}Fx(kT) \tag{7-137}$$

或

$$p(kT)=Q+F^{T}p(kT+T)[I+GR^{-1}G^{T}p(kT+T)]^{-1}F \tag{7-138}$$

终止阶段 $k=N$,可得

$$\lambda(NT)=p(NT)x(NT)=Sx(NT) \tag{7-139}$$

即

$$p(NT)=S \tag{7-140}$$

利用式(7-138)可确定 $p(NT)\sim p(0)$ 各个值,另外,根据式(7-131)可得

$$\begin{aligned}u(kT)&=-R^{-1}G^{T}\lambda(kT+T)\\&=-R^{-1}G^{T}(F^{T})^{-1}[\lambda(kT)-Qx(kT)]\\&=-R^{-1}G^{T}(F^{T})^{-1}[p(kT)-Q]x(kT)\\&=K(kT)x(kT)\end{aligned} \tag{7-141}$$

式中

$$K(kT)=-R^{-1}G^{T}(F^{T})^{-1}[p(kT)-Q] \tag{7-142}$$

则式(7-141)为闭环状态反馈控制。图 7.7 表示了线性二次型(L-Q)控制的方框图。

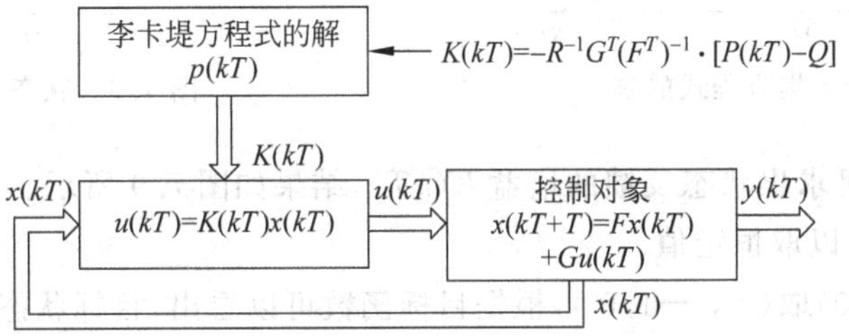

图 7.7　线性二次型(L-Q)控制的方框图

假如系统的状态矩阵 F,控制矩阵 G,目标函数的加权矩阵 Q、R、S,均为已知时,就可以脱机计算,预先算出反馈增益矩阵 $K(kT)$,用 $K(kT)$ 左乘状态向量 $x(kT)$,就能确定出控制向量 $u(kT)$。

例 7.12　设对象特性如图 7.2 所示,采样周期为 1s,试采用 L-Q 控制算法。

解:对象的离散状态方程为

$$\begin{bmatrix}x_1(kT+T)\\x_2(kT+T)\end{bmatrix}=\begin{bmatrix}0.368 & 0\\0.632 & 1\end{bmatrix}\begin{bmatrix}x_1(kT)\\x_2(kT)\end{bmatrix}+\begin{bmatrix}0.368\\0.632\end{bmatrix}u(kT)$$

$$\boldsymbol{y}(kT) = \begin{bmatrix} 0 & 1 \end{bmatrix} \begin{bmatrix} x_1(kT) \\ x_2(kT) \end{bmatrix}$$

目标函数为

$$\boldsymbol{J} = \frac{1}{2} \sum_{k=0}^{N-1} \left[\boldsymbol{x}^{\mathrm{T}}(kT) \boldsymbol{Q} \boldsymbol{x}(kT) + \boldsymbol{u}^{\mathrm{T}}(kT) \boldsymbol{R} \boldsymbol{u}(kT) \right]$$

设加权矩阵的值为

$$\boldsymbol{Q} = \begin{bmatrix} 2.0 & 0 \\ 0 & 2.0 \end{bmatrix}$$

$$\boldsymbol{R} = 1.0$$

为了定出最优控制序列,必须解出式(7-138) 的李卡堤方程式,即应解出

$$\boldsymbol{p}(kT) = \boldsymbol{Q} + \boldsymbol{F}^{\mathrm{T}} \boldsymbol{p}(kT+T) [\boldsymbol{I} + \boldsymbol{G} \boldsymbol{R}^{-1} \boldsymbol{G}^{\mathrm{T}} \boldsymbol{p}(kT+T)]^{-1} \boldsymbol{F}$$

其中

$$\boldsymbol{p}(kT) = \begin{bmatrix} p_{11}(kT) & p_{12}(kT) \\ p_{21}(kT) & p_{22}(kT) \end{bmatrix}$$

设边界值为

$$\boldsymbol{p}(NT) = \boldsymbol{S} = \begin{bmatrix} 0 & 0 \\ 0 & 0 \end{bmatrix}$$

图 7.8 表示了解出的结果,可以看出,当 $N=10$ 时,除了最后几步外,$\boldsymbol{p}(kT)$基本上是恒值。

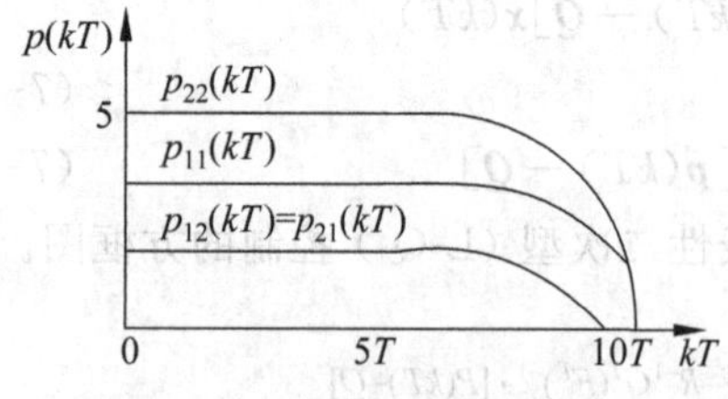

图 7.8　李卡堤方程式的解

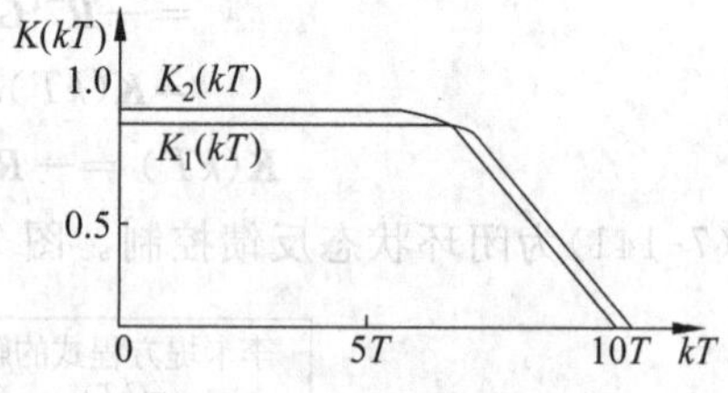

图 7.9　状态反馈增益

用式 (7-142)可求出状态反馈的增益$\boldsymbol{K}(kT)$,结果如图 7.9 所示。由图表明,N 取较大时,状态反馈增益可以取恒定值。

设初始状态 $\boldsymbol{x}(0)$取(0, −1.0),根据目标函数可以看出,目标状态 $\boldsymbol{x}_f$ 为 (0,0),这意味着使输出 $x_2(kT)$从−1.0 转移到 0,或者将横坐标平移,也可以认为使 $x_2(0)=0$ 转移到 $x_2(NT)=1$。

图 7.10 是控制量作阶跃变化时,控制序列和输出响应的曲线。

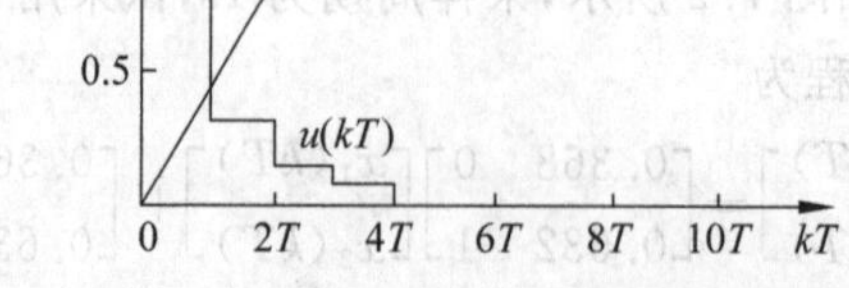

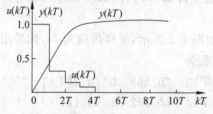

图 7.10　线性二次型控制时的控制量和输出响应

7.6 离散系统的最大值原理

7.5 节讨论了线性二次型(L-Q) 控制问题的解法,本节介绍的离散系统的最大值原理是讨论一般的离散系统的控制问题,系统的方程和目标函数均为非线性函数(包括了作为特例的线性情况)。

设系统的状态方程为

$$\boldsymbol{x}(kT+T)=\boldsymbol{f}[\boldsymbol{x}(kT),\boldsymbol{u}(kT),kT] \tag{7-143}$$

$$k=0,1,2,\cdots,N-1$$

式中,f 是函数向量,与时间序列 kT,控制向量 $\boldsymbol{u}(kT)$,状态向量 $\boldsymbol{x}(kT)$ 和 $\boldsymbol{x}(kT+T)$ 有关,其形式和参数可以随时间变化。另外,假设状态向量 $\boldsymbol{x}(kT)$ 和控制向量 $\boldsymbol{u}(kT)$ 分别由 n 和 m 个元素组成,即

$$\boldsymbol{x}(kT)=[x_1(T),x_2(kT),\cdots,x_n(kT)]^T \tag{7-144}$$

$$\boldsymbol{u}(kT)=[u_1(kT),u_2(kT),\cdots,u_m(kT)]^T \tag{7-145}$$

设目标函数为

$$\boldsymbol{J}=\boldsymbol{L}[\boldsymbol{x}(NT)]+\sum_{k=0}^{N-1}\boldsymbol{\varphi}[\boldsymbol{x}(kT),\boldsymbol{u}(kT),kT] \tag{7-146}$$

式中第一项由最终段的状态 $\boldsymbol{x}(NT)$决定,第二项则是由以前各个采样时刻的状态向量和控制向量决定的函数$\boldsymbol{\varphi}$之总和。利用拉格朗日乘子$\boldsymbol{\lambda}(kT)$把状态方程考虑进去后,可以写出等价的无约束条件的目标函数

$$\begin{aligned}\boldsymbol{J}'=&\boldsymbol{L}[\boldsymbol{x}(NT)]+\sum_{k=0}^{N-1}\{\boldsymbol{\varphi}[\boldsymbol{x}(kT),\boldsymbol{u}(kT),kT]\\&+\boldsymbol{\lambda}^{\mathrm{T}}(kT+T)[\boldsymbol{f}[\boldsymbol{x}(kT),\boldsymbol{u}(kT),kT]-\boldsymbol{x}(kT+T)]\}\end{aligned} \tag{7-147}$$

令

$$\begin{aligned}\boldsymbol{h}(kT)=&\boldsymbol{\varphi}[\boldsymbol{x}(kT),\boldsymbol{u}(kT),kT]\\&+\boldsymbol{\lambda}^{\mathrm{T}}(kT+T)\boldsymbol{f}[\boldsymbol{x}(kT),\boldsymbol{u}(kT),kT]\end{aligned} \tag{7-148}$$

$\boldsymbol{h}(kT)$ 称为哈密顿函数。式(7-147)可改写成

$$\boldsymbol{J}'=\boldsymbol{L}[\boldsymbol{x}(NT)]+\sum_{k=0}^{N-1}[\boldsymbol{h}(kT)-\boldsymbol{\lambda}^{\mathrm{T}}(kT+T)\boldsymbol{x}(kT+T)] \tag{7-149}$$

用摄动法求出 $\boldsymbol{J}'$为极小值的必要的条件,

令

$$\boldsymbol{x}(kT)=\hat{\boldsymbol{x}}(kT)+\varepsilon\tilde{\boldsymbol{x}}(kT) \tag{7-150}$$

$$\boldsymbol{u}(kT)=\hat{\boldsymbol{u}}(kT)+\varepsilon\tilde{\boldsymbol{u}}(kT) \tag{7-151}$$

式中,$\hat{\boldsymbol{x}}(kT)$,$\hat{\boldsymbol{u}}(kT)$是使 $\boldsymbol{J}'$成为极值的状态向量和控制向量,已知初始状态为 $\boldsymbol{x}(0)$,所以 $\tilde{\boldsymbol{x}}(0)=0$。此外,$\hat{\boldsymbol{x}}(kT)$和$\tilde{\boldsymbol{u}}(kT)$是两个互相独立的任意时间序列。因为 $\boldsymbol{x}(kT)$或 $\boldsymbol{u}(kT)$的任何偏离$\hat{\boldsymbol{x}}(kT)$或$\hat{\boldsymbol{u}}(kT)$,都使 $\boldsymbol{J}'$偏离极小值,所以在 $\boldsymbol{J}'$为极值时,必有

$$\frac{\partial \boldsymbol{J}'}{\partial \varepsilon}=0,\quad \frac{\partial^2 \boldsymbol{J}'}{\partial \varepsilon^2}>0 \tag{7-152}$$

假设系统和 $\boldsymbol{J}'$满足式(7-152)条件,在(7-149)式求 $\boldsymbol{J}'$对 ε 的导数,并令其值为零。即

$$\tilde{\boldsymbol{x}}^{\mathrm{T}}(NT)\frac{\partial \boldsymbol{L}[\boldsymbol{x}(kT)]}{\partial \boldsymbol{x}(NT)}+\sum_{k=0}^{N-1}\tilde{\boldsymbol{x}}^{\mathrm{T}}(kT)\frac{\partial \boldsymbol{h}(kT)}{\partial \boldsymbol{x}(kT)}$$

$$-\sum_{k=0}^{N-1}\tilde{\boldsymbol{x}}^{\mathrm{T}}(kT+T)\boldsymbol{\lambda}(kT+T)+\tilde{\boldsymbol{u}}^{\mathrm{T}}(kT)\frac{\partial\,\boldsymbol{h}(kT)}{\partial\,\boldsymbol{u}(kT)}=0 \tag{7-153}$$

因为$\tilde{\boldsymbol{x}}(0)=0$,所以上式中第三项可改写

$$\begin{aligned}-\sum_{k=0}^{N-1}\tilde{\boldsymbol{x}}^{\mathrm{T}}(kT+T)\,\boldsymbol{\lambda}\,(kT+T)&=-\sum_{k=1}^{N}\tilde{\boldsymbol{x}}^{\mathrm{T}}(kT)\,\boldsymbol{\lambda}\,(kT)\\&=-\sum_{k=0}^{N-1}\tilde{\boldsymbol{x}}^{\mathrm{T}}(kT+T)\,\boldsymbol{\lambda}\,(kT)-\tilde{\boldsymbol{x}}^{\mathrm{T}}(NT)\,\boldsymbol{\lambda}\,(NT)\end{aligned} \tag{7-154}$$

把式(7-154)代入式(7-153)可得

$$\begin{aligned}&\tilde{\boldsymbol{x}}^{\mathrm{T}}(NT)\left[\frac{\partial\,\boldsymbol{L}[\boldsymbol{x}(NT)]}{\partial\,\boldsymbol{x}(NT)}-\boldsymbol{\lambda}(NT)\right]\\&+\sum_{k=0}^{N-1}\tilde{\boldsymbol{x}}^{\mathrm{T}}(kT)\left[\frac{\partial\,\boldsymbol{h}(kT)}{\partial\,\boldsymbol{x}(kT)}-\boldsymbol{\lambda}(kT)\right]+\tilde{\boldsymbol{u}}^{\mathrm{T}}\frac{\partial\,\boldsymbol{h}(kT)}{\partial\,\boldsymbol{u}(kT)}=0\end{aligned} \tag{7-155}$$

因为$\tilde{\boldsymbol{x}}(NT)$、$\tilde{\boldsymbol{x}}(kT)$和$\tilde{\boldsymbol{u}}(kT)$是互相独立的,要使式(7-155)成立,必须使式(7-155)中三项各自为零,由此可得到使$\boldsymbol{J}'$为极值的条件

$$\boldsymbol{\lambda}(NT)=\frac{\partial\,\boldsymbol{L}[\boldsymbol{x}(NT)]}{\partial\,\boldsymbol{x}(NT)} \tag{7-156}$$

$$\boldsymbol{\lambda}(kT)=\frac{\partial\,\boldsymbol{h}(kT)}{\partial\,\boldsymbol{x}(kT)} \tag{7-157}$$

$$\frac{\partial\,\boldsymbol{h}(kT)}{\partial\,\boldsymbol{u}(kT)}=0 \tag{7-158}$$

从式(7-156)可求出终点边界条件。式(7-157)是伴随方程,式(7-158)是控制方程。用式(7-158)可把$\boldsymbol{u}(kT)$写成$\boldsymbol{x}(kT)$、$\boldsymbol{\lambda}(kT+T)$和$kT$的函数。把$\boldsymbol{u}(kT)$代入(7-143)和式(7-147)可得到

$$\boldsymbol{x}(kT+T)=\boldsymbol{p}'[\boldsymbol{x}(kT),\boldsymbol{\lambda}\,(kT+T),kT] \tag{7-159}$$

$$\boldsymbol{\lambda}\,(kT+T)=\boldsymbol{q}[\boldsymbol{x}(kT),\boldsymbol{\lambda}\,(kT),kT] \tag{7-160}$$

把式(7-160)代入式(7-159)可得到

$$\left.\begin{aligned}\boldsymbol{x}(kT+T)&=\boldsymbol{p}[\boldsymbol{x}(kT),\boldsymbol{\lambda}(kT),kT]\\\boldsymbol{\lambda}\,(kT+T)&=\boldsymbol{q}[\boldsymbol{x}(kT),\boldsymbol{\lambda}\,(kT),kT]\end{aligned}\right\} \tag{7-161}$$

$\boldsymbol{x}(kT)$的初始值$\boldsymbol{x}(0)$已知,$\boldsymbol{\lambda}\,(kT)$的终点值可以从式(7-156)求得。边界条件分散在初始点和终点两端的问题称为两点边值问题。所以用离散最大值原理解最优控制问题时,一般需要求解离散时间两点边值问题。

7.7 离散时间线性调节器

用最大值原理求解最优控制问题时,要解一个两点边值问题,这是由于系统是非线性的,而且目标函数是任意形式的。对于离散线性系统设计最优调节器时可以设法简化求两点边值问题。设定常系统(对时变系统也适用)的离散状态方程为

$$\boldsymbol{x}(kT+T)=\boldsymbol{F}\boldsymbol{x}(kT)+\boldsymbol{G}\boldsymbol{u}(kT),\boldsymbol{x}(0)\text{ 已知,} \tag{7-162}$$

目标函数为

$$\boldsymbol{J}=x^{\mathrm{T}}(NT)\boldsymbol{S}\boldsymbol{x}(NT)$$

$$+\sum_{k=0}^{N-1}\left[\boldsymbol{x}^{\mathrm{T}}(kT)\boldsymbol{Q}\boldsymbol{x}(kT)+\boldsymbol{u}^{\mathrm{T}}(kT)\boldsymbol{R}\boldsymbol{u}(kT)\right] \tag{7-163}$$

式中，$\boldsymbol{S}$、$\boldsymbol{Q}$、$\boldsymbol{R}$ 为加权矩阵。

最优控制问题的哈密顿函数是

$$\begin{aligned}\boldsymbol{h}(kT)&=\boldsymbol{x}^{\mathrm{T}}(kT)\boldsymbol{Q}\boldsymbol{x}(kT)+\boldsymbol{u}^{\mathrm{T}}(kT)\boldsymbol{R}\boldsymbol{u}(kT)\\&\quad+\boldsymbol{\lambda}^{\mathrm{T}}(kT+T)\left[\boldsymbol{F}\boldsymbol{x}(kT)+\boldsymbol{G}\boldsymbol{u}(kT)\right]\end{aligned} \tag{7-164}$$

由式(7-158)和式(7-164)可得控制方程

$$2\boldsymbol{R}\boldsymbol{u}(kT)+\boldsymbol{G}^{\mathrm{T}}\boldsymbol{\lambda}(kT+T)=0 \tag{7-165}$$

由式(7-165)可得

$$\boldsymbol{u}(kT)=-\frac{1}{2}\boldsymbol{R}^{-1}\boldsymbol{G}^{\mathrm{T}}\boldsymbol{\lambda}(kT+T) \tag{7-166}$$

把式(7-166)代入式(7-162)可得

$$\boldsymbol{x}(kT+T)=\boldsymbol{F}\boldsymbol{x}(kT)-\frac{1}{2}\boldsymbol{G}\boldsymbol{R}^{-1}\boldsymbol{G}^{\mathrm{T}}\boldsymbol{\lambda}(kT+T) \tag{7-167}$$

由式(7-157)和式(7-164)可得伴随方程

$$\boldsymbol{\lambda}(kT)=2\boldsymbol{Q}\boldsymbol{x}(kT)+\boldsymbol{F}^{\mathrm{T}}\boldsymbol{\lambda}(kT+T) \tag{7-168}$$

由式(7-156)得终点条件

$$\boldsymbol{\lambda}(NT)=2\boldsymbol{S}\boldsymbol{x}(NT) \tag{7-169}$$

离散线性调节器问题归结为求解式(7-167)和式(7-168)，初始条件为 $\boldsymbol{x}(0)$，终点条件为式(7-169)，这是一个两点边值问题。

为了寻求简单的解法，令

$$\boldsymbol{\lambda}(kT)=2\boldsymbol{p}(kT)\boldsymbol{x}(kT) \tag{7-170}$$

如果能够求出 $\boldsymbol{p}(kT)$，问题就解决了。把式(7-170)代入式(7-167)和式(7-168)可得

$$\boldsymbol{x}(kT+T)=\boldsymbol{F}\boldsymbol{x}(kT)-\boldsymbol{G}\boldsymbol{R}^{-1}\boldsymbol{G}^{\mathrm{T}}\boldsymbol{p}(kT+T)\boldsymbol{x}(kT+T) \tag{7-171}$$

$$\boldsymbol{p}(kT)\boldsymbol{x}(kT)=\boldsymbol{Q}\boldsymbol{x}(kT)+\boldsymbol{F}^{\mathrm{T}}\boldsymbol{p}(kT+T)\boldsymbol{x}(kT+T) \tag{7-172}$$

从上两式中消去 $\boldsymbol{x}(kT+T)$ 得

$$\boldsymbol{p}(kT)\boldsymbol{x}(kT)=\boldsymbol{Q}\boldsymbol{x}(kT)+\boldsymbol{F}^{\mathrm{T}}\boldsymbol{p}(kT+T)\left[\boldsymbol{I}+\boldsymbol{G}\boldsymbol{R}^{-1}\boldsymbol{G}^{\mathrm{T}}\boldsymbol{p}(kT+T)\right]^{-1}\boldsymbol{F}\boldsymbol{x}(kT) \tag{7-173}$$

$\boldsymbol{x}(kT)$为任何值时式(7-173)都成立，所以

$$\begin{aligned}\boldsymbol{p}(kT)&=\boldsymbol{Q}+\boldsymbol{F}^{\mathrm{T}}\boldsymbol{p}(kT+T)\left[\boldsymbol{I}+\boldsymbol{G}\boldsymbol{R}^{-1}\boldsymbol{G}^{\mathrm{T}}\boldsymbol{p}(kT+T)\right]^{-1}\boldsymbol{F}\\&=\boldsymbol{Q}+\boldsymbol{F}^{\mathrm{T}}\boldsymbol{p}(kT+T)\{[\boldsymbol{p}^{-1}(kT+T)+\boldsymbol{G}\boldsymbol{R}^{-1}\boldsymbol{G}^{\mathrm{T}}]\boldsymbol{p}(kT+T)\}^{-1}\boldsymbol{F}\\&=\boldsymbol{Q}+\boldsymbol{F}^{\mathrm{T}}\left[\boldsymbol{p}^{-1}(kT+T)+\boldsymbol{G}\boldsymbol{R}^{-1}\boldsymbol{G}^{\mathrm{T}}\right]^{-1}\boldsymbol{F}\end{aligned} \tag{7-174}$$

从式(7-169)和式(7-170)可得

$$\boldsymbol{\lambda}(NT)=2\boldsymbol{S}\boldsymbol{x}(NT)=2\boldsymbol{p}(NT)\boldsymbol{x}(NT) \tag{7-175}$$

由上式可得

$$\boldsymbol{p}(NT)=\boldsymbol{S} \tag{7-176}$$

式(7-176)就是 $\boldsymbol{p}(kT)$的终点条件。利用已知的 $\boldsymbol{p}(NT)$就可以由式(7-174)求出 $\boldsymbol{p}(NT-T)$。同样依次可以求出 $\boldsymbol{p}(NT-2T)$、…、$\boldsymbol{p}(0)$。所以可以事先用计算机离线逆向迭代计算矩阵(见式 7-174)的解 $\boldsymbol{p}(NT)$、$\boldsymbol{p}(NT-T)$、…、$\boldsymbol{p}(T)$、$\boldsymbol{p}(0)$，保存在计算机存储器里，供

实时控制用。实时控制时控制作用可从式(7-166)、式(7-170)和式(7-172)推导出来。

$$\begin{aligned}\boldsymbol{u}(kT) &= -\boldsymbol{R}^{-1}\boldsymbol{G}^{\mathrm{T}}\boldsymbol{p}(kT+T)\boldsymbol{x}(kT+T)\\ &= -\boldsymbol{R}^{-1}\boldsymbol{G}^{\mathrm{T}}\boldsymbol{F}[\boldsymbol{p}(kT)-\boldsymbol{Q}]\boldsymbol{x}(kT)\end{aligned} \tag{7-177}$$

7.8 几个矩阵运算的结果

在本章中用到一些矩阵运算，本节把几个矩阵运算的结果列出来，不作证明，仅供参考，若欲了解详细证明可以参阅有关文献。

(1) 若 $\boldsymbol{a},\boldsymbol{b}$ 都是 n 维向量，则

$$\frac{\mathrm{d}}{\mathrm{d}\,\boldsymbol{b}}\boldsymbol{a}^{\mathrm{T}}\boldsymbol{b}=\boldsymbol{a} \tag{7-178}$$

(2) 若 $\boldsymbol{a}$ 是 n 维向量，$\boldsymbol{B}$ 是 $n\times m$ 矩阵，则

$$\frac{\mathrm{d}}{\mathrm{d}\boldsymbol{a}}\boldsymbol{a}^{\mathrm{T}}\boldsymbol{B}=\boldsymbol{B} \tag{7-179}$$

(3) 若 $\boldsymbol{b}$ 是 n 维向量，$\boldsymbol{W}$ 是 n 维对称矩阵，则

$$\frac{\mathrm{d}}{\mathrm{d}\boldsymbol{b}}\boldsymbol{b}^{\mathrm{T}}\boldsymbol{W}\boldsymbol{b}=2\boldsymbol{W}\boldsymbol{b} \tag{7-180}$$

(4) 矩阵反演公式

① 设 $\boldsymbol{A}$、$\boldsymbol{C}$ 和 $(\boldsymbol{A}+\boldsymbol{BCD})$ 是非奇异的方阵，则

$$(\boldsymbol{A}+\boldsymbol{BCD})^{-1}=\boldsymbol{A}^{-1}-\boldsymbol{A}^{-1}\boldsymbol{B}(\boldsymbol{C}^{-1}+\boldsymbol{D}\boldsymbol{A}^{-1}\boldsymbol{B})^{-1}\boldsymbol{D}\boldsymbol{A}^{-1} \tag{7-181}$$

② 设 $\boldsymbol{A}$ 和 $\boldsymbol{C}$ 是正定矩阵，则

$$(\boldsymbol{A}+\boldsymbol{BCB}^{\mathrm{T}})^{-1}=\boldsymbol{A}^{-1}-\boldsymbol{A}^{-1}\boldsymbol{B}(\boldsymbol{C}^{-1}+\boldsymbol{B}^{\mathrm{T}}\boldsymbol{A}^{-1}\boldsymbol{B})^{-1}\boldsymbol{B}^{\mathrm{T}}\boldsymbol{A}^{-1} \tag{7-182}$$

(5) 设 $n\times m$ 矩阵 $\boldsymbol{A}$ 的秩为 m，则 $\boldsymbol{A}^{\mathrm{T}}\boldsymbol{A}$ 必为正定矩阵。

(6) 若采用向量表示法，则列向量 $\boldsymbol{u},\boldsymbol{v}$ 与矩阵 W 的各形式的积(结果均为标量)关于 $\boldsymbol{u},\boldsymbol{v}$ 的偏微分为

$$\frac{\partial\,(\boldsymbol{u}^{\mathrm{T}}\boldsymbol{W}\boldsymbol{v})}{\partial\,\boldsymbol{v}}=\boldsymbol{W}^{\mathrm{T}}\boldsymbol{u} \tag{7-183}$$

$$\frac{\partial\,(\boldsymbol{v}^{\mathrm{T}}\boldsymbol{W}\boldsymbol{u})}{\partial\,\boldsymbol{v}}=\boldsymbol{W}\boldsymbol{u} \tag{7-184}$$

$$\frac{\partial\,(\boldsymbol{u}^{\mathrm{T}}\boldsymbol{W}\boldsymbol{u})}{\partial\,\boldsymbol{u}}=\boldsymbol{W}^{\mathrm{T}}\boldsymbol{u}+\boldsymbol{W}\boldsymbol{u} \tag{7-185}$$

7.9 练习题

7.1 已知线性离散状态方程，试判断系统的能控性。

(1) $\boldsymbol{F}=\begin{bmatrix}1&0&0\\0&2&-2\\-1&1&0\end{bmatrix}$， $\boldsymbol{G}=\begin{bmatrix}1\\0\\1\end{bmatrix}$ (2) $\boldsymbol{F}=\begin{bmatrix}1&0&0\\0&2&-2\\-1&1&0\end{bmatrix}$， $\boldsymbol{G}=\begin{bmatrix}1\\2\\1\end{bmatrix}$

(3) $\boldsymbol{F}=\begin{bmatrix}0&1&0\\0&0&1\\-2&-3&-1\end{bmatrix}$，$\boldsymbol{G}=\begin{bmatrix}0\\0\\1\end{bmatrix}$ (4) $\boldsymbol{F}=\begin{bmatrix}1&2&-1\\0&1&0\\1&-4&3\end{bmatrix}$，$\boldsymbol{G}=\begin{bmatrix}0\\0\\1\end{bmatrix}$

(5) $\boldsymbol{F}=\begin{bmatrix}1 & 2 & -1\\0 & 1 & 0\\1 & 0 & 3\end{bmatrix}$，$\boldsymbol{G}=\begin{bmatrix}1 & 0\\0 & 1\\0 & 0\end{bmatrix}$

7.2 已知线性离散状态方程和输出方程，试判断系统的能观测性。

(1) $\boldsymbol{F}=\begin{bmatrix}2 & 0 & 3\\-1 & -2 & 0\\0 & 1 & 2\end{bmatrix}$，$\boldsymbol{G}=\begin{bmatrix}1 & 0 & 0\\0 & 1 & 0\end{bmatrix}$

(2) $\boldsymbol{F}=\begin{bmatrix}1 & 0 & -1\\0 & -2 & 1\\3 & 0 & 2\end{bmatrix}$，$\boldsymbol{G}=\begin{bmatrix}0 & 0 & 1\\1 & 0 & 0\end{bmatrix}$

7.3 设有二阶单输入-单输出系统，即 $n=2, m=p=1$。对象的状态方程为

$$\begin{bmatrix}\dot{x}_1(t)\\\dot{x}_2(t)\end{bmatrix}=\begin{bmatrix}-1 & 0\\1 & 0\end{bmatrix}\begin{bmatrix}x_1(t)\\x_2(t)\end{bmatrix}+\begin{bmatrix}2\\0\end{bmatrix}\boldsymbol{u}(t)$$

$$\boldsymbol{y}(t)=\begin{bmatrix}0 & 2\end{bmatrix}\begin{bmatrix}x_1(t)\\x_2(t)\end{bmatrix}$$

若采样周期 $T=0.5$ s，试设计有限拍调节器 $D(z)$。

7.4 设四阶多输入-多输出系统，即 $n=4, m=p=1$，对象的状态方程为

$$\begin{bmatrix}\dot{x}_1(t)\\\dot{x}_2(t)\\\dot{x}_3(t)\\\dot{x}_4(t)\end{bmatrix}=\begin{bmatrix}1 & 1 & -5 & -1\\0 & -2 & 0 & 0\\3 & 1 & -8 & -1\\-3 & -1 & 4 & -5\end{bmatrix}\begin{bmatrix}x_1(t)\\x_2(t)\\x_3(t)\\x_4(t)\end{bmatrix}+\begin{bmatrix}2 & 2\\0 & 4\\0 & 4\\0 & -1\end{bmatrix}\begin{bmatrix}u_1(t)\\u_2(t)\end{bmatrix}$$

$$\begin{bmatrix}y_1(t)\\y_2(t)\end{bmatrix}=\begin{bmatrix}5 & 2 & -5 & 2\\2 & 4 & 1 & 3\end{bmatrix}\begin{bmatrix}x_1(t)\\x_2(t)\\x_3(t)\\x_4(t)\end{bmatrix}$$

若采样周期 $T=0.5$ s，试设计有限拍调节器 $D(z)$。

7.5 设对象特性为 $G(s)=1/s(s+2)$，采样周期 $T=0.5$ s，使用零阶保持器，求 $N=2, 3, 4$ 时的最小能量控制序列。

7.6 已知对象的离散状态方程，采样周期 $T=0.5$ s，试采用 L-Q 控制算法。

$$\begin{bmatrix}x_1(kT)\\x_2(kT)\end{bmatrix}=\begin{bmatrix}0.607 & 0\\0.393 & 0.5\end{bmatrix}\begin{bmatrix}x_1(kT)\\x_2(kT)\end{bmatrix}+\begin{bmatrix}0.393\\0.107\end{bmatrix}\boldsymbol{u}(kT)$$

$$\boldsymbol{y}(kT)=\begin{bmatrix}0 & 1\end{bmatrix}\begin{bmatrix}x_1(kT)\\x_2(kT)\end{bmatrix}$$

第 8 章

复杂规律计算机控制系统的设计

在计算机控制系统中除了单回路的 PID 控制系统外，还存在一些复杂规律的计算机控制系统，例如串级控制、前馈控制、纯滞后补偿控制和解耦控制等。这些控制系统，通常包含两台以上调节器或执行机构以实现复杂的控制规律，限于篇幅，本章将简要介绍串级控制、前馈控制、纯滞后补偿控制和解耦控制等几种复杂规律的计算机控制系统的设计。

8.1 串级控制

8.1.1 串级控制系统的组成和工作原理

图 8.1 是原料气加热炉出口温度控制系统的结构。

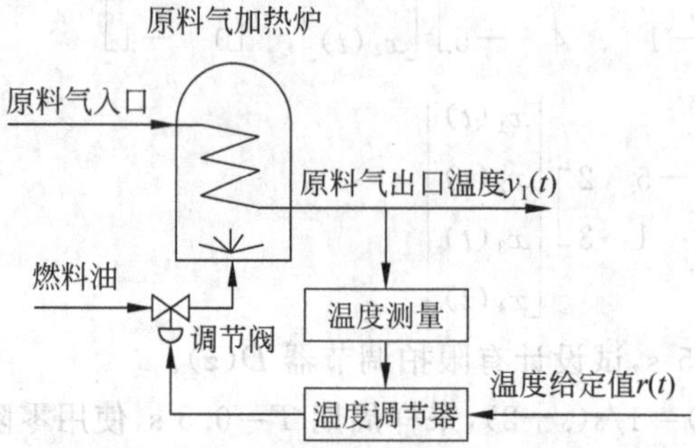

图 8.1　原料气加热炉出口温度控制系统的结构

原料气由管道进入加热炉加热以后，出口原料气的温度 $y_1(t)$经过温度测量与温度给定值 $r(t)$比较以后，送入温度调节器，调节器的输出控制阀门的开度，改变燃料油的流量，使加热炉的燃烧状况变化，从而改变出口原料气的温度 $y_1(t)$，且保持 $y_1(t)$与 $r(t)$一致。

然而，燃料油的压力 $y_2(t)$是波动的，燃料油的流量会随着压力的波动而变化，因此压力的波动会造成对出口原料气温度的扰动。由于压力波动到出口原料气温度的变化要经过管道的传输、炉膛的燃烧、加热管道的传热等一系列环节，这些环节具有惯性和纯滞后，因此，控制通道的惯性和纯滞后很大，使得出口原料气温度偏差加大，调节时间加长。所以，用图 8.1 单回路负反馈控制是难于获得理想的控制效果的。

为了稳定燃料油的压力 $y_2(t)$，可以设立压力调节系统如图 8.2 所示。由于压力波动经压力测量、调节、改变阀位，控制通道的纯滞后很小，惯性也不大，因此控制作用及时，有效地控制压力 $y_2(t)$ 的波动。

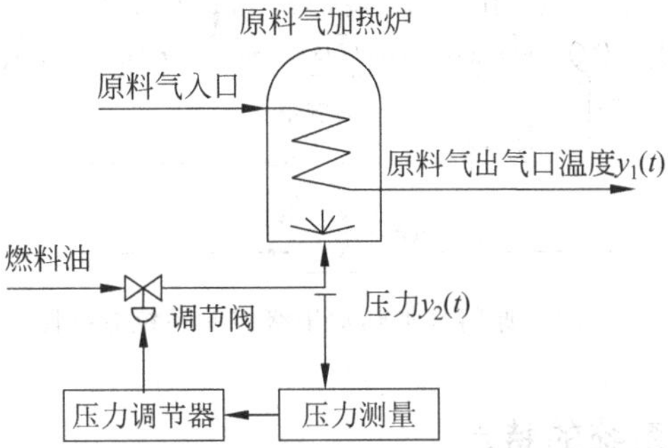

图 8.2 燃料油的压力控制

但是，光靠图 8.2 的压力控制是不能保证出口原料气温度恒定的，因为即使压力恒定了，燃料油热值的变化，原料气入口流量、温度、成分等的变化都会使出口原料气的温度发生波动。为了克服上述扰动，可以把图 8.1 和图 8.2 系统结合起来，构成图 8.3 所示的串级控制系统。

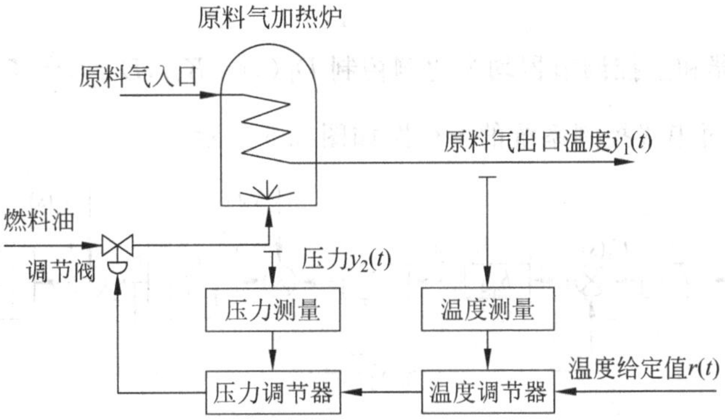

图 8.3 出口原料气温度串级控制系统

图 8.3 系统中压力调节器用来克服燃料油压力 $y_2(t)$ 对出口原料气温度的扰动，温度调节器则用来克服燃料油热值，原料气入口流量、温度、成分的影响，使得控制质量到显著的提高。

为了便于分析，可以画出原料气加热炉出口原料气温度串级控制的方框图如图 8.4 所示。

由图 8.4 可以看出，温度调节器 $D_1(s)$ 和压力调节器 $D_2(s)$ 是串联工作的，因此称为串级控制，温度调节器的输出作为压力调节器的输入，压力调节器的输出控制调节阀门的动作。串级控制系统分为主控回路和副控回路，与之对应的温度调节器和压力调节器分别称为主控调节器和副控调节器；温度对象和压力对象分别称为主控对象和副控对象；作用在两个回路中的扰动 $N_1(s)$ 和 $N_2(s)$ 分别称为一次扰动和二次扰动。

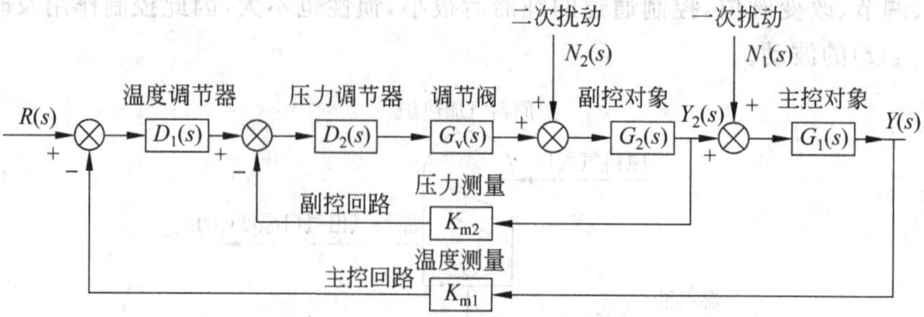

图 8.4　原料气加热炉串级控制系统方框图

8.1.2　串级控制系统的特点

串级控制系统由于存在副控回路，具有很多特点。例如，可以减少副控对象的等效时间常数，提高系统的工作频率，抑制进入副控回路的扰动，适应负荷的变化。

1. 减小副控对象的等效时间常数

为了便于分析，假设副控对象和主控对象均为一阶惯性环节 $G_2(s)=\dfrac{K_2}{1+T_2 s}$，$G_1(s)=\dfrac{K_1}{1+T_1 s}$；副控调节器和主控调节器均为比例控制 $D_2(s)=K_{p2}$，$D_1(s)=K_{p1}$；调节阀的传递函数 $G_v(s)=K_v$。此时串级控制系统的方框图如图 8.5 所示。

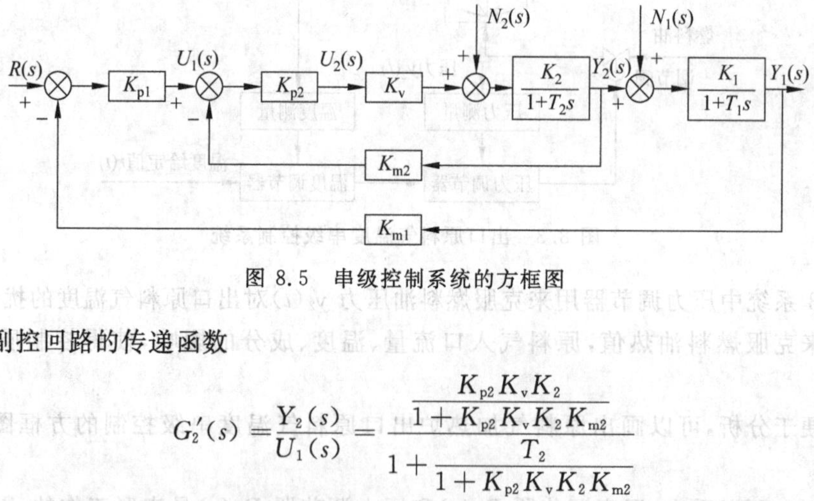

图 8.5　串级控制系统的方框图

对于副控回路的传递函数

$$G_2'(s)=\frac{Y_2(s)}{U_1(s)}=\frac{\dfrac{K_{p2}K_vK_2}{1+K_{p2}K_vK_2K_{m2}}}{1+\dfrac{T_2}{1+K_{p2}K_vK_2K_{m2}}s} \tag{8-1}$$

$$=\frac{K_2'}{1+T_2's} \tag{8-2}$$

式中

$$K_2'=\frac{K_{p2}K_vK_2}{1+K_{p2}K_vK_2K_{m2}} \tag{8-3}$$

$$T_2'=\frac{T_2}{1+K_{p2}K_vK_2K_{m2}} \tag{8-4}$$

通常，$K_{p2}K_vK_2K_{m2}\gg 1$，所以 $K_2'<K_2$ 且 $T_2'<T_2$。

由此可见，串级控制系统中副控回路对象的等效时间常数 T_2' 小于副控对象的时间常数 T_2，使得系统的动作灵敏，反应速度加快，调节更为及时，有利于提高控制性能。另外，由式(8-4)可以看出，副控对象等效时间常数 T_2' 与 $1+K_{p2}K_vK_2K_{m2}$ 成反比，在 K_v、K_2、K_{m2} 不变的情况下，T_2' 随着 K_{p2} 的增加而减小，因此 K_{p2} 愈大，副控对象特性的改善愈显著。

此外，由于副控回路使副控对象的等效放大倍数 K_2 缩小了 $1+K_{p2}K_vK_2K_{m2}$ 倍，因此串级控制系统的主控调节器的放大系数 K_{p1} 就可以比单回路调节时更大些，放大系数 K_{p1} 的加大有利于提高系统抑制一次扰动 $N_1(s)$ 的能力。

2. 提高系统的工作频率

副控回路可以降低副控对象的等效时间常数，使得串级控制系统的工作频率得以提高。假设串级控制系统仍如图 8.5 所示。串级控制系统的特征方程为

$$\begin{aligned} s^2 &+ (T_1 + T_2 + K_{p2}K_vK_2K_{m2}T_1)s/T_1T_2 \\ &+ (1 + K_{p2}K_vK_2K_{m2} + K_{p1}K_{p2}K_vK_1K_2K_{m1})/T_1T_2 = 0 \end{aligned} \tag{8-5}$$

令

$$2\xi\omega_0 = \frac{T_1 + T_2 + K_{p2}K_2K_vK_{m2}T_1}{T_1T_2} \tag{8-6}$$

$$\omega_0^2 = \frac{1 + K_{p2}K_vK_2K_{m2} + K_{p1}K_{p2}K_vK_1K_2K_{m1}}{T_1T_2} \tag{8-7}$$

则特征方程式(8-5)可写成

$$s^2 + 2\xi\omega_0 s + \omega_0^2 = 0 \tag{8-8}$$

式中，ξ 为系统的阻尼比；

ω_0 为系统的自然频率。

特征方程(8-8)的特征根为

$$s_{1,2} = \frac{-2\xi\omega_0 \pm \sqrt{4\xi^2\omega_0^2 - 4\omega_0^2}}{2} = -\xi\omega_0 \pm \omega_0\sqrt{\xi^2 - 1} \tag{8-9}$$

当 $0<\xi<1$ 时，系统将出现振荡，振荡频率即为串级控制系统的工作频率 ω_{sr}

$$\begin{aligned} \omega_{sr} &= \omega_0\sqrt{1-\xi^2} \qquad (0<\xi<1) \\ &= \frac{T_1 + T_2 + K_{p2}K_vK_2K_{m2}T_1}{T_1T_2}\frac{\sqrt{1-\xi^2}}{2\xi} \end{aligned} \tag{8-10}$$

为了便于比较，设单回路控制系统如图 8.6 所示。

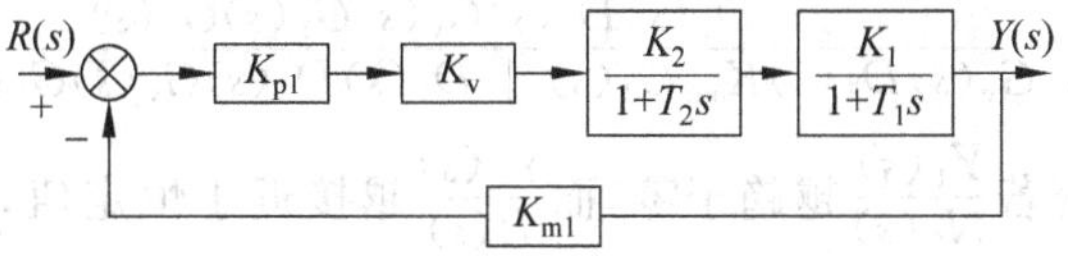

图 8.6 单回路控制系统

由图 8.6 经过推导，可得系统的特征方程

$$s^2 + \frac{T_1 + T_2}{T_1T_2}s + \frac{1 + K_{p1}K_1K_2K_vK_{m1}}{T_1T_2} = 0 \tag{8-11}$$

由式(8-11)可以得到单回路控制系统的工作频率

$$\omega_{sg}=\frac{T_1+T_2}{T_1T_2}\frac{\sqrt{1-\xi'^2}}{2\xi'} \tag{8-12}$$

假如整定调节器参数时，使串级控制系统跟单回路控制系统具有相同的阻尼比，即 $\xi\approx\xi'$，则串级控制和单回路控制的工作频率之间有如下的关系：

$$\frac{\omega_{sr}}{\omega_{sg}}=\frac{T_1+T_2+K_{p2}K_2K_vK_{m2}T_1}{T_1+T_2}=1+\frac{K_{p2}K_2K_vK_{m2}T_1}{T_1+T_2}>1 \tag{8-13}$$

所以

$$\omega_{sr}>\omega_{sg} \tag{8-14}$$

即串级控制的工作频率 ω_{sr} 高于单回路控制的工作频率 ω_{sg}。因此串级控制提高了系统的工作频率，改善了系统的动态特性。从式(8-10)可见，副控调节器的比例系数 K_{p2} 越大，工作频率 ω_{sr} 的提高越显著。

必须指出，上述讨论是假设对象特性和调节规律是最简单的情况。当对象特性和控制规律为其他情况时，串级控制提高工作频率的结论仍然成立。

3. 提高了抑制二次扰动的能力

设典型的串级控制系统的结构如图 8.4 所示，为了分析串级控制对抑制副控回路扰动的能力，串级控制系统的等效方框图如图 8.7 所示。

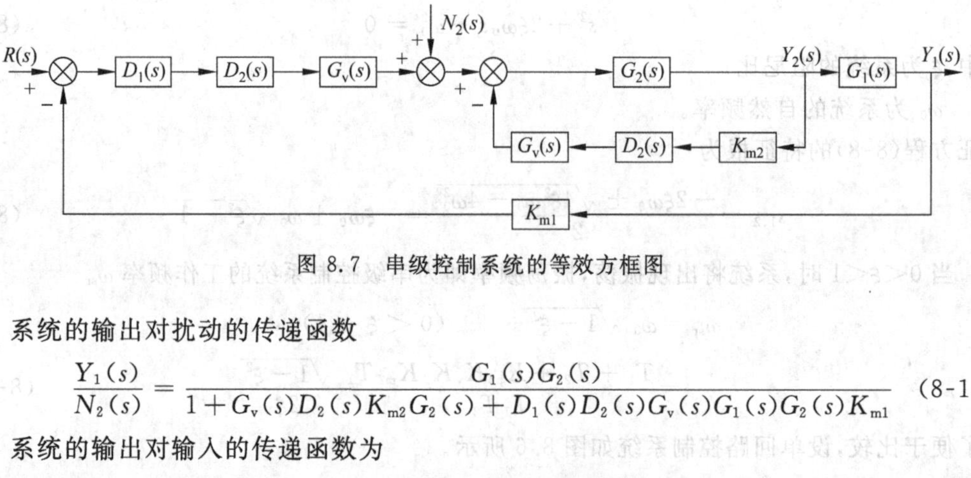

图 8.7 串级控制系统的等效方框图

系统的输出对扰动的传递函数

$$\frac{Y_1(s)}{N_2(s)}=\frac{G_1(s)G_2(s)}{1+G_v(s)D_2(s)K_{m2}G_2(s)+D_1(s)D_2(s)G_v(s)G_1(s)G_2(s)K_{m1}} \tag{8-15a}$$

系统的输出对输入的传递函数为

$$\frac{Y_1(s)}{R(s)}=\frac{D_1(s)D_2(s)G_v(s)G_1(s)G_2(s)}{1+G_v(s)D_2(s)K_{m2}G_2(s)+D_1(s)D_2(s)G_v(s)G_1(s)G_2(s)K_{m1}} \tag{8-15b}$$

对于一个控制系统若 $\frac{Y_1(s)}{N_2(s)}$ 越趋于零，而 $\frac{Y_1(s)}{R(s)}$ 越接近于恒定值，则系统的性能越好，抗干扰的能力越强。所以，可用下式作为衡量系统抑制扰动的能力。

$$A_{sr}=\frac{Y_1(s)/R(s)}{Y_1(s)/N_2(s)}=D_1(s)D_2(s)G_v(s) \tag{8-16}$$

如果，主控和副控调节器都采用比例控制，则

$$A_{sr}=\frac{Y_1(s)/R(s)}{Y_1(s)/N_2(s)}=K_{p1}K_{p2}G_v(s) \tag{8-17}$$

显然，比例系数 K_{p1}、K_{p2} 的乘积越大，控制系统抑制扰动的能力越强，控制系统的控制

性能就越高。

为了比较，设同等条件时，单回路控制系统的结构如图 8.8 所示。由图 8.8 可以得输出对扰动的传递函数

$$\frac{Y(s)}{N(s)}=\frac{G_1(s)G_2(s)}{1+D_1(s)G_v(s)G_1(s)G_2(s)K_{m1}} \tag{8-18}$$

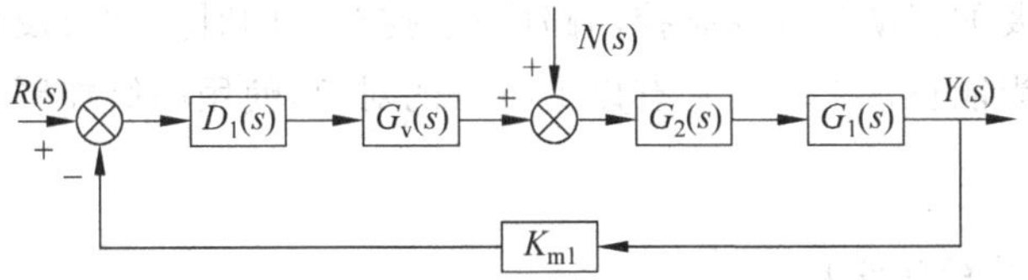

图 8.8　同等条件时的单回路控制系统

输出对输入的传递函数

$$\frac{Y(s)}{R(s)}=\frac{D_1(s)G_v(s)G_1(s)G_2(s)}{1+D_1(s)G_v(s)G_1(s)G_2(s)K_{m1}} \tag{8-19}$$

单回路系统抗干扰能力可用下式来衡量

$$A_{sg}=\frac{Y(s)/R(s)}{Y(s)/N(s)}=D_1(s)G_v(s) \tag{8-20}$$

当 $D_1(s)=K'_{p1}$ 时

$$A_{sg}=\frac{Y(s)/R(s)}{Y(s)/N(s)}=K'_{p1}\,G_v(s) \tag{8-21}$$

显然，由式(8-21)可见，K'_{p1} 越大，控制系统抑制扰动的能力越强。

对比式(8-17)和式(8-21)，通常 $K_{p1}K_{p2}>K'_{p1}$，所以，可以得知串级控制系统较单回路控制系统有更强的抑制扰动的能力。通常串级副控回路抑制扰动的能力比单回路控制高出十几倍乃至上百倍。

4. 对负荷变化的适应能力提高

通常非线性对象的工作点是随负荷变化的，当调节器参数按某种负荷即某工作点整定以后，负荷变化时，调节器参数就要作相应变动，否则控制系统的性能将会变坏。

在串级控制系统中，由式(8-3)可以看出等效副控对象的放大系数

$$K'_2=\frac{K_{p2}K_vK_2}{1+K_{p2}K_vK_2K_{m2}} \tag{8-22}$$

显然，负荷的变化会引起对象特性 K_2 的变化，但是，通常 $K_{p2}K_vK_2K_{m2}\gg1$，所以，K_2 的变化对 K_2' 的影响比较小，因此，串级控制系统由于副控回路减小了等效副控对象的放大系数，从而也减少了负荷变化的影响。另外，串级控制系统中，主控回路是定值控制系统，副控回路是随动控制系统，主控调节器可以按照操作条件和负荷变化相应地调整副控调节器的给定值，因而可以保证在负荷和操作条件发生变化的情况下，调节系统仍然具有较好的品质，所以串级控制系统对负荷变化和操作条件变化具有较强的适应能力。

8.1.3　串级控制系统的应用范围

根据串级控制系统的特点，副控回路给控制系统带来了一系列优点，因此串级控制可用

于抑制控制系统的扰动；克服对象的纯滞后；减少对象的非线性影响。

1. 用来抑制控制系统的扰动

这是使用较多，也是比较简单的一种串级控制系统，图 8.3 出口原料气温度串级控制系统就属于这类系统。这类系统是利用副控回路动作速度快、抑制扰动能力强的特点。设计此类系统时应把主要的扰动包含在副控回路中；主控对象的时间常数及纯滞后不是太大，如只用单回路控制也尚能正常工作。具有以上特点的对象，使用串级控制，通常都能提高主控参数的控制性能。

2. 用来克服对象的纯滞后

对象的纯滞后比较大的时候，若用单回路控制，则过渡过程时间长，超调量大，参数恢复缓慢，控制质量较差。采用串级控制可以克服对象的纯滞后影响，改善系统的控制性能。

图 8.9 是出口原料气加热炉，用串级控制克服纯滞后。燃料油热值作阶跃变化时，出口原料气温度特性是纯滞后加惯性，纯滞后时间约 18s，惯性时间常数约 900s。对于这种系统，单回路控制难以获得良好的控制效果。出口料气温度系统中，热值变化对炉膛温度变化的滞后较小，反应灵敏，惯性时间常数约 180s，如果取炉膛温度作为副控参数，构成如图 8.9 所示的串级控制系统，使系统的性能有了较大的改善。当扰动作用于系统时，由于副控回路的作用，扰动不经过 900s 的主控对象而直接通过时间常数为 180s 的副控对象，并立刻被副控回路的温度测量部件所反映，并能比较快地采取控制措施，又由于副控回路减小了等效时间常数，提高了工作频率，所以控制系统的过渡过程比较短，超调量比较小。

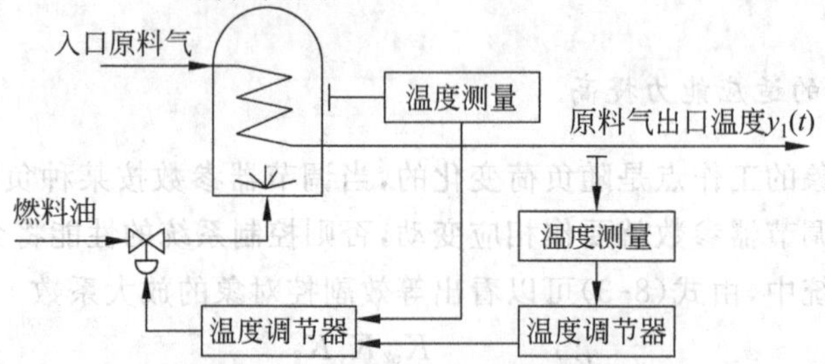

图 8.9　串级控制克服容量滞后

3. 用来减小对象的非线性影响

通常控制对象具有一定的非线性，当负荷变化时会引起工作点的移动，对象的放大系数会有较大的变化，尽管对象特性的变化可以用调节阀的工作特性来补偿，但是这种补偿是有限的，因此对象仍然存在较大的非线性。对于具有非线性特性的对象，采用单回路控制，在负荷变化时，不相应地改变调节器参数，系统的性能很难满足要求。若采用串级控制，把非线性对象包含在副控回路中，由于副控回路是随动系统，能够适应操作条件和负荷条件的变化，自动改变副控调节器的给定值，因而控制系统能有良好的控制性能。

在设计此类系统时，应该尽量把主控对象和副控对象的时间常数拉开，以减少副控参数波动对主控参数的影响，取得良好的控制效果。

8.1.4 计算机串级控制系统

图 8.4 串级控制系统中 $D_1(s)$、$D_2(s)$，若由数字计算机来实现时，计算机串级控制系统如图 8.10 所示，图中的 $D_1(z)$、$D_2(z)$是由数字计算机实现的数字调节器，$H_0(s)$是零阶保持器，T'、T''分别为主控回路和副控回路的采样周期。

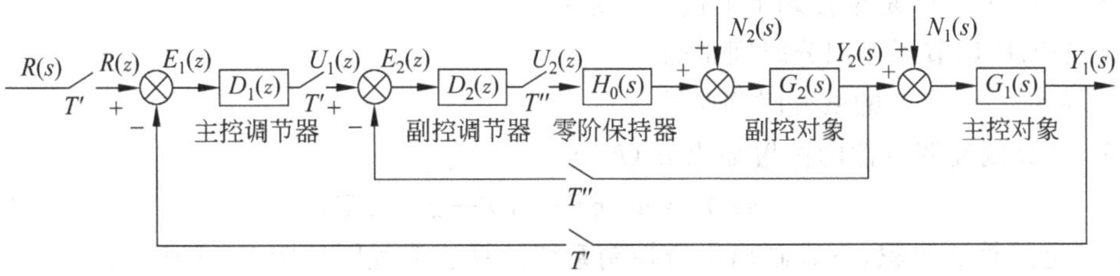

图 8.10 计算机串级控制系统

计算机串级控制系统中 $D_1(z)$、$D_2(z)$的控制规律用得较多的通常是 PID 调节规律，计算机实现调节器时，根据控制算法，编制出相应的程序在计算机上运行，下面分析和讨论计算机串级控制的算法步骤。

1. 主控和副控回路采样周期相同(同步采样)

图 8.10 中，采样周期 $T'=T''=T$，调节过程中要做两次采样输入，做两次 PID 运算并输出。对于串级控制，计算的顺序，总是先计算最外面的回路，然后，逐步转向里面的回路进行计算。

(1) 计算主控回路的偏差 $e_1(kT)$。

$$e_1(kT) = r_1(kT) - y_1(kT) \tag{8-23}$$

(2) 计算主控调节器的增量输出 $\Delta u_1(kT)$。

$$\Delta u_1(kT) = K_p'[\Delta e_1(kT)] + K_i' e_1(kT) + K_d'[\Delta e_1(kT) - \Delta e_1(kT - T)] \tag{8-24}$$

式中，$\Delta e_1(kT) = e_1(kT) - e_1(kT-T)$；

$K_i' = K_p' T / T_i'$，称为积分系数；

$\Delta e_1(kT-T) = e_1(kT-T) - e_1(kT-2T)$；

$K_d' = K_p' T_d' / T$，称为微分系数；

K_p'是主控调节器的比例系数；

T_i'是主控调节器的积分时间常数；

T_d'是主控调节器的微分时间常数；

T 是采样周期。

(3) 计算主控调节器的位置输出 $u_1(kT)$。

$$u_1(kT) = u_1(kT - T) + \Delta u_1(kT) \tag{8-25}$$

(4) 计算副控回路的偏差 $e_2(kT)$。

$$e_2(kT) = u_1(kT) - y_2(kT) \tag{8-26}$$

(5) 计算副控调节器的增量输出 $\Delta u_2(kT)$。

$$\Delta u_2(kT)=K_p''[\Delta e_2(kT)]+K_i''e_2(kT)+K_d''[\Delta e_2(kT)-\Delta e_2(kT-T)] \tag{8-27}$$

式中，$\Delta e_2(kT)=e_2(kT)-e_2(kT-T)$；

$\Delta e_2(kT-T)=e_2(kT-T)-e_2(kT-2T)$；

T 是采样周期；

K_p''是副控调节器的比例系数；

$K_i''=K_p''T/T_i''$，是副控调节器的积分系数；

$K_d''=K_p''T_d''/T$，是副控调节器的微分系数；

T_i''是副控调节器的积分时间常数；

T_d''是副控调节器的微分时间常数。

(6) 计算副控调节器的位置输出 $u_2(kT)$。

$$u_2(kT)=u_2(kT-T)+\Delta u_2(kT) \tag{8-28}$$

有了上述算法步骤，不难画出串级控制系统的算法流程图如图 8.11 所示。

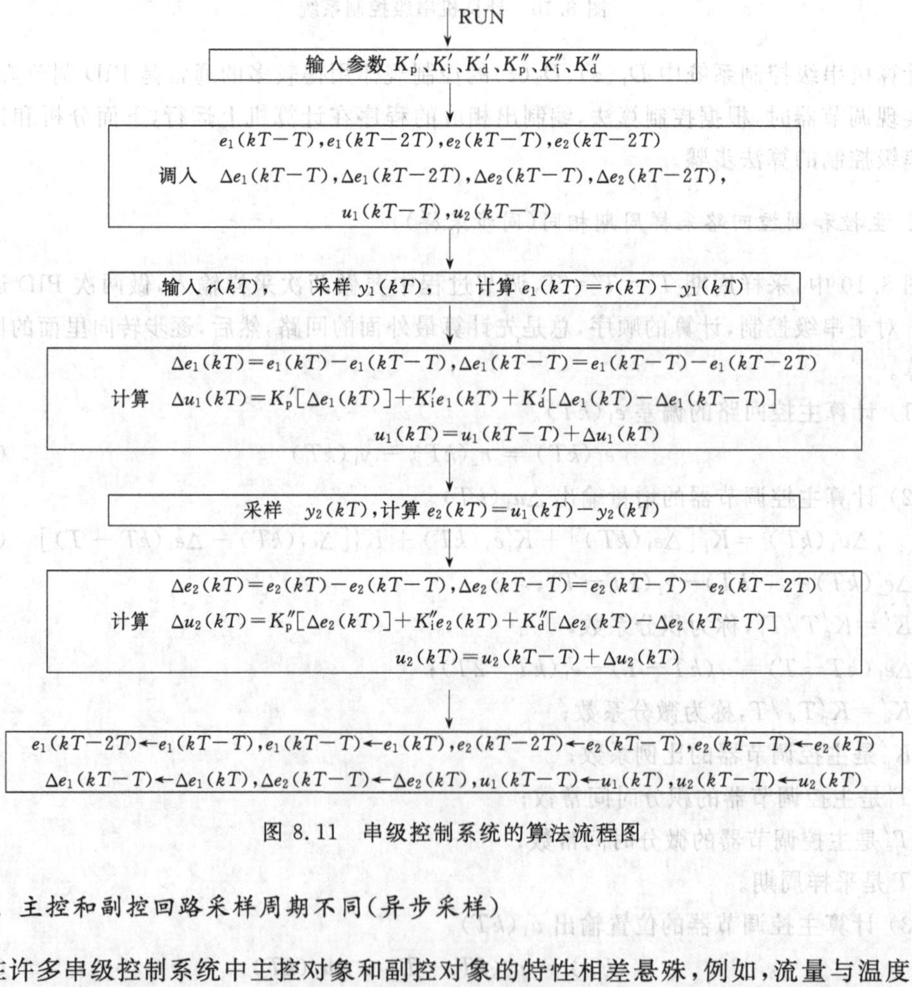

图 8.11　串级控制系统的算法流程图

2. 主控和副控回路采样周期不同(异步采样)

在许多串级控制系统中主控对象和副控对象的特性相差悬殊，例如，流量与温度、流量与成分的串级控制系统中，流量对象的响应速度是比较快的，而温度和成分对象的响应速度是很慢的，在这种串级系统中，主、副控回路的采样周期若选择得相同，即 $T'=T''$，假如按照快速的流量对象特性选取采样周期，计算机采样频繁，计算的工作量加大，降低了计算机的使用效率。假如按照缓慢的温度对象特性选取采样周期，会降低快速对象回路的控制性能，削弱抑制扰动的能力，以致串级控制没有起到应有的作用。因此，主控和副控回路根据对象特性选择相应的采样周期，称为异步采样调节。通常取 $T'=lT''$ 或 $T''=T'l$，l 为正整数，T' 为主控回路的采样周期，T'' 为副控回路的采样周期。异步采样调节的算法流程如图 8.12 所示。图中 (T')、(T'') 分别是存放主控、副控采样周期的单元。

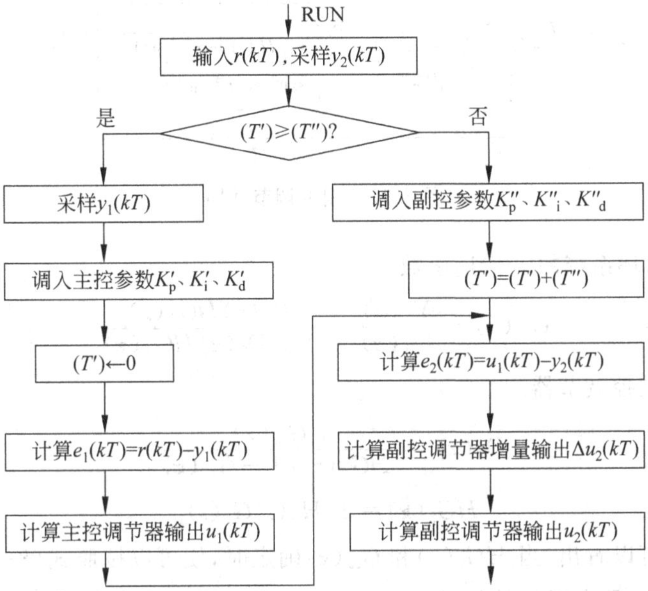

图 8.12 异步采样调节的算法流程图

8.1.5 串级控制系统的设计原则

串级控制系统的设计原则是根据串级控制的特点，充分发挥串级控制的作用使系统的性能达到满意的要求，为此设计时应遵循如下原则。

(1) 系统中主要的扰动应该包含在副控回路之中。把主要扰动包含在副控回路中，可以在扰动影响主控被调参数之前，已经由于副控回路的调节，使扰动的影响大大削弱。

(2) 副控回路应该尽量包含积分环节。积分环节的相角滞后是 $-90°$，当副控回路包含积分环节时，相角滞后将可以减少，有利于改善调节系统的品质。

(3) 必须用一个可以测量的中间变量作为副控被调参数，或者通过观测分析，由下游状态推断上游状态的中间变量。

(4) 主控、副控回路的采样周期 $T'\neq T''$ 时，应该选择 $T'\geqslant 3T''$ 或 $3T'\leqslant T''$，即 T' 与 T'' 之间相差三倍以上，以避免主控回路和副控回路之间发生相互干扰和共振。

8.1.6 串级主控和副控调节器的选择

串级控制系统如图 8.10 所示，对于主控调节器 $D_1(z)$，为了减少稳态误差，提高控制精度，应该具有积分控制。为了使系统反应灵敏，动作迅速，应该加入微分控制。因此，串级主

控调节器 $D_1(z)$应该具有 PID 调节规律。

对于副控调节器 $D_2(z)$，通常可以选用比例控制。当副控调节器的比例系数不能太大时，例如流量、压力控制系统，则应当加入积分控制，即采用 PI 调节规律。副控调节器是较少采用 PID 调节规律的。

串级副控调节器也有按照预期闭环特性来设计的。设副控制调节器回路如图 8.13 所示。

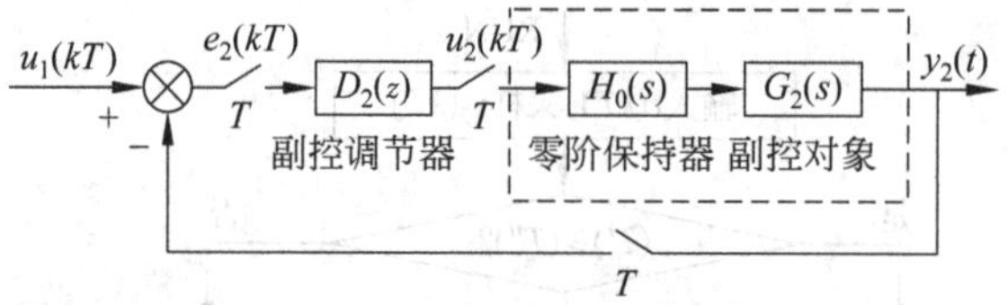

图 8.13　副控调节回路

由图 8.13，闭环系统的 Z 传递函数

$$G_{c2}(z)=\frac{Y_2(z)}{U_1(z)}=\frac{D_2(z)HG_2(z)}{1+D_2(z)HG_2(z)} \tag{8-29}$$

由式(8-29)可得副控调节器

$$D_2(z)=\frac{G_{c2}(z)}{HG_2(z)[1-G_{c2}(z)]} \tag{8-30}$$

式中
$$HG_2(z)=\mathscr{Z}[H_0(s)G_2(s)]$$

由式(8-30)可以看出，当 $HG_2(z)$和 $G_{c2}(z)$确定时，便可以按照式(8-30)求得数字调节器 $D_2(z)$。$HG_2(z)$是由对象特性确定的，$G_{c2}(z)$则是根据要求的闭环系统的性能指标来选择的。

假设 $G_{c2}(z)=1$，表示输出量 $Y_2(z)$随时跟 $R(z)$相等，对于具有惯性或滞后的对象，这是无法实现的。$G_{c2}(z)=1$ 意味着系统受到扰动或者负荷变化时，控制装置必须提供给对象以无限大的能量。

因此，必须根据对象特性，合理选择副控系统的闭环 Z 传递函数 $G_{c2}(z)$。根据实践经验可选择

$$G_{c2}(z)=z^{-n} \tag{8-31}$$

式中，n 为 $HG_2(z)$分子或分母有理多项式的最高幂次。

当对象为一阶惯性时，系统达到稳态的时间可选为一个采样周期，当对象为二阶惯性时，系统达到稳态的时间可选为两个采样周期。

例 8.1　设 $H_0(s)=\frac{1-e^{-Ts}}{s}$，$G_2(s)=\frac{1}{1+T_2s}$，试设计副控调节器 $D_2(z)$。

解：
$$HG_2(z)=\mathscr{Z}\left[\frac{1-e^{-Ts}}{s}\frac{1}{1+T_2s}\right]=\frac{1-e^{-T/T_2}}{z-e^{-T/T_2}} \tag{8-32}$$

因对象为一阶环节，所以选择 $G_{c2}(z)=z^{-1}$，于是可得数字调节器

$$D_2(z)=\frac{G_{c2}(z)}{HG_2(z)[1-G_{c2}(z)]}$$

$$=\frac{z^{-1}(z-e^{-T/T_2})}{(1-e^{-T/T_2})(1-z^{-1})}$$

$$=\frac{1-e^{-T/T_2}z^{-1}}{(1-e^{-T/T_2})(1-z^{-1})}$$

若 $T_2=10s, T=2s, e^{-T/T_2}=0.819$,则

$$D_2(z)=\frac{5.525-4.525z^{-1}}{1-z^{-1}}$$

由 $D_2(z)$可得差分方程

$$u_2(kT)=u_2(kT-T)+5.525e_2(kT)-4.525e_2(kT-T)$$

例 8.2 设 $H_0(s)=\frac{1-e^{-Ts}}{s}, G_2(s)=\frac{K_2e^{-\tau s}}{1+T_2s}$,试设计副控调节器 $D_2(z)$。

解:

$$HG_2(z)=\mathscr{Z}\left[\frac{1-e^{-Ts}}{s}\frac{K_2e^{-\tau s}}{1+T_2s}\right]$$

$$=K_2(1-z^{-1})z^{-l}\mathscr{Z}\left[\frac{1}{s(1+T_2s)}\right]$$

$$=\frac{K_2z^{-(l+1)}(1-e^{-T/T_2})}{1-e^{-T/T_2}z^{-1}}$$

式中

$$\tau=lT$$

若选择 $G_{c2}(z)=z^{-(l+1)}$ 则

$$D_2(z)=\frac{(1-e^{-T/T_2}z^{-1})}{K_2(1-e^{-T/T_2})[1-z^{-(l+1)}]}$$

由 $D_2(z)$可以写出数字调节器的差分方程

$$u_2(kT)=u_2(kT-lT-T)+\frac{1}{K_2(1-e^{-T/T_2})}e_2(kT)$$

$$-\frac{e^{-T/T_2}}{K_2(1-e^{-T/T_2})}e_2(kT-T)$$

8.1.7 副控回路微分先行串级控制系统

为了防止主控调节器输出(即副控调节器的给定值)变化过大而引起副控回路的不稳定,同时,也为了克服副控对象惯性较大而引起调节品质的恶化,在副控反馈回路中加入微分控制,称为副控回路微分先行,系统如图 8.14 所示。

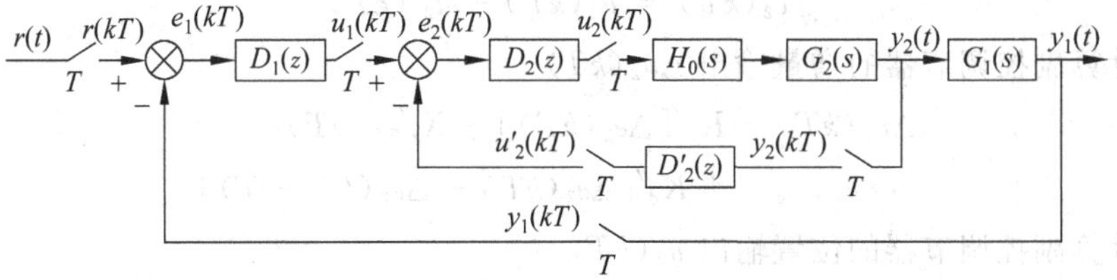

图 8.14 副控回路微分先行串级控制系统

图中微分先行的传递函数为

$$D_2'(s) = \frac{U_2'(s)}{Y_2(s)} = \frac{1 + T_d''' s}{1 + \frac{T_d'''}{K'''} s} \tag{8-33}$$

由式(8-33)可得到微分方程

$$\frac{T_d'''}{K'''} \frac{\mathrm{d}u_2'(t)}{\mathrm{d}t} + u_2'(t) = T_d''' \frac{\mathrm{d}y_2(t)}{\mathrm{d}t} + y_2(t) \tag{8-34}$$

对应的差分方程为

$$\begin{aligned}
&\left(1 + \frac{T_d'''}{TK'''}\right) u_2'(kT) - \frac{T_d'''}{TK'''} u_2'(kT - T) \\
&= \left(1 + \frac{T_d'''}{T}\right) y_2(kT) - \frac{T_d'''}{T} y_2(kT - T)
\end{aligned} \tag{8-35}$$

或

$$u_2'(kT) = A_1 u_2'(kT - T) + B_0 y_2(kT) + B_1 y_2(kT - T) \tag{8-36}$$

式中

$$A_1 = \frac{T_d'''/TK'''}{1 + T_d'''/TK'''}$$

$$B_0 = \frac{1 + T_d'''/T}{1 + T_d'''/TK'''}$$

$$B_1 = -\frac{T_d'''/T}{1 + T_d'''/TK'''}$$

系数 A_1、B_0、B_1 可以事先计算好,存储在计算机中,以备需要时调用。

副控回路微分先行串级控制系统的算法步骤如下:

(1) 计算主控回路的偏差 $e_1(kT)$

$$e_1(kT) = r(kT) - y_1(kT) \tag{8-37}$$

(2) 计算主控调节器的增量输出 $\Delta u_1(kT)$

$$\begin{aligned}
\Delta u_1(kT) &= K_p'[\Delta e_1(kT)] + K_i' e_1(kT) \\
&\quad + K_d'[\Delta e_1(kT) - \Delta e_1(kT - T)]
\end{aligned} \tag{8-38}$$

(3) 计算主控调节器的位置输出 $u_1(kT)$

$$u_1(kT) = u_1(kT - T) + \Delta u_1(kT) \tag{8-39}$$

(4) 微分先行调节器输出 $u_2'(kT)$

$$u_2'(kT) = A_1 u_2'(kT - T) + B_0 y_2(kT) + B_1 y_2(kT - T) \tag{8-40}$$

(5) 计算副控回路的偏差 $e_2(kT)$

$$e_2(kT) = u_1(kT) - u_2'(kT) \tag{8-41}$$

(6) 计算副控调节器的增量输出 $\Delta u_2(kT)$

$$\begin{aligned}
\Delta u_2(kT) &= K_p''[\Delta e_2(kT)] + K_i'' e_2(kT) \\
&\quad + K_d''[\Delta e_2(kT) - \Delta e_2(kT - T)]
\end{aligned} \tag{8-42}$$

(7) 计算副控调节器的位置输出 $u_2(kT)$

$$u_2(kT) = u_2(kT - T) + \Delta u_2(kT) \tag{8-43}$$

当副控调节器直接控制电动执行机构时,可以用增量输出 $\Delta u_2(kT)$。副控回路微分先行串级控制的算法流程如图 8.15 所示。

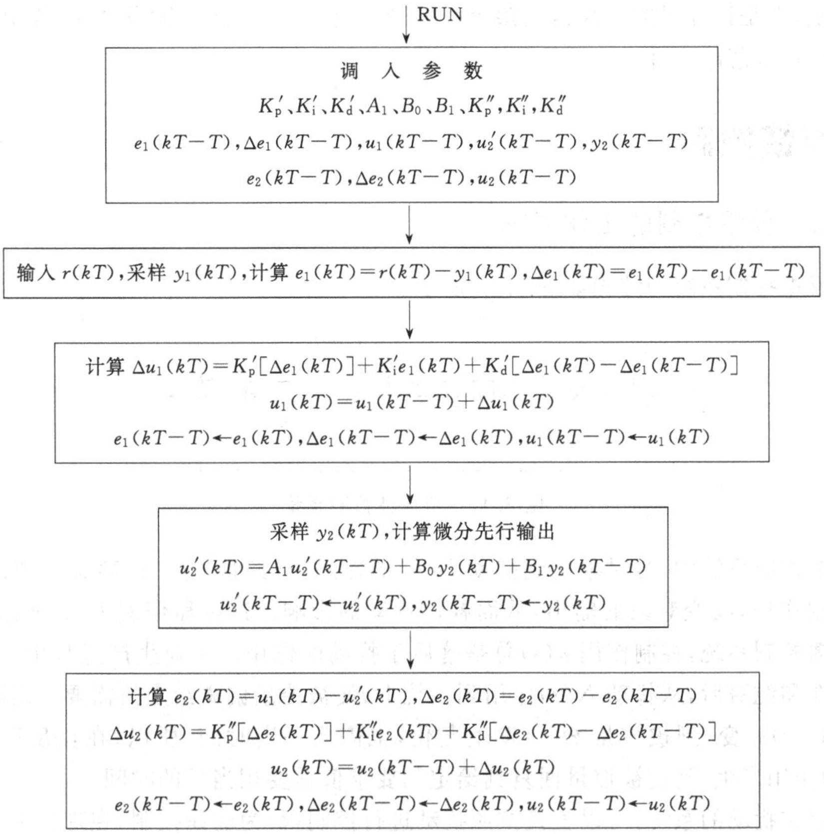

图 8.15 副控回路微分先行串级控制的算法流程图

8.1.8 多回路串级控制系统

通常使用较多的是双回路串级控制系统，双回路的分析方法可以推广应用到多回路串级控制系统。图 8.16 是多回路串级控制系统。对于多回路串级控制系统的算法步骤仍与双回路的类似，当采样一批数据以后，连续进行 PID 运算。运算通常从最外面的回路开始，逐渐向里面推进，遇到分叉点时，则按下接回路的权级先后处理。尽管各个回路的计算有时

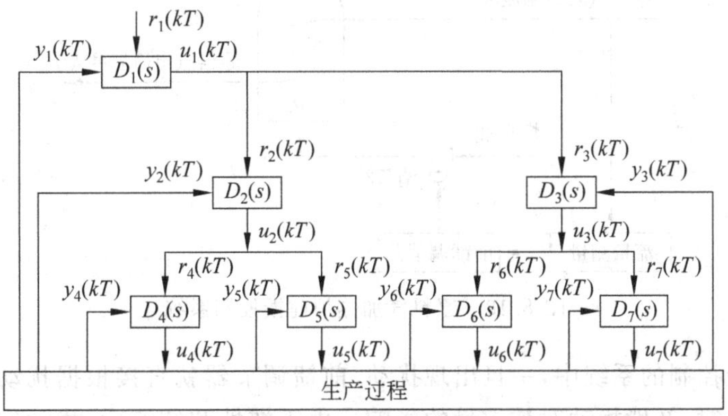

图 8.16 多回路串级控制系统

间先后之别，但是计算机的运算速度跟串级控制系统的采样周期相比要快得多，因此这点时间差别完全可以忽略不计。

8.2 前馈控制

8.2.1 前馈控制的工作原理

设负反馈控制系统的结构如图 8.17 所示。

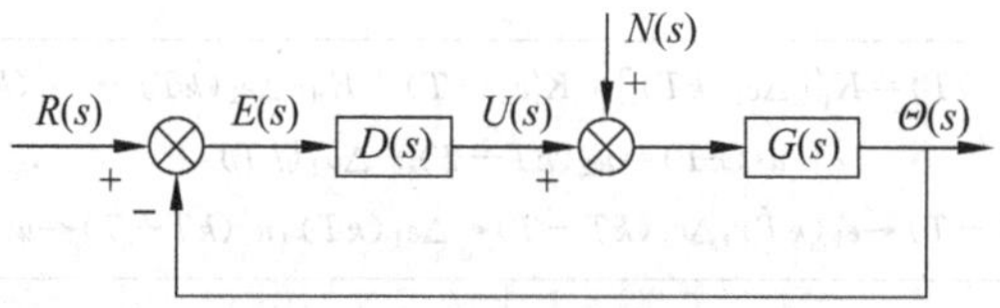

图 8.17 负反馈控制系统

负反馈控制系统中，当对象受到扰动 $N(s)$ 的作用，被控量 $\Theta(s)$ 偏离给定值时，调节器才会起控制作用，改变对象的输出，从而补偿扰动的影响。这种靠偏差 $E(s)$ 来消除扰动影响的负反馈控制系统，控制作用 $u(s)$ 总是落后于扰动的作用。工业生产过程中控制对象总是存在惯性和纯滞后，从扰动 $N(s)$ 作用到系统上，使被控量偏离给定值需要一定的时间，而从控制量 $U(s)$ 改变，到被控量 $\Theta(s)$ 发生变化，也需要一定时间，所以，在负反馈控制系统中，从扰动作用产生，到使被控量回复到给定的要求值需要相当长的时间。

对于存在扰动的系统，可以直接按照扰动进行控制，称为前馈控制，在理论上，它可以完全消除扰动引起的偏差。仍以原料气温度控制系统为例，在 8.1 节中已经提到，为了克服燃料油压力波动的影响，采用了串级控制。若系统中入口原料气流量有扰动时，由于系统的惯性和纯滞后，控制系统仍然不能保证出口原料气的温度平稳。

为了提高控制质量，可以加入前馈控制，测量出入口原料气流量 $n(t)$ 的情况，由前馈调节器依据一定的调节规律，改变调节阀，使燃料油的流量改变，从而保证了出口原料气温度的稳定。原料气加热炉前馈控制系统如图 8.18 所示。

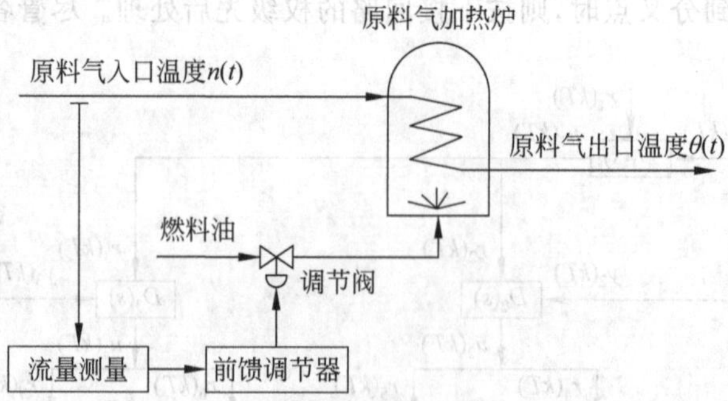

图 8.18 原料气加热炉前馈控制系统

在加有前馈控制的系统中，一旦出现扰动，前馈调节器就直接根据扰动的大小和方向，按照前馈调节规律，补偿扰动对被控量的影响。由于惯性和纯滞后，扰动作用到系统上，被控量尚未发生变化，前馈调节器就进行了补偿，如果补偿作用恰到好处，可以使被控量不会因扰动作用而产生偏差。

在前馈控制系统中,为了便于分析,扰动 $n(t)$ 的作用通道可以看作有两条,如图 8.19 所示。一条是扰动通道,扰动作用 $N(s)$ 通过对象的扰动通道 $G_n(s)$ 引起出口原料气温度变化 $\Theta_1(s)$。另一条是控制通道,扰动作用 $N(s)$ 通过前馈调节器 $D_f(s)$ 和对象的控制通道 $G(s)$,使出口原料气温度变化 $\Theta_2(s)$。显然,在有扰动 $N(s)$ 作用时,我们希望 $\Theta_1(s)$ 和 $\Theta_2(s)$ 的大小相等,方向相反,如图 8.20 所示。

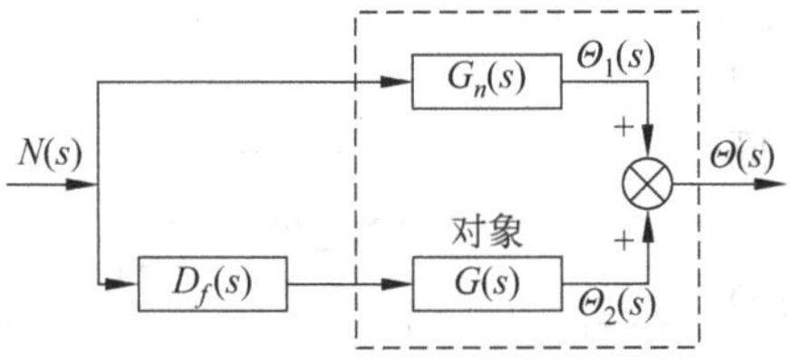

图 8.19 前馈控制的通道结构

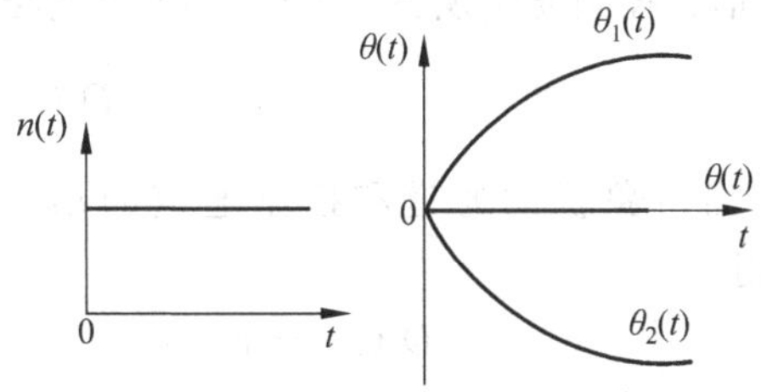

图 8.20 前馈控制系统的输出特性

前馈调节器 $D_f(s)$ 使得 $\Theta_1(s)=-\Theta_2(s)$,在扰动 $N(s)$ 作用下,$\Theta(s)=\Theta_1(s)+\Theta_2(s)=0$,即

$$\theta(t)=\theta_1(t)+\theta_2(t)=0 \tag{8-44}$$

此时,前馈控制完全消除了扰动 $n(t)$ 引起的温度偏差。由前馈控制的通道结构图 8.19,可以得到

$$\frac{\Theta_1(s)}{N(s)}=G_n(s) \quad 或 \quad \Theta_1(s)=G_n(s)N(s) \tag{8-45}$$

$$\frac{\Theta_2(s)}{N(s)}=D_f(s)G(s) \quad 或 \quad \Theta_2(s)=D_f(s)G(s)N(s) \tag{8-46}$$

由式(8-44),则

$$\Theta_1(s)+\Theta_2(s)=G_n(s)N(s)+D_f(s)G(s)N(s)=0 \tag{8-47}$$

由式(8-47)可得前馈调节器的调节规律为

$$D_f(s)=-\frac{G_n(s)}{G(s)} \tag{8-48}$$

式中 $G_n(s)$ 和 $G(s)$ 分别为对象的扰动通道和控制通道的传递函数,可以通过测量得到。当满足式(8-48)时,前馈控制就能使被控量 $\theta(t)$ 与扰动量 $n(t)$ 完全无关,这时的系统称为被控量 $\theta(t)$ 对扰动量 $n(t)$ 绝不灵敏的系统。

需要指出的是前馈控制系统中,前馈调节器只对被前馈的量 $n(t)$ 有补偿作用,而对未被引入前馈调节器的其他扰动量(如入口原料气温度、原料气的比热、燃料油的发热量等的变化)没有任何补偿作用,它们对出口原料气温度的影响,同未设前馈调节器时完全一样。事实上,不可能对全部扰动量设置前馈调节器,因此,前馈控制系统经常是在对主要扰动设置前馈调节器的基础上与其他控制(如负反馈控制、串级控制等)结合在一起,起到取长补短的效果。

前馈控制的思想,虽然已经有了长久的历史,但是真正为人们所重视,并广泛地应用于实际还是不久前的事。随着计算机的参与过程控制,前馈控制显示了它的优越性,成为计算机控制的重要组成部分。

8.2.2 前馈控制的类型

前馈控制按照控制规律和控制结构，可以分为多种类型，比较典型的有静态前馈、动态前馈控制、前馈-反馈控制和前馈-串级控制等类型。

1. 静态前馈控制

前馈控制要实现完全补偿，调节器的传递函数应为

$$D_f(s) = -\frac{G_n(s)}{G(s)}$$

当对象扰动通道和控制通道的动态特性相同时，则

$$D_f(s) = K_f \tag{8-49}$$

此时，前馈调节器是一个比例环节，K_f 称为静态前馈系数。静态前馈控制的结构如图8.21所示。

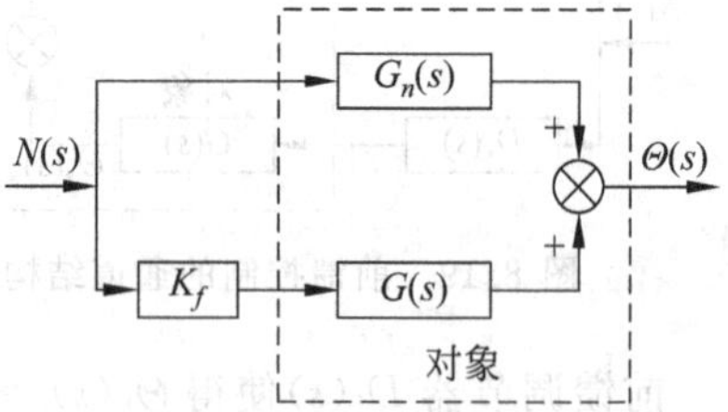

图 8.21 静态前馈控制的结构

静态前馈控制是一种最简单的控制类型，静态前馈的实现十分简便，静态前馈调节器的传递函数可以根据列写的静态方程，推导出 $D_f(s)$。

仍以原料气加热炉为例，设入口原料气温度 $\theta_i(t)$ 为常数，在入口原料气流量 $n(t)$ 的扰动作用下，为了使出口原料气温度 $\theta(t)$ 稳定，可以按照热平衡原理列写出静态方程（忽略热损失）。

$$n(t)C_p[\theta(t) - \theta_i(t)] = f_b(t)H_b \tag{8-50}$$

式中，$n(t)[N(s)]$ 为入口原料气流量，是扰动量；

C_p 为原料气比热，是常数；

$\theta_i(t)$、$\theta(t)$ 分别是原料气入口和出口温度；

$f_b(t)[F_b(s)]$ 是燃料油流量；

H_b 是燃料油的发热量。

由静态方程(8-50)可以得到静态前馈调节器的传递函数

$$D_f(s) = \frac{F_b(s)}{N(s)} = \frac{C_p}{H_b}[\Theta(s) - \Theta_i(s)] = K_f \tag{8-51}$$

原料气加热炉静态前馈控制系统的结构如图 8.22 所示。实际系统中的 K_f 设计成可调的，以适应不同的原料气、不同的温度差和不同的热泄漏情况。

2. 动态前馈控制

当对象的扰动通道和控制通道的动态特性不相同时，若仍用静态前馈控制，则不能保证动态过程完全补偿，因此，应该采用动态前馈控制。

设 $$G_n(s) = \frac{K_1}{1+T_1 s}e^{-\tau_1 s}, \quad G(s) = \frac{K_2}{1+T_2 s}e^{-\tau_2 s}$$

则动态前馈调节器

$$D_f(s) = \frac{K_f(1+T_2 s)}{(1+T_1 s)}e^{-(\tau_1-\tau_2)s} \tag{8-52}$$

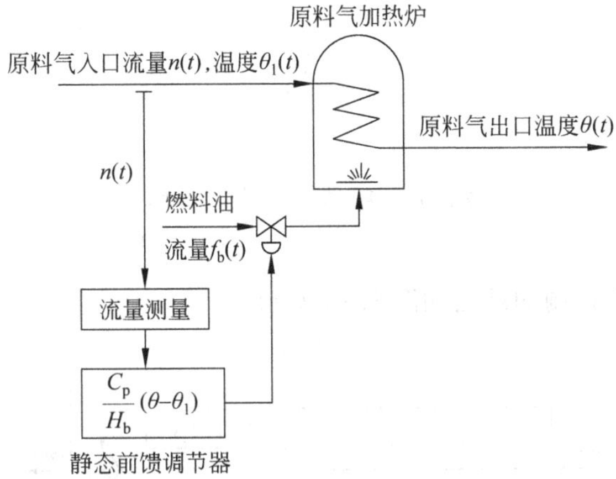

图 8.22 原料气加热炉静态前馈控制系统

式中

$$K_{\mathrm{f}}=-\frac{K_1}{K_2}$$

动态前馈控制的结构如图 8.23 所示。

当对象的纯滞后特性 $\tau_1=\tau_2$ 时，动态前馈调节器

$$D_{\mathrm{f}}(s)=K_{\mathrm{f}}\frac{1+T_2 s}{1+T_1 s} \tag{8-53}$$

此时动态前馈调节器实际上是超前/滞后补偿。式(8-53)是过程控制中比较典型的动态前馈控制规律，很多化工对象、热工对象都可以采用这个规律。$\tau_1=\tau_2$ 时，动态前馈控制的结构如图 8.24 所示。

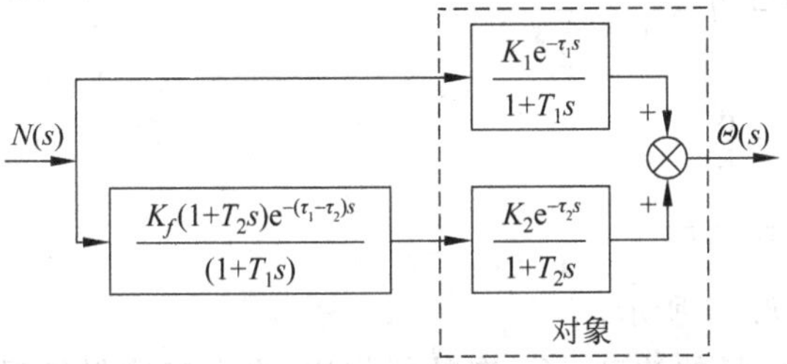

图 8.23 动态前馈控制的结构

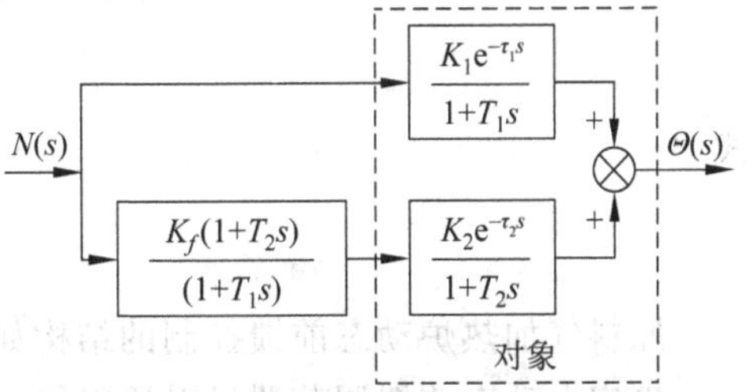

图 8.24 $\tau_1=\tau_2$ 时动态前馈控制

当对象的纯滞后特性 $\tau_1\neq\tau_2$ 时，动态前馈调节器

$$\begin{aligned}D_{\mathrm{f}}(s)&=K_{\mathrm{f}}\frac{1+T_2 s}{1+T_1 s}\mathrm{e}^{-(\tau_1-\tau_2)s}\\&=K_{\mathrm{f}}\frac{1+T_2 s}{1+T_1 s}\mathrm{e}^{-\tau s}\end{aligned} \tag{8-54}$$

式中

$$K_{\mathrm{f}}=-\frac{K_1}{K_2}$$

$$\tau=\tau_1-\tau_2$$

令
$$e^{-\tau s} \approx \frac{1-\frac{\tau}{2}s}{1+\frac{\tau}{2}s}$$

则
$$D_f(s) \approx K_f \frac{1+T_2 s}{1+T_1 s} \frac{1-\frac{\tau}{2}s}{1+\frac{\tau}{2}s} \tag{8-55}$$

$\tau_1 \neq \tau_2$ 时动态前馈控制的结构如图 8.25 所示。

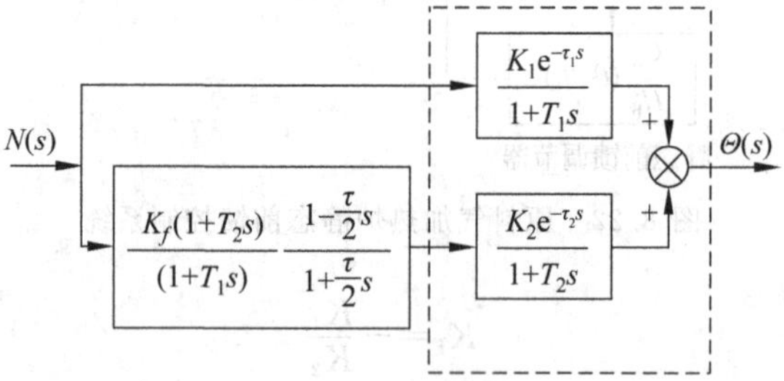

图 8.25　$\tau_1 \neq \tau_2$ 时动态前馈控制

设原料气加热炉出口温度控制采用动态前馈，

$$G_n(s) = \frac{K_1}{1+T_1 s}e^{-\tau_1 s}, \quad G(s) = \frac{K_2}{1+T_2 s}e^{-\tau_2 s}$$

则动态前馈调节器

$$D_f(s) \approx K_f \frac{1+T_2 s}{1+T_1 s} \frac{1-\frac{\tau}{2}s}{1+\frac{\tau}{2}s} \tag{8-56}$$

式中
$$K_f = -\frac{K_1}{K_2}$$
$$\tau = \tau_1 - \tau_2$$

原料气加热炉动态前馈控制的结构如图 8.26 所示。

事实上动态前馈调节器只对原料气入口流量的波动 $n(t)$ 有补偿作用，当入口原料气温度 $\theta_i(t)$，比热 c_p，燃料油流量 $f_b(t)$，压力 $p(t)$，燃料油温度、热值等变化时，已引入的动态前馈调节器起不到补偿作用，出口原料气温度 $\theta(t)$ 仍会波动。因此，仅有动态前馈调节器，系统的控制性能仍然是不高的。

另外，动态前馈调节器 $D_f(s)$ 与对象特性的测试精度有关，实际对象特性往往很难精确地得到，因此，要完全补偿扰动作用是比较困难的。

再则，前馈控制是开环控制，对被控量既没有测量，也没有直接控制，当系统的参数漂移，被控量偏离给定值时，仅用前馈控制是很难得到良好控制性能的。

最后，需要指出的是生产过程中存在着各种扰动，系统中，若对所有的扰动都采用前馈控制，系统将变得过于庞大和复杂，实用意义不大。为了获得良好的控制效果，前馈控制经常与其他型式的控制如反馈控制、串级控制结合起来。

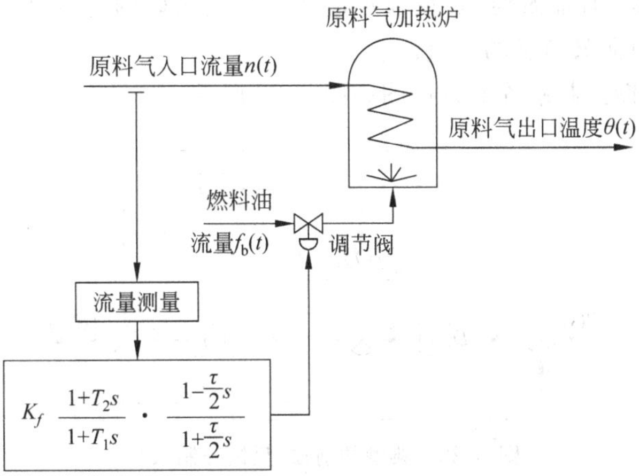

图 8.26 原料气加热炉动态前馈控制

3. 前馈-反馈控制

图 8.27 是原料气加热炉前馈-反馈控制系统的结构图。系统中出口原料气温度 $\theta(t)$是被控量，由温度测量、温度调节器、调节阀与原料气加热炉构成负反馈温度控制系统，入口原料气流量 $n(t)$则是扰动量。由流量测量、前馈调节器、调节阀和原料气加热炉构成前馈控制。两部分结合起来，构成了前馈-反馈控制。

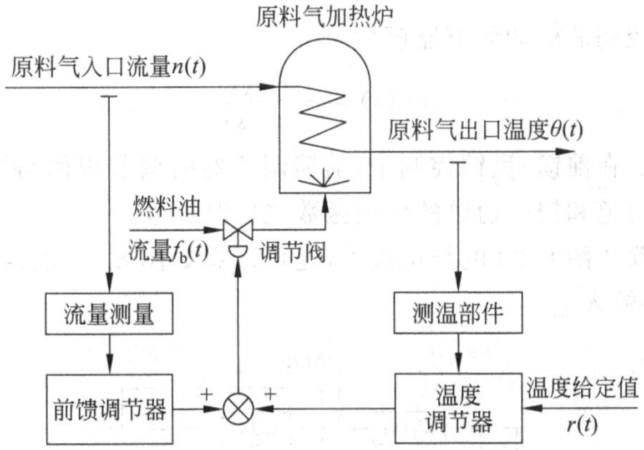

图 8.27 原料气加热炉前馈-反馈控制

在原料气加热炉的前馈-反馈控制系统中，选择了对主要扰动即入口原料气流量 $n(t)$进行前馈控制，而其他次要的扰动则通过负反馈控制来予以补偿。这种前馈-反馈控制的优点如下。

(1) 在对主要扰动进行前馈控制的基础上，设置负反馈控制，既简化了控制系统，又提高了控制性能。

(2) 负反馈控制使得不完全补偿部分对被控制量的影响减小到 $1/[1+D(s)G(s)]$，式中 $D(s)$是反馈调节器的传递函数，$G(s)$是对象控制通道的传递函数。在前馈-反馈控制中，可以降低对 $D_f(s)$的要求。有利于工程实现。

(3) 前馈控制具有控制及时,负反馈控制具有控制精确的特点,两者结合使得前馈-反馈控制具有控制及时而又精确的特点。

典型的前馈-反馈控制系统的方框图如图 8.28 所示。

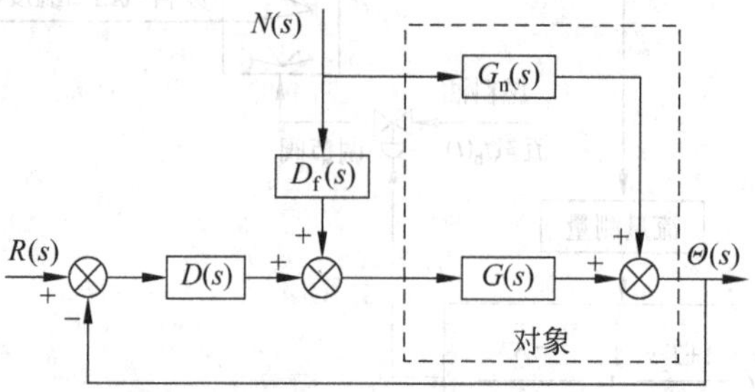

图 8.28 典型的前馈-反馈控制系统

由图 8.28 可以推导出前馈-反馈控制调节器的传递函数。

$$\Theta(s)=G_n(s)N(s)+\{[R(s)-\Theta(s)]D(s)+D_f(s)N(s)\}G(s) \tag{8-57}$$

因为是分析扰动作用,所以,设输入作用 $R(s)=0$,

$$\frac{\Theta(s)}{N(s)}=\frac{G_n(s)+D_f(s)G(s)}{1+D(s)G(s)} \tag{8-58}$$

当前馈调节器完全补偿时,$\Theta(s)=0$,所以

$$G_n(s)+D_f(s)G(s)=0 \tag{8-59}$$

可得前馈-反馈控制的前馈调节器模型

$$D_f(s)=-\frac{G_n(s)}{G(s)} \tag{8-60}$$

由式(8-60)可见,在前馈-反馈控制中,前馈调节器的调节规律与以前推导的结论完全一样,是对象的扰动通道和控制通道的传递函数之比取负号。

前馈-反馈控制除了图 8.28 的结构以外,还可以有如图 8.29 的结构,前馈调节器的输出送到反馈调节器的输入端。

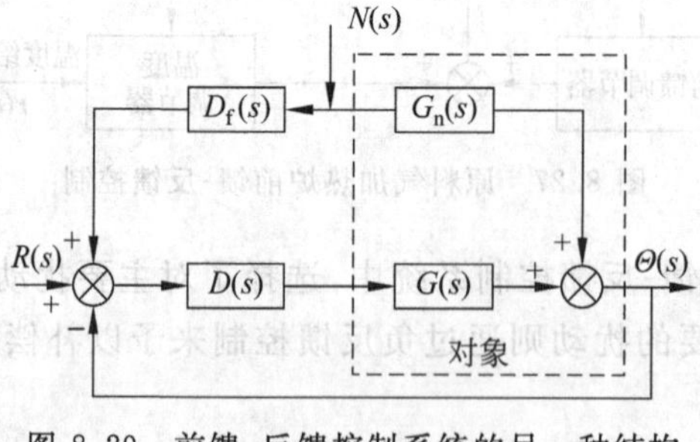

图 8.29 前馈-反馈控制系统的另一种结构

按照上述同样的方法,可以推导出前馈调节器模型

$$D_f(s)=-\frac{G_n(s)}{D(s)G(s)} \tag{8-61}$$

式中,$G_n(s)$为对象扰动通道的传递函数;

$G(s)$为对象控制通道的传递函数；

$D(s)$为反馈调节器。

4. 前馈-串级控制

显然，前馈-反馈控制的控制性能较单纯的前馈控制有很大的提高，但是当有其他扰动作用时系统性能仍不理想，而前馈-串级控制则可以更好地改善系统的控制性能。

原料气加热炉的前馈-串级控制如图 8.30(a)所示。

此系统可以看作是在串级控制的基础上，引入前馈控制，以克服入口原料气流量 $n(t)$ 波动的影响。图中压力测量部件、压力调节器和调节阀门构成串级副控回路。温度测量部件、温度调节器、副控回路和原料气加热炉构成串级主控回路。入口原料气流量 $n(t)$是串级控制系统的扰动量，由流量测量环节把扰动量的大小输送到前馈调节器，前馈调节器的输出送到比较器，于是前馈控制与串级控制构成了前馈-串级控制。

典型的前馈-反馈控制系统如图 8.30(b)所示。图中 $D_f(s)$是前馈调节器；$D_1(s)$、$D_2(s)$分别是串级控制的主、副控调节器，$G_1(s)G_2(s)$分别为串级控制的主控对象和副控对象的传递函数，对于前馈控制来说 $G_1(s)$也是对象的控制通道的传递函数；$G_n(s)$是对象扰动通道的传递函数。

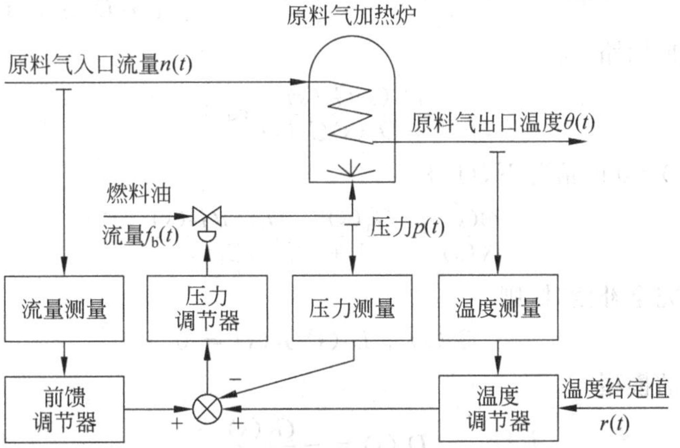

(a) 前馈-串级控制系统示意图

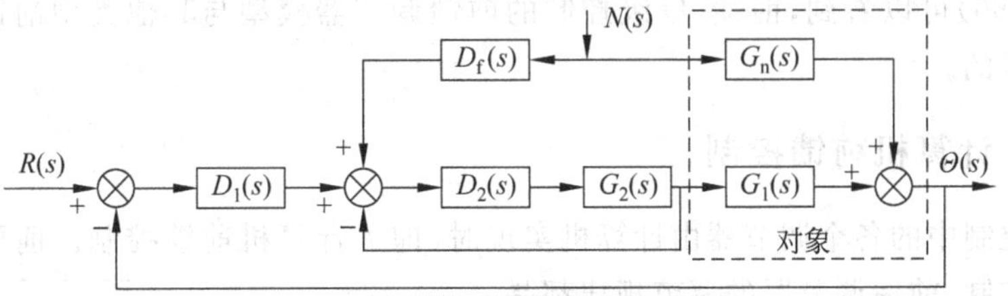

(b) 前馈-串级控制系统方框图

图 8.30 典型的前馈-串级控制系统

前馈-串级控制系统能够及时克服进入前馈回路和串级副控回路的扰动对被控量的影响，对阀门的要求也可以降低，前馈-串级控制可以获得很高的控制精度，在计算机控制系统中也经常采用。

图 8.31 是原料气加热炉，在入口原料气流量 $n(t)$ 作单位阶跃扰动时，对于不同控制类型，出口原料气温度 $\theta(t)$ 的波动情况。由图可以看到采用前馈控制可以有效地克服扰动的影响，尤其是前馈-串级控制，使系统的控制性能明显地提高。

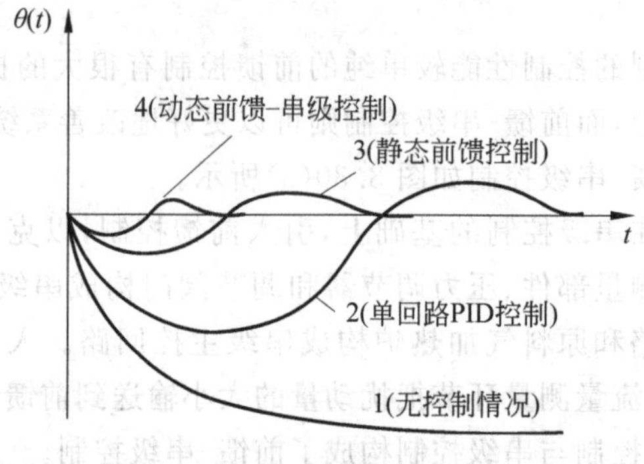

图 8.31　不同控制类型对控制性能的影响

由图 8.30 (b)可得到

$$\Theta(s)=G_{\mathrm{n}}(s)N(s)+\{[R(s)-\Theta(s)]D_1(s)+D_{\mathrm{f}}(s)N(s)\}\frac{D_2(s)G_2(s)}{1+D_2(s)G_2(s)}G_1(s)\tag{8-62}$$

对于串级副控回路

$$\frac{D_2(s)G_2(s)}{1+D_2(s)G_2(s)}\approx 1\tag{8-63}$$

所以，在假设 $R(s)=0$ 的情况下，可得

$$\frac{\Theta(s)}{N(s)}=\frac{G_{\mathrm{n}}(s)+D_{\mathrm{f}}(s)G_1(s)}{1+D_1(s)G_1(s)}\tag{8-64}$$

在前馈控制完全补偿时，则

$$G_{\mathrm{n}}(s)+D_{\mathrm{f}}(s)G_1(s)=0\tag{8-65}$$

可得前馈调节器的模型

$$D_{\mathrm{f}}(s)=-\frac{G_1(s)}{G(s)}\tag{8-66}$$

由式(8-66)可以看到，前馈-串级控制的前馈调节器模型与其他类型前馈控制的调节器模型是一样的。

8.2.3　计算机前馈控制

当前馈控制中的各个调节器由计算机实现时，即为计算机前馈控制。前面讨论的 4 种典型的前馈控制，前馈调节器的调节规律都是

$$D_{\mathrm{f}}(s)=-\frac{G_{\mathrm{n}}(s)}{G(s)}\tag{8-67}$$

有了调节规律，经过离散化，便可以由计算机来实现控制了。

图 8.32　前馈控制的方框图

设前馈控制的方框图如图 8.32 所示。

若
$$G_n(s)=\frac{K_1}{1+T_1 s}e^{-\tau_1 s},$$
$$G(s)=\frac{K_2}{1+T_2 s}e^{-\tau_2 s}$$
令
$$\tau_1=\tau_2,$$
则
$$D_f(s)=\frac{U(s)}{N(s)}=K_f\frac{s+1/T_2}{s+1/T_1}e^{-\tau s} \tag{8-68}$$
式中
$$K_f=-\frac{K_1 T_2}{K_2 T_1}$$

由式(8-68)可得前馈调节器的微分方程
$$\frac{du(t)}{dt}+\frac{1}{T_1}u(t)=K_f\left[\frac{dn(t-\tau)}{dt}+\frac{1}{T_2}n(t-\tau)\right] \tag{8-69}$$

假如选择采样频率 f_s 足够高，也即采样周期 $T=1/f_s$ 足够短，可对微分方程离散化，得到差分方程。

设纯滞后时间 τ 是采样周期 T 的整数倍，即 $\tau=lT$，离散化时，令
$$\left.\begin{aligned}&u(t)\approx u(kT)\\&n(t-\tau)\approx n(kT-lT)\qquad dt\approx T\\&\frac{du(t)}{dt}\approx\frac{u(kT)-u(kT-T)}{T}\\&\frac{dn(t-\tau)}{dt}\approx\frac{n(kT-lT)-n(kT-lT-T)}{T}\end{aligned}\right\} \tag{8-70}$$
由式(8-69)和式(8-70)可得到差分方程
$$u(kT)=a_1u(kT-T)+b_ln(kT-lT)+b_{l+1}n(kT-lT-T) \tag{8-71}$$
式中
$$a_1=\frac{T_1}{1+T_1}$$
$$b_l=K_f\frac{T_1(T+T_2)}{T_2(T+T_1)}$$
$$b_{l+1}=-K_f\frac{T_1}{T+T_1}$$

根据差分方程式(8-71)，便可编出相应的软件，由计算机实现前馈调节器了。

下面以前馈-反馈控制系统为例，介绍计算机前馈控制系统的算法步骤和算法流程图。图 8.33 是计算机前馈-反馈控制系统的方框图。

图中，T 为采样周期；

$D_f(z)$为前馈调节器；

$D(z)$为反馈调节器；

$H_0(s)$为零阶保持器；

$D_f(z)$和 $D(z)$是由数字计算机实现的。

为了便于分析，数字调节器部分的方框图如图 8.34 所示。

由图 8.34，可以推导出计算机前馈-反馈控制的算法步骤。

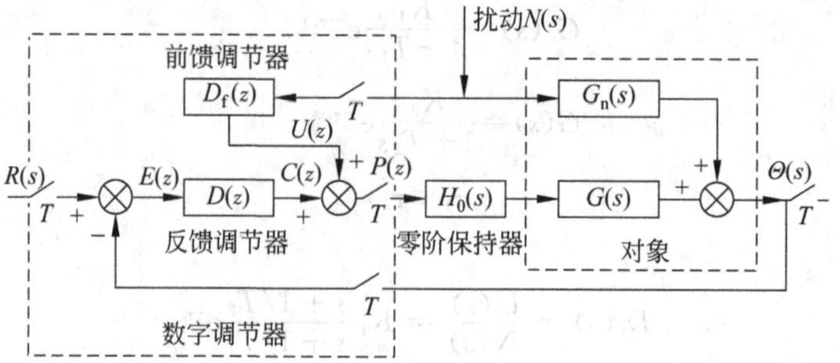

图 8.33　计算机前馈-反馈控制系统的方框图

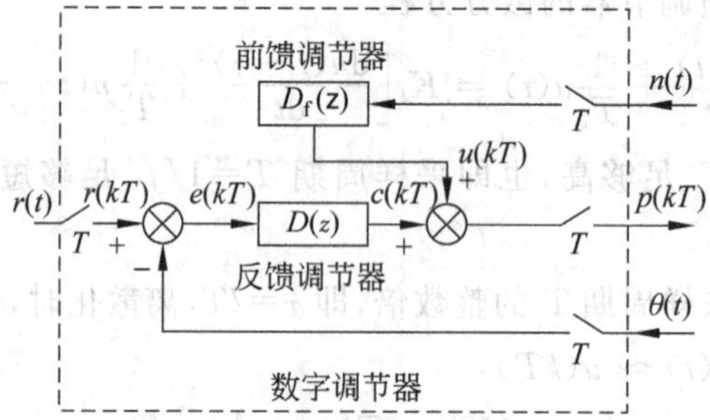

图 8.34　数字调节器方框图

(1) 计算反馈控制的偏差 $e(kT)$。

$$e(kT)=r(kT)-\theta(kT) \tag{8-72}$$

(2) 计算反馈调节器(数字 PID)的输出 $c(kT)$。

$$\Delta c(kT)=K_p\Delta e(kT)+K_i e(kT)+K_d[\Delta e(kT)-\Delta e(kT-T)] \tag{8-73}$$

$$c(kT)=c(kT-T)-\Delta c(kT) \tag{8-74}$$

(3) 计算前馈调节器 $D_f(z)$的输出 $u(kT)$。

$$\Delta u(kT)=a_1\Delta u(kT-T)+b_l\Delta n(kT-lT)+b_{l+1}\Delta n(kT-lT-T) \tag{8-75}$$

$$u(kT)=u(kT-T)+\Delta u(kT) \tag{8-76}$$

(4) 计算前馈-反馈调节器的输出 $p(kT)$。

$$p(kT)=u(kT)+c(kT) \tag{8-77}$$

有了算法步骤,便可以画出前馈-反馈控制的算法流程图如图 8.35 所示。

从图 8.35 可见流程图可分为 5 个部分。

(1) 调入参数及各延迟时间序列。

(2) 输入、采样。

(3) 计算前馈调节器和反馈调节器的输出。

(4) 存储时间序列的各个存储单元移位,以形成延迟的时间序列。

(5) 计算前馈-反馈调节器的输出。

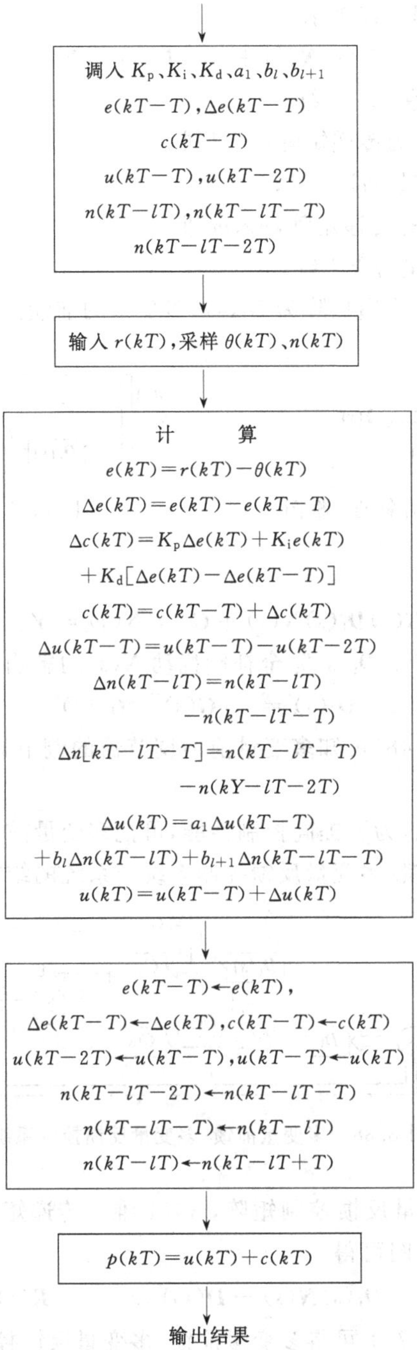

图 8.35　前馈-反馈控制算法流程图

8.2.4　多变量前馈控制

工业生产中由于对象特性和扰动因素很多，控制对象可以看作是多输入-多输出对象，控制对象可用图 8.36 方框图表示，用传递矩阵来表征。

多变量对象的动态方程可以表示成

$$\boldsymbol{G}_n(s)\boldsymbol{N}(s)+\boldsymbol{G}(s)\boldsymbol{U}(s)=\boldsymbol{Y}(s) \tag{8-78}$$

式中，$\boldsymbol{N}(s)$为对象的扰动向量，$l\times1$ 维；

$\boldsymbol{G}_n(s)$为对象扰动通道的传递矩阵，$n\times l$ 维；

$\boldsymbol{U}(s)$为对象的控制向量，$m\times1$ 维；

$\boldsymbol{G}(s)$为对象控制通道的传递矩阵，$n\times m$ 维；

$\boldsymbol{Y}(s)$为对象的被控向量，$p\times1$ 维。

设多变量前馈调节器的传递矩阵为 $\boldsymbol{D}_f(s)$，多变量的前馈控制如图 8.37 所示。

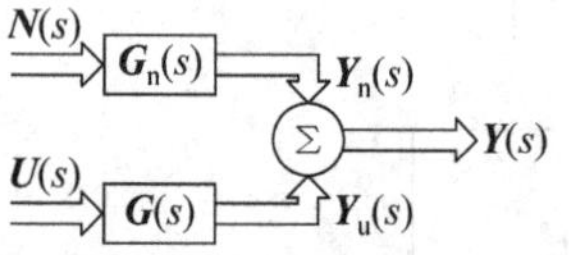

图 8.36　多输入-多输出对象的方框图

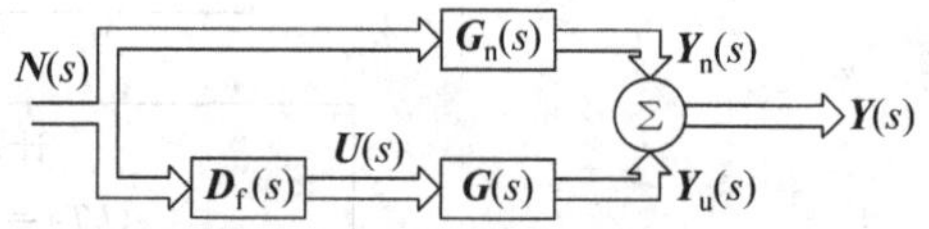

图 8.37　多变量前馈控制

由图 8.37 可得

$$\boldsymbol{G}(s)\boldsymbol{D}_f(s)\boldsymbol{N}(s)+\boldsymbol{G}_n(s)\boldsymbol{N}(s)=\boldsymbol{Y}(s) \tag{8-79}$$

为了使多变量前馈调节器 $\boldsymbol{D}_f(s)$完全补偿扰动 $\boldsymbol{N}(s)$的影响，多变量前馈调节器模型为

$$\boldsymbol{D}_f(s)=-[\boldsymbol{G}(s)]^{-1}\boldsymbol{G}_n(s) \tag{8-80}$$

由式(8-80)，对比式(8-48)可知多变量前馈调节器的调节规律跟单变量前馈调节器的调节规律是类似的。

与单变量前馈控制类似，为了提高控制性能，可把多变量前馈控制与其他控制如反馈控制结合起来，构成多变量前馈-多变量反馈控制系统。系统的结构如图 8.38 所示。

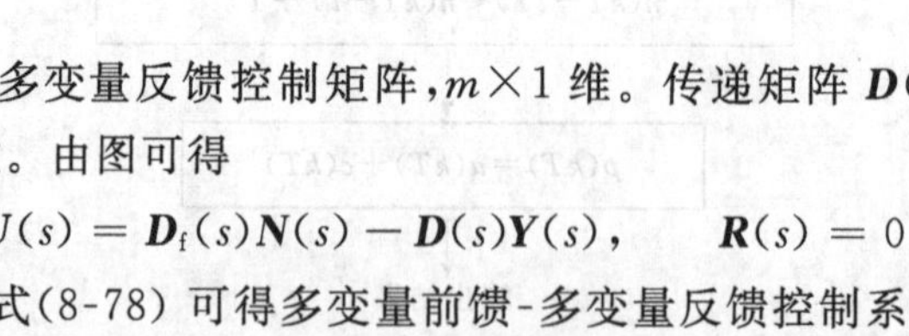

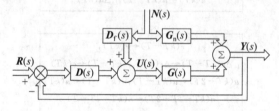

图 8.38　多变量前馈-多变量反馈控制系统

图 8.38 中 $\boldsymbol{D}(s)$是多变量反馈控制矩阵，$m\times1$ 维。传递矩阵 $\boldsymbol{D}(s)$中的每个元素都是反馈调节器的传递函数。由图可得

$$\boldsymbol{U}(s)=\boldsymbol{D}_f(s)\boldsymbol{N}(s)-\boldsymbol{D}(s)\boldsymbol{Y}(s),\qquad \boldsymbol{R}(s)=0 \tag{8-81}$$

将式 (8-81) 代入式(8-78) 可得多变量前馈-多变量反馈控制系统的方程

$$\boldsymbol{Y}(s)=\boldsymbol{G}_n(s)\boldsymbol{N}(s)+\boldsymbol{G}(s)[\boldsymbol{D}_f(s)\boldsymbol{N}(s)-\boldsymbol{D}(s)\boldsymbol{Y}(s)] \tag{8-82}$$

经过前馈补偿，扰动 $\boldsymbol{N}(s)$引起的输出 $\boldsymbol{Y}(s)$应为零，由上式可得

$$\boldsymbol{G}_n(s)\boldsymbol{N}(s)+\boldsymbol{G}(s)\boldsymbol{D}_f(s)\boldsymbol{N}(s)=0$$

即

$$\boldsymbol{D}_f(s)=-[\boldsymbol{G}(s)]^{-1}\boldsymbol{G}_n(s) \tag{8-83}$$

例 8.3　图 8.39 是分离苯、甲苯、二甲苯的三元精馏塔，精馏塔的被控制量是塔顶馏出物中苯的含量 $y_1(t)$，塔底馏出物中二甲苯的含量 $y_2(t)$。精馏塔的主要扰动量是进料量

$n_1(t)$、进料的质量 $n_2(t)$、苯的含量 $n_3(t)$ 和二甲苯的含量 $n_4(t)$，为了保证精馏塔的控制性能，对扰动量 $n_1(t)$、…、$n_4(t)$，引入前馈控制。塔顶回流流量 $u_1(t)$ 和塔底再沸器的蒸汽流量 $u_2(t)$ 作为控制变量，试分析此多变量前馈控制系统。

解： 精馏塔多变量前馈控制系统的结构如图 8.39 所示。

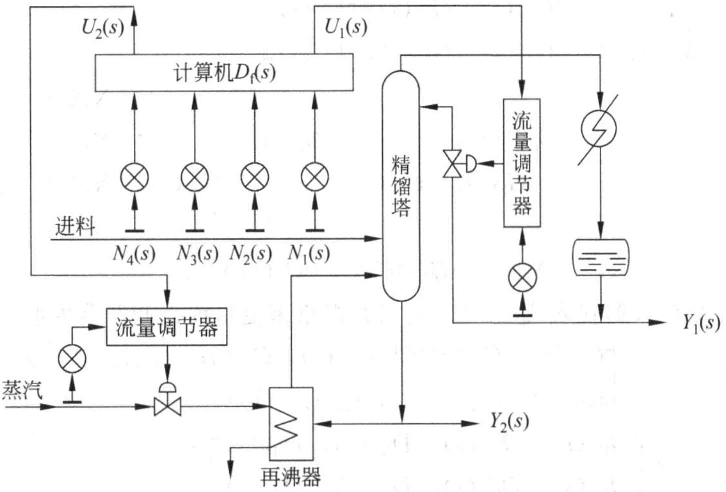

图 8.39　精馏塔多变量前馈控制系统

精馏塔的动态特性可用线性方程来描述

$$\left.\begin{aligned}Y_1(s) &= G_{11}(s)U_1(s)+G_{12}(s)U_2(s)+G_{13}(s)N_1(s)\\&\quad+G_{14}(s)N_2(s)+G_{15}(s)N_3(s)\\Y_2(s) &= G_{21}(s)U_1(s)+G_{22}(s)U_2(s)+G_{23}(s)N_1(s)\\&\quad+G_{24}(s)N_2(s)+G_{26}(s)N_4(s)\end{aligned}\right\}\tag{8-84}$$

式中，$G_{ij}(s)$ 是对象相关通道的传递函数。

在本系统中系统的被控向量为

$$\boldsymbol{Y}(s)=\begin{bmatrix}Y_1(s)\\Y_2(s)\end{bmatrix},\quad 2\times 1\ 维\tag{8-85}$$

系统的控制向量为

$$\boldsymbol{U}(s)=\begin{bmatrix}U_1(s)\\U_2(s)\end{bmatrix},\quad 2\times 1\ 维\tag{8-86}$$

系统的扰动向量为

$$\boldsymbol{N}(s)=\begin{bmatrix}N_1(s)\\N_2(s)\\N_3(s)\\N_4(s)\end{bmatrix},\quad 4\times 1\ 维\tag{8-87}$$

系统控制通道的传递矩阵为

$$\boldsymbol{G}(s)=\begin{bmatrix}G_{11}(s) & G_{12}(s)\\G_{21}(s) & G_{22}(s)\end{bmatrix},\quad 2\times 2\ 维\tag{8-88}$$

系统扰动通道的传递矩阵为

$$\boldsymbol{G}_{\mathrm{n}}(s)=\begin{bmatrix}G_{13}(s) & G_{14}(s) & G_{15}(s) & 0\\ G_{23}(s) & G_{24}(s) & 0 & G_{26}(s)\end{bmatrix},\quad 2\times 4\text{ 维} \tag{8-89}$$

由以上各式，式(8-84)可表示成矩阵的形式

$$\begin{bmatrix}Y_1(s)\\ Y_2(s)\end{bmatrix}=\begin{bmatrix}G_{11}(s) & G_{12}(s)\\ G_{21}(s) & G_{22}(s)\end{bmatrix}\begin{bmatrix}U_1(s)\\ U_2(s)\end{bmatrix}+\begin{bmatrix}G_{13}(s) & G_{14}(s) & G_{15}(s) & 0\\ G_{23}(s) & G_{24}(s) & 0 & G_{26}(s)\end{bmatrix}\begin{bmatrix}N_1(s)\\ N_2(s)\\ N_3(s)\\ N_4(s)\end{bmatrix} \tag{8-90}$$

或

$$\boldsymbol{Y}(s)=\boldsymbol{G}(s)\boldsymbol{U}(s)+\boldsymbol{G}_{\mathrm{n}}(s)\boldsymbol{N}(s) \tag{8-91}$$

将式 (8-88)和式 (8-89)代入式 (8-80)可得精馏塔多变量前馈调节器模型。

$$\boldsymbol{D}_{\mathrm{f}}(s)=-\begin{bmatrix}G_{11}(s) & G_{12}(s)\\ G_{21}(s) & G_{22}(s)\end{bmatrix}^{-1}\begin{bmatrix}G_{13}(s) & G_{14}(s) & G_{15}(s) & 0\\ G_{23}(s) & G_{24}(s) & 0 & G_{26}(s)\end{bmatrix} \tag{8-92}$$

$$=\begin{bmatrix}D_{\mathrm{f}11}(s) & D_{\mathrm{f}12}(s) & D_{\mathrm{f}13}(s) & D_{\mathrm{f}14}(s)\\ D_{\mathrm{f}21}(s) & D_{\mathrm{f}22}(s) & D_{\mathrm{f}23}(s) & D_{\mathrm{f}24}(s)\end{bmatrix} \tag{8-93}$$

通过动态测试求取 $G_{ij}(s)(i=1,2;j=1,2,3,4,5,6)$，根据式(8-92)不难求得多变量前馈控制的控制矩阵。

$$\begin{bmatrix}U_1(s)\\ U_2(s)\end{bmatrix}=\begin{bmatrix}D_{\mathrm{f}11}(s) & D_{\mathrm{f}12}(s) & D_{\mathrm{f}13}(s) & D_{\mathrm{f}14}(s)\\ D_{\mathrm{f}21}(s) & D_{\mathrm{f}22}(s) & D_{\mathrm{f}23}(s) & D_{\mathrm{f}24}(s)\end{bmatrix}\begin{bmatrix}N_1(s)\\ N_2(s)\\ N_3(s)\\ N_4(s)\end{bmatrix} \tag{8-94}$$

或

$$\boldsymbol{U}(s)=\boldsymbol{D}_{\mathrm{f}}(s)\boldsymbol{N}(s) \tag{8-95}$$

显然，本系统是由计算机实现多变量前馈控制的，因此，必须对多变量前馈调节模型 $\boldsymbol{D}_{\mathrm{f}}(s)$离散化，以便在计算机上实现调节规律。

8.2.5 前馈控制的设计原则

(1) 系统中存在的扰动幅度大，频率高且可测不可控时，由于扰动对被控参数的影响显著，反馈控制难以消除扰动影响，当对被控参数的控制性能要求很高时，可引入前馈控制。

(2) 当主要扰动无法用串级控制包围在副控回路时，采用前馈-反馈控制可以获得较好的控制效果。

(3) 当扰动通道和控制通道的时间常数接近的时候，引入前馈控制可以显著提高控制性能，由于控制效果明显，通常采用静态前馈就能满足要求了。

(4) 动态前馈比静态前馈复杂，参数的整定也比较麻烦。因此，在静态前馈能够满足工艺要求的时候，尽量不采用动态前馈。实际工程中，通常控制通道和扰动通道的惯性时间和纯滞后时间接近，往往采用静态前馈就能获得良好的控制效果。

(5) 扰动通道的时间常数远大于控制通道的时间常数，也就是 $T_n \gg T_m$ 时，反馈控制已能获得良好的控制性能，只有控制性能要求很高时，才有必要引入前馈控制。

(6) 扰动通道的时间常数远远小于控制通道的时间常数，也就是 $T_n \ll T_m$ 时，由于扰动的影响十分快速，前馈调节器的输出迅速达到最大或最小，以至难于补偿扰动的影响，这时候前馈控制的作用就不大了。

8.2.6 前馈调节器参数的整定

一个前馈控制系统应用的好坏，取决于前馈调节器参数的整定。对于前馈控制，为要完全补偿扰动的影响，前馈调节器的控制规律取决于对象特性的精确度，然而，实际的对象特性无论从理论推导或者实验测试总难避免误差，所以，前馈调节器参数的理论整定是有很大困难的。因此，研究前馈调节器参数的工程整定方法是很有价值的。

1. 静态前馈系数的整定

前面已介绍，通过列写系统静态方程，可以求得静态前馈系数，但是，很多被控对象难于得出静态方程，因此，只有依靠工程整定的方法来整定静态前馈调节器的参数。静态前馈系数的整定通常有开环整定法、闭环整定法、前馈-反馈整定法。

1) 开环整定法

开环整定时，系统如图 8.40 所示。

(1) 系统接成负反馈控制，使 $\theta(t)=r(t)$，从工艺分析，决定 K_f 的正负符号。断开负反馈回路。

(2) 在系统开环的情况下，引入静态前馈，施加阶跃扰动，静态前馈系数 K_f 逐渐由零加大，直到

$$\theta(t) = r(t)$$

(3) $\theta(t)=r(t)$时的 K_f 即为静态前馈系数。

开环整定法只适用于试验过程中不存在其他占主要地位的扰动，否则会得不到正确的结果。

开环整定法，在断开负反馈时，被控参数容易大幅度偏离给定值，以致发生重大事故。

2) 闭环整定法

整定前馈调节器参数时，系统工作在闭环状态如图 8.41 所示。

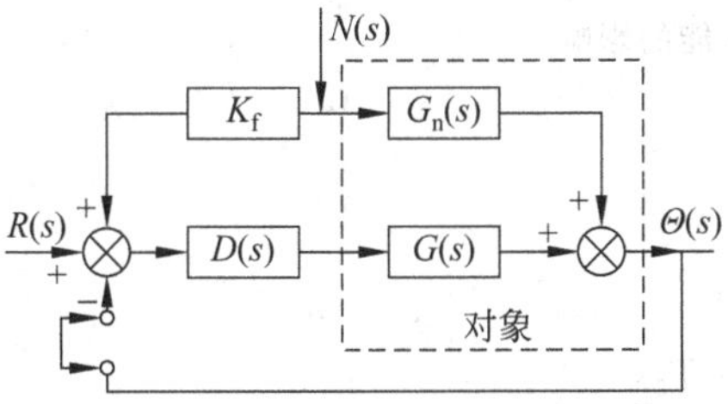

图 8.40 开环整定时系统的方框图

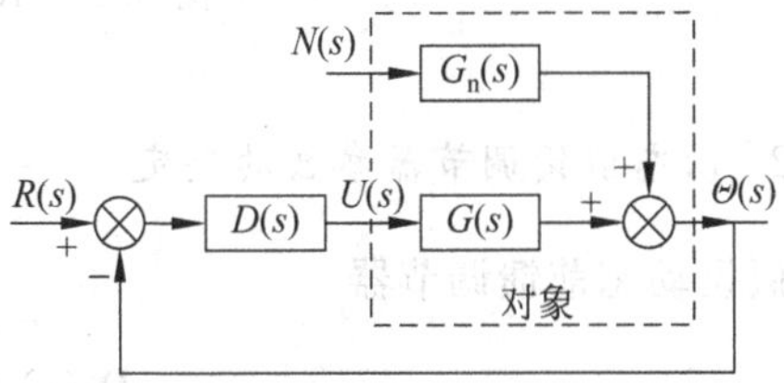

图 8.41 闭环整定时系统的方框图

(1) 待系统稳定后，记下扰动的稳态值 $n_0(t)$ 和反馈调节器的输出 $u_0(t)$。

(2) 作阶跃扰动，待系统稳定以后，记下扰动量 $n_1(t)$ 和反馈调节器的输出值 $u_1(t)$。

(3) 静态前馈系数。

$$K_f = \frac{u_1(t) - u_0(t)}{n_1(t) - n_0(t)} \tag{8-96}$$

3) 前馈-反馈整定法

系统如图 8.42 所示。

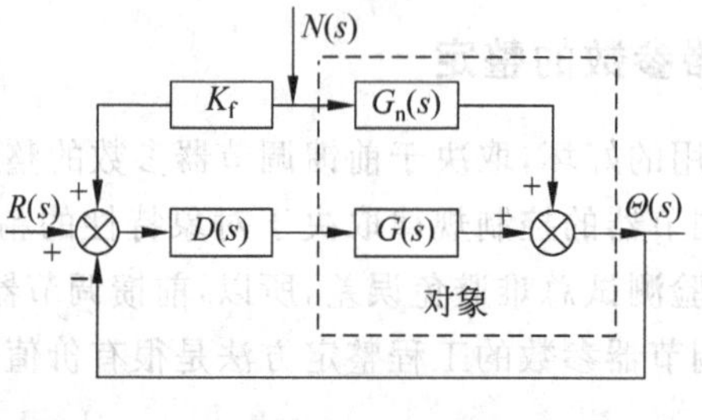

图 8.42 前馈-反馈整定时系统的方框图

(1) 在负反馈系统中引入静态前馈 K_f。

(2) 进行阶跃扰动,逐步加大 K_f。

(3) 反复调试,直到获得比较满意的过渡过程为止。

(4) 静态前馈系数 K_f 对控制性能的影响。

图 8.43 列出了静态前馈-反馈系统不同 K_f 时的过渡过程,从图可以看到 K_f 太大或太小,控制性能都较差,只有适中的 K_f 才能获得比较满意的控制性能。

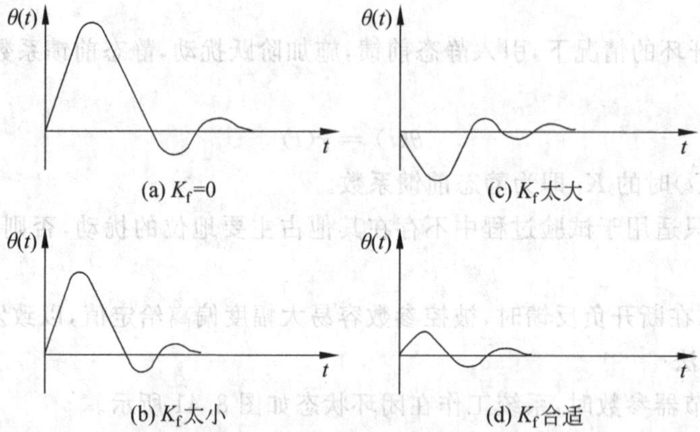

图 8.43 K_f 对控制性能的影响

2. 动态前馈调节器参数的整定

假设动态前馈调节器

$$\boldsymbol{D}_f(s) = K_f \frac{1 + T_2 s}{1 + T_1 s} \tag{8-97}$$

(1) 令 $T_1 = T_2 = 0$,用静态前馈系数整定的方法确定 K_f。

(2) 设置 T_1 为某值,逐渐改变 T_2 值,使过渡过程特性调到最好。

(3) 固定已调整的 T_2 值,逐渐改变 T_1 值,使过渡过程性能也调到最好。

(4) 多次反复调整 T_1、T_2，直到控制性能达到要求。

8.3 纯滞后对象的控制

生产过程中，大多数工业对象具有较大的纯滞后时间。对象的纯滞后时间 τ 对控制系统的控制性能极为不利，它使系统的稳定性降低，过渡过程特性变坏。当对象的纯滞后时间 τ 与对象的惯性时间常数 T_m 之比，即 $\tau/T_m \geqslant 0.5$ 时，采用常规的比例积分微分(PID)控制，很难获得良好的控制性能。因此，有人称纯滞后对象为“难于控制的单元”。长期以来，人们对纯滞后对象的控制做了大量的研究，比较有代表性的方法有大林(Dahlin)算法和纯滞后补偿(Smith 预估)控制。

8.3.1 大林算法

大多数工业控制的对象通常可用带纯滞后的一阶惯性或二阶惯性环节来近似。

1. 大林算法的设计要点

假设纯滞后对象的计算机控制系统如图 8.44 所示，是一个负反馈控制系统。纯滞后对象的特性为 $G(s)$，带有零阶保持器，数字调节器 $D(z)$。

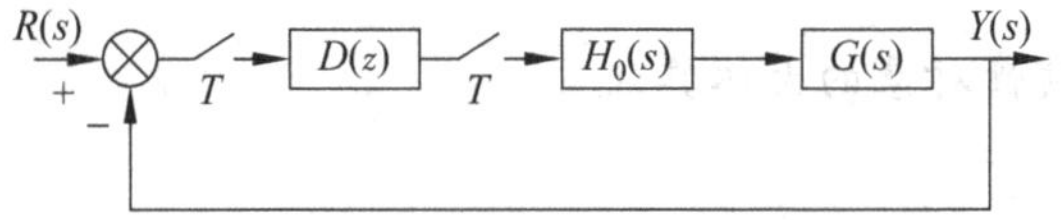

图 8.44 纯滞后对象的计算机控制系统

(1) 设计目标

设带有数字调节器 $D(z)$ 的计算机控制系统等效的闭环传递函数为

$$G_c(s) = \frac{e^{-\tau s}}{1+T_m' s}, \quad \tau \approx lT \quad (l = 1,2,\cdots) \tag{8-98}$$

式中，τ 为对象的纯滞后时间常数；

T_m' 为要求的等效惯性时间常数；

T 为采样周期。

对 $G_c(s)$ 用零阶保持器法离散化，可得系统的闭环 Z 传递函数

$$G_c(z) = \frac{Y(z)}{R(z)} = \mathscr{Z}[H_0(s)G_c(s)] = \mathscr{Z}\left[\frac{1-e^{-Ts}}{s}\frac{e^{-\tau s}}{1+T_m' s}\right]$$
$$= \frac{(1-e^{-T/T_m'})z^{-(l+1)}}{1-e^{-T/T_m'}z^{-1}} \tag{8-99}$$

$G_c(s)$ 即为大林算法的设计目标。

(2) 由图 8.44，已知 $G(s)$ 及零阶保持器，可推导出广义对象的 Z 传递函数 $HG(z)$

$$HG(z) = \mathscr{Z}[H_0(s)G(s)] \tag{8-100}$$

(3) 由图 8.44 及式(8-99)、式(8-100)可推导出大林算法的数字调节器 $D(z)$

$$D(z) = \frac{G_c(z)}{HG(z)[1-G_c(z)]} \tag{8-101}$$

需要指出的是，按照大林算法设计的数字调节器，可以保证闭环特性具有一阶惯性时间常数 T_m'和纯滞后时间 τ。T_m'是设计要求的惯性时间常数，τ 是纯滞后对象的纯滞后时间常数。

2. 带纯滞后一阶惯性对象的大林算法

设对象特性

$$G(s)=\frac{K\mathrm{e}^{-\tau s}}{1+T_m s},\quad \tau\approx lT \tag{8-102}$$

大林算法的设计目标即闭环 Z 传递函数如式(8-99)，即

$$G_c(z)=\frac{(1-\mathrm{e}^{-T/T_m'})z^{-(l+1)}}{1-\mathrm{e}^{-T/T_m'}z^{-1}}$$

对于带纯滞后一阶惯性广义对象的 Z 传递函数为

$$HG(z)=\mathscr{Z}\left[\frac{1-\mathrm{e}^{-Ts}}{s}\ \frac{K\mathrm{e}^{-lTs}}{1+T_m s}\right]=Kz^{-(l+1)}\ \frac{(1-\mathrm{e}^{-T/T_m})}{1-\mathrm{e}^{-T/T_m}z^{-1}}$$

大林算法的数字调节器 $D(z)$由式(8-101)得

$$\begin{aligned}D(z)&=\frac{G_c(z)}{HG(z)[1-G_c(z)]}\\&=\frac{(1-\mathrm{e}^{-T/T_m'})(1-\mathrm{e}^{-T/T_m}z^{-1})}{K(1-\mathrm{e}^{-T/T_m})[1-\mathrm{e}^{-T/T_m'}\ z^{-1}-(1-\mathrm{e}^{-T/T_m'})z^{-(l+1)}]}\end{aligned} \tag{8-103}$$

3. 带纯滞后二阶惯性对象的大林算法

设对象特性为

$$G(s)=\frac{K\mathrm{e}^{-\tau s}}{(1+T_1 s)(1+T_2 s)},\quad \tau\approx lT \tag{8-104}$$

系统的结构仍如图 8.44 所示。

(1) 大林算法的设计目标仍是式(8-99)，即

$$G_c(z)=\frac{(1-\mathrm{e}^{-T/T_m'})z^{-(l+1)}}{1-\mathrm{e}^{-T/T_m'}\ z^{-1}} \tag{8-105}$$

(2) 带纯滞后二阶惯性广义对象的 Z 传递函数

$$\begin{aligned}HG(z)&=\mathscr{Z}[H_0(s)G(s)]=\mathscr{Z}\left[\frac{1-\mathrm{e}^{-sT}}{s}\ \frac{K\mathrm{e}^{-\tau s}}{(1+T_1 s)(1+T_2 s)}\right]\\&=\frac{K(b_0+b_1z^{-1})z^{-(l+1)}}{(1-\mathrm{e}^{-T/T_1}z^{-1})(1-\mathrm{e}^{-T/T_2}z^{-1})}\end{aligned} \tag{8-106}$$

式中

$$b_0=1+\frac{1}{T_2-T_1}(T_1\mathrm{e}^{-T/T_1}-T_2\mathrm{e}^{-T/T_2})$$

$$b_1=\mathrm{e}^{-T(1/T_1+1/T_2)}+\frac{1}{T_2-T_1}(T_1\mathrm{e}^{-T/T_2}-T_2\mathrm{e}^{-T/T_1})$$

(3) 大林算法数字调节器的 Z 传递函数

$$\begin{aligned}D(z)&=\frac{G_c(z)}{HG(z)[1-G_c(z)]}\\&=\frac{(1-\mathrm{e}^{-T/T_m'})(1-\mathrm{e}^{-T/T_1}z^{-1})(1-\mathrm{e}^{-T/T_2}z^{-1})}{K(b_0+b_1z^{-1})[1-\mathrm{e}^{-T/T_m'}\ z^{-1}-(1-\mathrm{e}^{-T/T_m'})z^{-(l+1)}]}\end{aligned} \tag{8-107}$$

4. 振铃现象及其消除

振铃现象是指数字调节器的输出 $u(kT)$ 以 $2T$ 的周期上下摆动，摆动的大小以 RA 来表征，它定义为：数字调节器在单位阶跃输入作用下，第 0 拍输出与第 1 拍输出之差，

$$\mathrm{RA} = u(0) - u(T) \tag{8-108}$$

设数字调节器的 Z 传递函数为

$$D(z) = Kz^{-r}Q(z) \tag{8-109}$$

式中

$$Q(z) = \frac{1 + b_1 z^{-1} + b_2 z^{-2} + \cdots}{1 + a_1 z^{-1} + a_1 z^{-2} + \cdots} \tag{8-110}$$

数字调节器在单位阶跃作用下的输出与$\frac{Q(z)}{1-z^{-1}}$有关。

$$\begin{aligned}\frac{Q(z)}{1-z^{-1}} &= \frac{1 + b_1 z^{-1} + b_2 z^{-2} + \cdots}{(1 + a_1 z^{-1} + a_2 z^{-2} + \cdots)(1 - z^{-1})} \\ &= \frac{1 + b_1 z^{-1} + b_2 z^{-2} + \cdots}{1 + (a_1 - 1)z^{-1} + (a_2 - a_1)z^{-2} + \cdots} \\ &= 1 + (b_1 - a_1 + 1)z^{-1} + \cdots \end{aligned} \tag{8-111}$$

根据振铃定义，可得

$$\mathrm{RA} = 1 - (b_1 - a_1 + 1) = a_1 - b_1 \tag{8-112}$$

产生振铃的原因是数字调节器 $D(z)$ 中含有左半平面上的极点。

例 8.4 设数字调节器 $D(z)=\frac{1}{1+z^{-1}}$，试求 RA。

解：在单位阶跃输入作用下，调节器输出的 Z 变换

$$U(z) = \frac{1}{1+z^{-1}}\,\frac{1}{1-z^{-1}} = 1 + z^{-2} + z^{-4} + \cdots \tag{8-113}$$

由定义

$$\mathrm{RA}=u(0)-u(T)=1-0=1$$

调节器的输出如图 8.45(a)所示。

例 8.5 设数字调节器 $D(z)=\frac{1}{1+0.5z^{-1}}$，试求 RA。

解：在单位阶跃输入时，调节器输出的 Z 变换

$$U(z) = \frac{1}{1+0.5z^{-1}}\,\frac{1}{1-z^{-1}} \tag{8-114}$$

$$= 1 + 0.5z^{-1} + 0.75z^{-2} + 0.625z^{-3} + 0.645z^{-4} + \cdots \tag{8-115}$$

由定义

$$\mathrm{RA}=u(0)-u(T)=1-0.5=0.5$$

调节器输出如图 8.45(b)所示。

例 8.6 设数字调节器 $D(z)=\frac{1}{1+0.2z^{-1}}$，试求 RA。

解：在单位阶跃输入时，调节器输出的 Z 变换

$$\begin{aligned}U(z) &= \frac{1}{1+0.2z^{-1}}\,\frac{1}{1-z^{-1}} \\ &= 1 + 0.8z^{-1} + 0.84z^{-2} + 0.832z^{-3} + 0.834z^{-4} + \cdots\end{aligned} \tag{8-116}$$

所以

$$\mathrm{RA}=1-0.8=0.2$$

调节器的输出如图 8.45 (c)所示。

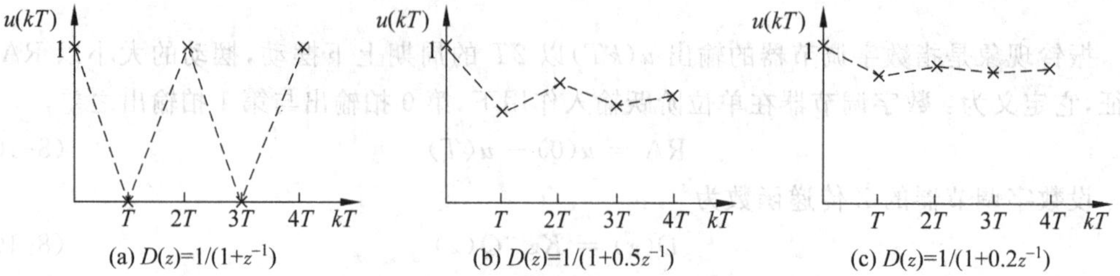

图 8.45　数字调节器的振铃现象

从图 8.45 可以看出随着数字调节器的极点离开 $z=-1$ 点时，振铃的幅度也随之减小。另外，还可以证明，当同时存在单位圆内右半平面的极点时，振铃的幅度也可减小。

消除振铃的办法是设法取消 $D(z)$ 在左半平面上的极点。若 $D(z)$ 中有左半平面的极点，则令该极点的 z 为 1，于是振铃极点就被消除了。根据终值定理，这种处理办法不会影响数字调节器的稳态输出。

例 8.7　设带纯滞后一阶惯性对象的特性为 $G(s)=\dfrac{Ke^{-\tau s}}{1+T_m s}$，试求消除振铃的数字调节器。

解：由式(8-103)大林算法的数字调节器

$$D(z)=\frac{(1-e^{-T/T_m'})(1-e^{-T/T_m'}\ z^{-1})}{K(1-e^{-T/T_m})[1-e^{-T/T_m'}\ z^{-1}-(1-e^{-T/T_m'})z^{-(l+1)}]}$$

由式(8-112)，振铃幅度为 $RA=a_1-b_1=e^{-T/T_m}-e^{-T/T_m'}$，式中 T_m 和 T_m' 分别为对象和闭环传递函数的等效时间常数。如果 $T_m'\geqslant T_m$，则 $RA\leqslant 0$，无振铃现象。当 $T_m'<T_m$ 时，$RA>0$ 存在振铃现象。$D(z)$ 又可进一步化为

$$D(z)=\frac{(1-e^{-T/T_m'})(1-e^{-T/T_m}\ z^{-1})}{K(1-e^{-T/T_m})(1-z^{-1})[1+(1-e^{-T/T_m'})(z^{-1}+z^{-2}+\cdots+z^{-l})]} \tag{8-117}$$

由式(8-117)可见，可能引起振铃的是因子

$$[1+(1-e^{-T/T_m'})(z^{-1}+z^{-2}+\cdots+z^{-l})]$$

当 $l=0$ 时，不存在振铃因子，不会产生振铃现象。

当 $l=1$ 时，则有一极点 $z=-(1-e^{-T/T_m'})$，若 $T_m'\ll T$ 时，$z\approx -1$，存在严重的振铃现象。

当 $l=2$ 时，有极点 $z=-\dfrac{1}{2}(1-e^{-T/T_m'})\pm j\ \dfrac{1}{2}\sqrt{4(1-e^{-T/T_m'})-(1-e^{-T/T_m'})^2}$，若 $T_m'\ll T$ 时，$z\approx -\dfrac{1}{2}\pm j\dfrac{\sqrt{3}}{2}$，$|z|\approx 1$ 所以存在振铃现象。

根据前述消除振铃的办法，对于 $l=2$ 时的振铃极点，令 $z=1$，代入式(8-117)可得

$$D(z)=\frac{(1-e^{-T/T_m'})(1-e^{-T/T_m}z^{-1})}{K(1-e^{-T/T_m})(1-z^{-1})[1+(1-e^{-T/T_m'})(1+1)]}$$

$$=\frac{(1-e^{-T/T_m'})(1-e^{-T/T_m}z^{-1})}{K(1-e^{-T/T_m})(3-2e^{-T/T_m'})(1-z^{-1})} \tag{8-118}$$

例 8.8　设对象的特性为 $G(s)=\dfrac{Ke^{-\tau s}}{(1+T_1 s)(1+T_2 s)}$，试求消除振铃的数字调节器。

解：由式（8-107），带纯滞后二阶惯性的对象，大林算法的数字调节器

$$D(z)=\frac{(1-e^{-T/T_m'})(1-e^{-T/T_1}z^{-1})(1-e^{-T/T_2}z^{-1})}{K(b_0+b_1z^{-1})[1-e^{-T/T_m'}z^{-1}-(1-e^{-T/T_m'})z^{-(l+1)}]} \tag{8-119}$$

或者
$$D(z)=\frac{(1-e^{-T/T_m'})[1-(e^{-T/T_1}+e^{-T/T_2})z^{-1}+\cdots]}{Kb_0\left[1+\left(\frac{b_1}{b_0}-e^{-T/T_m'}\right)z^{-1}+\cdots\right]} \tag{8-120}$$

由式(8-119)可见，$D(z)$存在一个极点 $z=-\frac{b_1}{b_0}$。在 $T\to0$ 时，$\lim\limits_{T\to0}\frac{b_1}{b_0}\approx1$，所以系统在 $z=-1$ 处存在强烈的振铃现象。由式(8-112) 及式(8-120)可得振铃幅度

$$RA=a_1-b_1=\frac{b_1}{b_0}-e^{-T/T_m'}+e^{-T/T_1}+e^{-T/T_2} \tag{8-121}$$

系统当 $T\to0$ 时。$RA\approx2$。

按照前述消除振铃极点的办法，消除 $z=-\frac{b_1}{b_0}$极点，可得

$$D(z)=\frac{(1-e^{-T/T_m'})(1-e^{-T/T_1}z^{-1})(1-e^{-T/T_2}z^{-1})}{K[(1-e^{-T/T_1})(1-e^{-T/T_2})][1-e^{-T/T_m'}z^{-1}-(1-e^{-T/T_m'})z^{-(l+1)}]} \tag{8-122}$$

对于式(8-119)中$[1-e^{-T/T_m'}z^{-1}-(1-e^{-T/T_m'})z^{-(l+1)}]$的极点分析，可以得到如式(8-117)中的振铃因子，若把式(8-119)中可能的振铃因子全部消除，则可得

$$D(z)=\frac{(1-e^{-T/T_m'})(1-e^{-T/T_1}z^{-1})(1-e^{-T/T_2}z^{-1})}{K[(1-e^{-T/T_1})(1-e^{-T/T_2})][1+l(1-e^{-T/T_m'})](1-z^{-1})} \tag{8-123}$$

式(8-123)和式(8-122)相比，是一种更安全的算法。显然，式(8-123)数字调节器构成的计算机控制系统过渡过程将会变慢，调节时间将会加长。

8.3.2 纯滞后补偿控制

目前在国际和国内对于具有较大纯滞后的对象使用比较广泛的是纯滞后补偿控制法。

1. 纯滞后补偿控制原理

设控制对象的传递函数

$$G(s)=G'(s)e^{-\tau s} \tag{8-124}$$

其中 $G'(s)$不包含纯滞后特性。负反馈控制系统如图 8.46 所示。

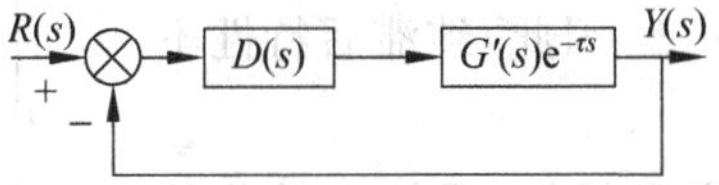

图 8.46 纯滞后对象的负反馈控制

系统的闭环传递函数

$$G_c(s)=\frac{Y(s)}{R(s)}=\frac{D(s)G'(s)e^{-\tau s}}{1+D(s)G'(s)e^{-\tau s}} \tag{8-125}$$

系统的特征方程为

$$1+D(s)G'(s)e^{-\tau s}=0 \tag{8-126}$$

式(8-126)中包含有纯滞后环节 $e^{-\tau s}$，显然，$e^{-\tau s}$ 使系统的稳定性下降，尤其当 τ 比较大时，系统就会不稳定，因此，常规的调节规律 $D(s)$ 很难使闭环系统获得满意的控制性能。

为了改善控制系统的性能，引入一个与对象并联的补偿器 $D_\tau(s)$，使得补偿以后的等效对象的传递函数不包含纯滞后特性。纯滞后补偿控制系统如图 8.47 所示。

由图 8.47 可得

$$\frac{Y'(s)}{U(s)} = G'(s)e^{-\tau s} + D_\tau(s) = G'(s) \tag{8-127}$$

由式(8-127)可得到

$$D_\tau(s) = G'(s)(1 - e^{-\tau s}) \tag{8-128}$$

即当纯滞后补偿器 $D_\tau(s)$ 如式(8-128)时，可以使等效对象的传递函数不包含纯滞后特性。这种补偿法也称作 Smith 补偿法，这种补偿器称为 Smith 补偿器或称为 Smith 预估器。

事实上，补偿器实现时，是关联在负反馈调节器 $D(s)$ 上的，因此，图 8.47 可以转换成图 8.48 的形式。

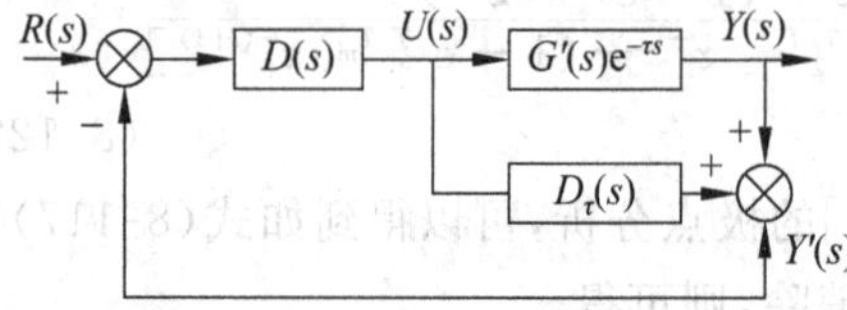

图 8.47　纯滞后补偿控制系统

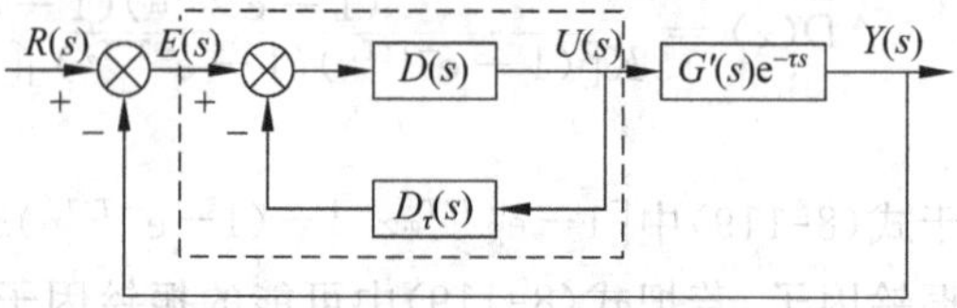

图 8.48　图 8.47 的等效图

图 8.48 中虚线所围部分是带纯滞后补偿控制的调节器，其传递函数为

$$D_g(s) = \frac{U(s)}{E(s)} = \frac{D(s)}{1 + D(s)G'(s)(1 - e^{-\tau s})} \tag{8-129}$$

经过纯滞后补偿控制，系统的闭环传递函数

$$G_c(s) = \frac{Y(s)}{R(s)} = \frac{D_g(s)G'(s)e^{-\tau s}}{1 + D_g(s)G'(s)e^{-\tau s}}$$

$$= \frac{\dfrac{D(s)}{1 + D(s)G'(s)(1 - e^{-\tau s})}G'(s)e^{-\tau s}}{1 + \dfrac{D(s)}{1 + D(s)G'(s)(1 - e^{-\tau s})}G'(s)e^{-\tau s}} = \frac{D(s)G'(s)e^{-\tau s}}{1 + D(s)G'(s)} \tag{8-130}$$

由式(8-130)可以看到经过纯滞后补偿以后，闭环系统的特征方程为

$$1 + D(s)G'(s) = 0 \tag{8-131}$$

式(8-131)中已经不包含 $e^{-\tau s}$，因此，纯滞后特性不影响系统的稳定性。

另外，由拉氏变换的平移定理得知，系统在单位阶跃输入时，输出量 $y(t)$ 的形状和其他性能指标与对象特性 $G(s)$ 不包含纯滞后特性 $e^{-\tau s}$ 时完全相同，只是在时间轴上滞后 τ。输出特性如图 8.49 所示。

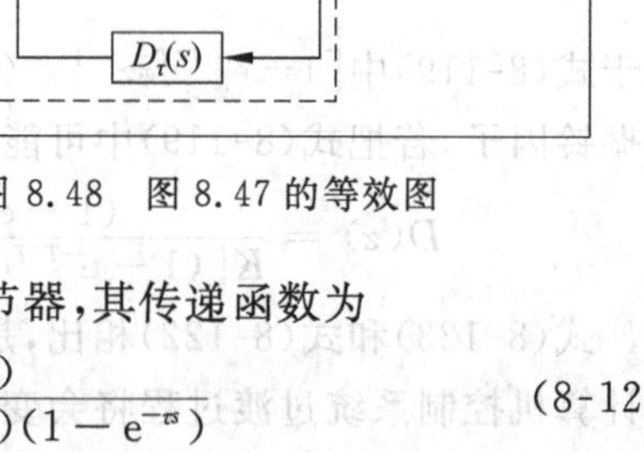

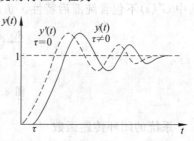

图 8.49　纯滞后补偿系统的输出特性

2. 纯滞后补偿器的计算机实现

计算机实现的纯滞后补偿控制系统如图 8.50 所示。

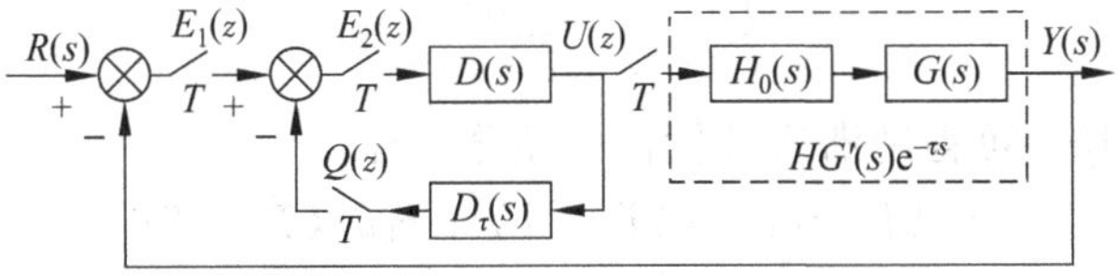

图 8.50　计算机实现的纯滞后补偿控制系统

图中 $D(s)$ 为负反馈调节器，通常使用 PID 调节规律；$D_\tau(s)=G'(s)(1-e^{-\tau s})$ 是纯滞后补偿器，与对象特性有关，$H_0(s)=\dfrac{1-e^{-Ts}}{s}$，是零阶保持器的传递函数，其中 T 为采样周期；$G(s)$ 是对象特性，也可表示成 $G'(s)e^{-\tau s}$，$G'(s)$ 中不包含纯滞后特性。

下面对几种常见的对象，分析相应的计算机纯滞后补偿器。

(1) 设对象特性为

$$G(s)=\frac{Ke^{-\tau s}}{1+T_1 s} \tag{8-132}$$

广义对象的传递函数为

$$HG(s)=H_0(s)G(s)=\frac{1-e^{-Ts}}{s}\frac{Ke^{-\tau s}}{1+T_1 s}=\frac{K(1-e^{-Ts})}{s(1+T_1 s)}e^{-\tau s}=HG'(s)e^{-\tau s} \tag{8-133}$$

式中，$HG'(s)=\dfrac{K(1-e^{-Ts})}{s(1+T_1 s)}$；

T 为采样周期；

τ 为对象的纯滞后时间；

T_1 为对象的惯性时间常数。

补偿器的结构如图 8.51 所示。

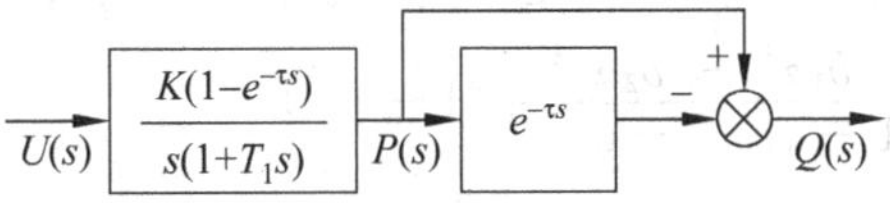

图 8.51　纯滞后补偿器(一)

为了由计算机实现纯滞后补偿，对 $D_\tau(s)$ 离散化，即

$$D_\tau(z)=\mathscr{Z}[D_\tau(s)]=\mathscr{Z}\left[\frac{K(1-e^{-Ts})}{s(1+T_1 s)}(1-e^{-\tau s})\right]=(1-z^{-l})\left[\frac{b_1 z^{-1}}{1-a_1 z^{-1}}\right] \tag{8-134}$$

式中，$a_1=e^{-T/T_1}$；

$b_1=K(1-e^{-T/T_1})$；

$l\approx\tau/T$，取整数；

T 为采样周期。

有了纯滞后补偿器的 Z 传递函数，便可得到差分方程在计算机上实现。

$$D_\tau(z)=\frac{Q(z)}{U(z)}=\frac{Q(z)}{P(z)}\frac{P(z)}{U(z)}=(1-z^{-l})\frac{b_1 z^{-1}}{1-a_1 z^{-1}}$$

为了便于实现，令

$$\frac{Q(z)}{P(z)}=1-z^{-l} \tag{8-135}$$

$$\frac{P(z)}{U(z)} = \frac{b_1 z^{-1}}{1 - a_1 z^{-1}} \tag{8-136}$$

由式(8-135)、式(8-136)可得纯滞后补偿器的差分方程

$$p(kT) = a_1 p(kT - T) + b_1 u(kT - T) \tag{8-137}$$

$$q(kT) = p(kT) - p(kT - lT) \tag{8-138}$$

(2) 设对象特性

$$G(s) = \frac{K\mathrm{e}^{-\tau s}}{(1 + T_1 s)(1 + T_2 s)}$$

广义对象的传递函数为

$$HG(s) = H_0(s)G(s) = \frac{K(1 - \mathrm{e}^{-Ts})\mathrm{e}^{-\tau s}}{s(1 + T_1 s)(1 + T_2 s)} = HG'(s)\mathrm{e}^{-\tau s} \tag{8-139}$$

式中，T_1、T_2 为对象的惯性时间常数。

补偿的结构如图 8.52 所示。

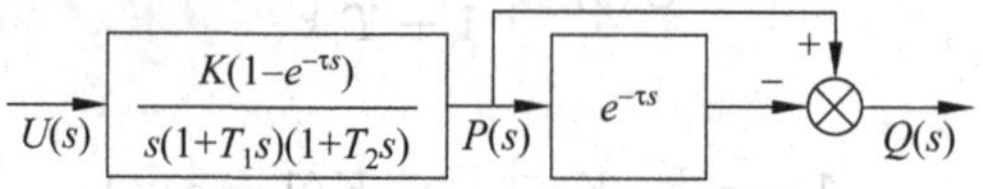

图 8.52　纯滞后补偿器(二)

纯滞后补偿器的传递函数

$$D_\tau(s) = \frac{K(1 - \mathrm{e}^{-Ts})}{s(1 + T_1 s)(1 + T_2 s)}(1 - \mathrm{e}^{-\tau s}) \tag{8-140}$$

纯滞后补偿器的 Z 传递函数

$$D_\tau(z) = \mathscr{Z}[D_\tau(s)] = \mathscr{Z}\left[\frac{K(1 - \mathrm{e}^{-Ts})}{s(1 + T_1 s)(1 + T_2 s)}(1 - \mathrm{e}^{-\tau s})\right]$$

$$= \frac{b_1 z^{-1} + b_2 z^{-2}}{1 - a_1 z^{-1} - a_2 z^{-2}}(1 - z^{-l}) \tag{8-141}$$

式中，$a_1 = \mathrm{e}^{-T/T_1} + \mathrm{e}^{-T/T_2}$；

$a_2 = -\mathrm{e}^{-(T/T_1 + T/T_2)}$；

$b_1 = \dfrac{K}{T_2 - T_1}[T_1(\mathrm{e}^{-T/T_1} - 1) - T_2(\mathrm{e}^{-T/T_2} - 1)]$；

$b_2 = \dfrac{K}{T_2 - T_1}[T_2\mathrm{e}^{-T/T_1}(\mathrm{e}^{-T/T_2} - 1) - T_1\mathrm{e}^{-T/T_2}(\mathrm{e}^{-T/T_1} - 1)]$；

$l \approx \tau/T$，取整数；

T 为采样周期。

令

$$\frac{Q(z)}{P(z)} = 1 - z^{-l} \tag{8-142}$$

$$\frac{P(z)}{U(z)} = \frac{b_1 z^{-1} + b_2 z^{-2}}{1 - a_1 z^{-1} - a_2 z^{-2}} \tag{8-143}$$

可得纯滞后补偿器的差分方程

$$p(kT) = a_1 p(kT - T) + a_2 p(kT - 2T) + b_1 u(kT - T) b_2 u(kT - 2T) \tag{8-144}$$

$$q(kT) = p(kT) - p(kT - lT) \tag{8-145}$$

(3) 设对象特性

$$G(s)=\frac{K}{T_1 s}e^{-\tau s} \tag{8-146}$$

经过推导可得纯滞后补偿器的 Z 传递函数

$$D_\tau(z)=\frac{Q(z)}{U(z)}=\frac{b_1 z^{-1}}{1-z^{-1}}(1-z^{-l}) \tag{8-147}$$

式中，$b_1=KT/T_1$；

$l\approx\tau/T$ 取整数；

T 为采样周期。

纯滞后补偿器的差分方程为

$$p(kT)=p(kT-T)+b_1 u(kT-T) \tag{8-148}$$

$$q(kT)=p(kT)-p(kT-lT) \tag{8-149}$$

(4) 设对象特性

$$G(s)=\frac{Ke^{-\tau s}}{s(1+T_1 s)} \tag{8-150}$$

经过推导，可得纯滞后补偿器的 Z 传递函数为

$$D_\tau(z)=\frac{Q(z)}{U(z)}=\frac{b_1 z^{-1}+b_2 z^{-2}}{1-a_1 z^{-1}-a_2 z^{-2}}(1-z^{-l}) \tag{8-151}$$

式中，$a_1=1+e^{-T/T_1}$；

$a_2=-e^{-T/T_1}$；

$b_1=K(T-T_1+T_1 e^{-T/T_1})$；

$b_2=K(T_1-Te^{-T/T_1}-T_1 e^{-T/T_1})$；

$l\approx\tau/T$，取整数；

T 为采样周期。

纯滞后补偿器的差分方程：

$$p(kT)=a_1 p(kT-T)+a_2 p(kT-2T)+b_1 u(kT-T)+b_2 u(kT-2T) \tag{8-152}$$

$$q(kT)=p(kT)-p(kT-lT) \tag{8-153}$$

3. 纯滞后信号的产生

由上述分析，可以看到纯滞后补偿器的差分方程都存在 $p(kT-lT)$ 项，也即存在滞后 lT 的信号，因此，产生纯滞后信号对纯滞后补偿控制是至关重要的。纯滞后信号可以用存储单元产生，也可以用二项式近似原理或者多项式近似原理来产生。

1) 存储单元法

为了形成 l 拍纯滞后信号，需要在内存中开设 $l+1$ 个存储单元，存储 $p(kT)$ 的历史数据，l 是大于并且接近 τ/T 的整数。存储单元的结构如图 8.53 所示。

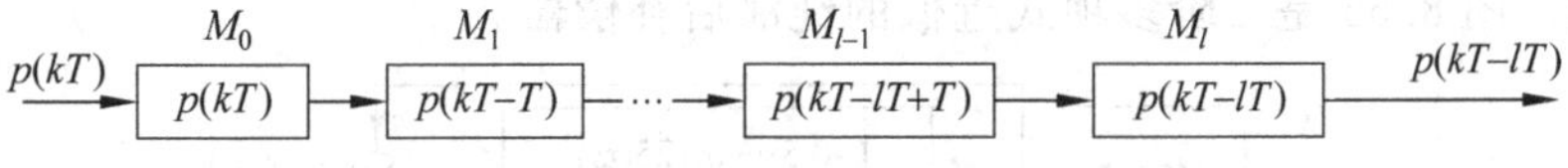

图 8.53 存储单元法产生纯滞后信号

存储单元 M_0、M_1 …、M_{l-1}、M_l 分别存放 $p(kT)$、$p(kT-T)$、…、$p(kT-lT+T)$、$p(kT-lT)$，每次采样读入前，先把各存储单元的内容移入下一个存储单元。例如，把 M_{l-1} 单元的内容 $p(kT-lT+T)$ 移入 M_l 单元，成为下一个采样周期内的 $p(kT-lT)$，…。把 M_0 单元的 $p(kT)$ 移入 M_1 单元，成为下一个采样周期内的 $p(kT-T)$。然后，把当前的采样值 $p(kT)$ 存入 M_0 单元。用存储单元法在 M_l 单元存储的数据即为 $p(kT)$ 滞后 l 拍的数据 $p(kT-lT)$。

存储单元法的优点是精度高，只要选用适当的存储单元的字长，便可获得足够高的精度，但是，存储单元法需要占用一定的内存容量，而且 l 越大，占用内存容量越大。

2) 二项式近似法

纯滞后特性 $e^{-\tau s}$ 可以用 n 阶二项式近似，

$$e^{-\tau s}=\lim_{n\to\infty}\left(\frac{1}{1+\frac{\tau}{n}s}\right)^n \tag{8-154}$$

当 $n=2$ 时

$$e^{-\tau s}=\frac{1}{1+0.5\tau s}\,\frac{1}{1+0.5\tau s} \tag{8-155}$$

纯滞后补偿器的传递函数为

$$D_\tau(s)=HG'(s)\left(1-\frac{1}{1+0.5\tau s}\,\frac{1}{1+0.5\tau s}\right) \tag{8-156}$$

相应的纯滞后补偿器如图 8.54 所示。

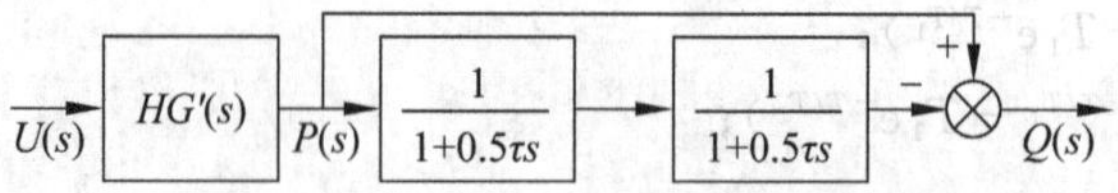

图 8.54　二项式近似的纯滞后补偿器

3) 多项式近似法

纯滞后特性 $e^{-\tau s}$ 也可以用多项式来近似

$$e^{-\tau s}\approx\frac{1+b_1(\tau s)+b_2(\tau s)^2+b_3(\tau s)^3+\cdots+b_m(\tau s)^m}{1+a_1(\tau s)+a_2(\tau s)^2+a_3(\tau s)^3+\cdots+a_n(\tau s)^n} \tag{8-157}$$

当取一阶近似时，$m=n=1$，可得 $e^{-\tau s}$ 的近似表示式

$$e^{-\tau s}=\frac{1-0.5\tau s}{1+0.5\tau s} \tag{8-158}$$

当取二阶近似时，$m=n=2$，可得 $e^{-\tau s}$ 的近似表示式

$$e^{-\tau s}=\frac{1-0.5\tau s+0.125(\tau s)^2}{1+0.5\tau s+0.125(\tau s)^2} \tag{8-159}$$

有了 $e^{-\tau s}$ 的近似表达式，便可以得到纯滞后补偿器的结构和相应的差分方程，从而在计算机上实现。图 8.55 是二阶多项式近似的纯滞后补偿器。

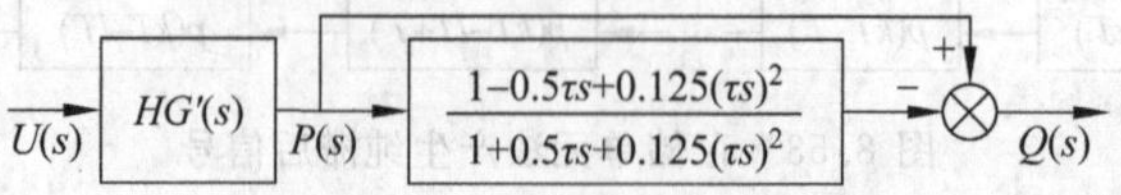

图 8.55　二阶多项式近似的纯滞后补偿器

4. 纯滞后补偿控制系统

1）减温器温度纯滞后补偿控制

减温器温度纯滞后补偿控制系统的结构如图 8.56 所示。

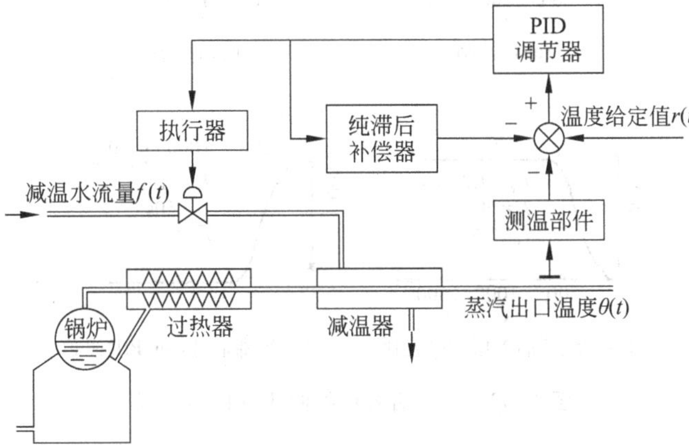

图 8.56 减温器纯滞后补偿控制系统

发电厂锅炉出来的蒸汽，经过过热器变为过热蒸汽。为了维持汽轮机的稳定运行，需要保证进入汽轮机的蒸汽温度 $\theta(t)$ 恒定，通常改变减温水的流量 $f(t)$ 以控制出口蒸汽温度 $\theta(t)$。此类对象纯滞后时间 τ 比较长，PID 调节的效果很差。难以满足工艺要求。采用纯滞后补偿器以后，使得调节性能有了显著的提高。

减温器纯滞后补偿控制系统的方框图如图 8.57 所示。由方框图可以看出，系统使用了纯滞后补偿器 $D_\tau(s)$ 和 PID 控制器 $D(s)$。

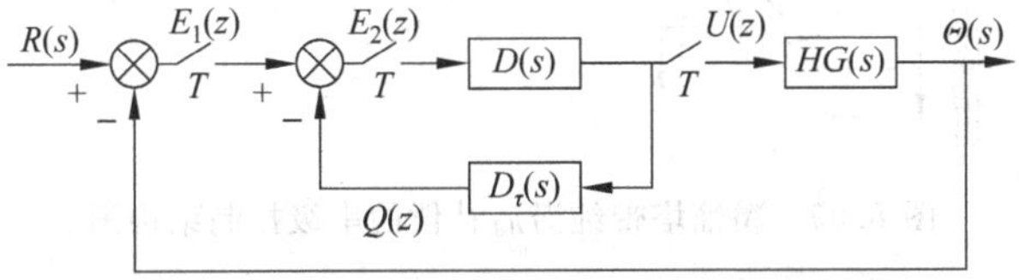

图 8.57 减温器纯滞后补偿控制系统的方框图

图 8.58 曲线反映了纯滞后补偿控制改善了减温器控制系统的性能。减温器对象特性为 $G(s)=\dfrac{e^{-60s}}{1+60s}$，即对象的纯滞后和惯性时间常数都是 60s。在阶跃扰动作用下，图 8.58(a)、图 8.58(b)中的曲线是系统只有 PI 控制时的输出特性 $\theta(t)$。图 8.58(c)、图 8.58(d)中的曲线是带有纯滞后补偿的 PID 控制。对比曲线(a)、(b)和(c)、(d)可以看出纯滞后补偿控制使系统的控制性能显著地提高了。

2）精馏塔的纯滞后补偿控制

为了保持精馏塔提馏级温度 $\theta(t)$ 恒定，改变再沸器加热蒸汽的流量 $f(t)$。由于再沸器的热量传递和精馏塔的传质过程，对象的纯滞后时间是比较长的，系统中为了克服蒸汽流量的扰动采用了带纯滞后补偿的串级控制。系统的结构如图 8.59 所示。

从图 8.59 可见流量测量、流量调节和调节阀构成串级副控回路。温度测量、温度调节

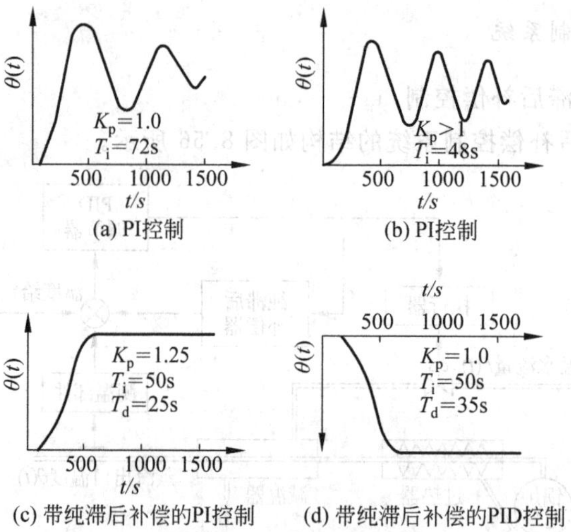

图 8.58　纯滞后补偿控制改善控制性能

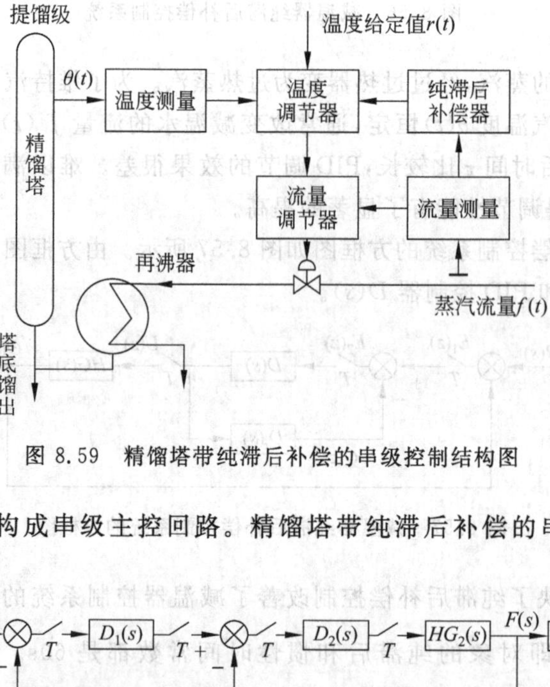

图 8.59　精馏塔带纯滞后补偿的串级控制结构图

器、副控回路、精馏塔构成串级主控回路。精馏塔带纯滞后补偿的串级控制的方框图如图 8.60 所示。

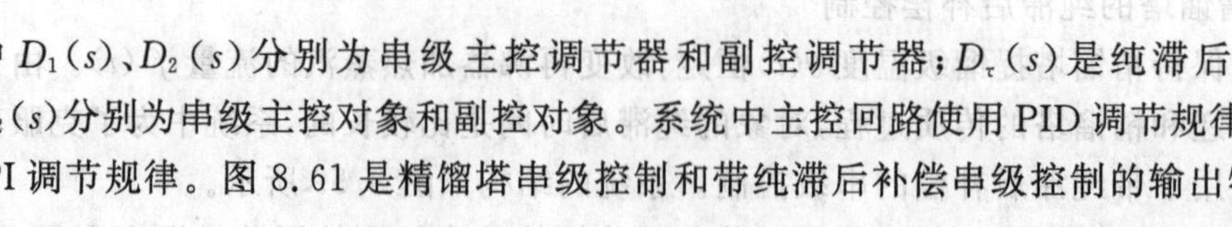

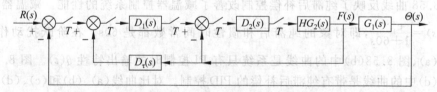

图 8.60　精馏塔带纯滞后补偿的串级控制方框图

图中 $D_1(s)$、$D_2(s)$ 分别为串级主控调节器和副控调节器；$D_\tau(s)$ 是纯滞后补偿器；$G_1(s)$、$G_2(s)$ 分别为串级主控对象和副控对象。系统中主控回路使用 PID 调节规律，副控回路使用 PI 调节规律。图 8.61 是精馏塔串级控制和带纯滞后补偿串级控制的输出特性。

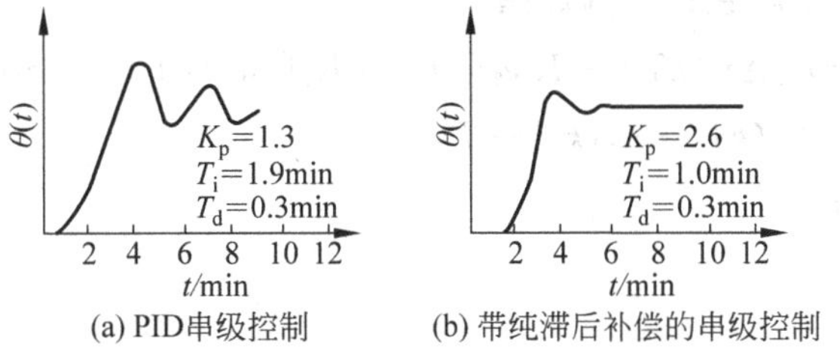

图 8.61 精馏塔提馏级温度控制特性

精馏塔主控对象的传递函数为 $G(s)=\dfrac{e^{-60s}}{1+60s}$，即为惯性时间常数和纯滞后时间都是60s。计算机控制采样周期 $T=20s$。从图 8.61 可见只有 PID 的串级控制，性能远不如带纯滞后补偿的串级控制。而且，纯滞后补偿以后 K_p 加大了一倍，由 1.3 增大到 2.6，T_i 下降使系统的动作灵敏，过渡过程缩短，超调量减小。若按以误差积分来衡量，性能提高 15%～20%；若以时间乘绝对误差积分来衡量，性能可改善 40%。

必须指出的是，使用纯滞后补偿控制需要比较精确地测量出对象的动态特性。

5. 纯滞后数字补偿控制的算法原理

上面介绍的减温器纯滞后补偿控制系统和精馏塔纯滞后补偿串级控制系统是两个典型的纯滞后补偿控制系统。下面以减温器纯滞后补偿 PID 控制系统为例，说明纯滞后数字补偿控制的算法原理。对照图 8.62，纯滞后补偿控制的算法可分为如下几步。

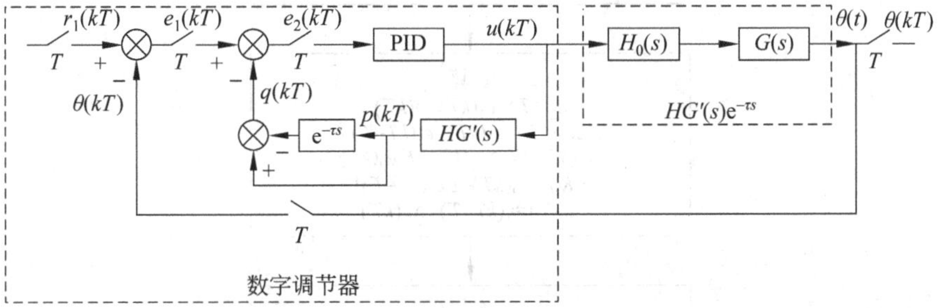

图 8.62 纯滞后补偿 PID 控制系统

1) 计算系统的偏差

$$e_1(kT)=r_1(kT)-\theta(kT) \tag{8-160}$$

2) 计算补偿器的输出

$$p(kT)=\sum_{i=1}^{I_a}a_i p(kT-iT)+\sum_{i=1}^{I_b}b_i u(kT-iT) \tag{8-161}$$

式中，a_i、b_i、I_a、I_b 与对象特性有关。

$$q(kT)=p(kT)-p(kT-lT) \tag{8-162}$$

式中，$l\approx\tau/T$，为正整数，与对象纯滞后时间和采样周期有关。

3) 计算反馈调节器的输入

$$e_2(kT)=e_1(kT)-q(kT) \tag{8-163}$$

4）设反馈调节器使用 PID 控制规律

$$\Delta u(kT)=K_{\mathrm{p}}\Delta e_2(kT)+K_{\mathrm{i}}e_2(kT)+K_{\mathrm{d}}[\Delta e_2(kT)-\Delta e_2(kT-T)] \qquad (8\text{-}164)$$

$$u(kT)=\Delta u(kT)+u(kT-T) \qquad (8\text{-}165)$$

式中，K_{p} 为比例系数；

K_{i} 为积分系数；

K_{d} 为微分系数。

纯滞后补偿 PID 控制的算法流程如图 8.63 所示。

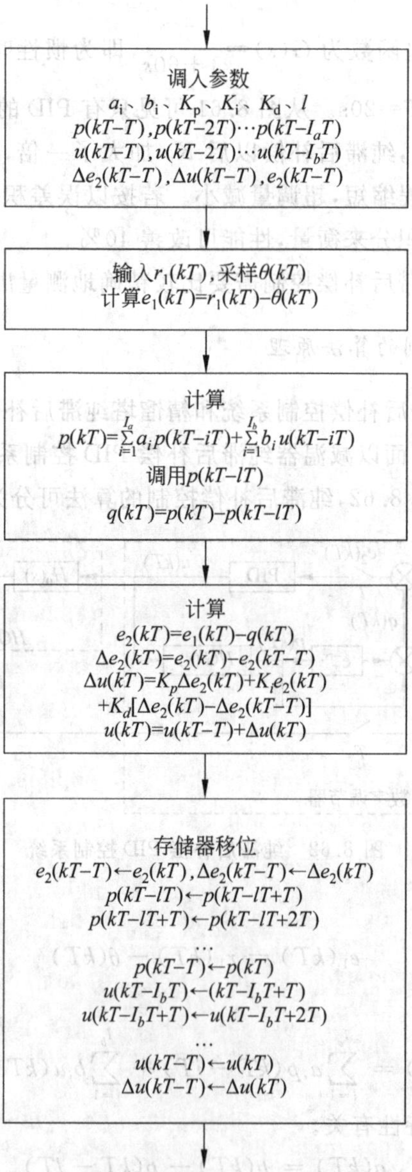

图 8.63 纯滞后补偿 PID 控制的算法流程图

由图 8.63 可见，纯滞后补偿 PID 控制的算法流程如下。

(1) 调入参数及历史数据。

(2) 输入、采样及计算偏差。

(3) 计算纯滞后补偿器的输出。

(4) 计算纯滞后补偿 PID 调节器的输出。

(5) 存储器内容移位，产生纯滞后信号。

8.4 多变量解耦控制

在现代化工业生产中，对过程控制的要求越来越高，因此，一个生产装置中往往设置多个控制回路，稳定各个被控参数。此时，各个控制回路之间会发生相互耦合，相互影响，这种耦合构成了多输入-多输出耦合系统。由于这种耦合，使得系统的性能很差，过程长久不能平稳下来。例如发电厂的锅炉液位和蒸汽压力两个参数之间存在耦合关系。锅炉系统的示意图如图 8.64 所示。

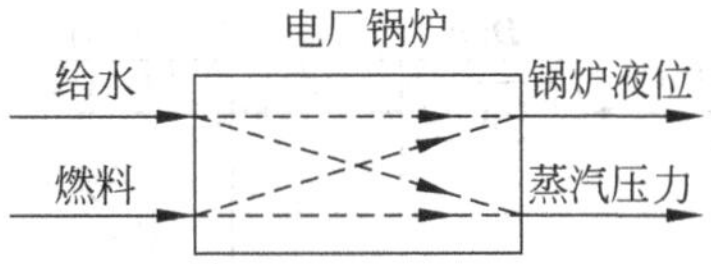

图 8.64 发电厂锅炉系统示意图

发电锅炉中，液位系统的液位是被控量，给水量是控制变量，蒸汽压力系统的蒸汽压力是被控量，燃料是控制变量。这两个系统之间存在着耦合关系。例如，蒸汽负荷加大，会使液位下降，给水量增加，而压力下降；又如压力上升时，燃料量减少，会使锅炉蒸汽蒸发量减少，液位升高，如此等等，各个参量之间存在着关联或耦合，相互影响。

实际装置中，系统之间的耦合，通常可以通过 3 条途径予以解决。

(1) 在设计控制方案时，设法避免和减少系统之间有害的耦合。

(2) 选择合适的调节器参数，使各个控制系统的频率拉开，以减少耦合。

(3) 设计解耦控制系统，使各个控制系统相互独立(或称自治)。

8.4.1 解耦控制原理

工业生产中可以找出许多耦合系统。下面以精馏塔两端组分的耦合，说明解耦控制原理。精馏塔组分控制如图 8.65 所示。

图中，$q_r(t)$、$q_s(t)$分别是塔顶回流量和塔底蒸汽流量；

$y_1(t)$、$y_2(t)$分别是塔顶组分和塔底组分。

显然，在精馏塔系统中，塔顶回流量 $q_r(t)$、塔底蒸汽流量 $q_s(t)$对塔顶组分 $y_1(t)$和塔底组分 $y_2(t)$都有影响，因此，两个组分控制系统之间存在着耦合，这种耦合关系，可表示成图 8.66所示。

图中，$R_1(s)$、$R_2(s)$分别为两个组分系统的给定值；

$Y_1(s)$、$Y_2(s)$分别为两个组分系统的被控量；

$D_1(s)$、$D_2(s)$分别为两个组分系统调节器的传递函数；

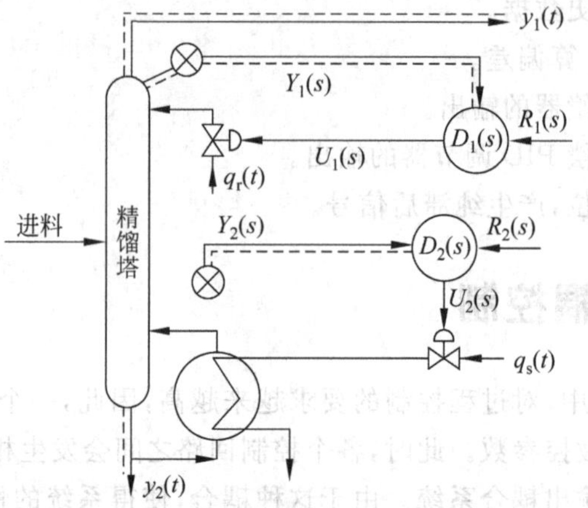

图 8.65　精馏塔两端组分控制

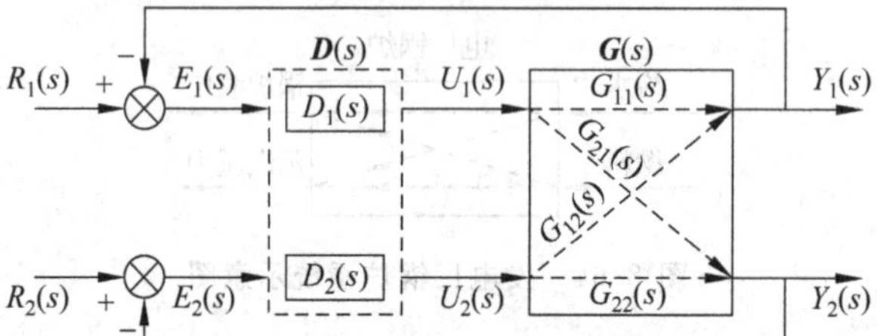

图 8.66　精馏塔组分的耦合关系

$\boldsymbol{G}(s)$是对象的传递矩阵，其中$G_{11}(s)$是调节器$D_1(s)$对$Y_1(s)$的作用通道。$G_{21}(s)$是调节器$D_1(s)$对$Y_2(s)$的作用通道。$G_{22}(s)$是调节器$D_2(s)$对$Y_2(s)$的作用通道。$G_{12}(s)$是调节器$D_2(s)$对$Y_1(s)$的作用通道。

由此可见，两个组分系统的耦合关系，实际上，是通过对象特性$G_{21}(s)$、$G_{12}(s)$相互影响的。为了解除两个组分系统之间的耦合，需要设计一个解耦装置$\boldsymbol{F}(s)$。如图 8.67 所示。$\boldsymbol{F}(s)$实际上由$F_{11}(s)$、$F_{12}(s)$、$F_{21}(s)$、$F_{22}(s)$构成。使得调节器$D_1(s)$的输出$U_1(s)$除了主要影响$Y_1(s)$外，还通过解耦装置$F_{21}(s)$消除$U_1(s)$对$Y_2(s)$的影响。同样，调节器$D_2(s)$的输出$U_2(s)$除了主要影响$Y_2(s)$外，也通过解耦装置$F_{12}(s)$消除$U_2(s)$对$Y_1(s)$的影响。

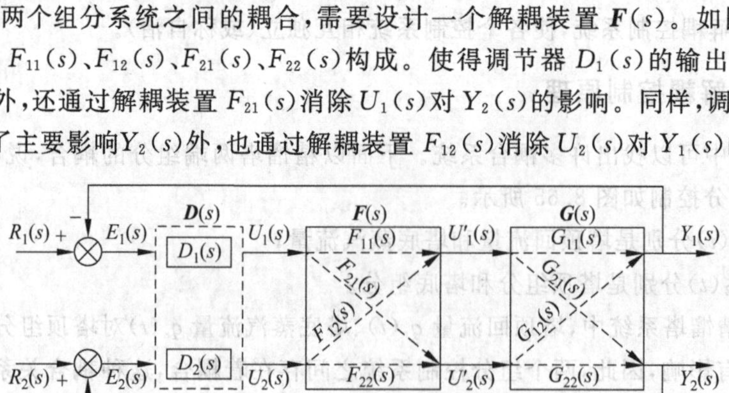

图 8.67　解耦控制原理

经过解耦以后的组分系统，成了图 8.68 所示的两个独立(或称自治)的组分系统。此时，两个组分系统完全消除了相互的耦合和影响，等效成为两个完全独立的自治系统。

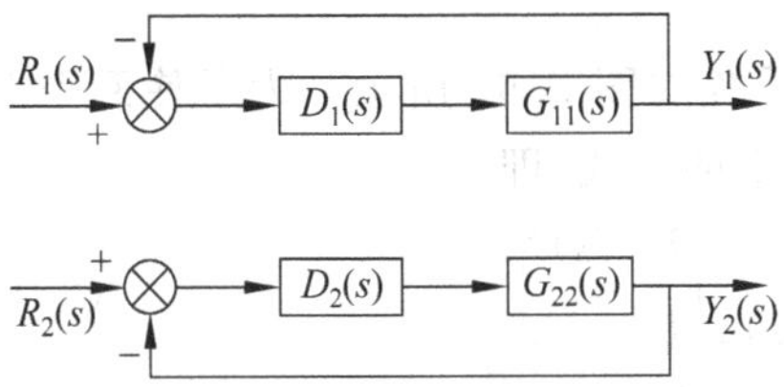

图 8.68　组分解耦控制系统的等效图

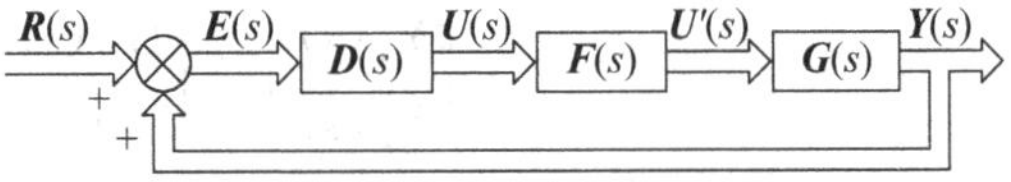

图 8.69　多变量解耦控制系统

对于多变量解耦控制，系统可表示成如图 8.69 所示。

图中，$\boldsymbol{R}(s)$是输入向量；

$\boldsymbol{Y}(s)$是输出向量；

$\boldsymbol{E}(s)=\boldsymbol{R}(s)-\boldsymbol{Y}(s)$，为偏差向量；

$\boldsymbol{D}(s)$为控制矩阵；

$\boldsymbol{G}(s)$为对象的传递矩阵；

$\boldsymbol{F}(s)$为解耦矩阵。

由图 8.69 可以推导出系统的开环传递矩阵

$$\boldsymbol{G}_0(s)=\boldsymbol{G}(s)\boldsymbol{F}(s)\boldsymbol{D}(s) \tag{8-166}$$

系统的闭环传递矩阵为

$$\boldsymbol{G}_c(s)=[\boldsymbol{I}+\boldsymbol{G}_0(s)]^{-1}\boldsymbol{G}_0(s)$$

或

$$\boldsymbol{G}_0(s)=\boldsymbol{G}_c(s)[\boldsymbol{I}-\boldsymbol{G}_c(s)]^{-1} \tag{8-167}$$

对于多输入-多输出系统，要求各个控制回路相互独立(或自治)，系统的闭环传递矩阵必须是对角线矩阵，即

$$\boldsymbol{G}_c(s)=\begin{bmatrix} G_{c11}(s) & 0 & 0\cdots & 0 \\ 0 & G_{c22}(s) & 0\cdots & 0 \\ 0 & 0 & 0 & 0 \\ \cdots & \cdots & \ddots & \cdots \\ 0 & 0 & 0\cdots & G_{cnn}(s) \end{bmatrix} \tag{8-168}$$

由式(8-168)，$\boldsymbol{G}_c(s)$是对角线矩阵，$[\boldsymbol{I}-\boldsymbol{G}_c(s)]^{-1}$必为对角线矩阵，因此$\boldsymbol{G}_0(s)$也必须是对角线矩阵。由式(8-166)开环传递矩阵

$$\boldsymbol{G}_0(s)=\boldsymbol{G}(s)\boldsymbol{F}(s)\boldsymbol{D}(s)$$

通常，对于控制矩阵$\boldsymbol{D}(s)$，由于各个控制回路的控制器是相互独立的，$\boldsymbol{D}(s)$必为对角线矩阵，所以只要$\boldsymbol{G}(s)\boldsymbol{F}(s)$为对角线矩阵，便可满足各个控制回路相互独立的要求，因此多变量解耦控制的设计要求是：根据对象的传递矩阵$\boldsymbol{G}_c(s)$，设计一个解耦装置$\boldsymbol{F}(s)$，使得$\boldsymbol{G}(s)\boldsymbol{F}(s)$为对角矩阵。

8.4.2　多变量解耦控制的综合方法

多变量解耦控制的综合方法有对角线矩阵综合法、单位矩阵综合法、前馈补偿综合法。下面将简略介绍上述三种多变量解耦控制的综合方法。

1. 对角线矩阵综合法

为了方便，以精馏塔的两个组分控制系统为例，系统如图 8.67 所示。为了使两个关联的组分控制系统成为独立的系统，必须使系统具有如下的形式，即

$$\begin{bmatrix} Y_1(s) \\ Y_2(s) \end{bmatrix} = \begin{bmatrix} G_{11}(s) & 0 \\ 0 & G_{22}(s) \end{bmatrix} \begin{bmatrix} U_1(s) \\ U_2(s) \end{bmatrix} \tag{8-169}$$

经过解耦以后，应有

$$\begin{bmatrix} G_{11}(s) & G_{12}(s) \\ G_{21}(s) & G_{22}(s) \end{bmatrix} \begin{bmatrix} F_{11}(s) & F_{12}(s) \\ F_{21}(s) & F_{22}(s) \end{bmatrix} = \begin{bmatrix} G_{11}(s) & 0 \\ 0 & G_{22}(s) \end{bmatrix} \tag{8-170}$$

由于矩阵

$$\begin{bmatrix} G_{11}(s) & G_{12}(s) \\ G_{21}(s) & G_{22}(s) \end{bmatrix} \neq 0$$

所以，可以从式(8-170)求得解耦矩阵

$$\begin{aligned} \boldsymbol{F}(s) &= \begin{bmatrix} F_{11}(s) & F_{12}(s) \\ F_{21}(s) & F_{22}(s) \end{bmatrix} \\ &= \begin{bmatrix} G_{11}(s) & G_{12}(s) \\ G_{21}(s) & G_{22}(s) \end{bmatrix}^{-1} \begin{bmatrix} G_{11}(s) & 0 \\ 0 & G_{22}(s) \end{bmatrix} \\ &= \begin{bmatrix} \dfrac{G_{22}(s)}{G_{11}(s)G_{22}(s)-G_{21}(s)G_{12}(s)} & \dfrac{-G_{12}(s)}{G_{11}(s)G_{22}(s)-G_{21}(s)G_{12}(s)} \\ \dfrac{-G_{21}(s)}{G_{11}(s)G_{22}(s)-G_{21}(s)G_{12}(s)} & \dfrac{G_{11}(s)}{G_{11}(s)G_{22}(s)-G_{21}(s)G_{12}(s)} \end{bmatrix} \begin{bmatrix} G_{11}(s) & 0 \\ 0 & G_{22}(s) \end{bmatrix} \\ &= \begin{bmatrix} \dfrac{G_{11}(s)G_{22}(s)}{G_{11}(s)G_{22}(s)-G_{21}(s)G_{12}(s)} & \dfrac{-G_{12}(s)G_{22}(s)}{G_{11}(s)G_{22}(s)-G_{21}(s)G_{12}(s)} \\ \dfrac{-G_{11}(s)G_{21}(s)}{G_{11}(s)G_{22}(s)-G_{21}(s)G_{12}(s)} & \dfrac{G_{11}(s)G_{22}(s)}{G_{11}(s)G_{22}(s)-G_{21}(s)G_{12}(s)} \end{bmatrix} \end{aligned} \tag{8-171}$$

经过解耦控制以后的系统，可以证明，控制变量 $U_1(s)$ 对 $Y_2(s)$ 没有影响；控制变量 $U_2(s)$ 对 $Y_1(s)$ 没有影响。因此，经过对角线矩阵解耦之后，两个控制回路就互不关联，如图 8.68 所示。

对角线矩阵解耦控制算法流程如图 8.70 所示。

从图 8.70 可以看出，多变量对角线矩阵解耦控制算法流程分为如下几步：输入解耦矩阵 $\boldsymbol{F}(kT)$，采样 $\boldsymbol{y}(kT)$；计算偏差 $\boldsymbol{e}(kT)$；计算调节器输出 $\boldsymbol{u}(kT)$；计算解耦装置输出 $\boldsymbol{u}_{ij}(kT)$，最后计算机输出 $\boldsymbol{u}'(kT)$。

2. 单位矩阵综合法

单位矩阵综合法与对角线矩阵综合法类似，只是让 $G_{11}(s)$、$G_{22}(s)$ 为 1，即

$$\begin{bmatrix} Y_1(s) \\ Y_2(s) \end{bmatrix} = \begin{bmatrix} 1 & 0 \\ 0 & 1 \end{bmatrix} \begin{bmatrix} U_1(s) \\ U_2(s) \end{bmatrix} \tag{8-172}$$

此时，$Y_1(s)$ 只受 $U_1(s)$ 控制，与 $U_2(s)$ 无关。同样，$Y_2(s)$ 只受 $U_2(s)$ 控制，与 $U_1(s)$ 无关。与对角线矩阵综合法类似，可以得到

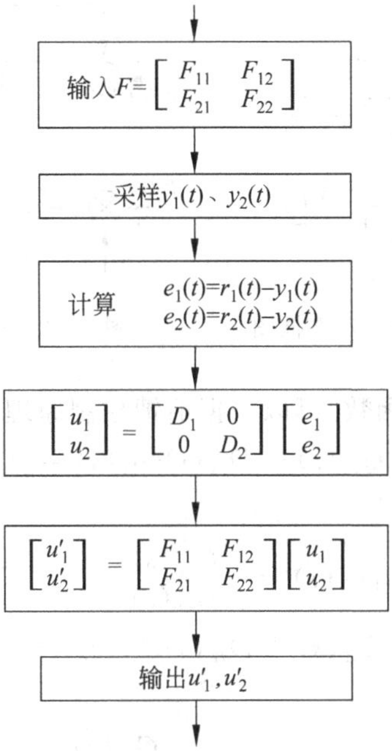

图 8.70　对角线矩阵解耦控制算法流程图

$$\begin{bmatrix} G_{11}(s) & G_{12}(s) \\ G_{21}(s) & G_{22}(s) \end{bmatrix}\begin{bmatrix} F_{11}(s) & F_{12}(s) \\ F_{21}(s) & F_{22}(s) \end{bmatrix}=\begin{bmatrix} 1 & 0 \\ 0 & 1 \end{bmatrix} \tag{8-173}$$

因为
$$\begin{bmatrix} G_{11}(s) & G_{12}(s) \\ G_{21}(s) & G_{22}(s) \end{bmatrix}\neq 0$$

所以
$$\boldsymbol{F}(s)=\begin{bmatrix} F_{11}(s) & F_{12}(s) \\ F_{21}(s) & F_{22}(s) \end{bmatrix}=\begin{bmatrix} G_{11}(s) & G_{12}(s) \\ G_{21}(s) & G_{22}(s) \end{bmatrix}^{-1}$$

$$=\begin{bmatrix} \dfrac{G_{22}(s)}{G_{11}(s)G_{22}(s)-G_{21}(s)G_{12}(s)} & \dfrac{-G_{12}(s)}{G_{11}(s)G_{22}(s)-G_{21}(s)G_{12}(s)} \\ \dfrac{-G_{21}(s)}{G_{11}(s)G_{22}(s)-G_{21}(s)G_{12}(s)} & \dfrac{G_{11}(s)}{G_{11}(s)G_{22}(s)-G_{21}(s)G_{12}(s)} \end{bmatrix} \tag{8-174}$$

经过单位矩阵解耦以后，原来耦合的两个控制系统变成了互不关联的两个独立系统，如图 8.71 所示。

单位矩阵综合法突出的优点是动态偏差小，响应速度快，过渡过程时间短，具有良好的解耦效果。

3. 前馈补偿综合法

前馈补偿综合法实际上是把某通道的调节器输出对另外通道的影响看作是扰动作用，然后，应用前馈控制的原理，解除控制回路间的耦合。前馈补偿解耦控制系统的方框图如图 8.72 所示。

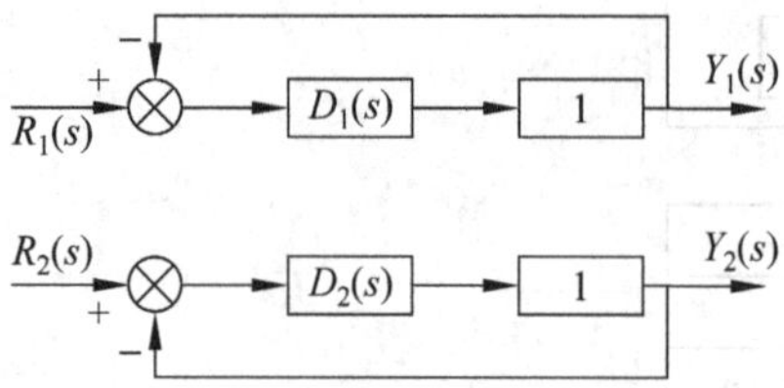

图 8.71　单位矩阵解耦控制系统等效方框图

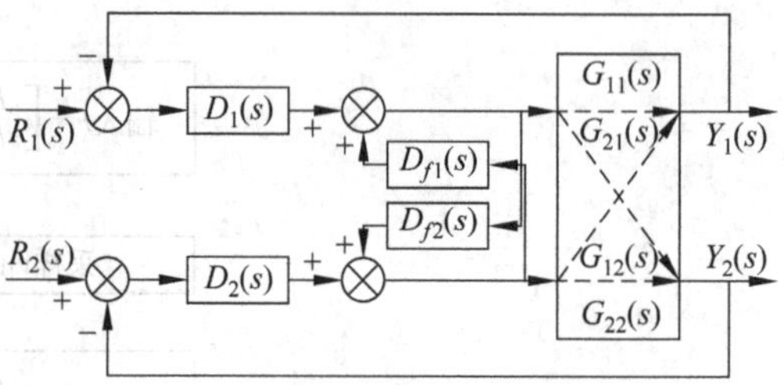

图 8.72　前馈补偿解耦控制系统方框图

前馈补偿解耦装置的传递函数，可以根据前馈控制原理求得，从图 8.72 可得

$$G_{12}(s)+D_{f1}(s)G_{11}(s)=0$$

前馈补偿解耦器 1 的传递函数

$$D_{f1}(s)=-\frac{G_{12}(s)}{G_{11}(s)} \tag{8-175}$$

又

$$G_{21}(s)+D_{f2}(s)G_{22}(s)=0$$

前馈补偿解耦器 2 的传递函数

$$D_{f2}(s)=-\frac{G_{21}(s)}{G_{22}(s)} \tag{8-176}$$

用前馈补偿综合法得到的系统结构简单，实现方便，容易理解和掌握。

8.4.3　计算机多变量解耦控制

两个控制回路的计算机多变量解耦控制系统的方框图如图 8.73 所示。

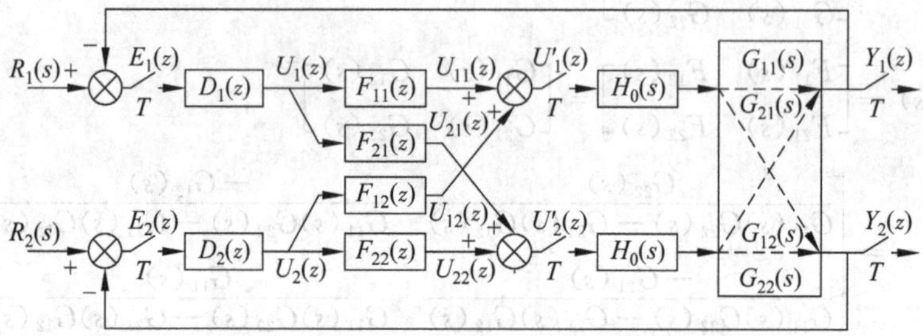

图 8.73　计算机多变量解耦控制系统方框图

图中，$Y_1(s)$、$Y_2(s)$表示互相耦合的被控变量；

$R_1(s)$、$R_2(s)$表示两个系统的输入变量；

$D_1(z)$、$D_2(z)$表示计算机反馈调节器；

$F_{11}(z)$、$F_{12}(z)$、$F_{21}(z)$、$F_{22}(z)$表示解耦补偿器；

$H_0(s)$表示零阶保持器；

$G_{11}(s)$、$G_{12}(s)$、$G_{21}(s)$、$G_{22}(s)$表示存在耦合的对象特性；

$U_1(z)$、$U_2(z)$表示反馈调节器的输出；

$U_1'(z)$、$U_2'(z)$表示零阶保持器的输入。

广义对象的 Z 传递函数为

$$
\left.\begin{aligned}
G_{11}(z) &= \mathscr{Z}[H_0(s)G_{11}(s)] \\
G_{21}(z) &= \mathscr{Z}[H_0(s)G_{21}(s)] \\
G_{12}(z) &= \mathscr{Z}[H_0(s)G_{12}(s)] \\
G_{22}(z) &= \mathscr{Z}[H_0(s)G_{22}(s)]
\end{aligned}\right\} \tag{8-177}
$$

由图 8.73 可得

$$
\begin{bmatrix} Y_1(z) \\ Y_2(z) \end{bmatrix} = \begin{bmatrix} G_{11}(z) & G_{12}(z) \\ G_{21}(z) & G_{22}(z) \end{bmatrix} \begin{bmatrix} U_1'(z) \\ U_2'(z) \end{bmatrix} \tag{8-178}
$$

$$
\begin{bmatrix} U_1'(z) \\ U_2'(z) \end{bmatrix} = \begin{bmatrix} F_{11}(z) & F_{12}(z) \\ F_{21}(z) & F_{22}(z) \end{bmatrix} \begin{bmatrix} U_1(z) \\ U_2(z) \end{bmatrix} \tag{8-179}
$$

由式(8-178)和式(8-179)可得到

$$
\begin{bmatrix} Y_1(z) \\ Y_2(z) \end{bmatrix} = \begin{bmatrix} G_{11}(z) & G_{12}(z) \\ G_{21}(z) & G_{22}(z) \end{bmatrix} \begin{bmatrix} F_{11}(z) & F_{12}(z) \\ F_{21}(z) & F_{22}(z) \end{bmatrix} \begin{bmatrix} U_1(z) \\ U_2(z) \end{bmatrix} \tag{8-180}
$$

解耦系统应当具有对角线矩阵特性,因此

$$
\begin{bmatrix} G_{11}(z) & G_{12}(z) \\ G_{21}(z) & G_{22}(z) \end{bmatrix} \begin{bmatrix} F_{11}(z) & F_{12}(z) \\ F_{21}(z) & F_{22}(z) \end{bmatrix} = \begin{bmatrix} G_{11}(z) & 0 \\ 0 & G_{22}(z) \end{bmatrix} \tag{8-181}
$$

所以,解耦矩阵

$$
\begin{aligned}
\boldsymbol{F}(z) &= \begin{bmatrix} F_{11}(z) & F_{12}(z) \\ F_{21}(z) & F_{22}(z) \end{bmatrix} \\
&= \begin{bmatrix} G_{11}(z) & G_{12}(z) \\ G_{21}(z) & G_{22}(z) \end{bmatrix}^{-1} \begin{bmatrix} G_{11}(z) & 0 \\ 0 & G_{22}(z) \end{bmatrix} \\
&= \begin{bmatrix} \dfrac{G_{22}(s)G_{11}(s)}{G_{11}(s)G_{22}(s) - G_{12}(s)G_{21}(s)} & \dfrac{-G_{12}(s)G_{22}(s)}{G_{11}(s)G_{22}(s) - G_{12}(s)G_{21}(s)} \\ \dfrac{-G_{11}(s)G_{21}(s)}{G_{11}(s)G_{22}(s) - G_{12}(s)G_{21}(s)} & \dfrac{G_{11}(s)G_{22}(s)}{G_{11}(s)G_{22}(s) - G_{12}(s)G_{21}(s)} \end{bmatrix}
\end{aligned} \tag{8-182}
$$

由式(8-182)知

$$
\left.\begin{aligned}
F_{11}(z) &= \frac{G_{22}(z)G_{11}(z)}{G_{11}(z)G_{22}(z) - G_{12}(z)G_{21}(z)} \\
F_{12}(z) &= \frac{-G_{12}(z)G_{22}(z)}{G_{11}(z)G_{22}(z) - G_{12}(z)G_{21}(z)} \\
F_{21}(z) &= \frac{-G_{11}(z)G_{21}(z)}{G_{11}(z)G_{22}(z) - G_{12}(z)G_{21}(z)} \\
F_{22}(z) &= \frac{G_{11}(z)G_{22}(z)}{G_{11}(z)G_{22}(z) - G_{12}(z)G_{21}(z)}
\end{aligned}\right\} \tag{8-183}
$$

求出解耦矩阵以后,就可以求出解耦矩阵对应的差分方程,由计算机实现。

设对象的传递函数

$$
G_{11}(s) = \frac{K_1 e^{-\tau_1 s}}{1 + T_1 s}, \quad G_{21}(s) = \frac{K_2}{s}
$$

$$
G_{12}(s) = \frac{K_3 e^{-\tau_2 s}}{1 + T_3 s}, \quad G_{22}(s) = \frac{K_4}{s}
$$

相应的广义对象的 Z 传递函数

$$G_{11}(z)=\mathscr{Z}\left[\frac{1-e^{-Ts}}{s}\frac{K_1e^{-\tau_1 s}}{1+T_1s}\right]=K_1z^{-(l_1+1)}\frac{1-e^{-T/T_1}}{1-e^{-T/T_1}z^{-1}} \tag{8-184}$$

式中，$l_1\approx\frac{\tau_1}{T}$，取整数；

T 为采样周期。

$$G_{21}(z)=\mathscr{Z}\left[\frac{1-e^{-Ts}}{s}\frac{K_2}{s}\right]=\frac{K_2Tz^{-1}}{1-z^{-1}} \tag{8-185}$$

$$G_{12}(z)=\mathscr{Z}\left[\frac{1-e^{-Ts}}{s}\frac{K_3e^{-\tau_3 s}}{1+T_3s}\right]=K_3z^{-(l_3+1)}\frac{1-e^{-T/T_3}}{1-e^{-T/T_3}z^{-1}} \tag{8-186}$$

$$G_{22}(z)=\mathscr{Z}\left[\frac{1-e^{-Ts}}{s}\frac{K_4}{s}\right]=\frac{K_4Tz^{-1}}{1-z^{-1}} \tag{8-187}$$

将式(8-184)～式(8-187)各式代入式(8-183)便可得到解耦矩阵。

$$\begin{aligned}F_{11}(z)&=\frac{G_{11}(z)G_{22}(z)}{G_{11}(z)G_{22}(z)-G_{12}(z)G_{21}(z)}\\&=\frac{1}{1-\frac{K_2K_3(1-e^{-T/T_3})(1-e^{-T/T_1}z^{-1})}{K_1K_4(1-e^{-T/T_1})(1-e^{-T/T_3}z^{-1})}z^{-(l_3-l_1)}}\end{aligned} \tag{8-188}$$

对式(8-188)简化

$$F_{11}(z)=\frac{U_{11}(z)}{U_1(z)}=\frac{1-b_1z^{-1}}{1-a_1z^{-1}-a_2z^{-l}-a_3z^{-(l+1)}} \tag{8-189}$$

式中

$$a_1=b_1=e^{-T/T_3}$$

$$a_2=\frac{K_2K_3(1-e^{-T/T_3})}{K_1K_4(1-e^{-T/T_1})}$$

$$a_3=-\frac{K_2K_3(1-e^{-T/T_3})}{K_1K_4(1-e^{-T/T_1})}e^{-T/T_1}$$

$$l=l_3-l_1$$

由式(8-189)可得差分方程

$$\begin{aligned}u_{11}(kT)=&a_1u_{11}(kT-T)+a_2u_{11}(kT-lT)+a_3u_{11}(kT-lT-T)\\&+u_1(kT)-b_1u_1(kT-T)\end{aligned} \tag{8-190}$$

$$\begin{aligned}F_{12}(z)&=\frac{-G_{12}(z)G_{22}(z)}{G_{11}(z)G_{22}(z)-G_{12}(z)G_{21}(z)}\\&=\frac{1}{\frac{K_1}{K_3}z^{-(l_1-l_3)}\frac{(1-e^{-T/T_1})(1-e^{-T/T_3}z^{-1})}{(1-e^{-T/T_3})(1-e^{-T/T_1}z^{-1})}-\frac{K_2}{K_4}}\end{aligned} \tag{8-191}$$

对式(8-191)简化

$$F_{12}(z)=\frac{u_{12}(z)}{u_2(z)}=\frac{b_0-b_1z^{-1}}{1-a_1z^{-1}-a_2z^{-l}-a_3z^{-(l+1)}} \tag{8-192}$$

式中

$$a_1=e^{-T/T_1}\text{；}$$

$$a_2=\frac{K_1K_4}{K_2K_3}\frac{(1-e^{-T/T_1})}{(1-e^{-T/T_3})}\text{；}$$

$$a_3=\frac{K_1K_4}{K_2K_3}\frac{(1-e^{-T/T_1})}{(1-e^{-T/T_3})}e^{-T/T_3}\text{；}$$

$$b_0=\frac{K_4}{K_2},\quad b_1=\frac{K_4}{K_2}e^{-T/T_1},\quad l=l_3-l_1$$

由式(8-192)可得差分方程

$$u_{12}(kT)=a_1u_{12}(kT-T)+a_2u_{12}(kT-lT)+a_3u_{12}(kT-lT-T)$$
$$+b_0u_2(kT)-b_1u_2(kT-T) \tag{8-193}$$

$$F_{21}(z)=\frac{-G_{11}(z)G_{21}(z)}{G_{11}(z)G_{22}(z)-G_{12}(z)G_{21}(z)}$$
$$=\frac{b_0+b_1z^{-1}}{1-a_1z^{-1}-a_2z^{-l}-a_3z^{-(l+1)}} \tag{8-194}$$

式中

$$a_1=e^{-T/T_3},\quad a_2=\frac{K_2K_3}{K_1K_4}\frac{1-e^{-T/T_3}}{1-e^{-T/T_1}};$$
$$a_3=-\frac{K_2K_3}{K_1K_4}\frac{1-e^{-T/T_3}}{1-e^{-T/T_1}}e^{-T/T_1};$$
$$b_0=-\frac{K_2}{K_4},\quad b_1=-\frac{K_2}{K_4}e^{-T/T_1},l=l_3-l_1。$$

由式(8-194)可得差分方程

$$u_{21}(kT)=a_1u_{21}(kT-T)+a_2u_{21}(kT-lT)+a_3u_{21}(kT-lT-T)$$
$$+b_0u_1(kT)-b_1u_1(kT-T) \tag{8-195}$$

$$F_{22}(z)=\frac{G_{11}(z)G_{22}(z)}{G_{11}(z)G_{22}(z)-G_{12}(z)G_{21}(z)}$$
$$=\frac{1+b_1z^{-1}}{1-a_1z^{-1}-a_2z^{-l}-a_3z^{-(l+1)}} \tag{8-196}$$

式中

$$a_1=e^{-T/T_3};$$
$$a_2=\frac{K_2K_3}{K_1K_4}\frac{1-e^{-T/T_3}}{1-e^{-T/T_1}};$$
$$a_3=\frac{K_2K_3}{K_1K_4}\frac{1-e^{-T/T_3}}{1-e^{-T/T_1}}e^{-T/T_1};$$
$$b_1=a_1=e^{-T/T_3};$$
$$l=l_3-l_1。$$

由式(8-195)可得差分方程

$$u_{22}(kT)=a_1u_{22}(kT-T)+a_2u_{22}(kT-lT)+a_3u_{22}(kT-lT-T)$$
$$+u_2(kT)-b_1u_2(kT-T) \tag{8-197}$$

有了解耦装置的Z传递函数或差分方程,便可由计算机实现解耦控制了。

解耦控制的算法步骤如下。

(1) 计算各个调节回路的偏差。

$$e_1(kT)=r_1(kT)-y_1(kT) \tag{8-198}$$
$$e_2(kT)=r_2(kT)-y_2(kT) \tag{8-199}$$

(2) 计算反馈调节器的输出。

根据 $e_1(kT)$、$e_2(kT)$ 及调节规律计算出 $u_1(kT)$、$u_2(kT)$。

(3) 计算解耦装置的输出。

根据 $u_1(kT)$、$u_2(kT)$ 及式(8-190)、式(8-193)、式(8-195)、式(8-197)计算出 $u_{11}(kT)$、

$u_{12}(kT)$、$u_{21}(kT)$、$u_{22}(kT)$。

(4) 计算计算机输出。

由图 8.73 可得

$$u_1'(kT) = u_{11}(kT) + u_{12}(kT) \tag{8-200}$$

$$u_2'(kT) = u_{22}(kT) + u_{21}(kT) \tag{8-201}$$

8.4.4 计算机多变量解耦控制举例

例 8.9 乙烯装置裂解炉的计算机控制

1. 裂解炉的工艺流程

乙烯装置是以煤柴油做原料,在高温(765℃)裂解,产生裂解气,经过分离得到乙烯、丙烯等产品。乙烯装置中裂解炉的状况以及裂解炉的操作直接影响产品的收率和生产周期。因此,对裂解炉的控制要求是很严格的。裂解炉的工艺流程如图 8.74 所示。

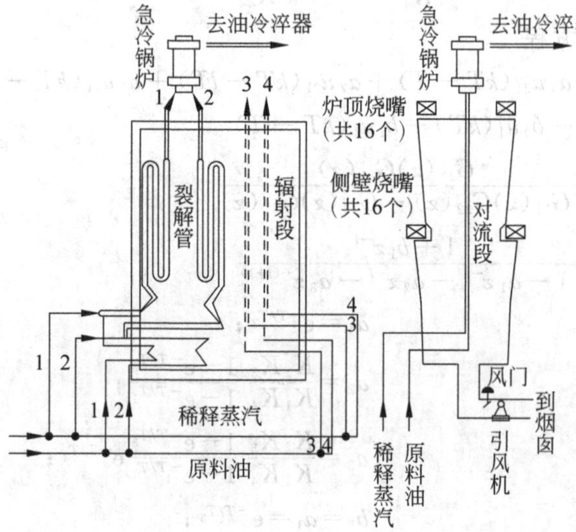

图 8.74 乙烯装置裂解炉的工艺流程图

原料(煤柴油或乙烷)经过预热段,预热到 590℃与稀释蒸汽以重量比 1∶0.75 混合,进入裂解管裂解,生成氢、甲烷、乙烷、乙烯、丙烯、碳 4、裂解汽油和燃料油等石油混合气。

裂解炉有 4 组裂解炉管,每组炉管对应 8 个烧嘴。依据原料特性、产品收率要求、反应时间、清焦周期等因素,得出裂解炉出口温度应该控制在:

煤柴油裂解　　765℃

乙烷裂解　　820℃

并且,要求各组炉管之间的温差尽可能地小。

另外,增加稀释比会降低裂解炉管内的油气分压,提高乙烯产品的收率,减少结焦,但是,同时会增加冷却水和燃料的消耗。因此稀释比要求控制在

煤柴油裂解　　1∶0.75(重量比)

乙烷裂解　　1∶0.30(重量比)

乙烯装置裂解炉的温度控制对生产是至关重要的。一方面要求温度平稳，另一方面要求各组炉管间的温差尽可能地小。

裂解炉有 4 组裂解炉管和 4 个燃料阀，每个燃料阀控制 8 个烧嘴。由于炉管在炉膛内排列紧凑，所以，一个燃料阀的动作将同时引起 4 组炉管温度的变化，裂解炉是一个多输入-多输出的对象。裂解炉 4 个单回路温度控制系统如图 8.75 所示。

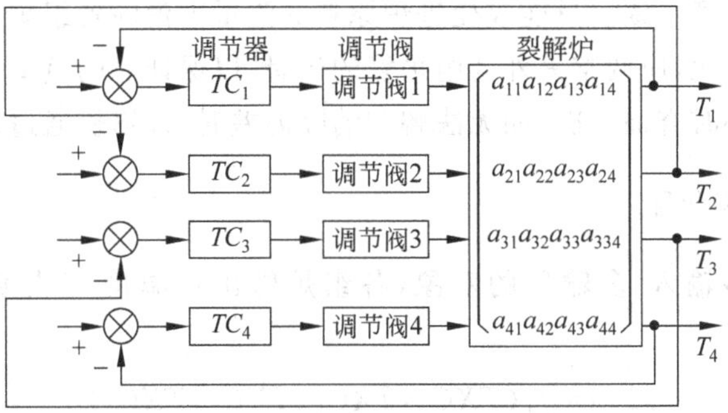

图 8.75　裂解炉的单回路温度控制系统

由于系统中各组炉管间的耦合，难以正常运行。无论哪组炉管出口温度偏低，加大相应的燃料阀门，使温度提高，由于炉管间的耦合，必然引起其他炉管出口温度提高，关小相应燃料阀时，又会使其他炉管的出口温度降低，如此往复循环，各组炉管的温度上下波动，很难平稳下来。为了消除各组炉管间的相互关联和影响，采用了多变量解耦控制。图 8.76 是裂解炉多变量解耦控制系统。

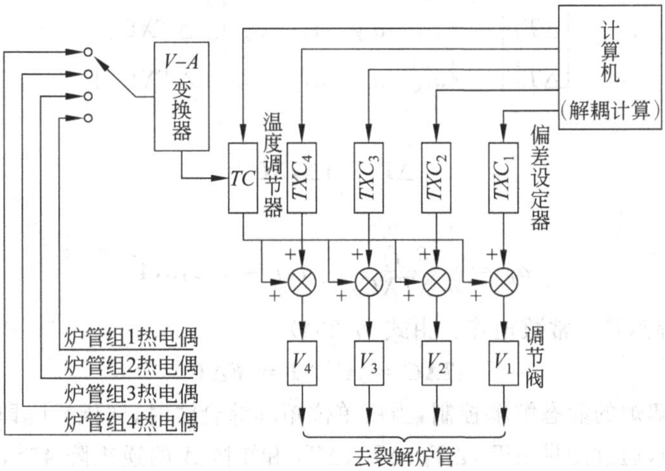

图 8.76　裂解炉多变量解耦控制系统

2. 裂解炉的温度解耦控制

在解耦控制系统中，各燃料阀前设置了一个偏差设定器（TXC），以便人工或自动修正调节阀的开度，解耦控制就是根据温差计算 TXC 的偏差设定值。解耦计算机计算得到 TXC_1、TXC_2、TXC_3、TXC_4 的各修正值分别经过加法器输送给燃料阀。

温度调节器(TC)的输入分两路,一路是解耦计算机的输出,另一路是选择某组炉管(图中是第4组炉管)的出口温度经过电压-电流变换作为输入。温度调节器的输出作为燃料阀的另一路输入。

解耦控制和温度控制都由计算机实现,解耦控制每隔五分钟控制一次。

裂解炉的解耦控制系统中,当4组炉管温差太大时,TXC_i 修正值已达到极限位置值,还无法使4组炉管温度一致。只能改变进炉原料的流量来消除各组炉管间的温差。为了消除由此引起的负荷变化,应调整另外3组炉管的流量,以保证总的负荷平衡。

计算机每隔一小时查询一次,如无法解耦消除温差时,计算机通过负荷来调整温度。

3. 裂解炉的解耦矩阵

裂解炉是一个多输入-多输出的对象,各组炉管出口温度 T 与偏差设定值 TXC 的关系为

$$\left.\begin{aligned} T_1 &= f_1(TXC_1, TXC_2, TXC_3, TXC_4) \\ T_2 &= f_2(TXC_1, TXC_2, TXC_3, TXC_4) \\ T_3 &= f_3(TXC_1, TXC_2, TXC_3, TXC_4) \\ T_4 &= f_4(TXC_1, TXC_2, TXC_3, TXC_4) \end{aligned}\right\} \tag{8-202}$$

相应的增量的矩阵形式为

$$\begin{bmatrix} \Delta T_1 \\ \Delta T_2 \\ \Delta T_3 \\ \Delta T_4 \end{bmatrix} = \begin{bmatrix} a_{11} & a_{12} & a_{13} & a_{14} \\ a_{21} & a_{22} & a_{23} & a_{24} \\ a_{31} & a_{32} & a_{33} & a_{34} \\ a_{41} & a_{42} & a_{43} & a_{44} \end{bmatrix} \begin{bmatrix} \Delta TXC_1 \\ \Delta TXC_2 \\ \Delta TXC_3 \\ \Delta TXC_4 \end{bmatrix} \tag{8-203}$$

或表示为

$$\Delta \boldsymbol{T} = \boldsymbol{A} \Delta \boldsymbol{TXC} \tag{8-204}$$

式中

$$a_{ij} = \frac{\partial f_i}{\partial \Delta TXC_j}, \quad i,j = 1,2,3,4 \tag{8-205}$$

$\boldsymbol{A}$ 或 a_{ij} 是对象矩阵,是一常数矩阵。由式(8-204)

$$\Delta \boldsymbol{TXC} = \boldsymbol{A}^{-1} \Delta \boldsymbol{T} = \boldsymbol{F} \Delta \boldsymbol{T} \tag{8-206}$$

为了实现裂解炉的静态解耦控制,当用单位矩阵综合法时,解耦矩阵即为 $\boldsymbol{F}$,$\boldsymbol{F}=\boldsymbol{A}^{-1}$。

由式(8-206),通过测量 ΔT_1、ΔT_2、ΔT_3、ΔT_4 和矩阵 $\boldsymbol{A}$ 的逆矩阵 $\boldsymbol{A}^{-1}$,可以求得燃料阀开度的修正值 ΔTXC_1、ΔTXC_2、ΔTXC_3、ΔTXC_4,从而得到解耦控制量,用以消除各组炉管之间的耦合,保持各组炉管出口温度的平稳。

为了得到解耦矩阵 $\boldsymbol{F}$,可以用测试的方法求取 $\boldsymbol{A}$,进而得到 $\boldsymbol{A}^{-1}$。在稳定的工况下,改变1#燃料阀的开度,记录变化量 ΔTXC_1,等到炉管出口温度平稳以后,记下各组炉管的出口温度变化量 ΔT_1、ΔT_2、ΔT_3、ΔT_4。则

$$\left.\begin{aligned} a_{11} &= \frac{\Delta T_1}{\Delta TXC_1} \\ a_{21} &= \frac{\Delta T_2}{\Delta TXC_1} \\ a_{31} &= \frac{\Delta T_3}{\Delta TXC_1} \\ a_{41} &= \frac{\Delta T_4}{\Delta TXC_1} \end{aligned}\right\} \tag{8-207}$$

对各组炉管，分别采用上述同样的方法测试，并重复若干次，便可求得 $a_{ij}(i,j=1,2,3,4)$ 的平均值，因而，获得了裂解炉的对象矩阵 $\boldsymbol{A}$。若经过测试得到对象矩阵

$$\boldsymbol{A} = \begin{bmatrix} 0.589 & 0.195 & 0 & 0 \\ 0.195 & 0.589 & 0.195 & 0 \\ 0 & 0.195 & 0.589 & 0.195 \\ 0 & 0 & 0.195 & 0.589 \end{bmatrix} \tag{8-208}$$

由式(8-208)

$$|\boldsymbol{A}| = 0.0823 \tag{8-209}$$

$$\mathrm{adj}\boldsymbol{A} = \begin{bmatrix} 0.1595 & -0.0602 & 0.0224 & -0.0074 \\ -0.0602 & 0.1819 & -0.0675 & 0.0224 \\ 0.0244 & -0.0675 & 0.1819 & -0.0602 \\ -0.0074 & 0.0224 & -0.0602 & 0.1595 \end{bmatrix} \tag{8-210}$$

由式(8-209)、(8-210)可得解耦矩阵

$$\begin{aligned} \boldsymbol{F} = \boldsymbol{A}^{-1} &= \frac{\mathrm{adj}\boldsymbol{A}}{|\boldsymbol{A}|} \\ &= \begin{bmatrix} 1.9403 & -0.7326 & 0.2724 & -0.0902 \\ -0.7326 & 2.2127 & -0.8227 & 0.2724 \\ 0.2724 & 0.8227 & 2.2127 & -0.7326 \\ -0.0902 & 0.2724 & -0.7326 & 1.9403 \end{bmatrix} \end{aligned} \tag{8-211}$$

由式(8-206)及式(8-211)可得解耦控制方程

$$\begin{bmatrix} \Delta TXC_1 \\ \Delta TXC_2 \\ \Delta TXC_3 \\ \Delta TXC_4 \end{bmatrix} = \begin{bmatrix} 1.9403 & -0.7326 & 0.2724 & -0.0902 \\ -0.7326 & 2.2127 & -0.8227 & 0.2724 \\ 0.2724 & -0.8227 & 2.2127 & -0.7326 \\ -0.0902 & 0.2724 & -0.7326 & 1.9403 \end{bmatrix} \begin{bmatrix} \Delta T_1 \\ \Delta T_2 \\ \Delta T_3 \\ \Delta T_4 \end{bmatrix} \tag{8-212}$$

对于用乙烷做原料的裂解炉，裂解炉只有两组炉管。实践证明，裂解炉的对象特性只跟炉子的结构形式有关，而与原料无关，因此，乙烷裂解炉的对象矩阵为

$$\boldsymbol{A} = \begin{bmatrix} a_{11} & a_{12} \\ a_{21} & a_{22} \end{bmatrix} = \begin{bmatrix} 0.589 & 0.195 \\ 0.195 & 0.589 \end{bmatrix} \tag{8-213}$$

解耦矩阵为

$$\boldsymbol{F} = \boldsymbol{A}^{-1} = \frac{\mathrm{adj}\boldsymbol{A}}{|\boldsymbol{A}|} = \begin{bmatrix} 1.901 & -0.631 \\ -0.631 & 1.901 \end{bmatrix} \tag{8-214}$$

4. 裂解炉计算机解耦控制流程

1）计算各组炉管出口温度 $\boldsymbol{T}_{ij}$ 与基准炉管出口温度 $\boldsymbol{T}_{is}$ 的差值

$$\Delta \boldsymbol{T}_{ij} = \boldsymbol{T}_{is} - \boldsymbol{T}_{ij} \tag{8-215}$$

式中，i 为裂解炉炉号，$i=1\sim6$；

j 为炉管组号，$j=1\sim4$（煤柴油裂解炉）；

$j=1\sim2$（乙烷裂解炉）；

s 为基准炉管号（可任意选择）。

2）解耦计算的逻辑判断

各组炉管间的温度一致，实际上只是近似的，工艺上规定温差 $\varepsilon\leqslant1.5$℃。当 $|\Delta T_{ij}|\leqslant\varepsilon$ 时，不作解耦计算；当 $|\Delta T_{ij}|>\varepsilon$ 时，作解耦计算。即逻辑判断式为

$$\begin{aligned} &|\Delta T_{ij}|\leqslant\varepsilon \text{ 不作解耦计算} \\ &|\Delta T_{ij}|>\varepsilon \text{ 作解耦计算} \end{aligned} \tag{8-216}$$

3）计算 $\Delta \boldsymbol{TXC}_{ij}'$

当 $|\Delta T_{ij}|>\varepsilon$ 时，由 ΔT_{ij} 按照解耦控制方程计算修正值 $\Delta \boldsymbol{TXC}_{ij}'$

$$\begin{bmatrix} \Delta TXC_{i1}' \\ \Delta TXC_{i2}' \\ \Delta TXC_{i3}' \\ \Delta TXC_{i4}' \end{bmatrix} = \boldsymbol{K}_i\boldsymbol{F} \begin{bmatrix} \Delta T_{i1} \\ \Delta T_{i2} \\ \Delta T_{i3} \\ \Delta T_{i4} \end{bmatrix} \tag{8-217}$$

式中，$\boldsymbol{K}_i$ 为第 i 炉的修正系数，通常 $\boldsymbol{K}_i\approx0.5$。

4）ΔTXC_{ij} 的输出

解耦控制由计算机每隔五分钟进行一次，ΔTXC_{ij} 是以断续的方式输出的，并且以阶跃的形式加到阀门上。若 ΔTXC_{ij} 一次输出幅度过大，会对工艺流程产生大的扰动，因此输出时作如下处理：

$$\Delta TXC_{ij} = \begin{cases} \Delta TXC_{ij}, & \text{当 } |\Delta TXC_{ij}|\leqslant|\pm3\%TXC_{\mathrm{m}}| \\ \pm3\%TXC_{\mathrm{m}}, & \text{当 } |\Delta TXC_{ij}|>|\pm3\%TXC_{\mathrm{m}}| \end{cases} \tag{8-218}$$

式中，$\Delta TXC_{ij}=\Delta TXC_{ij}'-\Delta TXC_{is}'$

对于基准炉管 $\Delta TXC_{is}=0$

5）调整负荷的判断

当偏差设定器 TXC 的输出达到

$$\left.\begin{aligned} &\text{高限} \quad HH_i = 28\%TXC_{\mathrm{m}} \\ &\text{低限} \quad HL_i = -28\%TXC_{\mathrm{m}} \end{aligned}\right\} \tag{8-219}$$

仍不能消除各组炉管的温差时，请求调整负荷，以减小温度偏差。

调整负荷时，原料油流量 Q 与温度通道的对象特性为

$$\begin{bmatrix} \Delta T_1 \\ \Delta T_2 \\ \Delta T_3 \\ \Delta T_4 \end{bmatrix} = \begin{bmatrix} b_{11} & b_{12} & b_{13} & b_{14} \\ b_{21} & b_{22} & b_{23} & b_{24} \\ b_{31} & b_{32} & b_{33} & b_{34} \\ b_{41} & b_{42} & b_{43} & b_{44} \end{bmatrix} \begin{bmatrix} \Delta Q_1 \\ \Delta Q_2 \\ \Delta Q_3 \\ \Delta Q_4 \end{bmatrix} \tag{8-220}$$

由于第 i 组炉管的流量改变 ΔQ_i，只影响对应炉管的出口温度 ΔT_i，所以，方程(8-220)中相关系数 $b_{ij}=0(i\neq j)$，因此，方程(8-220)可以表示成

$$\begin{bmatrix}\Delta T_1\\\Delta T_2\\\Delta T_3\\\Delta T_4\end{bmatrix}=\begin{bmatrix}b_{11}&0&0&0\\0&b_{22}&0&0\\0&0&b_{33}&0\\0&0&0&b_{44}\end{bmatrix}\begin{bmatrix}\Delta Q_1\\\Delta Q_2\\\Delta Q_3\\\Delta Q_4\end{bmatrix}\tag{8-221}$$

或者

$$\Delta\boldsymbol{T}=\boldsymbol{B}\Delta\boldsymbol{Q}\tag{8-222}$$

于是可以得到裂解炉温度控制方程

$$\Delta\boldsymbol{Q}=\boldsymbol{B}^{-1}\Delta\boldsymbol{T}\tag{8-223}$$

裂解炉的计算机解耦控制系统，达到了良好的控制效果。而用常规的控制方案是根本无法处理如此关联的对象的。

例 8.10　精馏塔的解耦控制

前面已提到精馏塔塔顶和塔底两个组分系统是相互关联，相互耦合的。本例介绍用前馈补偿综合法来解除系统的耦合，解耦控制系统如图 8.77 所示。

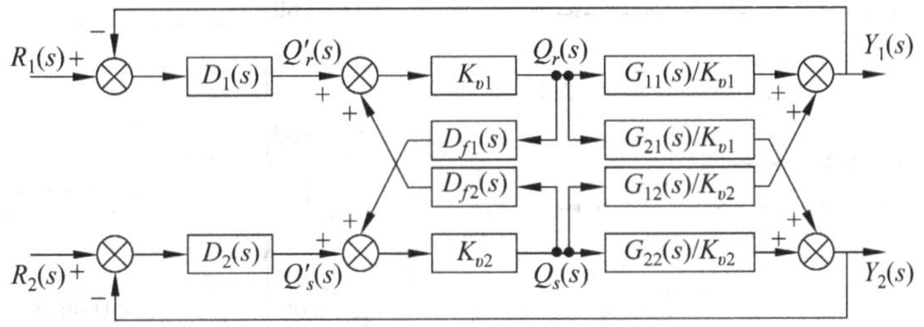

图 8.77　精馏塔的解耦控制系统

图中，$Y_1(s)$、$Y_2(s)$分别表示塔顶和塔底产品的组分；

$Q_r(s)$、$Q_s(s)$分别表示塔顶和塔底的蒸汽量；

$R_1(s)$、$R_2(s)$分别表示塔顶和塔底产品组分的给定值；

K_{v1}、K_{v2}分别表示线性阀的放大系数；

$G_{11}(s)$、$G_{21}(s)$，$G_{12}(s)$，$G_{22}(s)$表示对象的传递函数；

$D_{f1}(s)$、$D_{f2}(s)$表示前馈解耦补偿器的传递函数；

$D_1(s)$、$D_2(s)$分别表示反馈调节器的传递函数。

在 $y_1(t)=0.98$ 和 $y_1(t)=0.95$ 两种工况下，通过实测和计算可得到前馈解耦补偿器的传递函数如表 8.1 所示。

表 8.1　前馈解耦补偿器的传递函数

前馈解耦补偿器	$y_1(t)=0.98$　$y_2(t)=0.02$	$y_1(t)=0.95$　$y_2(t)=0.05$
$D_{f1}(s)$	$\dfrac{0.9547e^{-1.5s}}{1+0.4s}$	$\dfrac{0.8518e^{-1.5s}}{1+0.4s}$
$D_{f2}(s)$	0.9488	0.8180

精馏塔前馈解耦控制的效果是明显的。

当 $y_1(t)=0.98, y_2(t)=0.02, r_2(t)$ 由 0.02 变到 0.03 作阶跃扰动时，各个参数的过渡过程如图 8.78 所示。

图中虚线是无解耦控制的情况，实线是前馈解耦控制的情况。从图可见，当 $r_2(t)$ 做阶跃扰动时，若没有解耦，$y_1(t)$ 有很大的波动。当有前馈解耦时，$y_1(t)$ 的波动很小，而且很快达到稳定状态。

当 $y_1(t)=0.95, y_2(t)=0.05, r_1(t)$ 由 0.95 变到 0.97 做阶跃扰动时，过渡过程曲线如图 8.79 所示。

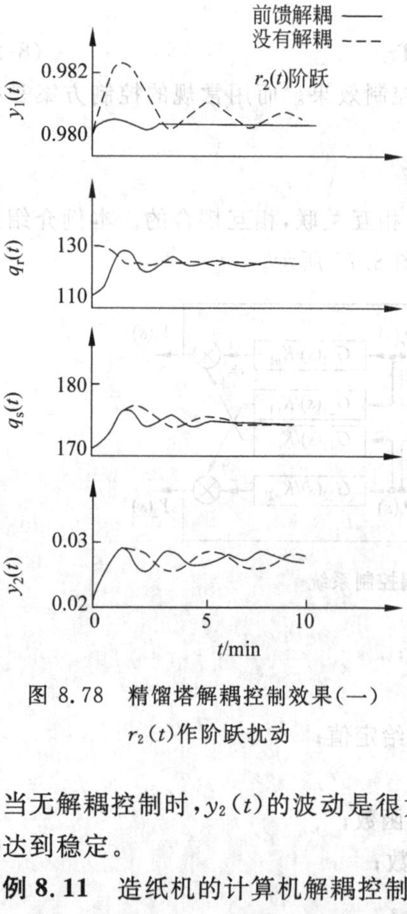

图 8.78 精馏塔解耦控制效果(一) $r_2(t)$ 作阶跃扰动

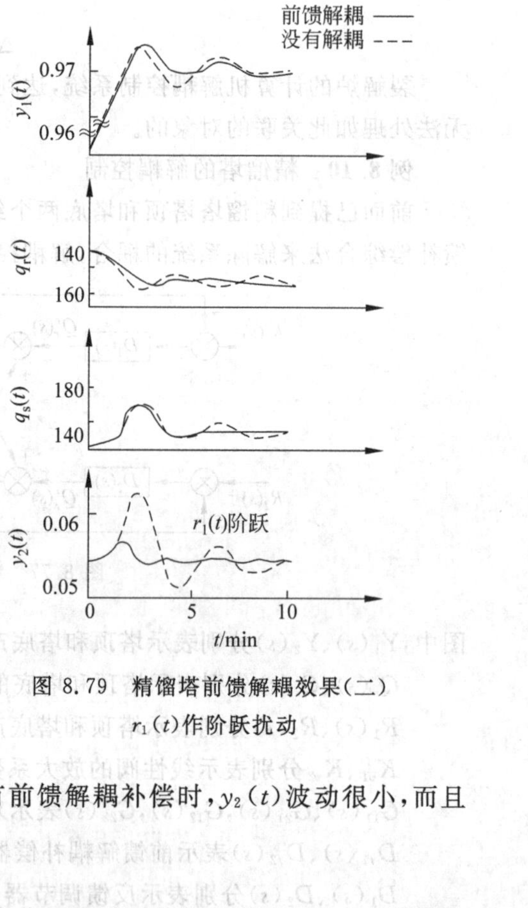

图 8.79 精馏塔前馈解耦效果(二) $r_1(t)$ 作阶跃扰动

当无解耦控制时，$y_2(t)$ 的波动是很大的。当有前馈解耦补偿时，$y_2(t)$ 波动很小，而且很快达到稳定。

例 8.11 造纸机的计算机解耦控制

造纸机的称量 $w(t)$（单位面积纸张的重量）和水分 $m(t)$（纸张所含水分百分比）系统是两个关联的耦合系统。造纸机的两个耦合系统如图 8.80 所示。

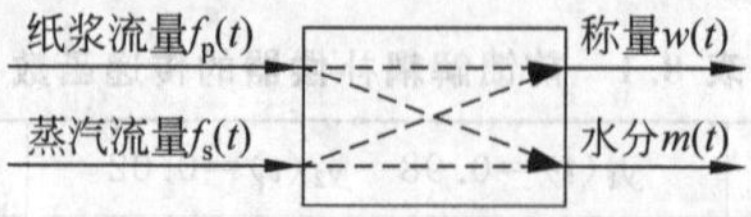

图 8.80 造纸机的两个耦合系统

对于造纸机通常调节进入干燥缸的蒸汽流量 $f_s(t)$ 来控制纸张的水分 $m(t)$，调节纸浆流量 $f_p(t)$ 来控制称量 $w(t)$。两个系统间存在着紧密的关联作用，因此使用两个 PID 控制系统是难于正常工作的，甚至不如手工操作的性能。采用计算机解耦控制可以使控制性能有很大的提高。图 8.81 对计算机解耦和手工操作的控制性能做了比较。

从图 8.81 可以看出造纸机采用解耦控制以后，控制性能有了较大的提高。

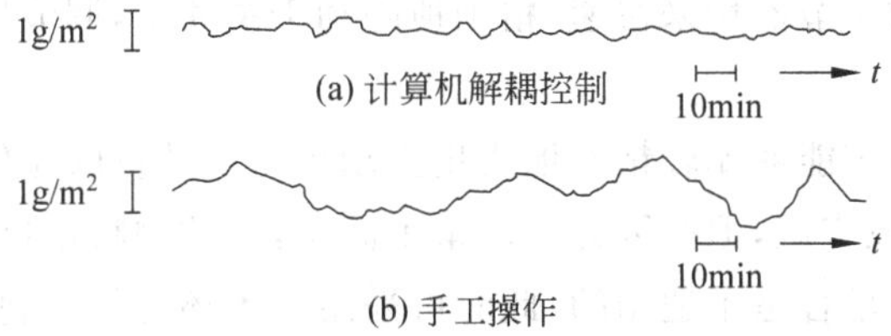

图 8.81 计算机解耦和手工操作控制性能的比较

8.5 其他复杂规律控制系统的简介

在复杂规律的计算机控制系统中，除了串级控制、前馈控制、纯滞后补偿控制、多变量解耦控制外，还可以包含比值控制、均匀控制、分程控制和自动选择性控制，限于篇幅，对上述几种控制只做简略的介绍。

8.5.1 比值控制

在窑炉或锅炉的燃烧过程中，为了燃料充分燃烧，降低能耗，要求燃料的流量和蒸汽或空气的流量按一定的比例混合燃烧。在合成氨的生产中，要求进入反应器的氢气量和氮气量按照一定的比例。又如造纸过程中，为了得到规定浓度的纸浆，必须以一定的比例让浓纸浆和水混合。这种让两个或多个参量（通常是流量）自动地保持一定比例关系的控制称为比值控制。

比值控制系统通常可以分为单闭环比值控制系统、双闭环比值控制系统和变比值控制系统。

1. 单闭环比值控制系统

单闭环比值计算机控制系统如图 8.82 所示。

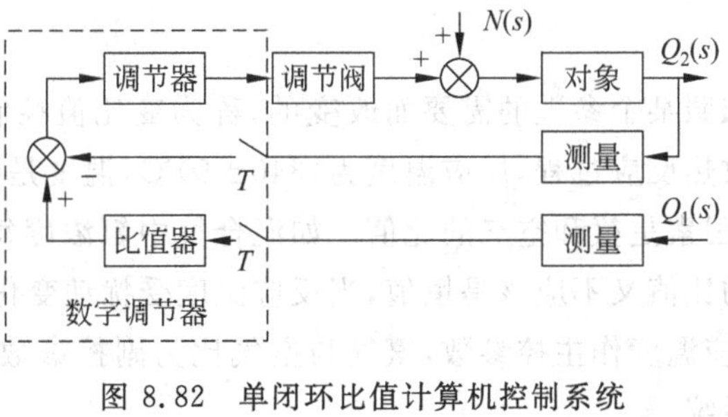

图 8.82 单闭环比值计算机控制系统

从图 8.82 可以看出单闭环比值控制系统实际是一个随动系统，从动量 $Q_2(s)$ 随动于主动量 $Q_1(s)$。当主动量 $Q_1(s)$ 保持恒定，若从动量受到扰动时，从动回路的控制作用，迅速抑制扰动，保持设定的比值关系。当主动量 $Q_1(s)$ 变化时，比值器的输出作为调节器的给定值，使从动量 $Q_2(s)$ 以新的数值保持与主动量的 $Q_1(s)$ 比值关系。

比值器实现从动量 $Q_2(s)$ 与主动量 $Q_1(s)$ 的比值关系。即

$$Q_2(s)=K_{p1}Q_1(s) \tag{8-224}$$

从动量控制回路的调节器用来快速、精确地随动于主动量，调节器调节规律通常选用比例积分规律。

单闭环比值控制系统能够比较精确地实现主动量与从动量的比值关系，而且结构简单、调整方便，因而使用比较广泛，但是因为主动量不固定，总的物料量也就不是固定的，对于那些直接参加化学反应的场合是不适用的，此时可采用双闭环比值控制。

2. 双闭环比值控制系统

双闭环计算机比值控制系统如图 8.83 所示。

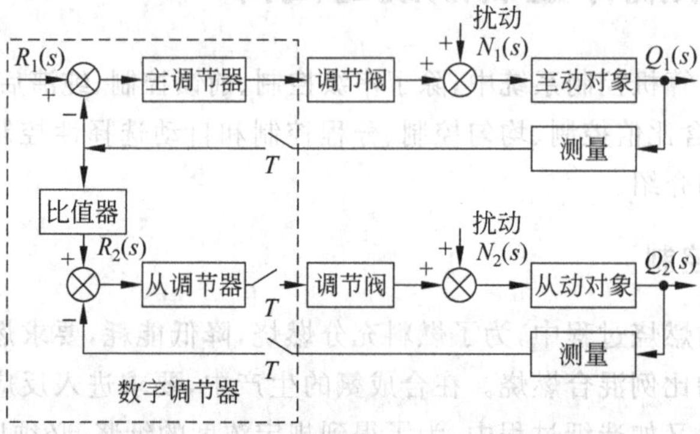

图 8.83　双闭环计算机比值控制系统

系统中对主动量 $Q_1(s)$ 和从动量 $Q_2(s)$ 都进行了控制，使得负荷比较稳定。从图 8.83 可以看到主动量控制回路是定值控制，从动量控制回路仍是随动控制。

比值器的调节规律仍如式(8-224)，主调节器和从调节器的调节规律为比例积分规律。

在通常情况下，用两个独立的恒值系统，分别克服各自回路的扰动，同样可以保持主动量与从动量的比值关系，因此双闭环比值控制使用比较少。

3. 变比值控制

两种物料的比值依照某个参数的需要而改变的，称为变比值控制。在硝酸的生产过程中，氨的氧化反应，是放热反应过程，反应温度为(840±5)℃，温度是氧化反应情况的主要指标，而影响温度的主要因素是氨和空气的比值。如混合气中氨浓度每下降 1%，炉温将下降 64℃。但是氨与空气的比值又不应该是恒值，当反应温度受扰动变化时，均需要改变氨量来补偿，因此组成了以反应温度作主控参数，氨气与空气比为副控参数的串级控制系统，副控回路就是变比值控制系统。

变比值计算机控制系统如图 8.84 所示。

从图 8.84 可以看到氧化炉反应温度和氨气、空气的流量分别构成主控和副控回路，炉温调节器的输出作为副控回路流量调节器的给定值。在副控回路中，空气与氨气作比值运

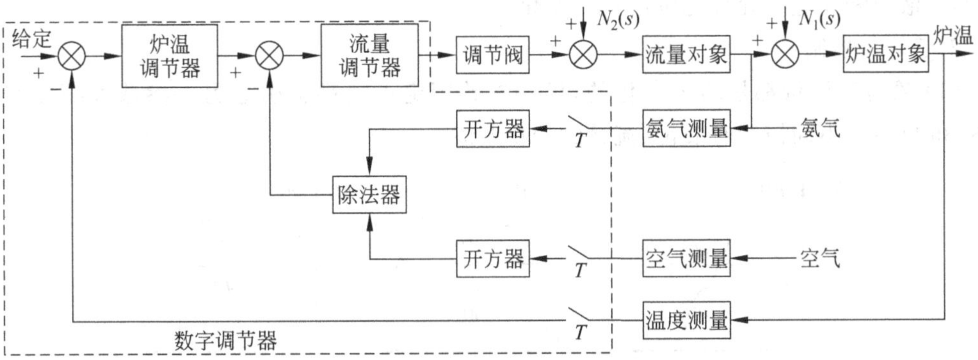

图 8.84 串级变化比值计算机控制系统

算后，作为比值调节器的输入量，因而副控回路是比值控制系统。在正常情况下，氧化炉炉温保持给定值，空气与氨气保持一定的比值，当炉温受扰动时，炉温调节器的输出改变氨气的流量，以补偿扰动的影响，使炉温重新维持在给定值。可见，这个系统中空气与氨气的比值是随氧化炉反应温度的改变而变化的，是个变比值控制系统。

尽管变比值控制系统的结构比较复杂，由于能够高精度地控制生产过程，使用还是比较广泛的。

8.5.2 均匀控制

均匀控制是对某些生产过程中，尤其是石油化工生产过程中，统筹兼顾液位(或压力)-流量的控制。在连续化生产过程中，例如石油裂解为甲烷、乙烷、丙烷、丁烷、乙烯和丙烯时，前后串联了八个塔进行连续化生产，前一设备的出料是后一设备的进料，后一设备的出料又是下一设备的进料，前后塔之间的操作联系密切，紧密关联。为使这些串联的塔运行正常，每个塔都要求进入的流量变化缓慢，塔釜液位不超过允许范围。因此在这类过程自动化设计时，应全局考虑，统筹兼顾，不能只考虑单个塔的要求来设置控制系统。图 8.85 是串级均匀控制的示意图。

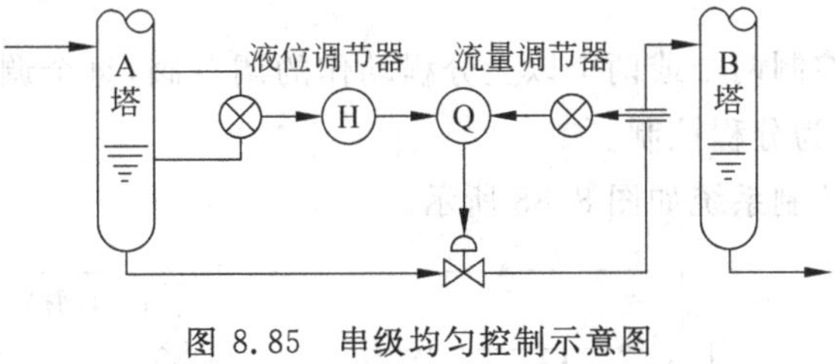

图 8.85 串级均匀控制示意图

图 8.85 中流量控制是副控回路，液位控制是主控回路。设 A 塔受扰动作用，液位升高时，通过主、副控调节器的作用，调节阀缓慢开大，进入 B 塔的入料量缓慢增加，A 塔液位不是立即下降，而是缓慢上升，当 A 塔的出料量等于因扰动增加的入料量时，液位不再上升，暂时达到最高值，经过一段过程，A、B 塔重新建立平衡关系。当 B 塔受扰动，使流入量变化时，副控回路动作逐渐克服扰动，直到影响 A 塔的液位后，主控调节器动作，主、副控调节器

配合，使液位和流量在允许范围内均匀变化。

对于均匀控制：

(1) 液位和流量都是均匀变化的，任一参数固定不变都会引起另一参数大幅度波动。图 8.86 反映了不同控制时液位、流量的变化曲线。

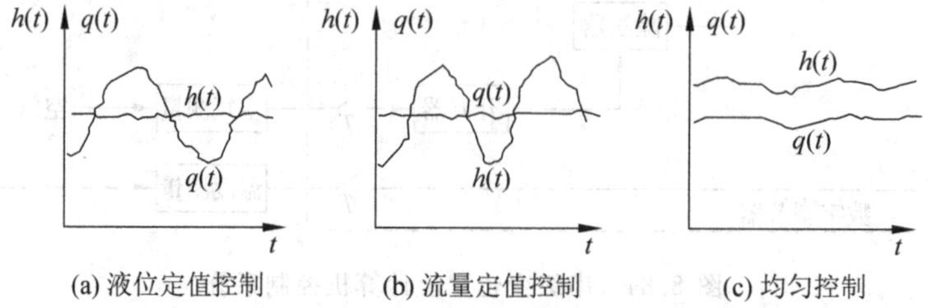

图 8.86 A、B塔的液位 $h(t)$、流量 $q(t)$变化曲线

(2) 均匀控制应该使两个参数缓慢变化，逐渐达到新的平衡状态，这与定值控制中要求过渡过程尽量快的要求是不同的。

(3) 均匀控制允许液位和流量在一定范围内波动。但是绝不能超出允许范围，以免发生事故。

串级均匀计算机控制系统的方框图如图 8.87 所示。

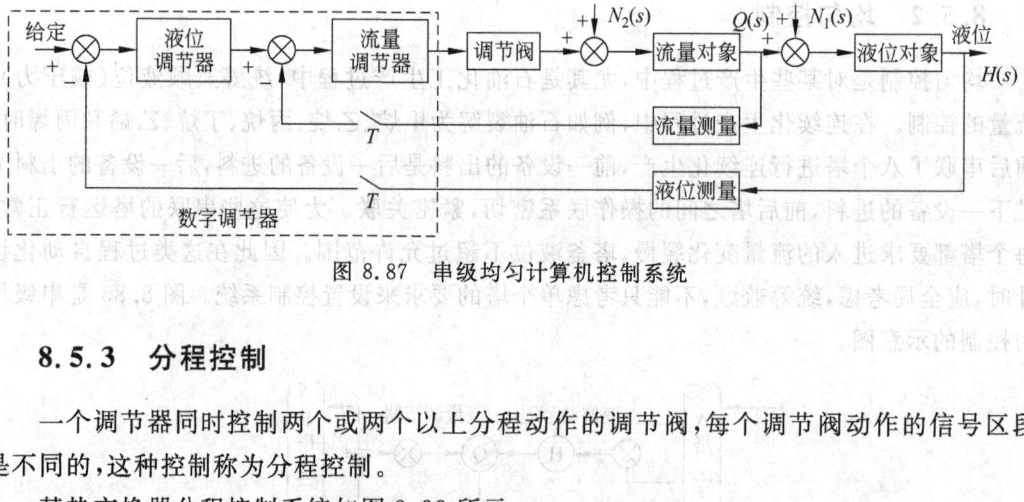

图 8.87 串级均匀计算机控制系统

8.5.3 分程控制

一个调节器同时控制两个或两个以上分程动作的调节阀，每个调节阀动作的信号区段是不同的，这种控制称为分程控制。

某热交换器分程控制系统如图 8.88 所示。

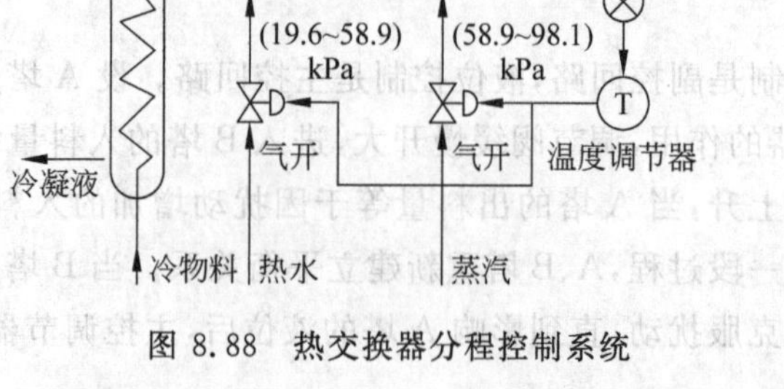

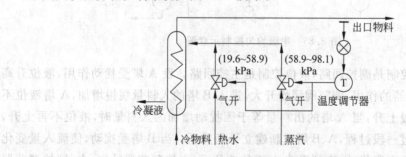

图 8.88 热交换器分程控制系统

热交换器采用热水和蒸汽加热物料，并保持出口物料的温度稳定。为了降低成本、提高经济效益，生产中希望尽量使用低位能的热水。为此，出口物料的温度采用分程控制。当热水加热不能保证出口物料温度稳定时，改用蒸汽加热。温度调节器的输出同时控制热水阀和蒸汽阀。调节阀是气开式的，热水阀的信号工作范围是(19.6～58.9)kPa，蒸汽阀的信号工作范围是(58.9～98.1)kPa。

采用分程控制，可以扩大调节阀的调节范围，提高控制精度，改善生产过程的稳定性和安全性。

热交换器计算机分程控制的方框图如图 8.89 所示。

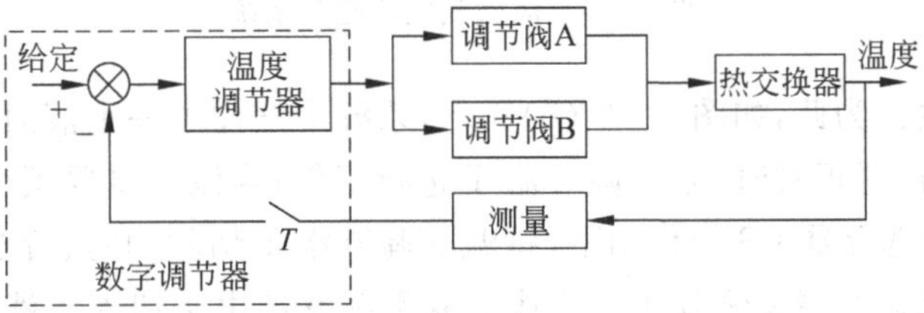

图 8.89 热交换器计算机分程控制的方框图

8.5.4 自动选择性控制

在现代化大型工厂的生产过程中既要保证安全生产，又要尽量避免不必要的停车事故。通常自动控制系统只能在正常情况下工作，一旦系统的工作状态达到安全极限时就应采取保护措施。用手工操作的办法采取保护措施时，或因生产速度太快，人工操作跟不上生产速度的变化，或因限制条件的逻辑关系太复杂，容易发生误操作；用连锁的保护措施时，关闭某些设备会使生产过程停顿而影响工作，尤其对很多启动比较缓慢的生产装置，停车以后，需要很长时间才能恢复，甚至有些装置根本不允许停车。因此用这种硬性保护的办法是不受欢迎的。为此，采用了既能自动起保护作用而又不停车的自动选择性控制。

自动选择性控制是把生产过程限制条件所构成的逻辑关系，叠加到正常的自动控制系统上去的一种控制方法。当生产趋向限制条件时，一个用于控制不安全情况的控制方案将取代正常情况下的控制方案，直到生产状态恢复到安全的范围内，这时正常情况下的控制方案又恢复工作。这种自动选择性控制又称为自动保护控制或软保护控制，也有称为取代控制或超驰控制的。

选择性控制通常可以分为两类，一类是选择器放在调节器之后，对被调参数选择控制，称为被调参数的选择性控制；另一类是选择器放在调节器之前，对测量信号作选择性控制，称为调节参数的选择性控制。

1. 被调参数的选择性控制

图 8.90(a)是液氨蒸发器温度控制系统，改变液氨进入蒸发器的流量，来保持被冷却物料出口温度恒定。当液氨蒸发器的容积较大，液氨在器内的停留时间较长时，则对象的时间常数较大，因此调节性能比较差，液面的波动比较大。

当液氨进入蒸发器太多时，将会淹没换热器的全部列管，再继续增加液氨，不但不会增加蒸发量，相反，由于液位太高，分离空间减小，会使一部分液氨随气氨离开蒸发器而进入压

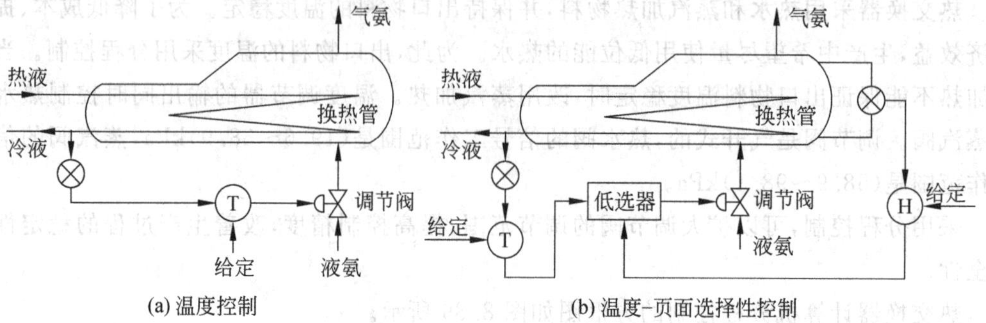

图 8.90 液氨蒸发器控制系统

缩机,造成严重事故。为此,如图 8.90 (b)所示,系统中增加了一个液面控制系统和一个低值选择器。当液面位置正常时,温度调节器 T 进行工作;当液面将要把全部列管淹没时,液面调节器 H 在低值选择器 LS 的作用下,将温度调节器 T 切除,并执行控制调节阀的任务。待液面下降后,温度调节器又恢复正常工作。液氨蒸发器由于加入了液面控制和低值选择器,防止了气氨带液的严重事故。图 8.90(b)中的液面调节器 H 称为取代调节器,低值选择器实际上是一个自动切换装置。图 8.90(b)选择性控制的方框图如图 8.91 所示。

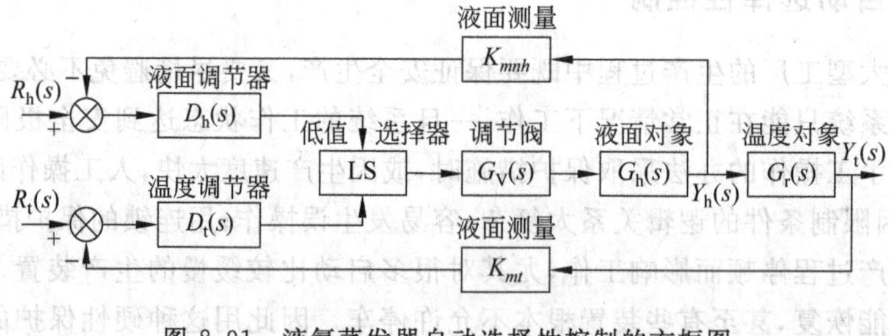

图 8.91 液氨蒸发器自动选择性控制的方框图

2. 测量信号选择性控制

这种选择性控制中至少有两个以上的测量信号,这些测量信号都受选择器的选择,选出符合生产要求的信号送到调节器,系统将按此信号进行控制。图 8.92 就是这类系统。

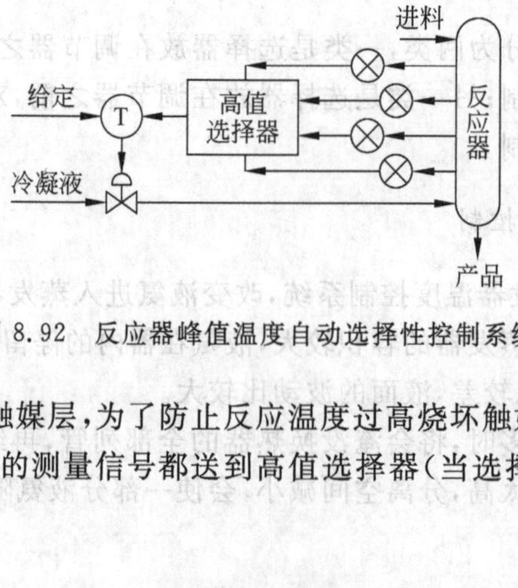

图 8.92 反应器峰值温度自动选择性控制系统

反应器内装有固定的触媒层,为了防止反应温度过高烧坏触媒层,在触媒层的不同位置设置了检测点,各个检测点的测量信号都送到高值选择器(当选择的信号较多时,可由多个选择器并联或串联组成),选出最高的温度进行控制,从而保证触媒层的安全。

反应器峰值温度自动选择性控制的方框图如图 8.93 所示。

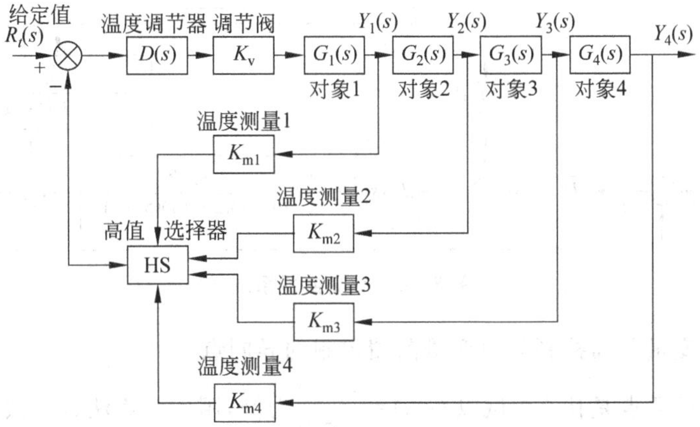

图 8.93 反应器峰值温度自动选择性控制的方框图

选择性控制还可用来改善调节品质,构成非线性控制;或者借助于选择器实现一定操作规律的开车、停车。这也是自动选择性控制扩大应用范围的另一个重要的方面。

对于被调参数的选择性控制,在任何情况下,总是有一个调节器处于待命开环工作状态,当调节器包含积分作用时,由于给定值与测量值之间存在的偏差,将使用调节器进入积分饱和状态,而积分饱和对控制系统的性能是有害的。为了防止积分饱和,工程上经常采用限幅法、外反馈法和积分切除法。

自动选择性控制是很容易由计算机来实现的,尤其由于计算机的强大的逻辑判断的功能,选择器的功能由计算机来实现更是轻而易举的事了。

8.6 练习题

8.1 试述串级控制系统的工作原理。

8.2 串级控制系统有哪些特点?为什么会有这些特点?

8.3 试画出计算机串级控制系统的方框图。

8.4 串级控制系统中,为什么有时需要异步采样?

8.5 简述多路串级控制系统的算法步骤。

8.6 已知串级控制系统中,副控对象 $G_2(s)=1/(1+5s)$,采用零阶保持器 $H_0(s)=(1-e^{-Ts})/s$,试按预期的闭环特性设计副控调节器 $D_2(z)$,采样周期 $T=1s$。

8.7 试举出计算机串级控制系统的应用实例,画出方框图。

8.8 试述前馈控制的工作原理,前馈调节器的控制规律。

8.9 前馈控制有哪些类型?各类前馈控制有哪些特点?

8.10 为什么前馈调节器经常与其他控制方式结合起来?

8.11 试画出计算机前馈-反馈控制系统的方框图。

8.12 试画出计算机前馈-串级控制系统的方框图。

8.13 试举出带有前馈调节器的计算机控制系统的实例。

8.14 为图 8.94 所示的热交换器系统设计一个前馈调节器 $D_f(z)$。

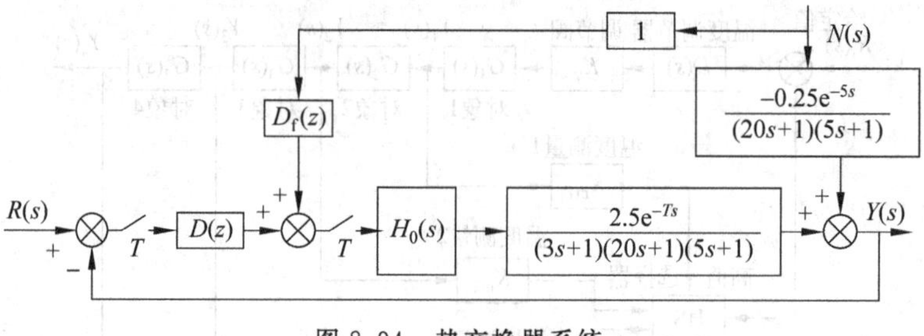

图 8.94 热交换器系统

8.15 试比较多变量前馈控制与单变量前馈控制的异同点。

8.16 大林算法的要点是什么？试以 $G(s)=\dfrac{8e^{-10s}}{1+2s}$为例，用大林算法设计数字调节器$D(z)$。

8.17 什么是振铃？振铃是怎样引起的？如何消除振铃？

8.18 试述纯滞后补偿控制的原理，纯滞后补偿控制规律与哪些因素有关？

8.19 试画出计算机纯滞后补偿控制系统的方框图。

8.20 若对象特性 $G(s)=Ke^{-\tau s}/(1+as)(1+bs)$，试分析计算机纯滞后补偿控制的算法步骤。

8.21 试述产生纯滞后信号的办法，比较它们的优缺点。

8.22 已知对象特性 $G(s)=10e^{-10s}/(1+5s)$，试求出纯滞后补偿控制算法，采样周期$T=1\text{s}$。

8.23 试举出纯滞后补偿控制的应用实例。

8.24 试述多变量解耦控制的原理。

8.25 简述多变量解耦控制的综合方法。

8.26 简述计算机多变量解耦控制的算法步骤。

8.27 简述乙烯装置裂解炉的计算机解耦控制系统的组成和工作原理。

8.28 如何求得裂解炉的解耦矩阵。

8.29 简述裂解炉计算机解耦控制的算法步骤。

8.30 何为比值控制？有哪几种比值控制？

8.31 均匀控制有哪些特点？

8.32 分程控制的作用是什么？

8.33 简述选择性控制的功能。

8.34 选择性控制可分为哪几类？

第9章 集散型控制系统

9.1 概述

集散型控制系统(Total Distributed Control Systems,TDCS)也称为分布式计算机控制系统(Distributed Computer Control Systems,DCCS)的,是以微处理机为核心,采用数据通信技术和 CRT(Cathode-Ray Tube)显示技术的新型计算机控制系统。

集散型控制系统以多台(从数台到数百台)微处理机分散在生产现场,进行过程的测量和控制,实现了功能和地理上的分散,避免了测量、控制高度集中带来的危险性和常规仪表控制功能单一的局限性;数据通信技术和 CRT 显示技术以及其他外部设备的应用,能够方便地集中操作、显示和报警,克服了常规仪表控制过于分散和人-机联系困难的缺点。

集散型控制系统能够完成直接数字控制、顺序控制、批量控制、数据采集与处理、多变量解耦控制以及最优控制等功能,在先进的集散型控制系统中,还包含有生产的指挥、调度和管理的功能。

9.1.1 典型的集散型控制系统

20 世纪 70 年代后期,由于半导体技术和计算机技术的迅猛发展以及现代化生产的迫切需要,集散型控制系统雨后春笋般地涌现,世界各国相继推出各种型号的集散型控制系统,下面列举几种比较典型的集散型控制系统,使大家对集散型控制系统的结构、组成有概貌性的了解。表 9.1 列出了部分国家生产的集散型控制系统。表 9.2 是部分集散型控制系统的概况。

尽管各家公司生产的集散型控制系统各不相同,但是它们都是由微型计算机为核心的基本调节器,高速通道,CRT 操作站和监督计算机等主要部分组成,如图 9.1 所示。

基本调节器实现测量、控制的功能,每个基本调节器通常测量、控制 8~64 个回路,基本调节器的故障,只影响少数回路。另外,基本调节器靠近现场跟传感器和执行器的连线大大缩短,因此可以降低连线费用,减少干扰,提高系统的可靠性。

数据通道把系统中各个组成部分连接起来,进行数据交换,实现测量、控制和集中监视。数据通道通常使用高速通道(Data High Way,DHW)进行微处理机之间的通信。为了提高可靠性,高速通道采用双重化结构,一条工作,另一条备用,由切换开关互相切换。系统中的所有数据信息,都是由高速通道传输的。每个数据信息都有自己的地址,只能由高速通道指挥器(High Way Traffic Direct,HWTD)的指挥进入目标地址单元的接口,所以不容易出错(另外还附加检错措施)。与高速通道连接的任何单元的故障,都不影响其他单元的通信。

表 9.1 部分国家的集散型控制系统

国 别	公司名称	系统名称
美国	Beckman Instruments	DIDCOM
	EMC Controls	EMCON-D
	Bristol	UCS-3000
	Bell & Howell	System 200
	Process System	MICON-IV
	Honeywell	TDC-2000
	Robertshaw Controls	DCS-1000
	Fischer & Portor	DCI-4000
	Foxboro	SPECTRUM
	Forney Engineering	ECS-1200
	DEC	DPM
	Esterline Angus Instruments	EIDOS
	Fisher Controls	PROVOX
	Bailey Controls	NETWORK-90
	Westing House	WOPE
日本	山武-霍尼威尔	TDCS-2000
	横　河	CENTUM
	日　立	UNITROL Σ
	北　辰	900/TX
	富　士	MICREX-P
	三　菱	MACTUS
	东　芝	TOSDIC
瑞典	Saab-Scania AB	NAF-Uniview
英国	Kent	P-4000
	Bristol Babcock	SYSTEM-3000
	Oxford Automation	SYSTEM-86
德国	Siemems	TELEPERM-M
	AEG Telefunken	CP80
	Eckhardt AC	PLS 80
法国	Control Bailey	MICRO-Z
	Serey-Schlumbergor	MUDUMET 800
荷兰	Philips	PCS 8000
意大利	ANSALDO	ANSALDO 综合自动化系统

高速通道用同轴电缆传输信息比用双绞线的传输质量要高，干扰和噪声的影响小。由于高速传输，可以实现电缆的多路切换，从而减少引线费用。例如，一个有 500 个测量控制回路的装置，使用电动单元组合仪表时，要有上千条导线，仅安装所用的投资在国外大约

表 9.2　国外部分集散型控制系统的概况

项目		国别/厂家	美国 Foxboro	日本 山武-霍尼威尔	日本 日立	日本 横河	日本 北辰	日本 富士	日本 东芝
产品名称			SRECTRUM	TDCS-2000	UNITROL Σ	CENTUM	900/TX	MICREX-P	TOSDIC
发表日期			1979 年 4 月	1975 年 11 月	1975 年 6 月	1975 年 6 月	1976 年 11 月	1975 年 10 月	1975 年 5 月
微处理机形成 (bit)			AMD2900 4	CP-1600 16	DSC-21 16	NEC, μCOM-16 16	DEC,LIS-11 16	PFL-16 16	TLS-12A 12
回路调节器	控制回路数		30	8	32	32	64	16	8
回路调节器	输入点数	模拟量	30	16	32	62	256	16	8
回路调节器	输入点数	数字量	120	8					16
回路调节器	输出点数	模拟量	30	8	32	32	64	16	8
回路调节器	输出点数	数字量	120(或 60)	16					24
回路调节器	基本采样周期/s		0.5	1/3	1	1	1	1	1
回路调节器	标准算法数		23	28	20	30	24	16	24
回路调节器	主存储器/KB		ROM(32) RAM(16)	ROM(24) RAM(1) 备用磁芯(0.5)	线存储器(32)	磁芯(32)	磁芯(32)	PROM/磁芯(32)	ROM(11) RAM(1)
回路调节器	用户程序处理方法		固化	固化＋追加 PROM(4KB)	软件程序输入	软件程序输入	软件程序输入	固化＋交换 PROM	固化＋追加 PROM(2KB)
系统的通信			高速数据通道	高速数据通道	高速数据通道	高速数据通道	AD/POOL 高速数据通道	高速数据通道	数据通道
人-机接口	模拟仪表显示/操作		用后备板做简单的显示和手操作	SP、PV 和阀位显示,后备操作	SP、PV 和阀位显示,后备操作	在 CRT 操作站故障时作为后备操作	SP、PV 和阀位显示,后备操作	PV 和阀位显示,后备操作	SP、PV 和阀位显示,后备操作兼有 I/O 处理
人-机接口	简易操作台		无	有	有	有	有	有	有
人-机接口	CRT 显示操作站		有	有	有	有	有	有	有
和过去模拟仪表的结合			与 SPEC200 仪表能很好地兼容	在与盘装仪表的结合上下工夫	重视与盘装模拟仪表的结合	在研究中 (完成了部分)	重视与盘装模拟仪表的结合	在研究中	是模拟仪表的延伸

注:SP—给定值;PV—被控参数(过程变量)或其测量值;I/O—输入/输出。

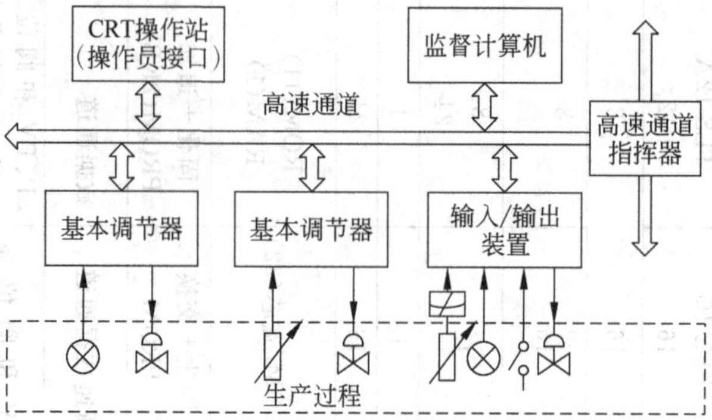

图 9.1　TDCS 的基本构成

150 美元/米。采用高速通道，只需两条(其中一条备用)同轴电缆。图 9.2 比较了两种连线的费用-信号数的关系。

CRT 操作站可以集中生产过程的全部信息，并在 CRT 屏幕上显示出来。CRT 可以显示多种画面，它完全替代模拟显示器，大大缩小了显示操作台，实现了对整个生产过程有效的集中监视。操作台的“智能化”，使操作人员通过键盘操作，可以实现复杂的高级功能。

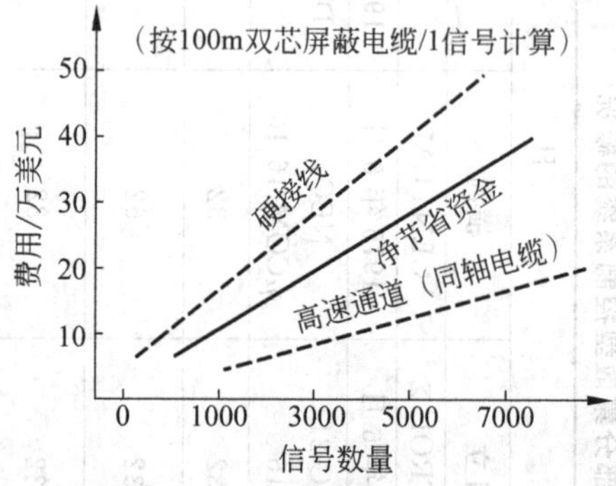

图 9.2　两种连线的费用-信号数比较

监督计算机通常使用中、小型计算机，配有高级语言(如 FORTAN、BASIC、C)或汇编语言，并且带有多种外部设备。可实现高级、复杂的控制和管理，对生产过程的管理功能包括：存取工厂所有的数据和控制参数；按要求打印综合报告，进行长期的趋势分析和最优化的监控。表 9.3 是部分集散型控制系统使用的监督计算机。

表 9.3　部分集散型控制系统使用的监督计算机

集散型控制系统	监督计算机
SPECTRUM	FOX1/A,FOX300
N-90	Bailey 1090
TDC-2000	H716 TDC-4500
TDCS-2000	HS716 HS-4500
CENTUM	YODIC-600 1000
900/TX	HOC 900
MICREX	U-100 U-200 U-300 U-400
UNITROL Σ	HIDIC 80
P-4000	K90S
TOSDIC	TOSBAC-40

集散型控制系统使用十分灵活，可以适应不同规模和种类工厂的要求，工厂也可以分期投资，逐步扩建。

下面简单介绍目前比较流行的几种集散型控制系统。

9.1.1.1 美国 Foxboro 公司的 SPECTRUM 综合分散型过程控制系统

1. 系统的概貌

在 SPECTRUM 系统中，现场信号由过程接口装置采集或输出；调节控制功能由专门的控制装置或计算机的控制软件包来实现；显示操作功能由显示操作站或计算机的控制台来完成；过程管理用计算机语言编写的专门程序来实现。这些分散安装的装置由通信子系统连接成通信网络。最大通信距离为 4500m，网络连接的装置最多可达 100 个。显然，系统中测量、控制是分散的，显示操作和管理则是集中的。SPECTRUM 系统的方框图如图 9.3 所示。

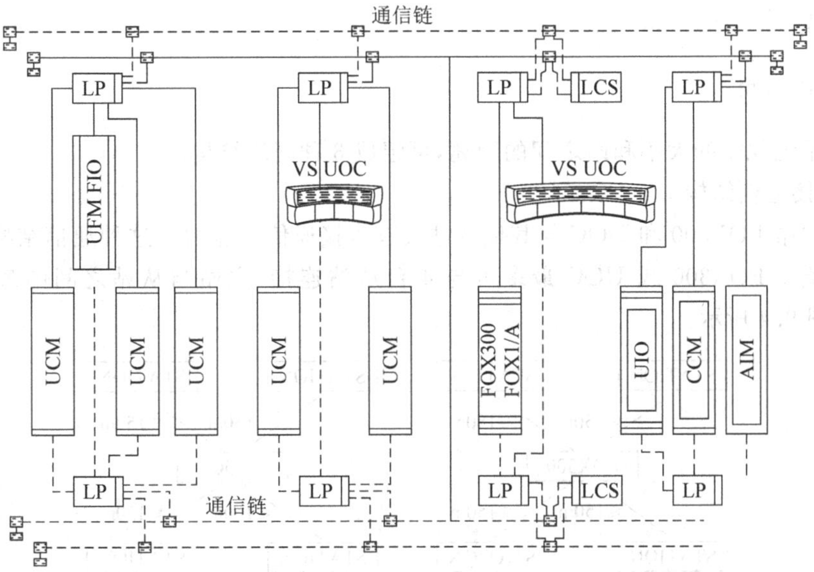

图 9.3 SPECTRUM 系统的方框图

在 SPECTRUM 系统中每台装置或子系统称为一个站。这些站可分为主站和从站。主站是能对其他站发出请求和响应请求的站。从站则不能对其他站发出请求而只能响应主站请求的站。能作为主站的有 FOX300 和 FOX1/A 工业控制计算机，以及 UOC 和 VIDEOSPEC 显示操作站。能作为从站的有模拟量输入装置 AIM、调节器通信装置 CCM、通用输入-输出装置 UIO、通用现场多路切换装置 UFM、现场输入输出装置 FIO 和 MICROSPEC 单元控制装置 UCM。在系统中，还有 FOXNET 通信子系统，包括 LP 链通信口、LPE 链通信口扩展器、LCS 链控制站、耦合器、终端器、干线电缆和支线电缆。

2. 系统的功能

SPECTRUM 系统具有五大功能。

(1) 过程接口：把现场变送器来的测量信号传输到过程控制系统中，把各种控制信号传输到现场执行机构。这个功能由 AIM、CCM、UIO、UFM、FIO 和 UCM 来完成。

(2) 过程控制：可实现 PID 调节、最优控制和自适应控制，从连续过程控制到逻辑控制和程序控制。它可由下列装置和系统来完成。

SPEC200＋CCM(模拟)；

UCM(功能块)；

FOX300 (FCP　FOXBORO 控制程序包)；

FOX1/A (IMPAC 工业多级过程分析和控制程序包)。

(3) 操作员接口：操作人员通过 CRT 监视全局(生产过程和控制系统)和观察每个回路的参数和状态，通过键盘介入过程(组态方案、修改参数和输出控制信号)。此功能可由 UOC、VIDEOSPEC、FOX300 或 FOX1/A 的 CRT 控制台来完成。

(4) 过程管理：实现复杂的控制方案、数据处理、数据库管理、工艺流程图绘制和报表制作等功能。它由 FOX300 和 FOX1/A 计算机系统来完成。

(5) 通信：是传输数据实现分散控制和集中管理必不可缺的。它由 FOXNET 通信子系统来完成。

3. 网络结构

根据系统规模的大小和站之间的距离，可组成 3 种网络结构。

1) 直接通信结构

两个主站 FOX300 和 UOC 与其他从站具有直接通信的能力。这种通信结构用于规模较小的场合。FOX300 或 UOC 最多可与 4 台从站连接，主站与从站之间的最大距离为 150m，如图 9.4 所示。

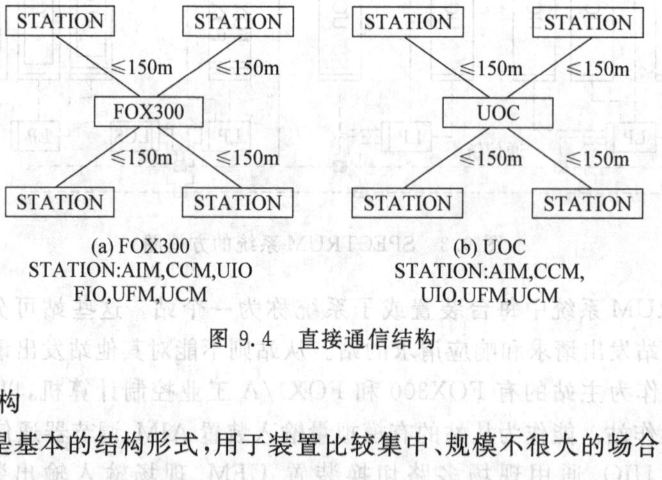

(a) FOX300
STATION:AIM,CCM,UIO
FIO,UFM,UCM

(b) UOC
STATION:AIM,CCM,
UIO,UFM,UCM

图 9.4　直接通信结构

2) 群通信结构

群通信结构是基本的结构形式，用于装置比较集中、规模不很大的场合，如图 9.5 所示。

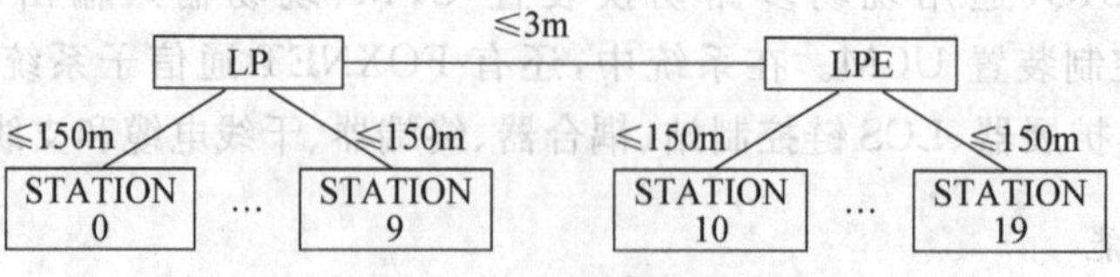

图 9.5　群通信结构

它由 LP(链通信口)协调群内各站间的通信，一个 LP 最多可接 10 个站，当站的数目超过 10 个时，可加接一个 LPE(链通信口扩展器)使之扩展到 20 个站。LPE 用短于 3m 的标准电缆线与 LP 相连接，LPE 不能处理链控制权的申请，只能与从站连接。站与 LP 或 LPE 之间的数据传输是并行方式，而 LP 与 LPE 之间数据传输是串行方式。LP 或 LPE 与站之间的距离不超过 150m。

3）链群通信结构

适用于规模大或通信距离远的系统。可根据站的数目和集中的程度先连接成几个群结构，然后经过支线同轴电缆和耦合器挂到由干线同轴电缆组成的高速数据通道上。群内的通信由 LP 协调，群间的通信由 LCS（ 链控制站 ）协调。链群通信结构中，最多可有 10 个 LP，100 个站，最远的通信距离为 4500m，链群通信结构如图 9.6 所示。

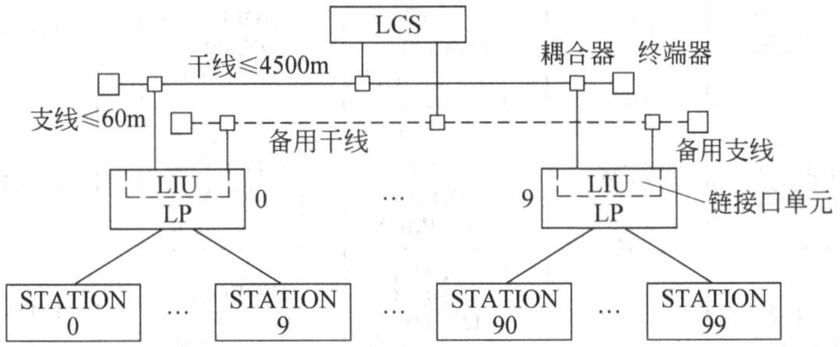

图 9.6　链群通信结构

4. 系统类型

系统按照功能可以分为 4 类。

(1) 基本控制系统：基本调节系统不具备过程管理功能。

(2) 过程控制和管理系统：具有 SPECTRUM 系统的五大功能，过程管理功能是由 FOX300 小型工业控制机来实现的。

(3) 高级控制和管理系统：具有 SPECTRUM 系统的五大功能，高级控制和管理系统由功能强、软件丰富的 FOX1/A 中型工业控制机实现的。

(4) 分级控制和管理系统：具有 SPECTRUM 系统的五大功能，分级控制和管理功能按照复杂程度由不同种类的多台控制装置和计算机来实现。

各类系统的配置如图 9.7 所示。

5. 系统的可靠性

在系统的设计、制造、程序编制以及系统的组态过程都考虑了系统的可靠性。系统组态时，一旦发生故障，该子系统即能被隔离和识别，并能够找到故障所在的模板，更换模板后，系统又能正常运行。采取的可靠性措施有如下几个方面：

(1) 采用可靠性高并经过现场考验的工业元器件来构造系统；对元器件老化、筛选；线路板和部件检验；装置和系统的最终测试和考验。

(2) 每台装置都有自检电路和电源保护措施，通过面板给出状态指示，以便识别故障和定值；通过故障信号，发出声光报警，以执行必要的操作和通知操作员。对通信子系统通过状态字的各种计数器记录运行状态、通信量和通信出错情况。

(3) 链通信口(LP)和链控制站(LCS)始终监视着通信链。

(4) 通过冗余备用和自动切换技术来提高装置和系统的可靠性。系统中每个站都有冗

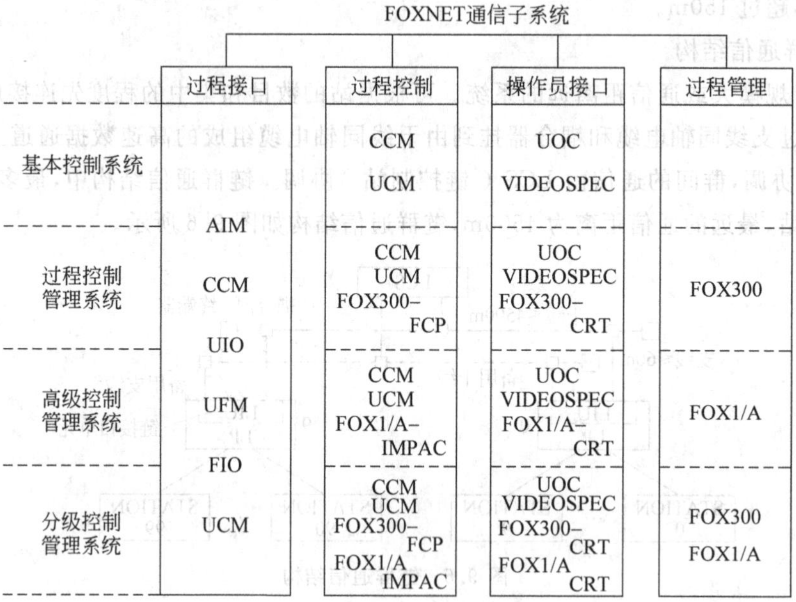

图 9.7　各类系统的配置

余的通信口。重要的站如 UCM 具有冗余的交流电源和控制器。FOXNET 通信子系统具有从电缆到链控制站/链路的六级冗余。

(5) 当系统中某装置发生故障时,系统具有纵向降级和横向电气互锁的功能,以缩小故障的影响。在链群结构的网络中,链控制站或链路发生故障时,通信降为群通信结构。其余依次类推。

(6) 信息的数据形式采用二进制 DPSK(差相移键控),以不同的相位来表达二进制的 0 和 1;信息帧的格式采用 SDLC(同步数据链控制),具有"插 0"技术以确保特征码的唯一性;具有奇偶、纵向冗余和循环冗余三种检验码以检验信息在传输中的正确性,而且一旦出错即自动重发。

9.1.1.2　美国 Finsher Controls 公司的 PROVOX 仪表控制系统

PROVOX 仪表控制系统可以适用于规模不同大小的集散型控制系统。PROVOX 系统的设计是全数字、模块化的,具有先进的通信技术,灵活丰富的控制能力以及舒适良好的操作员界面。

系统基本的功能模块如下。

(1) 调节控制器：用于单回路或多回路控制,可完成串级、超驰、前馈、流量线性化和计算机过程接口等功能。

(2) 操作控制器：用于批处理和顺序控制,能接受电压、电流信号、热电阻、热电偶、毫伏信号、脉冲计数和开关量输入信号。

(3) 多路转换器：用于从现场测量和控制元件上收集数据和传送信号到现场控制元件上。每个多路转换器可以处理 280 个以上的模拟量和离散量的输入、输出数据。

(4) 数据通信：包括网络、局部数据交通指挥站和数据集中器,实现整个系统的数据交换。高速、安全通信是将功能和地理上分散的控制仪表连成一体的关键。

(5) 操作和管理控制台：有预定格式多层次显示，用户批处理显示和进行各种操作的能力。

(6) 趋势数据收集设备：用于记录过程信号和所选择的参数的实时和历史趋势。

(7) 计算机系统：通过高速数据通道监视过程数据。也可进行全厂的库存管理、成本核算、生产调度和过程优化。

PROVOX仪表控制系统的结构如图9.8所示。

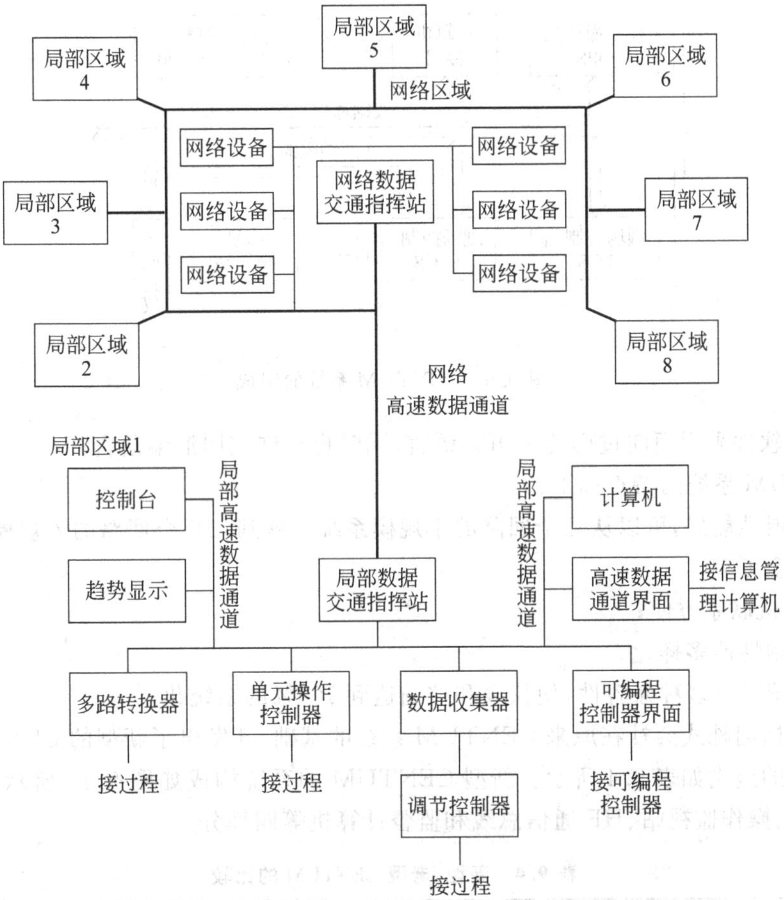

图9.8 PROVOX仪表控制系统

PROVOX仪表控制系统最多可由8个局部区域组成，各个局部区域中的设备由局部高速通道连接。在局部区域中，设备之间最大距离为2.27km。

通信系统的规模是可以选择的，最小系统只有局部交通管理站和两个通信设备，如一个控制台，一个数据收集器和跟它连着的调节控制器。还有一种非通信的启动系统，它由调节控制器和操作员站构成，然后可以按照需要扩充成包括有通信设备及控制台的系统，这表明了PROVOX系统具有强大的功能以及系统组成的高度灵活性。

9.1.1.3　日本横河的 CENTUM 组统

CENTUM 系统的组成如图 9.9 所示，现场控制站 FCS 是起直接控制作用的关键部分。监视操作站 OPS 是进行操作和监视的部分，带有微处理机，控制数据的通信、汇集、显示与操作。把现场控制站和监视操作站连接起来的是数据通信总线 F-BUS。数据通信总线简化了系统的布线工程，也保证了系统的灵活性。系统中还包含有与上位监督计算机连接的计算机接口及各种备用的模拟仪表等。

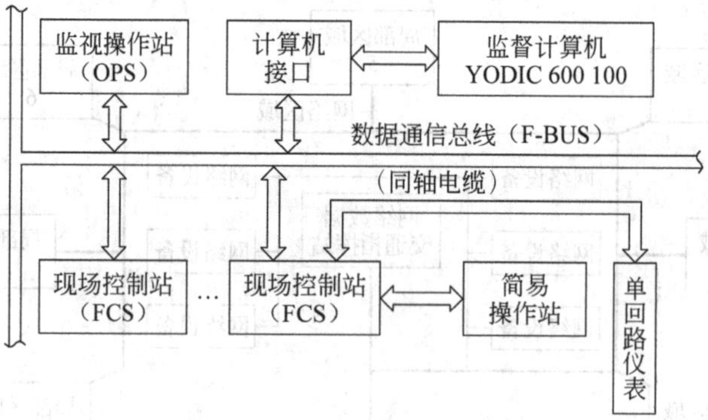

图 9.9　CENTUM 系统的组成

系统的软件采用面向过程的 POPP 语言，同时也允许使用汇编语言。

CENTUM 系统的特点如下：

(1) 扩展性能好，可以从几个回路的小规模系统扩展到几百个回路的大规模系统；

(2) 安全可靠；

(3) 人-机联系方便；

(4) 控制性能多样化；

(5) 系统具有多种兼容性，使仪表和控制达到 100% 的系统化。

近年来横河株式会社在原来 CENTUM 系统的基础，开发出了新型的 CENTUM 系统，新型和老型的差别如表 9.4 所示。新型 CENTUM 的系统构成如图 9.10 所示。系统分为现场控制站、操作监视站、HF 通信总线和监督计算机等四部分。

表 9.4　新型、老型 CENTUM 的比较

项　目 ＼ 型　式	新型 CENTUM	老型 CENTLUM
CPU	AMD2901	μCOM-16
控制周期	2～200ms	2～16s
存储器	存储器 64KB 硬磁盘 18.75MB	磁心存储器 32KB
类　型	CENTUM-A,B,D,M	CENTUM-A
数字输入点数	DI=32	DI=16
数字输出点数	DO=16	DO=16

续表

项目＼型式	新型 CENTUM	老型 CENTLUM
通信总线	HF 总线(双重)光缆通信	F 总线
通信传输速度	1 Mb/s	250 kb/s
HF 总线连接站数	32	16

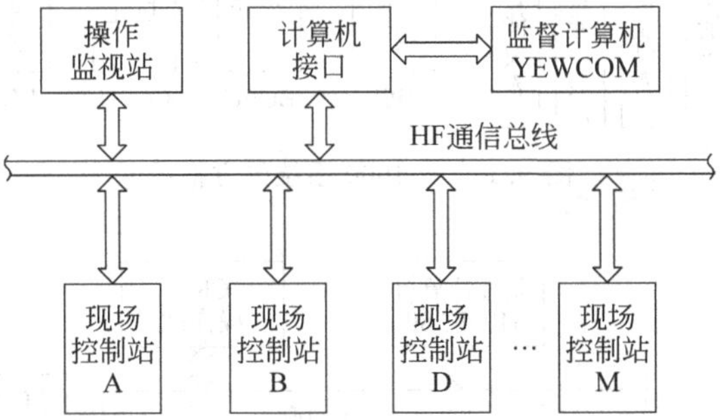

图 9.10　新型 CENTUM 系统构成

现场控制站 A 是基本现场控制站，主要用于以分批生产工艺流程为中心的自动化控制；现场控制站 B 是高分散现场控制站，适用于连续生产工艺流程的自动控制；现场控制站 D 是双重化现场控制站，它用于从分批生产到连续生产过程的所有工艺流程的自动控制；现场监视站适用于将多点工艺流程参数进行集中监视的专用装置。

现场控制站的功能有反馈控制、顺序控制、算术运算、报警和通信等功能。

操作监视站的功能有画面显示(如整体观察画面、控制画面、履历趋势记录画面、图形画面、运行状态显示等)、编码程序/维护功能，(如系统编码程序/维护功能、操作站用编码程序/维护功能、控制站用编码程序/维护功能、记录处理用编码程序/维护功能、CENTUM 系统的 FORTRAN 语言功能)、报告文件印刷功能。

HF 通信总线由通信总线(同轴电缆 5D-2V 最大传输距离为 1km，8D-2V 最大传输距离为 2km，使用 8D-2V 同轴电缆和中继器，最大可延长到 10km)和通信控制板组成。HF 总线最大可连接 32 个站。通信系统具有经济、灵活、高速、可靠的特点。HF 总线还能与 YEWPACK 和 YEWSERIES 80 电子控制系统连接。

对分散设置的控制设备单元和通信单元冗余化，提高了系统的可靠性，这是新型式 CENTUM 系统的特点之一。

9.1.1.4　英国的 P-4000 系统

P-4000 系统采用了 4 条独立的数据通道，距离可长达 5km，用广播式和点-点式的信息传输。

P-4000 系统分为管理单元(过程计算机、打字机记录仪和系统显示装置)、过程单元(局部显示单元、连续控制处理单元、批量控制处理单元和仪表预处理器)，系统如图 9.11 所示。

过程单元和管理单元的总数，最多可达 32 个。

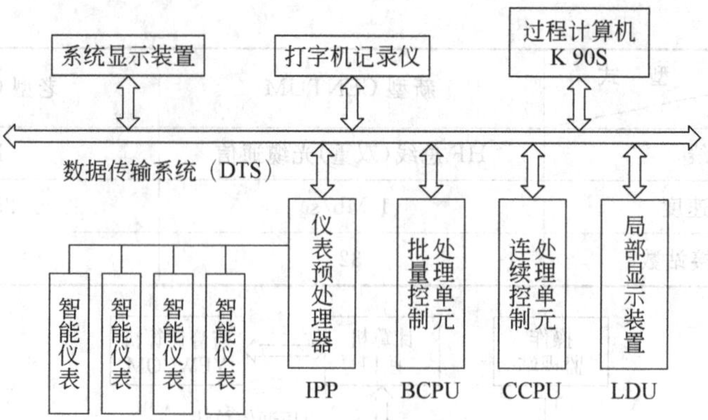

图 9.11　P-4000 系统的方框图

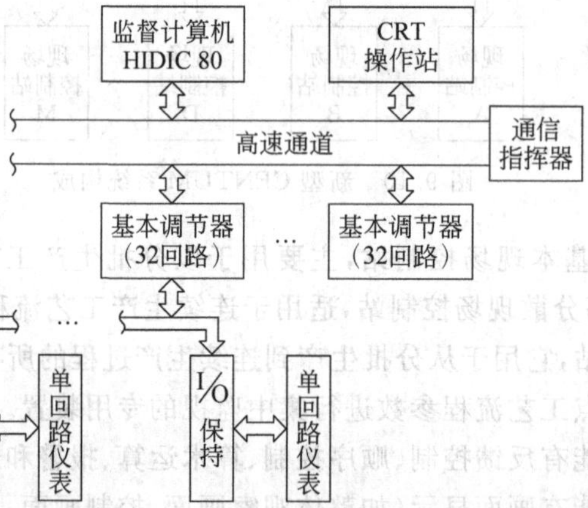

图 9.12　UNTROL Σ 系统的基本构成(日立)

9.1.1.5　日本日立的 UNITROL Σ 系统

UNITROL Σ 系统如图 9.12 所示。

UNITROL Σ 系统是把 DCS-18 或 DCS-23 安装在现场附近，完成不同的任务；采用不同的标准软件包(反馈控制用 SLC-1，顺序控制用 SLC-3)，顺序控制和 PID 反馈控制结合起来称为分批控制，分批控制的标准软件包是 SLC-2。

9.1.1.6　日本北辰的 900/TX 系统

900/TX 系统采用环形数据高速通道，DDC 子系统(基本调节器)最多可以控制 64 个回路，采样保持、模拟分支、数字分支经过自动检测和数据存储与 DDC 子系统、顺序控制子系统相连。监督计算机采用 HOC-900，经过计算机接口与高速通道连接。北辰 900/TX 如图 9.13 所示。

9.1.1.7　日本富士的 MICREX 系统

MICREX 系统如图 9.14 所示。系统采用环形数据通道，系统包含基本调节器(最多控制 16 个回路)、顺序控制、简易操作站、CRT 操作站、计算机接口和监督计算机(U100～U400)。

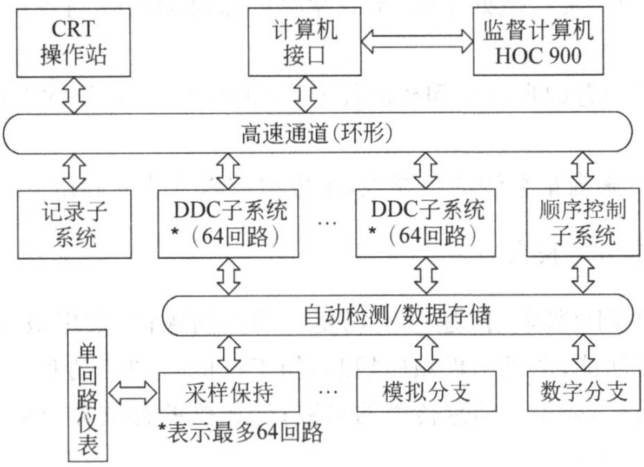

图 9.13　900/TX 系统的构成(北辰)

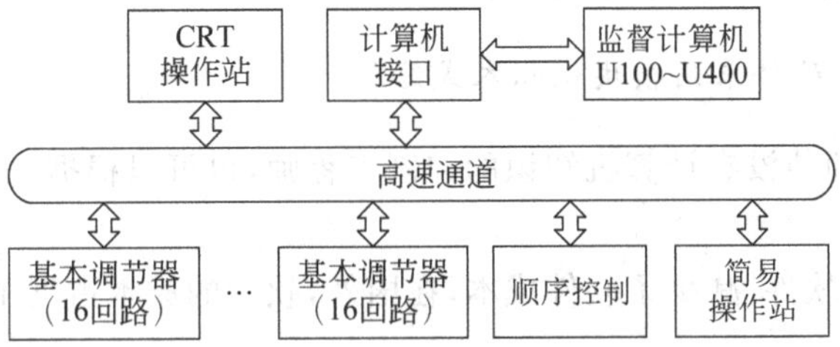

图 9.14　MICREX 系统的构成(富士)

9.1.1.8　日本东芝的 TOSDIC 系统

TOSDIC 系统如图 9.15 所示。TOSDIC 系统采用总线结构,高速通道经过存取数据站与基本调节器连接,基本调节器最多可控制 8 个回路,系统最多可连 8 台基本调节器。监督计算机采用 TOSBAC-40。每个基本调节器可以带 8 台I/O处理单元,各单元带有回路指示、操作仪表。

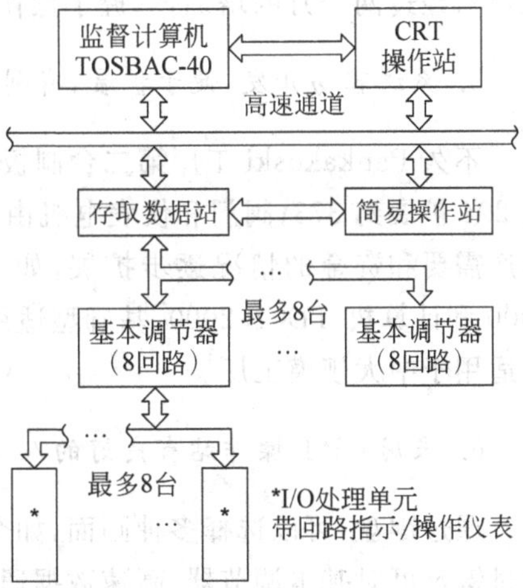

图 9.15　TOSDIC 系统的构成(东芝)

9.1.2　集散型控制系统的特点

由于集散型控制系统操作、管理集中,测量和控制的功能分散,因此系统具有一系列特点。

1. 系统具有极高的可靠性

由于系统的功能分散,一旦某个部门出现故障时,系统仍能维持正常的工作。

系统中的硬件(电子设备)全部采用大规模的集成电路和其他高质量的元件,使得硬件部分平均故障间隔时间(MTBF)提高。

对于关键部件,系统采用双重化设计或冗余化后备,如基本调节器以模拟仪表作自动后备，有的基本调节器使用两套微处理器，出故障时可以自动切换到备用，使系统的可靠性大大提高；

系统采用了比较完善的自诊断和校验技术，如美国N-90系统数据传输100年不会出现一次差错。

通常以利用率A来衡量系统的可靠性，集散型控制系统的利用率A可达到99.989%。

2. 系统的功能和效率提高

除了实现单回路PID控制外，还可实现复杂的控制规律，如串级、前馈、解耦、自适应、最优和非线性控制等功能，也可实现顺序控制，如工厂的自动启动和停车，微型计算机能够预处理要求记录的数据，减少了信息传输的总数；计算机的存储器能够作为缓冲器，缓和数据传输的紧张情况。

集散型控制系统操作使用简便，操作者也不需要编制计算机软件，可集中精力考虑利用已有的功能模块，组建出希望的控制方案。

3. 系统的软件和硬件采用模块化积木式结构

实施系统方便，即使没有计算机知识的控制工程师，也可以根据说明组建起集散型控制系统。

使用中无须编制软件，减少了软件成本，在国外，软件的成本占据了总成本的很大部分。

4. 使用维护方便

芬兰最大的纸板公司之一(Pankakoski工厂)采用集散型控制系统，包括34个过程控制站，由5条串行总线把34个控制站连接起来，配备了三台监督计算机，7个显示站，14台显示器，7个记录仪，系统中总共有101片CPU(中央处理器)。如此庞大、复杂的系统，操作人员只经过两个月的培训，掌握了操作原理和方法，就使系统长期稳定可靠地运行。

5. 系统容易开发，便于扩展，有利于分批投资逐步扩展

不久Pankakoski工厂第二台制板机投运，自动化系统也随之扩展，控制回路和测量点由294扩展到373；阀门和仪表电机由389点扩展到449点。集散型控制系统也可以根据生产需要和资金的情况逐步扩展，如TDCS-2000可分为基础型TDCS-2000，高位TDCS-2000和计算机TDCS-2000，基础型适用于小规模生产过程，高位型适用中小型工厂，计算机型适用于中大规模工厂。

6. 采用CRT操作站有良好的人-机交互接口

通过键盘，可以选择多种画面，如全貌、成组、细目的显示，报警、趋势、历史数据的显示。通过键盘可对基本调节器、高速数据通道、编集显示形式等进行组态。实现控制方式选择和数据输入等功能。通常采用三台具有相同功能、互为备用的显示器就能清楚地了解全厂情况，因此操作使用十分方便。

7. 数据的高速传输

监督计算机通过高速数据通道跟基本调节器等连接,完成计划、管理、控制、决策的最优化,从而实现对过程最优化的控制和管理。

8. 设备、通信、配线的费用低廉,具有良好的性能、价格比

采用微型机或微处理机,其价格比完成同样功能的中小型计算机低得多。

监督计算机与基本调节器之间采用串行通信,跟集中控制时到传感器、执行器的并行连接线比较成本低得多。据 Pankakoski 工厂统计,集散型控制系统中每台电机可节省架缆费用 250 美元,进而也可以节省安装费用,减少安装工作量,缩短施工周期。

用大规模集成电路代替继电器、接触器既降低设计和制造成本,又提高了系统的可靠性。

集散型控制系统中数据、设备资源的共享,也意味着系统成本的降低。

9.1.3 集散型控制系统的发展概况

9.1.3.1 集散型控制系统的产生

由常规的模拟式调节仪表构成的过程控制系统,成本低、可靠性高,容易维护和操作。但是随着生产的发展,模拟式仪表的局限性越来越明显,如模拟仪表难从实现多变量解耦控制以及其他复杂的控制规律;控制精度不高;生产规模的扩大和工艺的日益复杂,仪表控制系统越来越多,控制室的仪表屏越来越大,难以实现集中的操作和显示;各个系统之间难以实现通信联系;当生产工艺要求变更时,往往需要变更调节仪表。

计算机控制系统可以克服模拟调节仪表的上述缺陷,计算机控制系统可实现复杂的控制规律,各分系统之间可以实现通信,能集中操作和显示,控制精度比较高。

在计算机集中控制中,一台计算机控制几十个乃至几百个回路,一旦计算机发生故障,将会影响整个系统的工作,系统的可靠性比较低。当然,为了提高系统的可靠性,可采用双机运行方式,但是成本会提高。

20 世纪 70 年代工业的发展使生产过程更加复杂,规模更加扩大,其中石油化学工业尤为突出。生产规模的扩大和复杂,事故不断出现,而集中控制,出现事故时会中断生产,因此生产的发展迫切要求高可靠性的计算机控制系统。

在总结模拟调节仪表和计算机集中控制的优缺点的基础上,发展、形成了集散型控制系统。

20 世纪 70 年代微电子技术和计算机技术的重大突破,为集散型控制系统提供了体积小、功能强、可靠性高、价格低廉的微处理机和各类半导体芯片,为发展集散型控制系统奠定了物质基础。

集散型控制系统可以看作是计算机(Computer)技术、通信(Communication)技术、阴极射线管(CRT)显示技术和控制(Control)技术的结合。

20 世纪 70 年代初,美国、日本和欧洲等各国开始研制集散型控制系统。1975 年美国、日本等公司先后发表了各自研制的集散型控制系统,如 TDC-2000、TOSDIC、CENTUM、UNITROLΣ、MICREX 等系统。

现在集散型控制系统应用越来越广泛，据统计霍尼威尔公司的 TDC-2000 系统，截至 1981 年 2 月已投入了 12 万个回路，700 个系统，用户达 360 个，遍及 35 个国家。日本东芝公司的 TOSDIC 系统到 1981 年 3 月已投运 11 000 个回路，广泛应用在钢铁、石油、化工、电力、水处理、原子能等工业领域。

1983 年 10 月霍尼威尔公司发表了新一代的分散型信息管理控制系统 TDCS-3000，这个系统是在 TDCS-2000 系统的基础上，组织国际性研究设计力量（包括美国、欧洲、日本和加拿大等）历时五年研制成功的。TDCS-3000 的开发，解决了过程控制系统与信息管理系统的协调，为实现整个工厂的生产管理和控制提供了最佳系统。

9.1.3.2 集散型控制系统的发展动向

1. 基本调节器向少回路或单回路方向发展

基本调节器回路数的多少跟成本、可靠性、通信灵活性、可维护性和危险的分散性有关。早期集散系统的基本调节器的回路数是 16～64，后期开发的系统是少回路 4～8 回路，20 世纪 80 年代以后出现了只控制 1～2 个回路的单回路调节器。最近又开发了直接安装在现场调节阀上的单回路调节器，成为新一代的基地式仪表。

单回路调节器将成为今后集散型控制的主要发展方向。

2. 增加基本调节器的算法

基本调节器除了 PID 和其他算法外，还将逐步采用较为有效的新的算法，如泰勒（Taylor）公司的 SLMC5260 R 单回路调节器具有增益自适应功能。

3. 加强通信和人-机联系功能

采用光导纤维代替高速数据通道，并统一通信规程；

CRT 操作站上简化操作，减少误操作，提高操作台的可靠性；

发展标准的 CRT 画面，允许用户编辑显示格式；

促进过程控制语言的发展和使用。

4. 研制和发展集散型信息管理和控制系统

生产的发展不仅要求生产过程的控制，而且要求把生产的管理跟控制结合起来，如霍尼威尔公司最新推出的 TDCS-3000 系统。

5. 提高系统的可靠性

做出无故障的硬件是不可能的，在要求超高度可靠性的系统中，硬件必须是冗余化的，因此必须研究冗余化技术，即双重化和后备技术。

在提高硬件可靠性方面，可以做如下几方面的工作。

(1) 开发低功耗元件。

(2) 尽量减少开关、接插件、插座、表头。

(3) 尽量少用电解电容、内部电池、CRT 等有限寿命的元部件。

6. 加强软件的研究

(1) 规格记述语言的标准化。

(2) 通用功能的标准化、模块化。

(3) 改善软件语言和操作系统。

(4) 确定校验方法和充实纠错手段。

(5) 文件的自动化。

目前应力求灵活运用现代控制理论,以得到通用的控制算法。

9.2 典型的集散型控制系统简介

9.2.1 山武-霍尼威尔的 TDCS-2000 系统

TDCS-2000 系统的构成如图 9.16 所示。系统由基本调节器(BC)、模拟量输入-输出装置(AU)、过程输入-输出装置(PIU)、高速通道指挥器(HWTD)、高速数据通道(DHW)、CRT 操作站和监督计算机等组成。

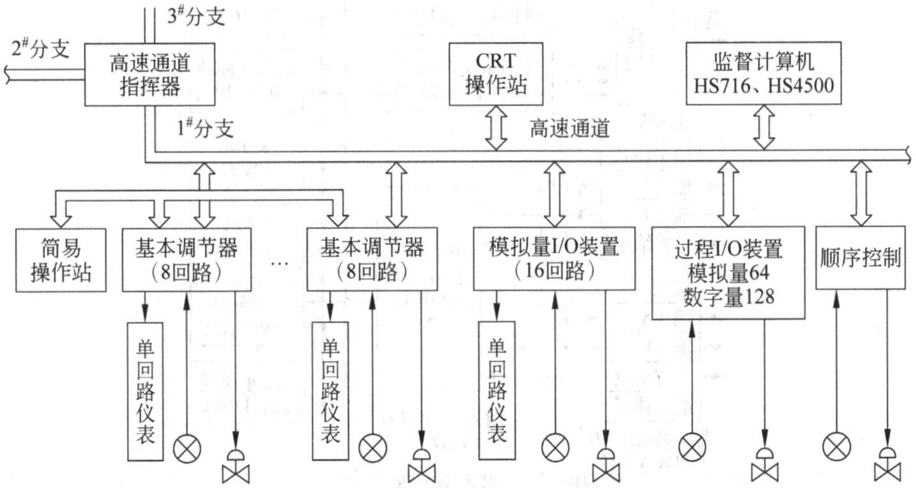

图 9.16 TDCS-2000 系统的构成

TDCS-2000 构成系统充分考虑了灵活性。在 TDCS-2000 系统中,基本调节器可以单独使用,适用于小规模对象,进行回路控制(最多有 8 个回路);也可以用高速通道把若干台基本调节器和 CRT 操作站连接起来,适用于中、大规模对象;还可以跟监督计算机连接,构成大规模综合控制系统,适用于大规模对象。所以,可以根据生产过程的要求构成经济适用的系统。图 9.17 反映了三种类型的系统及其构成。

下面将逐项介绍 TDCS-2000 的各个组成部分。

1. 基本调节器(BC)

基本调节器的结构如图 9.18 所示,基本调节器是以微处理机 CP-1600 为核心的一个部件。它有 16 个模拟量输入和 8 个模拟量输出。并且有 28 种标准算法。在 1/3s 内,可以进

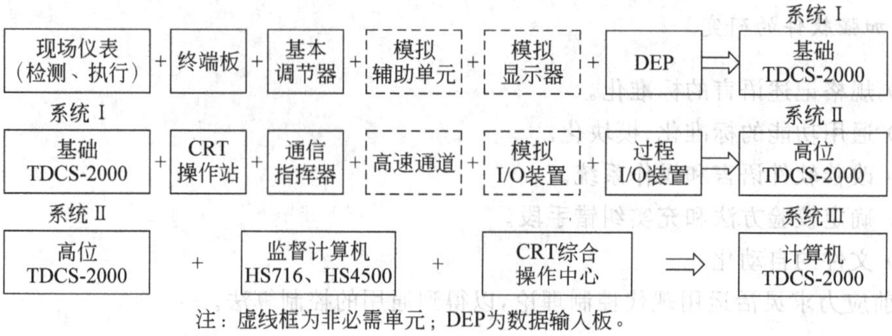

图 9.17 TDCS-2000 构成的三种系统类型

行 8 个回路的数据采集、处理和控制。根据需要附加数据输入板(DEP)。可以对 128 个回路的各种变量、控制参数等进行数字显示和设定。

微处理机 CP-1600 字长是 16b。存取速度是 800ns，加法运算是 3.2μs。

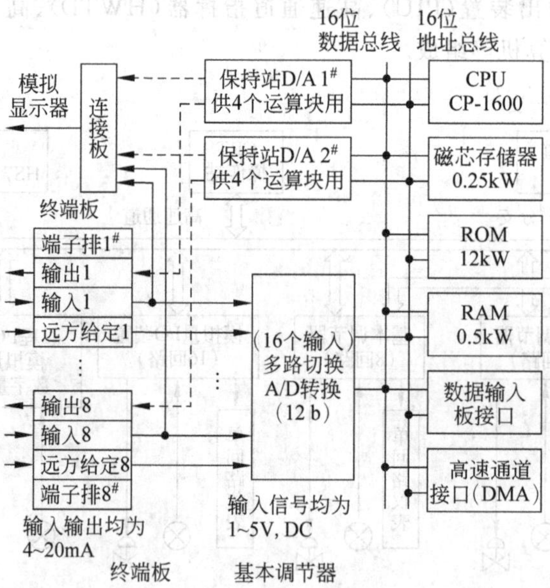

图 9.18 基本调节器的方框图

备用存储器是 0.25kW 的磁芯存储器，它通过开关和 RAM 连接，开关使 RAM 中需要保护的内容周期性(1s)地存入磁芯存储器，一旦断电，磁芯中的内容不会消失，当电源恢复时，原 RAM 中的内容得以恢复，因而起到保护作用。

基本调节器最主要的功能是控制功能，由不同的组态，可以实现多种控制方案。基本调节器的 28 种算法已经预先编成 28 个程序组存放在 ROM 中。选择算法就是从 ROM 中调用所需要的算法程序。

RAM 中有 8 个存储块，用作存储组态数据和传输数据。过程变量经过离散化后存储在 RAM 相应的存储块中。8 个存储块构成的运算组合即是“运算块”。由运算块产生过程控制输出信号，送到现场执行器，控制生产过程。

每个运算块相当于一台常规单回路调节器。如运算块都选用 PID，则一台基本调节器可控制 8 个 PID 控制回路。当然，也可以用几个运算块，组成一个复杂的控制系统。例如，用 2～3 个运算块，组成一个串级控制系统。用 4 个运算块组成一个前馈控制系统。

基本调节器的 28 种标准算法如表 9.5 所示。这些算法可以分为数据采集、控制算法和辅助算法三类。

表 9.5　TDCS-2000 基本调节器的算法(功能)一览表

组态编码	算法(功能)	说　明
00	数据采集	对 PV、RV 信号进行模-数转换后存入存储器，在 DEP 上显示
01	标准 PID	标准的 PID 运算
02	PID 比率	标准 PID 加预设比率和偏置的串级控制
03	PID 自动比率	标准 PID 加(在手动或自动时)自动计算比率的串级控制(实现无平衡无扰动的串级切换)
04	PID 自动偏置	标准 PID 加(在手动或自动时)自动计算偏置的串级控制(实现无平衡无扰动的串级切换)
05	DDC 自动后备	作上位机进行 DDC 控制时的自动后备
06	DDC 手动后备	作上位机进行 DDC 控制时的手动后备
07	SCC	由上位机进行 SCC 控制
10	PID 增益偏差处理	比例增益是偏差绝对值的函数的 PID 控制
11	PID 积分偏差处理	积分作用系数是偏差绝对值的函数的 PID 控制
12	PID 间隙	在间隙内输出保持不变的 PID 控制
13	PD ＋ 偏置	带 50％固定偏置输出的 PD 控制
14	DDC 自动后备(PD＋偏置型)	对上位机进行 DDC 控制，实行带 50％固定偏置的 PD 自动后备
20	超前/滞后补偿	超前/滞后补偿运算
21	选择性控制高值选择器	在选择性控制中进行高值选择运算
22	选择性控制低值选择器	在选择性控制中进行低值选择运算
23	加法器	2 个输入信号的加法运算
24	乘法器	2 个输入信号的乘法运算
25	自动-手动	能无扰动地从手动切向自动
26	开关	实现两位开关
30	加法器(附键锁)	2 个输入信号的加法运算(附键锁)
31	乘法器(附键锁)	2 个输入信号的乘法运算(附键锁)
32	除法器(附键锁)	2 个输入信号的除法运算(附键锁)
33	开方器(附键锁)	1 个输入信号的开方运算(附键锁)
34	XY 乘积的平方根(附键锁)	2 个输入信号乘积平方根的运算(附键锁)
35	平方根的代数和(附键锁)	各个输入信号平方根代数和的运算(附键锁)
36	高值选择器(附键锁)	选择 2 个输入信号中的较高者(附键锁)
37	低值选择器(附键锁)	选择 2 个输入信号中的较低者(附键锁)

基本调节器的信号流程如图 9.19 所示。

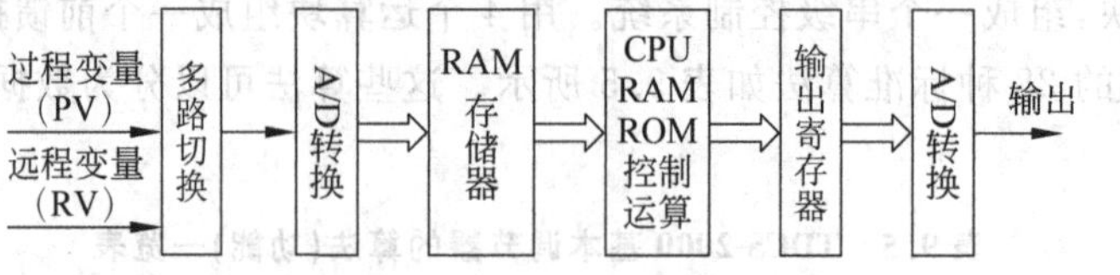

图 9.19　基本调节器的信号流程图

2. 模拟输入输出装置(AU)

有 16 个模拟量输入和 16 个模拟量输出，可以作为模拟信号的专用输入输出装置。当监督计算机作 DDC 控制时，它可以当作输入输出装置，也可以附加模拟显示器。

3. 过程输入输出装置(PIU)

PIU 是监督计算机跟过程的重要接口，监督计算机通过 PIU 进行 DDC 控制。它是以微处理机为核心构成的过程输入输出装置，能对输入输出的模拟信号和数字信号作多种处理。PIU 的主要功能如下。

(1) PIU 可作为现场与监督计算机和 CRT 操作站的接口，它周期性地对各种参数进行扫描，每台 PIU 都带有微处理机和数据库，因此具有"智能"作用。

(2) PIU 可对从高速数据通道来的命令作应答，监督计算机通过高速数据通道对 PIU 的数据库作读出和写入。也能把特定数据的变化或者需要报告的信息(如报警、状态、报告等)通知监督计算机。

(3) 送电时，可对微处理机和存储器进行自诊断，发现异常时，停止送电。

PIU 系统的结构如图 9.20 所示。

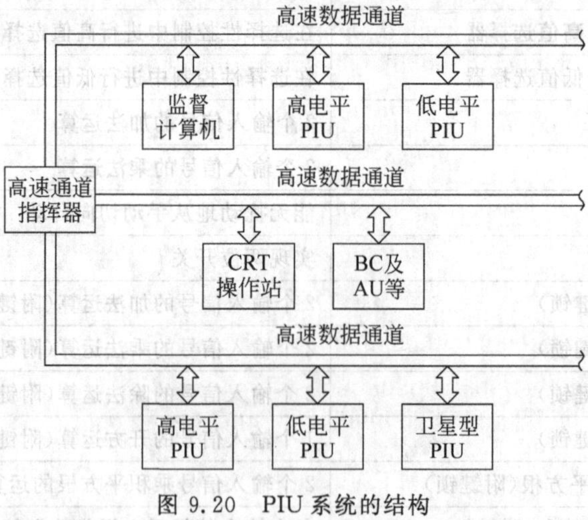

图 9.20　PIU 系统的结构

PIU 可以分散安装在现场。它的功能比模拟输入输出装置(AU)更齐全、更优越。

过程输入输出装置有多种产品，新产品 TDCS-7100 可以根据用户要求和使用场合分为高电平 PIU、低电平 PIU 和卫星型 PIU。它们的结构基本相同，但是又各有特点。图 9.21

是高电平 PIU 的方框图。

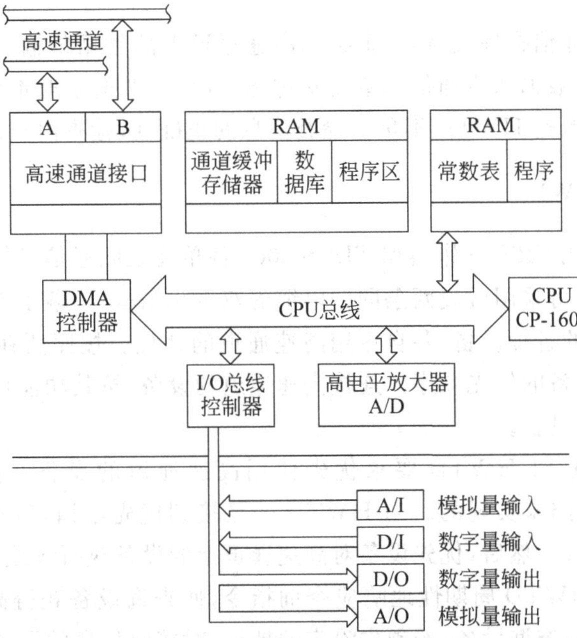

图 9.21　高电平 PIU 的方框图

从方框图可以看出 CPU(CP-1600)是 PIU 核心部件,ROM(只读存储器)用来存放常数和程序,RAM 存放可变数据,微处理机通过 I/O 总线控制器处理模拟量或数字量的输入、输出。对于模拟量还要作模/数转换。模/数转换的增益由程序来确定。它有 256 个模拟量输入,4～20mA,或 0～5V 直流;128 个模拟量输出,4～20mA;512 个数字量输入;256 个数字量输出;96 个脉冲输入。通信缓冲存储器用来增加输入输出总线的传输能力。输入输出(I/O)总线控制数据器是 I/O 总线跟 CPU 总线的接口。DMA 控制器是用于监督计算机和 PIU 存储器之间直接存取数据的控制。高速通道接口是 PIU 与高速通道的接口。

TDCS-7100PIU 具有如下几个特点。

(1) 分布式结构。对过程参数存储在 RAM 中作为局部数据库,独立地监视,PIU 可按照监督计算机的指令进行操作。当监督计算机出故障时,PIU 仍具有监视功能。

(2) 具有智能。能周期性、独立地对生产过程的各种参数进行扫描,扫描速度约每秒 200 点,它具有信号变换、线性化、平方、滤波、积算、冷接点补偿等功能,而且能检查死区,PV 的高、低限,ΔPV 等。PIU 明显地减轻了监督计算机的负担。

(3) 可靠性高。利用固件,PIU 具有自诊断功能,能作启动前的诊断和在线参数报警。

(4) 维修性好。有完备的检修卡片和维修软件。

(5) 现场配线投资低。采用智能技术和高速通道,PIU 可远距离分散安装,减少了现场配线的费用。

PIU 是受 HWTD 定时询问的唯一单元,其数字状态的改变,就是对 HWTD 定时询问的请求,随后该单元就被允许传送其新的数据。

4. 高速通道指挥器(HWTD)

它是高速通道的通信指挥装置,负责指挥高速通道上的数据传输。它能中转各支路来的信息,给请求用串行数据通道通信的单元安排优先次序,并向定时询问单元发出询问字,看其有无通信申请。但是 HWTD 不负责检查信息的正确性,检查由接口单元来完成。

5. 高速通道(DHW)

监督控制计算机或 CRT 操作站和 TDCS-2000 各单元之间通信是靠一条同轴电缆来实现的,为了提高可靠性可采用敷设两条同轴电缆的双重化结构,一条工作,另一条备用。

与高速通道连接的各种设备,各自占用高速通道的地址。按照所在高速通道的地址来区分设备,同时决定设备的优先顺序。连接高速通道的设备,按其功能可分为三类:优先设备、查询设备和非查询设备。

(1) 优先设备。是对 HWTD 要求优先使用高速通道的设备。优先使用要求是由 HWTD 及专用存取线路来实现的。当 HWTD 一旦接到优先申请,就发出允许信号,设备就获得高速通道使用权。然后,优先设备对高速通道上的设备执行读或写的指令。

(2) 查询设备。HWTD 周期性地响应查询指令,使查询设备获得高速通道的使用权。获得高速通道使用权的查询设备,按预先设定的地址,对接收信息的设备执行直接形式的写指令。

(3) 非查询设备。本身没有实行读/写指令的功能,只能响应高速通道上优先设备来的指令。

数据传送顺序大多数属于优先形式和查询形式两种,根据各自的顺序,执行高速通道的使用权:申请/准许,查询选择(数据、通信线路的确定)、数据传送,放弃高速通道使用权(通信结束、释放)。图 9.22 是优先形式的数据传送流程图。

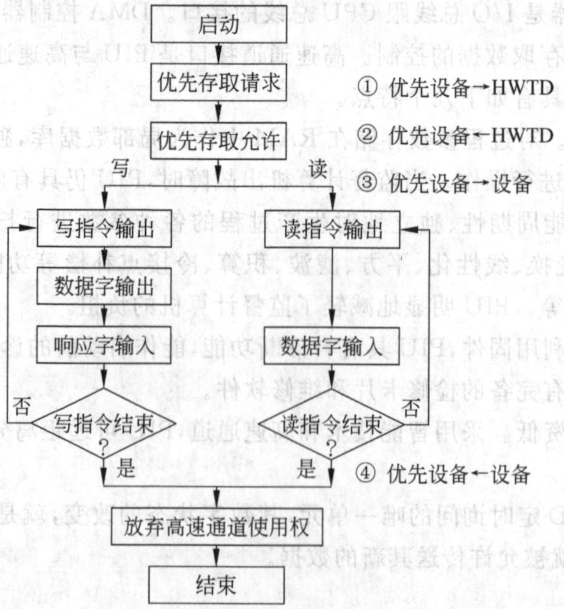

图 9.22 优先形式的数据传送流程图

传送信号(位信号)为交流双极性信号,能防止单极性信号引起的误传递和脉冲之间的干扰。1位与0位有180°相位变化。相应的双极归零制脉冲传送如图9.23所示。所传送的代码有指令代码、地址代码、数据代码和检验代码。

高速通道的异常是由于周围环境条件引起的错误或者高速通道接口所引起的错误产生的。HWTD有监视高速通道异常的功能。当高速通道失灵时,可据HWTD显示组件,手动向备用高速通道切换。也可用优先设备自动向备用高速通道切换。表9.6是TDCS-2000高速通道规格一览表。

表9.6 TDCS-2000高速通道规格

系统构成	高速通道指挥器(HWTD)1台
连接设备数	每个高速通道最多63台,每个分支最多28台,优先设备最多4台,查询设备最多27台,非查询设备最多63台
通信距离	3km,从通信指挥器开始敷设3路1.5km长电缆
传送方式	串联二重方式
同步方式	自同步方式
传送控制方式	优先方式,查询方式
传输线	同轴电缆1条(5C-2V:作设备间连接用,7C-BEF:作现场配线用),特性阻抗75Ω,电缆两端用连接器连接
优先顺序	查询型式时高速通道地址顺序(小号优先程度高),优先型式时高速通道指挥器优先设备端子连接顺序(小号优先程度高)
传送速度	250kb/s
实际传送速度	6.4kb/s
传送信号	双极归零制,4μs/b
帧　　长	31b,124μs
数 据 长	16b
错误控制	BCH编码核对,响应校验,回波检验,传送波形校验

6. CRT操作站

CRT操作站是一个"智能"的CRT终端,它是以微处理机和存储器为核心构成的。结构如图9.24所示。

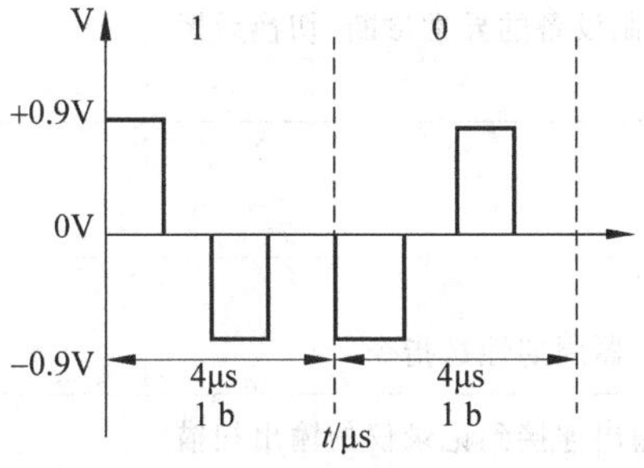

图9.23 交流双极性信号

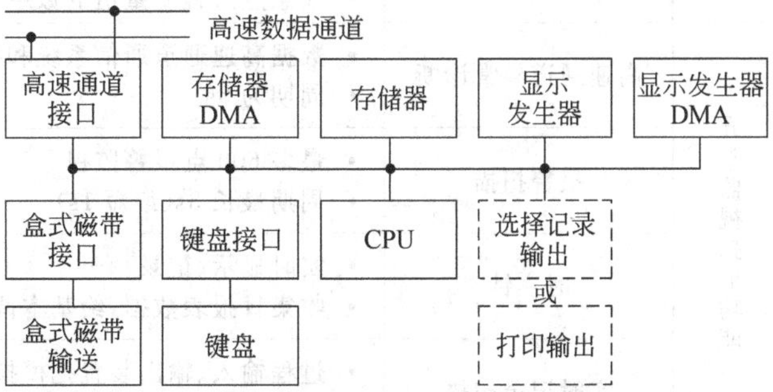

图9.24 操作站的方框图

CRT 操作站设有键盘操作台，能把分散的回路信息，通过高速通道集中编辑后，以组合模拟显示和字符显示的形式在 CRT 上显示出来，代替传统的模拟仪表屏，并能进行各种操作，实现对过程的集中监视和控制的功能。操作站的功能如表 9.7 所示。

表 9.7　操作站的功能表

分 类	项 目	功 能
操作显示功能	总貌显示	• 36 组，最多 288 个回路偏差显示 • 过程变量(PV)、偏差(DEV)报警、其他控制设备异常显示 • 按下编组，调出键盘，即能调出各组显示 • 例外管理运转状态的总机监视
	编组显示	• 8 回路/组，最多 150 组(模拟、数字) • 回路变量操作[设定值、控制方式、输出值(模拟、数字)] • 回路报警显示(PV、DEV 报警)
	详细显示	• 显示单个回路详细数据(模拟、数字) • 回路变量、调整常数操作 • 回路报警显示(PV、DEV 报警)
	报警、顺序显示	• 20 点/页，最多 100 点报警回路显示(模拟、数字点数) • 用先进先出(FIFO)形式表示清单 • 显示发生时间、位号、报警内容指导
	报警编组显示	• 36 组，最多 600 点报警、显示 • 相应有编组，调出键盘 1＃～36＃
	趋向显示	• 用棒图显示编组显示中的任意 2 点 • 历史数据是各调节器采样 1/3s • 选择下面 3 种时间 —20min(分成 60 次，每次是 20s 的平均值) —60min(分成 60 次，每次是 1min 的平均值) —180min(分成 60 次，每次是 3min 的平均值)
	日报表显示	• 编组显示中各回路 1h 的平均值每隔 10min 显示一次
	记录显示	• 150 组、任一组的瞬时值(8 回路)记录在模拟记录仪上 • 记录时组的名称显示在画面的右上角
	点显示	• 数字温度显示/数字电压显示替换功能 • 任意点过程变量值的数字显示
异常监视扫描功能	高速通道异常诊断	• 数据高速通道通信系统和控制设备的异常诊断，切换后援 • 周期为 5s
	报警扫描	• 最多 600 点报警监视 • 周期最长 3s(最短 1s)
	时 钟	• 实时显示、记录 • 收集日报表数据，给基本调节器周期性送指令
	实时记录扫描	• 过程输入、输出装置把模拟输出连接到记录仪的输出扫描 • 最多可以记录 100 点的过程变量

续表

分　类	项　　目	功　　　能
打印输出功能	趋向打印	• 每组单位最多8点的历史趋向，用图解曲线打印 • 打印20s内的瞬时值或平均值 • 能设定20min、60min、180min和30h 4种时间
	日报表打印	• 每隔10h或30h以组为单位打印1h的平均值 • 同时用字符显示日报表
	报警打印	• 用同种字符打印报警、顺序、汇总显示 • 打印报警发生、消失和确认
	屏幕复制	• CRT显示内容的副本 • 能选择打印输出形式和图像副本
在线辅助功能	磁带操作	• 调节器数据库的下行线路存入、取出、保持 • 操作站数据库的取出、复归 • 操作站程序装入、程序复制
	数据组态	• 点、记录数据库制作 • 编辑显示格式 • 组的编制和变更 • 高速通道设备组成的编制和变更 • 各种显示数据的记录、变更(工业单位、组标志、程序库)
离线辅助功能	操作站诊断软件	• 操作站硬件诊断程序 • 中央处理单元、存储器、高速通道接口、屏幕显示器、键盘等硬件检查用

考虑到提高可靠性，TDCS-2000中数据高速通道电缆和高速通道接口全部双重化以及调节器的后备系统。

TDCS操作站能迅速测定系统发生故障的部分，按故障程度分类，把重点放在向后备系统切换时异常诊断功能上，在向无仪表盘和单人控制发展时，确保安全操作。

7. 监督计算机

在要求更高水平自动化的场合，如对装置或工艺流程最优化的监督控制或DDC控制或要求特殊记录、显示、运算和外围设备的场合，这就要求监督计算机具有更强的功能和更大的存储容量，以及更大的数据库。

监督计算机通过高速通道和各个具有微处理机的部件通信，它能存取和改变各分散的基本调节器的数据库：对于数据采集，其目的是确定每个回路的状态；对监督控制和DDC控制，其目的是控制各回路的给定值或控制量直接输出至调节阀。这样，优化程序就可以用于基本调节器所控制的装置或工艺流程。

监督计算机能够作出所需要的报告和按照设计者要求作出决策。运行人员通过CRT操作中心操作台来观察、监视和干预。

图9.25是TDCS-2000监督计算机软件结构。

这个系统的任务范围是数据采集；数据库的建立和维护；从操作台进行高速通道和基本调节器的组态和再组态；监督控制和DDC控制；数字顺序控制；优化模型计算；全貌、组、细目的CRT显示；维护和状态显示；装置图表和流程显示；从操作台进行控制方式的切换和

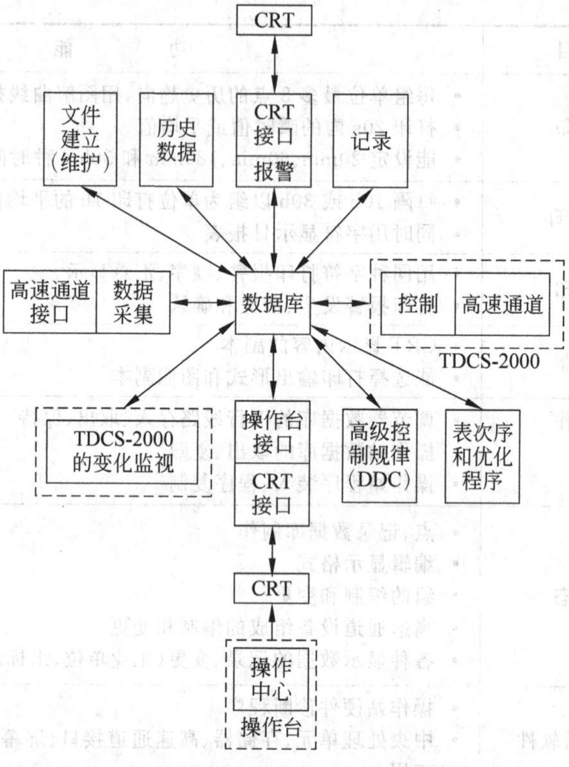

图 9.25 TDCS-2000 监督计算机软件结构

手动控制;监视人为的系统参数变化;报警(CRT 的,蜂鸣的,示号的);程序记录;历史数据(报警和记录)显示;特殊规格记录;后台计算;利用在线数据来获得实验数据;程序开发;工程师接口。

这种型式的系统能把各个分散的微处理机与监督计算机结合起来,促使整个系统最好地协调工作,以最低的费用获得最大的控制、运算、数据处理的效能。

9.2.2 美国贝利控制公司的 NETWORK-90

NETWORK-90 是美国贝利控制公司(Bailey Controls Company)的产品,它是典型的集散型计算机控制系统。NETWORK-90 简称 N-90,具有许多特点:它把批量、顺序和模拟功能组成一个完整的系统。在 N-90 系统中每个单元只完成几个功能,当其中某个元件发生故障时不会影响整个系统的工作。整个系统采用标准化、模块化结构,扩展极其简便,可靠性很高。它组态方便,具有"自适应"和"模拟延时"的功能,具有浮点运算能力,通信网络具有较高带宽,系统使用非常简便。因此 N-90 系统已经在许多工业场合得到了广泛的应用。

9.2.2.1 N-90 的主要性能指标

最大点数:252 000。

最多的控制回路数:36 000。

最多的指示回路数:144 000。

控制回路数：每台 CPU 控制模件最多 2 个回路，每个控制单元可插入 32 个控制模件，最多 64 个回路。

具有的功能：顺序控制能力、数字输入、输出能力及 CRT 显示画面能力。

通信链最大长度：2km。

工厂环路通信速度：500kb/s(千比特/秒)。

控制器模件的硬件允许温度：0℃～70℃

9.2.2.2 N-90 的组成

N-90 系统(见图 9.26)主要由五部分组成：

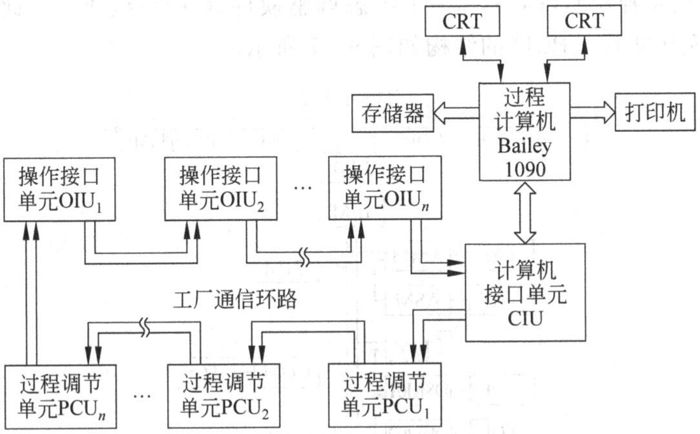

图 9.26 N-90 方框

(1) 过程调节单元(PCU)。

(2) 工厂通信环路。

(3) 操作接口单元(OIU)。

(4) 计算机接口单元(CIU)。

(5) 上级监督管理的过程计算机。

过程控制单元 PCU 是 N-90 系统中最基本的组成部分，它直接与过程控制对象相联系，具有模拟及数字控制的功能，每个系统可根据控制要求选用一个至几十个 PCU 组成。

工厂通信环路作为 PCU 和 PCU 之间、PCU 和 OIU、CIU 之间的通信，通信速度为 500kb/s，各相邻 PCU 之间的通信距离为 500m，以串行例外报告方式进行通信。

操作接口单元 OIU 由 TI9900 微处理机为基础组成。通过诊断系统可以监视 OIU 和 PCU 状态，OIU 可以进行控制系统的组态和参数调整，还可以通过彩色 CRT 画面显示生产工艺流程和主要动态参数，为操作员进行各种操作提供方便。

计算机接口单元 CIU 提供了工厂环路与过程计算机进行联系的接口。上位监督管理的过程计算机可以监督整个系统的运行，并可以将控制与管理功能密切地结合起来，完成更加复杂的控制。

下面对 N-90 中最重要的两部分，即过程控制单元及通信系统作较详细的介绍。

9.2.2.3　过程控制单元(PCU)的结构及各种模件的功能

PCU(Process Control Unit)是 N-90 中的主要部件,它实现独立的过程控制、数据采集及顺序控制的功能,通过工厂环路(Plant Loop)与其他 PCU 单元、过程计算机和集中管理的 CRT 操作接口单元(OIU)相连,进而实现更大规模的控制和管理。

1. PCU 的模件结构

PCU 采用积木式结构、标准化的模件,这是 PCU 的核心部分,可根据控制功能的需要由数量不等及功能不同的模件组成。每个 PCU 最多可带 31 个模件,最少可由一个控制模件(COM)、一个数字控制站(DCS)和一个组态调整模件(CTM)组成。因此系统可大可小,既灵活方便,又利于扩展。PCU 的结构如图 9.27 所示。

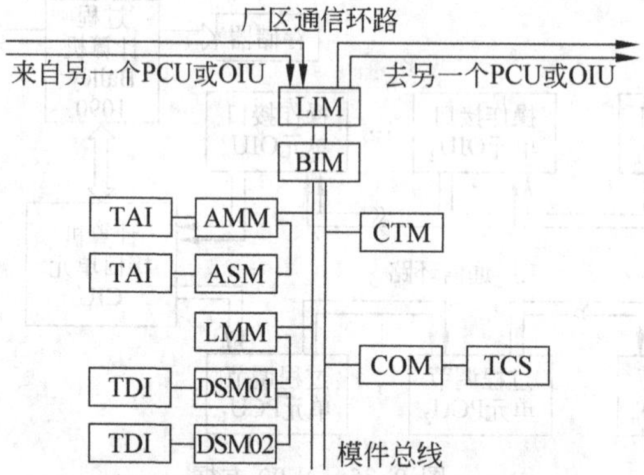

图 9.27　PCU 的结构

(1) 工厂通信环路接口模件(LIM)。

它是 PCU 与 PCU 间,PCU 和 OIU、CIU 之间工厂通信环路接口,用于接收和发送信息。

(2) 母线接口模件(BIM)。

PCU 内所有模件和 LIM 之间的通信接口。

(3) 模入子模件(ASM)。

可连接 16 个模拟量输入。

(4) 模入主模件(AMM)。

可提供 8 个标准的与现场隔离的模拟信号输入,同时可连接 4 个 ASM 模件,此时可采样 72 个模拟量输入。模入主模件可完成模拟量输入的数据采集、记录和显示。

(5) 数字输入、输出子模件(DSM01)。

可连接 16 个开关量输入或输出。

(6) 数字输入子模件(DSM02)。

可连接 16 个开关量的输入。

(7) 逻辑主模件(LMM)。

以 CPU 为核心组成的模件,提供数字量的控制和自诊断,本身无输入、输出能力,但可与 8 个 DSM01 或 DSM02 子模件连接,此时可接通 128 个开关量输入和输出。

(8) 控制模件(COM)。

以 CPU 为核心组成的模件，可作闭环控制、辅助计算和顺序控制。本身具有 4 个模拟量输入，2 个模拟量输出，3 个开关量输入，4 个开关量输出。

(9) 组态调整模件(CTM)。

以 CPU 为核心，配置字符和数字显示部分。用于对 PCU 中的 COM、AMM、LMM 模件进行组态、调整参数、改变工作方式、监视和诊断等。

(10) 模拟量端子(TAI)、数字端子(TDI)、控制端子(TCS)。

提供了现场设备与系统连接时的接线端子。

N-90 控制系统有两个关键模件 LMM 和 COM，可以单独组成控制回路，也可以经过通信接口与其他模件组成大规模控制系统。控制模件(COM)专门用来完成对模拟量输入的采集、处理及模拟量的控制输出。过程信号的输入及控制信号的输出流程如图 9.28 所示。

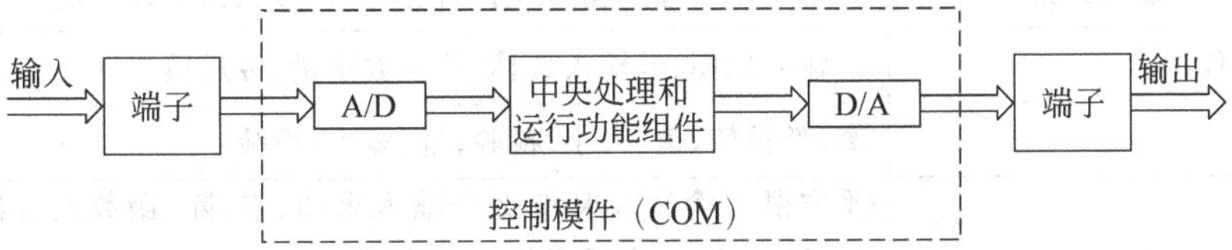

图 9.28 过程信号的输入、输出流程图

从模拟量输入端子输入的模拟量信号，经 A/D 转换进入中央处理和运算功能组件，加工后的信息经 D/A 转换作为输出信号送至某模拟量输出端子完成控制功能。

2. 控制软件及功能库的功能块

控制模件(COM)的结构如图 9.29 所示。

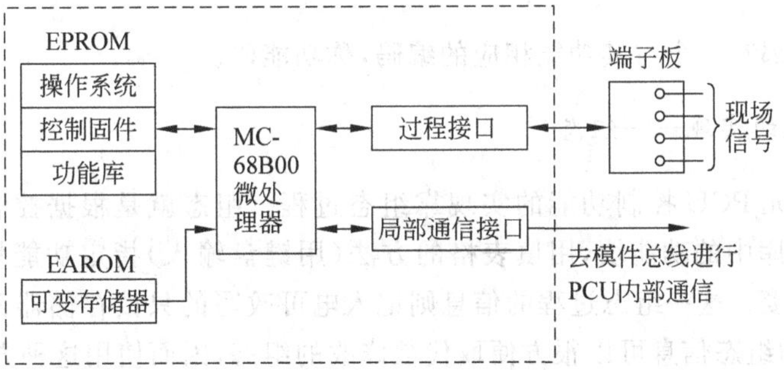

图 9.29 控制模件(COM)结构

COM 中过程接口的作用是经现场端子板采集现场输入信号并通过端子板输出控制信号。所有软件都在 EPROM 及可改写的存储器 EAROM 中。EPROM 中的软件由三部分组成。

(1) 操作系统。用于控制多个任务连续执行。

(2) 控制固件。能提供算术运算、通信功能、过程 I/O 操作。

(3) 功能程序。库中集中了适合于模件操作的各种固定程序块。每个固定的程序块称为功能块。COM 中 EAROM(可改写的只读存储器)的作用是记入组态信息，用以建立控制方案。

功能库是一组常用的固定子程序(称为功能块)。其中包括 11 类功能的 60 余种功能块。如在调节器控制和逻辑控制中有 PID 控制，超前/滞后，逻辑“与”、“非”、“或”，以及延时功能等，详见表 9.8。

表 9.8　控制功能库

功能库分类	功　能
控制功能	PID 控制、PID 控制/偏差、脉冲定位器自适应、手动加载、大林控制器、史密斯预估器、贝克调整器
现场输入、输出	从现场端子板输入、输出模拟量，输入、输出数字量
模件总线的输入、输出功能	从模件总线输入、输出模拟量，输入、输出数字量、数字表、模拟表
厂区环路输入、输出功能	从工厂通信环路输入、输出模拟量，输入、输出数字量
信号选择功能	高输入选择、低输入选择、传送数字量、传送模拟量
信号状态	高/低报警、值(大小)检验、量(多少)检验
计算功能	平方根、4 个输入求和、2 个输入求和、乘、除、函数发生器、超前/滞后、脉冲速率、高低限位、速度限位
逻辑功能	时间延迟、存储、数字缓冲、逻辑与、或、非、计时器、计数器、马达控制逻辑
站 功 能	基本站、指示站、串级站、比率站
执行功能	控制模件、逻辑主模件、模拟量主模件的执行、例外报告时间的定义及输入、输出信号的分配
其他功能	手动设置常数、手动设置开关、手动设定整数、闪烁、脱出、遥控手动设定常数、分散模拟趋势

每个功能块都有一个与其功能相应的编码，称功能码。

3. 控制功能的实现——组态

过程控制单元 PCU 控制功能的实现靠组态过程。组态就是根据控制功能的需要，指定 EPROM 功能库中的功能块，用填表格的方法(用键盘输入)指定功能块的参数和地址，进行功能块的连接。这一组态过程的信息则记入电可改写的只读存储器 EAROM 中，组态可随意改变，新的组态信息可以很方便取代被修改的组态，因而使用这种方法改变控制方案十分灵活。

组态的基本单元是功能块，每个功能块由几个元素组成，如图 9.30 所示。

(1) 功能码。是给各种功能块编排的序号，功能码与该块的功能是一一对应的。例如功能码为 7 的功能块就执行开方功能，也称为开方功能块。在 N-90 的功能码规范表里提供了功能码规范及其对各功能码的说明，可供使用时查阅。

(2) 特征参数。每个功能块都有自己的特征参数 S_1、S_2、S_3、…、S_n，由用户根据要求填写。特征参数根据它的作用可分为两类，但并不是所有块都同时具有这两类参数。

一类为连接参数，代表块与块间的连接关系。

如图 9.31 所示，它是两个输入“与”的功能块表示图。

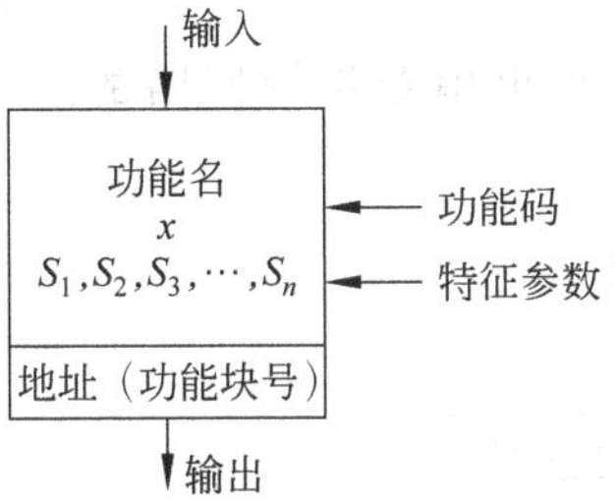

图 9.30　功能块的组成元素图

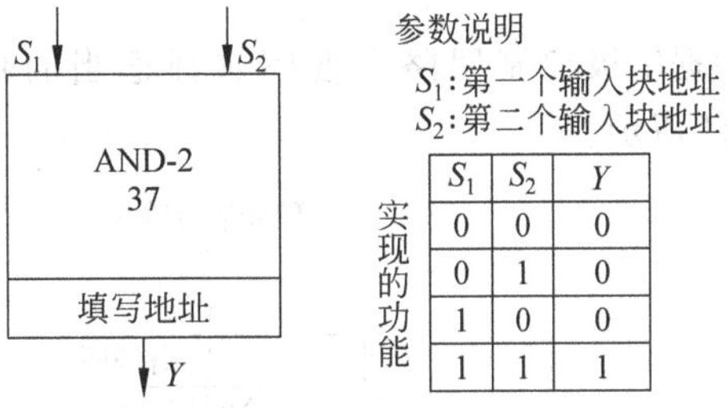

图 9.31　两个输入“与”功能块

它有 2 个参数，表示 2 个输入信号的地址，所完成的功能和通常所说的与门完全一样，只不过是用“软件”把输入信号连接起来，它的输出则通过该块所填写的地址来取用。

另一类为操作参数，即功能块完成功能操作所必须具备的参数。如图 9.32 所示，为偏差 PID 功能块的表示图。这个功能块对过程变量和设定值的偏差信号进行比例、微分、积分运算。通过适当选择 S_5、S_6、S_7、S_8 这 4 个参数，可以在很宽的范围内改变调节功能。其中 S_5 是(K)总增益；S_6 是(K_p)比例系数；S_7 是(K_i)积分系数；S_8 是(K_d)微分系数。

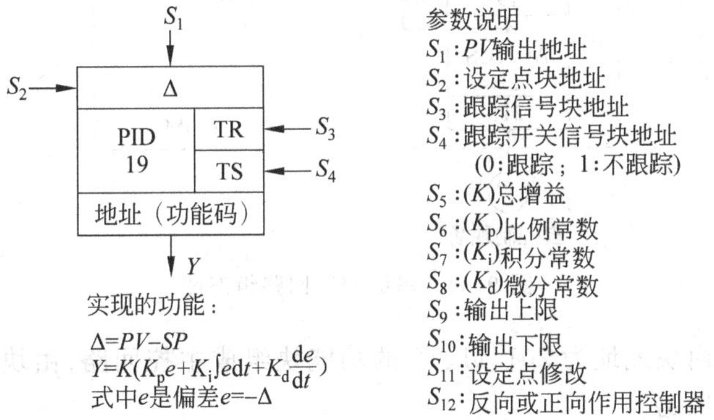

图 9.32　偏差 PID 功能块

(3) 功能块号。即功能块的地址，它包括 PCU 号、模件号和功能块号。例如写成 6-3-10，即表明是 6 号 PCU 的 3 号模件 10 号功能块。功能块号是用户在组态时根据需要设定，与块功能无对应关系。

N-90 系统配有较为完善的功能块语言，通过现场级的 CTM 或高一级的 OIU，都可将系统的组态方案送入模件。

下面以串级控制回路为例对组态作一介绍。

串级控制回路如图 9.33 所示。

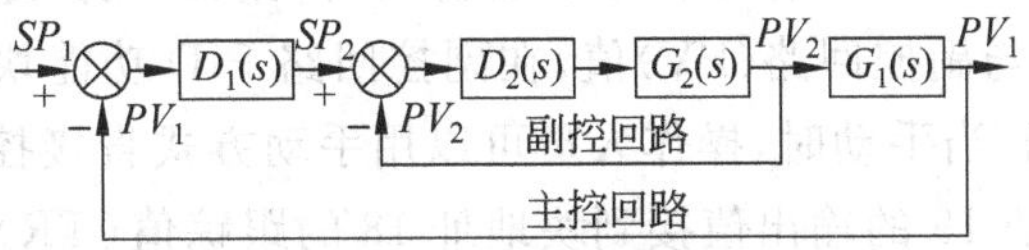

图 9.33　串级控制回路

串级控制系统由主控回路及副控回路组成，并具有主控和副控两个调节器 $D_1(s)$ 与 $D_2(s)$，在实现串级控制时第二个调节器即副控调节器 $D_2(s)$ 的给定值是主控调节器 $D_1(s)$

的输出。

根据串级控制回路方框图选择适当的功能块，便可绘出串级控制回路的组态图如图 9.34 所示。

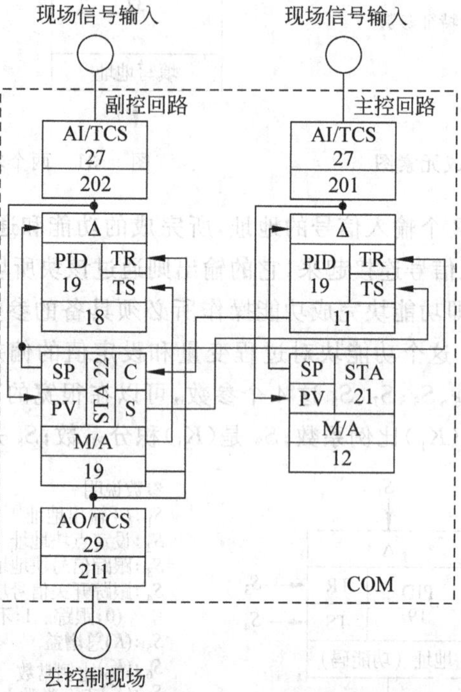

图 9.34　串级控制回路组态图

串级控制回路由块地址为 201、11、12 的功能块组成主控回路；由块地址为 202、18、19 的功能块组成副控回路。

现场输入的模拟量信号，通过由硬件组成的现场端子板，分别进入块地址 201 和 202 功能块，分别作为块地址 11、18 的 PID 功能块的过程变量输入值(PV)。

主控回路 PID 功能块的设定值(SP)，由块地址 12 的 STA 站功能块提供。

副控回路 PID 功能块的设定值(SP)是主控回路 PID 的输出，这样副控回路经块地址 211 的输出去控制现场，实现串级控制。

这里应说明的是站功能块 12、19 的作用：它们是作为 OIU、CIU 和数字控制站 DCS 的接口，也就是信号传递站。OIU、CIU、DCS 的参数改变是通过站功能块 12、19 来实现的，包括给定控制对象的运行参数、工作方式选择和手动、自动的转换。

块 19 的手动/自动(M/A)的作用如下：当自动时，副控回路设定值(SP)(由主控回路块地址 11 输出值决定)与副控回路(PV)值，在副控回路 PID 功能块中运算，然后经块地址 19、211 输出去控制现场；当手动时，操作人员可以用手动方式直接控制输出，这时为保证副控回路 PID 正常工作，块 19 的输出值接到块地址 18 的跟踪值(TR)，而 M/A 接到块 18 的 TS，作为跟踪开关，使 PID 手动工作时跟踪输出信号，使控制回路投入自动时实现无扰动切换。

9.2.2.4 N-90 的通信系统

N-90 系统的通信网络系统效率高、误码率低。N-90 通信网络的特点如下。

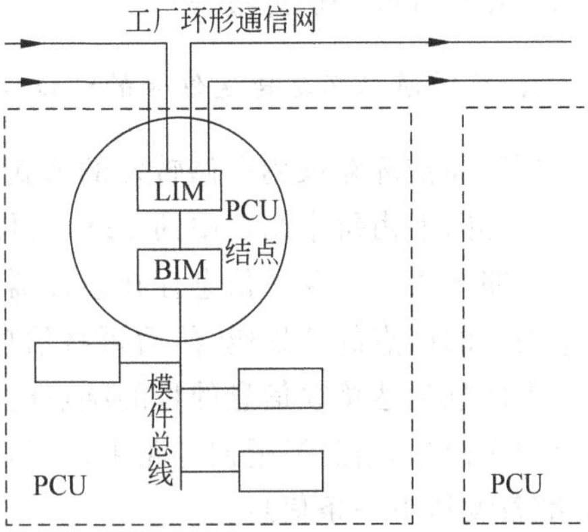

图 9.35 N-90 的通信网络框图

1. 分级通信

N-90 的通信网络分成两级，如图 9.35 所示。

1) 过程控制单元(PCU)内部各模件的通信

在过程控制单元(PCU)内部所有模件的信息经模件总线串行输入、输出，传送速率为每秒 240 条信息。在 PCU 内的所有模件都设有自己的地址，可以很方便地从总线接收信息。当某一模件要将自己信息发送到总线上去时，必须满足两个条件：

(a) 总线上没有信息在传送。

(b) 该模件的随机延时器到期。

所以模件总线所遵循的是竞争发送信息，无冲突接收信息的以太网协议(属 CSMA/CD 类型)，但传送信息的速率没有以太网高。

2) 厂区通信环路

进行 PCU 与 PCU、PCU 与 OIU、PCU 与 CIU 或 OIU 与 CIU 间的通信依靠的是厂区通信环路。它是比 PCU 模件间的通信更高一级的网络。为此必须设立两级通信网间的接口，即 BIM 与 LIM 模件。当 PCU 单元中的信息想传到 PCU 以外的单元去，必须经过两个模件，即总线接口模件 BIM 和环路接口件 LIM，合称为 PCU 结点。

厂区通信环路用双绞线电缆把所有分散的结点连接成环形通信网络，最多可达 50 个结点。

2. 例外报告传送方式

每个变量要传送出去，必须受到一些限制。只有当过程变量有“明显”变化时，才产生一个例外报告。这样减少了网络负荷，提高了传输的可靠性。

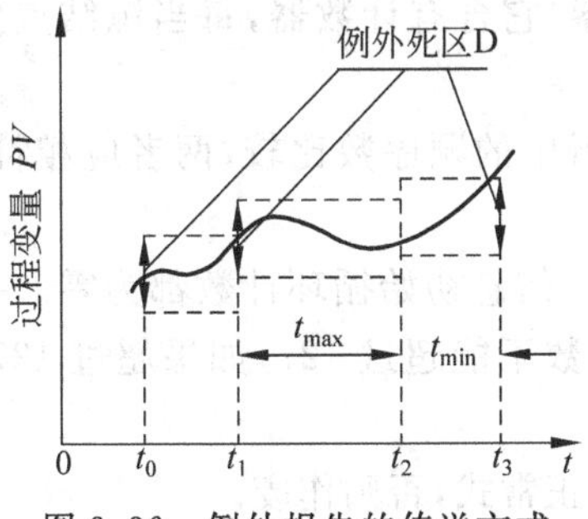

图 9.36 例外报告的传送方式

例外报告传送方式的概念如图 9.36 所示。

如图所示，用户可以规定 3 个参量。

(1) 例外死区：在一般情况下，过程变量没有超出例外死区，它就不往外传送信息。

(2) 最大时间 t_{max}：是用来使缓慢的信号能周期地向需要该信号的结点传送信息，以表明该生产过程在正常运行。

(3) 最小时间 t_{min}：是用来限制快速变化信号的传送速率，以防止把环路堵塞。

上述 3 个参量的选择关系到通信网络的传送效率和信息的滞后时间。由于采用例外报告传送方式，大大减少了传送的信息量。N-90 厂区通信环路中信息传送速度是 500 kB/s

相当于每秒500个例外报告。

3. 厂区通信环路传送信号的协议及帧结构

厂区通信环路采用存储转发的形式传送信息,实际上是点一点式的协议。

在环路上由每个结点中的LIM模件接收和发送信息。如PCU结点要将自己的信息发送到环路上去。先要把信息存在缓冲器中,由LIM加上安全码和发送信息的源结点及接收信息的目的结点的地址码,然后再将信息发送到环路上去。

当信息到达接收信息的目的结点时,目的结点的LIM把信息复制下来,同时在信息上加上响应记号,信息又返回环路上运行,直到返回发送信息的源结点为止,源结点将信息冲掉,准备发送下一条信息。

为了避免发送中的错误或判断目的的结点是否太忙及故障等,源结点在处理这些可探测的错误时采用重发信息的办法,最多可达255次。所有这些重发信息,到达目的结点后带回的如果都不是响应记号,目的结点就要被标上离线。源结点的LIM就送信息给BIM,通知它等到目的结点能正常回答之后再与它通信。在此期间,源结点的LIM周期性询问离线结点,当它响应了一次询问后,就再给这个结点记上在线。

在环路上传送的信息分为二帧。每一帧都有附加的循环冗余检验码(CRC码),它有两个字节宽,由硬件发生和检验,CRC码是生成多项式 $X^{16}+X^{12}+X^{5}+1$ 的余数补码,这里的 X^{n} 是代表二进制位数。此外,为提高可靠性,在每条信息中还嵌入5个安全码,每一个安全码以不同方式交叉检查信息的可靠性。信息格式如图9.37所示。

注:图9.37中各字段的含义。

a字段:目的结点;b字段:帧同步;c字段:源结点地址;d字段:顺序号;e字段:循环记数;f字段:信息分类;g字段:循环冗余检验;h字段:信息长度;i字段:信息;j字段:检查和;k字段:响应/不响应;l字段:循环冗余检验。

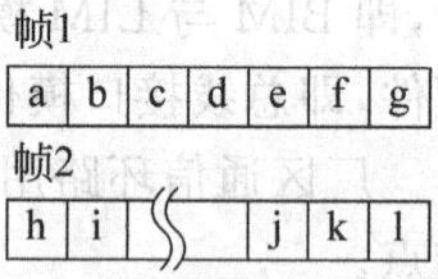

图9.37 信息格式

其中b、d、e、f、j字段为5个安全码。它们的作用如下。

b字段:是安全码1,用来保证信息的帧同步。

d字段:是安全码2,在源结点的LIM中有发送缓冲器,它含有计数器,每当源结点发送一个信息,计数器就加1,在该LIM中保留一个数。

当信息返回源结点时,在信息中的顺序数与发送缓冲器中的顺序数比较,两者应相符,不相符时信息必须重发。

e字段:是安全码3,用于循环计数检查。所有被发送的信息初始循环计数都为零。一条信息每到达一次LIM,就在循环计数器中加上1,但这个数不能超过127,如果超过127,该信息必须作废。

f字段:是安全码4,表示信息类型,即广播式、问询式、正常式,否则作废。

j字段:是安全码5,它是信息的异或检查和。源结点LIM每发送一条信息,都要对该信息进行异或检查,目的结点也要重新计算它,如果这个值不相同,这个信息也被取消。

除了上述5个安全检查码外,还有k字段是响应不响应记号。当一条信息返回到源结点时,要检查这个字段,如果信息带回的是响应记号,就认为发送成功,源结点的缓冲器就变为空闲,准备发送下一条信息。如果带回的是不响应信息,这可能存在两种情况。一种是目的结点忙，另一种是目的结点故障，这两种情况都要启动重发逻辑。

综上所述，由于 N-90 采取了完善的通信措施，采用了存储转发技术，同时在传输的数据上加入校验码和安全码。从而提高了集散型计算机控制系统信息传输的可靠性。

9.2.2.5 N-90 的应用举例——钢厂烧结炉的集散型控制系统

1. 烧结生产的工艺流程

烧结工艺是炼铁的关键一环，烧结是把铁矿石粉，烧结成一定大小的铁矿，用它作为炼铁的原料。它的工艺流程如图 9.38 所示。

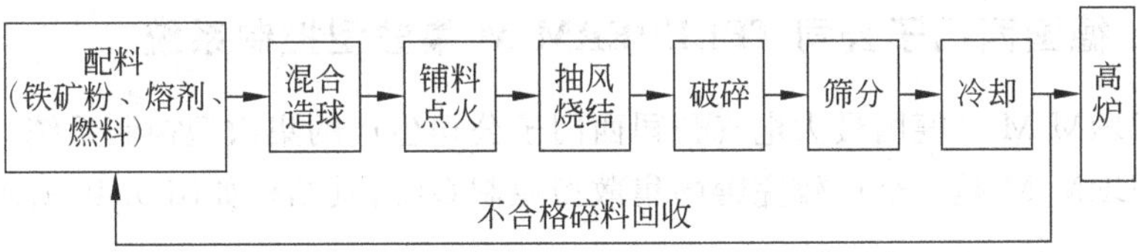

图 9.38 烧结生产的工艺流程图

从控制角度，可以将烧结分为五大部分，即原料系统、配料系统、烧结机系统、成品筛分系统、除灰系统。由于系统规模较大，所以烧结炉采用集散型控制系统。

2. 系统的布局

烧结炉微机控制系统采用 N-90 实现。共用了 11 个 PCU，2 个 OIU 完成对整个烧结生产过程的控制。根据集散型控制系统的地理分散安装的特点，将 N-90 分为 5 个位置安装，每一安装点为一个站，分别与被控对象一一对应。系统的组成如图 9.39 所示。

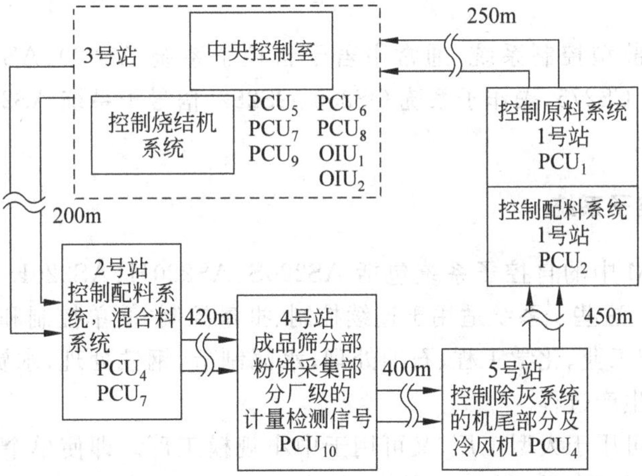

图 9.39 N-90 用于烧结炉控制的组成图

3. 使用集散型控制系统 N-90 的效果

使用 N-90 控制烧结工艺，取得了显著的效果，它改善了工人的工作环境，提高了劳动生产率，节约了能源消耗，赢得了较高的经济效益。采用 N-90 进行集散型控制有许多优点：

(1) 系统组成灵活，易于扩展。可根据不同的控制需要选用模件，设备利用率高，并节省投资。

(2) 硬件功能软件化，可采用先进的功能块用组态方法实现控制方案，因而控制方案的改变十分简单，不涉及硬件的变更。

(3) 系统安全，可靠性高。由于一个模件只控制 1～2 个控制回路，因而在模件发生故障时，不影响整个系统的运行。此外，具有完善的诊断和监视系统，使维修人员和操作人员及时在彩色 CRT 上监视整个系统，利于集中操作和监视。

(4) 积木式结构，安装调试方便，从安装到现场运行施工周期短。

9.2.3 德国西门子公司 TELEPERM M 集散型控制系统

TELEPERM M 是德国最大电气公司西门子公司生产的集散型控制系统。

TELEPERM M 是一个比较完善的集散型控制系统，其结构如图 9.40 所示。

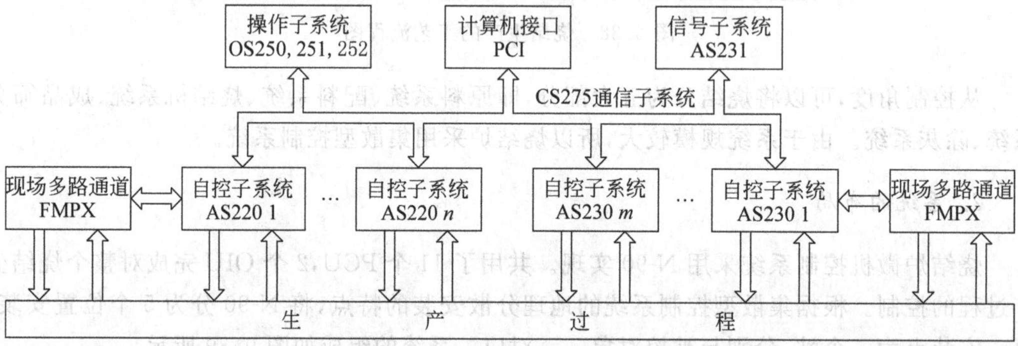

图 9.40 TELEPERM M 集散型控制系统方框图

一个完整的集散型控制系统，通常由若干自控子系统 AS220、AS230，现场多路通道 FMPX，通信子系统 CS275，操作子系统 OS250、OS252，信号子系统 AS231 和过程计算机接口 PCI 等部分组成。

9.2.3.1 自控子系统

TELEPERM M 中的自控子系统包括 AS220S、AS220H、AS220K 和 AS230。它们的特性比较见表 9.9。这些子系统适用于连续控制、批量控制、简单控制和复杂控制。可广泛应用于发电厂、基础工业、化学工程、石油处理、水泥制造、钢铁处理、水资源处理、造纸和食品工业以及类似的生产过程。

自控子系统既可用于大型工厂，又可用于中小规模工厂。即使单个自控子系统也具有完善的自动化功能，如闭环控制、开环控制、算术运算、监视和记录。

自控子系统是过程控制的最基本单元，它由如下 10 种模块组成。

1. 处理器模块

处理器模块由 L 算法单元、H 算法单元和控制单元组成。L 算法单元用于低 8 位计算和内存控制。H 算法单元用于高 8 位计算、中断控制和串行接口。控制单元用于编程控制。

表 9.9　TELEPERM M 各自控子系统的特性比较

AS220S	AS220H	AS220K	AS230
适用于中小规模过程	当检测到故障时，主系统自动切换到备用系统。适用于要求高可靠性的系统	经济型，适用于小规模过程	适用于中大规模过程
10～40 个控制回路 20～80 个附加模拟量 3～6 个顺序控制 2～4 个黑白流程图 连接输入输出模块 47 个		6 个控制回路 20 个信号 2 个顺序控制 可接 EK100 扩展系统	30～80 个控制回路 50～120 个附加模拟量 5～15 个顺序控制 5～8 个流程图和单独设计的记录
EPROM 128KB RAM 64KB			EPROM 256KB RAM 1024KB
可接 1 台黑白监视器 1 个键盘 1 台打印机			可接 2 台彩色监视器 2 个键盘 2 台打印机

处理器模块实际由两个 8 位的微处理器分别构成单独的计算单元，组合起来相当于 16 位字长的处理器。

处理器模块有一套由微程序控制的指令系统，存放在 PROM 中。指令系统分为①操作员监视程序；②STEP M 控制语言；③闭环控制的最优化处理。STEP M 控制语言是在控制系统组态时，把功能块连接起来。

处理器模块对数值的运算和处理采用浮点数，有 8 位指数，16 位尾数。处理开关量信号平均时间 4μs，处理模拟量信号平均时间 30μs，最大寻址能力 192KB，每秒处理最多控制回路 120，每秒处理最大监视运行数 240，每秒能完成 STEP M 算法 250 000 步。

2. 存储模块

存储模块分为 EPROM 和 RAM。

EPROM 用于组态和操作员通信监视，包括基本程序、通信程序、组态程序、参数化程序、安排问题的程序等。对于不同用途的系统，可以选用不同型号的 EPROM。

RAM 的容量为 64KB，用于动态数据的存储，如工厂组态数据、监视器接口、输入输出、内部系统的安排等。

3. 接口模块

接口模块包括监视器、键盘接口模块，磁盘驱动器接口模块和 I/O 接口模块。

4. 开关量输入模块

不同的模块可以分别接受 16 路、32 路、48 路开关量输入。

5. 开关量输出模块

输出接点有16路、32路两种，每个接点容量分别为400mA和100mA。

6. 模拟量输入模块

高电平模块可接受8路输入，可以是标准范围的电压或电流信号，分辨率是10b。

低电平模块可输入4路或18路或32路的热电阻或热电偶或毫伏信号。

7. 计数脉冲输入模块

有8路输入，计数脉冲频率为0～100Hz或0～20kHz。

8. 正比计数模块

输出信号与所计总数成正比。也可以是转速或线速度。

9. 闭环控制模块

可以构成独立的通道，完成PI控制、固定设定点控制、比率控制、SPC控制、DDC直接控制。也可作为处理器模块失效时的备用控制器。

每个模块有3个模拟量输入、1个阀位输入、1个模拟量输出和1个开关量输出。

闭环控制模块有一并行接口，可以接一个手动/自动控制站。

10. 开环控制模块

用来控制和监视配电装置上开关、电磁阀、接触器。它的功能是发出开/关命令，进行开/关保护，给出开/关允许信号。

9.2.3.2 信号子系统AS231

信号处理记录子系统简称信号子系统，AS231在硬件上跟自控子系统AS230一样，只是在功能上有区别。

子系统能够直接从过程或者经过总线耦合自控子系统采集、监视和处理，然后显示和记录。其应用范围可从一个单独的操作、信号处理、记录系统扩展到TELEPERM M系统内中央信号处理和诊断系统。

如果需要时间的同步，可以用一个主时钟连接到总线。

AS231信号子系统的处理能力：

直接连接信号1872；　　分辨率5ms

(中断控制输入)

经过总线信号4800；　　分辨率100ms

(从其他子系统)

AS231信号显示：

信号序列显示

　　1个输入缓冲　100信号

1个新页　　20信号

4个旧页　　各20信号

历史区域序列显示

12个区域　　各400信号

总貌显示

记录

信号状态记录　0和1

封锁信号

9.2.3.3　现场多路通道(FMPX)

现场多路通道是基于微处理器的控制子系统，也是现场区域中，特别在有爆炸危险的场合，是现代化的、经济的自动化单元。现场多路通道的功能是周期性地检测电气和气动信号，并把检测到的信息传送到AS自控子系统。另外，现场多路通道从AS得到定位和控制命令送到过程控制部件。

FMPX所有的输出模块是由存储器提供的，即使在系统出现故障时，也能保持输出值。使用现场多路通道具有如下突出的优点。

(1) 减少现场电缆。

(2) 减少现场仪表。

(3) 工程造价较低。

(4) 简化了安装。

现场多路通道的输入输出模块有三类，即电气输入输出信号模块、电气输入输出功能模块和气动输入输出信号模块。

1. 电气输入输出信号模块

模拟量输入模块，	4通道，适用于热电偶、热电阻和电位器。
模拟量输入模块，	4通道，信号范围：0～20mA、4～20mA、0～10V、0～－10V、0～1V。
限值监视模块，	2通道，信号范围：0～20mA、4～20mA、0～1V、0.2～1V。
二进制输入模块，	2通道，为浮点二进制发送或EM内部有效信号。
二进制输入模块，	8通道，把二进制数发送到DIN19234(NAMUR)。
脉冲/频率输入模块，	1通道，用于浮点二进制数传送；传送到NAMUR。
模拟量输出模块，	4通道，输出0～5V。
模拟量输出模块，	4通道，输出1～5mA。
U/I转换模块，	2通道，输入0～5V，输出4～20mA。
二进制输出模块，	8通道，作为集电极开路或为0mA或为2mA。

2. 电气输入输出功能模块

闭环控制模块，	1通道，PI控制器K，输入0～20mA或0～1V，输出0～5V或1～5mA。

联锁模块，　　　　　4 通道，逻辑的，内部安全联锁。
扫描重复模块，　　　　8 通道，对 8 个模块，校验时间缩短。

3. 气动输入输出信号模块

模拟量输入模块，　4 通道，对于气动变送器，输入 0.2～1bar。
电-气转换模块，　　2 通道，输入 0～5V，输出 0.2～1bar。
（模拟量）
电气转换模块，　　4 通道，输入 0～5V，输出 0.2～1bar。
（二进制）

现场多路通道的操作方式是这样的，对于二进制或者模拟测量值或者故障，现场多路通道的中心单元，扫描所有的输入模块。

数值被数字化，并转换成信息，经过串行接口发送到自控子系统 AS 的接口模块。现场多路通道也经过串行接口从自控子系统 AS 接收定位值和控制信号。现场多路通道检验这些数值，转换并发送到输出模块。

一系列诊断步骤，监视着现场多路通道，到自控子系统的连接以及接口模块。在这种方式下，操作员可以迅速得到可能出现的故障的报警。假如提供冗余设计的话，现场多路通道会自动地切换到替补方式并且生产过程无故障地继续进行。

9.2.3.4 总线子系统 CS275

总线子系统 CS275 是一个分散的组织结构，是基于 ISO/OSI 参考模型。为了方便传输数据，总线子系统包含局部总线和远程总线。总线子系统的结构图如图 9.41 所示。

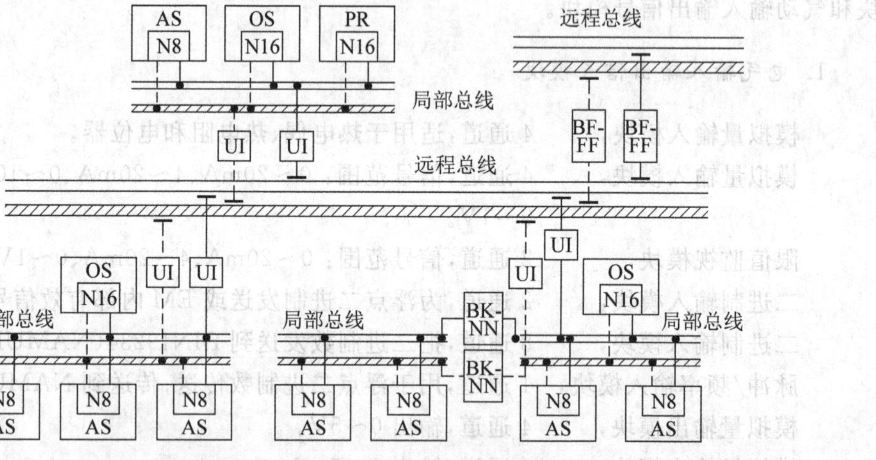

图 9.41　总线子系统 CS275 的结构图

局部总线通过接口模块 N8、N16、NV.24、N-CLOCK 耦合到 TELEPERM M 系统或数据系统，如 AS、OS、PC（过程计算机）、主时钟等子系统。

感应转换器 UI 把局部总线耦合到远程总线。

总线耦合器 BK-NN，用于局部总线之间的耦合。

总线耦合器 BK-FF，用于远程总线之间的耦合。

局部总线由 4 条线组成：一条数据线、一条同步脉冲线、一条时钟线和一条公用线。局部总线是在一个机柜或两个机柜内传输数据，传输距离约 20m，加接电隔离器以后距离可以延长到 100m。

当信息需要远距离传输时，就采用远程总线，它是使用同轴电缆，传输距离可达到 4km。总线耦合器 BK-FF 可把两条总线连起来，加长传输距离。

为了提高总线子系统的可靠性，采用冗余总线子系统。总线子系统 CS275 含有用来循环检查总线工作的标准子程序，后备总线处于热备用状态。

总线子系统还能把西门子公司的计算机和控制设备连接在一个系统中，如西门子 SICOMP R 和西门子 SICOMP M、西门子 4004 系统、西门子 700 系统和 SIMATIC S5 扩展单元等。

在总线子系统中，以固定格式传送信息，基本单元是 4×9b，称为传送元。由传送元构成信息块。

传送元分为 4B，第一个字节 FC 用作控制字段，F_0、F_1、F_2 根据需要作为地址、数据、指令和保护传送。每 8 位组成的字段另加一位作为奇偶校验的保护位。一条信息的所有传送元最后留 F_2 字段作为数据保护。每一字段的奇偶校验保护作为行保护，一条信息的最后一字段作为列保护。按照德国标准，过程总线传输误码率为 10^{-5}，根据总线误码率和保护检测错误码的能力，经过计算，当传送速率为 250kb/s 时，平均 1 000 年才会有一次检查不出来的错误码。在总线上参加通信的子系统有两个通信地址，即总线地址和站地址。总线地址设定在 0～7，站地址设定在 0～100。

在总线子系统 CS275 中，任何时间，只有一个站发送信息，而其他站都处于从属地位，只能接收信息。主权功能从一个站转换到另一个站，所有的通信站都能成为主权站。由传送控制单元排出一张优先的顺序单子，决定发送信息的主权站。

9.2.3.5 操作子系统 OS250(OS252)

操作子系统是通过总线子系统 CS275 把一些自控子系统如 AS220S、AS220H、AS220K、AS230 等连接起来，用于工厂的操作和管理。

TELEPERM M 的操作子系统有 OS250 和 OS252 两种。

OS250 操作子系统与 AS220 自控子系统的硬件一样，只是固化的软件不同。系统包含的中心通信、监视功能模块代替了闭环和开环控制模块。使用 OS250 操作子系统的中心结构经过 CS275 可以跟多达 100 个 AS220 自控子系统通信。OS250 基本单元可以接一个键盘和显示器、一台打印机和一个软盘驱动器。

OS250 操作子系统是分层显示：分为总貌显示、区域显示、编组显示和回路显示。对于 OS250 生产的过程分为 6 个区域，每个区域分为 31 组，每组又分为 16 个回路。

OS252 操作子系统由一个基本单元和标准输入、输出部件组成。连接的外部设备可有两台彩色监视器、两台打印机、一台硬拷贝机、两台 6 笔记录仪、一台软盘驱动器、一台磁盘存储器。

OS252 操作子系统分为标准显示、自由显示和曲线显示。标准显示便于人工迅速而确切的干预。标准显示安排成 12 个区域显示，每个区域分为 24 个编组显示，每个组分为 8 个回路。

自由显示可以把实时的过程信息动态地组合起来，过程变量可以以数字值、棒图、虚线连成的曲线和测量点的故障信号一起显示在屏幕上。超越限值、测量点的码号、离散的过程状态如通/断等都能用可变的符号显示出来。

曲线显示可以用来表示详细的过程信息，既可提供单独的曲线，又可提供编组的曲线。一组内最多可以安排 7 条曲线，一幅画面上最多可安排 14 条曲线，一个系统大约能安排 1500～2000 条曲线。可以连接磁盘单元存储长时间的曲线资料。曲线上两点间的时间间隔，可根据需要选择调整。

9.2.4 新型的集散型信息管理控制系统 TDCS-3000

TDCS-3000 是霍尼威尔公司在 TDCS-2000 的基础上，组织了国际性的研究设计力量（有美国、欧洲、日本、加拿大参加），经过五年的研究，在 1983 年 10 月发布的。系统的结构如图 9.42 所示。

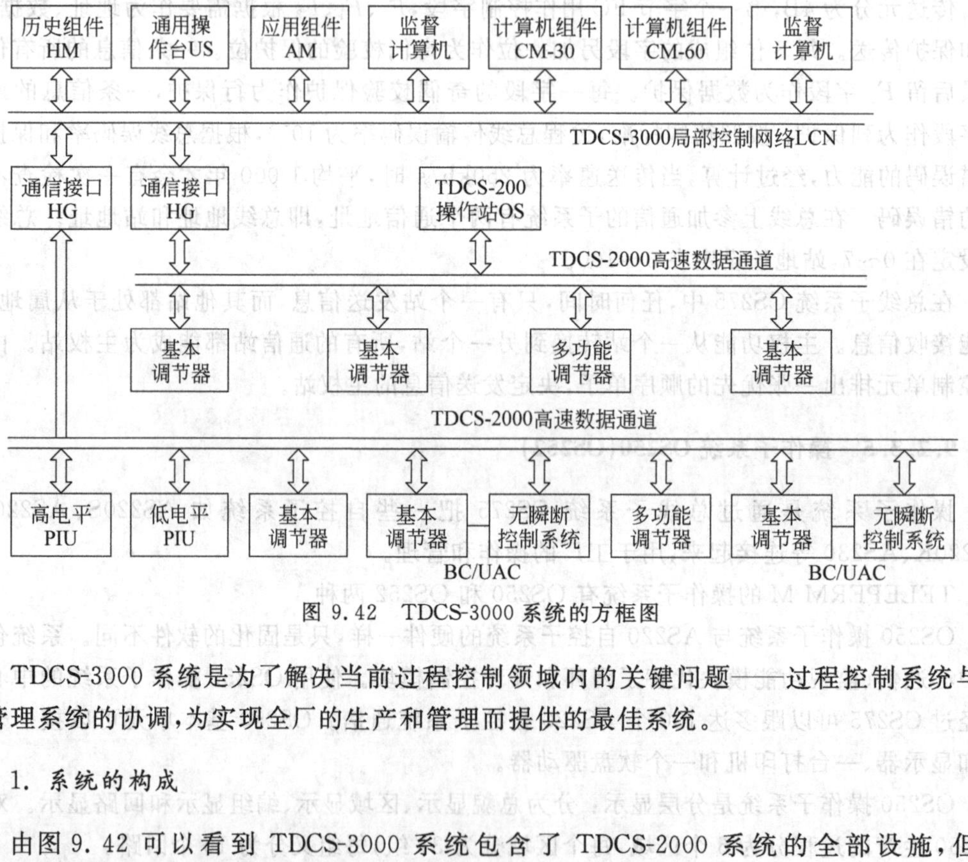

图 9.42 TDCS-3000 系统的方框图

TDCS-3000 系统是为了解决当前过程控制领域内的关键问题——过程控制系统与信息管理系统的协调，为实现全厂的生产和管理而提供的最佳系统。

1. 系统的构成

由图 9.42 可以看到 TDCS-3000 系统包含了 TDCS-2000 系统的全部设施，但是 TDCS-3000的设计思想则有了进一步的发展，其中：

(1) 完全包含 TDCS-2000 的高速数据通道。

(2) 引入“单元”的概念，确立了与过程装置相对应的工厂运行管理方法。

(3) 与过程有关的设备跟 TDCS-2000 的高速数据通道连接，TDCS-3000 的各个设备由局部控制网络(LCN)连接。

(4) 高速数据通道与局部控制网络之间的信息交换则通过通信接口。

由于以上设计思想，使 TDCS-3000 具有如下的特点。

(1) 过程级的数据采集和控制，采用原有的 TDCS-2000 集散型控制系统。

(2) 由过程连接设备和各种功能组件的组合，可以灵活构成各种规模的系统。

(3) 局部控制网络上的设备，由于功能彻底分散，确保了系统具有高的可靠性和处理能力。

(4) 不论系统的规模和组成有何不同，用同一个人-机接口就能支持整个系统的信息，即所谓"单一窗口"方式，如图 9.43 (b)所示，而图 9.43(a)则是装置对应型人-机接口。

(5) 各个系统的组成，可以按照功能自由追加，系统扩展方便。

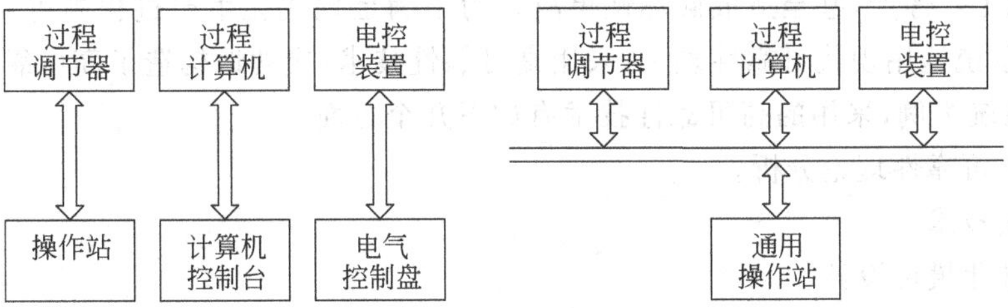

(a) 装置对应型人-机接口　(b) 综合管理型人-机接口（"单一窗口"方式）

图 9.43　人-机接口方式

2. 基本设备

除了 TDCS-2000 系统外，新加的 TDCS-3000 局部控制网络上的设备如下。

1) 局部控制网络 LCN

在局部控制网络上的各种设备用双重化的同轴电缆以 5Mb/s 的速度传输数据，一个局部控制网络最多可以连接 64 台设备。

2) 通用操作站 US

通用操作站可以对整个工厂的生产运行进行监视、运行操作、运行档案的显示及打印，过程报警和系统报警等，还可以实现全部工程管理、维修等功能。

3) 通信接口 HG

通信接口是局部控制网络上的设备与 TDCS-2000 高速数据通道上的设备之间通信的接口，局部控制网络在工作性质、通信速度、通信规程等与高速数据通道是不相同的，但是 HG 则具有变换调整功能，使相对工程单位具有统一的数据形式。

4) 历史组件 HM

为了保存过程数据档案、事件档案，与 LCN 相匹配，在 HM 中备有大容量的存储器，所存储的数据，既可由通用操作站显示、打印，又可由计算机组件进行数据处理。

5) 应用组件 AM

应用组件是比 TDCS-2000 高速数据通道上的基本调节器(BC)更上一级的高级控制运算组件，它利用标准的控制算法和控制专用语言 CL，构成具有高级控制功能的回路。

6) 计算机组件 CM

TDCS-3000 系统中有两种计算机组件：CM-30 是以微处理机为基础的组件；CM-60 是计算机级的组件。计算机组件比应用组件有更高一级的控制功能。另外 CM-60 还具有整个系统的数据处理功能和跟其他计算机通信的功能，实现全厂范围内的信息管理。

上述介绍的几种与局部控制网络有关的设备，全部采取冗余化措施，并且采用通用化的硬件，从而获得了系统的高可靠性和很好的可维护性。

9.3 集散型控制系统的可靠性

现代化连续的生产过程中，为了保证生产设备和装置的稳定、安全运行，按照预定的要求生产出质量优良的产品，对自动化设备提出了高可靠性的要求。否则有可能因控制系统的故障，造成工厂停产，甚至造成破坏性事故。为了满足现代化生产过程高可靠性的要求，集散型控制系统运用现代可靠性理论，采用高可靠性技术，成功地构造了高可靠性系统。以TDC-2000系统为例，采用的高可靠性技术有如下几个方面：

(1) 系统可靠性理论分析。

(2) 冗余技术。

(3) 标准化模件设计。

(4) 模件加工制造和质量管理。

(5) 重要数据的分散数据库结构。

(6) 自动诊断技术。

9.3.1 可靠性指标

系统或设备的可靠性指标有如下几条。

1. 可靠性 $R(t)$

设备在规定的条件下，在预定的时间内，执行所规定的功能的概率。

2. 故障率 $\lambda(t)$

到某时刻，正在运转的系统、设备、部件等在持续的单位时间内，引起故障的概率。

$$\lambda = 1/\text{MTBF} \tag{9-1}$$

式(9-1)中，MTBF为平均故障间隔时间或称平均无故障时间。

3. 故障密度函数 $f(t)$

设备经过一段时间后从某一时刻起，在短时间内可能发生故障的概率。

4. 利用率 A

可修复的系统、设备、部件等，在特定的瞬间，维持正常功能的概率。

系统的利用率也定义为系统可以正常运行的时间占总时间的百分数。

$$A = \text{MTBF}/(\text{MTBF} + \text{MTTR}) \tag{9-2}$$

式(9-2)中，MTTR为系统的平均修复时间(即排除故障的平均时间)。

对于一个系统，其利用率 A 为90%，则系统有90%的时间在运行，而有10%的时间用于维修。由式(9-2)知，当

$$\text{MTBF} \gg \text{MTTR} \quad A \approx 1$$

$$\text{MTTR} \approx 0 \quad A \approx 1$$

显然，提高硬件平均故障间隔时间MTBF或缩短平均修复时间MTTR，是提高系统利用率，增强系统可靠性的行之有效的方法。

通常，在偶尔发生故障期间，所产生的故障概率，若按泊松分布来考虑，假定可靠性$R(t)$为平均故障率，即得

$$R(t) = e^{-\lambda t} \tag{9-3}$$

$$f(t) = -dR(t)/dt = \lambda e^{-\lambda t} \tag{9-4}$$

$$\lambda(t) = [-dR(t)/dt]1/R(t) = \lambda \tag{9-5}$$

$$\text{MTBF} = \int_0^{\infty} R(t)dt = 1/\lambda \tag{9-6}$$

9.3.2 加强硬件质量管理提高系统的利用率

9.3.2.1 增加硬件的平均故障间隔时间 MTBF

1. 增加组件的 MTBF

1）选择优质组件

选择名牌工厂的高性能、规格化、系列化的优质元件，如大规模集成电路、CPU 芯片、电容、电阻等。

2）建立可靠性标准，作为检验标准

选用元件手册，确立工程标准，为质量检验提供依据。

采用标准化手册作为衡量组件的标准。

3）组件的预处理

电路元件尤其是大规模集成电路、CPU 芯片是系统的基础元件，经选择的组件，需作如下预处理。

(1) 机械和目测检查。

(2) 直流参数的测试。

(3) 高温老化处理。

(4) 冷热循环处理，将元件由 0℃升温到 120℃，而后降到 0℃，如此冷热循环 10 次，每次 15min，每次间隔 30s。

(5) 目测再检查。

(6) 热交替试验，对于塑封元件，需经过 25℃至 100℃再到 25℃的热交替试验，在升温过程中，检查焊脚有无松动或脱落。

(7) 再次检查直流参数。

(8) 交流参数测试。

通过上述预处理的筛选、老化，消除了电路元件早期失效而对系统的可靠性带来的不利影响。

2. 增加组装卡件(印刷电路卡)的平均故障间隔时间 MTBF

1）采用先进加工工艺

印刷电路板的生产有两条自动流水作业线，从元件焊脚自动剪切到元件按印刷电路板位置排列及安装都由计算机控制，经光学投影仪检查，然后进入波峰浸渍焊接自动线焊接和成品卡的 $CHCl_3$ 的清洗。这样生产的印刷电路板不仅标准化程度高，互换性能好，而且因

焊接引起的故障率大大降低(可降低到 $10^{-9} \sim 5\times10^{-9}$)。

2) 强化检验措施

(1) 自动试验设备(ATE)试验。

用特殊的试验设备对数字印刷电路卡和模拟印刷电路卡分别进行检验。

(2) 热循环试验。

ATE 检验合格的卡件,进一步作热循环试验。试验的温度和时间如图 9.44 所示。

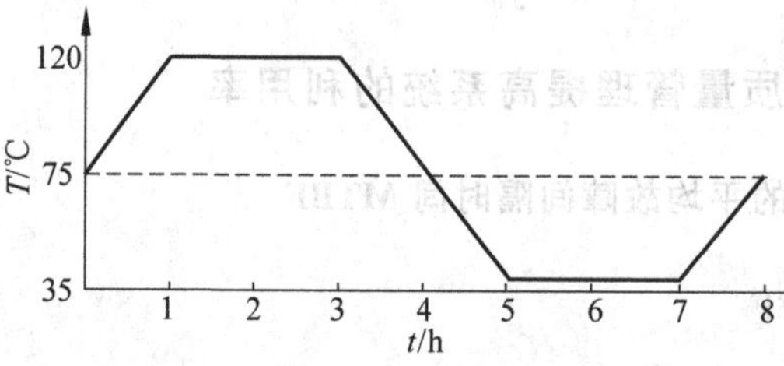

图 9.44 热循环试验曲线

(3) 最终组装试验(FAST)。

FAST 检验主要是对合格的印刷电路卡(或子系统),组装的调节器、数据输入板、通信指挥器及辅助单元等进行全面性能测试。

FAST 练习则是对 CPU、Memory、A/D、D/A、PID、手动控制、组态、高速通道指挥器(HWTD)的脉冲幅值及优先存取功能进行实际的演习性操作和试验。

FAST 试验为期三天。

3. 增加系统的平均故障间隔时间(MTBF)

采用中心试验的方式,以增长 MTBF。系统中心试验包括下列项目:

目测检查;

点到点的连续性检查;

电源分配;

操作员接口 50 种不同功能的手操作试验;

调节器基本程序试验——事务处理 6×10^4 次;

模拟和报警显示;

记录和趋势显示;

HWTD 的重复切换功能;

电源故障时备用电池的供电;

操作站核对 32 种显示;

一般过程组态指令字的手动输入;

24h 的可靠性运行;

系统中心记录和校正作用的检验。

9.3.2.2 缩短硬件平均修复时间(MTTR)

TDCS-2000 系统由于采用了诊断技术,辅助诊断设备(即专用测试仪器)和推荐了一定数量的备用印刷电路卡，从而缩短了平均修复时间 MTTR。

1. 诊断功能

系统中设有卡级和设备级诊断。设备级诊断主要是发现和报知故障高速通道设备的编号、类型和所在位置。卡级诊断则是用来发现和报知故障高速通道内发生故障的具体卡件，以便采取相应措施，迅速予以更换。

1) 卡级诊断

基本调节器的诊断：

具有完善的自诊断功能，它以 s/3 的周期对检测元件(如热电阻、热电偶、变送器等)及其超限情况、电源、A/D 转换、D/A 转换、CPU、存储器、输出等印刷电路卡作诊断。发现故障后，调节器使调节阀处于安全状态，并发出故障报警信号，并用数字的形式显示故障代码，供操作者识别。

操作站的诊断：

在线诊断软件连续对操作程序和数据库的完整性进行诊断。发现故障，由阴极射线管(CRT)显示出来以表明数据库中哪块卡片出了故障。此外还可利用诊断磁带，对电视字符发生器、中央处理机、键盘、CRT 聚焦、盒式磁带机接口、记录仪输出卡、打印机及高速数据通道接口等进行检查，以检查其工况。

2) 设备级诊断

高速通道指挥器(HWTD)带有三条高速数据通道(DHW)，每条都采用双重冗余，一条使用，一条备用，故共有 6 条 DHW 电缆，可挂 63 台设备。通过诊断磁带，每 5min 对 DHW 的所有设备作一次诊断，诊断结果显示在 DHW 状态画面上。

系统故障设备的修复经历 3 个阶段：发现和识别故障，采取校正动作(更换卡片)，校正动作的确认(系统设备恢复正常运行)。

2. 辅助诊断设备

1) 综合卡

综合卡是综合性能测试仪器，用于基本调节器、操作站、模拟单元(AU)、过程接口单元(PIU)的故障检查。

2) 高速通道练习器

主要用于跟高速通道设备对话并指示所接收的错误信息。

在高速数据通道上由于各种干扰(如热噪声、开关产生的火花、其他电台的辐射能等)会使得 DHW 传输的信息发生错误，因此除了采取相应的防干扰措施外，还对信息进行检查。

(1) 对每一位进行检查，是否包含一个正脉冲、一个负脉冲，否则接收设备拒绝接收。

(2) 信息的往来采取应答方式，当接收到了全部信息且无误时，将向发信设备发出一个肯定的回答。如果得不到有效的响应，说明接收的信息出了错误。

(3) 对每一个 DHW 字进行 BCH 码检查，BCH 码即错误检测码的缩写。

数字通信用二进制数字表示信息，例 00、01、10、11 分别表示红、黄、蓝、白，假定发出 01 信号，但因干扰变成了 11，那么发送端的“黄”，到接收端却变成了“白”，发生了错误。

发现这种错误的一种常用的方法是增加码元，例如上面的例子中可以用 3 位二进制数来表示 4 种颜色。

对于采用多位信息码元通信的场合，同样可以用增加码元的方法来检错，并有不同的编码方法，但是任何方法，都不可能检测出所有的错误。

BCH 码是一种循环码，在 TDC-2000 系统中，BCD 码是 5 位，利用附加 5 位 BCH 码可以监督前面 26 位码的正确性，使接收误码的概率降低。

BCH 码的译码器较简单，在附加码元相同的条件下检测能力较强，不仅能检出错误，还能确定错误码元的位置。在 TDC-2000 系统中，使用 5 位长的 BCH 码，可以做到：

- 100％地指出 5 位或少于 5 位的突发性错误；
- 指出所有≤2 个随机错误的组合；
- 指出所有单个信息颠倒的错误；
- 指出所有 6 位突发错误的 98.5％；
- 指出 95％的大于 6 位的突发错误。

3. 推荐备用卡件

各种备用卡件数量(Q)是系统中各类卡件数量(N)、平均故障间隔时间(MTBF)的函数，即

$$Q = f(N, \mathrm{MTBF}) \tag{9-7}$$

霍尼威尔公司在配置系统设备的同时，还为用户推荐一定数量的备用卡件。

9.3.3 由系统的结构提高系统的利用率

TDC-2000 系统运用大系统递阶分散控制理论、多级操作系统、冗余技术及无中断自控系统，最大限度地限制了故障，增加了对故障的忍受力。

9.3.3.1 分散控制

TDC-2000 系统可以根据需要，配置成回路级、装置级和工厂级的 3 种级别的过程控制系统。这种多级递阶系统控制功能由基本调节器完成。每台基本调节器仅提供 8 个控制回路。因此有一个拥有数百个回路的大系统，即使有一两台基本调节器故障，也不会有大的影响。

9.3.3.2 多级操作

图 9.45 是 8 个回路的分级操作。系统中考虑了操作站(OPS)、数据输入级(DEP)、模拟显示及备用手动单元 4 种可供选择的分级平行的操作员接口。任一种操作员接口失灵，都不会影响系统的操作和控制功能。

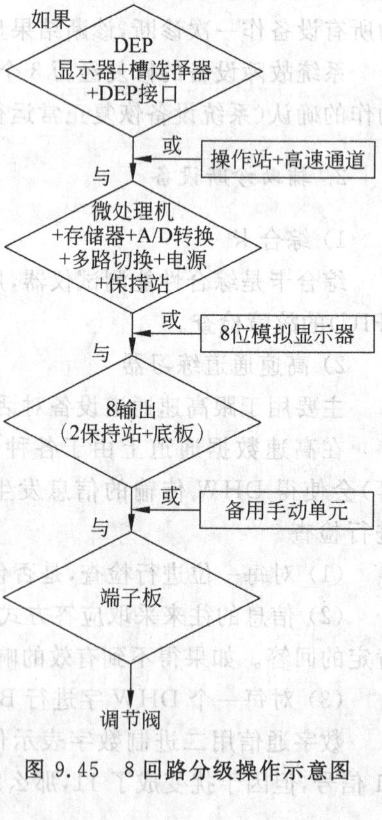

图 9.45　8 回路分级操作示意图

1. 全部执行

所有设备完好，或数据输入级(DEP)、操作站(OPS)+高速数据通道(DHW)其中之一故障，可全部执行操作。

2. 自动控制

DEP、OPS+DHW 同时故障，则由微处理机执行自动控制任务。

3. 就地手动

微处理机发生故障，可通过模拟显示器(8 台)执行就地操作。

4. 保持功能

微处理机和 8 台模拟显示器同时发生故障，则输出保持站能够保持控制元件(如控制阀)处于安全位置。

5. 备用手动

输出保持站故障时，通过备用手动单元执行手动操作。

6. 系统故障

输出保持站和备用手动单元同时发生故障，系统完全丧失对过程的控制能力。

9.3.3.3 冗余措施

冗余可以分为后备冗余和工作冗余，TDC-2000 系统同时采用了上述两种冗余措施。

1. 操作中心采用工作冗余

一个操作中心，设置 3～4 台带 CRT 的监视器，同时投入运行，各个操作站相互独立，又具有完全相同的功能，因而它们可以互为备用，即使 1～2 台操作站出故障，也不影响系统的正常操作。

2. 关键设备采用后备冗余

1) 24V 电源的后备冗余

8 台基本调节器使用 3 台可靠性相当高的恒压变压器(CTV)电源，由于“3 取 2”的冗余化，即使有 1 台电源发生故障，也不会影响系统的正常工作。设

$MTBF=1/\lambda=a\times10^4h$

$MTTR=1/\mu=ah$(μ 称为平均使用率)

$A(\infty)=(\mu^2+3\lambda\mu)/(\mu^2+3\lambda\mu+6\lambda^2)\approx1-6\times10^{-8}$

平均首次出故障时间为

$MTTFF=(5\lambda+\mu)/6\lambda^2\approx1.67a\times10^7h$

无后备冗余时

$MTTFF=1/2\lambda\approx0.5a\times10^4h$

可见采取电源的后备冗余措施以后，可靠性提高了

$1.67a\times10^{7}/0.5a\times10^{4}\approx3340$ 倍。

2）高速数据通道的双重化

高速数据通道采用 2 条同轴电缆，1 条工作，1 条备用，一旦工作的高速数据通道发生故障，立即切向备用电缆。

假定 $\text{MTBF}=1/\lambda=a\times10^{6}\text{h}$

$\text{MTTR}=1/\mu=5a\text{h}$

则 $\text{A}(\infty)=(\mu^2+\lambda\mu)/(\mu^2+\lambda\mu+\lambda^2)\approx1-2.5\times10^{-11}$

$\text{MTTFF}=(2\lambda+\mu)/\lambda^2\approx2a\times10^{11}$

双重化以后的 MTTFF 值高于单条高速数据通道的 $\text{MTBF}=1/\lambda=a\times10^{6}\text{h}$，高出约 20 万倍。所以高速通道的故障，对系统的影响可以完全忽略。

3）高速通信指挥的双重化

高速通信指挥器包括调整器插卡在内的大部分回路都作成双重化。

据计算高速通信指挥器双重化的可靠性比无冗余时的可靠性提高 11 倍。

4）调节器后备

8 台调节器用 1 台调节器后备，8 台调节器中 1 台发生故障时，几乎对系统的可靠性无影响。

假定

$\text{MTBF}=1/\lambda=a\times10^{4}\text{h}$

$\text{MTTR}=1/\mu=a\text{h}$

$A(\infty)=(\mu^2+8\lambda\mu)/(\mu^2+8\lambda\mu+72\lambda^2)\approx1-7.2\times10^{-7}$

$\text{MTTFF}=(17\lambda+\mu)/72\lambda^2\approx1.39a\times10^{6}\text{h}$

无后备时

$\text{MTBF}=1/8\lambda=1.25a\times10^{3}\text{h}$

所以调节器后备可靠性提高了 1 100 倍。

5）操作站

操作站由 3 台功能完全一样的设备构成，相互互为后备，3 台中有 1 台出故障，系统能完全照常工作，即使有 2 台出故障，系统也仍能维持必要的最低限度的功能。

设 $1/\lambda=a\times10^{4}\text{h}$

$1/\mu=a\text{h}$

则 $\text{A}(\infty)=(\mu^2+3\lambda\mu)/(\mu^2+3\lambda\mu+6\lambda^2)\approx1-6\times10^{-8}$

$\text{MTTFF}=(5\lambda+\mu)/6\lambda^2\approx1.67a\times10^{7}\text{h}$

与只有一台的系统比较，预计可靠性提高约

$1.67a\times10^{7}/a\times10^{4}\approx1\,670$ 倍。

9.3.4 系统的利用率

1. 系统中分类设备的平均故障间隔时间(MTBF)

无冗余系统在使用寿命期间内，分类设备的 MTBF 是每一组件故障率总和的倒数。表 9.10 列出了TDC-2000 集散系统分类设备在室温 25℃条件下预测的 MTBF 值。

表 9.10　TDC-2000 子系统 MTBF 的预测值

子系统	MTBF(h)
基本调节器	10 100
带 DHW 接口的基本调节器	8 460
通信指挥器	18 400
基本调节器端子板	350 000
模拟显示单元	132 000
数据输入板	19 000
电源	382 000
备用电池单元	28 900
带彩色 CRT 的操作站	212 000
同轴电缆组装件	2 400

2. 系统利用率的计算

利用率与一个系统连续运行时间的关系为

$$A = \text{MTBF}/(\text{MTBF}+\text{MTTR}) \tag{9-8}$$

一个单独的子系统，其利用率按式(9-8)计算。由若干子系统组成的系统，其利用率按下式计算。

对于串联系统，系统的利用率为

$$A = A_1 A_2 \cdots A_n \tag{9-9}$$

对于并联系统，系统的利用率为

$$A = 1-[(1-A_1)(1-A_2)\cdots(1-A_n)] \tag{9-10}$$

式中 A_1、A_2、…、A_n 分别为各子系统的利用率。

使用上列公式可以分别算出 TDC-2000 各种系统的利用率。

带独立模拟显示器的 8 回路集散型控制子系统如图 9.46 所示。

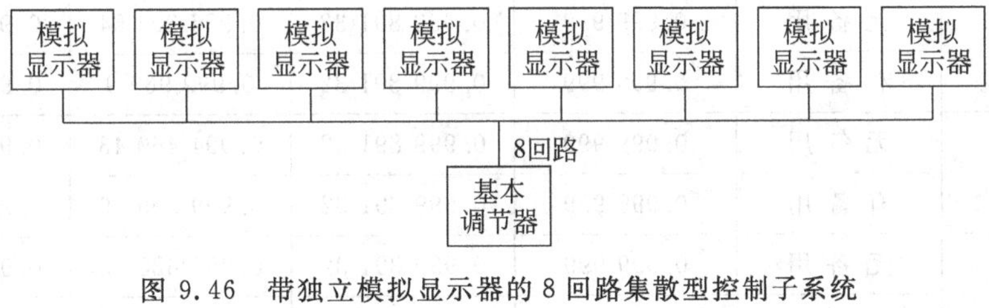

图 9.46　带独立模拟显示器的 8 回路集散型控制子系统

带独立模拟显示器的 8 回路集散控制子系统的利用率如表 9.11 所示。

表 9.11　带独立模拟显示器的 8 回路集散控制子系统的利用率

子系统	h		利用率 A
	MTBF	MTTR	
单台模拟显示器	132 000	2	0.999 984 85
单台 8 回路基本调节器	10 100	2	0.999 802 02

对于基本调节器有、无自动备用系统的利用率如表 9.12 所示。

表 9.12 基本调节器有、无自动备用系统的利用率

系统规模回路数	自动备用	利用率 A		
		模拟显示器	基本调节器	系统
64	无备用	0.999 030 8	0.998 417 2	0.997 449 53
	有备用	0.999 030 8	0.999 998 88	0.999 029 68
128	无备用	0.998 062 6	0.996 837 0	0.994 905 73
	有备用	0.998 062 6	0.999 997 76	0.998 064 02
192	无备用	0.997 095 4	0.995 259 2	0.992 368 37
	有备用	0.997 095 4	0.999 996 64	0.997 092 05
256	无备用	0.996 127 0	0.993 684 0	0.989 837 45
	有备用	0.996 127 0	0.999 995 52	0.996 124 54

由表 9.12 可以看出，对于基本调节器和系统当带有自动备用系统以后利用率提高；当系统中回路数增加时利用率降低，所以系统的回路数直接影响可靠性。

表 9.13 是表示了系统中以操作站取代模拟显示器时系统的利用率。假设有 3 个操作站，且其中有 2 个是正常运行的。

表 9.13 带操作站有、无自动备用系统的利用率

系统规模回路数	自动备用	利用率 A			
		操作站	通信指挥器	基本调节器	系统
64	无备用	0.999 999	0.999 891 32	0.998 150 06	0.998 041 58
	有备用	0.999 999	0.999 891 32	0.999 998 50	0.999 889 82
128	无备用	0.999 999	0.999 891 32	0.996 303 54	0.996 195 26
	有备用	0.999 999	0.999 891 32	0.999 969 9	0.999 888 31
192	无备用	0.999 999	0.999 891 32	0.994 460 43	0.994 352 35
	有备用	0.999 999	0.999 891 32	0.999 995 49	0.999 886 81
256	无备用	0.999 999	0.999 891 32	0.992 620 73	0.992 512 85
	有备用	0.999 999	0.999 891 32	0.999 993 99	0.999 885 31

从表 9.13 可以看出，带操作站的系统带有自动备用子系统时利用率提高；当系统中回路数增加时，利用率降低。

表 9.14 比较了基本调节器子系统带模拟显示器或带操作站时每 100h 使用手动控制的预测时间。

从表 9.14 可以看出，带操作站的系统，其利用率高于带模拟显示的系统。而且带备用子系统以后，手动控制时间大大缩短。

表 9.14 基本调节器子系统手动控制时间比较

系统规模 回路数	带模拟显示器 或带操作站	手动控制时间(min)	
		无 备 用	有 备 用
64	带模拟显示器	11.10	0.009
	带操作站	0.49	0.006 7
128	带模拟显示器	22.17	0.018
	带操作站	19.89	0.013 4
192	带模拟显示器	33.23	0.027
	带操作站	28.44	0.020 1
256	带模拟显示器	44.27	0.036
	带操作站	37.89	0.026 8

9.4 集散型控制系统数据通信概要

9.4.1 概述

数据通信是集散型控制系统的重要组成部分,对数据通信的要求是:可靠性高,安全性好,实时响应快,对恶劣环境的适应性好。

1. 数据通信网络的拓扑结构

拓扑结构是指网络中各个结点(站)相互连接的形式,通常有总线型、环型、树型和星型,如图 9.47 所示。

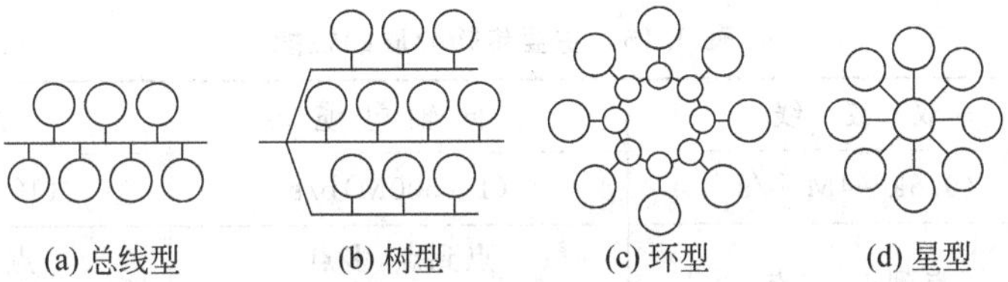

图 9.47 网络的拓扑结构

1) 总线型结构

如图 9.47(a)所示,是集散控制系统中最常采用和最为成熟的一种拓扑结构。

总线型是实行分散的控制策略,在网络上可以方便地增加新站或撤除故障站,而不影响网络的正常工作。若采用令牌(Token)传递的控制协议,则可以保证网络有比较快的实时响应速度。

2) 树型结构

如图 9.47(b)所示。可以看作是一个由多条总线型网络组成的拓扑结构,总线型结构可以看作是树型结构一个特例。

3) 环型结构

如图 9.47(c)所示。环型结构中的每个站都起到中继器的作用,可以使网络分布的范围比较大。当环上某站发生故障时，可能会影响网络的通信。现在为了提高可靠性和可用性，常采用双向双环冗余，并能自动重新组态的结构。

环型结构的优点是：单向环形、有序的数据流动，使其通信控制较总线型简单；因各面通信介质是相互隔离的，由于雷击或其他意外事故在通信介质上出现高电压时，最多损坏该段介质的两端的站，而不会像总线型网络那样，可能对系统中的所有站都产生影响。

4) 星型结构

如图 9.47(d)所示。星型结构网络中有一个集中的交换控制中心，所有的数据交换都通过交换控制中心，并直接在该中心的控制之下进行。星型结构的通信管理和控制比较简单，但是对控制中心的要求很高，控制中心一旦出现故障，就可能使整个通信网络陷于停顿。为了提高可靠性，可采用冗余和自动切换技术。

2. 通信方式

局部网络的通信方式可分为基带和宽带。

基带是指在通道上利用传输介质的整个带宽传输数据。高速传输时，利用某种编码技术，使传输数字串时保持同步。基带传输价格低，设备简单，可靠性高。但是长距离传送时有衰减，且通道数目少。

宽带是把通信信道以不同的载频划分成若干个信道，所以在同一条通道上可以传输多路通信信号。载波调制使宽带传输的传播性好，但是成本较高。

3. 传输介质

对传输介质的要求是满足使用要求，长距离铺设安全简便，维护方便，强度好。现在使用比较普遍的有双绞线、同轴电缆和光缆。表 9.15 对上述 3 种介质作了对比。其他传输介质还有无线电、微波和红外线等。

表 9.15　主要传输介质的性能

介　质	双 绞 线	同轴电缆	光　缆
传输速率	(9.6k～4M)b/s	(1～500M)b/s	(10～500M)b/s
连接方式	点到点，多点 15km 不用中继器	点到点，多点 基带 3km 宽带 10km 不用中继器	点到点，双工 100km
传输信号	数字、调制信号，模拟信号	调制码 直接编码	基带：曼彻斯特码 宽带：声音、数字、图像
支持网络	专用小型交换机，星型、环型	总线型、环型	总线型、环型
抗干扰性	好，需外屏蔽	很好	极好
抗恶劣环境	好 电缆结构形式多	好 电缆须与水、腐蚀环境隔开	极好 可承受 200℃和其他恶劣环境
误码率	1×10^{-5}	1×10^{-9}	很低
距离	500m	2～5km	40km

双绞线是两根绝缘导线有规则地扭绞在一起的导线对，可以是单根的，也可以由若干双绞线组成一根双绞线电缆。双绞线电缆又可以带屏蔽或不带屏蔽。带屏蔽的双绞线或双绞线电缆具有良好的抗电磁干扰性。双绞线的导线直径一般为 0.4～0.9mm，由多股细金属丝组成。在几种传输介质中双绞线的成本最低。

同轴电缆由内、外两个导体组成，电磁屏蔽性能较好。特性阻抗有 50Ω 和 75Ω 两种。不同粗细、不同型号的同轴电缆有不同的频带、不同的衰减特性。在集散型控制系统使用比较普遍的是 CATV，75Ω 的同轴电缆。

光纤/光缆是一种新型的传输介质，具有很强的电磁干扰性和能在恶劣的环境中工作的特点。目前成本较高，连接比较困难，随着技术的发展，上述缺点会逐渐克服或改善。

光纤以光的传播方式可分为多模和单模两种光纤。在多模光纤中，光是通过多个角度，多次反射沿着光纤向前传播的。在单模光纤中，光则是沿着轴向传播而没有反射。单模光纤很细，有很宽的频带，但是安装比较困难，与其配套的光电器件的成本也较高，比较适用于远距离的通信线路。

在集散型控制系统的局域网络中，较多采用多模光纤。在光纤通信系统中，通常使用的光波波长为 850nm，1300nm 和 1500nm 3 种。较长的波长，传输损耗较低，允许传输距离较远，但是成本也较高。

4. 网络的访问控制

网络的访问控制是要解决网络通道上结点使用权问题。局域网络上信息交换方式有两种，一种是线路交换，发送结点与接收结点之间都有固定的物理通道，这个专用通道要保持到对话结束，如电话系统。另一种是包交换或报文交换，编址数据组从转换结点传到另一个转换结点，直到目的站，发送结点与接收结点之间没有固定的专用通道，如某结点有故障，可通过替代通道把数据送到目的结点。

在网络上传输数据的访问控制方法有令牌传送和 CSMA/CD 方法。

1）令牌传送

在令牌传送网络中，没有控制站，也不分主从关系。令牌是一组二进制码。网络上的结点是按规则排序的，令牌被依次从一个结点传到下一个结点。只有得到令牌的结点才有权控制和使用网络。已发送完信息或无信息发送的结点将令牌传给下个结点。令牌传送多数情况下适用于总线型和环型网络。

令牌传送实现起来比较容易，没有中央控制，不会发生碰撞，额外开销是收发器数目的线性函数，在重负载下吞吐率较高，可获得线性等待时间，可采用平衡负载。

2）CSMA/CD 方法

CSMA/CD 是载波监听、多路存取/冲突检测的简写。连接到网络上的各个结点采用“竞用”方式发送到网络上，任何一个结点可以随时把信息播送出去，当某个结点识别到报文上接收站地址与本结点相符时，便将报文收录下来。当两个或两个以上结点企图同时发送信息，就会发生冲突（或碰撞），造成报文作废，为了解决冲突，发送结点在发送报文前，先监听一下线路是否空闲，如果空闲则发送报文到总线上，这种方法可以看作是“先听后讲”，但是仍有可能发生碰撞，因为报文在线路传输有一段延时的，在发送前；监听到空闲，实际线路上已有报文因延时未监听到，一旦发出报文，会与原来的报文发生碰撞。为此，在占用网络发送信息的过程中，仍继续检测网络传输线，采用“边听边讲”的办法，使接收到的信息与发送的信息进行比较，若不同则说明发生了碰撞，发送宣告失败。当发送的报文遭到冲突后，可以采用适当的退避算法，产生一个随机等待时间重新发送。这种把“先听后讲”和“边听边讲”结合起来的方法称为“载波监听多路存取/冲突检测”控制方式。

CSMA/CD方法在通信管理上比较简单，目前使用比较普遍。这种方法不能完全避免碰撞，冲突检测也比较复杂，另外线路中的常态干扰和差错往往与碰撞难以区别。对于实时性要求高的场合不甚合适。

9.4.2 局域网络通信协议简介

9.4.2.1 网络通信的层次及协议

为了便于网络的标准化，国际标准化协会(ISO)对于开放性数据网络互连(OSI)制定了一个层次结构，适用于任何类型的计算机网络。ISO制定的OSI标准通信协议由七层组成，自下而上依次为物理层、链路层、网络层、传输层、会话层、表示层和应用层。

物理层：提供通信介质和连接的机械、电气、功能和规程特性，如信号的表示、通信介质、传送速率、接插头的规格及使用规则等，并为链路层服务，以便在数据链路实体之间建立、维护和拆除物理连接。

链路层：指定信息在通信线路中的传送规则，如信息的成帧与拆封、帧的格式、差错检验与纠错，以及对物理层的管理。如面向字符的协议和面向位的协议等，HDLC是比较有名的面向位的协议。

网络层：控制各站之间的信息传递，如逻辑线路的建立、报文传送、路径传送等。

传输层：在两个端点之间提供可靠的、透明的数据传送，并提供端点到端点的差错恢复和流程控制。

会话层：对两个应用之间的通信提供控制结构，包括建立、管理和终止连接。

表示层：对数据做有用的转换，以提供标准化的应用接口和公共通信服务，如加密、报文压缩和重新格式化等。

应用层：提供适合于应用、应用管理和系统管理的信息系统服务，如通信服务、文件传送、设备控制、协议和网络管理等。

在7个层次中，物理层和链路层是硬件和软件的结合，而其他较高层次，则是由软件来实现的。目前，大多数集散型控制系统产品中的链路层和物理层基本上已标准化，并且已集成硬件和固化软件于一体的通信控制芯片，如MC68824令牌总线控制器、TMS380系列环型网络控制器芯片组等。

信息传送在不同层次以不同的单位传送。信息传送的单位是：“位”、“帧”、“信息包”、“报文”以及“用户数据”等。

在物理层，数据是按“位”传送的。在链路层是按“帧”传送，“帧”是由若干字节组成，除了信息本身，还包含开始和结束标志段、地址段、控制段以及校验段等。网络层是以“信息包”为单位向链路层传送信息的。“信息包”通常由数据本身及控制信息组成。传送层是以“报文”为单位传送数据的，一个报文可以分成若干信息包向低层传送，传送之后再报成报文。

9.4.2.2 物理层协议

物理层主要提供在数据机器(计算机、终端、集中器、控制器等)与数据通信设备之间的接口。接口包括机械、电气、功能性和规程性的特性;建立和拆除物理连接线路;在物理线路上传输位流。目前流行的物理层协议有 EIARS-232-C、EIARS-422-A、EIARS-423-A、CCITTX.21 和 CCITTX.24 等。

1. 机械特性

涉及连接器的规格,插脚分配,连接器的紧固及安装等。

常用的 ISO 机械接口标准有 25 脚连接器、15 脚连接器和 9 脚连接器。

2. 电气特性

规定接口的电气性能,有的还规定发送器和接收器的电气性能、电缆互连的准则。

3. 功能性特性

接口线按功能可分为数据线、控制线、定时线和接地线等。

4. 规程性特性

用于进行位流传输,是实现较高层次功能的基础。

9.4.2.3 链路层协议

链路层协议称为高级数据链路控制协议,简记为 HDLC,对于分布式信息系统及计算机网络,HDLC 是有可能被广泛采用的链路层协议。

1. HDLC 的优点

HDLC 是面向位的协议,使网络能依照需求传递不同的位模式;具有较强的防止信息传输错误的手段;协议适用于点到点、多点或环型链路,并可全双工或半双工工作。

2. 帧的格式

HDLC 是以帧作为基本传送信息单位的,其格式如表 9.16 所示。

表 9.16 帧的格式

起始标志	地址段	控制段	信息段	校验段	结束标志
01111110	8b	8b	可变	16b	01111110

(1) 标志段。帧的起始和结束都采用相同的位模式 01111110 作为标志,由于数据站要不断搜索该标志,所以标志段可以起到帧同步的作用。

(2) 地址段。表示数据链路上从站的地址。

(3) 控制段。对链路作监视与控制,包括命令和应答的类别、功能以及帧的序列号。

(4) 信息段。信息长度通常在 100～200b。

(5) 校验段。采用循环冗余校验码(CRC),对传输数据进行差错控制,其生成多项式为 $X^{16}+X^{12}+X^{5}+1$,即 10001000000100001。

需要注意的是地址段与控制段是可以根据需要扩充的。

3. 帧的类型

帧有 3 种类型。

(1) 信息传送帧。用来执行信息传输。

(2) 监督帧。用来执行链路监控功能,诸如确认、请求重发以及请求暂停发送信息传送帧等。

(3) 无编号帧。用来提供附加的链路控制功能,如置“工作方式”、“拆线”等操作。

4. 主站和从站

连在通信线路上的各站有主站、从站之分。主站负责链路的管理职能,如组织数据流量和差错恢复操作等。从站受主站的控制,主站与从站间以帧为单位进行信息传输,主站发往从站的帧称为“命令”,从站接“命令”后发向主站的帧称为“应答”。

在多点系统中,通常采用查询控制策略,负责查询的是主站,其余的是从站。在点到点系统中,每个站都可以成为主站。在某些系统中,一个站对某些链路可起主站作用,而对另一些链路却是从站的角色。对于某些站,可以同时具有主站及从站功能,称为复合站。

在 HDLC 中,从站的工作方式有操作主方式、拆线方式及恢复方式。而操作方式又分为正常应答方式和异步应答方式。

1) 正常应答方式(NRM)

从站只有在接收到主站的传输命令之后才能传输。主站负责链路的监督与控制。

2) 异步应答方式(ARM)

即使未得主站允许,从站也可以启动数据传输。从站负责对线路的监控。

3) 拆线方式(DM)

指从站在逻辑上与数据链路断开,既不是初始方式,又不是操作方式。拆线方式又分为正常拆线方式(NDM)和异步拆线方式(ADM)。

4) 恢复方式(IM)

主站执行从站链路控制程序的启动或重新启动或者更换操作方式参数。

5) 规程类型

规程类型可分为非平衡型正常(UNC)、非平衡型异步应答(UAC)和平衡型异步应答(BAC)。

非平衡型规程链路结构中有主站与从站之分,适用于点到点或多点工作方式。平衡型规程没有主站、从站之分,适用于点到点工作方式。

9.4.2.4 局域网络协议

局域网络协议是在公用数据网络的基础上发展起来的,协议标准应尽可能与 ISO 的 OSI 参考模式兼容。在设计低层协议时有几点值得注意,一是通过高性能的硬件技术有可能简化协议标准，二是应尽可能利用局域网络本身的某些特点。

目前，从事局域网络协议标准化工作影响比较大的是美国 IEEE 的局域网络标准委员会（简称 802 课题组），该委员会主要涉及 OSI 参考模式的物理层和数据链路层的功能，以及与网络层的接口。

1. IEEE 局域网络标准委员会（802 课题组）对协议标准化的要求

基本要求是能够提供一个分层结构，它应满足下述几个条件。

(1) 与 ISO 参考模型相兼容。

(2) 能对设备进行有效地互连。

(3) 协议本身能够以适当的成本实现。

此外，协议标准还应能够支持广泛应用功能，如文字传送、文字处理、图形处理、电子文件分配以及远程数据库访问等。

协议标准除了应满足继电路层的一般要求外，还应具有以下基本要求。

(1) 局域网络的链路协议应尽量与 HDLC 一致。

(2) 链路层协议（DLC）应与网络拓扑结构无关。

(3) 数据链路控制和介质传送控制协议应不受数据传输速率的影响。

(4) 协议标准应能适应各种类型的传输介质和通信方式。

(5) 与编码技术无关。

2. IEEE 802 协议标准

IEEE 802 的标准有

(1) IEEE 802.1	网络管理	(2) IEEE 802.2	逻辑链路控制
(3) IEEE 802.3	CSMA/CD	(4) IEEE 802.4	令牌总线网络
(5) IEEE 802.5	令牌环网络	(6) IEEE 802.6	城市网
(7) IEEE 802.7	宽带网建议	(8) IEEE 802.8	光纤网建议
(9) IEEE 802.9	语音、数据综合局域网络的存取方法		

IEEE 802 中定义了 3 种主要的 LAN 技术，它们的介质访问控制分别是 CSMA/CD (802.3)、令牌总线(802.4)和令牌环(802.5)。下面详述。

1) IEEE 802.3

IEEE 802.3 是载波监听多路存取/冲突检测(CSMA/CD)规约，即以太网规约。CSMA/CD 是一种适合于总线型网络的介质存取法。

CDMA/CD 在轻负载(为总线容的 10%～30%)中延迟较小，没有令牌传递额外的开销且没有明显的碰撞发生。因此，在轻负载下 CSMA/CD 传输的效率很高，但是在重负载下，传输效率很低，实时性很差。所以 CSMA/CD 适合于办公室自动化，而 Token Bus 则适合于工业自动化。

2) IEEE 802.4

IEEE 802.4 是令牌总线规范，包括令牌总线的访问控制方法和物理层规范。

令牌总线是总线拓扑结构，其控制结构采用广播介质访问方式、令牌传递通信控制方式和集中的或分布的系统实现方法。令牌按预定顺序传递，总线上的结点可以成为逻辑环上的结点，也可以不加入逻辑环。

IEEE 802.4 来源于美国 Datapoint 公司开发的 ARC net。近年来由于大规模芯片的支持，这种网络得到了广泛的应用。

美国通用汽车公司提供的制造自动化规约 MAP 也符合 IEEE 802.4。

3) IEEE 802.5

IEEE 802.5 是令牌环规约。其内容包括令牌环访问方法和物理层规范。由于访问方法也是采用令牌传递，因此与 IEEE 802.4 基本相同，只是其拓扑为环型，物理层只对基带传输作了规定。

令牌环传输的介质可以是双绞线、同轴电缆和光缆。

控制结构采用顺序流(或假广播)介质访问方式、令牌传递通信控制方式和集中的或分布的系统实现方法。

令牌环的控制结构简单明了，但技术实现还要考虑初始化、令牌监视和恢复、故障处理等。

9.4.3 工业控制局域网络的选型

1. 拓扑结构

总线和环型结构是工业测量控制局域网络的主流。令牌传递方式已处于领先地位。随机竞争方式因其不确定性、不稳定性、低效率而难以应用。集中控制方式则由于可靠性和复杂性较少使用。主从控制方式在一定场合，因其控制系统本身呈递降特性以及它的直接控制级，仍然是合适的控制结构。

总线和环型结构是最容易实现令牌控制的结构。因为它们是静态互连拓扑中最简单的两种，并且完全对称，使令牌传递无须路径选择和复杂算法，也不经过中间结点。

2. 典型结构模式

对工业局域网络的要求和标准是可靠性、确定性、吞吐能力、灵活性和稳定性 5 个方面。

令牌环数据吞吐能力高于令牌总线，其原因是介质访问方式的差异。令牌总线是广播式的，无论数据或令牌或回答信息都要独占介质，使传送数据的有效时间减少。令牌环是顺序循环访问，类似于流水作业，一定条件下有并行工作的特性，其数据、令牌、回答信息是同时传送，增强了数据吞吐能力。由于相同的原因，在负载变化的环境中，令牌环的稳定性能较令牌总线好。另外在小负载时，令牌空转时间多，而总线在处理令牌时，延迟比环型大。

在确定性方面，令牌总线和令牌环在控制结构的通信方式上一样，所以确定性是相同的。

总线是无源连接，信息传输不用转发，所以特别可靠。增减结点都无须断开原系统，因此令牌总线的可靠性和灵活性都高于令牌环。

工业局域网络的结构应符合工业控制系统的结构特征和综合要求。对于直接控制级，可靠性、实时性要求较高，但是数据量不大，数据包较短，地理分布区域也较小。采用令牌总线或主从总线结构比较合适，从性能价格比考虑，主从总线结构较好。

对于监控机和优化级，其特点是数据处理量较大，数据包较长且规整，实时性、可靠性、灵活性要求也较高，以采用令牌总线较好。

对于管理级，其主要特点是数据多且传输量大，系统按功能横向分布，地域范围广，灵活性要求较低，工作站容量大。因此采用令牌环较适宜。

9.5 集散型控制系统的应用

使用集散型控制系统很容易实现高性能的控制方案；便于使模拟调节和顺序控制结合起来；便于全厂的监督和管理；降低工程造价，缩短施工周期；能分批投资，分批收效；延长装置自动运行的时间，因此集散型控制系统获得了广泛的推广和应用，对企业带来了较大的效益。

9.5.1 TDCS-2000 在蒸馏塔最优化系统中的应用

蒸馏塔是石油化工、炼油和有机化工中的重要装置，其工作的优劣影响产品的数量和质量，原料和能源的消耗。用常规仪表进行控制，从节省能源和原料消耗来看，控制质量是不高的。改用 TDCS-2000 代替常规控制系统取得了显著的效果。

某蒸馏塔常规控制系统的结构如图 9.48 所示。从图可见，为了稳定进料量，在上游侧，采用了液位-流量串级控制系统。由于塔内精馏部分塔板之间温差 ΔT 波动对质量的影响大，设置了温差和回流量的串级控制系统。为了使釜液温度恒定，设置了再沸器流量控制系统。釜液温度的改变，用手工改变流量调节器的给定值，或者直接手工操作改变蒸汽流量。

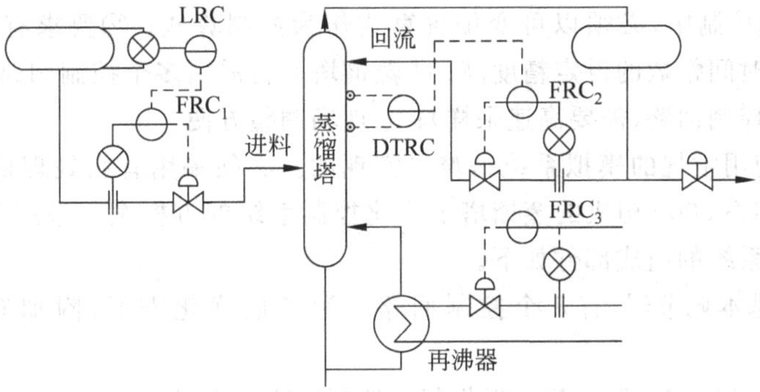

图 9.48 蒸馏塔的常规控制系统

FRC—记录的流量调节器；LRC—带记录的液位调节器；DTRC—带记录的温差调节器

系统的缺点：当进料量发生变化时，对提馏部分的影响很大，改变釜液温度得靠手工操作；当物料量变化时，回流量和再沸器流量不能及时作相应的变化，这就造成能量和资源的极大损耗，经济上是很大的损失。

为了克服上述缺点，拟定了采用 TDCS-2000 的蒸馏塔最优化控制方案如图 9.49 所示。

由图 9.49 最优化控制方案中可见，除了常规的调节器 $D_{c1} \sim D_{c3}$ 外，系统中引入了前馈控制 $D_{m1} \sim D_{m3}$。

D_{m1} 是用来减少进料量 $f_1(t)$ 的变动对温差 ΔT 的影响而引进的前馈控制。D_{m2} 是进料流量 $f_1(t)$ 变动对塔底温度 BT 影响的前馈控制。D_{m3} 是再沸器蒸汽流量 $f_2(t)$ 变化对 ΔT 的前馈控制。

经过推导

$$D_{m1}, D_{m3} = K_A \frac{1+T_2 s}{1+T_1 s}$$

对于 D_{m2}，为了简化和要求系统能自动地接近最优状态，引入可变偏置功能的前馈模型。该可变偏置不仅具有自动修正模型误差的功能，而且具有最优功能。其功能如图 9.50 所示。

最优化控制方案中应考虑：

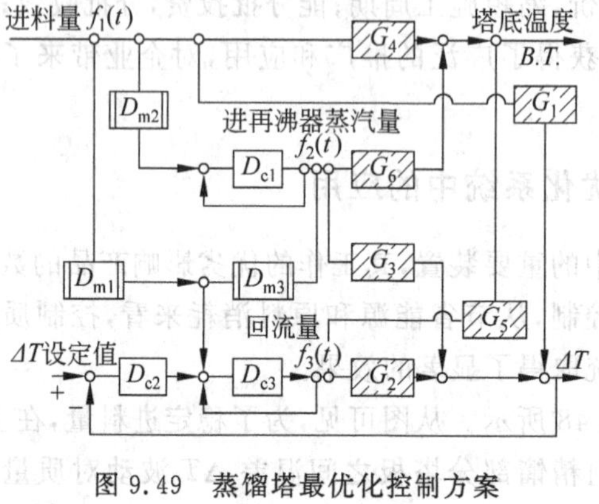

图 9.49　蒸馏塔最优化控制方案

$D_{m1} \sim D_{m3}$：前馈控制；D_{c1}：再沸器蒸汽流量调节器；D_{c2}：温差调节器；
D_{c3}：回流流量调节器；$G_1 \sim G_6$ 为过程通道的传递函数

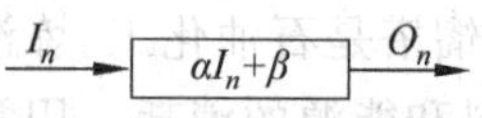

图 9.50　可变偏置功能图

I_n：输入信号；
O_n：输出信号；
α_n：比率系数；
β_n：可变偏置；
（或称可变偏置系数）

① 在最优化控制中，必须以可变偏置算式作为控制算式；②要求有高的运算精度；③动态前馈模型时间常数的设定精度高；④蒸馏塔运行需用多个控制回路；⑤含有执行器的回路应是流量控制回路(需要高速采样)；⑥现场调整方便。

上述几点，使用常规的模拟系统是难以实现的。必须采用有微处理机的数字控制器。图 9.51 是由 TDCS-2000 构成的蒸馏塔最优化控制系统的方框图。采用 TDCS-2000 的蒸馏塔最优化控制系统的组成部件如下。

(1) TDCS 基本调节器，有 8 个控制回路。为了最优化需要，附加有可变偏置控制算式。

(2) 模拟显示器 5 台，用来显示操作每个控制回路的变量。

(3) 数据输入板 1 台，对各种变量、控制参数等进行显示设定，还能对控制回路设定。

(4) 电源装置，专用电缆、端子板、连接板、机架等各 1 台。

采用 TDCS-2000 构成蒸馏塔最优化控制系统的效果是明显的，收益是巨大的。

(1) 回流流量和再沸器蒸汽流量能自动补偿进料量变化的影响，进料流量变化的影响减少到了最小。

(2) 由于蒸流量的自动补偿，可以使回流量和再沸器蒸汽流量趋于必需的最小值，达到了节能的效果。

(3) 前馈控制消除了塔内参量的相互干扰，使精馏和提馏部分的温度得以控制。

(4) 使用数字控制，使控制性能有了改善；利用预置和调整功能，减轻了运行人员的操作强度。

由此可见，控制系统达到了节省能源、节约原料的目的。

9.5.2　TDCS-2000 在钢铁燃烧炉上的应用

燃烧过程是钢铁生产中的基本过程。从炼焦炉开始，热风炉、毛坯均热炉、加热炉、热处

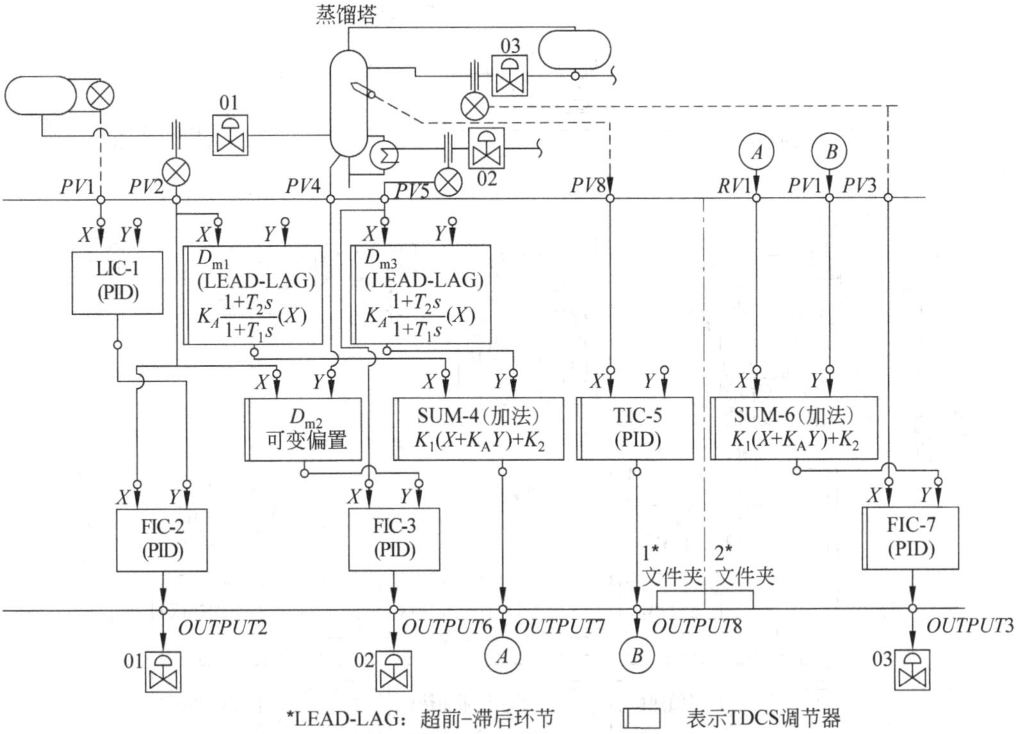

图 9.51　TDCS-2000 蒸馏塔最优化控制系统方框图

理炉、退火炉等很多燃烧炉，几乎贯穿钢铁生产的全部工序。

燃烧炉大致分为间歇式和连续式两种。间歇式燃烧炉是将被加热物装入炉内后，开始燃烧、加热、均热后停止燃烧，这一加热周期便告结束。在此期间炉内温度发生变化，根据工况作程序加热。燃料流量在加热初期和末期有较大的变化，所以要求燃料流量调节的幅度很大。连续式燃烧炉原则上是连续燃烧，被加热物一面从入口装入，另一方面从出口抽出，在加热期间，被加热物在炉内一面移动，一面被加热、均热，形成一个加热周期。因此在炉内每一个固定的位置上，温度是一定的，被加热物的特性决定了炉内的温度分布，为了得到要求的温度分布，把燃烧炉分为许多区域，可以按区域独立进行控制。

图 9.52 是 TDCS-2000 系统组成的连续式加热炉的控制系统。

由图 9.52 可见系统由如下几部分组成的。

1. 基本调节器

一个基本调节器可以有 8 个功能块，具有控制运算功能及相应的输入输出功能。标准算法有 28 种，各种算法的功能如图 9.53 所示。

2. 辅助设备

用于基本调节器的输入信号处理以及信号中断等异常检测。

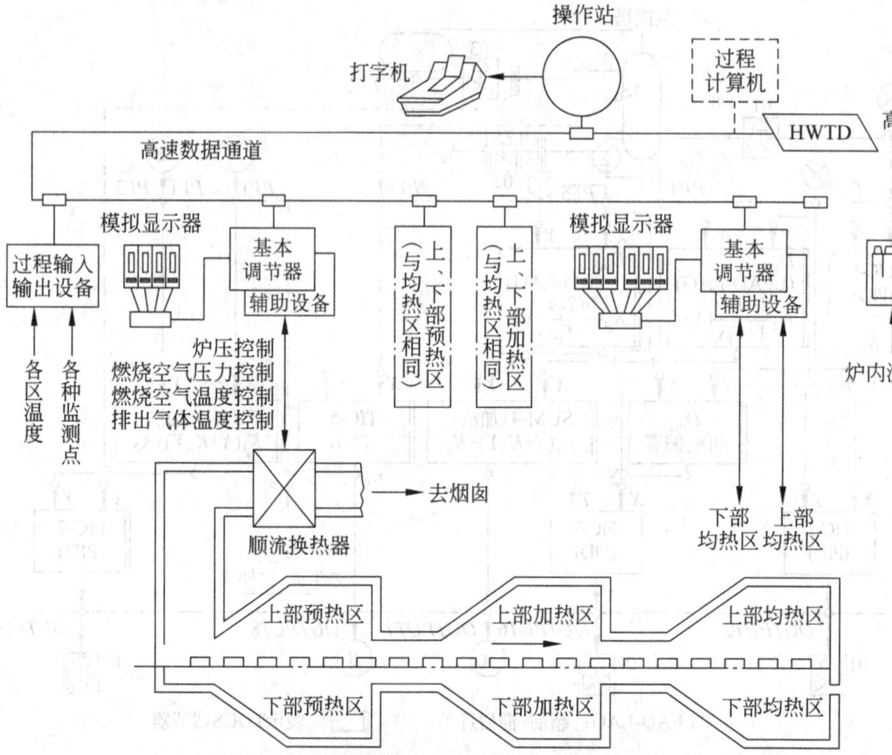

图 9.52　连续式加热炉控制系统

3. 模拟显示器

用于显示各个回路,也可以手动操作,可作为基本调节器异常时的后备。

4. 过程输入输出装置

用于非控制点的输入。

5. 操作站

操作站是带有微型机键盘式屏幕显示器的显示装置,完成系统操作接口中心任务的分配。操作站与打字机连接,用来记录汇总报警、趋向记录、历史趋势等(也可将趋向记录仪连接到操作站代替打字机)。

6. 模拟记录仪

用来记录炉内温度等,但是,如能用打字机打印输出,则尽可能少用模拟记录仪。

系统操作主要通过操作站,操作站有各种显示画面,用它进行监视和操作。图 9.54 表示了操作站的显示功能。

编组显示、回路显示可以同时显示 8 点数据。

日报表显示是每隔 10min 显示一次,每次显示某组中某回路的 1 小时的平均值。

编组是可以任意进行的,另外可以把同一点编入不同的两个组内。

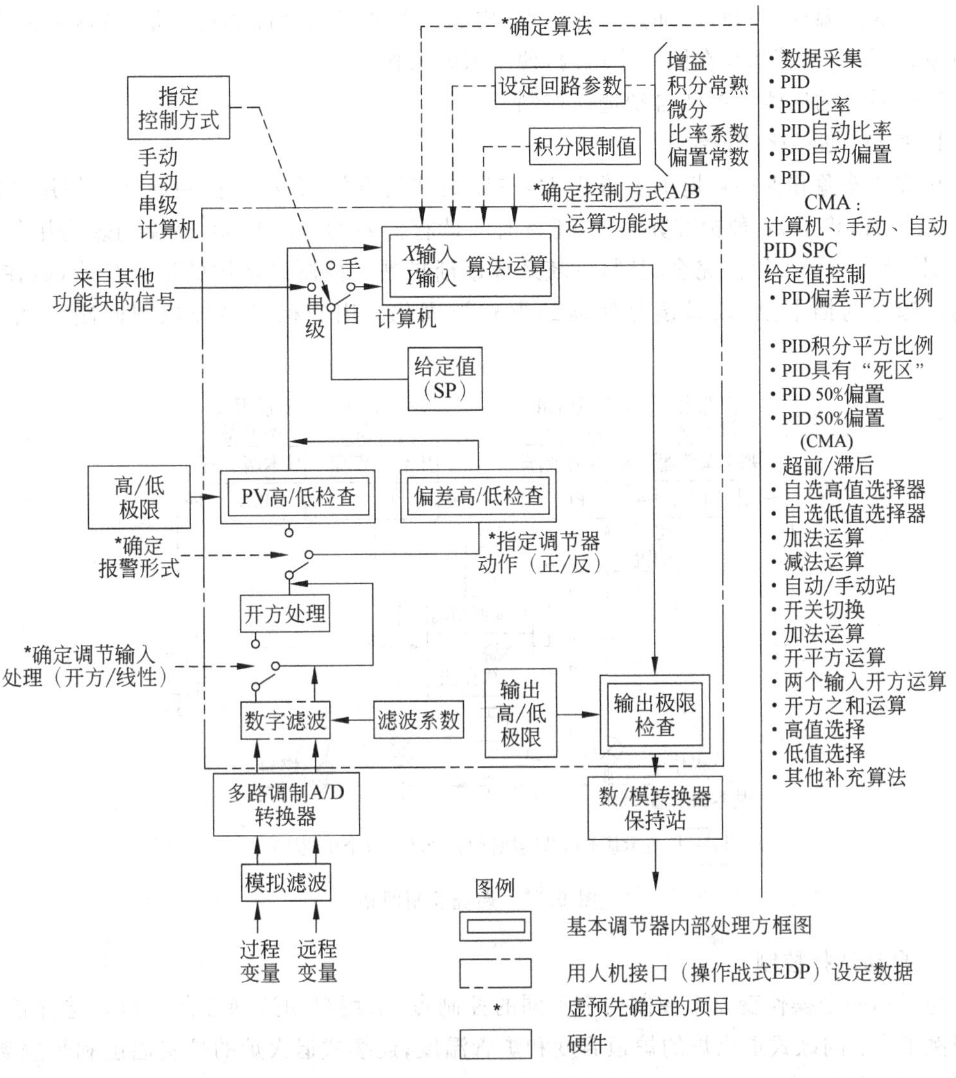

图 9.53　基本调节器的算法功能

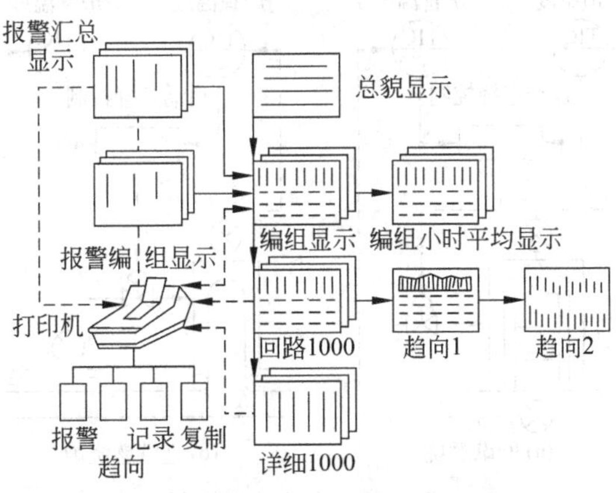

图 9.54　操作站的显示功能

炉内 8 点温度(预热区、加热区各一点、均热区各两点)、全部燃料流量、各区的温度、燃料流量、空气流量等都编在同一个组内,便于系统操作。

燃烧系统的比值控制和自动选择控制。

1) 空气/燃料比的控制

从节省能源和保护环境的要求出发,应以最佳的空气/燃料比控制燃烧。使用 TDCS-2000 系统时,除了 28 种标准算法外,还备有只读存储器的运算功能,该控制燃烧用的运算功能,其操作与标准算法完全相同,可随系统逐渐扩展。控制燃烧用的运算功能,做在调节器内可选择的插卡上,以只读存储器的方式被固化。用它构成燃烧控制回路如图 9.55 所示。

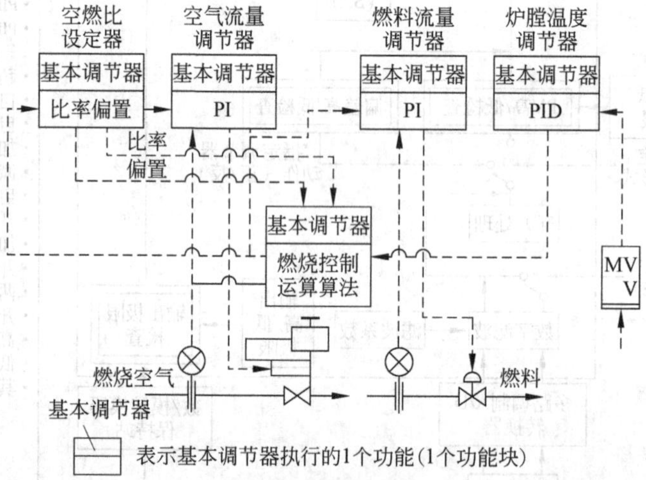

图 9.55 燃烧控制回路

2) 自动选择控制

为了用一个操作变量来控制两个不同的控制点,采用自动选择控制。自动选择控制的典型例子有:间歇式退火炉的炉顶温度和炉管温度;连续式退火炉的炉膛温度和炉壁温度,如图 9.56 所示。

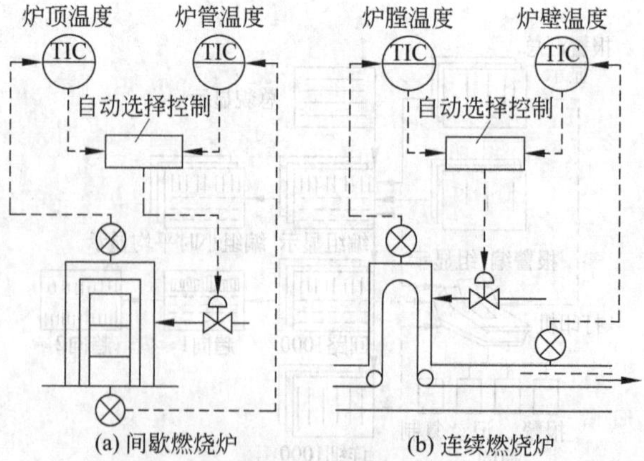

图 9.56 自动选择控制

图 9.56(b)是连续燃烧炉的自动选择控制。通常用炉壁温度调节器的输出控制燃烧，当管线输送中断使炉壁温度下降时，就不能用炉壁温度调节器输出控制，应该用炉膛温度调节器输出控制，以确保炉膛温度不超过极限温度。

单由低值选择器来构成自动选择调节功能是不够的，如何将自动选择器的输出反馈到各个调节器，使之调节器的输出跟踪它，这是常规仪表难以实现的。

TDCS-2000 基本调节器则能方便地实现自动选择的功能，对没有被选择的功能块输出带有抗积分饱和作用，防止输出饱和。该没有被选择的功能块输出被箝位在实际选择器输出极限值以下，在极限值和选择器输出值之间，能作任意比例、积分、微分运算。

9.5.3 TDCS-2000 用于锅炉控制

锅炉控制系统是一个多变量控制系统，过去由运算器等复杂地组合在一起，构成模拟控制系统。采用 TDCS-2000 有许多优点，如锅炉开车方便，组成和改变系统容易，容易扩展到使用过程计算机系统，以实现最优控制。

TDCS-2000 锅炉仪表控制系统如图 9.57 所示。

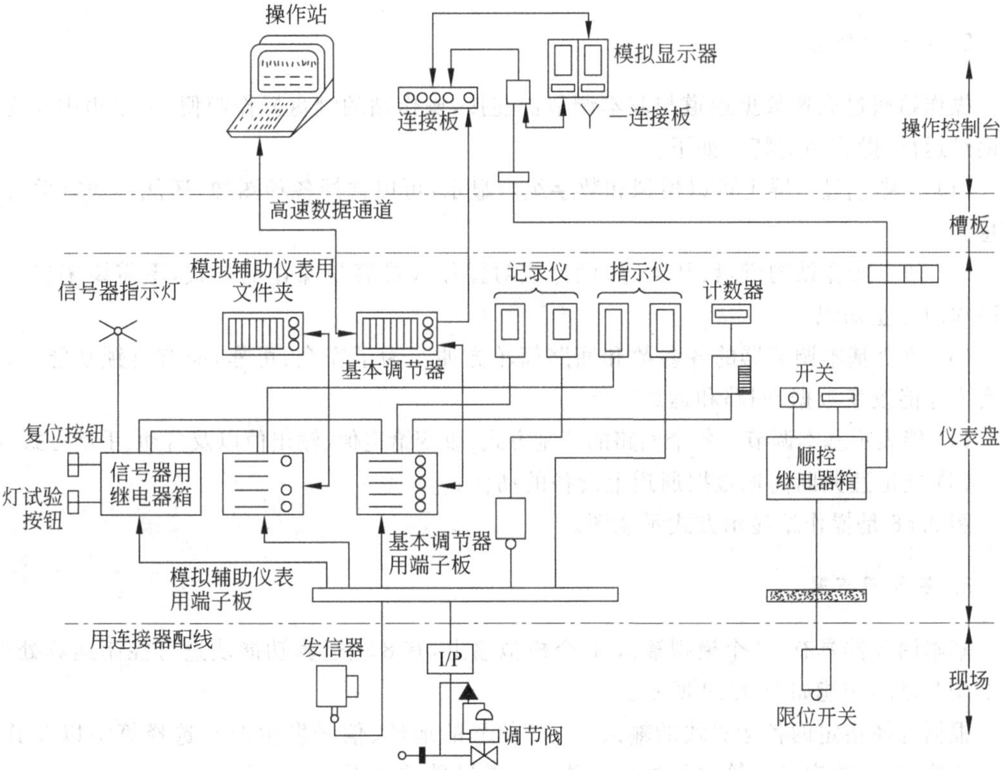

图 9.57 TDCS-2000 锅炉仪表控制系统

变送器、调节阀等在现场安装的仪表信号经过端子板在模拟显示器上显示各种过程变量。操作方法与常规模拟仪表相同。基本调节器除了基本的 28 种算法外，还可以按照需要增加数种算法。为了便于对锅炉控制进行集中管理，采用由高速数据通道连接的带有屏幕显示的两个操作站。

9.5.3.1 TDCS-2000 锅炉仪表控制系统中各组成部分

1. 模拟显示器

使 TDCS-2000 锅炉仪表控制系统与常规的模拟仪表具有同样的运转操作目的，其面板功能与模拟仪表相同。模拟显示器的操作特点如下。

(1) 过程变量信号，由变送器经过终端板直接输入，与输入基本调节器的信号完全相同，因而在模拟显示器上显示的是有效的过程变量。

(2) 可用设置在模拟显示器前面的可调给定开关，改变基本调节器内的给定值。

(3) 模拟显示器的输出指示仪是反映调节器的输出信号，即使不用模拟显示器也能把调节器的输出信号直接送到调节阀。

(4) 基本调节器的每个输出都是独立的，基本调节器发生故障时，可以采用模拟显示器的手动操作开关进行操作。

(5) 用模拟显示器前面的自动、手动切换开关，将基本调节器内相应的功能块自动、手动切换，因此能随时作无平衡无扰动的切换。

2. 两个操作站

操作站通过高速数据通道与基本调节器连接，操作站的键盘操作简便，可以集中监视数台锅炉运行，操作站的特点如下。

(1) 在彩色显示屏上可以模拟和数字组合显示，可以选择各种图像，还能传送有关过程信息。

(2) 两个操作站的键盘、开关等，设计成对操作人员容易操作的形式，不需要编程等比较高深的专业知识。

(3) 改变基本调节器的各参数和回路简单方便。为了安全、可靠，应有自锁功能，只有负责人才能改变数据、回路和运算功能。

(4) 能表示基本调节器各个回路的控制方式、改变给定值、输出值以及自动、手动方式等。

(5) 能迅速判断高速数据通道上设备的动作。

图 9.58 是操作站显示方式示意图。

3. 基本调节器

基本调节器具有 16 个模拟输入，8 个模拟输出，有 8 块运算功能块进行控制运算处理。基本调节器的功能如图 9.59 所示。

根据选择指定的各运算块的输入（X、Y 信号的地址、信号发生源），选择算法以及其他附属功能，就能决定各运算块的处理功能。运算功能块如图 9.60 所示。

9.5.3.2 TDCS-2000 锅炉仪表控制系统

TDCS-2000 锅炉仪表控制系统包括自动燃烧控制系统、氧气控制、给水流量控制系统、主蒸汽温度控制系统。下面简要介绍各个子系统。

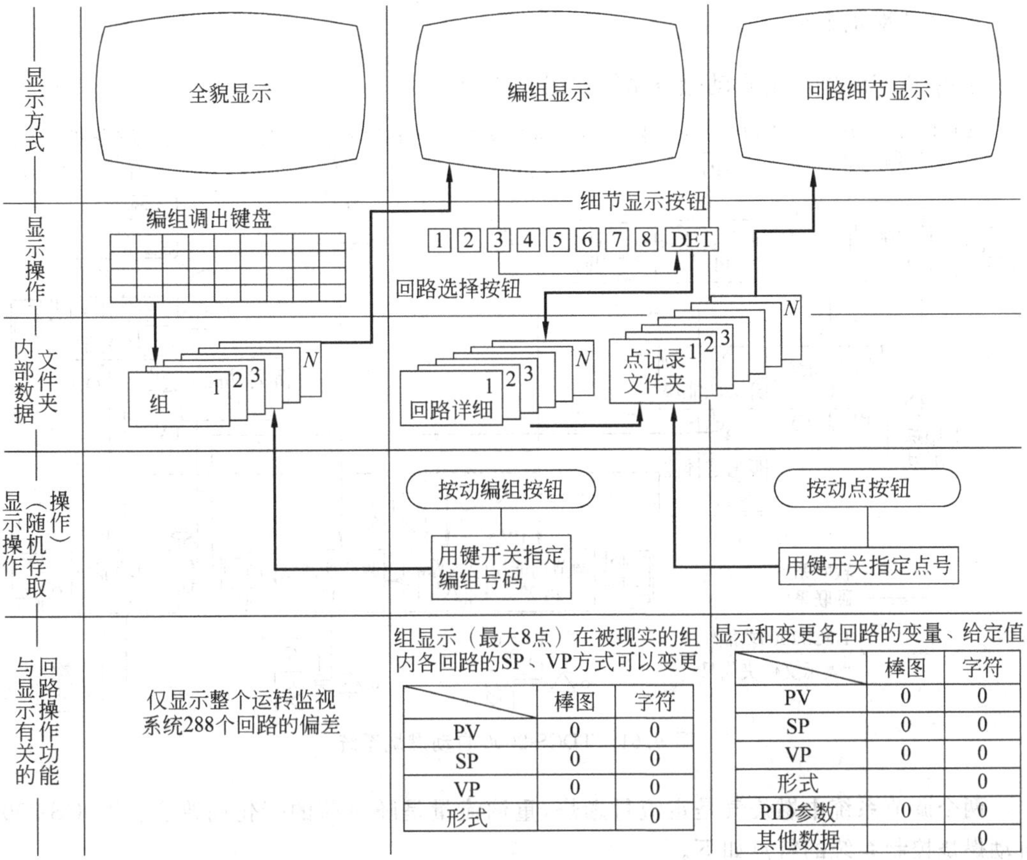

图 9.58 操作站显示方式示意图

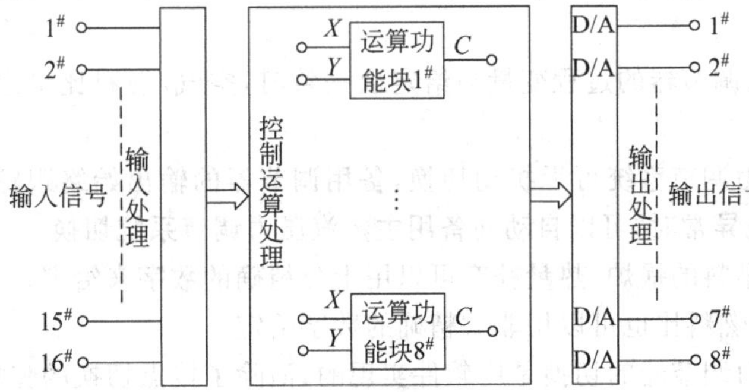

图 9.59 基本调节器的功能

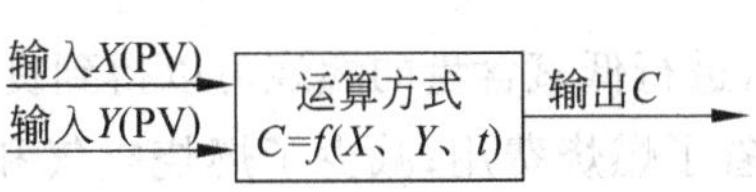

输出C是两个输入(X、Y)的运算结果,也是时间的函数

图 9.60 运算功能块

1. 自动燃烧系统

采用 TDCS-2000 的自动燃烧系统如图 9.61 所示。

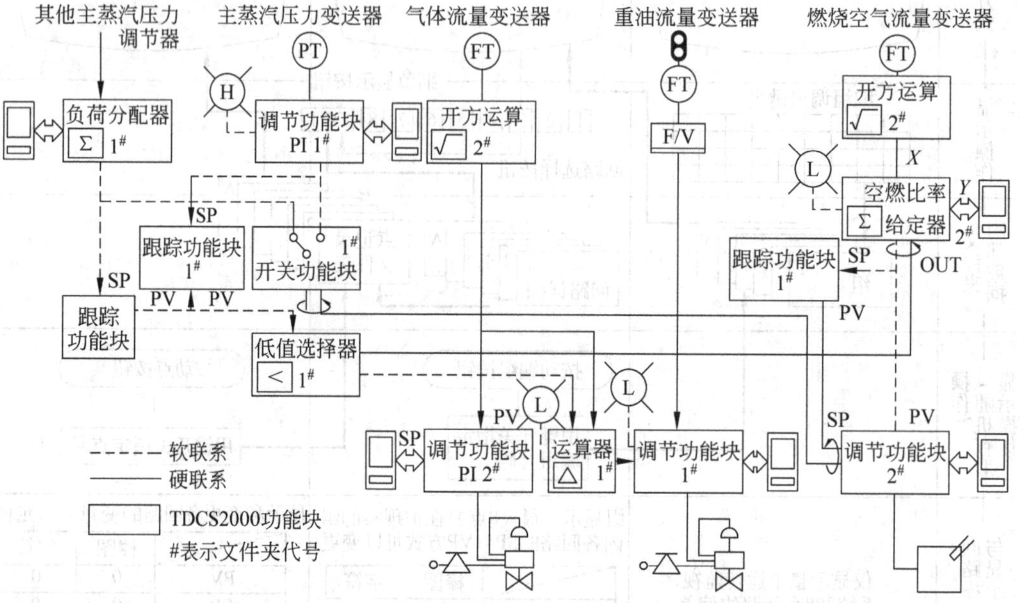

图 9.61　TDCS-2000 自动燃烧系统

两个调节系统中燃烧气是定流量燃烧，重油流量是随负荷的变化而改变。TDCS-2000 自动燃烧控制系统的特点如下。

(1) 若自动投运燃料系统和燃烧空气系统，则可以自动地投运整个自动燃烧系统。对主蒸汽压力调节器和负荷分配器在手动操作燃烧系统时，采用初值化功能 3 也可以自动进行无平衡无扰动切换。

燃烧空气流量、调节器的过程变量与给定值一致时，空气/燃料比给定器可以自动地给出偏置值。

(2) 主蒸汽压力调节系统可无扰动切换，备用调节器的输出始终跟踪所使用的调节器的输出，使用的系统异常时，可以自动向备用主蒸汽压力调节系统切换。

(3) 使用多种燃料的锅炉，热量补充可以用十分精确的数字来给定。

(4) 对于空气/燃料比也可以用非常精确的数字给定。

(5) 主蒸汽压力调节器的切换是用软件实现的，消除了接点切换的弊病。

2. 氧气控制系统

保持最佳的空气/燃料比，进行低氧含量的燃烧可以得到良好的效果：减少了排出气体所含过量空气带走的热损失，节省了燃烧费用；减少了燃烧空气和排气量，节省了通风机的动力费用；降低了氧化氮的生成量；降低了二氧化硫的生成量，减少了设备的腐蚀；减少了灰分，使除尘器小型化并节省了维护费；减少了附着在炉管表面上的灰尘和鼓风机的鼓风次数。

在大型锅炉负荷发生变化的情况下，为了适应负荷的变化，需要测出含氧浓度，然后计算出空气/燃烧比。要保持最佳燃烧效率，用模拟仪表是很难实现的。使用微处理机的数字设备，提高了运算精度，能迅速作出复杂的运算处理。

图 9.62 是 TDCS-2000 最佳燃烧系统示意图。

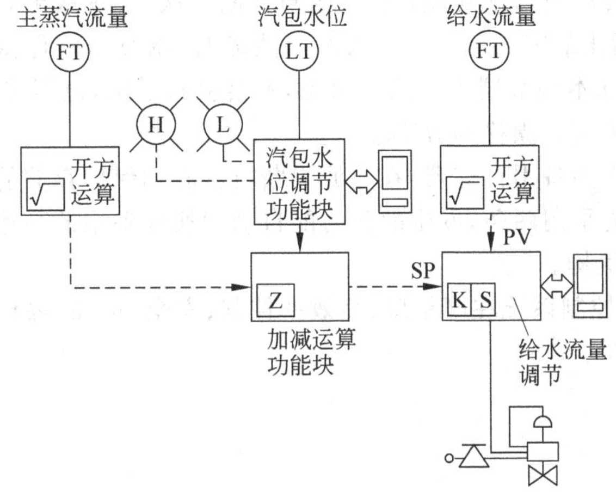

图 9.62　TDCS-2000 最佳燃烧系统

采用氧气控制系统以后收到了良好的效果。

如蒸发量为 360t/h 的纸浆锅炉：排出气体中含氧量由 4.5%降到 0.6%，每年节省大量燃烧费用和动力费；节省许多购买仪表及其安装费以及许多维修费。在不到半年的时间内便可回收投资费用。

3. 给水流量控制系统

系统比较简单，如图 9.63 所示。

4. 主蒸汽温度控制系统

主蒸汽温度控制系统是一个间歇控制系统，如图 9.64 所示。

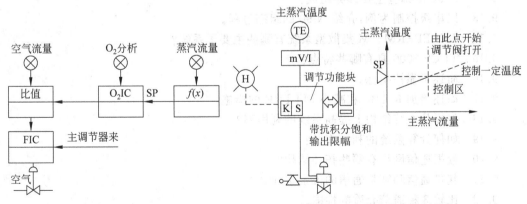

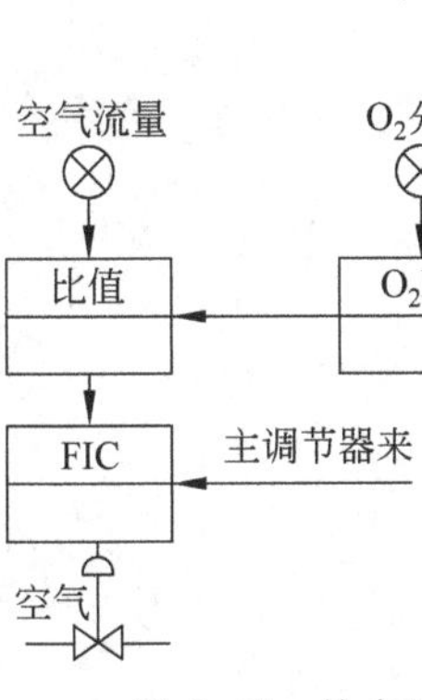

图 9.63　给水流量控制系统

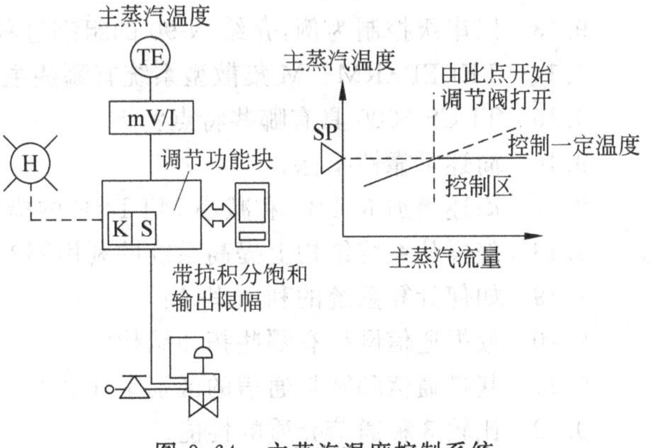

图 9.64　主蒸汽温度控制系统

由于系统有随着主蒸汽流量增加而升高主蒸汽温度的特性，所以当主蒸汽流量超负荷时，主蒸汽温度控制系统才进入控制范围。

TDCS-2000 主蒸汽温度控制系统带有抗积分饱和及输出限幅算法，以数字值给定。温度指示在操作站上以数字形式显示，可以精确读取。

TDCS-2000 锅炉控制系统具有高可靠性，采取了如下安全措施。

(1) 基本调节器带有自诊断功能，每 1/3s 自诊断一次，发现故障，立即向操作人员显示故障，由发光二极管指出故障的插卡。在检测出故障时，调节器能保持输出，也可用模拟显示器手动操作。改换基本调节器内各插卡简便，不会引起干扰，也不需要手动操作后备。

(2) 基本调节器采用无漂移的数字输出。

(3) 磁芯存储器作为备用存储器，在电源中断时能起到保护存储的重要信息的作用。

(4) 高速数据通道采用两条，发生故障时能自动切换到备用的高速数据通道上；高速数据通道带有误差检测机构。

TDCS-2000 锅炉控制系统在高精度、高效率控制、安全、可靠、操作简便、节省能源等方面都收到了良好的效果。

9.6 练习题

9.1 简述集散型控制系统的结构和组成。

9.2 简述集散型控制系统的特点。

9.3 简述集散型控制系统的发展方向。

9.4 简述 TDCS-2000 系统的组成。

9.5 TDCS-2000 可构成哪三类系统及它们的应用场合？

9.6 简述 TDCS-2000 系统的基本调节器(BC)的构造和功能。

9.7 简述 TDCS-2000 系统过程输入输出装置(PIU)的结构和功能。

9.8 简述 TDCS-2000 系统高速通道(DHW)的工作情况。

9.9 TDCS-2000 系统具有哪几类功能？

9.10 简述 TDCS-2000 系统监督计算机软件系统的任务。

9.11 简述 TDCS-2000 系统的特点。

9.12 N-90 由哪些主要部分组成？

9.13 以串级控制为例，介绍 N-90 的组态过程。

9.14 TELEPERM M 集散型系统有哪些主要子系统？

9.15 TDCS-3000 具有哪些特点？

9.16 简述可靠性指标。

9.17 简述增加 MTBF 和减小 MTTRR 的措施。

9.18 怎样从系统结构上提高系统的利用率？

9.19 如何计算系统的利用率 A？

9.20 数据通信网络有哪些拓扑结构？

9.21 基带通信和宽带通信的区别是什么？

9.22 比较 3 种通信介质的性能。

9.23 比较令牌传输和 CSMA/CM 网络访问控制方法。

9.24 简述局域网络通信的层次和协议。

9.25 概述工业控制局域网络的选型。

9.26 试列举集散型控制系统的应用实例。

第 10 章

计算机控制系统的设计与实现

设计或组建计算机控制系统是一项复杂的系统工程，它涉及的技术领域广泛，包括自动控制、计算机技术、测量技术、仪器仪表、电气电工、工艺流程以及厂房改造和控制室规划；还涉及总体方案的设计，工作计划的制订实施，仪表的选型、订货、验收，各方面人员的安排、调配，系统的安装、调试，系统的总联调，工程的验收和交付使用。

计算机控制系统的设计与实现通常要重视以下几方面的工作：系统的总体设计，体系结构设计，计算机选型和总体选择，接口电路的设计和选择，自控、仪表系统的设计、选型，数字调节器的设计和实现，数字滤波技术，软件设计，计算机辅助分析和设计，提高可靠性的措施。

10.1 总体设计概述

承接计算机控制工程项目以后，首先应组织有关人员，如控制工程师、计算机工程师、自控仪表工程师、生产工艺师、工艺操作员以及项目各方负责人，介绍和熟悉工艺设备、工艺过程和环境条件（环境温度、湿度、污染源，对防腐、防火、防爆的要求），明确测量、控制要求，确定检测点数和控制回路数，制定技术指标，估算工程费用，协商工程进度，制订工程实施计划和进度，确定协作单位，落实人员，明确分工。

在上述工作的基础上，应作出总体方案设计，总体方案设计应包括以下内容：

1. 工艺设备、工艺流程、环境条件

确切指出工程包括的工艺设备，如包括哪些反应釜、料位、计量槽、储罐、泵、阀……各设备的功能以及对测量和控制的要求，测量部件、执行部件的安装位置等。

工艺流程中使用的物料，物料的物理、化学特性，工艺操作条件，如蒸汽压力，蒸汽最高温度，反应最高温度，环境温度、湿度，物料、中间产品或成品对环境污染的可能性，对防腐、防火、防爆的要求。

2. 总体设计要求

根据工艺设备、工艺流程和工艺参数，提出总体设计要求，明确工程的组成，如计算机控制系统的硬件设计和软件设计，自控、仪表、台柜的设计和选型，控制室的布置与设计以及对

各车间的设计要求。

确定系统的规模，明确测量点数和控制回路数。

确定系统的体系结构(选择集中控制或是集散控制)，选择计算机机型和系统总线。

3. 工艺控制要求及技术指标

根据工艺流程、工艺参数和操作条件，明确各个工艺流程的控制要求和技术指标，作为系统设计和编程的依据。

4. 经费估算

仪器、仪表、设备、控制台柜、电线、电缆、施工等费用的估算，估算必须在经过全面、大量询价的基础上作出，必须力求接近或符合实际。估算时应包括不可预见的费用，如物价波动时期的涨价因素。

5. 制订工程进度

工程进度的制订在可能条件下应尽量加快，但是工程进度受许多因素的制约，如工艺设备的安装、调试的进度，人员的落实情况，人员组织安排，订货，运输的周期，资金的落实情况等。因此工程进度的制订既要尽量加快，又要考虑各种制约的因素，并留有一定的余量。已经制订了的工程进度就必须千方百计、全力以赴保证如期完成。

10.2 体系结构设计、系统总线选择和计算机机型选择

1. 系统的体系结构设计

对计算机控制系统来说，随着微电子技术、计算机技术、通信技术和CRT技术的发展，集散型控制的应用越来越普及、广泛。与之相对的集中型控制的应用则越来越少。集中型控制，即一台计算机测量、控制和管理几十个以至几百个回路，一旦计算机出现故障，将导致整个生产过程的瘫痪；现场到控制室要敷设大量信号和控制电缆，敷缆成本增加，施工周期加长；开发软件的周期延长，占用大量人力、资源；组建系统复杂，系统扩展困难。而集散型控制系统，实现了地理和功能上的分散，操作管理的集中，既保持了集中控制操作、管理方便的优点，又克服了集中控制可靠性低等缺点。

集散型控制的突出优点是系统采用模块化、积木化结构，系统结构灵活，可大可小，也便于扩展；系统中在地理上和功能上分散，具有可靠性高的特点；采用CRT显示技术，操作、管理集中，使用方便；电线、电缆减少，敷缆成本降低，施工周期缩短；采用组态软件，编程简单，操作方便。

通常情况下具有一定规模的计算机控制系统宜选用集散型控制。

2. 系统的总线选择

目前计算机总线比较流行的有 STD BUS、PC(AT)BUS、S-100 BUS、STE BUS、MULTI BUS、VME BUS等。各类计算机总线的比较如表10.1所示。

在工业控制中最常用的是STD BUS和PC(AT)BUS产品。

表 10.1　各类计算机总线的比较

	STD BUS	PC(AT)BUS	UMEBUS	STE BUS	MULTI BUS	S-100 BUS
正式规范	IEEE P961	IBM	IPEE 1014	IEEE 1000	IEEE S796	IEEE S696
微处理器(8b)	8080,8085,8031,8088,8098,68008,6800,NSC800,6809,Z80,6502	8088		Z80,8052,8088,80180	8080,8085,8088,80188,8031,8098,Z80,NSC8000,6800,6809	8080,8085,8088,Z80,NSC800,6800,6809
微处理器(16b,32b)	8086,80186,80286,8096	8086,80186,80286,80386,80486,80586	68000,68010,68020,8086,80186,80286,16032,32032	8086,6800	8086,80186,80286,Z8000,68000,68010,16032	8086,80186,80286,Z800,68000,68010,16032
数据总线宽度(b)	8/16	8/16/32	8/16/32	8/16	8/16/32	8/16
地址总线宽度(b)	16/24	20/24/32	16/24/32	20	24/32	16/24
数据传送方式	同步	同步	异步	异步	异步	异步
传输速率(MB/s)	1	1	6～24		5～10	6～12
中断请求线数	2	6/11	7	8	8	10
电源电压(V)	±12V,地,±5V	±12V,地,±5V	±12V,地,±5V	±12V,地,±5V	±12V,地,±5V	±16V,地,±8V
模板尺寸(mm)	114×165	106×335	100×160/160×234	100×160	171×305	130×254
插座接点数	56	62/98	96	32	86	100
工业控制中使用情况	模板齐全,应用比较普遍,与PC-BUS的竞争将十分激烈	模板品齐全,系统开发,调试方便,软件丰富,开发成本低廉	模板品种有限,使用不多	常与VMEBUS配合使用,作为VME-BUS的I/O BUS	模板品种少,使用不普遍	模板品种不全,使用不普遍

STD BUS 模板的尺寸是 114mm×165mm，这种小板结构机械强度高，可插入较小、廉价的机笼中，对现场环境的适应性好；模板的标准化设计，使模板只实现一种功能，用户不必购买不需要的功能；由于小板结构和总线接口逻辑简单，成本较其他总线产品低；采用 CMOS，适用于很宽的温度范围、很强的抗电磁干扰的能力；从印刷板布线，元器件老化筛选，模板的在线测试，科学的质量保证体系，电源的高抗干扰性等使 STD BUS 产品具有很高的可靠性，平均无故障时间(MTBF)可达到 60 年。

STD BUS 地址总线和数据总线采用分时复用技术，数据总线可由 8b 扩展到 16b，地址总线可由 16b 扩展到 24b。表 10.2 是 STD BUS 的定义(包括元件面及焊接面)。

表 10.2　STD BUS 的定义(包括元件面及焊接面)

	元件面			
	总线脚	信号名称	信号流向	说明
逻辑电源总线	1	V	入	逻辑电源
	3	GND	入	逻辑地
	5	V_{BB1}/V_{BAT}	入	逻辑偏压/后备电池电压
数据地址总线	7	D3/A19	入/出	数据总线/扩展地址线
	9	D2/A18	入/出	
	11	D1/A17	入/出	
	13	D0/A16	入/出	
地址总线	15	A7	出	地址总线
	17	A6	出	
	19	A5	出	
	21	A4	出	
	23	A3	出	
	25	A2	出	
	27	A1	出	
	29	A0	出	
控制总线	31	WR*	出	写存储器或 I/O
	33	IOPQ*	出	I/O 地址选择
	35	IOEXP	入/出	I/O 扩展
	37	REFRESH*	出	刷新定时
	39	STATUS1*	出	CPU 状态 1
	41	BUSAK*	出	总线响应
	43	INTAK*	出	中断响应
	45	WAITRQ*	入	等待请求
	47	SYSRESET*	出	系统复位
	49	CLOCK*	出	处理器时钟
	51	PCO	出	优先链输出
辅助电源总线	53	AUXGND	入	辅助电源地
	55	AUX +V	入	辅助电源正电压($+12V_{DC}$)

	焊接面			
	总线脚	信号名称	信号流向	说明
逻辑电源总线	2	V_{CC}	入	逻辑电源(−5V_{DC})
	4	GND	入	逻辑地
	6	V_{BB2}/DCPD*	入	V_{BB2}逻辑偏压/电源低落
数据地址总线	8	D7/A23	入/出	数据总线/扩展地址线
	10	D6/A22	入/出	
	12	D5/A21	入/出	
	14	D4/A20	入/出	
地址数据总线	16	D15/A15	入/出	地址总线/扩展地址线
	18	D14/A14	入/出	
	20	D13/A13	入/出	
	22	D12/A12	入/出	
	24	D11/A11	入/出	
	26	D10/A10	入/出	
	28	D9/A9	入/出	
	30	D8/A8	入/出	
控制总线	32	RD*	出	读存储器或 I/O
	34	MEMRQ*	出	存储器地址选择
	36	MEMEX	入/出	存储器扩展
	38	MCSYNC*	出	CPU 机器周期同步信号
	40	STATUS0*	出	CPU 状态 0
	42	BUSRQ*	入	总线请求
	44	INTRQ*	入	中断请求
	46	NMIRQ*	入	非屏蔽中断
	48	PBRESET*	入	按键复位
	50	CNTRL*	入	辅助定时
	52	PCI	入	优先链输入
辅助电源总线	54	AUX GND	入	辅助电源地
	56	AUX V	入	辅助电源负电压(−12V_{DC})

PC(AT) BUS 系统与当今广泛应用的个人计算机完全兼容,而个人计算机应用的普及,开放式的标准,丰富的软件、硬件资源,以及 PC 产品的价格低廉,使得 PC 工业控制机在各个控制领域的应用越来越普遍,逐步形成了主流。表 10.3 是 PC(AT)BUS 的定义。

现在的系统总线产品如 STD BUS 或 PC(AT) BUS 的产品都是标准化、模块化、系列化的。

标准化即统一规定了总线的定义、接插头数、接插头结构、电源电压、信号和逻辑电平等,保证了不同厂家生产的同类总线产品具有统一的标准,保证有良好的互换性。

表 10.3 PC(AT)BUS 的定义

Pin	Signal	I/O	Pin	Signal	I/O
b1	GND		a1	−I/O CHCK	I
b2	RESET DRV	O	a2	SD7	I/O
b3	+5V DC		a3	SD6	I/O
b4	IRQ9	I	a4	SD5	I/O
b5	−5V DC		a5	SD4	I/O
b6	DRQ2	I	a6	SD3	I/O
b7	−12V DC		a7	SD2	I/O
b8	OWS	I	a8	SD1	I/O
b9	+12V DC		a9	SD0	I/O
b10	GND		a10	−I/O CHRDY	I
b11	−SMEMW	O	a11	AEN	O
b12	−SMEMR	O	a12	SA19	I/O
b13	−IOW	I/O	a13	SA18	I/O
b14	−IOR	I/O	a14	SA17	I/O
b15	−DACK3	O	a15	SA16	I/O
b16	DRQ3	I	a16	SA15	I/O
b17	−DACK1	O	a17	SA14	I/O
b18	DRQ1	I	a18	SA13	I/O
b19	−REFRESH	I/O	a19	SA12	I/O
b20	CLK	O	a20	SA11	I/O
b21	IRQ7	I	a21	SA10	I/O
b22	IRQ6	I	a22	SA9	I/O
b23	IRQ5	I	a23	SA8	I/O
b24	IRQ4	I	a24	SA7	I/O
b25	IRQ3	I	a25	SA6	I/O
b26	−DACK2	O	a26	SA5	I/O
b27	T/C	O	a27	SA4	I/O
b28	BALE	O	a28	SA3	I/O
b29	+5V DC		a29	SA2	I/O
b30	OSC	O	a30	SA1	I/O
b31	GND		a31	SA0	I/O
d1	−MEM CS16	I	c1	SBHE	I/O
d2	−I/O CS16	I	c2	LA23	I/O
d3	IRQ10	I	c3	LA22	I/O
d4	IRQ11	I	c4	LA21	I/O
d5	IRQ12	I	c5	LA20	I/O
d6	IRQ15	I	c6	LA19	I/O
d7	IRQ14		c7	LA18	I/O
d8	−DACK0	O	c8	LA17	I/O
d9	DRQ0	I	c9	MEMR	I/O
d10	−DACK5	O	c10	MEMW	I/O
d11	DRQ5	I	c11	SD8	I/O
d12	−DACK6	O	c12	SD9	I/O
d13	DRQ6	I	c13	SD10	I/O
d14	−DACK7	O	c14	SD11	I/O

续表

Pin	Signal	I/O	Pin	S、ignal	I/O
d15	DRQ7	O	c15	SD12	I/O
d16	+5V DC		c16	SD13	I/O
d17	−MASTER	I	c17	SD14	I/O
d18	GND		c18	SD15	I/O

模块化也即各类总线产品的模板具有某种功能,用户根据测量和控制要求选用相应的功能模块组建系统。

系列化是总线产品的生产厂家,根据测量、控制的要求,设计、生产出各种各样的、系列化的功能模板,例如各种路数的模拟量输入、输出模板,数字量输入、输出模板,时间、脉冲、频率测量模板,继电器、功率输出模板,热电阻、热电偶、毫伏等各种信号调理模板,数据通信模板等。用户可以根据工程要求,选择合适的功能模板,组建成所需的系统。

3. 计算机机型的选择

计算机机型的选择,通常要考虑以下因素:国际、国内用户的多寡;硬件和软件资源的支撑;用户的熟悉和普及情况。

从 20 世纪 70 年代中开始,我国在微处理器市场上先后出现过 Z80、8080、8085、6800、6502 等芯片。在微计算机市场上先后出现过 Apple Ⅱ、Cromenco system Ⅲ、TRS-80、PC-8000 以及 IBM PC 、IBM PC/XT 等。

经过十多年的激烈竞争,计算机市场发生了巨大的变化,不少微处理器芯片趋于淘汰。当今微处理器形成了两大主流系列,即 Intel 8086/80286/80386/80486/80586…系列和 Motorola 68000/68010/68020/68030…

与 Intel 系列微处理芯片对应的个人计算机系统是 IBM PC/XT、IBM PC/286、IBM PC/386、IBM PC/486、IBM PC/586…,以及它们的兼容机。

与 Motorola 微处理器芯片对应的个人计算机是苹果计算机公司推出的 Macintosh 系列(有时用 Mac 代表 Macintosh),它们是 Macintosh plus(普及型)、Macintosh SE(中档机)、Macintosh Ⅱ(高档机)和 Macintosh(便携机)。

尽管 Macintosh 系列计算机采用了一些新技术和新概念,具有如多窗口显示、鼠标操作、菜单命令和友好界面等特点。但是从目前市场情况看,IBM PC 及其兼容机占有主导地位。而且 PC(AT)BUS 工业控制机绝大多数是采用 Intel 80286/80386/80486/80586…CPU。

Intel 系列芯片和 IBM PC 及其兼容机具有广泛的用户,丰富的软件资源和雄厚的硬件支持,在计算机机型的选择时,不可忽视这些重要因素的影响。

10.3 输入、输出通道设计概要

输入、输出通道是计算机控制系统的重要组成部分,通常指模拟量输入通道(AI)、模拟量输出通道(AO)、数字量输入通道(DI)、数字量输出通道(DO)、信号调理电路(signal conditioning,SC),继电器电路(relay circuit,RL)以及特殊信号的处理电路,如脉冲频率、周期、时间、计数电路等。

下面以清华大学设计的 TH-IPC-7000 系列工业 PC BUS 控制机输入、输出模板为例，介绍设计概要。

10.3.1 模拟量输入模板 TH-IPC-7401

图 10.1 是模拟量输入模板 TH-IPC-7401 的方框图。

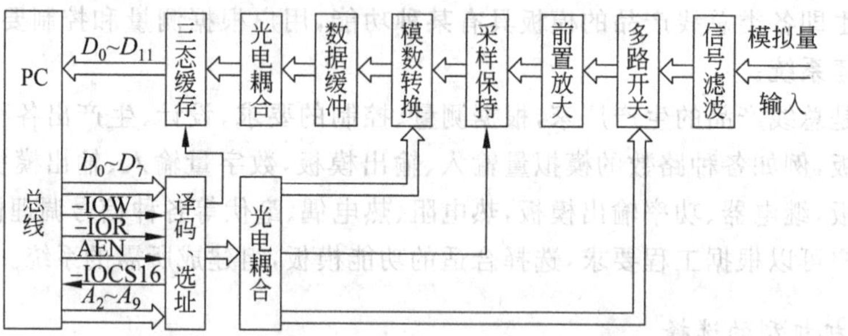

图 10.1 模拟量输入模板 TH-IPC-7401 的方框图

该模拟量输入模板可以 32 路单端输入或 16 路差动输入，信号输入范围 0V～±2V。输入的模拟量经过 PC 滤波送到多路开关。

多路开关的功能是轮流接通单端 32 路或差动 16 路模拟信号。7401 模板上用了 4 片 CD 4051 B 多路开关。多路开关的选择，主要考虑信号的输入范围、导通电阻、电源电压范围、芯片功耗、工作温度范围和价格等因素。表 10.4 是常用多路开关的主要特性。

表 10.4 常用多路开关的主要特性

<table>
<tr><th>型 号</th><th>名 称</th><th>信号范围/V</th><th>导通电阻/Ω
$V_{DD}=15V$</th><th>最高电源/V</th><th>静态电流/μA
$V_{DD}=15V$</th><th>备 注</th></tr>
<tr><td>CD 4016B
CD 4066B</td><td>4 双向模拟开关</td><td>0～15
−7.5～+7.5</td><td>240</td><td>20</td><td>1</td><td>DIP 14PIN</td></tr>
<tr><td>CD 4051B</td><td>单 8 双向模拟开关</td><td rowspan="3">3～20</td><td rowspan="3">240</td><td rowspan="3">20</td><td rowspan="3">20</td><td rowspan="3">DIP 16PIN</td></tr>
<tr><td>CD 4052B</td><td>双 4 双向模拟开关</td></tr>
<tr><td>CD 4053B</td><td>三 2 双向模拟开关</td></tr>
<tr><td>CD 4529B</td><td>双 4 或单 8
双向模拟开关</td><td>3～20</td><td>270</td><td>15</td><td>2</td><td>工作频率
10MHz</td></tr>
<tr><td>CD 4067B</td><td>单 16 双向模拟开关</td><td>3～20</td><td></td><td>20</td><td>1</td><td>DIP 24PIN</td></tr>
<tr><td>CD 4097UB</td><td>双 8 双向模拟开关</td><td>3～20</td><td></td><td>20</td><td>1</td><td>DIP 24PIN</td></tr>
<tr><td>AD 7501
AD 7503</td><td>8 路模拟开关</td><td rowspan="4">0～V_{DD}</td><td rowspan="2">170</td><td rowspan="4">−17～17</td><td rowspan="2">功耗
30μW</td><td rowspan="2">DIP 16PIN</td></tr>
<tr><td>AD 7502</td><td>双 4 路模拟开关</td></tr>
<tr><td>AD 7506</td><td>16 路模拟开关</td><td rowspan="2">300</td><td rowspan="2">功耗
1.5mW</td><td>DIP 28PIN</td></tr>
<tr><td>AD 7507</td><td>双 8 路模拟开关</td><td>DIP 28PIN</td></tr>
</table>

使用多路开关时，应注意以下各点。

(1) 确保供电电源极性正确。

如果电源极性不正确会导致CMOS电路损坏。

(2) 正确选择工作电压。

① 考虑输出电压幅度的要求。

$$V_{SS} \leqslant V_O \leqslant V_{DD} \tag{10-1}$$

V_{DD}是正电源电压，V_{SS}是负电源电压，V_O 是输出电压幅度。

② 考虑工作速度的要求。

CMOS 电路的工作速度与电源电压的幅值有关，如 V_{DD}由 15V 降到 3V 时，工作频率会从 10MHz 降到几十千赫兹。

③ 考虑输入信号幅度的要求。

输入信号的幅度不能超过供电电源电压的范围 $V_{DD}-V_{SS}$，否则会损坏器件。

$$V_{SS} \leqslant V_i \leqslant V_{DD} \tag{10-2}$$

V_i 是输入信号幅度，V_{DD}是正电源电压，V_{SS}是负电源电压。

在 7401 模板中，为了保证 $V_{SS} \leqslant V_i \leqslant V_{DD}$，设计中设定输入信号范围−2V～+2V，或0V～2V。

在 7401 模板中，选用的模数转换器的输入信号 0V～10V(也可以 0V～20V 或±5V 或±10V)，为此在多路开关后接有运算放大器，把输入信号放大 5 倍。

表 10.5 美国 AD 公司几种采样保持器的主要特性

型　号	捕捉时间	孔径时间/ns	下降速率/mV/μs	非线性%	增 益		用途
AD582K/S	6μs 到 0.1%	150		0.01	5×10^4 开环	低价格	通用型
AD583K	4μs 到 0.1%	50					
AD346	2μs 到 0.01%	20	0.5		−1	高速型	
ADSHC-85	4.5μs 到 0.01%	25	0.2		+1		
HTS-0025	0.02μs 到 1%	孔径不定性 20ps		0.01	+0.975	甚高速	
THS-0025							
THS-0060	0.075μs 到 1%						
THS-0225	0.3μs 到 1%						
HTC-0300	0.1μs 到 1%	孔径不定性 100ps		0.01	−1		
HTC-0300							
THC-0750	0.3μs 到 0.1%						
THC-1500	1μs 到 0.1%						
ADSHM-5	0.35μs 到 0.01%		0.02	0.005	−1		
ADSHM-5K	0.25μs 到 0.01%		0.012				
SHA1144	8μs 到 0.003%	孔径不定性 500ps		0.001	+1	高分辨率	

对于运算放大器要求有稳定的放大倍数，温度稳定性比较高。本模板选用 OP07 运算放大器。

采样保持器的作用是使输入信号保持一段短暂的时间 τ_s，以使 A/D 转换器有足够的时间对输入信号采样和转换。

$$y(kT+\Delta t)\approx y(kT),\quad 0\leqslant t\leqslant \tau_s \tag{10-3}$$

$y(kT)$为 kT 时刻的被测量值，τ_s 称为采样时间，T 为采样周期。

采样保持器的主要特性参数如下。

(1) 捕捉时间 T_{ac}，表示采样保持器的输出值达到输入值所需时间，典型值约为 10μs。

(2) 孔径时间 T_{ap}，表示采样保持器由采样转入保持状态所需要的时间，典型值约为 0.1μs。

(3) 下降速率 $\Delta V/\Delta t$，保持器在保持状态时，由于保持电容 C_H 的漏电流，保持电压会下降，通常以 mV/μs 衡量。

(4) 增益误差 E_g，保持器的增益实际存在误差，典型值约 0.05%。

美国 AD 公司和美国国家半导体公司的几种采样保持器的主要特性见表 10.5 和表 10.6。TH-IPC-7401使用的采样保持器的型号为 LF398。

表 10.6 美国国家半导体公司几种采样保持器的主要特性

<table>
<tr><th>型　号</th><th>捕捉时间
/μs</th><th>孔径时间
/ns</th><th>下降速率
/mV/μs</th><th>精度
/%MAX</th><th>失调电压
/mV</th><th>工作温度
/℃</th><th>用途</th></tr>
<tr><td>LF198</td><td rowspan="4">4
(C_H=1000PF)</td><td rowspan="4">25</td><td rowspan="4">30
(C_H=1000PF)</td><td>0.02</td><td>5</td><td rowspan="2">−55～+125</td><td>通用型</td></tr>
<tr><td>LF198A</td><td>0.01</td><td>2</td><td>低漂移</td></tr>
<tr><td>LF398</td><td>0.02</td><td>10</td><td rowspan="2">0～+70</td><td>通用型</td></tr>
<tr><td>LF398A</td><td>0.01</td><td>3</td><td>低漂移</td></tr>
<tr><td>LH0023</td><td rowspan="4">10
(C_H=1000PF)</td><td rowspan="2">150</td><td rowspan="2">100
(C_H=1000PF)</td><td>0.01</td><td rowspan="2">20</td><td>−55～+125</td><td rowspan="2">低漂移</td></tr>
<tr><td>LH0023C</td><td>0.02</td><td>−25～+85</td></tr>
<tr><td>LH0043</td><td rowspan="2">20</td><td rowspan="2">10
(C_H=1000PF)</td><td>0.1</td><td rowspan="2">40</td><td>−55～+125</td><td rowspan="2">中速型</td></tr>
<tr><td>LH0043C</td><td>0.3</td><td>−25～+85</td></tr>
</table>

在设计采样保持电路时选择合适的保持电容器是十分重要的。电容器质量的优劣直接影响采样保持电路的捕捉时间，下降速率和保持阶跃。当采样频率很高或者跟踪快变化信号时，电容器的驱动电流会引起保持器(如 LF198)温度显著升高。

表 10.7 是常见电容器的特性。

模数转换器是把模拟量转换成数字量，简记为 A/D 转换器或 ADC。

A/D 转换器的主要参数如下。

1. 分辨率和量化误差

分辨率(1LSB)是指满量程信号(FSR)能够分成的步数和梯阶的尺寸。

$$1\text{LSB}=\text{FSR}/2^N \tag{10-4}$$

式中，N 是转换器的位数。

表 10.7　常见电容器特性及 C_H 的适用性

类　型	最高温度	特　　　性	适用性
NPO 电容	125℃	新型高质量电容，介质吸收小，工作温度高	性能最好
COG 电容			
聚四氟乙烯	200℃	滞后时间小，质量较好	
聚丙烯	100℃	滞后时间较小，质量较好	性能较好
聚苯乙烯	70℃		
聚酯树脂	100℃	吸收时间较长	性能较差

在 A/D 转换过程中把模拟量转换成数字量的量化过程中，转换器末位代表的模拟量，称为量化单位 q，

$$q = \mathrm{FSR}/(2^N - 1) \tag{10-5}$$

量化过程中由于四舍五入引起的误差，称为量化误差 ε。

$$\varepsilon = q/2 = \mathrm{FSR}/(2^N - 1) \tag{10-6}$$

2. 精度和误差

精度是表示转换器的精确程度，它跟转换器的失调误差、增益误差、非线性误差、量化误差、零点刻度、满量程误差、温度漂移等有关。通常情况下转换器位数越多，精度越高。

1) 失调误差

失调误差是数字量输出为零时输入电压的误差，它是由转换器中的运算放大器、比较器的失调电压和失调电流引起的。

失调误差可用自动稳零电路或外接补偿电路来调整失调。但是失调误差会随温度漂移和电源电压漂移而变化。

2) 增益误差

增益误差是数字量输出达到满刻度时输入电压的误差，是由基准电压源或基准电流源的误差引起的。增益误差也随环境温度和电源电压变化。增益误差通常是可以调整的。

3) 非线性误差

对由零点和满量程点所决定的一条直线的最大偏差，常用满量程的百分率或最低位的份数来表示，如±LSB/2。

3. 单调性

单调性是指输入模拟量单调增加时，输出数码也增加，任何一点不会减少。

4. 转换时间和转换周期

从发出转换指令到转换结束的时间，称为转换时间。

5. 满量程温度系数

由于环境温度变化引起的量程误差的改变。通常以每度百万分之几(ppm/℃)表示。

6. 电源电压灵敏度

转换器对电源电压直流变化 ΔV_p 的灵敏度 S_p 常用模拟输入量 V_i 的百分变化来表示。

$$S_p = (\Delta V_i / V_i) \times 100\% / \Delta V_p \tag{10-7}$$

表 10.8 和表 10.9 是美国两家公司的部分 A/D 转换器的主要特性。

表 10.8 美国国家半导体公司的部分 A/D 转换器的主要特性

型号	位数 /b	精度 LSB	转换时间 /μs	输入电压范围/V	逻辑电平 /V	电源电压 /V	温度范围 M	温度范围 I	温度范围 C	备注
ADC0803	8	±1/2	110	5	TTL 三态	+5		·	·	差动输入
ADC0804		±1							·	
ADC0816	8	±1/2	100	5	TTL 三态	+5	·	·	·	16 通道多路开关
ADC0817		±1						·	·	
ADC0838B	8	±1/2	80	5	TTL 三态	+5～+9		·	·	8 通道多路选择,串行 I/O
ADC0838C		±1						·	·	
ADC100B	10	±1/2	200	5	TTL 三态	+5		·		差动输入
ADC1001C		±1					·			
ADC1210	12	±1/2	26	10.2	CMOS	+5～±15				
ADC1211	12(10)	±1	30				·	·		
ADC3511	3 1/2	0.05%	200ms	2	TTL 三态	+5			·	积分,μp 兼容
ADC3711			400ms						·	
LM131	*V*−*F*	0.01%	*N/A*	$V_{CC}-2V$	*N/A*	+5～+40	·	·	·	最高频率 100kHz

环境温度范围：M(军用级)为－55℃～＋125℃,I(工业级)为－40℃～＋85℃或－25℃～＋85℃,C(商业级)为0℃～＋70℃。

在工程设计中,根据测量精度的要求,被测量的信号幅度、动态特性、环境的温度范围,选择适当位数、转换速度、输入电压范围以及相应温度范围的 A/D 转换器。

需要指出的是,选择转换器的位数不是越多越好,应以满足需要的精度要求为准。通常转换器的位数越多,价格越高,而且不是线性增加的关系,例如 12 位的 A/D 转换器的价格较 8 位 A/D 转换器的价格要贵数倍到十数倍;而且位数越多,相应的电路设计要求越高,抗干扰措施会越复杂,会提高产品的成本。

TH-IPC-7401 模板中选用的是 12 位的 AD574 模数转换器。

A/D 转换器的输出经过数据缓冲器、充电耦合器和三态缓冲器经 PC(AT)BUS 送到计算机。A/D 转换器输出的数据只有接到读(-IOR)信号时才送给 PC BUS,否则三态缓冲器的输出处理高阻态,避免了 PC BUS 上数据的冲突。

表 10.9　美国 AD 公司的部分 A/D 转换器的主要特性

<table>
<tr><th rowspan="2">型　　号</th><th rowspan="2">位数
/b</th><th rowspan="2">精度
LSB</th><th rowspan="2">转换时间
/μs</th><th rowspan="2">输入电压
范围/V</th><th rowspan="2">逻辑电平
/V</th><th rowspan="2">电源电压
/V</th><th colspan="3">温度
范围</th><th rowspan="2">备　　注</th></tr>
<tr><th></th><th></th><th></th></tr>
<tr><td>AD570</td><td>8</td><td>±1/2</td><td rowspan="4">25</td><td rowspan="2">0～10
0～±5</td><td>TTL</td><td rowspan="6">±5,±15</td><td>•</td><td></td><td>•</td><td rowspan="2">低价格</td></tr>
<tr><td>AD571</td><td>10</td><td rowspan="6">+1</td><td>TTL
CMOS</td><td>•</td><td></td><td>•</td></tr>
<tr><td>AD572</td><td>12</td><td>0～10,±10</td><td rowspan="4">TTL</td><td>•</td><td>•</td><td></td><td></td></tr>
<tr><td>AD573</td><td>10</td><td>0～10,±5</td><td>•</td><td></td><td>•</td><td rowspan="2">快速类</td></tr>
<tr><td>AD574</td><td rowspan="2">12</td><td>15</td><td>0～20,±10</td><td>•</td><td>•</td><td>•</td></tr>
<tr><td>AD5240</td><td>8</td><td>0～10,±10</td><td>•</td><td></td><td>•</td><td>甚高速类</td></tr>
<tr><td>AD7555</td><td>4 1/2</td><td>50ms</td><td>±2</td><td>CMOS</td><td>±5,±12</td><td></td><td>•</td><td></td><td></td></tr>
<tr><td>ADC1130/1131</td><td>14</td><td>±1/2</td><td>25</td><td rowspan="2">0～20,±10
0～10
±5,±10</td><td rowspan="5">TTL</td><td rowspan="4">±5,±15</td><td></td><td></td><td>•</td><td>高速类</td></tr>
<tr><td>ADC1140</td><td>16</td><td>±0.003%</td><td>35</td><td></td><td>•</td><td>•</td><td>低价格</td></tr>
<tr><td>HASHybrid</td><td rowspan="2">8/10/12</td><td rowspan="2">±1/2</td><td>1.5/1.7/2.8</td><td>10</td><td></td><td></td><td>•</td><td rowspan="2">超高速类</td></tr>
<tr><td>MAS UHS</td><td>1/1.5/2</td><td>±10</td><td></td><td></td><td>•</td></tr>
<tr><td>MATV0811/16/20</td><td>8</td><td>±0.15%</td><td>150/120/35ns</td><td>0～1,±0.5</td><td rowspan="3">±5,±15</td><td></td><td></td><td>•</td><td rowspan="3">视频类</td></tr>
<tr><td>MOD 1020</td><td>10</td><td>±0.05%</td><td>50ns</td><td rowspan="2">±4</td><td>ECL</td><td></td><td></td><td>•</td></tr>
<tr><td>MOD 1205</td><td>12</td><td>±0.0125%</td><td>200ns</td><td>TTL</td><td></td><td></td><td>•</td></tr>
</table>

TH-IPC-7401 模板的最后部分是译码、选址电路，该电路关键器件是 74HC688，即 8 位数字比较器(OC-集电极开路)。图 10.2 是选址原理图。

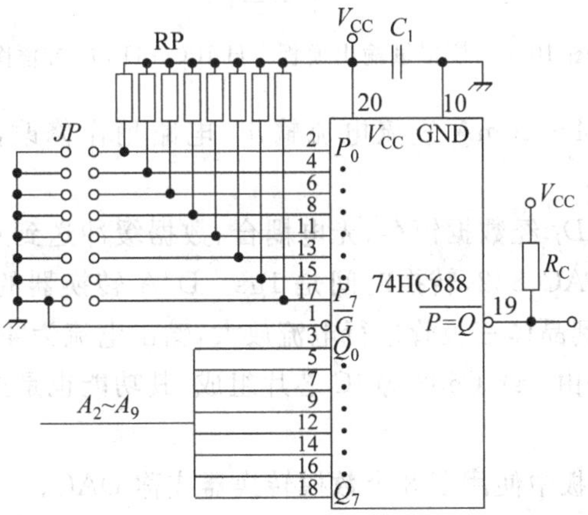

图 10.2　选址原理图

图 10.2 中 JP 是地址设置跨接器，可根据模板的种类预先设置 P，Q 是由地址 $A_2 \sim A_9$ 选择的，当 $P=Q$ 时，$\overline{P=Q}$为低电平，否则$\overline{P=Q}$为高电平。

在 TH-IPC-7000 系列模板中，各模板的选址都是采用 74HC688 数字比较器。利用 $A_2 \sim A_9$ 可以选择不同类型的模板或者同类模板中的那块模板。译码、选址电路的功能首先是选择模板，选定模板后，选择输入通道。TH-IPC-7000 系列模板建议选择的地址如表 10.10 所示。

表 10.10 TH-IPC-7000 系列模板建议选址范围

模板类型	地址范围	A_9	A_8	A_7	A_6	A_5	A_4	A_3	A_2
AO		0	1	0	0	0	同类模板选择		
AI	280	1	0	1	0	0			
DO	140～17F	0	1	0	0	0 1			
DI	180～1BF	0	1	1	0	0 1			
	1C0～1CF	0	1	1	1	0			

10.3.2 模拟量输出模板 TH-IPC-7410

图 10.3 是模拟量输出模板 TH-IPC-7410 的方框图。

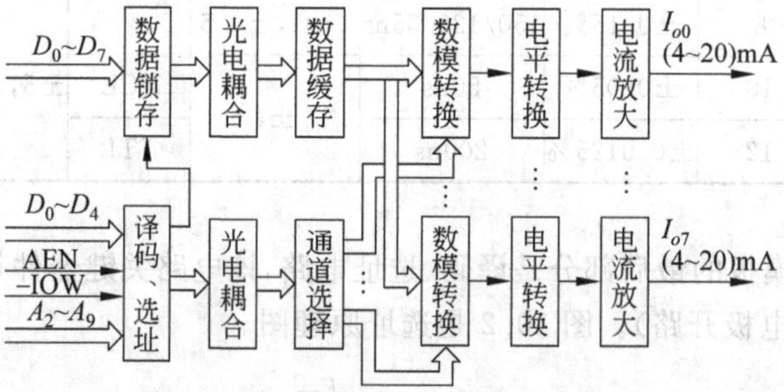

图 10.3 模拟量输出模板 TH-IPC-7410 的方框图

该模板是 8 位 8 路 4～20mA 直流电流输出，电路稍作修改，可作为直流 0～10V 或 ±5V电压输出。

计算机的数据 D_0～D_7 经数据锁存、光电耦合、数据缓冲送到对应的 D/A，模板中使用的 8 位 D/A 转换器是 DAC0832，转换时间是 1μs。D/A 转换器的输出送到由运算放大器组成的电平转换器再送到晶体三极管进行电流放大，输出电流为 4～20mA。

译码、选址电路也是由 74HC688 等 IC 芯片组成，其功能也是选择模板和选择输出通道（I_{O0}～I_{O7}）。

在 TH-IPC-7410 模板中使用了 8 个数模转换器或称 DAC。

对于数模转换器其主要的技术参数与模数转换器相近，如分辨率、线性误差、电源电压灵敏度、建立时间、满量程误差、单调性等。

表 10.11 是美国国家半导体公司常见的数模转换器的主要参数。

温度范围：M 为－55℃～＋125℃，I 为－40℃～＋85℃或－25℃～＋85℃，C 为 0℃～＋75℃。

表 10.11 美国国家半导体公司数据转换器的主要参数

型号	分辨率/b	线性度/%	建立时间/μs	电源电压/V	温度范围			备注
					M	I	C	
DAC0800/0801/0802	8	0.19/0.39/0.10	0.1/0.1/0.15	+5～±15	•		•	高速相乘型
DAC0806/0807/0808	8	0.78/0.39/0.19	0.15	+5～±15			•	多路相乘型
DAC0830/0831/0832	8	0.05/0.1/0.2	1	+5～+10 +5～+10 +5～15		•	•	与 μp 兼容的四象限相乘型
DAC1000/1/2/6/7/8	10	0.05～0.2	0.5	+5～+15	•	•	•	与 μp 兼容双缓冲
DAC1020/21/22	10	0.05/0.1/0.2	0.5	+5～+15		•		四象限上乘型
DAC1200/1201	12	0.012/0.049	0.3-I_{out} 2.5-V_{out}	±15	•	•		电流或电压模式
DAC1208/1209	12	0.012/0.024		+5～+15		•	•	与 μp 兼容四象限相乘型

10.3.3 数字量输入模板 TH-IPC-7601

该模板可以是 32 路电压(高、低电平)或 32 路触点(常开或常闭触点)输入。

数字量输入模板的方框图如图 10.4 所示。

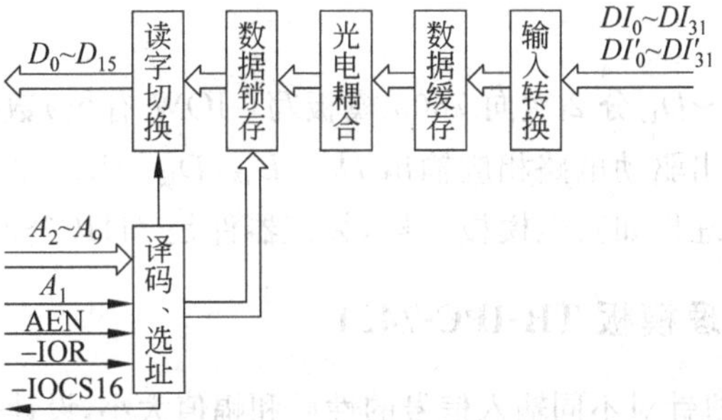

图 10.4 数字量输入模板 TH-IPC-7601 的方框图

32 路数字量经过输入转换，当输入数字量为电压时，DI'_n 经跨接器接地。当输入数字量为触点时，DI'_n 以跨接器接＋5V(高电平)。输入转换电路如图 10.5 所示。

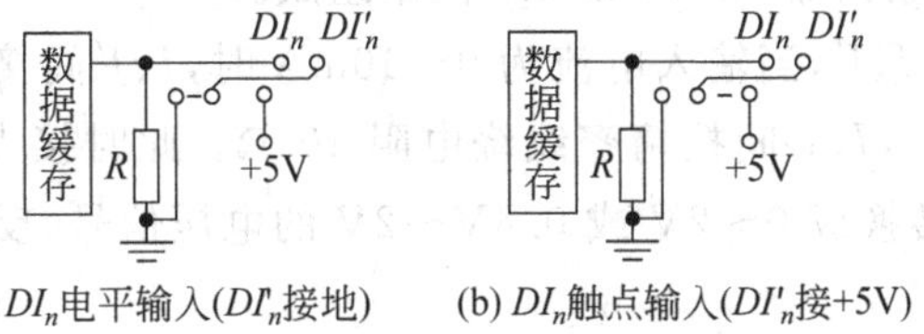

(a) DI_n电平输入(DI'_n接地)　(b) DI_n触点输入(DI'_n接+5V)

图 10.5 输入转换电路

经输入转换电路以后的信号，无论是电平或者触点输入都变成了输入高、低电平，再经数据缓存、光电耦合、数据锁存和读字切换送到PC总线。

数据锁存器的作用是只有在众模板读取(-IOR有效)数据时,数据锁存器才向PC总线提供数据,其他时间数据锁存器的输出为高阻状态,以免发生数据冲突。

PC总线的数据线是16位的,即$D_0 \sim D_{15}$,当输入32路数字量时,要分成2次读取数据,读字切换的功能就是分2次读入32路数字量。

10.3.4 数字量输出模板TH-IPC-7600

模板有2组16位数字量输出,输出电压0V或12V,最大输入电流为500mA,输出级是采用集电极开路的达林顿驱动阵列,集电极带有保护二极管。数字量输出模板TH-IPC-7600的方框图如图10.6所示。

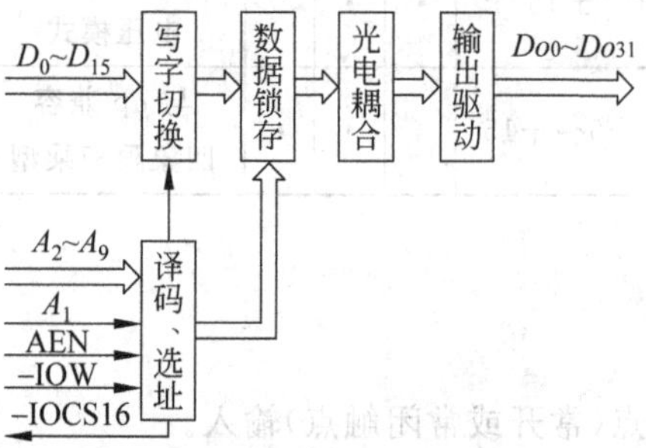

图10.6 数字量输出模板TH-IPC-7600的方框图

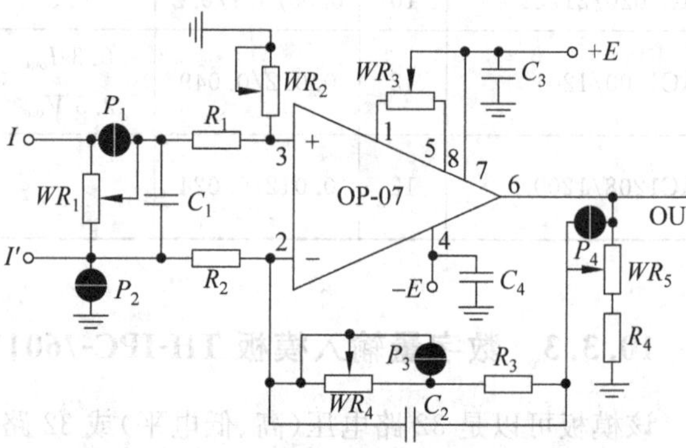

图10.7 TH-IPC-7431信号调理电路图

PC总线的数据$D_0 \sim D_{15}$分2次向7600模板写(-IOW有效)数据,分别经过写字切换、数据锁存、光电耦合,输出驱动电路相应输出$D_0 \sim D_{15}$,$D_{16} \sim D_{31}$。

选址电路的工作原理仍如其他模板一样,关键器件是74HC688芯片。

10.3.5 信号调理模板TH-IPC-7431

TH-IPC-7000工控机针对不同输入信号的性质和幅值大小,设计了多种信号调理模板,如TH-IPC-7431、7411、7413等模板,现以TH-IPC-7431为例,介绍信号调理模板的特性。

7431模板是把单端或差动输入的电压信号或电流信号,转换成0~2V的直流信号。信号调理电路如图10.7所示。7431模板共有16组调理电路。从图10.7可以看出,调理电路由高稳定的精密运算放大器OP-07及RC网络组成。

调理电路的输入端I、I',当输入电流为0~10mA时,I、I'间接精密线绕电阻200Ω;当输入电流为4~20mA时,I、I'间接精密线绕电阻100Ω。此时接点P_1、P_3、P_4短接,P_2开路,即输入的电流信号转换成0~2V或0.4V~2V的电压信号,反馈电阻$R_3 = R_1 = R_2$,调理电路的放大倍数为1。

当输入电压信号大于2V时,WR_1(500kΩ)起衰减作用,使最大输入电压衰减到2V,P_1开路,P_2、P_3、P_4短接,调理电路的放大倍数为1。

当输入电压为数十mV~2V时,P_1、P_2、P_3短接,P_4开路,使调理电路有最大近10倍可调的放大倍数。

当输入电压为 mV 级信号时，P_1、P_2 短接，P_3、P_4 开路，使调理电路有最大近 200 倍可调的放大倍数。

调理电路中 WR_1 是降压电阻(电流输入时)，或是衰减电位器(电压输入大于 2V 时)，当电压输入小于 2V 时，WR_1 可不要。

WR_2 电位器是为使放大器输入端 2、3 点对地阻抗对称，以减小共模干扰，因此 WR_2 的阻值与 WR_4 和 R_3 有关。

WR_3 是调理放大器的调零电位器。

WR_4 是反馈电位器，用来调节放大器的放大倍数。

WR_5 是改变反馈量的大小，用来调节放大器的放大倍数。

电容 C_1、C_2 是用作信号滤波，C_3、C_4 用作电源高频滤波。

对于运算放大器有许多种类可供选择，放大器选择时，主要指标有输入失调电压 V_{os}，输入失调电流 I_{os}，输入失调电压漂移 $\Delta V_{os}/\Delta T$，输入偏置电流 I_{bias}，输入电阻 R_{in}，大信号增益 AV_{oL}，输出电压范围 V_{out}，共模电压范围 CMWR，共模抑制比 CMRR，电源抑制比 PSRR，单

表 10.12 几种常用运算放大器的电气特性

电 气 参 数	ICL7650	OP-07	LF356	LF353	LM358
输入失调电压 V_{os}	±1μV	30μV	3mV	5～10mV	2mV
输入失调电压漂移 $\frac{\Delta V_{os}}{\Delta T}$	0.01μV/℃	0.6μV/℃	5μV/℃	10μV/℃	7μV/℃
输入偏置电流 I_{bias}	1.5pA	±1nA	30pA	50pA	45nA
输入失调电流 I_{os}	0.5pA	0.4nA	3pA	25pA	5nA
输入电阻 R_{in}	10^{12}	2×10^{11}	10^{12}	10^{12}	
大信号增益 AV_{oL}	5×10^6	4×10^5	2×10^5	10^5	10^5
输出电压范围 V_{out}	±4.9V	±13V	±13V	±13.5V	$V_+-1.5V$
共模电压范围 CMVR	−5V～+2V	±14V	+15.1V −12V	±14V	V_+-2V
共模抑制比 CMRR	130dB	126dB	100dB	100dB	70dB
电源抑制比 PSRR	130dB	110dB	100dB	100dB	100dB
单位增益带宽 GBW	2MHz	0.6MHz	5MHz	4MHz	1MHz
转换速度 SR	2.5V/μs	0.3V/μs	12V/μs	13V/μs	0.5V/μs
电源电压范围 $V_+\sim V_-$	±9V	±3V～±18V	±15V	±18V	±16V +3V～+32V
电源电流 I_{sup}	2mA	3 mA	5 mA	3.6 mA	0.5 mA
输出短路保护	有	有	有	有	有
封装	8PIN 单运放	8PIN 单运放	8PIN 单运放	8PIN 双运放	8PIN 双运放

位增益带宽 GBW，转换速度 SR，电源电压范围 $V_+ \sim V_-$，电源电流 I_{sup}，输出短路保护等。表 10.12 是几种常用运算放大器的电气特性。

10.3.6 继电器输出模板 TH-IPC-7620

继电器输出模板通常与数字量输出模板 TH-IPC-7600 配合使用。

继电器输出模板 TH-IPC-7620 有 16 组继电器触点输出，继电器电路如图 10.8 所示。

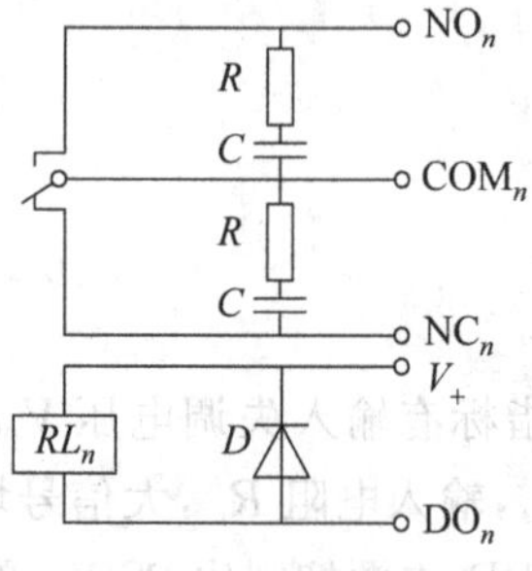

图 10.8 继电器电路

TH-IPC-7620 选用的继电器是 JZC-6FB，继电器绕组电压为 12V，即 V_+ 为 12V，继电器的触点是一对常开（NO$_n$）和常闭（NC$_n$）触点，触点容量是 AC220V，3A；DC24V，3A。

在继电器电路中，继电器线圈是一个电感线圈，当电感回路瞬时通断时，将产生很大的反电势，为了防止反电势损坏电路中的器件，通常在线圈两端并接二极管 D。

在继电器触点回路中，接有交流高压（如 AC220V 或 AC380V）和电感负载，为了抑制反电势和防止触点断路时产生飞弧放电，在触点两端接有电阻、电容（R-C）网络。

R-C 网络中的电阻 R 和电容 C 与电感线圈的电感量 L、线圈电流 I_e、供电电压 V_S、通断周期 T_{nf} 有关。

工业控制机输入输出模板可以根据工程要求或用户的需求，设计和开发不同用途的输入、输出模板，譬如按照智能机器人测量和定位的要求，设计了超声测距模板 TH-IPC-7501，光电编码器脉冲计数模板 TH-IPC-7611 等。

工业控制机输入输出模板要考虑能适应周围恶劣环境的条件，生产现场不允许停机停产的要求。模板的设计和制造要采取一系列措施，提高系统的可靠性，延长平均无故障时间（MTBF），缩短平均修复时间（MTTR）。

10.4 工业控制机提高可靠性的措施

在实时过程控制中，对计算机控制系统的可靠性提出了很高的要求，计算机控制系统一旦出现故障，就会酿成重大事故，造成严重的经济损失，因此计算机控制系统设计中必须千方百计，想尽办法采取一切措施，提高系统的可靠性。

10.4.1 系统的结构设计

1. 采用模块化、积木化、标准化结构

当前国际、国内流行的 STD 控制机或 IPC 控制机，可以说是模块化、积木化、标准化的典范。这些控制机的模板都是按照功能设计的独立模板，如中央处理机模板、A/D 转换（AI）模板、D/A 转换（AO）模板、A/D+D/A 转换模板、数字量输入（DI）模板、数字量输出（DO）模板、DI+DO 模板等。这种按照功能区别设计的模板，在组建控制系统时，可以根据工程的要求，选取相应种类和数量的模板，系统可大可小，而且随着生产规模的发展，随时可以积木式添加模板，增加功能，这样既可以节省投资或减少一次性投资，又可以随需要增加系统的功能。这种模块化、积木化结构，又允许用户对模板有一定的备份，而不增加很多投资，但对提高系统的可靠性，缩短平均修复时间有重要意义。一旦系统出现故障，判断出故障的模板，先以备用模板替换故障模板，系统就能正常运行，既增加了平均无故障时间(MTBF)，又缩短了平均修复时间(MTTR)。

工业控制机中的标准化，通常是指系统总线的标准化和模板尺寸的标准化。STD 控制机的模板尺寸规定宽度为 $114^{+0.13}_{-0.64}$mm，长度为 165.1mm，尤其宽度尺寸不允许随意变动。当然，长度尺寸允许因功能不同，有一定的伸缩。STD 控制机的总线定义为 56 条，见表 10.2，其中电源总线 10 条，控制总线 22 条，地址/数据线 24 条，需注意 $D_0 \sim D_{15}$ 是与地址线 $A_{16} \sim A_{23}$ 分时复用的。

IPC 控制机模板的尺寸也是有规定的。IPC 总线则是严格规定，PC/XT 是 62 条，PC/AT 是 98 条，各插头信号都有明确的定义，见表 10.3。

由于系统总线、模板尺寸是标准化的，系统的模板、插槽、外壳都可以大规模、大批量生产，降低了生产成本，又具通用性、互换性。

2. 模板的精心设计

通常一块模板由总线接口电路、I/O 接口电路和功能电路等三部分组成，设计模板时就应合理安排这三部分电路的位置，使得信号路径最短，信号流向标准化，避免 I/O 接口与总线接口之间的相互干扰，减少分布参数的影响，提高了模板的可靠性，也便于对故障的诊断和维护。

在印刷电路板设计时，应当避免长距离的平行走线，线条应该在可能的情况下尽量加粗，尤其是地线和电源线。这样既可以减小线电阻，减少电阻压降引进的干扰，又能提高线路的可靠性。线条间、线条与焊盘或过孔之间应保持足够的距离，尽量避免它们之间的短路。

模板经过调整和测试后应经过清洗，最后刷涂绝缘清漆，对提高模板的防氧化、防腐蚀具有重要意义。

3. 系统的电源配置及散热措施

系统中电源配置时，必须考虑电源电压数值、电压波动范围、纹波的大小、输出电流数值，并且对电源的容量应当有较大的裕量。

在电路设计用到稳压块或功率器件时，务必装备散热器，一片 5V、0.5A 的三端稳压块，只有在装有足够大面积的散热片时，才能有 0.5A 的电流输出，否则不可能提供标定的电流或者因严重发热，损坏稳压块，乃至因过热影响其他电路的正常工作。又如某大功率晶体管 $I_{CM}=5A$，$P_{CM}=50W$ 这是指装有 300mm×300mm×4mm 散热片时的指标。若不装散热片，该大功率晶体管 $I_{CM}=2A$，$P_{CM}=2W$。切记使用中，稳压块、功率器件不要忘了安装散热器。

控制箱、柜中，加装小风机，尽管花费不大，但对提高系统的可靠性效果显著。小风机既可散热、防尘，又可防潮、防湿。

4. 机械强度和抗振措施

在生产现场或运输过程中，免不了会受到振动和冲击，因此对元件、导线和电线的固定，接插件的选择、安装，应给予充分的重视。

对于体积较大，重量较重的电阻、电容、电感、变压器等元件，不能只靠输入、输出或元件脚在印刷板上的焊接，还必须采用机械固定的办法，防止因振动或冲击使元件脱落。

机箱或机柜中的电线必须整齐排列、捆扎和固定。

控制机中的接插件、接线牢靠程度，直接影响系统的可靠性。印刷电路板上的插座尽量选用双簧插座或者不用插座，直接焊接。

在选用信号线的接插件时，也应保证接触可靠，接头带有簧片，固定牢靠，PTK、DDK、D型以及航空插件等是可选用的接插件。

10.4.2 元器件的选择，老化筛选

1. 选用优质名牌元器件

元器件的性能和质量，直接影响系统的可靠性，因此系统设计时首先应选择优质、名牌产品，保证元器件的质量。

2. 选用 CMOS 器件

现在集成电路大多数选用 TTL 器件，也有选用 CMOS 器件的，表 10.13 是 TTL 器件和 CMOS 器件性能的比较。

表 10.13 74 系列 TTL 器件与 CMOS 器件的比较

比较项目	74 系列 TTL 器件	CMOS 器件
工作温度范围	0℃～+70℃	−40℃～+85℃
存储温度范围	−65℃～+150℃	−65℃～+150℃
电源电压范围	$V_{cc}=+5V\pm0.25V$	$V_{cc}=+4.5\sim+5.5V$
输入高低电平差值	1.2V	3V(+25℃)
输出高低电平差值	2V	5V(+25℃)
输出能力	驱动 20 个标准负载	驱动 50 个以上的输入站
工作电流	9mA	2～8μA(+25℃)
抗辐射能力		抗辐射能力强

由表 10.13 可以看出，CMOS 器件较 74 系列 TTL 器件在工作温度范围、电源电压范围、输入和输出的高低电平差值、带负载能力、功耗以及抗辐射能力等方面，有明显的优越性，CMOS 器件有更高的可靠性、更强的抗干扰能力。

3. 元件的老化、测试、筛选

从著名计算机公司器件设计和工艺参数的大量统计资料表明，电子元器件失效率与时间的关系曲线如图 10.9 所示。

从图 10.9 可以看出电子器件失效率分三个阶段，即早期失效期、使用期和损耗期。早期失效期和损耗期的失效率很高，使用期的失效率最低。通过高温老化处理，可以显著加快

电子器件渡过早期失效期，筛选出早期失效的电子器件，经过测试、筛选使电子器件的可靠性有较大的提高。

4. 电路参数的设计

电路设计中应充分考虑元件特性的离散性、时间和温度的稳定性。图 10.10 是光电耦合电路。

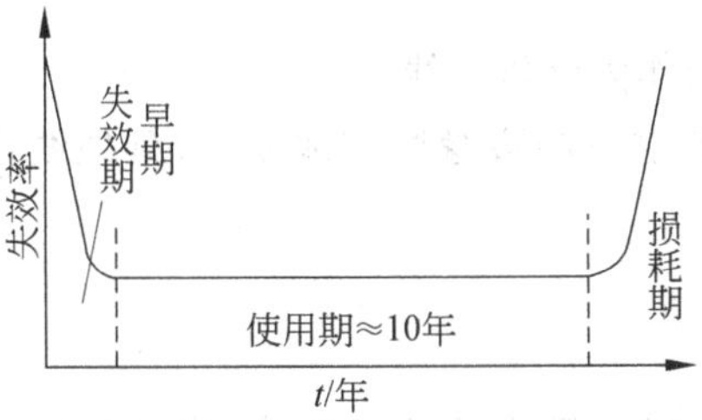

图 10.9　电子器件的失效率与时间关系

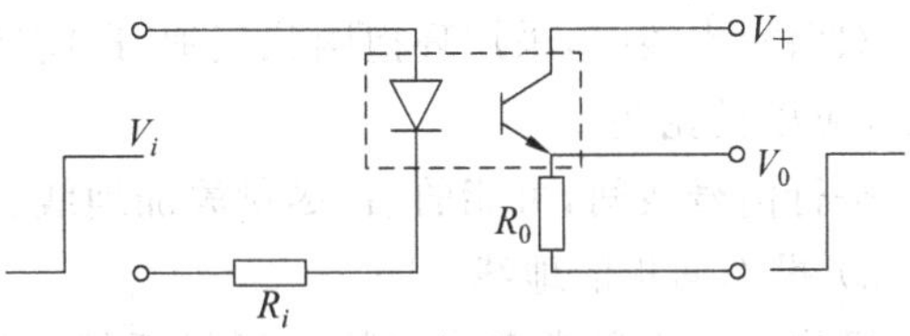

图 10.10　光电耦合电路

图 10.10 是光电耦合电路的一种型式。即使这样一个元件很少的简单电路，在这个电路中，光电耦合器本身有很大的离散性，如同一种型号的器件，其特性受温度、结电容、传送系数 CTR 等的影响，特性有很大的差别，有很大的离散性。电路中的元件 R_i、R_0 会直接影响电路的可靠性，例如 R_i 较小，I_F 会较大，发光二极管发光强度较高，光敏三极管通断电流的差别会很明显，电路的可靠性就会较高。但是 R_i 太小，要求信号源输出电流较大，负载较重。反之，选择 R_i 较大，对信号源的负载要求减轻，但是发光二极管结电容的影响加大，影响电路的频率特性，使电路的通频带降低。因此，电路设计时应合理选择 R_i、R_0，兼顾电路的频率特性，对信号源的负载要求和光电耦合器特性的离散性。

5. 电路的安全措施

在模拟量输出模板(AO)的设计中，输出电路直接与控制现场连接，短路现象会经常发生，因此电路设计时应采取短路保护措施，即使现场短路，也不会损坏元器件。

10.4.3　信号、电源、接地的抗干扰措施

1. 信号系统的抗干扰措施

对于空间干扰，信号用屏蔽的双绞线传送，当传送距离较远时，应加金属管屏蔽。

对于串模干扰，除了信号屏蔽外，还采用 RC 滤波和数字滤波。

对于共模干扰，可以采用运算放大器平衡调节电位器、浮空加屏蔽和信号隔离等措施。

信号的抗干扰重要措施之一是采用信号隔离措施，信号隔离可以采用隔离放大器，也可以采用光电隔离器件，使计算机与测量、控制现场没有直接的电的联系。

2. 电源系统的抗干扰措施

交流电源直接引自电源总闸，以减少其他大功率设备因导线降压造成对计算机控制系统的干扰。

交流电源采用交流稳压、变压器隔离、LC 滤波和不间断电源(UPS)等。

电源变压器加电磁屏蔽。

直流电源加稳压,RC 滤波,印刷板电源、IC 芯片电源加置 RC 滤波。

3. 接地系统的抗干扰措施

接地的正确性和良好性,直接关系系统的抗干扰能力及工作的稳定性和可靠性。

1) 印刷电路板的地线

尽量采用双面板,使一面布设元件和走线,另一面作为整体地线。

双面板走线时,采用环抱网状接地,即将印刷版的空位和边缘留作地线,边延地线作为干线,应尽量宽些。

平行信号线间,可能的话,尽量添加地线。

2) 操作面板的地线

操作面板上通常安装有数字逻辑系统的开关、按钮和显示器件。开关、按钮是信息输入,而显示器件是信息输出。为了防止输入、输出之间通过地线公共阻抗耦合干扰,应把这两种信号的地线分别设置,各自单独引到汇流板。

3) 输入、输出系统的地线

在输入、输出接口中,各种开关、按钮容易产生抖动脉冲干扰,接口电路中存在各种感性负载,还存在瞬态冲击电流很大的阻性负载,另外,各种引线敷设很长,这些都是产生和引进干扰的重要因素。针对上述可能产生和引进干扰的情况,可采取以下措施:

接口地线在敷设过程中应连接可靠,绝缘良好;

不同等级的电压、电流线和容易引进干扰的信号线,应分别设置地线;

在信号电缆线束中,合理设置地线,对信号线起到屏蔽和隔离作用;

输入、输出信号的地线在可能条件下要分别设置,并且尽量加粗。

10.4.4 感性负载回路的抗干扰措施

对于感性负载回路的开关、按钮、触点,为了保护触点和抑制干扰,可设置抑制网络;对于直流回路,可以采用 D,R-D,R-C,R-C-D,稳压管－稳压管、稳压管－二极管和压敏电阻等抑制网络;对于交流回路,可以采用 R-C 稳压管－稳压管、稳压管－二极管和压敏电阻等抑制网络。表 10.14 是感性负载的抑制网络。

10.4.5 多重化结构技术

在生产过程控制中为了提高可靠性可采用多重结构,为了便于分析讨论,先介绍关于可靠性的初步概念。

1. 常用参数介绍

平均故障间隔时间(或称平均无故障时间,或称平均寿命)MTBT;

平均修复时间(或称平均维修时间)MTTR;

可靠性(或称可靠度) $R(t) = e^{-\lambda}$ (10-8)

故障率 λ(或称失效率) $\lambda = 1/MTBF$ (10-9)

表 10.14 感性负载的抑制网络

网络型式	适用范围	网络位置	图 例	简要说明
D	DC	线圈	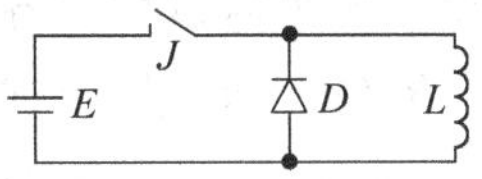	抑制反电势效果好，使电磁机构动作变慢
R－D	DC	线圈	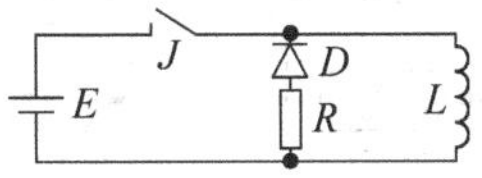	既能较好抑制反电势，又不致动作减慢很多
R－C	DC 及 AC	线圈 或 触点	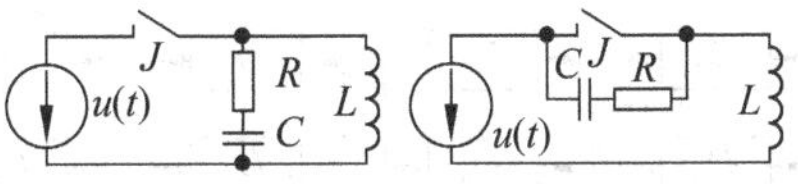	在直流和变流电路中广泛使用，精心选择 RC，效果较好
R－C－D	DC	线圈 成 触点	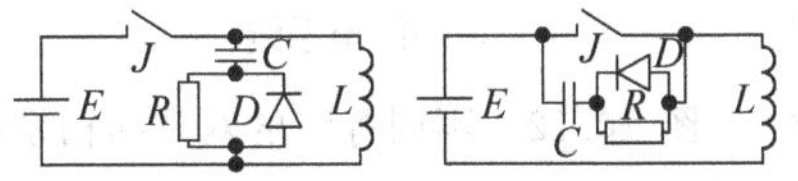	用在线内阻较小的电路
D_w	DC 及 AC	线圈	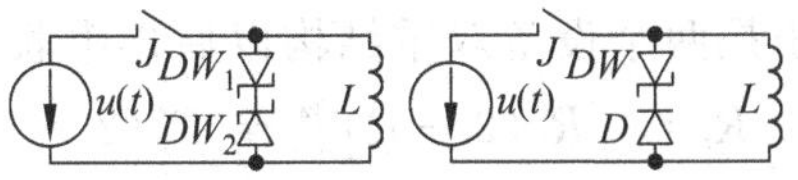	效果与 RD、RC 相近，成本略高
R_u 压敏电阻	DC 及 AC	线圈 或 触点	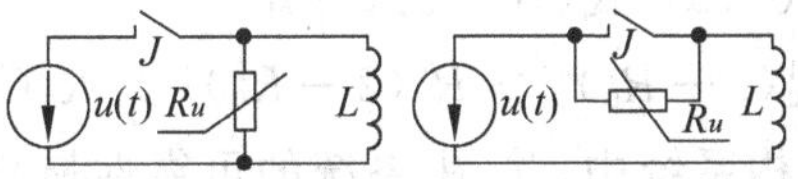	体积小，质量轻，价格低，响应快，但残留电压较高，对电弧抑制效果差

利用率（或称可用度）　　$A=\text{MTBF}/(\text{MTBF}+\text{MTTR})$　　(10-10)

不可利用率（或称不可用度）　　$U=\text{MTTR}/(\text{MTBF}+\text{MTTR})$　　(10-11)

2. 串联结构及其可靠性计算

设有 n 个设备 D_1、D_2、…、D_n 按串联的方式构成系统 D，如果任一设备 D_i 失效，都引起系统 D 失效，若设备 D_i 的可靠性为 R_i，系统 D 的可靠性为 R，则有

$$R = R_1R_2\cdots R_n = \prod_{i=1}^{n} R_i \tag{10-12}$$

3. 双重结构及其可靠性计算

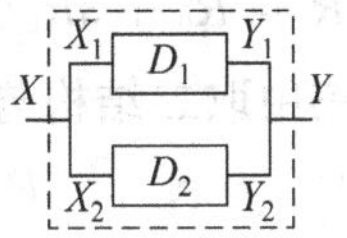

图 10.11 双重结构系统

设系统 D 由两台彼此独立，功能完全相同的设备 D_1、D_2 组成，如图 10.11 所示。

如果 D_1、D_2 中任一设备正常工作，系统 D（等效输入 X，输出 Y）就正常工作。只有在 D_1、D_2，同时失效，系统 D 才失效。

设备 D_1、D_2 的可靠性 $R_1=R_2=R_0$，不可靠性 $U_1=U_2=1-R_0$。系统的可靠性为 R，不可靠性为 $U=(1-R_0)^2$。

则有系统 D 的可靠性

$$R = 1-U = 1-(1-R_0)^2 = R_0(2-R_0) \tag{10-13}$$

由 $R_0<1$，可得 $R>R_0$，这说明双重结构比单台设备的可靠性要高。

设有不同等级的双重结构系统如图 10.12 所示，假设组成系统 D 的各个设备 D_i 具有相同的功能，相同的可靠性 R_0，则可根据结构推导出等效系统 D 的可靠性。

对于图 10.12(a)，系统是 4 个设备串联以后再双重结构，故有

$$R_a = R_0^4(2 - R_0^4) \tag{10-14}$$

对于图 10.12(b)，系统是两个设备串联以后再各自双重结构，

$$R_a = [R_0^2(2 - R_0^2)]^2 = R_0^4(2 - R_0^2)^2 \tag{10-15}$$

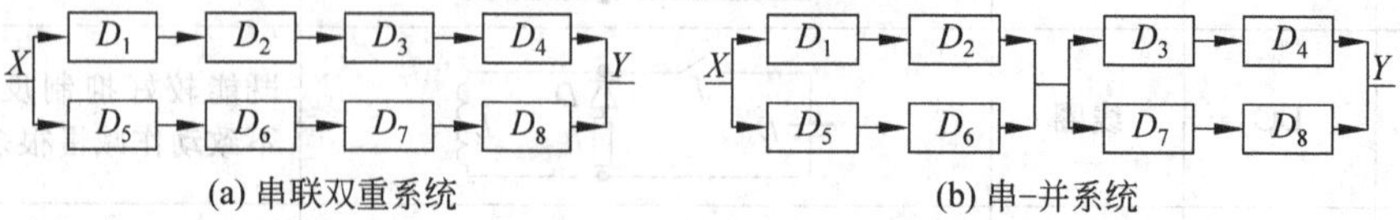

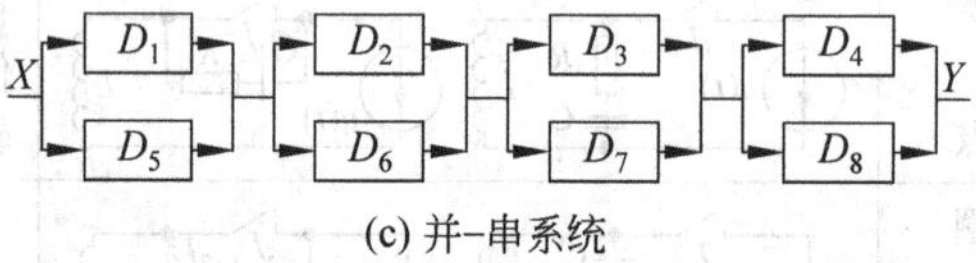

图 10.12　不同等级的双重结构系统

对于图 10.12 (c)系统是两个设备双重结构以后再串联，

$$R_c = [R_0(2 - R)]^4 = R_0^4(2 - R_0)^4 \tag{10-16}$$

比较式(10-14)、式(10-15)、式(10-16)，可知

$$R_0^4(2 - R_0)^4 > R_0^4(2 - R_0^2)^2 > R_0^4(2 - R_0^4) \tag{10-17}$$

即图 10.12 中双重结构系统中，并-串系统的可靠性最高，串联双重系统的可靠性最低。

4. 三重结构及其可靠性计算

三个功能完全相同的设备，同时输入相同的数据，进行相同的处理，以三中取二的表决方式输出，如图 10.13 所示。

图 10.13　三中取二结构

表决电路 V 的输入是 Y_1、Y_2、Y_3，输出 $Y = Y_1Y_2 + Y_2Y_3 + Y_3Y_1$。

设 D_1、D_2、D_3 的可靠性 $R_1 = R_2 = R_3 = R_0$，系统的可靠性 R，则有

$$R = R_0^3 + 3R_0^2(1 - R_0) = R_0^2(3 - 2R_0) \tag{10-18}$$

三中取二结构与单机的可靠性比较，可得

$$R - R_0 = R_0^2(3 - 2R_0) - R_0 = R_0(1 - R_0)(2R_0 - 1) \tag{10-19}$$

从式(10-19)可看到，当 $R_0 > 1/2$，则有 $R > R_0$，即三中取二的可靠性大于单机的可靠性。

如果双重结构与三中取二中用的基本设备 D_i 相同，比较两者的可靠性，可得

$$(2R_0 - R_0^2) - (3R_0^2 - 2R_0^3) = 2R_0(1 - 2R_0 + R_0^2) = 2R_0(1 - R_0)^2 \tag{10-20}$$

由式(10-20)知 $2R_0(1-R)^2 > 1$，所以双重结构比三中取二结构的可靠性高。

5. 双重结构系统的平均故障间隔时间

设双重结构系统 D 及各设备 D_i 的平均故障间隔时间、平均修复时间、不可用利用率分别为 MTBF、$MTBF_i$、U、U_i。则有

$$U_i = MTTR_i / (MTBF_i + MTTR_i) \approx MTTR_i / MTBF_i \tag{10-21}$$

$$U = U_i^2 \approx MTTR_i^2 / MTBF_i^2$$

由于 $U=MTTR/MTBF$，$MTTR=MTTR_i/2$，故有平均故障间隔时间

$$\begin{aligned} MTBF &= (MTTR_i/2) MTBF_i^2 / MTTR_i^2 \\ &= MTBF_i^2 / 2MTTR_i \end{aligned} \tag{10-22}$$

式(10-22)表明双重结构的平均故障间隔时间 MTBF 远远大于单机的平均故障间隔 $MTBF_i$

设有　$MTBF_i=1\,000h$，$MTTR_i=1h$，则有

$MTBF=0.5\times10^6h$，$MTTR=0.5h$。

10.4.6　信号隔离技术

随着电子技术的发展，电子器件的性能日新月异，采用信号隔离技术以提高系统的可靠性，使用越来越广泛。采用信号隔离技术，既能有效地抑制干扰信号，又能使计算机跟现场没有电气的直接联系，即使现场信号短路或与高压搭接也不会发生毁灭性事故，因此信号隔离技术是提高可靠性行之有效的重要措施。

信号隔离通常有光电耦合电路和变压器耦合电路，前者主要用于数字或模拟信号的隔离，后者则是用于模拟信号的隔离。

1. 光电耦合电路

常用的光电耦合电路如图 10.14 所示。

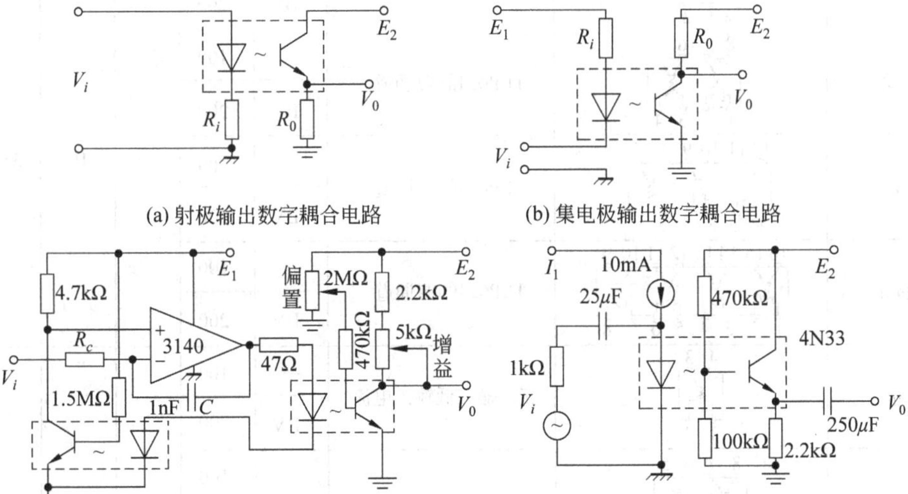

图 10.14　光电耦合电路

对于图 10.14(a)和图 10.14(b)的耦合电路，输入回路和输出回路通常是两套独立的不共地的电源。

对于数字耦合电路中的 R_i、R_0 的选择，要兼顾耦合电路的频率特性和功耗的要求，从提

表 10.15　光电耦合器(三极管输出)特性

型号	引脚配置	特点	传送比/% 等级	传送比/% Min	传送比/% Max	代数速率/kb/s	V_{CED} V	BV_s /V_{rms}
4N35	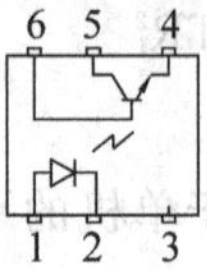			100		T_{on} 4μs	80	3500
4N36				100				2500
4N37				100		T_{off} 4μs		1500
4N38				10			80	2500
TLP521-1	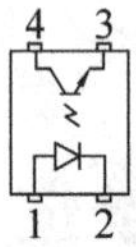		A	50	600	10	55	2500
			GB	100				
			BL	200				
			YG	50	300	20		
			GR	100				
			Y	50	150	10		
TLP521-2	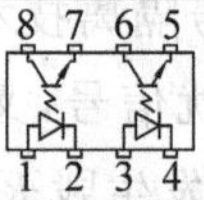	TLP521-1的双通道	A	50	600	10		
			GB	100				
TLP521-3	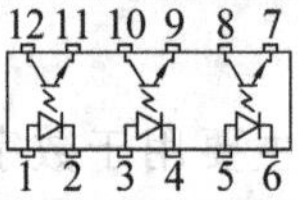	TLP521-1的三通道	A	50	600			
			GB	100				
TLP521-4	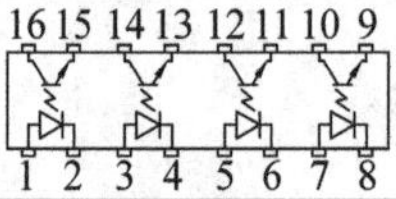	TLP521-1的四通道	A	50	600			
			GB	100				
TLP624	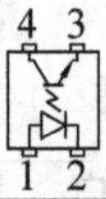	低输入电流	—	100	—	10	55	5000
			BV	200				
TLP624-2	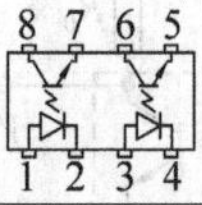	TLP624的双通道	—	100				
			BV	200				
TLP624-3	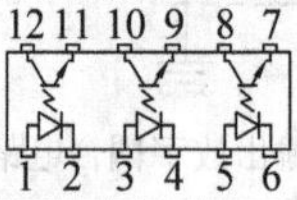	TLP624的三通道	—	100				
			BV	200				
TLP624-4	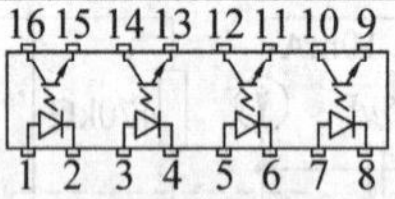	TLP624的四通道	—	100				
			BV	200				
TLP626	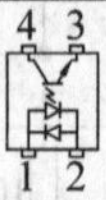	交流输入低输入电流	—	100	—	10	55	5000
			BV	200				
TLP626-2	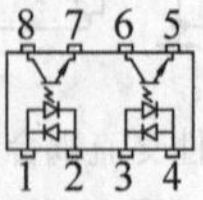	TLP626的双通道	—	100				
			BV	200				
TLP626-3	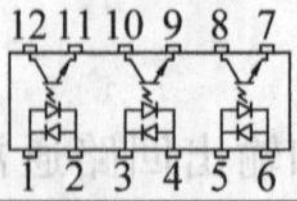	TLP626的三通道	—	100				
			BV	200				
TLP626-4	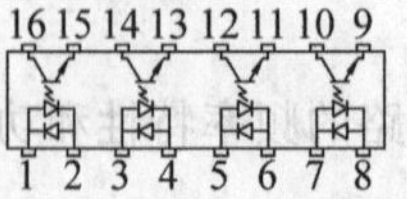	TLP626的四通道	—	100				
			BV	200				

高频率特性的要求，应该尽量减小 R_i 和 R_0，但 R_i 和 R_0 的减小会增加功耗，因此应在满足频率特性要求的前提下，适当加大 R_i 和 R_0 的数值。

表 10.16 光电(达林顿管输出)耦合器特性

型 号	引脚配置	特 点	传送比/% Min	传送比/% @IF/mA	传送比/% Max	$V_{CE(sat)}$ /mA	V_{eeo} /V	BV_s /V_{rms}
4N29	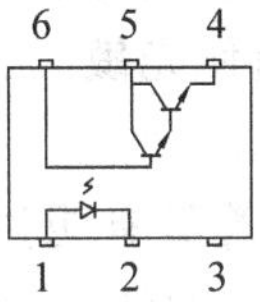		100	10	1.0	2	30	2500
4N29A								
4N30			50		1.2			
4N31								
4N32			500		1.0			
4N32A								
4N33								
TLP523	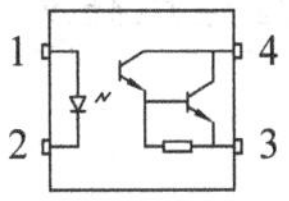	4脚小型封装高 V_{eeo}	500	1	1.0	50	55	2500
TLP523-2	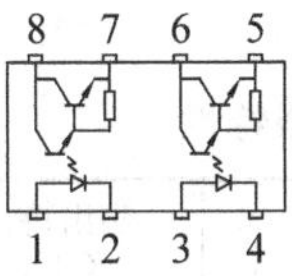	TLP523的双通道						
TLP523-3	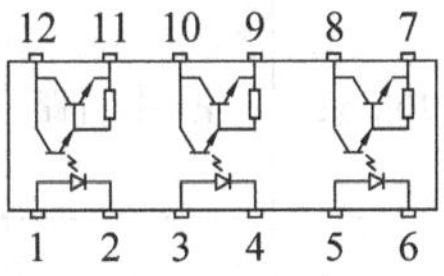	TLP523的三通道						
TLP523-4	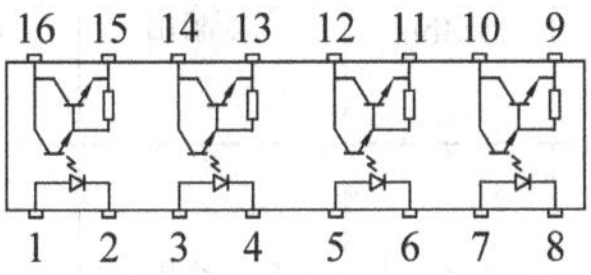	TLP523的四通道						
TLP627	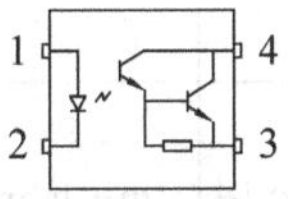	高 V_{eeo}(300V)	1000	1	1.2	100	300	500
TLP627-2	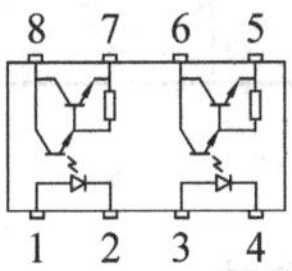	TLP627的双通道						
TLP627-3	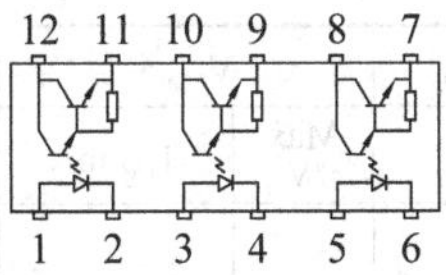	TLP627的三通道						
TLP627-4	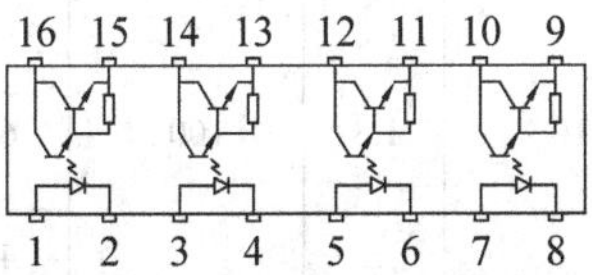	TLP627的四通道						

另外在设计光电耦合电路时，要考虑到光电耦合器本身特性的离散性以及环境温度的影响，要解决好这方面问题，一是要进行环境温度实验，二是要对光电耦合器件进行老化、测试和筛选。

图 10.14(c)是仪用线性耦合电路，运算放大器输出经过光电耦合器反馈到同相端，使放大器的输出电压与输入电压 u_i 相等。图中 C、R_c 用来消除寄生振荡。

图 10.14(d)是线性交流耦合电路，输入端对发光二极管施加恒定电流 10mA，输入信号经隔直电容，输入电阻改变流过发光二极管的工作电流，从而使光敏三极管中电流变化，V_0 随 V_i 变化。

光电耦合器较传统的隔离器件如脉冲变压器、磁继电器等具有明显的优点：传输信号是单方向的，寄生反馈极小；传输信号的频带很宽从 10kb/s～10Mb/s；抗干扰能力强，不容易受周围电磁场的影响；体积小，质量轻；耐冲击，耐振动；绝缘电压高从 1～10kV。

表 10.15 是光电(三极管输出)耦合器特性。

表 10.16 是光电(达林顿管输出)耦合器特性。

表 10.17 是光电(集成电路输出)耦合器特性。

表 10.17　光电(集成电路输出)耦合器特性

型　号	引　脚　配　置	特　点	传　数 速　率	输出特性 CTR	I_{IF}(IN) /mA	BV_s $/V_{rms}$
6N137	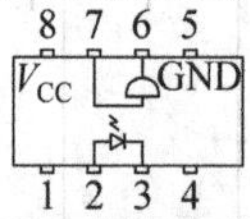	高　速	10Mb/s	集电极开路	5	
TLP558	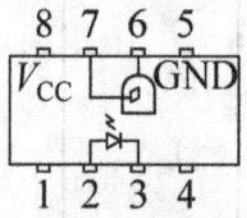	低输入反向逻辑	5Mb/s	3态输出	1.6	
TLP2200	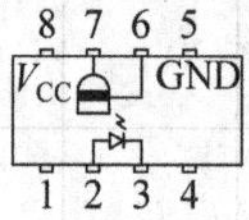	3态输出	5Mb/s	3态输出	1.6	
TLP2630	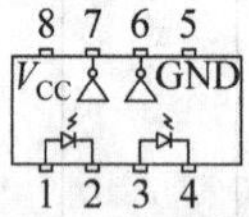	6N137的双通道	10Mb/s	集电极开路	5	

表 10.18 是光电耦合器(可控硅输出)特性。

表 10.18　光电耦合器(可控硅输出)特性

型　号	引　脚　配　置	特　点	I_{FT}/mA	V_{TM}/V		V_{DRM} /V	BV_s $/V_{rms}$
			Max	Max /V	I_{TM}/mA		
TLP645G	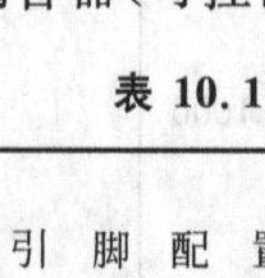		10	1.3	100	400	5000
TLP645J						600	
TLP741G						400	4000

表 10.19 是光电耦合器(双向可控硅输出)特性。

表 10.19　光电耦合器(双向可控制硅输出)特性

型　号	引　脚　配　置	特　点	I_{FT}/mA		V_{TM}		V_{DRM}	BV_s
			等级	Max	Max/V	I_{TM}/mA	/V	/V_{rms}
TLP525G	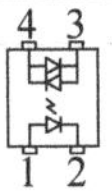	4脚小型封装	—	10	3.0	100	400	2.500
TLP525G-2	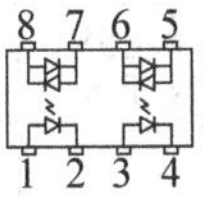	TLP525G的双通道						
TLP525G-3	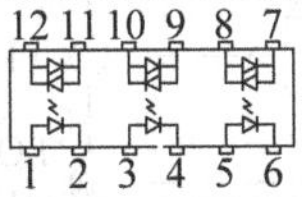	TLP525G的三通道						
TLP525G-4	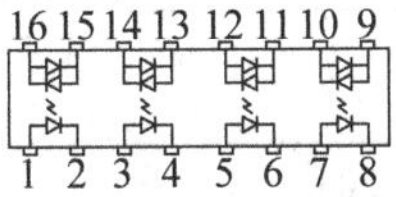	TLP525G的四通道						

2. 变压器耦合电路(也称隔离放大器)

隔离放大器也是信号隔离的重要器件。它的结构如图 10.15 所示。

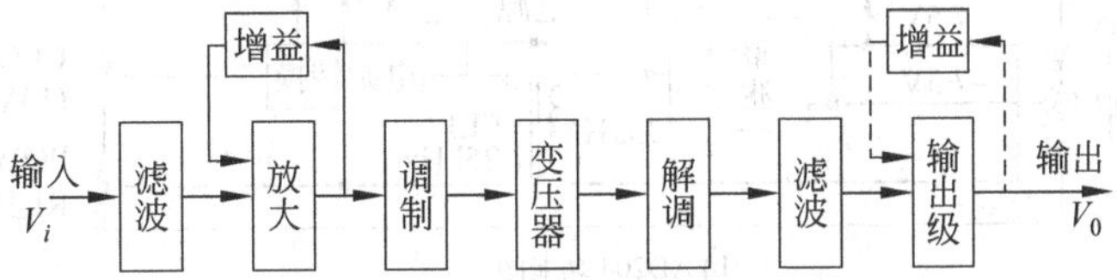

图 10.15　隔离放大器的结构图

隔离放大器通常包含滤波、放大、增益调节、调制、隔离变压器、解调、滤波、输出级(或带增益调节)等部分组成。调制器的作用是把直流或低频信号 V_i 调制成较高频率(如 25kHz 或 200kHz)的交流信号,此交流信号幅值和相位反映了输入信号 V_i 的幅值和极性,经过高频变压器隔离,并经解调器把交流信号恢复成直流或低频信号 V_0,而且幅值和极性取决于调制信号的幅值和相位。经过隔离放大器的信号 V_0 是输入信号 V_i 的 K 倍,即 $V_0=KV_i$,K 的大小取决于增益调节电阻,这里需要指出的是,有的增益调节在输入侧,也有的增益调节在输出侧。

隔离放大器的特点是:

(1) 精度高:非线性小　　0.0125%～0.1%

(2) 输入失调电压漂移低:　　1～25μV/℃

(3) 高共模抑制比:　　100～160dB

(4) 宽频带:　　0.2～5kHz

(5) 增益范围可调:　　1～10,…,1～1000

(6) 高共模隔离电压:　　1500～8000V

(7) 隔离电源输出：　　　　　　±7.5～±15V

(8) 功耗低：　　　　　　　　　35～200mW

(9) 工作温度范围宽：　　　　　0℃～70℃，−40℃～85℃

表 10.20 是常用隔离放大器的主要特性。

图 10.16～图 10.22 是几种隔离放大器的功能、接线图。

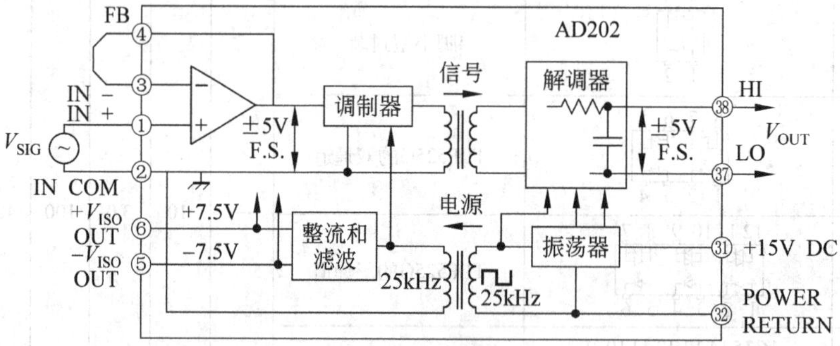

(a) AD202 功能图

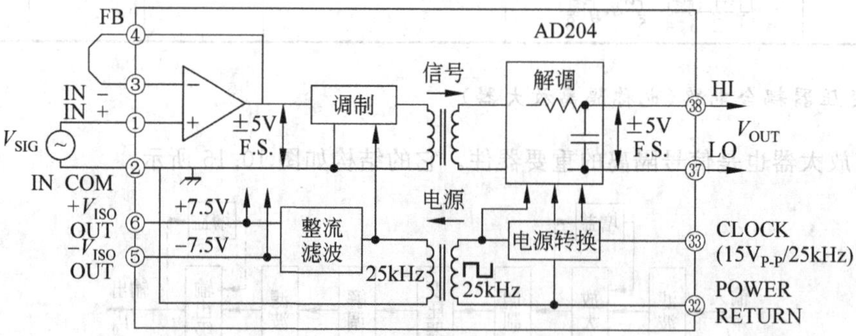

(b) AD204 功能图

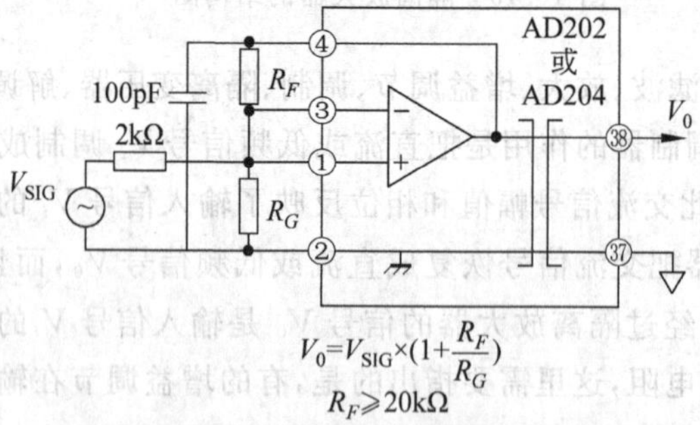

(c) AD202/AD204 接线图

图 10.16　AD202/AD204 功能、接线图

隔离放大器主要应用范围是工业控制、过程仪表和控制、过程信号隔离、多路数据采集系统和高电压保护、高压仪器放大器、电流测量、SCR 电机控制、核电子和军用仪表、医疗诊断和病人监视设备、胎儿心搏监视、多路 ECG 记录等。

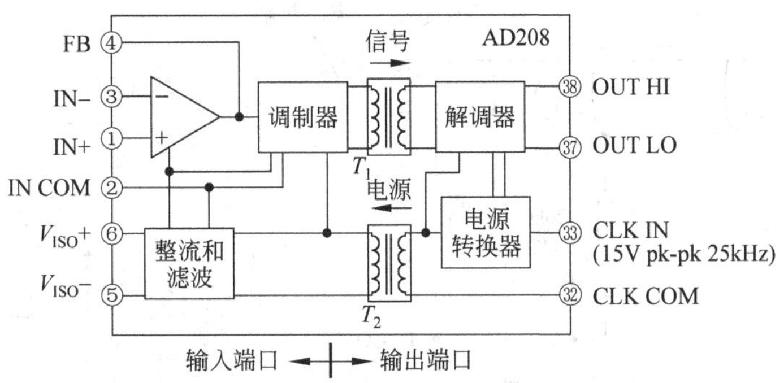

(a) AD208功能图

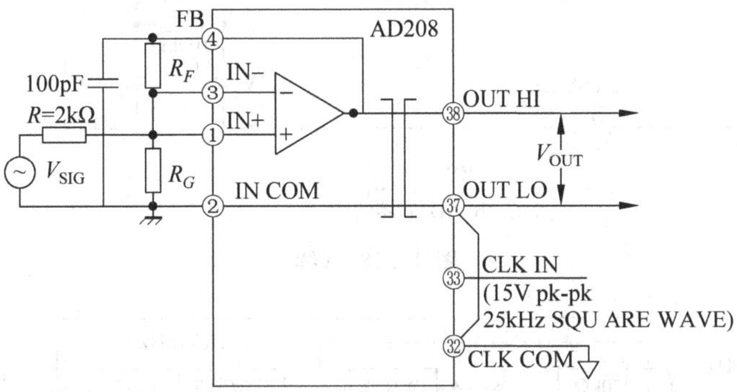

(b) AD208接线图

图 10.17 AD208 功能、接线图

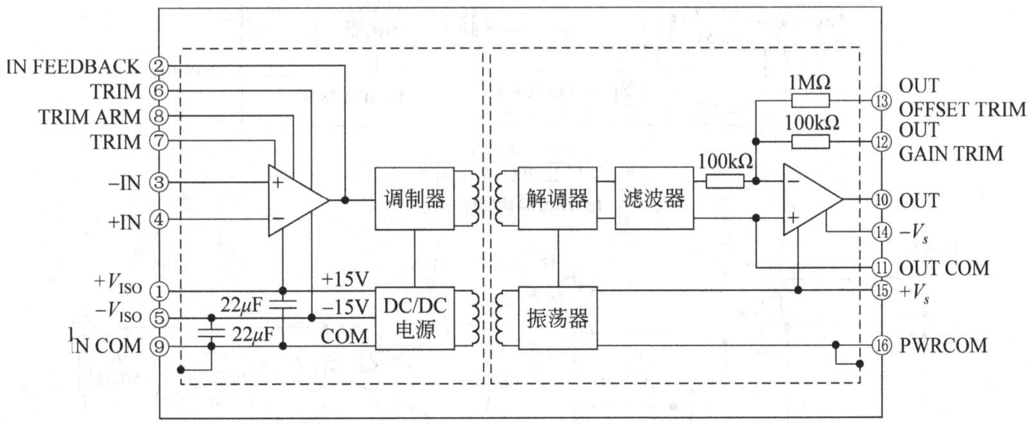

(a) AD277功能图

图 10.18 AD277 功能、接线图

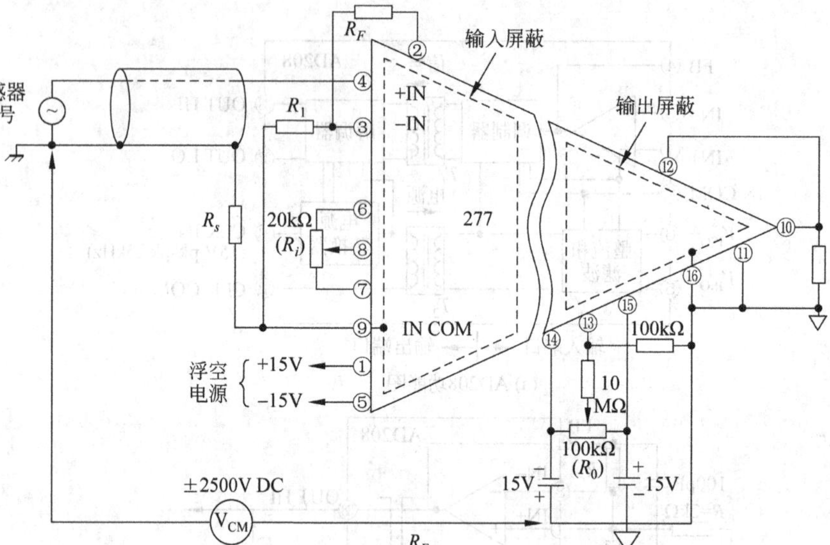

$$\text{GAIN}=1+\frac{R_F}{R_1}$$

(b) AD277接线图

图 10.18 （续）

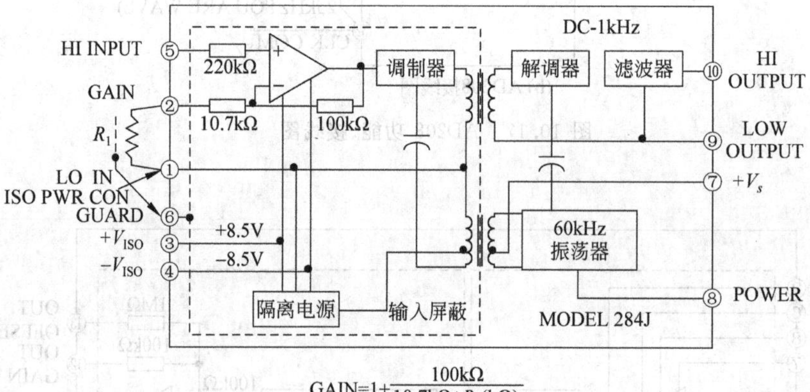

$$\text{GAIN}=1+\frac{100\text{k}\Omega}{10.7\text{k}\Omega+R_1(\text{k}\Omega)}$$

(a) AD284功能图

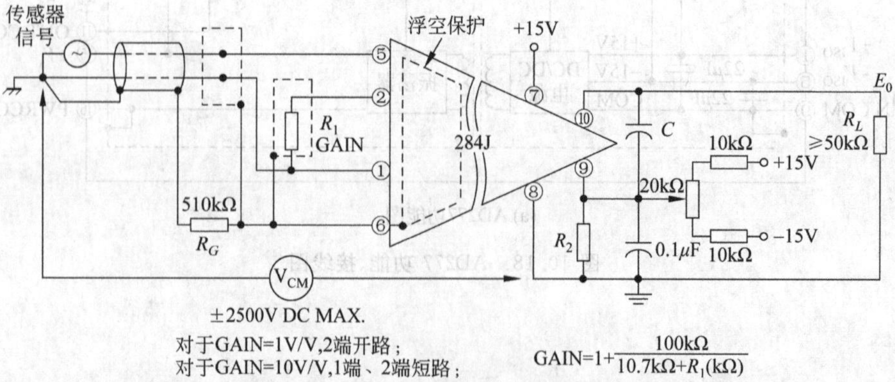

±2500V DC MAX.

对于GAIN=1V/V,2端开路；
对于GAIN=10V/V,1端、2端短路；

$$\text{GAIN}=1+\frac{100\text{k}\Omega}{10.7\text{k}\Omega+R_1(\text{k}\Omega)}$$

(b) AD284连线图

图 10.19 AD284 功能、接线图

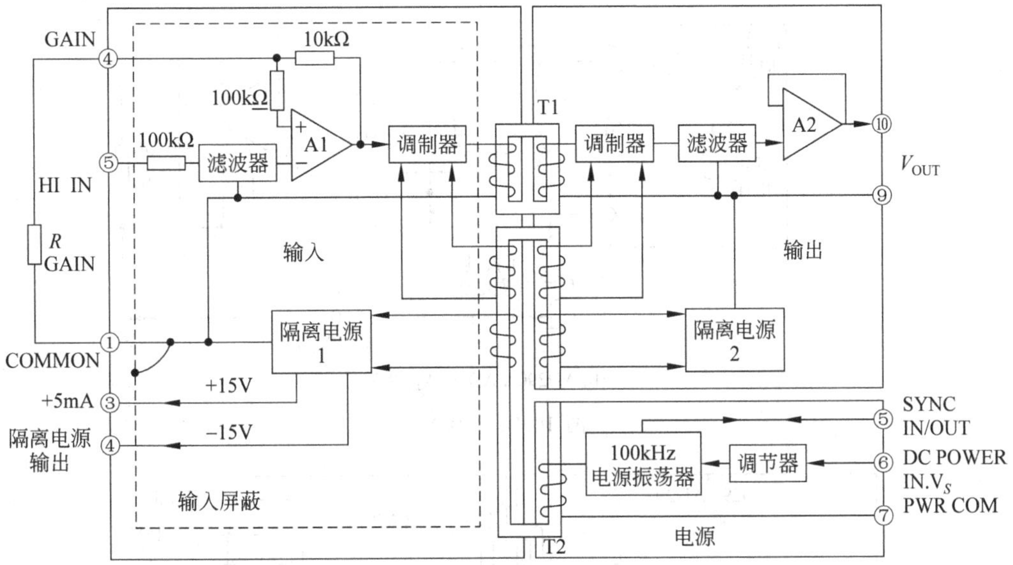

(a) AD289功能图

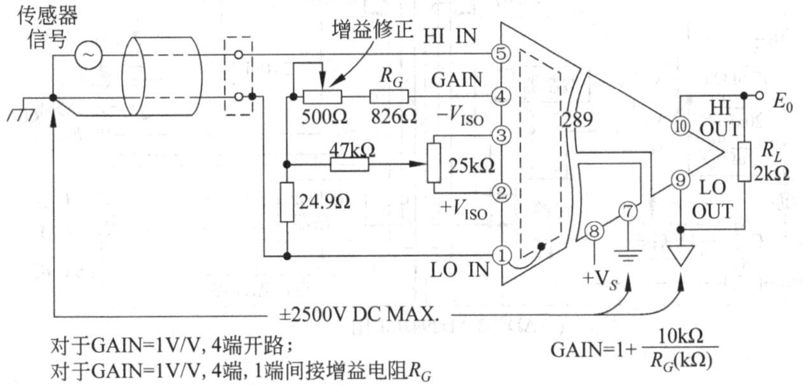

(b) AD289的接线图

图 10.20　AD289 功能图、接线图

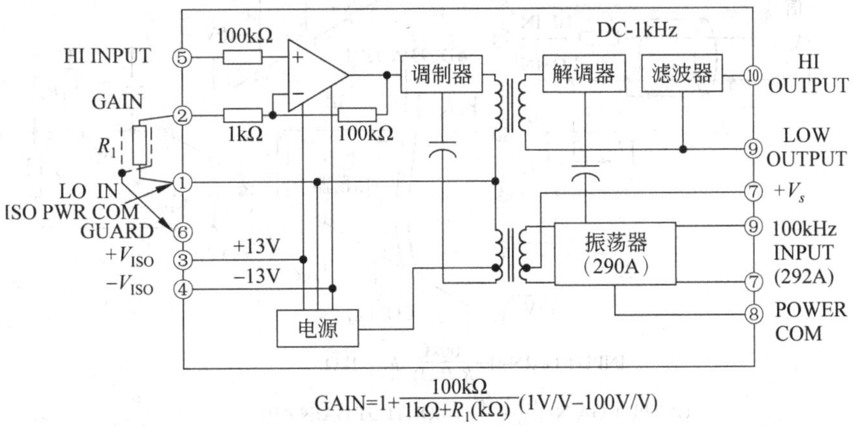

(a) AD290A/AD292A功能图

图 10.21　AD290A/AD292A 功能图和接线图

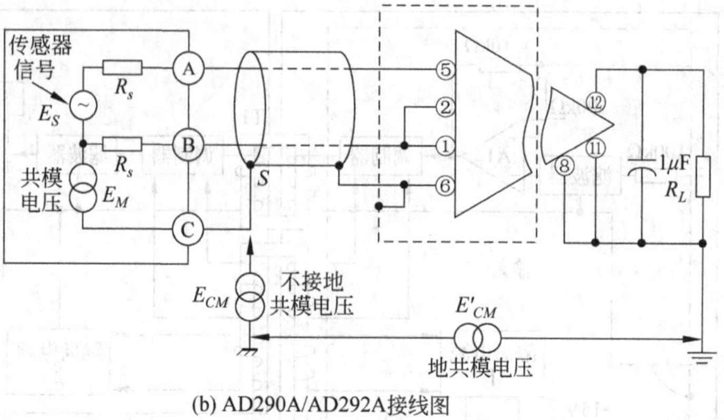

(b) AD290A/AD292A接线图

图 10.21 （续）

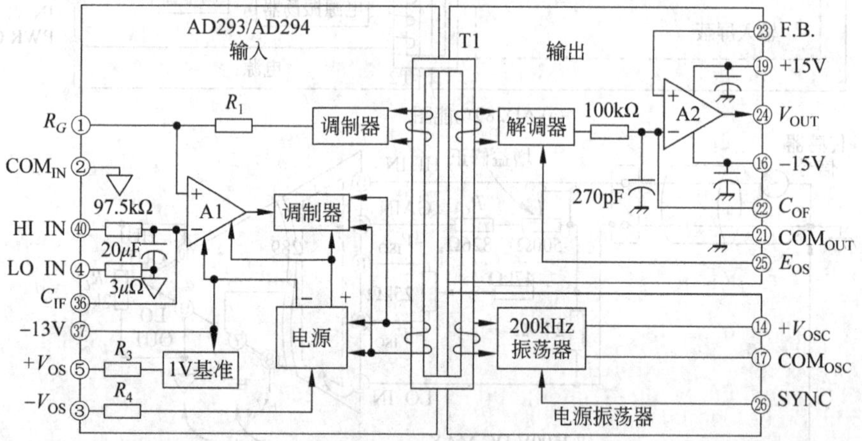

(a) AD293/AD294功能图

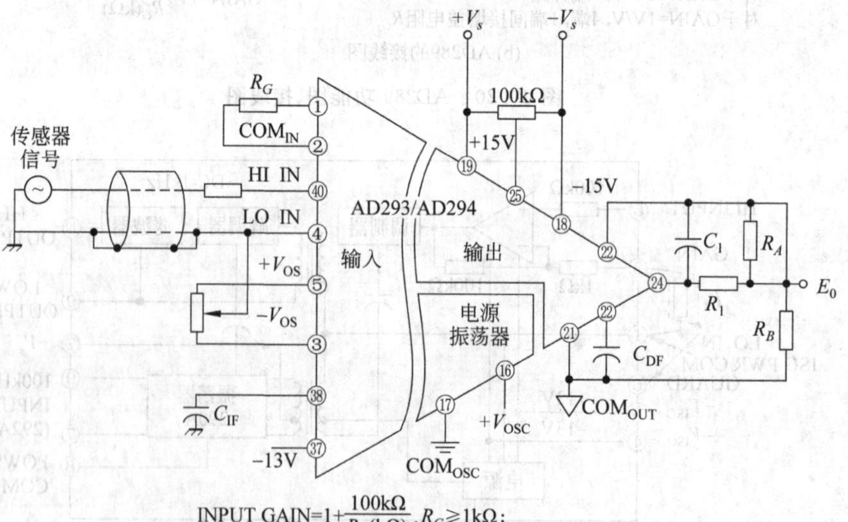

$$\text{INPUT GAIN}=1+\frac{100\text{k}\Omega}{R_G(\text{k}\Omega)}, R_G \geqslant 1\text{k}\Omega;$$

$$\text{OUTPUT GAIN}=\frac{R_A \cdot R_B}{R_B}, 1 \leqslant \text{OUTPUT GAIN} \leqslant 10$$

(b) AD293/AD294接线图

图 10.22 AD293/AD294 功能图和接线图

表 10.20　常用隔离放大器的主要特性

	非线性 %	输入失调电压漂移 /μV/℃	共模抑制比 /dB	共模绝缘电压 /V	带　宽 /kHz	增益范围 /V/V	隔离电源 /V	功　耗 /mW	工作温度 /℃
AD202 AD204	±0.025		130 (*G*=100V/V)	±2000 (K Grade)	5 (满功率)	1～100	±7.5 (0.4mA)	35 (AD204)	0～70
AD208	±0.0125	±1.5 (*G*=1000V/V)	100 (*G*=1V/V)	1500 rms (BGrade)	0.4 (*G*=1000V/V)	1～1000	±8 (±5mA)		−40～85
AD277	0.025 (AD277k)	1 (AD277k)	160	3500 rms	1.5 (满功率)		±15 (±15mA)		−25～85
AD284J	0.05	10 (*G*=100V/V)	110	±2500dc ±5000pk	1(小信号) 0.2(满功率)	1～10	±8.5,5mA	150	−25～85
AD286J						1～100	±15,15mA		
AD290	0.1	10 (*G*=100V/V)	100	1500dc	2.5 (小信号)	1～100	±13,5mA	200	−25～85
AD292							±13,15mA		
AD293	0.05	±25	100	2500pk	2.5 (*G*=1～100V/V)	1～1000	−13,0.2mA	150	−25～85
AD294				8000pk					

10.4.7 看门狗(Watchdog)及电源掉电检测技术

在生产过程控制系统中看门狗(Watchdog)和电源掉电检测是提高可靠性的重要技术。

1. 看门狗(Watchdog)技术

看门狗即监控定时器,定时器受CPU控制,CPU可重新设置定时值,或重新启动,也可以清"零"重新开始计时。看门狗的输出连到CPU的复位端或中断输入端。看门狗(Watchdog)电路如图10.23所示。

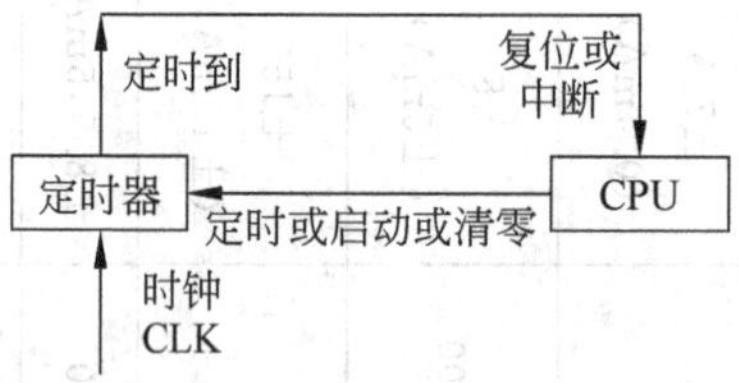

图 10.23 看门狗(Watchdog)电路

只要在定时器"定时到"以前,CPU访问定时器一次,定时器重新开始计时,定时器就不会产生溢出脉冲,看门狗也就不会起作用。若在定时器的"定时到"以前CPU未访问定时器,那么,"定时到"脉冲就会使CPU复位或中断。

实际工作时,每步工作程序完毕后,应将本周期的重要数据连同计算机各主要寄存器的状态都保护在另一个NOVRAM组成的存储器中,该寄存器在正常工作期间处于封锁状态,只有要写入保护数据或取出上一次存入的保护数据时才能解除封锁。这样,可以避免误操作,又可提高保护数据的可靠性。一旦因干扰使程序"飞脱",则由看门狗(Watchdog)产生NMI中断。中断服务程序可将上次保护的重要数据和计算机各主要寄存器状态取出,用这一组数据和状态恢复现场,并重新运行。

在设计NMI中断处理程序时,除了恢复现场数据和状态外,要注意堆栈的平衡。

看门狗可用来检测系统出错并自动恢复运行。同时,看门狗也可用来检测硬件的故障,这种硬件故障常是不可修复的,一旦出现,看门狗会连续产生溢出脉冲,频繁进行中断处理程序,这时可判定为硬件故障,发出硬件故障报警信号。

2. 电源掉电检测技术

在生产过程控制中,掉电是一种恶性干扰,可能产生严重后果,系统设计时应采取安全措施和保护性处置办法。如系统掉电,执行机构应自动回到安全的位置或状态;掉电发生时,应将控制机的状态,如寄存器值、掉电时间、重要数据(指针等)全部保护起来,一旦来电,系统就能实现补偿运行。

当发生掉电时,应能及时检测电源掉落,利用直流电源电容器储存的能量,将断点状态保护在由后备电池供电的SRAM或NOVRAM区里,记下停电时间便可在来电后实现补偿运行。

在控制机中普遍使用开关电源,开关电源在电压下降到一定值时,交换器停止振荡,高频变压器不再传输能量,电源稳压输出会迅速下降。为了实现断点保护,利用交流掉电信号,引起不可屏蔽中断,在 CPU 及存储器失效前,完成现场数据保护任务。利用上电复位信号,重新进入断点,实现补偿运行。

10.4.8 软件设计的可靠性措施

在应用程序的设计中可以采取一些措施,提高软件的可靠性。

1. 程序高速循环法

在应用程序编制中,采用从头到尾执行程序,进行高速循环,执行周期 2～5ms。断电器、接触器等执行机构的动作时间为 10～15ms,一次偶然的错误输出不会造成事故。

2. 输出反馈、表决和周期刷新

对重要的输出控制信号,设计表决电路,如三中取二表决,防止输出电路偶然失效。

输出反馈是把输出的控制信号,引入计算机与存储器中的输出量比较,若不符,立即再次输出,多次故障时报警,并采取相应措施。

在过程控制系统中,输出大都采用锁存器,一经写入认为不会改变;另外,可编程器件的方式字、控制字、寄存器、某些特殊功能的寄存器,都是触发器结构,在受到干扰时容器翻转改写,导致出错。假如每个循环周期都刷新一遍,受破坏的状态就会恢复过来,输出周期刷新是经常采用的可靠性措施。

3. 存储器使用技巧

对于关键数据可存放三个单元,使用时读出来表决,以防止存储器偶然失效。

每段程序或每个控制周期的结果数据不可立即冲掉,而保留 1～2 个控制周期,以便机器故障时使用。

恢复的有效性依赖于 RAM 存放的数据,特别是地址指针、判断转换的条件、状态等关键数据。如果由于干扰造成数据改写,改写了 RAM 区内容,会引起存储区的数据缓冲器误开放,可能写入某个随机数。解决的办法是:凡不用的 EPROM 或 RAM 区一律写成 FF_H 或 OO_H,这是一个简单有效的方法。

4. 实时诊断技术

在每个控制周期或定时对被控设备的状态和控制计算机本身进行测试,发现异常现象和状态,立即报警并采取安全措施。

5. 数字滤波技术

对模拟量和数字量多次采集,进行滤波或删除奇异点,可防止瞬时失效;对开关量采取多次输入表决判别,可防止瞬时干扰故障;对输出量递推滤波,可防止突跳等扰动。常用的数字滤波算法有如下 6 种。

1) 算术平均值法

$$\overline{y}(kT)=\sum_{i=1}^{N}y_i(kT)/N \tag{10-23}$$

式中，$y_i(kT)$是 kT 时刻第 i 次采样值，N 表示在 kT 时刻总的采样次数，$\bar{y}(kT)$表示 kT 时刻的算术平均值。

2）加权平均值法

$$\bar{y}(kT) = \sum_{i=1}^{k} a_i \bar{y}(kT - iT) + a_0 y(kT) \tag{10-24}$$

式中，a_i 是加权系数，$0 \leqslant a_i \leqslant 1$，$\sum_{i=0}^{k} a_i = 1$，$y(kT)$ 是 kT 时刻的采值。

3）中值滤波法

若 $y_1(kT) < y_2(kT) < y_3(kT)$，则取

$$\bar{y}(kT) = y_2(kT) \tag{10-25}$$

4）防脉冲干扰平均值法

若 $y_1(kT) \leqslant y_2(kT) \leqslant \cdots \leqslant y_N(kT)$ 则取

$$y(kT) = \sum_{i=2}^{N-1} y_i(kT)/(N-2) \tag{10-26}$$

5）惯性滤波法

$$\bar{y}(kT) = (1-\alpha)\bar{y}(kT - T) + \alpha y(kT) \tag{10-27}$$

式中，$\alpha = T/T_f$，T 是采样周期，T_f 滤波时间常数。

6）程序判断滤波法

若 $|y(kT) - \bar{y}(kT-T)| \leqslant \Delta y$，取 $\bar{y}(kT) = y(kT)$ (10-28)

若 $|y(kT) - \bar{y}(kT-T)| > \Delta y$，取 $\bar{y}(kT) = \bar{y}(kT-T)$ (10-29)

10.5 数字调节器的计算机实现

在以前有关的章节中已经介绍了计算机控制系统的设计，设计的数字调节器通常用 Z 传递函数 $D(z)$来表示。本节将简要介绍计算机实现数字调节器 $D(z)$的几种方法。

数字调节器通常可以表示成

$$D(z) = \frac{U(z)}{E(z)} = \frac{b_0 + b_1 z^{-1} + b_2 z^{-2} + \cdots + b_m z^{-m}}{1 + a_1 z^{-1} + a_2 z^{-2} + \cdots + a_n z^{-n}} = \frac{\sum_{i=0}^{m} b_i z^{-i}}{1 + \sum_{i=1}^{n} a_i z^{-i}} \quad (m \leqslant n) \tag{10-30}$$

式中 $U(z)$是数字调节器输出量的 Z 变换；$E(z)$是数字调节器输入量的 Z 变换。

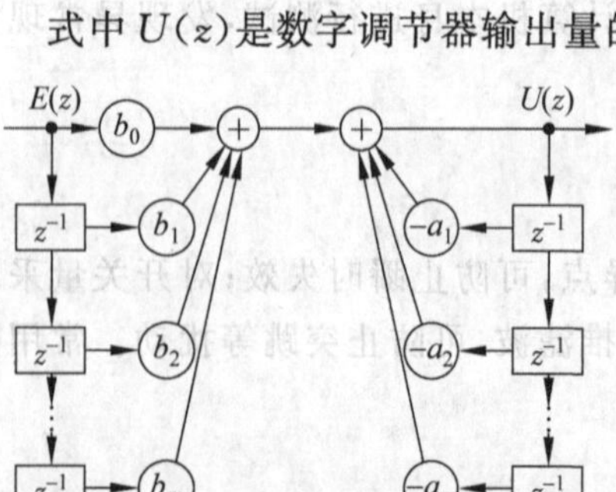

图 10.24 $D(z)$的直接实现

10.5.1 直接实现法

由式(10-30)可以得到数字调节器输出量的 Z 变换

$$U(z) = \sum_{i=0}^{m} b_i z^{-i} E(z) - \sum_{i=1}^{n} a_i z^{-i} U(z) \tag{10-31}$$

直接实现的方框图如图 10.24 所示。

对式(10-31)做 Z 反变换，在初始静止的条

件下，可以得到差分方程

$$u(kT)=\sum_{i=0}^{m}b_ie(kT-iT)-\sum_{i=1}^{n}a_iu(kT-iT) \tag{10-32}$$

按照式(10-32)便可以编制出计算机程序，以计算$u(kT)$。由图10.24可以看出，每计算一次$u(kT)$，需要作$m+n$次加减法运算，$m+n+1$次乘法运算和$m+n$次移位操作(例如$u(kT-nT+T)$移位到$u(kT-nT)$单元，……，$u(kT)$移位到$u(kT-T)$单元，$e(kT-mT+T)$移位到$e(kT-mT)$单元，……，$e(kT)$移位到单元$e(kT-T)$)。为了产生纯滞后信号，计算机需要开辟$m+n+2$个存储单元，以储存$u(kT-iT)(i=0,1,2,\cdots,n)$和$e(kT-iT)$ $(i=0,1,2,\cdots,m)$信号。

10.5.2 直接实现的正则形式Ⅰ

为了减少移位操作次数，对于式(10-30)可改写成

$$U(z)\sum_{i=0}^{n}a_jz^{-i}=E(z)\sum_{i=0}^{m}b_iz^{-j}\quad(m\leqslant n,a_0=1) \tag{10-33}$$

若定义中间函数$Q(z)$，其时间序列为$q(kT)$

$$Q(z)=E(z)\Big/\sum_{i=0}^{n}a_iz^{-i} \tag{10-34}$$

已知$a_0=1$，由式(10-34)可得

$$Q(z)=E(z)-Q(z)\sum_{i=1}^{n}a_iz^{-i} \tag{10-35}$$

以式(10-34)代入式(10-33)可得

$$U(z)=Q(z)\sum_{i=0}^{m}b_iz^{-i} \tag{10-36}$$

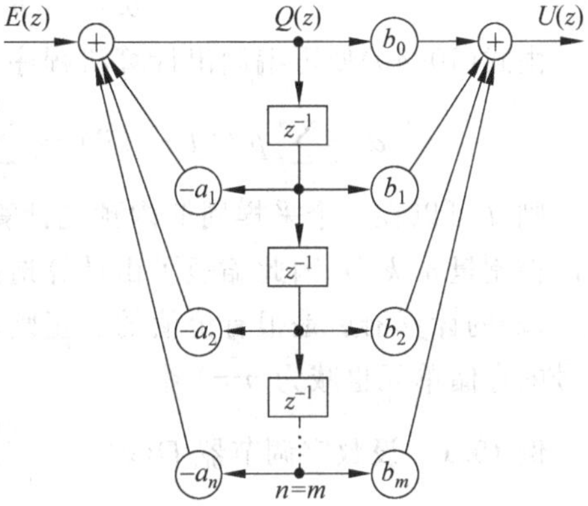

图 10.25　D(z)直接实现的正则形式

由式(10-35)和式(10-36)可画出数字调节器直接实现的正则形式Ⅰ，如图10.25所示。对式(10-35)和式(10-36)做Z反变换，在初始静止的条件下，可得差分方程

$$q(kT)=e(kT)-\sum_{i=1}^{n}a_iq(kT-iT) \tag{10-37}$$

$$u(kT)=\sum_{i=0}^{m}b_iq(kT-iT) \tag{10-38}$$

按照式(10-37)和式(10-38)便可编制出计算机程序，计算$u(kT)$。从图10.25可看出，每计算一次$u(kT)$需要做$m+n$次加减法运算，$m+m+1$次乘法运算，但是移位操作次数减少到n次，因此，产生纯滞后信号的存储单元也只需要$n+1$个。

10.5.3 直接实现的正则形式Ⅱ

为了减少因计算造成的滞后，可以采用直接实现的正则形式Ⅱ。数字调节器输出量的Z变换可以表示成

$$U(z)=b_0E(z)+\sum_{i=1}^{n}[b_iz^{-i}E(z)-a_iz^{-i}U(z)]$$

$$=b_0E(z)+\sum_{i=1}^{n}[b_iE(z)-a_iU(z)]z^{-i}$$

$$=b_0E(z)+\sum_{i=1}^{n}P_i(z)z^{-i} \qquad (10\text{-}39)$$

式中，$P_i(z)=b_iE(z)-a_iU(z)$，且 $m<n$ 时，$b_{m+1}=b_{m+2}=\cdots=b_n=0$。

由式(10-39)可以画出数字调节器直接实现的正则形式Ⅱ，如图 10.26 所示。

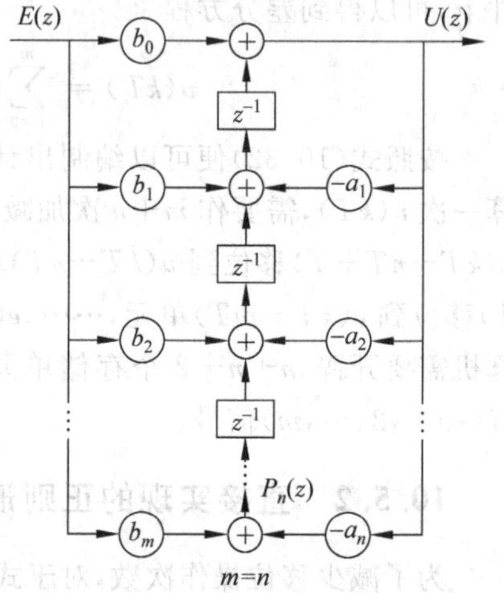

图 10.26　$D(z)$直接实现的正则形式Ⅱ

对式(10-39)做 Z 反变换，在初始静止的条件下，可得差分方程

$$u(kT)=b_0e(kT)+\sum_{i=1}^{n}p_i(kT-iT) \qquad (10\text{-}40)$$

式中，$p_i(kT-iT)=b_0e(kT-iT)-a_iu(kT-iT)$，且 $m<n$ 时，

$$b_{m+1}=b_{m+2}=\cdots=b_n=0$$

由式(10-40)便可编制出计算机程序，计算出$u(kT)$，对于式(10-40)令

$$d=\sum_{i=1}^{n}p_i(kT-iT)=\sum_{i=1}^{n}[b_ie(kT-iT)-a_iu(kT-iT)]$$

则 d 可以在一个采样周期内预先计算好，而在本次采样后，只要计算 $b_0e(kT)+d$ 便可输出控制量 $u(kT)$，因此缩短了由计算造成的滞后。直接实现的正则形式Ⅱ对于减少高阶次 $D(z)$的计算滞后是很有价值的。正则形式Ⅱ的移位操作次数也减到了 n 次，产生纯滞后信号的存储单元也减为 $n+1$ 个。

例 10.1　设数字调节器 $D(z)=\dfrac{2+3z^{-1}+4z^{-2}}{1+2z^{-1}+3z^{-2}+4z^{-3}}$，试用直接实现及其正则形式实现调节规律，并做比较。

解：　$D(z)=\dfrac{U(z)}{E(z)}=\dfrac{2+3z^{-1}+4z^{-2}}{1+2z^{-1}+3z^{-2}+4z^{-3}}$

用直接法实现时，可得差分方程

$$u(kT)=2e(kT)+3e(kT-T)+4e(kT-2T)-2u(kT-T)$$
$$-3u(kT-2T)-4u(kT-3T)$$

由差分方程可以看出，每计算一次 $u(kT)$需要做 $m+n=5$ 次加减运算，$m+n+1=6$ 次乘法运算和 $m+n=5$ 次移位操作，需要设置 $m+n+2=7$ 个存储单元，以产生纯滞后信号。

用直接实现正则形式Ⅰ时，可得差分方程

$$q(kT)=e(kT)-2p(kT-T)-3q(kT-2T)-4q(kT-3T)$$
$$u(kT)=2q(kT)+3q(kT-T)+4q(kT-2T)$$

由差分方程可以看到，每计算一次 $u(kT)$，所需要的运算次数与直接实现法一样，但是移位操作减为 $n=3$ 次，产生纯滞后信号需要的存储单元也减为 $n+1=4$ 个。

用直接实现正则形式Ⅱ时，可得差分方程

$$
\begin{aligned}
u(kT) &= b_0 e(kT) + \sum_{i=1}^{3} p_i(kT - iT) \qquad (b_3 = 0) \\
&= 2e(kT) + [3e(kT - T) - 2u(kT - T) + 4e(kT - 2T) \\
&\quad - 3u(kT - 2T) - 4u(kT - 3T)]
\end{aligned}
$$

使用直接实现正则形式Ⅱ，既可以减少移位操作次数（操作 $n=3$ 次），并且减少了产生纯滞后信号的存储单元数（存储单元 $n+1=4$ 个），又可以减少计算滞后，因为 $\sum_{i=1}^{3} p_i(kT-T)$ 可以在上一个采样周期里预先计算好。

10.5.4 串接实现法

当数字调节器 $D(z)$ 具有较高阶次时，可把 $D(z)$ 化简为一些简单的一阶或二阶环节的串联，即

$$
D(z) = d_0 \prod_{i=1}^{l} D(z) \quad (1 < l < n) \tag{10-41}
$$

式中，$D_i(z)$ 可以表示成为

$$
D_i(z) = \frac{U_i(z)}{E_i(z)} = \frac{1 + \beta_i z^{-1}}{1 + \alpha_i z^{-1}} \tag{10-42}
$$

或

$$
D_i(z) = \frac{U_i(z)}{E_i(z)} = \frac{1 + \beta_{1i} z^{-1} + \beta_{2i} z^{-2}}{1 + \alpha_{1i} z^{-1} + \alpha_{2i} z^{-2}} \tag{10-43}
$$

一阶和二阶的 $D_i(z)$ 可以采用直接实现的正则形式Ⅰ，$D_i(z)$ 和 $D(z)$ 的实现如图 10.27 所示。

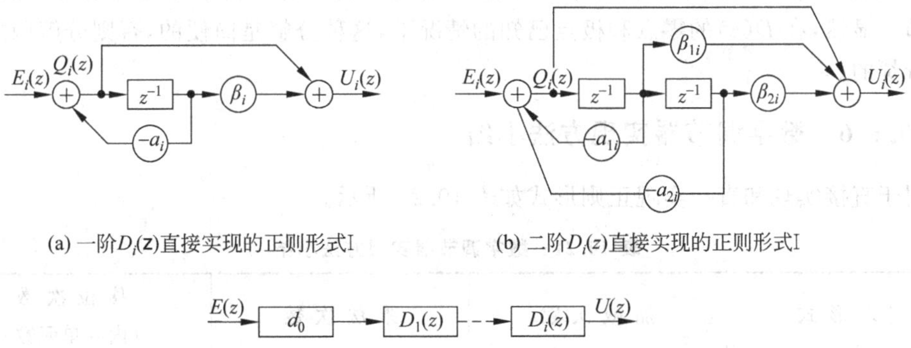

(a) 一阶 $D_i(z)$ 直接实现的正则形式I　(b) 二阶 $D_i(z)$ 直接实现的正则形式I

(c) $D(z)$ 的串接实现

图 10.27　$D_i(z)$ 和 $D(z)$ 的实现法

10.5.5 并接实现法

对于高阶的 $D(z)$ 可以采用部分分式法化简为多个一阶和二阶环节相加的形式，即

$$
D(z) = d_0 + \sum_{i=1}^{l} D_i(z) \tag{10-44}
$$

式中，$D_i(z)$ 是一阶或二阶环节。

$$D_i(z)=\frac{U_i(z)}{E_i(z)}=\frac{\beta_i}{1+\alpha_i z^{-1}} \tag{10-45}$$

$$D_i(z)=\frac{U_i(z)}{E_i(z)}=\frac{\beta_{0i}+\beta_{1i}z^{-1}}{1+\alpha_{1i}z^{-1}+\alpha_{2i}z^{-2}} \tag{10-46}$$

对于一阶和二阶 $D_i(z)$ 仍采用直接实现正则形式Ⅰ时，$D_i(z)$ 和 $D(z)$ 的实现如图 10.28 所示。

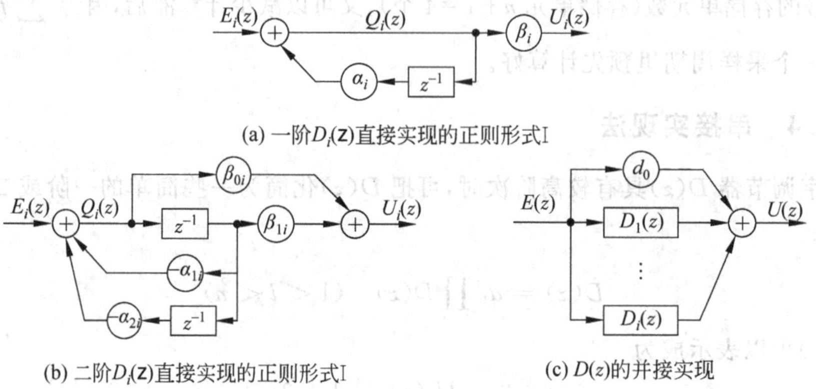

(a) 一阶 $D_i(z)$ 直接实现的正则形式Ⅰ

(b) 二阶 $D_i(z)$ 直接实现的正则形式Ⅰ

(c) $D(z)$ 的并接实现

图 10.28　$D(z)$ 的并接实现法

用串接或并接法实现高阶数字调节器时，可以简化程序设计，只要设计出一阶或二阶的 $D_i(z)$ 的子程序，通过反复调用子程序便可实现 $D(z)$。这样设计的程序所占的内存容量较少，程序也容易阅读，容易调试。

但是也应当指出，使用串接或并接实现时，需要将高阶的 Z 传递函数分解为一阶、二阶的环节。显然，在 $D(z)$ 的零点和极点已知的情况下，这种分解是简便的，否则分解因式将是非常麻烦的。

10.5.6　数字调节器实现方法小结

对于直接实现和直接实现正则形式如表 10.21 所示。

表 10.21　数字调节器实现方法小结

<table>
<tr><th>实现形式</th><th>加减次数</th><th>乘法次数</th><th>移位次数
(内存单元数)</th></tr>
<tr><td>直接实现</td><td rowspan="3">$m+n$</td><td rowspan="3">$m+n+1$</td><td>$m+n$
$(m+n+2)$</td></tr>
<tr><td>直接实现
正则形式Ⅰ</td><td rowspan="2">n
$(n+1)$</td></tr>
<tr><td>直接实现</td></tr>
<tr><td>正则形式Ⅱ</td><td colspan="3">减少计算滞后(高阶尤明显)</td></tr>
</table>

用串接或并接法实现高阶数字调节器时，可以简化程序设计，程序占用内存较少，程序容易阅读也容易调试。对于高阶数字调节器，只有在零极点已知时，分解才是方便的，否则，因式分解将是十分麻烦的。

10.6 数学模型的转换

第 5 章已经指出，当计算机控制系统的采样角频率 ω_s 较系统的通频带 ω_m 高十倍以上，即 $\omega_s > 10\omega_m$ 时，离散的计算机控制系统可以按照连续系统的办法进行设计，例如采用古典的频率法、根轨迹法等，根据性能指标要求，设计出校正网络 $D(s)$。然后用数字滤波器实现的方法，由离散校正网络 $D(s)$，得 $D(z)$，由计算机予以实现。

校正网络的数字滤波器实现，也可以看作是连续模型到离散模型的转换。

控制系统的数学模型可以分为连续模型和离散模型。连续模型可以用状态空间表达式、传递函数或传递矩阵来表示。与此相仿，离散模型也可以用离散状态空间表达式、Z 传递函数或 Z 传递矩阵来表示。

在控制系统中经常需要进行各种模型之间的相互转换，例如，计算机控制系统中经常包含连续环节和离散环节，为了分析方便，需要把连续模型转换成离散模型。又如控制系统中对象的辨识往往得到的是离散模型，为了取得连续模型需要做离散到连续的模型转换。

各种数学模型之间的相互转换如表 10.22 所示。显然，各数学模型之间的相互转换是

表 10.22 各种数学模型之间的相互转换

数学模型	转换关系	数学模型
连续状态方程	零阶保持器法 ↔	离散状态方程
微分方程	差分变换法 →	差分方程
传递函数	冲激响应不变法 →	Z 传递函数
传递函数	阶跃响应不变法 →	Z 传递函数
传递函数	零阶保持器法 →	Z 传递函数
传递函数	零极点匹配法 →	Z 传递函数
传递函数	双线性变换法 ↔	Z 传递函数
状态方程	→	传递矩阵
状态方程	SISO ←	传递矩阵
状态方程	MISO ←	传递矩阵
状态方程	SIMO ←	传递矩阵
状态方程	MIMO ←	传递矩阵
状态方程	→	若当标准形
状态方程	SIMO →	能控标准形
状态方程	MISO →	能观标准形
多项式系统矩阵	↔	传递矩阵
多项式系统矩阵	↔	状态方程

十分麻烦的，如果手工转换，既劳神费时，又容易出错，精度也受限制。采用计算机辅助计算，数学模型之间的转换就可以变得十分简便，既能大大节省人力物力，提高工作效率，又具有相当高的精度。

本章节简要介绍控制系统中常用的几种数学模型之间的相互转换，如连续与离散传递函数之间的转换，连续与离散状态方程之间的转换。

10.6.1 传递函数与Z传递函数间的相互转换

传递函数与Z传递函数间的相互转换，也可看作是模拟滤波器与数字滤波器之间的转换，通常有冲激不变法、零极点匹配法、零阶保持器法和双线性变换法。

1. 冲激不变法

冲激不变法就是要设计离散环节 $H(z)$，使得离散环节的单位冲激响应 $h(kT)$ 与连续环节 $H(s)$ 单位脉冲过渡函数 $h(t)$ 的采样值 $h_s(kT)$ 相等，即

$$h(kT)=h_s(kT) \tag{10-47}$$

设连续环节的传递函数为

$$H(s)=\sum_{i=1}^{n}\frac{A_i}{s+a_i} \tag{10-48}$$

单位脉冲输入时的脉冲过渡函数

$$h(t)=\mathscr{L}^{-1}[H(s)]=\sum_{i=1}^{n}A_i\mathrm{e}^{-a_it} \tag{10-49}$$

连续环节采样值

$$h_s(kT)=\sum_{i=1}^{n}A_i\mathrm{e}^{-a_it} \tag{10-50}$$

连续环节的示意图和单位脉冲过渡函数如图10.29所示。

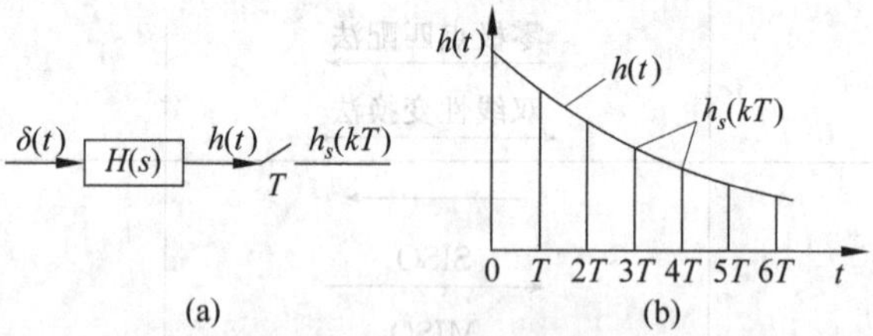

图10.29 连续环节及其单位脉冲过渡函数

设连续环节 $H(s)$，经过冲激不变法变换为离散环节 $H(z)$，离散环节在单位冲激作用下，输出为单位冲激响应 $h(kT)$。离散环节及其单位冲激响应如图10.30所示。

根据式(10-47)，离散环节的Z传递函数

$$\begin{aligned}H(z)&=\mathscr{Z}[h(kT)]=\mathscr{Z}[h_s(kT)]=\sum_{k=0}^{\infty}\sum_{i=1}^{n}A_i\mathrm{e}^{-a_iT}z^{-k}\\&=\sum_{i=1}^{n}\frac{A_i}{1-\mathrm{e}^{-a_iT}z^{-1}}\end{aligned} \tag{10-51}$$

或

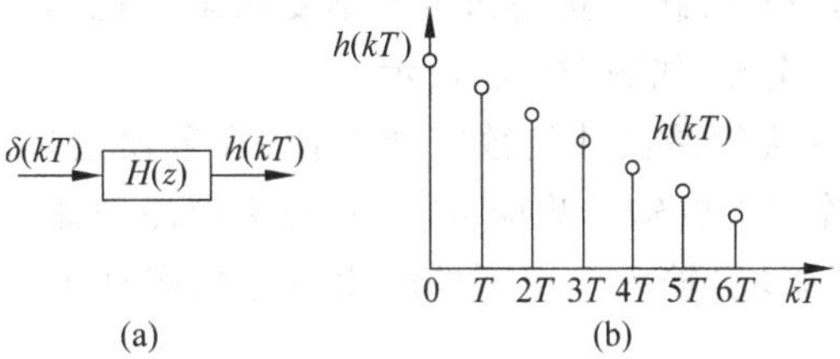

图 10.30　离散环节及其单位冲激响应

$$H(z)=\sum_{i=1}^{n}\frac{A_i z}{z-\mathrm{e}^{-a_i T}} \tag{10-52}$$

式中，A_i、a_i 为连续环节 $H(s)$中的参数。

例 10.2　已知连续环节 $D(s)=\dfrac{s+c}{(s+a)(s+b)}$，试用冲激不变法求 $D(z)$。

解： 由 $D(s)=\dfrac{s+c}{(s+a)(s+b)}$可得到单位脉冲过渡函数

$$h(t)=\mathscr{L}^{-1}[D(s)]$$

$$=\frac{a-c}{a-b}\quad \mathrm{e}^{-at}+\frac{c-b}{a-b}\quad \mathrm{e}^{-bt}$$

$$h(kT)=\frac{a-c}{a-b}\quad \mathrm{e}^{-akT}+\frac{c-b}{a-b}\quad \mathrm{e}^{-bkT}$$

$D(s)$离散化后的 Z 传递函数为

$$D(z)=\mathscr{Z}[h_s(kT)]$$

$$=\frac{(a-c)z}{(a-b)(z-\mathrm{e}^{-aT})}+\frac{(c-b)z}{(a-b)(z-\mathrm{e}^{-bT})}$$

例 10.3　已知连续环节 $D(s)=\dfrac{\omega_0}{(s+a)^2+\omega_0^2}$，试用冲激不变法求 $D(z)$。

解： 单位脉冲过渡函数

$$h(t)=\mathscr{L}^{-1}[D(s)]$$

$$=\mathscr{L}^{-1}\left[\frac{\omega_0}{(s+a)^2+\omega_0^2}\right]$$

$$=\mathrm{e}^{-at}\sin\omega_0 t$$

$$h_s(kT)=\mathrm{e}^{-akT}\sin\omega_0 kT$$

$D(s)$离散化后的 Z 传递函数为

$$D(z)=\mathscr{Z}[h_s(kT)]$$

$$=\mathscr{Z}[\mathrm{e}^{-akT}\sin\omega_0 kT]$$

$$=\frac{z\mathrm{e}^{-aT}\sin\omega_0 T}{z^2-2\mathrm{e}^{-aT}z\cos\omega_0 T+\mathrm{e}^{-2aT}}$$

对于冲激不变法

(1) 采样周期的选择仍应满足采样定理，根据系统的频带宽度应适当提高采样频率。

(2) 冲激不变法对于有锐截止频率的模拟滤波器会得到比较满意的效果。

与冲激不变法类似，还有阶跃不变法和斜坡不变法来实现模型的转换或者称数字滤波实现，如图 10.31 所示。

阶跃(或者斜坡)不变法就是设计的数字滤波器(离散模型)在阶跃(或者斜坡)输入作用下的输出响应 $u(kT)$，与模拟滤波器(连续模型)在阶跃(或者斜坡)输入作用下的输出响应的采样值 $u_s(kT)$相等。

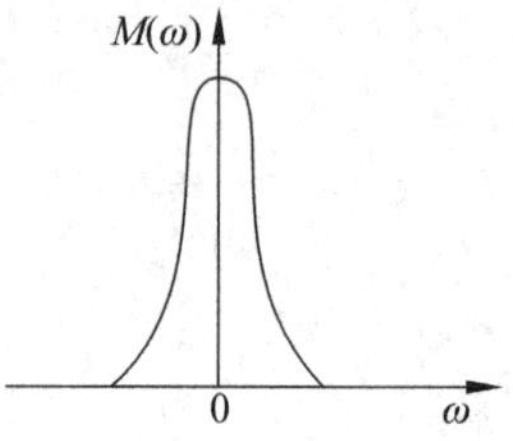

图 10.31　具有锐截止频率的模拟滤波器

对于阶跃不变法

$$u(t)=\mathscr{L}^{-1}\left[\frac{D(s)}{s}\right]$$

$$u(kT)=u_s(kT)$$

$$U(z)=\mathscr{Z}[u(kT)]=\mathscr{Z}[u_s(kT)]$$

$$D(z)=\frac{U(z)}{E(z)}=\mathscr{Z}[u_s(kT)]/\frac{z}{z-1} \tag{10-53}$$

用阶跃不变法设计数字滤波器如图 10.32 所示。

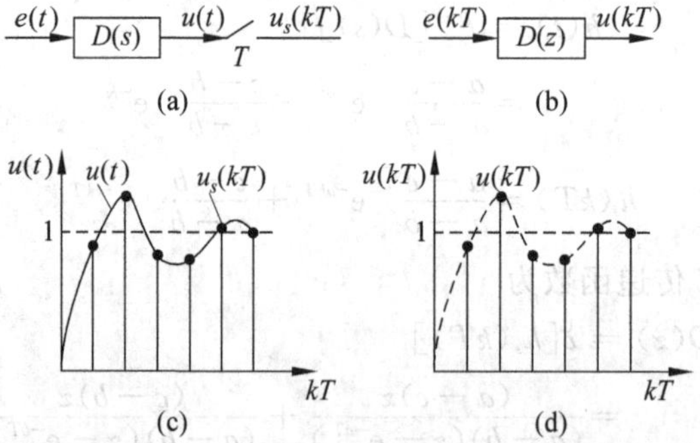

图 10.32　阶跃不变法设计数字滤波器

例 10.4　试用阶跃不变法实现的数字滤波器。

解：

$$u(t)=\mathscr{L}^{-1}\left[\frac{ab}{s(s+a)(s+b)}\right]$$

$$=1+\frac{b}{a-b}\mathrm{e}^{-at}-\frac{a}{a-b}\mathrm{e}^{-bt}$$

$$U(z)=\frac{1}{1-z^{-1}}+\frac{b}{a-b}\frac{1}{1-\mathrm{e}^{-aT}z^{-1}}-\frac{a}{a-b}\frac{1}{1-\mathrm{e}^{-bT}z^{-1}}$$

若　$a=1$，　$b=2$，　$T=0.1\mathrm{s}$

$$U(z)=\frac{9.056\times10^{-3}z^2+8.194\times10^{-3}z}{(z-1)(z^2-1.724z+0.741)}$$

则数字滤波器

$$D(z)=U(z)/\frac{z}{z-1}$$

$$=\frac{9.056\times10^{-3}(z^{-1}+0.9048z^{-2})}{1-1.724z^{-1}+0.741z^{-2}}$$

当把对阶跃输入信号的响应作为一个重要指标，并且希望跟模拟滤波器的响应尽可能一致时，阶跃不变法是一种较好的办法。

依据上述介绍的办法，读者可以推理出斜坡不变法设计数字滤波器的步骤和方法。若知 $D(s)=\frac{s}{s+a}$，试用斜坡不变法设计数字滤波器 $D(z)$。

2. 零极点匹配法

设 $D(s)$ 的零极点已知

$$D(s)=\frac{K_s(s+z_1)(s+z_2)\cdots(s+z_m)}{(s+p_1)(s+p_2)\cdots(s+p_n)} \tag{10-54}$$

根据定义 $z=e^{ST}$，直接将 S 平面上的零点 $(s=-z_i)$ 和极点 $(s=-p_i)$ 一一对应地映射为 Z 平面上的零点 $(z=e^{-z_iT})$ 和极点 $(z=e^{-p_iT})$，其中 T 为采样周期。

若式(10-54)中 $n>m$，即极点个数多于零点个数时，相当于在 S 平面上的无穷远处，即 $s=j\omega$，ω 趋于无穷大，存在 $n-m$ 个零点。

由于，$z=e^{j\omega T}$，z 是 ω 的周期函数，若系统工作在主频区，即 $-\pi/T\leqslant\omega\leqslant\pi/T$，所以 ω 趋于无穷大，就看作 ω 趋于 π/T，因而相当于 z 趋于 -1。因此 S 平面上的无穷远零点，可用 Z 平面上的 $z=-1$ 来匹配。

Z 传递函数中的增益 K_z 可以用某个特征频率，如 $\omega=0$ 来确定。则

$$D(s)\big|_{s=0}=D(z)\big|_{z=1} \tag{10-55}$$

由式(10-55)可求得 K_z。

用零极点匹配法变换式(10-54)，可得到

$$D(z)=\frac{K_z(z-e^{-z_1T})(z-e^{-z_2T})\cdots(z-e^{-z_mT})(z+1)^{(n-m)}}{(z-e^{-p_1T})(z-e^{-p_2T})\cdots(z-e^{-p_nT})} \tag{10-56}$$

例 10.5 设已知 $D(s)=\frac{5(s+c)}{(s+a)(s+b)}$，试用零极点匹配法求数字滤波器 $D(z)$。

解：
$$D(s)=\frac{5(s+c)}{(s+a)(s+b)}$$

因 $n=2$，$m=1$，所以 S 平面上有一个无穷远处的零点，由 Z 平面上的 $z+1$ 来匹配。又

$$D(s)\big|_{s=0}=\frac{5c}{ab},\qquad D(z)\big|_{z=1}=\frac{2K_z(1-e^{-cT})}{(1-e^{-aT})(1-e^{-bT})}$$

由式(10-55)，得

$$\frac{5c}{ab}=\frac{2K_z(1-e^{-cT})}{(1-e^{-aT})(1-e^{-bT})}$$

则
$$K_z=\frac{5c(1-e^{-aT})(1-e^{-bT})}{2ab(1-e^{-cT})}$$

因此
$$D(z)=\frac{2.5c(1-e^{-aT})(1-e^{-bT})}{ab(1-e^{-cT})}\,\frac{(z-e^{-cT})(z+1)}{(z-e^{-aT})(z-e^{-bT})}$$

对于复数零、极点 $(s+a\pm jb)$，有时直接变换成如下形式，使用起来可以更方便些。

$$(s+a+jb)(s+a-jb)=(s+a)^2+b^2$$

$$\xrightarrow{\text{变换成}}1-2e^{-aT}z^{-1}\cos bT+e^{-2aT}z^{-2} \tag{10-57}$$

零极点匹配法的转换关系比较简单，也很容易计算，这种转换关系的精确程度跟采样周期 T 有关，显然 T 越小，精确程度越高。

3. 零阶保持器法

在计算机控制系统中一个连续的传递函数 $G(s)$ 前加有零阶保持器，然后将其离散化成 $HG(z)$，如图 10.33 所示。

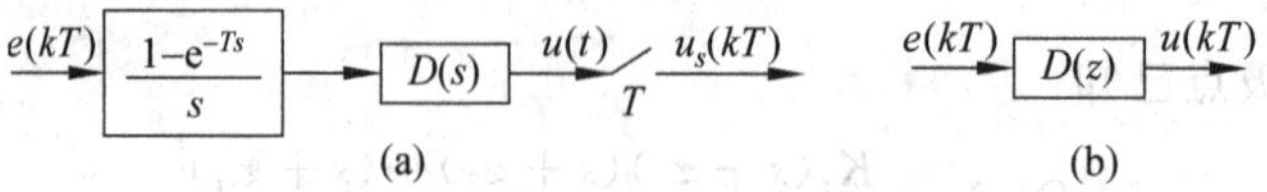

图 10.33　零阶保持器法的模型转换

对于带有零阶保持器的 $G(s)$，其输出量 $u(t)$ 的采样值 $u_s(kT)$ 应该与离散化以后的输出响应 $u(kT)$ 相等，即 $u(kT)=u_s(kT)$，于是

$$HG(z)=\mathscr{Z}\left[\frac{1-e^{-sT}}{s}G(s)\right] \tag{10-58}$$

或
$$HG(z)=(1-z^{-1})\mathscr{Z}\left[\frac{G(s)}{s}\right] \tag{10-59}$$

例 10.6　已知 $G(s)=\dfrac{a}{s+a}$，试用零阶保持器法求 $HG(z)$。

解：
$$HG(z)=(1-z^{-1})\mathscr{Z}\left[\frac{a}{s(s+a)}\right]$$
$$=(1-z^{-1})\mathscr{Z}\left[\frac{1}{s}-\frac{1}{s+a}\right]=\frac{(1-e^{-aT})z^{-1}}{1-e^{-aT}z^{-1}}$$

零阶保持器法主要用于连续对象的离散化。

4. 双线性变换法

双线性变换法又称为 Tustin 变换或称梯形积分法。由 Z 变换定义

$$z=e^{sT}=\frac{e^{sT/2}}{e^{-sT/2}} \tag{10-60}$$

由台劳级数知

$$e^{sT/2}\approx 1+sT/2 \tag{10-61}$$
$$e^{-sT/2}\approx 1-sT/2 \tag{10-62}$$

由式(10-60)～式(10-62)可得

$$z\approx\frac{1+sT/2}{1-sT/2} \tag{10-63}$$

由式(10-63)可得

$$s\approx\frac{2}{T}\frac{z-1}{z+1} \tag{10-64}$$

或
$$s\approx\frac{2}{T}\frac{1-z^{-1}}{1+z^{-1}} \tag{10-65}$$

有了式(10-63)和式(10-64)或式(10-65)的转换关系，便可实现 $D(s)$ 和 $D(z)$ 之间的转换。

设已知传递函数

$$D(s) = \frac{B_0 + B_1 s + B_2 s^2 + \cdots + B_n s^n}{A_0 + A_1 s + A_2 s^2 + \cdots + A_n s^n} \tag{10-66}$$

则 $D(s)$离散化后的 Z 传递函数

$$D(z) = D(s) \Big|_{s \approx \frac{2}{T}\frac{1-z^{-1}}{1+z^{-1}}} \tag{10-67}$$

$$= \frac{b_0 + b_1 z^{-1} + b_2 z^{-2} + \cdots + b_n z^{-n}}{1 + a_1 z^{-1} + a_2 z^{-2} + \cdots + a_n z^{-n}} \tag{10-68}$$

例 10.7 设已知 $D(s)=\frac{a}{s+a}$,试用双线性变换求 $D(z)$。

解:

$$D(z) = D(s) \Big|_{s \approx \frac{2}{T}\frac{1-z^{-1}}{1+z^{-1}}} = \frac{a}{\frac{2}{T}\frac{1-z^{-1}}{1+z^{-1}} + a}$$

$$= \frac{a(1+z^{-1})}{(2/T + a)\left(1 + \frac{a - 2/T}{a + 2/T} z^{-1}\right)}$$

显然,经过双线性变换,$D(s)$和 $D(z)$分母部分的阶次是相同的,然而,分子部分的阶次是不一定相同的。对于 $D(s)=a\ /(s+a)$,有极点 $s=-a$ 和零点 $s=\infty$,对于 $s=\infty$的零点,双线性变换使得 $z=-1$ 处有零点。

对于双线性变换,既可以由 $D(s)$,经过变换得到 $D(z)$,同样也可以由 $D(z)$,经过变换得到 $D(s)$。

$$D(s) = D(z) \Big|_{z = \frac{1+Ts/2}{1-Ts/2}} \tag{10-69}$$

$$D(s) = \frac{b_0 + b_1 z^{-1} + b_2 z^{-2} + \cdots + b_n z^{-n}}{1 + a_1 z^{-1} + a_2 z^{-2} + \cdots + a_n z^{-n}} \Bigg|_{z^{-1} \approx \frac{1-Ts/2}{1+Ts/2}}$$

$$= \frac{B_0 + B_1 s + B_2 s^2 + \cdots + B_n s^n}{A_0 + A_1 s + A_2 s^2 + \cdots + A_n s^n} \tag{10-70}$$

例 10.8 已知 $D(z)=\frac{1+z^{-1}+z^{-2}}{1+2z^{-1}+3z^{-2}}$,试用双线性变换法求 $D(s)$。

解:

$$D(s) = D(z) \Big|_{z^{-1} \approx \frac{1-Ts/2}{1+Ts/2}} = \frac{12 + T^s s^s}{24 - 8Ts + 2T^2 s^2}$$

当 $D(s)$的阶次较低时,作双线性变换的计算是不难的,但是当阶次较高时,双线性变换的运算就变得十分繁杂,而且容易出错。因此,可以事先预制一些表格供变换时查找。表10.23就是双线性变换表,有了 $D(s)$各多项式的系数 A_i,B_i($i=0\sim n$),便可以由表 10.23 查出 $D(z)$的各多项式的系数 a_i、b_i($i=0\sim n$)。尽管查表可提供很大方便,然而,仍然需要进行大量的代数运算,使用起来仍嫌麻烦。

计算机辅助计算双线性变换,则可以彻底免除繁杂的手工计算,保证可靠的正确性和精确度。使用计算机辅助计算时,只要输入 $D(s)$或 $D(z)$的各项系数,运行双线性变换程序,便可得到相应的 $D(z)$或 $D(s)$的各项系数。

双线性变换的特点如下。

(1) 双线性变换,变换关系简单,使用方便。

(2) 双线性变换是将左半 S 平面变换到 Z 平面的单位圆内,因而没有混叠效应,而且

表 10.23　双线性变换中系数间的变换关系($C=2/T$)

	$n=1$	$n=2$	$n=3$	$n=4$	$n=5$
B	A_0+A_1C	$A_0+A_1C+A_2C^2$	$A_0+A_1C+A_2C^2+A_3C^3$	$A_0+A_1C+A_2C^2+A_3C^3+A_4C^4$	$A_0+A_1C+A_2C^2+A_3C^3+A_4C^4+A_5C^5$
b_0	$(B_0+B_1)/B$	$(B_0+B_1C+B_2C^2)/B$	$(B_0+B_1C+B_2C^2+B_3C^3)/B$	$(B_0+B_1C+B_2C^2+B_3C^3+B_4C^4)/B$	$(B_0+B_1C+B_2C^2+B_3C^3+B_4C^4+B_5C^5)/B$
b_1	$(B_0-B_1C)/B$	$(2B_0-2B_2C^2)/B$	$(3B_0+B_1C-B_2C^2-3B_3C^3)/B$	$(4B_0+2B_1C-2B_3C^3-4B_4C^4)/B$	$(5B_0+3B_1C+B_2C^2-B_3C^3-3B_4C^4-5B_5C^5)/B$
b_2		$(B_0-B_1C+B_2C^2)/B$	$(3B_0-B_1C-B_2C^2+3B_3C^3)/B$	$(6B_0-2B_2C^2+6B_4C^4)/B$	$(10B_0+2B_1C-2B_2C^2-2B_3C^3+2B_4C^4+10B_5C^5)/B$
b_3			$(B_0-B_1C+B_2C^2-B_3C^3)/B$	$(4B_0-2B_1C+2B_3C^3-4B_4C^4)/B$	$(10B_0-2B_1C-2B_2C^2+2B_3C^3+2B_4C^4-10B_5C^5)/B$
b_4				$(B_0-B_1C+B_2C^2-B_3C^3+B_4C^4)/B$	$(5B_0-3B_1C+B_2C^2+B_3C^3-3B_4C^4+5B_5C^5)/B$
b_5					$(B_0-B_1C+B_2C^2-B_3C^3+B_4C^4-B_5C^5)/B$
a_1	$(A_0-A_1C)/B$	$(2A_0-2A_2C^2)/B$	$(3A_0+A_1C-A_2C^2-3A_3C^3)/B$	$(4A_0+2A_1C-2A_3C^3-4A_4C^4)/B$	$(5A_0+3A_1C+A_2C^2-A_3C^3-3A_4C^4-5A_5C^5)/B$
a_2		$(A_0-A_1C+2A_2C^2)/B$	$(3A_0-A_1C-A_2C^2+3A_3C^3)/B$	$(6A_0-2A_2C^2+6A_4C^4)/B$	$(10A_0+2A_1C-2A_2C^2-2A_3C^3+2A_4C^4+10A_5C^5)/B$
a_3			$(A_0-A_1C+A_2C^2-A_3C^3)/B$	$(4A_0-2A_1C+2A_3C^3-4A_4C^4)/B$	$(10A_0-2A_1C-2A_2C^2+2A_3C^3+2A_4C^4-10A_5C^5)/B$
a_4				$(A_0-A_1C+A_2C^2-A_3C^3+A_4C^4)/B$	$(5A_0-3A_1C+A_2C^2+A_3C^3-3A_4C^4+5A_5C^5)/B$
a_5					$(A_0-A_1C+A_2C^2-A_3C^3+A_4C^4-5A_5C^5)/B$

$D(s)$稳定，$D(z)$也稳定。

(3) 双线性变换仍是一种近似变换，当采样频率足够高时，有较高的变换精度。

10.6.2 微分方程转换为差分方程——差分变换法

由微分方程离散化为差分方程称为差分变换。事实上在第5章数字PID控制中已经使用了差分变换法，差分变换法通常有后向差分和前向差分。

设调节器的输出$u(t)$与输入$e(t)$之间的数学关系为

$$u(t)=K_p\left[e(t)+\frac{1}{T_i}\int_0^t e(t)\mathrm{d}t+T_d\frac{\mathrm{d}e(t)}{\mathrm{d}t}\right] \tag{10-71}$$

1. *后向差分变换*

令 $$u(t)\approx u(kT),\quad e(t)\approx e(kT)$$

则 $$\int_0^t e(t)\mathrm{d}t\approx\sum_{j=0}^{k}e(jT)T$$

$$\mathrm{d}e(t)\approx e(kT)-e(kT-T),\qquad \mathrm{d}t\approx T$$

$$\frac{\mathrm{d}e(t)}{\mathrm{d}t}\approx\frac{e(kT)-e(kT-T)}{T}$$

微分方程经过后向差分变换以后，可以得到

$$u(kT)\approx K_p\left\{e(kT)+\frac{T}{T_i}\sum_{j=0}^{k}e(jT)+\frac{T_d}{T}[e(kT)-e(kT-T)]\right\} \tag{10-72}$$

后向差分变换s与z之间的关系

$$s\approx\frac{1-z^{-1}}{T}\qquad 或 \qquad z\approx\frac{1}{1-sT} \tag{10-73}$$

所以

$$D(z)=D(s)\Big|_{s\approx\frac{1-z^{-1}}{T}} \tag{10-74}$$

例 10.9 设模拟滤波器$D(s)=a/(s+a)$，试用后向差分变换法，设计数字滤波器$D(z)$。

解： $$D(z)=\frac{U(z)}{E(z)}\approx\frac{a}{\frac{1-z^{-1}}{T}+a}\approx\frac{aT}{1+aT-z^{-1}}$$

由$D(z)$可得到差分方程

$$u(kT)\approx\frac{1}{1+aT}u(kT-T)+\frac{aT}{1+aT}e(kT)$$

后向差分变换的特点如下。

(1) 使用方便，无须对传递函数作因式分解。

(2) 若$D(s)$稳定，后向差分变换以后$D(z)$也稳定。

2. *前向差分变换*

令 $$u(t)\approx u(kT),\quad e(t)\approx e(kT)$$

$$\int_0^t e(t)\mathrm{d}t \approx \sum_{j=0}^{k} e(jT)T$$

$$\mathrm{d}e(t) \approx e(kT+T) - e(kT), \qquad \mathrm{d}t \approx T$$

$$\frac{\mathrm{d}e(t)}{\mathrm{d}t} \approx \frac{e(kT+T)-e(kT)}{T}$$

前向差分 s 与 z 之间的变换关系

$$s \approx \frac{z-1}{T} \quad 或 \quad z \approx 1+sT \tag{10-75}$$

所以

$$D(z) = D(s)\Big|_{s\approx\frac{z-1}{T}} \tag{10-76}$$

对于前向差分变换，当 $s=\mathrm{j}\omega$ 时，

$$z \approx 1+\mathrm{j}\omega T \tag{10-77}$$

由式(10-77)可见 S 平面上的虚轴，经过前向差分变换，映射到 Z 平面上为过(1,j0)，且平行于虚轴的直线，如图 10.34 所示。

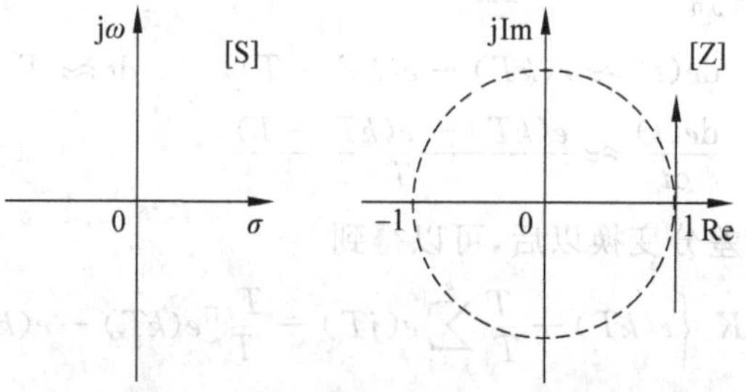

图 10.34　S 平面与 Z 平面前向差分的映射关系

由图 10.34 可见 S 平面上虚轴经过前向差分变换映射到 Z 平面上，除 $z=1$ 点外，其余点均在单位圆外，因此前向差分变换有可能产生不稳定的滤波器。

10.6.3　连续与离散状态方程的相互转换

连续与离散状态方程的相互转换，可以分为两类。一类是把连续状态方程转换为离散状态方程，另一类是由离散状态方程转换为连续状态方程。

1. 连续状态方程转换为离散状态方程

一个计算机控制系统通常如图 10.35 所示，包含有连续部分和离散部分。为了便于分析，需要把连续部分离散化，就是把零阶保持器和控制对象离散化。若零阶保持器和控制对象用传递函数表示时，可以用冲激不变法或者用零阶保持器法转换为 Z 传递函数。若零阶保持器和控制对象用状态空间表达式表示时，则可用本节介绍的办法，将连续部分离散化为离散状态空间表达式。

另外，连续系统用数字计算机做数字仿真时，也需要把连续系统离散化，以便于计算。

设连续环节的状态空间表达式为

$$\begin{cases} \dot{\boldsymbol{x}}(t) = \boldsymbol{A}\boldsymbol{x}(t) + \boldsymbol{B}\boldsymbol{u}(t) \\ \boldsymbol{y}(t) = \boldsymbol{C}\boldsymbol{x}(t) + \boldsymbol{D}\boldsymbol{u}(t) \end{cases} \tag{10-78}$$

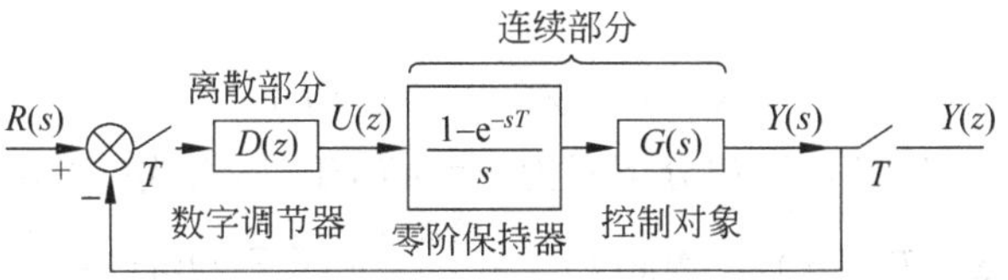

图 10.35　计算机控制系统方框图

式中，$\boldsymbol{A}$ 为状态矩阵，$\boldsymbol{B}$ 为控制矩阵，

$\boldsymbol{C}$ 为输出矩阵，$\boldsymbol{D}$ 为直传矩阵。

将式(10-78)离散化，得到离散的状态空间表达式

$$\begin{cases} \boldsymbol{x}(kT+T)=\boldsymbol{F}(T)\boldsymbol{x}(kT)+\boldsymbol{G}(T)\boldsymbol{u}(kT) \\ \boldsymbol{y}(kT)=\boldsymbol{C}(T)\boldsymbol{x}(kT)+\boldsymbol{D}(T)\boldsymbol{u}(kT) \end{cases} \tag{10-79}$$

式中，$\boldsymbol{F}(T)$为状态矩阵，$\boldsymbol{G}(T)$为控制矩阵，$\boldsymbol{C}(T)$为输出矩阵，$\boldsymbol{D}(T)$为直传矩阵，T 为采样周期。

由连续状态方程转换为离散状态方程就是根据连续模型 $\boldsymbol{A}$、$\boldsymbol{B}$，计算出 $\boldsymbol{F}(T)$和 $\boldsymbol{G}(T)$。

连续状态方程转换为离散状态方程，通常有零阶保持器法和一阶保持器法。实际工程中，很少使用一阶保持器法，本章只介绍零阶保持器法。

计算机控制系统中连续部分如图 10.36 所示，连续部分由零阶保持器和控制对象串联组成。

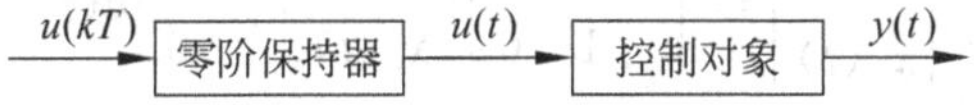

图 10.36　连续部分

保持器的输出就是控制对象的输入，而零阶保持器输出是阶梯函数，如图 10.37 所示。因此，连续状态方程转换为离散状态方程，就是要推导出连续环节(控制对象)在阶梯信号输入时的离散状态方程。

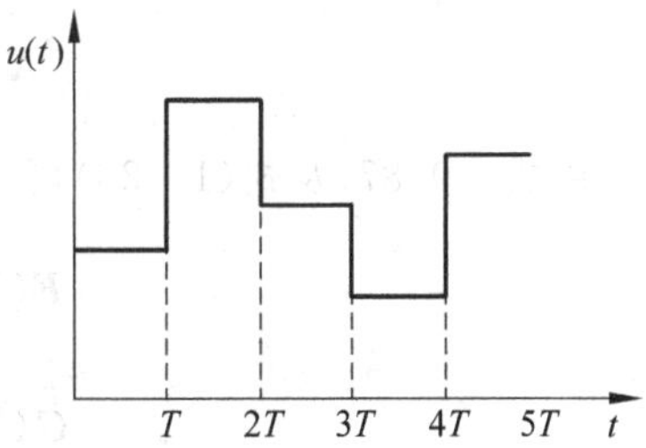

图 10.37　零阶保持器的输出特性

重写连续环节的状态空间表达式，并列出初始条件

$$\begin{cases} \dot{\boldsymbol{x}}(t)=\boldsymbol{A}\boldsymbol{x}(t)+\boldsymbol{B}\boldsymbol{u}(t) \\ \boldsymbol{y}(t)=\boldsymbol{C}\boldsymbol{x}(t)+\boldsymbol{D}\boldsymbol{u}(t) \\ \boldsymbol{x}(t_0)=\boldsymbol{x}(0) \end{cases} \tag{10-80}$$

状态方程的解为

$$\boldsymbol{x}(t)=\mathrm{e}^{\boldsymbol{A}(t-t_0)}\boldsymbol{x}(t_0)+\int_{t_0}^{t}\mathrm{e}^{\boldsymbol{A}(t-\tau)}\boldsymbol{B}\boldsymbol{u}(\tau)\mathrm{d}\tau \tag{10-81}$$

或

$$\boldsymbol{x}(t)=\boldsymbol{\varphi}(t-t_0)\boldsymbol{x}(t_0)+\int_{t_0}^{t}\boldsymbol{\varphi}(t-\tau)\boldsymbol{B}\boldsymbol{u}(\tau)\mathrm{d}\tau \tag{10-82}$$

式中，连续系统的状态转移矩阵

$$\boldsymbol{\varphi}(t)=\mathrm{e}^{\boldsymbol{A}t}=\boldsymbol{I}+\boldsymbol{A}t+\frac{1}{2!}\boldsymbol{A}^2t^2+\frac{1}{3!}\boldsymbol{A}^3t^3+\cdots \tag{10-83}$$

当 $\boldsymbol{u}(t)$是阶梯信号时，

$$\boldsymbol{u}(t)=\boldsymbol{u}(kT)=\text{const},\quad kT\leqslant t<(k+1)T$$

又由初始条件

$$\boldsymbol{x}(0)=\boldsymbol{x}(t_0)=\boldsymbol{x}(kT)$$

则积分上限为 $t=(k+1)T$，积分下限为 $t_0=kT$，于是，由式(10-81)可得

$$\boldsymbol{x}(kT+T)=\mathrm{e}^{\boldsymbol{A}T}\boldsymbol{x}(kT)+\int_{kT}^{kT+T}\mathrm{e}^{\boldsymbol{A}(kT+T-\tau)}\boldsymbol{B}\boldsymbol{u}(k\tau)\mathrm{d}\tau \tag{10-84}$$

因在积分区间内输入是常数，且积分对所有的 k 都成立，做变量置换 $t=kT+T-\tau$，则有

$$\int_{kT}^{kT+T}\mathrm{e}^{\boldsymbol{A}(kT+T-\tau)}\boldsymbol{B}\mathrm{d}\tau=\int_0^T\mathrm{e}^{\boldsymbol{A}t}\boldsymbol{B}\mathrm{d}t \tag{10-85}$$

将式(10-86)和式(10-79)，可得

$$\begin{cases}\boldsymbol{x}(kT+T)=\mathrm{e}^{\boldsymbol{A}T}\boldsymbol{x}(kT)+\left(\int_0^T\mathrm{e}^{\boldsymbol{A}t}\boldsymbol{B}\mathrm{d}t\right)\boldsymbol{u}(kT) \\ \boldsymbol{y}(kT)=\boldsymbol{C}\boldsymbol{x}(kT)+\boldsymbol{D}\boldsymbol{u}(kT)\end{cases} \tag{10-86}$$

对照式(10-86)和式(10-79)，可得

$$\boldsymbol{F}(T)=\mathrm{e}^{\boldsymbol{A}T} \tag{10-87}$$

$$\boldsymbol{G}(T)=\int_0^T\mathrm{e}^{\boldsymbol{A}t}\mathrm{d}t\boldsymbol{B} \tag{10-88}$$

例 10.10 设连续环节的状态方程为

$$\begin{cases}\begin{bmatrix}\dot{x}_1(t)\\ \dot{x}_2(t)\end{bmatrix}=\begin{bmatrix}-1 & 0\\ 1 & 0\end{bmatrix}\begin{bmatrix}\boldsymbol{x}_1(t)\\ \boldsymbol{x}_2(t)\end{bmatrix}+\begin{bmatrix}1\\ 0\end{bmatrix}\boldsymbol{u}(t) \\ \boldsymbol{y}(t)=\boldsymbol{x}_2(t)\end{cases}$$

试求连续环节的离散状态空间表达式。

解：由连续状态方程得

$$\boldsymbol{A}=\begin{bmatrix}-1 & 0\\ 1 & 0\end{bmatrix},\quad \boldsymbol{B}=\begin{bmatrix}1\\ 0\end{bmatrix}$$

由式(10-87)及式(10-88)可计算得到

$$\boldsymbol{F}(T)=\mathrm{e}^{\boldsymbol{A}T}=\begin{bmatrix}e & 0\\ 1-e & T\end{bmatrix}$$

$$\begin{aligned}\boldsymbol{G}(T)&=\int_0^T\mathrm{e}^{\boldsymbol{A}t}\boldsymbol{B}\mathrm{d}t\\ &=\int_0^T\begin{bmatrix}\mathrm{e}^{-t} & 0\\ 1-\mathrm{e}^{-t} & 1\end{bmatrix}\begin{bmatrix}1\\ 0\end{bmatrix}\mathrm{d}t\\ &=\int_0^T\begin{bmatrix}\mathrm{e}^{-t}\\ 1-\mathrm{e}^{-t}\end{bmatrix}\mathrm{d}t\\ &=\begin{bmatrix}1-\mathrm{e}^{-T}\\ T-1+\mathrm{e}^{-T}\end{bmatrix}\end{aligned}$$

于是可得离散方程为

$$\begin{cases}\begin{bmatrix}x_1(kT+T)\\ x_2(kT+T)\end{bmatrix}=\begin{bmatrix}\mathrm{e}^{-T} & 0\\ 1-\mathrm{e}^{-T} & T\end{bmatrix}\begin{bmatrix}x_1(kT)\\ x_2(kT)\end{bmatrix}+\begin{bmatrix}1-\mathrm{e}^{-T}\\ T-1+\mathrm{e}^{-T}\end{bmatrix}\boldsymbol{u}(kT) \\ \boldsymbol{y}(kT)=x_2(kT)\end{cases}$$

2. 离散状态方程转换为连续状态方程

在用参数估计法辨识系统的模型时，是根据系统输入点和输出点的离散数据，得到离散的数学模型，例如离散状态空间表达式。在许多场合，希望由离散状态空间表达式推断出与之相应的连续模型，例如连续状态空间表达式，此时需要把离散状态方程转换为连续状态方程。

设离散模型的状态方程为

$$\boldsymbol{x}(kT+T)=\boldsymbol{F}\boldsymbol{x}(kT)+\boldsymbol{G}\boldsymbol{u}(kT) \tag{10-89}$$

系统的采样周期为 T，若连续模型前带有零阶保持器，则与离散模型相对应的连续状态方程为

$$\dot{\boldsymbol{x}}(t)=\boldsymbol{A}\boldsymbol{x}(t)+\boldsymbol{B}\boldsymbol{u}(t) \tag{10-90}$$

离散状态方程转换为连续状态方程就是根据离散模型 $\boldsymbol{F}$、$\boldsymbol{G}$，计算出连续模型 $\boldsymbol{A}$ 和 $\boldsymbol{B}$。

由式(10-87)可得

$$\boldsymbol{A}=\frac{1}{T}\ln\boldsymbol{F} \tag{10-91}$$

由式(10-88)可得

$$\begin{aligned}\boldsymbol{A}\boldsymbol{G}&=\boldsymbol{A}\int_0^T \mathrm{e}^{\boldsymbol{A}t}\,\mathrm{d}t\boldsymbol{B}\\&=\int_0^T \mathrm{d}\mathrm{e}^{\boldsymbol{A}t}\boldsymbol{B}=(\mathrm{e}^{\boldsymbol{A}T}-\boldsymbol{I})\boldsymbol{B}\end{aligned} \tag{10-92}$$

由式(10-92)可得

$$\boldsymbol{B}=(\boldsymbol{F}-\boldsymbol{I})^{-1}\boldsymbol{A}\boldsymbol{G} \tag{10-93}$$

由上述推导可以看到，连续和离散状态方程之间的转换，需要做矩阵运算，若用手工计算，计算工作量大，也十分复杂，而且容易出错，精确度也是有限的。可以借助电子计算机编制相应的计算程序，进行计算机辅助计算，便可很快得到精确的转换结果。

10.7 控制系统的计算机辅助设计、计算和数字仿真

众所周知，数字计算机具有计算速度快，存储容量大和具有强大逻辑判断的功能，配置上各种软件，使得计算机的功能更加完善和强大。在计算机控制领域内，计算机除了完成数据采集、数字调节器的功能，还能从事控制系统的辅助设计、计算和数字仿真，例如利用计算机进行数字仿真；利用计算机作辅助分析和计算；利用计算机作控制系统的辅助设计。

10.7.1 控制系统的计算机辅助设计

计算机辅助设计是一个大有潜力、大有发展前途的领域，有了计算机的辅助设计可以使得复杂的各种控制系统的设计变得十分简便，下面以最小方差调节器为例，介绍计算机的辅助设计。

1. 概述

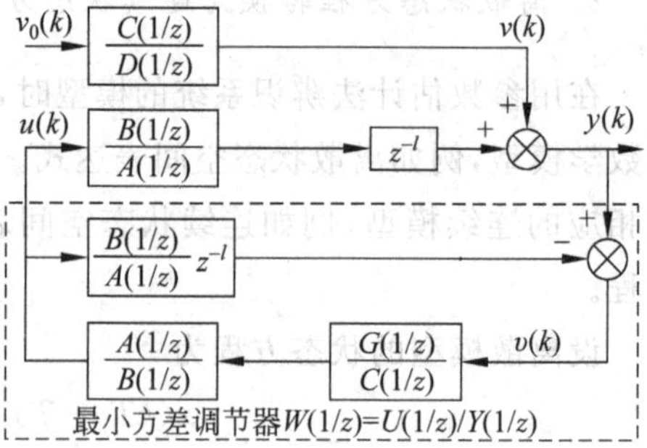

图 10.38 最小方差控制的方框图

最小方差控制是当受控对象存在随机干扰时，设法找到一个容许的控制序列 $u(kT)$，使得目标函数 $J=E_y^2(k)$。最小方差控制的方框图如图 10.38 所示。

$y(k)$是输出量；$u(k)$是控制量；$v(k)$是随机干扰。当 $v(k)$不是白噪声时，它可以看作是由白噪声 $v_0(k)$驱动的一个 Z 传递函数为$\dfrac{C(1/z)}{D(1/z)}$的环节的输出。

根据最小方差控制最优预报可以设计出最小方差调节器。

$$W(1/z)=-\frac{A(1/z)G(1/z)}{B(1/z)F(1/z)D(1/z)} \tag{10-94a}$$

当 $A(1/z)=D(1/z)$时，

$$W(1/z)=\frac{-G(1/z)}{B(1/z)F(1/z)} \tag{10-94b}$$

最小方差值
$$J=E_y^2(k)=f_0^2+f_1^2+\cdots+f_{l-1}^2 \tag{10-95}$$

其中 $G(1/z)$，$F(1/z)$与$\dfrac{C(1/z)}{D(1/z)}$有关。

$$C(1/z)=D(1/z)F(1/z)+z^{-l}G(1/z) \tag{10-96}$$

或者

$$\frac{C(1/z)}{D(1/z)}=F(1/z)+z^{-l}\frac{G(1/z)}{D(1/z)} \tag{10-97}$$

式中
$$\left.\begin{aligned}F(1/z)&=f_0+f_1z^{-1}+f_2z^{-2}+\cdots+f_{(l-1)}z^{-(l-1)}\\G(1/z)&=g_0+g_1z^{-1}+g_2z^{-2}+\cdots+g_oz^{-o}\end{aligned}\right\} \tag{10-98}$$

当然，设计时已知对象的动态特性$\dfrac{B(1/z)}{A(1/z)}$和$\dfrac{C(1/z)}{D(1/z)}$，还应给出输出量 $y(k)$对控制量 $u(k)$的响应滞后时间拍数 l。

计算机辅助设计的任务，要求算出最小方差调节器模型 $W(1/z)$和最小方差值 $E_y^2(k)$。本文将介绍最小方差控制的算法原理、算法流程图、程序特点和设计举例。

2. *算法原理*

已知系统的特性：

$$A(1/z)=a_0+a_1z^{-1}+a_2z^{-2}+\cdots+a_nz^{-n} \tag{10-99}$$
$$B(1/z)=b_0+b_1z^{-1}+b_2z^{-2}+\cdots+b_mz^{-m} \tag{10-100}$$
$$C(1/z)=c_0+c_1z^{-1}+c_2z^{-2}+\cdots+c_oz^{-o} \tag{10-101}$$
$$D(1/z)=d_0+d_1z^{-1}+d_2z^{-2}+\cdots+d_pz^{-p} \tag{10-102}$$

给定输出量 $y(k)$对控制量 $u(k)$响应滞后时间拍数 l。

计算机辅助设计时，计算机的主要工作是要完成多项式的除法和乘法运算。

1）多项式除法运算的算法

设多项式 $$C(1/z)=c_0+c_1z^{-1}+c_2z^{-2}+\cdots+c_oz^{-o} \tag{10-103}$$

$$D(1/z)=d_0+d_1z^{-1}+d_2z^{-2}+\cdots+d_pz^{-p} \tag{10-104}$$

$$\frac{C(1/z)}{D(1/z)}=f_0+f_1z^{-1}+f_2z^{-2}+\cdots+f_{(l-1)}z^{-(l-1)}+z^{-l}\frac{g_0+g_1z^1+g_2z^2+\cdots+g_0z^0}{d_0+d_1z^1+d_2z^2+d_pz^{-p}} \tag{10-105}$$

为了使程序简单，应使分母多项式的首项 $d_0=1$。若 $d_0\neq1$，可做 $C(1/z)/d_0$ 和 $D(1/z)/d_0$ 运算，使分母首项为 1。对于 $d_0\neq1$ 的情况，程序中已经考虑，计算机将自动处理，用户无须做任何处理。

经过推导，对于多项式除法 $\dfrac{C(1/z)}{D(1/z)}$，其算法为

$$f_i=c_i-\sum_{j=0}^{i-1}d_{(i-j)}f_i,\quad (i=1,2,\cdots,l-1,f_0=c_0,\text{算式中赋值 } d_0=0) \tag{10-106}$$

$$g_i=c_{(i+l)}-\sum_{j=0}^{l-1}d_{(i+l-j)}f_i,(i=0,1,\cdots,o,f_0=c_0,\text{算式中赋值 } d_0=0) \tag{10-107}$$

2）多项式乘法运算的算法

设多项式

$$B(1/z)=b_0+b_1z^{-1}+b_2z^{-2}+\cdots+b_mz^{-m} \tag{10-108}$$

$$F(1/z)=f_0+f_1z^{-1}+f_2z^{-2}+\cdots+f_{(l-1)}z^{-(l-1)} \tag{10-109}$$

$$B(1/z)F(1/z)=q_0+q_1z^{-1}+q_2z^{-2}+\cdots+q_{(m+l-1)}z^{-(m+l-1)} \tag{10-110}$$

经过推导，对于多项式乘法 $B(1/z)F(1/z)$，其运算为

$$q_i=\sum_{j=0}^{i}b_{(i-1)}f_j,\quad (i=0,1,2,\cdots,m+l-1) \tag{10-111}$$

事实上用这种算法作多项式乘法运算时，把 $B(1/z)$ 和 $F(1/z)$ 的 z^{-1} 的幂次扩展到 $m+l-1$ 次，当定义的 $B(1/z)$ $F(1/z)$ 的维数足够高时，扩展项的系数，计算机自动取零。

3）计算最小方差调节器 Z 传递函数 $W(1/z)$ 的算法

$$W(1/z)=\frac{P(1/z)}{Q(1/z)}=\frac{p_0+p_1z^{-1}+p_2z^{-2}+\cdots+p_{(n+o)}z^{-(n+o)}}{q_0+q_1z^{-1}+q_2z^{-2}+\cdots+q_{(m+l-1)}z^{-(m+l-1)}} \tag{10-112}$$

当 $A(1/z)\neq D(1/z)$ 时，$P(1/z)=-A(1/z)G(1/z)$ (10-113)

$P(1/z)$ 的各项系数的算法为

$$p_i=\sum_{j=0}^{i}a_{(i-1)}g_j,\quad (i=0,1,2,\cdots,n+o) \tag{10-114}$$

$$Q(1/z)=B(1/z)\ F(1/z)\ D(1/z) \tag{10-115}$$

设 $Q_1(1/z)=B(1/z)F(1/z)$

则 $Q(1/z)=Q_1(1/z)D(1/z)$

$Q_1(1/z)$、$Q(1/z)$，各项系数的算法为

$$q_{1i} = \sum_{j=0}^{i} b_{(i-j)} f_j, \quad (i = 0,1,2,\cdots,m+l-1) \tag{10-116}$$

$$q_i = \sum_{j=0}^{i} q_{(i-j)} d_j, \quad (i = 0,1,2,\cdots,m+l+p-1) \tag{10-117}$$

$$\text{当 } A(1/z) = D(1/z) \text{ 时 } P(1/z) = -G(1/z) \tag{10-118}$$

$P(1/z)$的各项系数的算法为

$$p_i = -g_i \quad (i = 0,1,2,\cdots,o) \tag{10-119}$$

$$Q(1/z) = B(1/z) \cdot F(1/z) \tag{10-120}$$

则

$$q_i = \sum_{j=0}^{i} b_{(i-j)} f_j, \quad (i = 0,1,2,\cdots,m+l-1) \tag{10-121}$$

4）计算最小方差值 $E_y^2(k)$的算法

$$E_y^2(k) = \sum_{i=0}^{l=1} f_i^2 \tag{10-122}$$

有了以上算法，便可以编制程序，由计算机辅助设计出最小方差调节器。

为了便于熟悉算法流程图，下面先介绍程序中用到的一些参数和符号。

3. 参数符号说明

$$\frac{B(1/z)}{A(1/z)} = \frac{b_0 + b_1 z^{-1} + b_2 z^{-2} + \cdots + b_m z^{-m}}{a_0 + a_1 z^{-1} + a_2 z^{-2} + \cdots + a_n z^{-n}} \tag{10-123}$$

程序中 $B(I)$表示分子多项式第 i 项系数；$A(I)$表示分母多项式第 i 项系数。

$$\frac{C(1/z)}{D(1/z)} = \frac{c_0 + c_1 z^{-1} + c_2 z^{-2} + \cdots + b_0 z^{-0}}{d_0 + d_1 z^{-1} + d_2 z^{-2} + \cdots + d_p z^{-p}} \tag{10-124}$$

程序中$C(I)$表示分子多项式第 i 项系数；$D(I)$表示分母多项式第 i 项系数。

N 表示多项式 $A(1/z)$的最高阶次；

M 表示多项式 $B(1/z)$的最高阶次；

O 表示多项式 $C(1/z)$的最高阶次；

P 表示多项式 $D(1/z)$的最高阶次；

N_0：$N_0=0$ 表示 $A(1/A)=D(1/2)$；

　$N_0=1$ 则表示 $A(1/A)\neq D(1/2)$；

l：输出量 $y(k)$对控制量 $u(k)$的响应滞后时间的拍数；

$W(1/z)$：最小方差调节器的 Z 传递函数；

$P(1/z)$：$W(1/z)$的分子多项式；

$Q(1/z)$：$W(1/z)$的分母多项式；

$E(Y)$：最小方差值。

最小方差调节器设计的算法流程如图 10.39 所示。

4. 程序特点

1）输入方式

参数输入计算机可以由键盘输入，也可以建立数据文件×××.DAT，由数据文件输入。数据文件输入可以节省大量按键的工作。

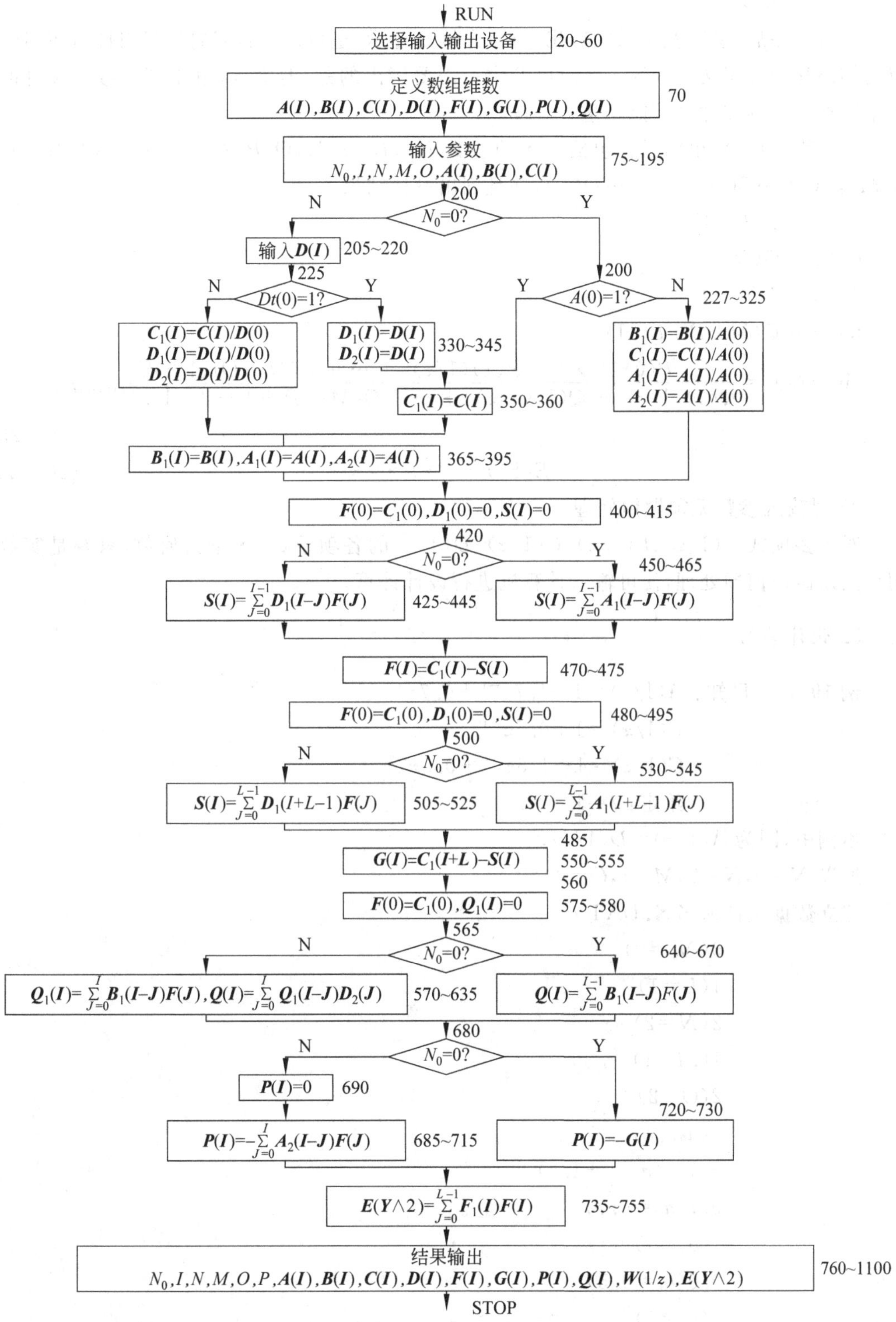

图 10.39　最小方差调节器设计的算法流程图

2）输出方式

运行程序后，参数及结果的输出，可以是屏幕显示；也可以是行式打印机打印输出，还可以把结果存到数据文件××××.DAT 中。需要指出的是，若输入、输出都用数据文件时，两个数据文件的文件名不能相重。

运行程序后，输出结果将包括输入的参数 $N0,L,N,M,O,P,A(0)\cdots A(N),B(0)\cdots B(M),C(0)\cdots C(O),D(0)\cdots D(P)$，并且列出设计结果。

$F(0)\cdots F(L-1)$

$G(0)\cdots G(O)$

$P(0)\cdots P(N+O)$

$Q(0)\cdots Q(M+P+L-1)$

$$W(1/z)=\frac{P(0)(1/z)^0+P(1)(1/z)^1+\cdots+P(N+O)(1/z)^{(N+O)}}{Q(0)(1/z)^0+Q(1)(1/z)^1+\cdots+Q(M+P+L-1)(1/z)^{(M+P+L-1)}} \tag{10-125}$$

$$E(Y^2)=\times\times\times\times\times\times \tag{10-126}$$

3）对输入参数无须做预处理

对于多项式 $A(1/z)$、$B(1/z)$、$C(1/z)$、$D(1/z)$ 的各项系数，无论为何数，只要是实数，用户无须做任何预处理，便可输入计算机进行设计计算。

5. 设计举例

例 10.11 已知：$A(1/z)=1-1.7z^{-1}+0.7z^{-2}$

$B(1/z)=1+0.5z^{-1}$

$C(1/z)=1+1.5z^{-1}+0.9z^{-2}$

给定：$l=1$

本例中，因为 $A(1/z)=D(1/z)$，

所以 $N=0,N=2,M=1,O=2$

建立数据文件×××.DAT

$0(N_0=0)$

$1(L=1)$

$2(N=2)$

$1(M=1)$

$2(O=2)$

$1(a_0=1)$

$-1/7(a_1=-1/7)$

$0.7(a_2=0.7)$

$1(b_0=1)$

$0.5(b_1=0.5)$

$1(c_0=1)$

$1.5(c_1=1.5)$

$0.9(c_2=0.9)$

必须注意，建立数据文件时参数的次序不能颠倒。

运行程序后，输出结果将给出输入参数（文中从略）和计算的结果：

$F(0)=1$　　　$G(1)=0.2$

$G(0)=3.2$　　　$P(1)=-0.2$

$P(0)=-3.2$　　　$Q(1)=0.5$

$$W(1/z)=\frac{(-3.2)(1/z)^0-0.2(1/z)^1}{(1)(1/z)^0+0.5(1/z)^1}$$

$E(Y^2)=1$

例 10.12　系统的参数同例 10.11，给定：$l=2$。

此时 $N_0=0, N=2, M=1, O=2$。同例 10.11 建立数据文件输入，运行程序后可得计算结果：

$F(0)=1$　　　$F(1)=3.2$

$G(0)=5.64$　　　$G(1)=-2.24$

$P(0)=-5.64$　　　$P(1)=2.24$

$Q(0)=1$　　　$Q(1)=3.7$　　　$Q(2)=1.6$

$$W(1/z)=\frac{-5.64+2.24z^{-1}}{1+3.7z^{-1}+1.6z^{-2}}$$

$E(Y^2)=11.24$

例 10.13　已知　$A(1/z)=1-3.4z^{-1}+1.4z^{-2}$

$B(1/z)=2+z^{-1}$

$C(1/z)=2+3z^{-1}+1.8z^{-2}$

给定 $l=2$

此时 $N_0=0, N=2, M=1, O=2$

运行程序后可得计算结果：

$F(0)=1$　　　$F(1)=3.2$

$G(0)=5.64$　　　$G(1)=-2.24$

$P(0)=-5.64$　　　$P(1)=2.24$

$Q(0)=1$　　　$Q(1)=3.7$　　　$Q(2)=1.6$

$$W(1/z)=\frac{-5.64+2.24z^{-1}}{1+3.7z^{-1}+1.6z^{-2}}$$

$E(Y^2)=11.24$

例 10.14　已知　$A(1/z)=1-3.4z^{-1}+1.4z^{-2}$

$B(1/z)=2+z^{-1}$

$C(1/z)=2+3z^{-1}+1.8z^{-2}$

$D(1/z)=2-3.4z^{-1}+1.4z^{-2}$

给定 $l=2$

运行程序后可得计算结果：

$F(0)=1$　　　$F(1)=3.2$

$G(0)=5.64$　　　$G(1)=-2.24$

$P(0)=-5.64$　　　$P(1)=11.828$

$P(2)=-7.756$　　　$P(3)=1.568$

$Q(0)=1$　　　$Q(1)=2$

$Q(2)=-3.89$　　　$Q(3)=-0.13$　　　$Q(4)=1.12$

$$W(1/z)=\frac{-5.64+11.828z^{-1}-7.756z^{-2}+1.568z^{-3}}{1+2z^{-1}-3.99z^{-2}-0.13z^{-3}+1.12z^{-4}}$$

$E(Y^2)=11.24$

由以上例子可以看到，有了计算机的辅助设计，最小方差调节器的设计变得十分简便，能很方便地得到最小方差调节器模型 $W(1/z)$ 和最小方差值 $E(Y^2)$。

10.7.2 计算机的辅助计算

在第 2 章介绍 Z 反变换时提到，用长除法求 Z 反变换。

设有时间序列 $y(kT)$ 的 Z 变换式

$$Y(z)=\frac{B_0z^M+B_1z^{M-1}+B_2z^{M-2}+\cdots+B_M}{A_0z^N+A_1z^{N-1}+A_2z^{N-2}+\cdots+A_N} \tag{10-127}$$

对式(10-127)做长除，可得到

$$Y(z)=y_0+y_1z^{-1}+y_2z^{-2}+\cdots+y_{N_3}z^{-N_3} \tag{10-128}$$

式中，N_3 是选取的计算项数。

根据 Z 变换的定义

$$\begin{aligned}Y(z)&=\sum_{k=0}^{\infty}y(kT)z^{-k}\\&=y(0)+y(T)z^{-1}+y(2T)z^{-2}+\cdots+y(N_3T)z^{-N_3}+\cdots\end{aligned} \tag{10-129}$$

则 $Y(z)$ 的时间序列 $y(kT)$，由比较式(10-128)，式(10-129)可得

$$y(0)=y_0;\ y(T)=y_1;\ y(2T)=y_2;\ \cdots;\ y(N_3T)=y_{N_3}$$

因此，$Y(z)$ 的 Z 反变换 $y(kT)$ 可以用长除法得到。

例 10.15　已知 $Y(z)=\dfrac{0.6z}{z^2-1.4z+0.4}$，用长除法求 $y(kT)=\mathscr{Z}^{-1}[Y(z)]$。

解：列出除法竖式

$$\begin{array}{r l}
 & \overline{0.6z^{-1}+0.84z^{-2}+0.936z^{-3}+0.974z^{-4}+\cdots}\\
z^2-1.4z+0.4z) & 0.6z\\
 & \underline{0.6z-0.84+0.24z^{-1}}\\
 & 0.84-0.24z^{-1}\\
 & \underline{0.84-1.176z^{-1}+0.336z^{-2}}\\
 & 0.936z^{-1}-0.336z^{-2}\\
 & \underline{0.936z^{-1}-1.301z^{-2}+0.3744z^{-3}}\\
 & 0.974z^{-2}+0.3744z^{-3}\\
 & \cdots
\end{array}$$

所以

$$Y(z)=0.6z^{-1}+0.84z^{-2}+0.936z^{-3}+0.974z^{-4}+\cdots \tag{10-130}$$

因此，$Y(z)$ 的 Z 反变换 $y(kT)$ 为

$$\begin{aligned}&y(0)=0,\quad y(T)=0.6,\quad y(2T)=0.84\\&y(3T)=0.936,\quad y(4T)=0.974,\quad\cdots\end{aligned}$$

由上例介绍，可见长除法是多项式相除，例 10.15 中分子、分母多项式的项数比较少，运算已经相当麻烦，当多项式的项数更多时，运算必然会繁杂得多。不但计算工作量浩大，容易出错，而且精度有限。采用计算机辅助计算 Z 反变换，不但可以大大减少计算的手工劳动，而且可以大幅度提高计算的精度，需要计算的项数，也可以任意选择。

为了编制 Z 反变换的辅助计算程序，需要分析算法原理。设有函数

$$\begin{aligned} Y(1/z) &= \frac{B_0 + B_1 z^{-1} + B_2 z^{-2} + \cdots + B_M z^{-M}}{A_0 + A_1 z^{-1} + A_2 z^{-2} + \cdots + A_N z^{-N}} \\ &= y_0 + y_1 z^{-1} + y_2 z^{-2} + \cdots + y_{N_3} z^{-N_3} \end{aligned} \tag{10-131}$$

为使算法简单，当 $Y(1/z)$ 的分母多项式 $A_0 \neq 1$ 时，计算机将自动处理，使得

$$Y(1/z) = \frac{B_0/A_0 + B_1 z^{-1}/A_0 + B_2 z^{-2}/A_0 + \cdots + B_M z^{-M}/A_0}{1 + A_1 z^{-1}/A_0 + A_2 z^{-2}/A_0 + \cdots + A_N z^{-N}/A_0} \tag{10-132}$$

多项式除法算法为

$$Y_I = B_I - \sum_{j=0}^{I-1} A(I-J)Y_1 \tag{10-133}$$

式中，$I = 0, 1, 2, \cdots, N$

$Y_0 = B_0/A_0$

计算机辅助计算 Z 反变换的算法流程如图 10.40 所示。

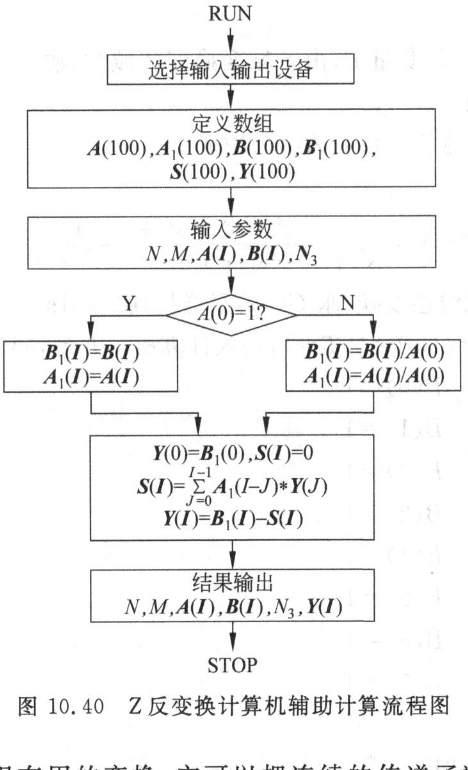

图 10.40　Z 反变换计算机辅助计算流程图

双线性变换是一种很有用的变换，它可以把连续的传递函数离散化，变换为 Z 传递函数，也可以把 Z 传递函数，变换成对应的连续的传递函数，实现 S 域与 Z 域的相互转换。这种变换，当阶次不高时，计算是不难的，但是当阶次较高时，双线性变换的运算就变得十分麻烦，而且容易出错。过去，对双线性变换各多项式系数可以建表查找，提

供了很大的方便，但是，仍然需要进行大量的代数运算，使用起来仍嫌麻烦，而且所能提供的阶数也是有限的。

计算机辅助双线性变换，则可以彻底免除繁杂的手工计算，保证了可靠的正确性和很高的精确度，变换的阶数也可以相当高。使用计算机辅助计算，只要输入 $F(s)$ 或 $F(z)$ 的各项系数，运行双线性变换程序，便可以得到相应的 $G(z)$ 或 $G(s)$ 的各项系数。

设欲变换的传递函数为

$$F(q)=\frac{a_0q^n+a_1q^{n-1}+\cdots+a_n}{b_0q^n+b_1q^{n-1}+\cdots+b_n} \tag{10-134}$$

式中，q 为 s 或 z。

向计算机输入 $A(0)=a_0, A(1)=a_1, \cdots, A(N)=a_n$

$B(0)=b_0, B(1)=b_1, \cdots, B(N)=b_n$

经过双线性变换后的传递函数为

$$G(q)=\frac{d_0q^n+d_1q^{n-1}+\cdots+d_n}{e_0q^n+e_1q^{n-1}+\cdots+e_n} \tag{10-135}$$

式中，q 为 z 或 s。

输出的结果为 $D(0)=d_0, D(1)=d_1, \cdots, D(N)=d_n$

$E(0)=e_0, E(1)=e_1, \cdots, E(N)=e_n$

在运行程序时，输入

(1) 系统的阶次 N；控制变量 P（由 S 域变换到 Z 域时，输入 $P=1$。由 Z 域变换到 S 域时，输入 $P=0$）；采样周期 T。

(2) 输入待变换函数的各项系数 $A(I)$、$B(I)$。

例 10.16 设有

$$F(s)=\frac{s^4+s^3+s^2+s+1}{s^7+s^6+s^5+s^4+s^3+s^2+s+1}$$

用计算机辅助计算双线性变换，求 $G(z)$，采样周期 $T=1\text{s}$。

解：根据 $F(s)$，知 $N=1, P=1, T=1$，输入计算机。并且，同时输入各项系数

$A(0)=0$ $B(0)=1$

$A(1)=0$ $B(1)=1$

$A(2)=0$ $B(2)=1$

$A(3)=1$ $B(3)=1$

$A(4)=1$ $B(4)=1$

$A(5)=1$ $B(5)=1$

$A(6)=1$ $B(6)=1$

$A(7)=1$ $B(7)=1$

计算机的输出为

$D(0)=d_0=\ 31$ $E(0)=e_0=\ 255$

$D(1)=d_1=\ 21$ $E(1)=e_1=-1291$

$D(2)=d_2=-29$ $E(2)=e_2=\ 3267$

$D(3)=d_3=\ 49$ $E(3)=e_3=-4591$

$$D(4)=d_4=\ \ 77 \qquad E(4)=e_4=\ \ 4077$$

$$D(5)=d_5=-17 \qquad E(5)=e_5=-2161$$

$$D(6)=d_6=-15 \qquad E(6)=e_6=\ \ 657$$

$$D(7)=d_7=\ \ 11 \qquad E(7)=e_7=-85$$

由此可知 $F(s)$经过双线性变换以后可得

$$G(z)=\frac{31z^7+21z^6-29z^5+49z^4+77z^3-17z^2-15z+11}{255z^7-1291z^6+3267z^5-4591z^4+4077z^3-2161z^2+657z-85}$$

10.7.3 控制系统的数字仿真

在自动控制系统的分析、设计过程中，除了运用理论知识对控制系统进行必要的理论分析和设计计算以外，经常需要对系统的特性进行实验研究，这种实验研究可以在实际系统上进行，也可以进行物理模型或计算机仿真研究。尤其是计算机数字仿真，随着计算机技术的发展，使用越来越广泛，越来越普遍，计算机数字仿真从安全性、经济性和可行性角度考虑，较之在实际系统上实验研究有明显优越性。计算机数字仿真与物理模型的实验研究相比，在降低费用开销，减少准备工作量等方面都有突出的优点。

计算机数字仿真已经成为研究自动控制系统的重要手段。下面将简要介绍线性离散系统的数字仿真。

1. 离散系统Ⅰ型数字仿真

若已知离散系统的状态空间表达式或闭环Z传递函数，可以编制出数字仿真程序，计算出离散系统在单位阶跃序列 $u(kT)$作用下的输出响应序列 $y(kT)$。

设离散系统的状态空间表达式为

$$\left.\begin{aligned}\boldsymbol{x}(kT+T)&=\boldsymbol{F}\boldsymbol{x}(kT)+\boldsymbol{G}\boldsymbol{u}(kT)\\ \boldsymbol{y}(kT)&=\boldsymbol{C}\boldsymbol{x}(kT)\\ \boldsymbol{x}_0(I)&=\text{给定值}\end{aligned}\right\}\tag{10-136}$$

利用迭代算法，编制出相应的程序，求出输出响应 $y(kT)$。

若已知离散系统的闭环Z传递函数为

$$G_c(z)=\frac{Y(z)}{U(z)}=\frac{b_1z^{n-1}+b_2z^{n-2}+\cdots+b_n}{z^n+a_1z^{n-1}+\cdots+a_n}\tag{10-137}$$

可以将Z传递函数化为状态空间表达式

$$\left.\begin{aligned}\boldsymbol{x}(kT+T)&=\boldsymbol{F}\boldsymbol{x}(kT)+\boldsymbol{G}\boldsymbol{u}(kT)\\ \boldsymbol{y}(kT)&=\boldsymbol{C}\boldsymbol{x}(kT)\\ \boldsymbol{x}_0(I)&=0\end{aligned}\right\}\tag{10-138}$$

式中，$\boldsymbol{F}$、$\boldsymbol{G}$、$\boldsymbol{C}$ 与 a_i、b_i 有关。对式(10-138)就可用迭代法求解。

离散系统Ⅰ型数字仿真算法流程如图10.41所示。

图10.41中，N_0：状态方程表征系统时 $N_0=0$，用Z传递函数表征系统时 $N_0=1$；

N：离散状态向量的维数或离散系统的阶数；

M：控制向量的维数；

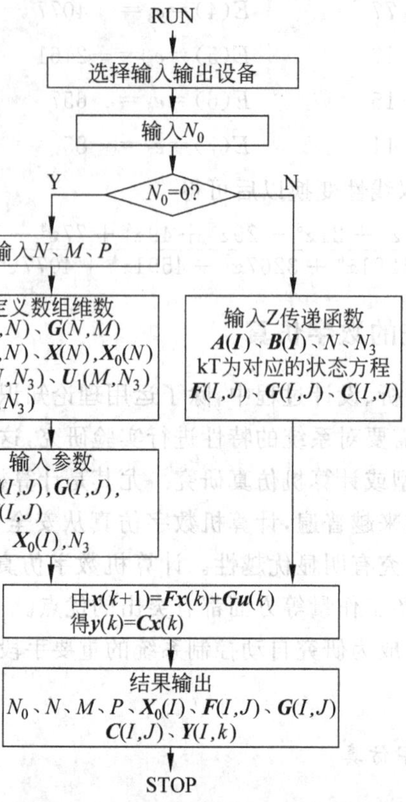

图 10.41　离散系统Ⅰ型数字仿真算法流程图

P：输出向量的维数；

$\boldsymbol{F}(I,J)$：状态矩阵的元素；

$\boldsymbol{G}(I,J)$：控制矩阵的元素；

$\boldsymbol{C}(I,J)$：输出矩阵的元素；

$\boldsymbol{X}(I)$：离散系统的状态变量；

$\boldsymbol{X}_0(I)$：离散系统的初始状态变量；

N_3：计算或输出的点数；

$\boldsymbol{y}(k)$：离散系统 kT 时刻的输出值；

$\boldsymbol{u}(k)$：离散系统 kT 时刻的控制变量；

$\boldsymbol{A}(I)$：Z 传递函数分母多项式第 I 项系数；

$\boldsymbol{B}(I)$：Z 传递函数分子多项式第 I 项系数。

例 10.17　设离散系统的状态空间表达式为

$$\begin{cases} \boldsymbol{x}(kT+T)=\begin{bmatrix} 0 & 1 \\ -0.632121 & 1 \end{bmatrix}\boldsymbol{x}(kT)+\begin{bmatrix} 0 \\ 1 \end{bmatrix}\boldsymbol{u}(kT) \\ \boldsymbol{y}(kT)=[0.264241 \quad 0.367879]\boldsymbol{x}(kT) \\ \boldsymbol{x}_0(1)=0 \qquad \boldsymbol{x}_0(2)=0 \end{cases}$$

求单位阶跃序列输入时，系统的输出响应 $\boldsymbol{y}(kT)$。

解：根据屏幕提示，依次输入各项参数

$N_0(=0)$,　　$N(=2)$,　　$M(=1),P(=1),X_0(I)(=0,=0)$,
$F(1,1)(=0)$,　　$F(1,2)(=1)$,　　$F(2,1)(=-0.632121)$,
$F(2,2)(=1)$,　　$G(1,1)(=0)$,　　$G(2,1)(=1),C(1,1)(=0.264241)$,
$C(1,2)(=0.367879)$,　　$N_3(=50)$

经过运算,计算机将输出结果(包括上述输入的参数):

```
THE RESPONSE OF N-ORDER DISCRET SYSTEM TO GIVEN INPUT
INPUT 0 FOR STATE EQUATION OR 1 FOR Z-TRANSFER FUNCTION: N0=0
THE DIMENSIONAL NUMBER OF STATE ECTOR X: N=2
THE DIMENSIONAL NUMBER OF CONTROL VECTOR U: M=1
THE DIMENSIONAL NUMBER OF OUTPUT VECTOR Y: P=1
THE TYPE OF INPUT SIGNAL: STEP
THE INITIAL VALUES:
    X0(1): 0,X(2): 0
MATRIX  F:
    0              1
  -0.632121        1
MATRIX  G:
     0
     1
MATRIX  C:
     0.264241          0.367879
THE RESULT IS AS FOLLOWS:
```

	$y(1, k)$		$y(1, k)$
$k=0$	0	$k=15$	0.972632
$k=1$	0.367879	$k=16$	0.997478
$k=2$	0.99999	$k=17$	1.01478
$k=3$	1.39958	$k=18$	1.01637
$k=4$	1.39957	$k=19$	1.00703
$k=5$	1.14699	$k=20$	0.99668
$k=6$	0.894413	$k=21$	0.992236
$k=7$	0.801495	$k=22$	0.994334
$k=8$	0.868237	$k=23$	0.999241
$k=9$	0.993716	$k=24$	1.00282
$k=10$	1.077	$k=25$	1.0033
$k=11$	1.08098	…	…
$k=12$	1.0323	$k=48$	0.999996
$k=13$	0.98111	$k=49$	0.999987
$k=14$	0.960693	$k=50$	0.999988

计算机还能打印出输出曲线(略)。

离散系统Ⅰ型数字仿真程序,不仅能打印出系统输出的时间序列,而且还能打印出输出曲线。

2. 离散系统Ⅱ型数字仿真

这里介绍的离散系统，若各个环节的Z传递函数已知，第i个环节的Z传递函数为

$$G(z)=\frac{C_i+D_iz}{A_i+B_iz} \tag{10-139}$$

式中，A_i、B_i、C_i、D_i为实数，不同的组合，可以代表比例、惯性、积分、微分、超前、滞后等环节，但是不能表示二阶环节。

本数字仿真程序运行时，除了输入系统各环节的参数外，还需输入连接矩阵。

设i、j两个环节的连接关系如图10.42所示。

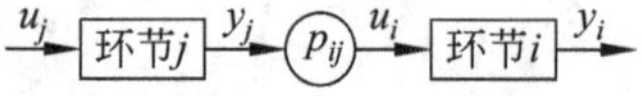

图 10.42　i、j两个环节的连接关系

环节i的输入u_i与y_j环节的输入之间的关系为

$$u_i=p_{ij}y_j \tag{10-140}$$

若系统有N个环节，则

$$\boldsymbol{u}=\begin{bmatrix}u_1\\u_2\\\cdots\\u_N\end{bmatrix}=\begin{bmatrix}p_{10} & p_{11} & p_{12} & \cdots & p_{1N}\\p_{20} & p_{21} & p_{22} & \cdots & p_{2N}\\\cdots & \cdots & \cdots & & \cdots\\p_{N0} & p_{N1} & p_{N2} & \cdots & p_{NN}\end{bmatrix}\begin{bmatrix}y_0\\y_1\\\cdots\\y_N\end{bmatrix}=[\boldsymbol{P}_0\cdots\boldsymbol{P}]\begin{bmatrix}y_0\\\cdots\\y\end{bmatrix} \tag{10-141}$$

或

$$\boldsymbol{u}=\boldsymbol{p}_0\boldsymbol{y}_0+\boldsymbol{p}\boldsymbol{y} \tag{10-142}$$

式中

$$\boldsymbol{p}=[p_{ij}]_{N\times N}$$
$$\boldsymbol{p}_0=[p_{io}]_{N\times 1}$$
$$\boldsymbol{y}=[y_i]_{N\times 1}$$
$$\boldsymbol{u}=[u_i]_{N\times 1}$$

$\boldsymbol{p}$称为连接矩，$\boldsymbol{p}_0$为输入矩阵，y_0为单输入(标量)。

例 10.18　设离散系统如图10.43所示，试求连接矩阵$\boldsymbol{p}$。

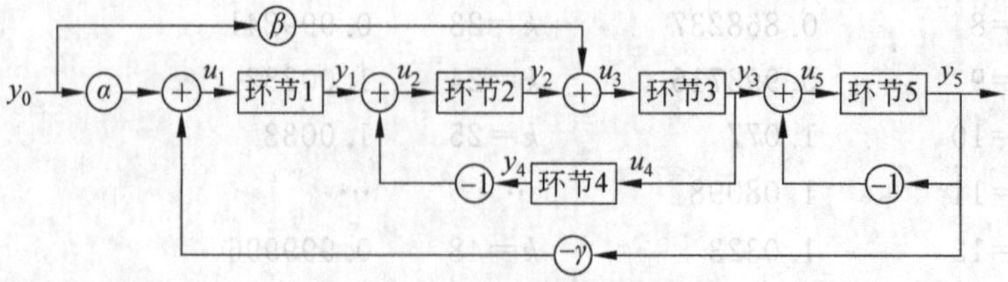

图 10.43　离散系统方框图

解：

$$\boldsymbol{p}_0=\begin{bmatrix}p_{10}\\p_{20}\\p_{30}\\\cdots\\p_{50}\end{bmatrix}\begin{bmatrix}u_1/y_0\\u_2/y_0\\u_3/y_0\\\cdots\\u_5/y_0\end{bmatrix}=\begin{bmatrix}\alpha\\0\\\beta\\\cdots\\0\end{bmatrix}$$

$$\boldsymbol{p}=\begin{bmatrix}p_{11}&p_{12}&\cdots&p_{15}\\p_{21}&p_{22}&\cdots&p_{25}\\\cdots&\cdots&&\cdots\\p_{51}&p_{52}&\cdots&p_{55}\end{bmatrix}\text{根据定义}$$

$$=\begin{bmatrix}0&0&0&0&-\gamma\\1&0&0&-1&0\\0&1&0&0&0\\0&0&1&0&0\\0&0&1&0&-1\end{bmatrix}$$

离散系统Ⅱ型数字仿真的算法流程图10.44所示。

例10.19 离散系统如图10.45所示。试用计算机数字仿真，求系统的输出序列。

解：运行Ⅱ型数字仿真程序按照屏幕提示，依次输入有关的系数，

NUMBER OF LINKS：2↙（系数中环节数）

MUNBER OF PRINTING POINT ：20↙（打印点数）

TYPE OF INPUT ：0 FOR STEP ，1 FOR RAMP ，2 FOR SQR ：0↙（输入阶跃函数）

INPUT EXTENT：1↙ 输入控制幅度

INPUT NUMBER OF VARIABLES PRINTED：1↙（输入打印变量的个数）

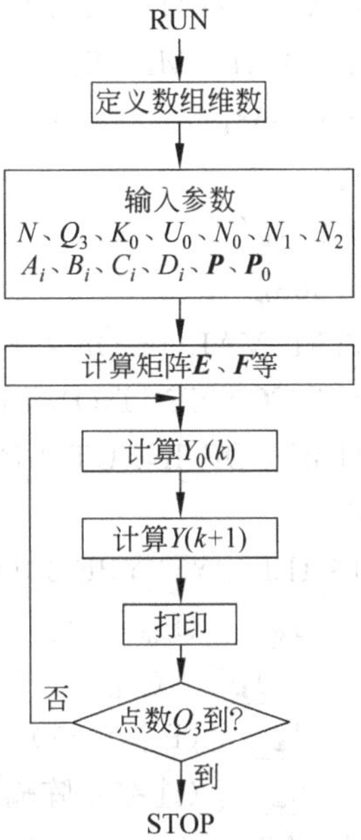

图10.44 离散系统Ⅱ型数字仿真的算法流程图

N—环节的总数；

Q_3—打印的点数；

K_0—输入类型，阶跃输入时，$K_0=0$；速度输入时，$K_0=1$，加速度输入时，$K_0=2$；

U_0—输入控制的幅度；

N_0—打印变量个数；

N_1、N_2—被打印的第一个，第二个变量的环节号；

$A(N,N)$、$B(N,N)$、$C(N,N)$、$D(N,N)$—各个环节的参数；

$Y(N)$—环节输出；

$\boldsymbol{P}(N,N)$—连接矩阵；

$\boldsymbol{P}_0$—输入矩阵

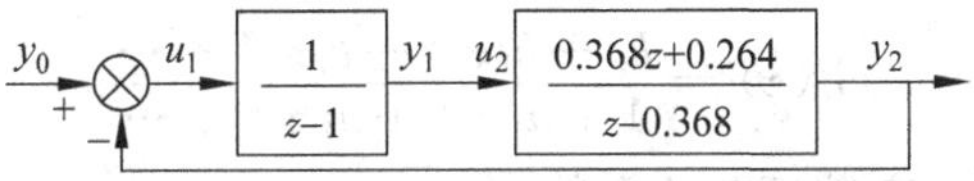

图10.45 例10.19离散系统的方框图

NUMBER OF FIRST VAR ：2↙（打印的第一变量的环节号）

INPUT PARAMETER OF 1 TH LINK（输入第一个环节的参数）

A=−1↙

B=1↙

C=1↙

D=0↙

INITIAL VALUE OF 1TH OUTPUT 0↙(第一个输入环节的初始值)

INPUT PARAMETER OF 2TH LINK(输入第二个环节的参数)

A=−0.368↙

B=1↙

C=0.264↙

D=0.368↙

INITIAL VALUE OF 2 TH OUTPUT 0↙(第二个输出环节的初始值)

INPUT CONNECTION MATRIX(输入连接矩阵)

NUMBER OF INPUT LINK NUMBER OF OUTPUT LINK VALUE OF CONNECTION

FINISHED BY TYPE 0 0 0(结束符 0 0 0)

1,0, 1↙ ($P_{10}=1$)

1,2, −1↙ ($P_{12}=-1$)

2,1, 1↙ ($P_{21}=-1$)

0,0, 0↙ (连接矩阵输入结束)

输出结果为

0∗T	0	7∗T	0.801656	14∗T	0.96076
1∗T	0.368	8∗T	0.868299	15∗T	0.972656
2∗T	1	9∗T	0.993652	16∗T	0.997455
3∗T	1.39942	10∗T	1.07689	17∗T	1.01474
4∗T	1.39942	11∗T	1.0809	18∗T	1.01635
5∗T	1.14699	12∗T	1.03231	19∗T	1.00703
6∗T	0.894552	13∗T	0.981178	20∗T	0.996701

3. 离散系统Ⅲ型数字仿真

离散系统Ⅲ型数字仿真程序适用于离散系统中既有离散环节,也有连续环节,因此这个程序对于绝大多数计算机控制系统使用起来更方便、更省事。在这个仿真程序中,把离散系统的环节划分为三类。

1) 离散环节

$$G_i(z)=\frac{b_0+b_1z^{-1}+b_2z^{-2}+\cdots}{1+a_1z^{-1}+a_2z^{-2}+\cdots} \tag{10-143}$$

式中,$i=1,2,\cdots,N_8$;N_8 为离散环节的个数。

2) 保持环节

$$H_0(s)=\frac{1-\mathrm{e}^{-TS}}{s} \tag{10-144}$$

式中,T 为采样周期,设保持环节数为 $I=N_8+1,\cdots,N_9$。

3) 连续环节

$$G_i(s)=\frac{C_i+D_is}{A_i+B_is} \tag{10-145}$$

式中,$i=N_9+1,N_9+2,\cdots$;N_9 为离散环节和采样保持环节的总数。

在算法中，把离散环节化为差分方程，即

$$G(z)=\frac{Y(z)}{U(z)}=\frac{\sum_{i=0}^{q}b_i z^{-i}}{1+\sum_{i=1}^{q}a_i z^{-i}} \tag{10-146}$$

与之对应的差分方程为

$$y(k)=\sum_{i=0}^{q}b_i u(k-i)-\sum_{i=1}^{q}a_i y(k-i) \tag{10-147}$$

对于差分方程可利用迭代法进行运算，为便于计算，利用了如下的二维数组。

$$\begin{bmatrix} b_0 & b_1 & \cdots & b_q \\ 1 & a_1 & \cdots & a_q \\ u(0) & u(-1) & \cdots & u(-q) \\ y(0) & y(-1) & \cdots & y(-q) \end{bmatrix} \tag{10-148}$$

对于连续环节离散化时采用保持器，则状态方程为

$$\boldsymbol{x}(k+1)=\boldsymbol{Ex}(k)+\boldsymbol{Fu}(k)+\boldsymbol{Gu}(k) \tag{10-149}$$

5 种常见的连续环节 $G_i(s)$ 及其对应的 $\boldsymbol{E}$、$\boldsymbol{F}$、$\boldsymbol{G}$、$\boldsymbol{y}(k)$ 如表 10.24 所示。

表 10.24　$G_i(s)$ 及其对应的 $\boldsymbol{E}$、$\boldsymbol{F}$、$\boldsymbol{G}$、$\boldsymbol{y}(k)$

H	1	2	3	4	5
$G_i(s)$	K/s $K=C_i/B_i$	$K(bs+1)/s$ $b=D_i/C_i$ $K=C_i/B_i$	$K/(s+a)$ $=C_i/(A_i+B_is)$ $K=C_i/B_i, a=A_i/B_i$	$K(s+b)/(s+a)$ $=(C_i+D_is)/(A_i+B_is)$ $K=D_i/B_i, a=A_i/B_i$ $b=C_i/D_i$	K $K=C_i/A_i$
E	1	1	e^{-aT}	e^{-aT}	0
F	KT	KT	$K(1-e^{-aT})/a$	$K(1-e^{-aT})/a$	K
G	$KT^2/2$	$KT^2/2$	$K(e^{aT}-1)/a^2+KT/a$	$K(e^{aT}-1)/a^2+KT/a$	0
$y_i(k)$	$x(k)$	$x(k)+Ku(k)$	$x(k)$	$(b-a)x(k)+Ku(k)$	$x(k)$

关于连接矩阵 $\boldsymbol{p}$，定义和描述方法基本跟Ⅱ型仿真系统相同，只是把 $\boldsymbol{p}_0$ 与 $\boldsymbol{p}$、$\boldsymbol{y}_0$ 与 $\boldsymbol{y}$ 合并为 $\boldsymbol{p}$、$\boldsymbol{y}$，即

$$\boldsymbol{u}=\boldsymbol{py} \tag{10-150a}$$

$$\boldsymbol{u}=[u_1 \quad u_2 \quad \cdots \quad u_N]_{N\times 1}^T \tag{10-150b}$$

$$\boldsymbol{y}=[y_0 \quad y_1 \quad \cdots \quad y_N]_{N\times 1}^T \tag{10-151}$$

$$\boldsymbol{p}=\begin{bmatrix} p_{10} & p_{11} & \cdots & p_{1N} \\ p_{20} & p_{21} & \cdots & p_{2N} \\ \cdots & \cdots & & \cdots \\ p_{N0} & p_{N1} & \cdots & p_{NN} \end{bmatrix}_{N\times(N+1)} \tag{10-152}$$

算法流程图如图 10.46 所示。

程序中的符号说明如下。

N_8：离散环节的个数；

N_9：离散环节和保持环节的总个数；

N：环节总数；

Q_0：采样时间；

Q_1：离散化时间；

Q_5、Q_6、Q_7、Q_8、Q_9：离散环节的阶数(离散环节数不大于5)；

N_0：输出环节的数目；

N_2、N_3、N_4：输出环节所对应的环节号(最多输出三个环节)；

U_0：控制类型；

K_0：控制幅度；

Q_2：迭代次数；

Q_3：打印点数；

$A(N)$、$B(N)$、$C(N)$、$D(N)$：保持环节，连续环节的A_i、B_i、C_i、D_i；

$I(4,N+1)$、$j(4,N+1)$、$L(4,N+1)$、$M(4,N+1)$、$N(4,N+1)$：用来存放离散环节a_i、b_i、$u(i)$、$y(i)$的二维组；

$X(N)$：保持和连续环节的状态值；

$Y(N)$：环节的输出值；

$U(N)$：环节的输入值；

$\boldsymbol{P}(N,N)$：连接矩阵；

$E(N)$、$F(N)$、$G(N)$：保持和连续环节的E_i、F_i、G_i值；

$V(N)$：保持和连续环节的输入速度；

$W(N)$：保持和连续环节的上一次输入值；

$K(N)$、$H(N)$、$T(2,N_8)$：中间变量。

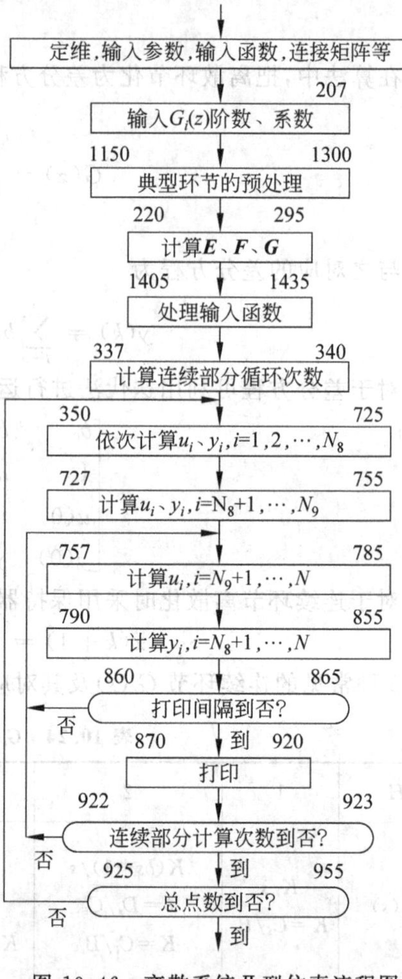

图 10.46　离散系统Ⅱ型仿真流程图

例 10.20　计算机控制系统如图10.47所示。试求单位阶跃输入时的输出响应。

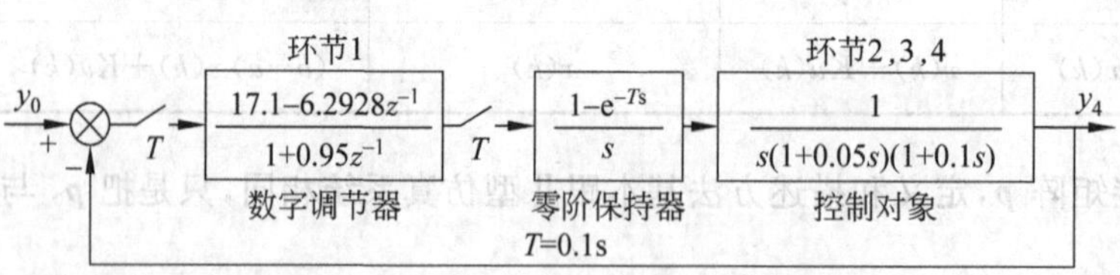

图 10.47　例10.20计算机控制系统的方框图

解：在运行程序之前，先做以下几方面工作。

(1) 把系统中各个环节编号。离散环节为1号，保持环节不编号，连续环节编为2、3、4号。

(2) $G_1(z)=\dfrac{17.1-6.2928z^{-1}}{1+0.95z^{-1}}$

$b_0=17.1,\quad b_1=-6.2928,\ a_1=0.95$

$G_2(s)=\dfrac{1}{s}$

$A_2=0, B_2=1, C_2=1, D_2=0$

$G_3(s)=\dfrac{1}{1+0.05s}$

$A_3=1, B_3=0.05, C_3=1, D_3=0$

$G_4(s)=\dfrac{1}{1+0.1s}$

$A_4=1, B_4=0.1, C_4=1, D_4=0$

(3) 连接矩阵

$$\boldsymbol{u}=\boldsymbol{p}\boldsymbol{y}$$

或

$$\begin{bmatrix} u_1 \\ u_2 \\ \cdots \\ u_N \end{bmatrix}=\begin{bmatrix} p_{10} & p_{11} & \cdots & p_{1N} \\ p_{20} & p_{21} & \cdots & p_{2N} \\ \cdots & \cdots & \cdots & \cdots \\ p_{N0} & p_{N1} & \cdots & p_{NN} \end{bmatrix}\begin{bmatrix} y_0 \\ y_1 \\ \cdots \\ y_N \end{bmatrix}$$

$$\boldsymbol{p}=\begin{bmatrix} 1 & 0 & 0 & 0 & -1 \\ 0 & 1 & 0 & 0 & 0 \\ 0 & 0 & 1 & 0 & 0 \\ 0 & 0 & 0 & 1 & 0 \end{bmatrix}$$

有了以上的准备工作,便可运行仿真程序了,用户可根据屏幕显示,逐项输入参数。

INPUT NUMBER OF D-LINKS; MUST <=5

1↙ 输入离散环节的个数(必须不大于5)

INPUT NUMBER OF S-LINKS

1↙ 输入保持环节个数

INPUT NUMBER OF C-LINKS

3↙ 输入连续环节个数

INPUT SAMPLE TIME

0.1↙ 输入采样周期

INPUT DEGREE OF 1TH D-LINK

1↙ 输入第一个离散环节的阶次

INPUT NUMBER OF PRINTING LINKS;…

1↙ 输入打印环节的个数

INPUT NUMBER OF FIRST LINK PRINTED

4↙ 输入第一个要打印环节的环节号

TYPE OF INPUT CONTROL; 0 FOR STEP,1FOR RAMP,2 FOR SQR

0↙ 输入控制类型;当输入阶跃时为0,当输入速度时为1,当输入加速度时为2

INPUT EXTEND OF INPUT CONTROL

1↙ 输入控制幅度

INPUT EXTEND OF STEP BETWEEN TWO PRINTING POINTS; BE

1,2,4,8 OR 16
16↙ 输入两个打印点之间的计算步数
NUMBER OF PRINTING POINTS
20↙ 输入打印点数
INPUT A,B,C,D OF 2TH LINK
0,1,1,0↙ 输入第二个环节的 A、B、C、D
INPUT INITIAL STATE VAL. OF 2TH LINK
0↙ 输入第二个环节的初始状态值
INPUT A,B,C,D OF 3TH LINK
1,0.05,1,0↙ 输入第三个环节的 A、B、C、D
INPUT INITIAL STATE VAL. OF 3TH LINK
0↙ 输入第三个环节的初始状态值
INPUT A,B,C,D OF 4TH LINK
1,0.1,1,0↙ 输入第四个环节的 A、B、C、D
INPUT INITIAL STATE VAL. OF 4 LINK
0↙ 输入第四个环节的初始值
INPUT INITIAL OUTPUT-VAL. OF 1TH LINK
0↙ 输入第一个环节的输出初始值
INPUT INITIAL OUTPUT-VAL. OF 2TH LINK
0↙ 输入第二个环节的输出初始值
INPUT CONNECTION MATRIX
1,0,1↙($p_{10}=1$)
1,4,−1↙($p_{14}=-1$)
2,1,1↙($p_{21}=1$)
3,2,1↙($p_{32}=1$)
4,3,1↙($p_{43}=1$)
0,0,0↙ 连接矩阵输入结束
（以上）输入连接矩阵
INPUT A(I)和 B(I) OF 1TH D-LINK
B(0)=17.1↙
B(1)=−6.2928↙
A(1)=0.95↙
（以上）输入第一个离散环节的 A_i、B_i

运行程序后，输出结果：

kT	y(kT)	kT	y(kT)
0	0	1.1	0.990 56
0.1	0.284 497	1.2	1.007 62
0.2	0.844 781	1.3	0.993 905
0.3	0.951 693	1.4	1.005 1
0.4	1.085 7	1.5	0.995 882
0.5	1.003 82	1.6	1.003 38

0.6	1.039 18	1.7	0.997 234
0.7	0.981 16	1.8	1.002 26
0.8	1.015 04	1.9	0.998 153
0.9	0.984 379	2.0	1.001 51
1.0	1.014 7		

10.8 计算机控制程序设计概要

计算机控制程序通常可以包括监控程序设计和控制程序设计。计算机程序设计一般分为如下几个步骤。

(1) 根据总体设计，确定程序设计的要求。

(2) 设计程序的算法流程图。

(3) 程序的设计、调试和测试。

(4) 系统的联调。

10.8.1 程序设计的功能要求

从使用角度，对程序设计至少应该保证功能正确，达到程序设计的要求；程序编制方便、简洁，编制效率高，容易修改，容易调试，容易阅读，便于检查、修改和维护。

对于监控程序设计，要求实现的功能有过程参数和控制参数的设定、修改；过程数据的显示(表格或时间曲线)；表报及历史数据的显示、打印；过程参数的超限报警，工艺流程图的制作、显示和过程参数的动态显示。

对于控制程序设计要求实现的功能有模拟量和数字量的数据采集；数据处理(包括数字滤波，传感器数据的线性校正，数字显示与工程量间的转换)；控制算法的选择和设计(数字PID控制，数字PID控制的改进算法，模糊控制算法，有限拍控制算法，大林算法，SMITH补偿算法，前馈控制算法，解耦控制算法，自适应控制算法，最优控制算法等)；控制量(模拟量和数字量)的输出；报警检测；趋势和历史数据的存取和显示；数据的传输和通信。

10.8.2 结构程序设计

结构程序设计是用比较短的时间，比较快地编制出功能正确，容易阅读，方便维护的程序。

结构程序设计是把大的程序经过“自顶向下”逐层分解成许多大小不同的模块，到底层就把复杂的问题分解成了功能独立的许多小模块，而这些小模块按照一定的逻辑结构，层层向上组合起来就实现了原来大程序的功能。因此结构程序设计归结为两个方面，一是“自顶向下”逐层分解细化，二是结构化模块的设计方法。

1. “自顶向下”法

首先研究整个系统的结构以及各个子系统之间的关系，编写及调试总控制程序，然后再分析各个子系统内部的功能，编写及调试各个功能模块。在研究整个系统时暂不考虑子系统内部的细节。

采用“自顶向下”法分析系统，有利于抓住全局，避免过早地陷入细节。在设计系统时，有利于在全局的总目标之下，权衡得失，平衡各个子系统之间有时是互相矛盾的要求，以保证全局最优。在实现系统时，有利于保持系统的完整性，避免各个子系统在接口处发生矛盾或冲突，以保证系统的实现。

在实际工作时，也往往需要辅之以“自底向上”的研制方法，以便解决某一局部出现的问题，有时也可能要对全局进行某些修改和补充。

利用“自顶向下”法编制程序时，首先要完全理解所求解的问题，描述清楚求解问题要做的事情。其次把要编制的程序分成若干部分(如分为输入部分，控制算法部分，显示、打印部分等)。这些部分是程序设计的下级。通过规定这些部分所用的数据，以便在它们之间传递信息，然后写出每部分的语名，语句可能是程序设计中的最低一级，它们构成求解问题的程序。在大程序中，在顶(完全地理解问题)和底(求解问题的程序)之间，可能有许多中间级。

2. 模块化程序设计

把程序或者大的程序系统按功能分解成模块，这些模块既有一定独立性，同时又有一定联系。是按照模块进行编制或编译的程序设计方法。每一模块的编制要求相对独立，以便对各模块进行检验、修改、说明和维护。对大型程序设计而言，模块化是一种必然趋势，使程序易读、易写、易调试、易维护、易修改。模块化在软件工程中起着重要作用。

3. 结构化程序模块

对于结构化程序模块，根据一些约束条件，排除模块间的不恰当的连接，从而得到良好的结构，这些约束条件如下。

(1) 每个模块只能有一个入口、一个出口。

(2) 每个模块一定存在来自入口的通路，也存在出口通路。

根据约束条件模块之间的连接结构有三种基本形式，如图 10.48 所示。

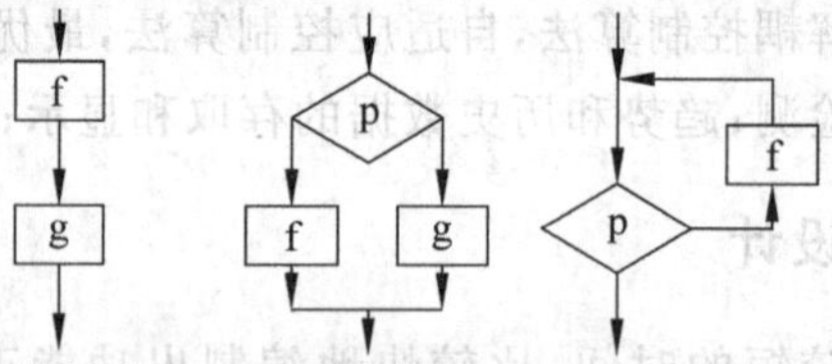

图 10.48 结构程序模块

1) 顺序结构

程序按顺序执行，或表示成 f then g。

2) 选择结构

根据条件 p 选择 f 或 g，或表示成 if p then f else g。

3) 循环结构

根据条件进行循环操作，或表示成 while p do f。

任何复杂的程序都可以由这三种基本形的组合和嵌套来实现。按照这种方法设计的程序，可使结构清晰易懂，便于模块逻辑功能的分析。

10.9 计算机控制系统的设计

本节将以农药杀虫双生产过程的计算机控制和智能移动机器人为例，介绍计算机控制系统的设计。

10.9.1 农药生产过程的计算机控制

10.9.1.1 对控制的要求

农药杀虫双生产过程是间歇式交叉流水生产线，有蒸胺、胺化、酸化、脱水、氯化、中和、磺化7个工序，16个反应釜。还有20个高位计量罐、14台搅拌机、15台泵及蒸发器、冷凝器、贮料罐等工艺设备。生产过程中的工艺参数有温度、压力（真空度）、料位、流量、界面等。系统中要求的测量点如表10.25所示。

表 10.25 生产过程要求的测量点

开关量输入	开关量输出	温度	料位	压力	真空度	pH值
49点	121点	16点	25点	4点	2点	3点

计算机控制的要求是通过控制投料量、投料速度和反应温度曲线，使得在安全生产的前提下，反应釜中的化学反应完全、充分，原材料的添加正确、适量，时间和参数的控制正确、稳定。此外，还要求对整个生产过程实行有效的监督和管理。

杀虫双生产过程，存在易燃、易爆介质，同时还有酸、碱、有机溶剂和具有强腐蚀性的氯离子介质，因此对工程除了防火、防爆的要求，还有防酸、防碱、防腐蚀的要求。

环境温度为−5℃～+40℃，反应釜最高温度为135℃，蒸汽最高温度为150℃，对于各个生产工序的测量和控制的要求如表10.26所示。

表 10.26 生产工序的测量、控制要求

序号	工序名称	被控制量	控制介质	控制要求
1	蒸胺	料液温度	加热蒸汽 冷却水	调节蒸汽、冷却水阀门使料液温度 T 按一定的规律在 t_T 小时内达到 T_w。当 $T>T_a$ 时，发出超限报警
2	胺化	料液温度	氯丙烯 冰盐水	缓慢滴加氯丙烯，通断冰盐水，使料液温度按一定规律上升，T_g 时，保温 t_0 小时，开冰盐水阀，降温至 T_l，出料。在分层槽静置 t_s，出料
3	酸化	料液温度 料液pH值	盐酸 冰盐水	缓慢滴加盐酸，通断冰盐水，保持料温 $T_0\pm\Delta T_0$，盐酸投料到 $A\%$ 时，测 $pH=pH_1\pm\Delta pH_1$，若未到，再加盐酸，直到终点
4	脱水	料液温度	加热蒸汽 冷却水	调节蒸汽、冷却水，使料温按一定规律在 t_a 小时内达到 t_T，保温 t_b 小时，若脱水不充分，可延长保温时间 t_b
5	氯化	料液温度	氯气 冷却水	调节氯气和冷却水，使料温保持 $T_d+\Delta T_d$，加氯 $D\%$ 时，测氯终点，若未到，继续通氯，通氯时间 t_d。 关冷却水，调节蒸汽控制升温、脱氯、脱溶温度，到终点时，关蒸汽。料液入分层槽，静置 t_e 小时

续表

序号	工序名称	被控制量	控制介质	控制要求
6	中和	料液温度	液碱 冷却水	液碱的均匀投料，通断冷却水，使料温保持 $T_f \pm \Delta T_f$，液碱达到 $F\%$ 时，测量 $pH = pH_f \pm \Delta pH_f$，若未到，继续加碱，直到终点
7	磺化		加热蒸汽 冷却水	调节蒸汽，冷却水，升温到 T_h，恒温 t_h 小时，当温度到达 T_M 时，关蒸汽，发警报，流程继续

概括起来对农药杀虫双生产过程测量和控制的要求如下。

(1) 工艺参数的测量和控制。

温度的测量和控制 16 点，对于不同的生产工艺有不同的温度反应曲线，$T_i = f_i(t)$，$i=1,2,\cdots,15,16$。$T_i \leqslant T_{ia}$，T_{ia} 是温度报警点。与温度控制点相对应的调节阀控制有 16 点料位测量 25 点，压力测量 4 点，真空度测量 2 点，pH 值测量 3 点。

投料、搅拌、冷却、放空等泵、阀的开关量控制 121 点。

料位、阀位、掉电等开关量输入 49 点。

(2) 实时控制和显示反应釜、料罐的工艺参数。

(3) 实时设置，修改工艺参数和控制参数。

(4) 工艺流程图的总貌显示，成组显示，单釜显示。

(5) 报警状态显示和报警历史状态显示。

(6) 随机或定时打印生产报表。

10.9.1.2 计算机控制系统的结构

农药杀虫双生产，若发生事故会造成生产停顿，带来巨大的经济损失，也影响交货合同的履行和销售市场的份额，因此提高计算机控制系统的可靠性是头等重要的课题。

根据可靠性的要求，生产过程采用二级集散型控制，尽管成本会增加，但是能得到较高的可靠性，因此还是值得的。

农药杀虫双生产计算机控制系统如图 10.49 所示。系统中包括现场控制机 3 台，配有相应的输入、输出模板，实现数字量的输入、输出，模拟量的输入、输出，实现工艺参数的数据采集、处理、数字滤波，控制规律的运算，控制信号的输出，执行器、泵、阀门的控制。

监控计算机完成工艺参数的显示，工艺参数和控制参数的设定和修改，工艺流程图的显示，图上工艺参数的动态显示，历史数据的生成、显示和打印，报警状态的显示和记录，生产报表的统计、显示和打印，实现人—机交互功能。

监控计算机与 3 台现场控制机之间由 RS-232C 串行口进行数据通信，有信息的校验和纠错，保证数据的可靠传输。

10.9.1.3 现场控制机

现场控制机采用清华大学专利产品 TH-STD-7000 16 位 STD 控制机。3 台控制机 STD1、STD2、STD3 分别测量、控制相应的生产工序。

STD1：蒸胺、胺化。

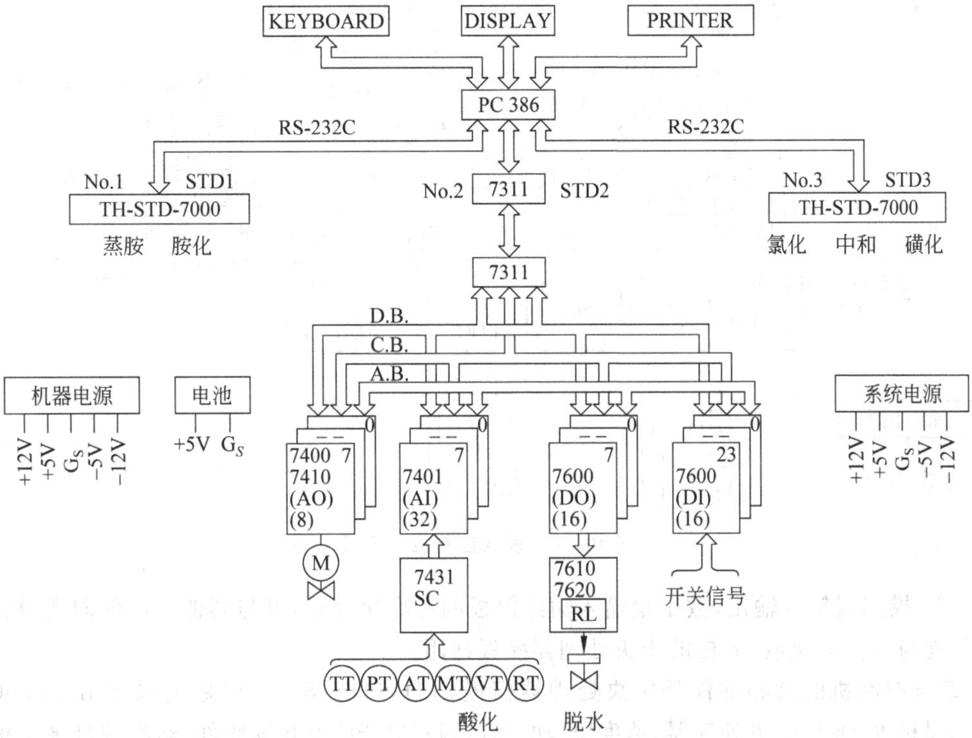

图 10.49 农药杀虫双生产计算机控制系统

STD2：酸化、脱水。

STD3：氯化、中和、磺化。

3台现场控制机都包含中央处理器模板(TH-STD-7811)、智能接口模块(TH-STD-7311)、模拟量输入模板(TH-STD-7401)、信号调理模板(TH-STD-7431)、模拟量输出模板(TH-STD-7410，电流输出，还有TH-STD-7400电压输出，可供选用)、数字量输出模板(TH-STD-7600)、继电器模板(TH-STD-7620，还有7610可供选用)、数字量输入模板(TH-STD-7601)，通常一台现场控制机的输入、输出模板，每类都可以连接8块相同的模板，实际连接的模板数取决于输入、输出量的多寡。现场控制机的组成如图10.50所示。

现场控制机的特点如下。

(1) 采用国际、国内流行的STD总线，模板的结构、布局合理，走线规范，具有小型化、模块化、标准化、积木化的特点。

(2) IC芯片选用CMOS器件，具有功耗低，允许电源电压波动范围大，工作温度范围宽(−40℃～+85℃，TTL器件为0℃～70℃)，逻辑摆幅大，阈值高等优点，抗干扰能力强，适合于恶劣的工业环境下使用。

(3) 采用了光电隔离技术，使得STD控制机的信号、电源和地线跟现场的信号、电源和地线相互隔离，使得计算机系统与控制设备之间没有电的联系，较好地解决了抗干扰问题，保证了计算机系统的正常工作。

(4) 采用小板结构，具有成本低、强度高等优点，有利于硬件设计模块化，便于设置备份，缩短故障修复时间(MTTR)。

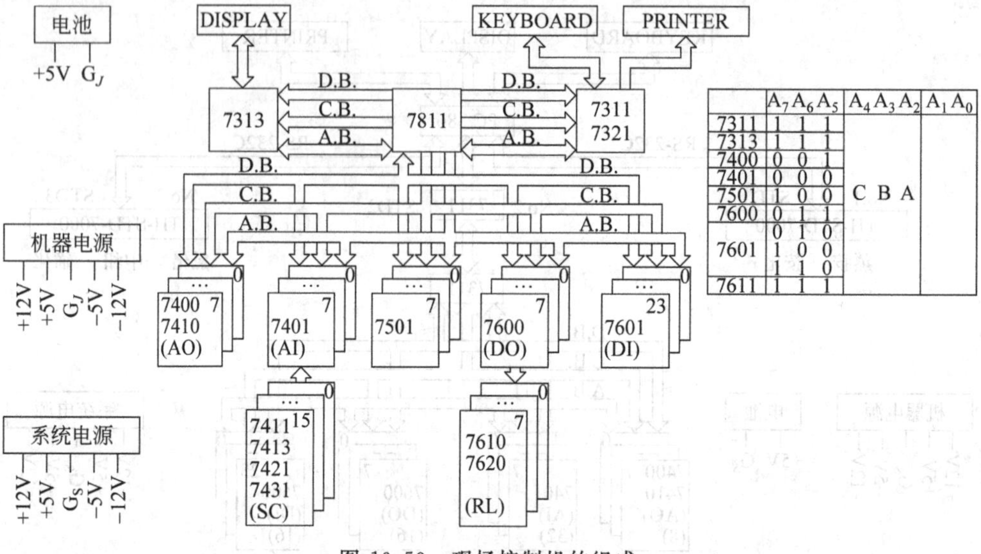

图 10.50 现场控制机的组成

(5) 模拟量输入输出，数字量输入输出模板的标准化设计，可与其他工厂的同类模板兼容，并能与其他 8 位或 16 位的中央处理器模板连用。

现场控制机的核心部件是中央处理器模板(TH-STD-7811)，模板上采用 Intel 80C86 CPU，是标准 16 位中央处理器，速度快，功能强，可以在 PC 上开发软件，给编程带来了很大方便，也便于充分利用 PC 的丰富的软件资料。

中央处理器模板(TH-STD-7811)的结构如图 10.51 所示。

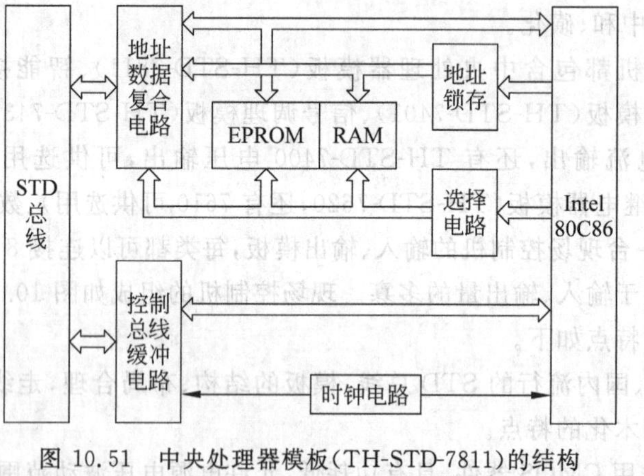

图 10.51 中央处理器模板(TH-STD-7811)的结构

中央处理器模块上集成了 64KB 或 128KB EPPROM 和 64KB RAM，时钟发生器为 82C84，晶振频率为 14.318MHz，时钟频率为 4.77MHz，模板上带有锂电池断电支持电路。

地址和数据采用分时复用技术，传输数据可以是 8 位，也可以是 16 位。

智能接口模板(TH-STD-7311)集成了可编程通信接口(82C51)，可编程定时、计数器(82C53)，可编程并行接口(82C55)和可编程中断控制器(82C59)。模板具有串行通信，定时、计数，并行输入输出(接打印机)，配置通用键盘等功能。

智能接口模板的结构图如图 10.52 所示。

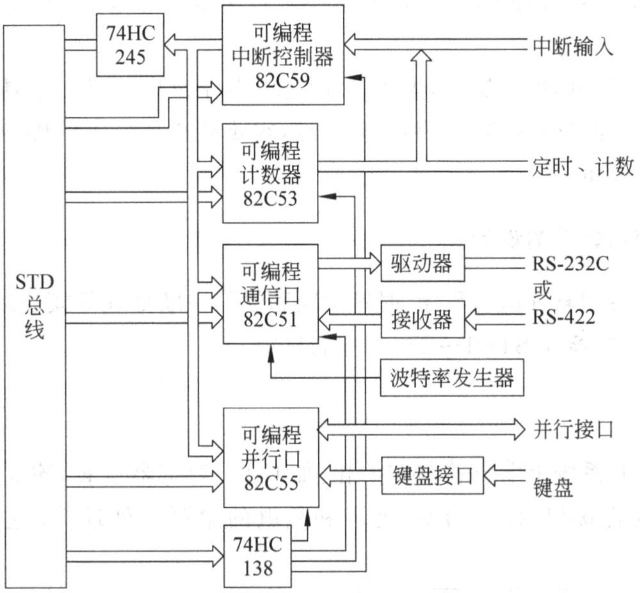

图 10.52　智能接口模板的结构图

82C51 用作串行通信接口，可选择 RS-232C 或 RS-422 通信标准。

82C53 定时、计数有 3 个独立通道，0 号通道用作系统时钟，其余 2 个可供用户使用。

82C55 用于打印机和键盘接口。

82C59 有 8 级中断，在 TH-STD-7311 模板上，0 号中断用于串行通信，1 号中断用于 82C53 定时、计数器，其余 6 个中断可供用户使用，3、4、5 号中断可通过跳线选择，分别用于定时器及键盘控制。用户可通过编辑来控制中断的优先级别。图 10.52 是智能接口模板的结构图。

模拟量和数字量输入、输出模板参见 10.3 节。

在杀虫双生产过程中，每个工序都有各自的“反应温度曲线”，它们通过改变“控制介质”的流量来控制反应釜中物料的温度，这种控制要求一定的精度和步骤，采用了闭环负反馈控制，结构如图 10.53 所示。

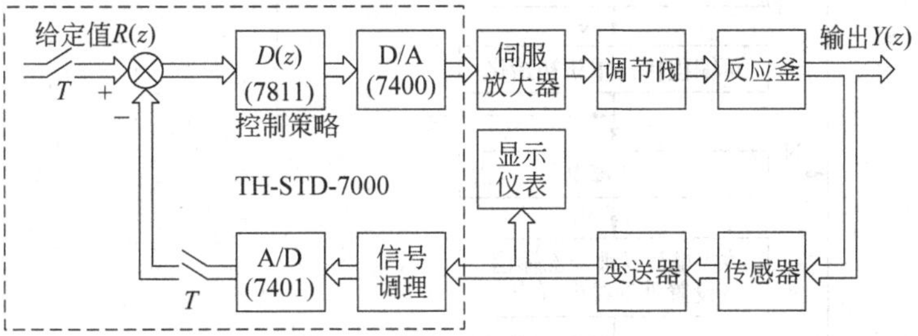

图 10.53　温度闭环负反馈控制的结构

图中传感器选用的是铂电阻。变送器、显示仪表、伺服放大器和调节阀系统选用自动化仪表的定型产品。信号调理、A/D 转换器、数字调节器 $D(z)$ 和转换器 D/A 由 TH-STD-7000 控制机实现。

数字调节器 $D(z)$ 由 TH-STD-7811 模板完成控制策略的运算，运算的结果作为控制量送 D/A 转换器。

杀虫双生产过程是间歇式操作，生产过程复杂，鉴于反应釜是一个具有纯滞后、大惯性的非线性时变对象，并具带有离散性和不确定性，很难获得反应釜的确切数学模型，数字调节器采用了模糊控制策略。

10.9.1.4 控制软件的设计

现场控制机的控制软件由主程序、时钟中断和通信中断处理等模块组成，3 台控制机的结构基本相同，分别驻留在 STD1～STD3 控制机中。

1. 主程序

主程序的功能是系统上电自检与初始化，如 CPU、存储器检查，建立和初始化数据区，自检和初始化可编程接口，掉电检测、处理和复电的检测与处理等。主程序的流程图如图 10.54 所示。

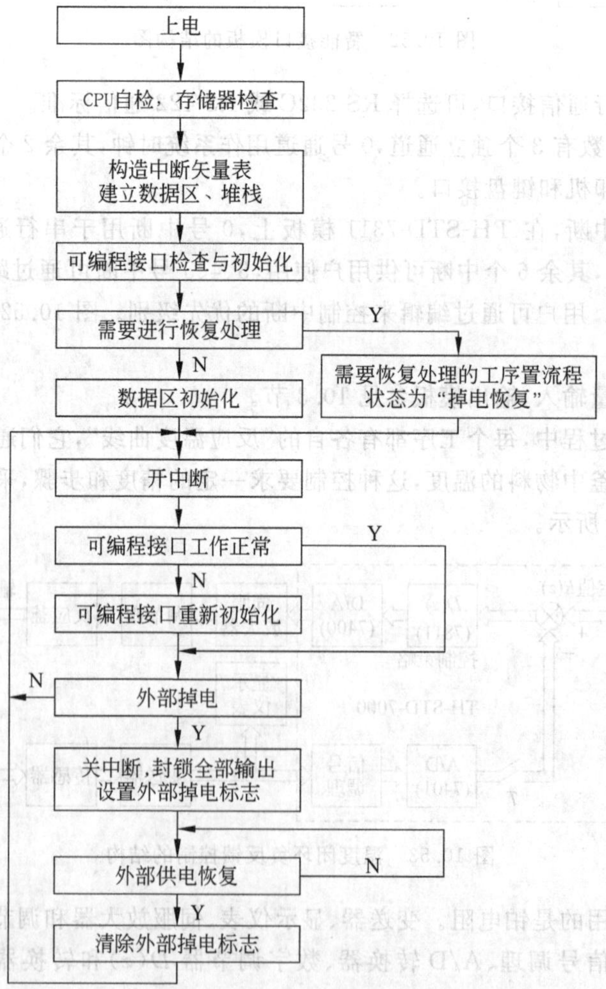

图 10.54 主程序流程图

2. 时钟中断服务子程序

时钟中断服务子程序的功能是完成控制软件中的各种数据采集、数字滤波、工程量转换、反应釜状态和流程切换、投料控制、温度调节、控制量输出。时钟中断服务的流程如图 10.55 所示。

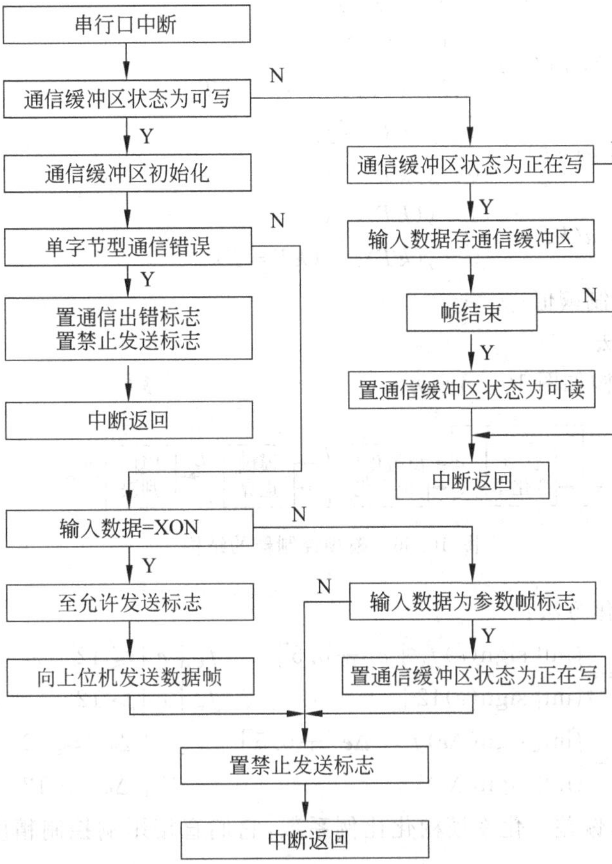

图 10.55 时钟中断服务的流程图

1) 数字滤波器算法

杀虫双生产过程控制中使用的数字滤波算法是

$$\bar{y}(kT)=[ay(kT)+(10-a)\bar{y}(kT-T)]/100 \tag{10-153}$$

式中，a 为滤波系数，$0<a\leqslant 100$，$y(kT)$是本次采样值，$\bar{y}(kT-T)$是上次数字滤波后的采样值，$\bar{y}(kT)$为本次滤波后的采样值。

2) 工程量的转换

杀虫双生产过程的工艺参数温度、压力、料位等经过传感器、Ⅲ型二次仪表，转换成 4～20mA 电流或 1～5V 电压，它们与工程量成线性关系，算法是

$$y=\frac{y_n-y_0}{v_n-v_0}(v-v_0)+y_0 \tag{10-154}$$

式中，y 为工程量，v 为采样到的数字量，(v_0,y_0)为低端标准参考点，(v_n,y_n)为高端标准参

考点。

3）控制算法

根据工艺要求，系统中配置了开关控制和模糊控制算法。

(1) 开关控制算法

冷却源控制算法 1：$$u(kT)=\begin{cases}1 & y(kT)\geqslant y_0\\ 0 & y(kT)<y_1\end{cases} \tag{10-155}$$

冷却源控制算法 2：$$u(kT)=\begin{cases}1 & y(kT)\geqslant y_0\\ 0 & y(kT)<y(kT-T)\end{cases} \tag{10-156}$$

热源控制算法 1：$$u(kT)=\begin{cases}1 & y(kT)\leqslant y_0\\ 0 & y(kT)>y_1\end{cases} \tag{10-157}$$

热源控制算法 2：$$u(kT)=\begin{cases}1 & y(kT)\leqslant y_0\\ 0 & y(kT)>y(kT-T)\end{cases} \tag{10-158}$$

式中，y_0、y_1 为开关控制阈值，$y_0>y_1$。

(2) 模糊控制算法

模糊控制器的结构如图 10.56 所示。

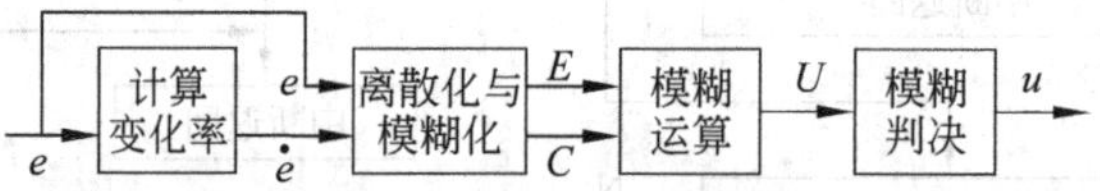

图 10.56 模糊控制器的结构

离散化与 Fuzzy 化方法：

$$E=\begin{cases}\mathrm{int}[\mathrm{sign}(e)f_e\mid e\mid+0.5] & f_e\mid e\mid\leqslant 12\\ \mathrm{int}[\mathrm{sign}(e)12] & f_e\mid e\mid>12\end{cases} \tag{10-159}$$

$$C=\begin{cases}\mathrm{int}[\mathrm{sign}(\Delta e)f_c\mid \Delta e\mid+0.5] & f_c\mid \Delta e\mid\leqslant 12\\ \mathrm{int}[\mathrm{sign}(\Delta e)12] & f_c\mid \Delta e\mid>12\end{cases} \tag{10-160}$$

式中，f_e、f_c 称为偏差，偏差变化率模糊化比例系数，它们直接影响控制精度，需根据工艺要求确定。

模糊控制运算：

$$U=\mathrm{int}[\alpha E+(1-\alpha)C+0.5] \tag{10-161}$$

式中，α 是实数， $0<\alpha<1$ 称为修正因子，需根据对象特性来确定。

Fuzzy 判决规则：

$$u=U_0+f_uU \tag{10-162}$$

式中，f_u 称为 Fuzzy 判决比例系数，数值大小影响控制器的灵敏度。U_0 称为控制量基值，U_0 的处理有两种方法，基于时间自动调整和基于专家经验自动调整。

基于时间的自动调整法：

$$U_0(k)=\begin{cases}U_0(k-n)+f_u, & U(k),U(k-1),\cdots U(k-n+1)\text{ 中的正值个数大于 }m\\ U_0(k-n)-f_u, & U(k),U(k-1),\cdots U(k-n+1)\text{ 中的负值个数大于 }m\\ U_0(k-n), & \text{其他}\end{cases} \tag{10-163}$$

式中，n、m 称为控制量基值调整时间。

基于专家经验的自动调整法：

$$
\left.\begin{array}{l}
\text{if } y(kT) < y_1 \quad \text{then} \quad U_0 = U_{01} \\
\text{if } y(kT) \geqslant y_1 \quad \text{and} \quad y(kT) < y_2 \quad \text{then} \quad U_0 = U_{02} \\
\text{if } y(kT) \geqslant y_2 \quad \text{and} \quad y(kT) < y_3 \quad \text{then} \quad U_0 = U_{03} \\
\text{if } y(kT) \geqslant y_3 \quad \text{and} \quad y(kT) < y_4 \quad \text{then} \quad U_0 = U_{04}
\end{array}\right\} \tag{10-164}
$$

式中，U_{01}、U_{02}、U_{03}、U_{04} 为控制量基值的 4 种取值。

3. 通信中断服务子程序

按照通信规程，监控机采用巡回方式与 3 台现场控制机交换信息，为了保证通信及时、可靠，通信中断的优先级别最高。通信中断子程序在接收到监控机送来的 XON 时，立即向上位机发送数据帧；接收到数据帧时，暂存到通信缓冲区，一帧接收完毕时，置缓冲区可读标志，参数的分解、存放对应单元等工作由参数处理子程序在时钟中断服务时完成，保证工艺参数、控制参数对控制作用的整体性；接收到监控机信息时，对通信规程规定的三种单字节型错误进行检测，出错时做相应的处理，另外三种多字节型错误检测及参数帧的应答由参数处理子程序完成。通信中断子程序的流程图如图 10.57 所示。

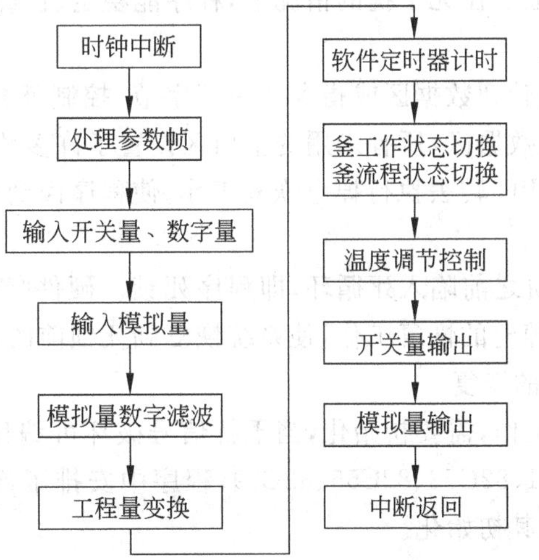

图 10.57　通信中断子程序的流程图

4. 模块化与子程序设计

软件设计与实现时，注重程序结构模块化，具有独立功能的模块均设计成子程序。子程序的入口参数均在数据区，结果也放到数据区，每个控制软件有 30 多个子程序，按功能可分为五类。

(1) 诊断与初始化：可编程接口、数据区等。

(2) 通信处理：接收、发送、预处理、后处理等。

(3) 数据输入、输出：开关量输入、输出，模拟量输入(A/D)，模拟量输出(D/A)。

(4) 数据处理：数字滤波、工程量转换等。

(5) 控制输出：反应釜工作状态、流程、调节等。

5. 软件的可靠性设计

软件的可靠性在工业控制中十分重要，要求做到：无干扰时，程序能稳定、正确地运行；受到干扰时，一旦出现异常，能及时发现并自动回到正确运行状态，把人工恢复降到最低限度。控制软件为此采取一些切实可行的措施。

1）采用结构化程序设计法

自顶向下，逐步求精，结构清晰，为查错、排错奠定了基础。通过调试，排除了隐藏的错误，保证了软件的正确性。由于子程序间没有相互等待的依赖关系，避免了程序的死锁问题。

2）合理安排中断

正常中断只安排了通信中断和时钟中断，通信中断的优先级高于时钟中断。数据采集、投料控制、流程控制的周期与时钟周期一致，为0.5s。温度调节控制周期为3s，每一次时钟中断只对一个反应釜作调节，这样，使得程序结构清晰，又缩短了时钟中断子程序执行时间，保证了中断服务子程序运行时间小于时钟中断周期，这样安排，即使出现中断嵌套，程序也能步调稳定。

1）、2）两项措施，保证了在无干扰的情况下，程序能稳定、正确地运行。

3）软件陷阱

由于干扰，使程序跳转到数据区或指令的中间字节，控制就会出现混乱，这种现象称为程序"跑飞"。在程序区、数据区，所有未用的空白区设置了许多软件陷阱，一旦程序"跑飞"，落入软件陷阱，将强制CPU转去执行掉电恢复工作，使程序回到正常的运行状态。

4）程序死锁的解脱

若程序落入软件陷阱之前陷入死循环，即程序死锁。硬件"看门狗"产生非屏蔽中断请求，强制CPU转到执行掉电的恢复工作，使系统恢复到死锁前的正常状态。

5）可编程接口失常的恢复

可编程接口的正常工作，需要初始化，当干扰信号破坏可编程接口的控制字时，工作会异常。系统中用了82C51、82C53、82C55、82C59，程序中安排了诊断程序，一旦某个可编程接口工作异常，就重新对其初始化。

6）输出反复刷新

输出锁存器中的数据常因干扰导致失常。为此，每次时钟中断服务，对各个控制量重新输出一遍，反复刷新输出锁存器，保存现场控制的正确性。

10.9.1.5 监控软件的设计

监控软件用C语言编制，监控软件主要由通信模块和操作显示模块两部分组成。结构如图10.58所示。

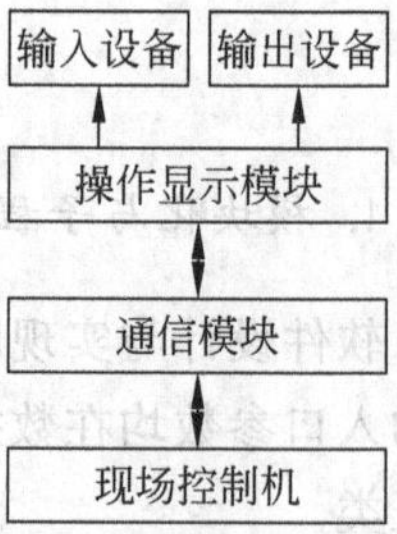

图10.58 监控软件结构

1. 通信模块

通信模块完成监控系统与现场控制机的数据交换，具有实时性、可靠性，前后台处理并行性的特点。通信模块有外部和内部两个接口，外部接口采用 RS-232C 标准，用中断方式实现监控系统与现场控制机之间传递信息。通信采用主从方式，监控计算机用命令控制现场控制机接收或发送数据。内部接口采用固定格式与前台功能进行数据交换。

为了保证通信的正确性，采用了三种查错方法：字节奇偶校验、帧 CRC 校验和超时检测。出错处理采用：出错-警告，出错-舍弃和出错-隐含赋值等方式。

2. 操作显示模块

操作显示模块的功能是显示各个工艺过程的工作状态，工艺参数（如温度、压力、料位等）和控制参数（如控制规律、控制参数、基值、调整时间等）的设定、修改及传送这些参数到现场控制机。操作显示模块的结构如图 10.59 所示。

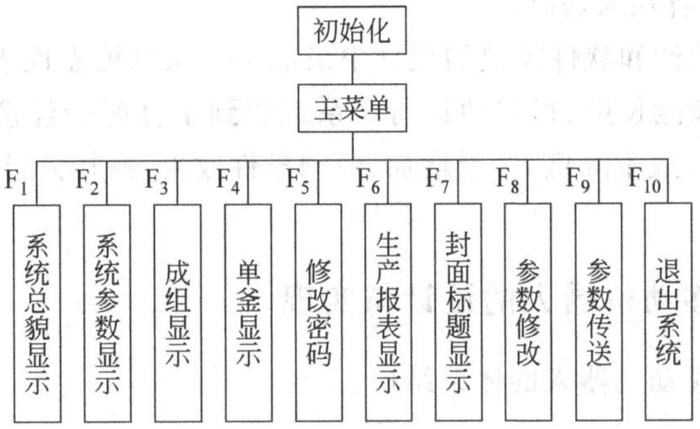

图 10.59 操作显示模块的结构

10 个功能模块分别完成各自的功能和各模块之间的调用，执行每个功能模块时，既可以先退回主菜单再转到其他功能，也可以由一个功能模块直接转到另一个功能模块。各个功能模块由若干子程序组成。

系统总貌显示：全面显示所有反应釜的工作状态（自动或手动），16 个反应釜的温度、压力、酸度、真空度和调节阀的开度。

成组显示：按工艺分成 7 个组：蒸胺（2 个釜）、胺化（4 个釜）、酸化（2 个釜）、脱水（2 个釜）、氯化（2 个釜）、中和（1 个釜）、磺化（3 个釜）。

显示阀门开关，搅拌电动启停，料位、原料流向；显示反应釜的温度曲线；显示日期、时间，反应釜的工作状态（自动或手动）；报警状态和通信情况。

单釜显示：每个反应釜一幅屏幕，16 个反应釜，有 16 幅屏幕。显示阀门开关，搅拌电机启停，原料流向；显示料槽液位（料值的升数或料值占总料量的百分数）；显示温度曲线；显示日期、时间，反应釜的工作状态（自动或手动）；报警状态和通信情况；显示工艺参数，如压力、酸度、真空度、调节阀开度等。

工作记录显示：分别显示 16 个反应釜的工作记录，工作记录显示时间、温度、反应情况。反应结束，工作记录由打印机自动打印出来。

参数修改：屏幕可分别选择显示现场控制机 STD1、STD2、STD3 的参数表。根据工艺要求可修改所需参数的数值。参数表中的参数可以存入硬磁盘。

参数传送：按 F_9 键进入参数传送功能，选择现场控制机机号，进入对应控制机的参数表，向现场控制机传送参数。传送命令发出后，可在成组显示屏或单釜显示屏察看发送成功的信息。

10.9.1.6 小结

在农药杀虫双生产计算机控制工程中坚持“质量第一，技术先进，安全可靠，节约开支”的原则，精心设计，精心施工，使工程具有某些特点。

(1) 在加工订货、设备购置、仪表选型时，尽量选用优质名牌产品，以确保性能优良，质量可靠。

(2) 考虑到耐腐蚀的要求，对一次仪表和阀门选用不锈钢材料，或 PVC 塑料或聚四氯乙烯材料等，为了防火和防爆，采用了电-气结合的控制方案，保证了系统的安全、可靠。

(3) 计算机控制系统采用集散型控制方案，具有测量、控制功能分散，操作、管理集中的特点，使系统的可靠性有很大提高。

(4) 在硬件模板设计和软件模块的设计中采取了一系列可靠性措施。

(5) 系统投运以来能长期、稳定地运行。系统收到了良好的经济效益和社会效益。产品质量提高，消耗减少，成本降低，产量增加，劳动条件改善，操作人员减少，对环境的污染显著减少，保护了环境。

10.9.2 智能移动机器人的设计与实现

图 10.60 是智能移动机器人的体系结构。

1. 智能级

智能移动机器人是按照智能控制理论，采用分层递阶的集散型控制。系统分为智能级、协调级和执行级。

智能级选用 IPC 586/133　32MB/1GB 工业控制计算机，带有彩色图像显示器、彩色扫描仪、数字化仪、激光存储器和磁带存储器等外部设备，操作系统使用 Windows，系统设有各类数据库(如地图知识、环境信息、规划知识、综合信息数据库等)，各类信息参数表(如历史信息表、内部参数表、局部状态表)以及规划模块(如任务规划、路径规划和重规划模块)。

智能级根据任务，建立任务模型，完成任务规划；根据目标命令、地图知识和差分 GPS 提供的环境信息，建立环境模型，进行全局路径规划或重规划，规划结果送协调级，经过局部路径规划和轨迹规划，由执行级实现全局路径规划。

2. 协调级

协调级选用 IPC 585/100 16MB/1GB 工业控制计算机，操作系统选用 Windows NT，系统中设有信息管理模块、车体状态模块、示教模块、协调模块、故障诊断模块、报警模块、人-机交互接口、系统仿真模块、信息融合模块以及轨迹规划和局部路径规划模块。

协调级协调智能级与执行级各个子系统之间的关系：接受全局路径规划信息，进行局部路径规划；根据视觉子系统，超声测距子系统和雷达子系统的信息进行信息融合，建立环境模型，作局部路径规划、轨迹规划，规划结果送执行级，执行导航控制的功能；实现对移动机器人参数设置、状态切换、数据检测、显示和控制的功能；对故障的检测和报警；实现示教和人-机交互。

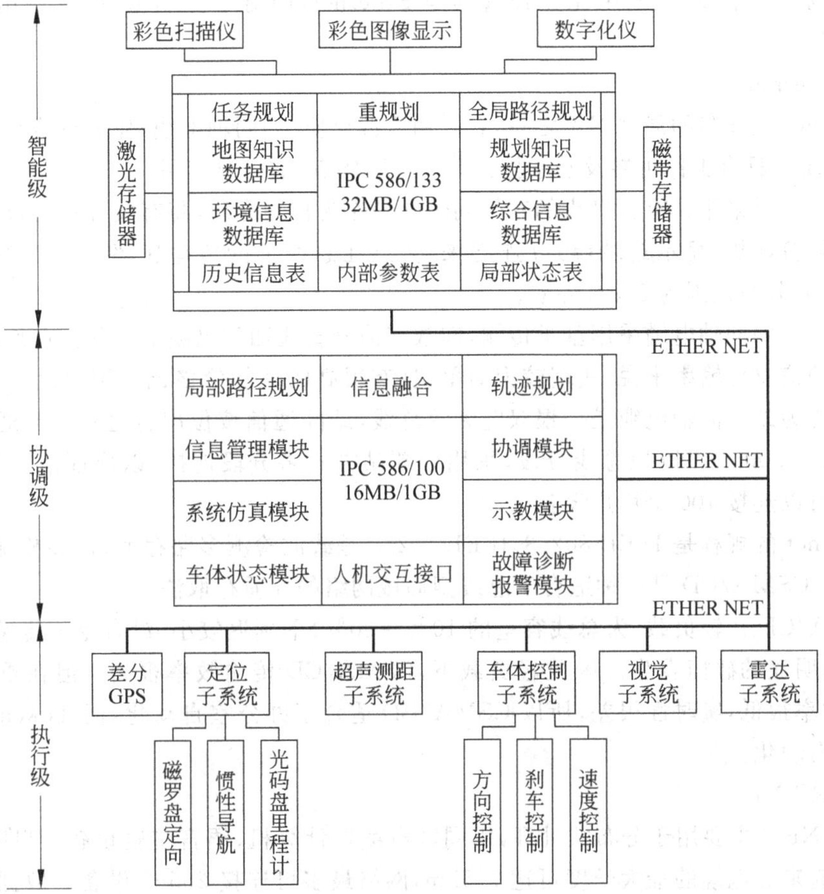

图 10.60 智能移动机器人的体系结构

3. 执行级

执行级包括差分 GPS(全球卫星定位)系统、定位子系统(磁罗盘测量方位角、惯性导航系统和光码盘里程计)、超声测距子系统、雷达子系统(包括激光雷达或微波雷达)、视觉子系统和车体控制子系统等。

雷达子系统、视觉子系统选用 IPC 586/133 16MB/1GB,配置专用图像处理模板 IC-PCI-2MB-CLR。

差分 GPS(全球卫星定位)系统选用便携式计算机 PC 586/66,16MB/810MB,带有地图信息数据库以及 DGPS 数据处理专用软件。

执行级的功能是完成环境、车体状态和位置的测量和控制的任务,要求快速、准确、可靠。为此,采用集散型结构,各个子系统都有自己的计算机,除了视觉子系统和差分 GPS,各个子系统的计算机选用 IPC 286/16,1～4MB RAM。

4. 通信技术

智能级、协调级和执行级各子系统的通信采用了局域网络。

对于局域网络，现在使用比较普遍的是 Ethernet，而对于控制来说，更适用的应该是 ARC NET。

1) Ethernet

Ethernet 是著名的局部网络之一，它采用无源介质（如同轴电缆）作为总线来传播信息，由于 Ethernet 具有工作可靠及易于扩充等一系列优点，被广泛应用。

Ethernet 是采用具有分接头的基带同轴电缆作为传输介质，将有关计算机资源（如计算机、存储器、打印机、显示终端等）互连起来，信息在总线上的传输速率为每秒 10Mb（10M bps），总线的分布范围为 500m 左右。

Ethernet 的同轴电缆采用基带传输，即数字信号直线加到电缆上。其优点是，对于高达 10M bps 的信息传输率来说，实现较为简单，且有很高的性能价格比。用户设备、接口级与收发器统称为站。同轴电缆是一根双向无源总线，站间通信按位串行进行。当通信距离较远时（如大于 500m）可以把总线分段，采用中断站方式将分段连接，以保证信号的真实性。通常每段可以连接 100 个用户设备。

Ethernet 的规程是 IEEE 802.3，IEEE 802.3 是载波检测多路存取、冲突检测（CSMA/CD）规约。CSMA/CD 是一种适合于总线型局域网络的介质存取法。

CSMA/CD 在轻负载（为总线容量的 10%～30%）下延迟较小，没有令牌传递额外的开销，且没有明显的碰撞发生。因此轻负载下，CSMA/CD 传输效率很高。但在重负载情况下，传输效率很低，实时性很差，所以 CSMA/CD 适合于办公室自动化，而 Token Bus 则适合于工业自动化。

2) ARC NET

ARC NET 主要用于分布式处理，用同轴电缆把计算机、语言传输设备、打印机等外部设备连接起来。电缆的最大长度可达 7.5km，网络最多可连接 255 个设备。数据传输令牌控制方式。

数据在通信信道上的传输速率是 2.5M bps，由于适配器线路比较简单，因而成本比较低。ARC 网络可执行数据存储、检索、计算以及文字处理等功能。数据、语言以及文件均可在通信信道上传播。

ARC NET 的规程是 IEEE 802.4、IEEE 802.4 是令牌总线规范，其内容包括令牌传输总线的访问控制方法和物理层规范。

令牌总线为总线拓扑结构，其控制结构采用广播介质访问方式、令牌传递通信控制方式和集中的或分布的系统实现方法。其基本特征是在一条物理总线上（拓扑结构）实现一个逻辑环（控制结构）。该逻辑环上的节点都有上游节点和下游节点的地址，令牌按预定顺序传递，总线上的节点可以成为逻辑环上的节点，也可以不加入逻辑环。

在令牌传输网络上，不存在控制站，不存在主从关系。令牌是一组二进制码。令牌被依次从一个节点传到下一个节点，只有得到令牌的节点才有权控制和使用网络。已发送信息或无信息发送的节点将令牌传给下个节点。

令牌传递相当简单，实现起来也不复杂。可在一个环路或一条总线上传递令牌。令牌总线有许多优点：没有中央控制，不会发生碰撞，额外开销是收发器数目的线性函数，在重负载下吞吐率较好，可获得线性等待时间，可采用平衡负载等。

在智能移动机器人中，由于节点数比较少，又有现成网卡可购得，故我们采用 Ethernet

通信网络。

5. 结束语

结合国家重点项目和863高技术《智能机器人技术研究》，我们研制了实验床THMR-Ⅲ室外智能移动机器人。

关于智能移动机器人技术我们研究了如下5个关键技术。

(1) 基于地图的全局路径规划。

包括准结构化道路网环境下的全局路径规划，具有障碍物越野环境下的全局路径规划，自然地形环境下的全局路径规划。

(2) 基于传感器信息的局部路径规划。

包括基于多种传感器信息"感知-动作"行为，基于环境势场法的"感知-动作"行为，基于模糊控制的局部路径规划与导航控制。

(3) 路径规划的仿真技术。

包括基于地图的全局路径规划系统的仿真研究，室外移动机器人规划系统的仿真研究，室内移动机器人局部路径规划的仿真研究。

(4) 传感技术及信息融合技术研究。

包括差分全球卫星定位系统(DGPS)、磁罗盘和光电编码定位系统、超声测距系统、视觉处理技术和信息融合技术。

(5) 智能移动机器人的设计与实现。

包括智能移动机器人体系统结构设计、通信技术研究、自动驾驶技术研究。

所承担的科研项目，都已如期或超额完成。技术鉴定认为"对探索和解决未来智能机器人的关键技术作出了大量有成效的、开创性的工作"。"在技术上处于国内领先水平，达到国际先进水平"。

10.10 练习题

10.1 计算机控制的总体方案设计通常包含哪些内容？

10.2 计算机控制系统的体系结构、系统总线、计算机机型如何选择？

10.3 计算机控制系统输入输出通道的作用有哪些种类？

10.4 如何提高工业控制机的可靠性？

10.5 简述多重化结构技术。

10.6 简述光电隔离原理。

10.7 隔离放大器有哪些特点？

10.8 简述看门狗(Watchdog)技术。

10.9 简述提高软件设计可靠性的措施。

10.10 简述数字滤波方法。

10.11 数字调节器计算机实现有哪些方法？各自的特点是什么？

10.12 数学模型的转换有哪些方法？

10.13 数学模型的转换：

1. 试作冲激不变法实现下列模型的转换，求出 $G(z)$。

(1) $G(s)=a/(s+a)$

(2) $G(s)=(s+c)/(s+a)(s+b)$

(3) $G(s)=(s+c)/s(s+a)(s+b)$

(4) $G(s)=(s+a)/[(s+a)^2+b^2]$

2. 试用零极点匹配法，实现下列函数的模型转换，求出 $D(z)$。

(1) $D(s)=3(s+a)/(s+b)(s+c)$

(2) $D(s)=5(s+a)(s+b)/(s+c)(s+d)(s+e)$

(3) $D(s)=14(s+d)/(s+a)(s+b)(s+c)$

3. 试用零阶保持器法，对下列对象离散化。

(1) $G(s)=K/(s+a)$

(2) $G(s)=K/s(s+a)$

(3) $G(s)=K/(s+a)(s+b)$

(4) $G(s)=K/s(s+a)(s+b)$

(5) $G(s)=K\mathrm{e}^{-\tau s}/(s+a)$

(6) $G(s)=K\mathrm{e}^{-\tau s}/(s+a)(s+b)$

4. 试用双线性变换法，实现下列函数的模型转换，求出 $G(z)$。

(1) $G(s)=a/(s+a)$

(2) $G(s)=a/s(s+a)$

(3) $G(s)=(s+a)/(s+b)(s+c)$

(4) $G(s)=(s+a)/s(s+b)(s+c)$

(5) $G(s)=(s+a)/(s+b)(s+c)(s+d)$

(6) $G(s)=(s+a)/[(s+a)^2+b^2]$

5. 试列出前向差分变换和后向差分变换的变换关系式。

6. 试列出连续状态方程与离散状态方程的转换关系。

10.14 简述计算机辅助设计、计算、仿真的特点和优点。

10.15 试画出用长除法求 Z 反变换的算法流程图。

10.16 简述计算机辅助设计最小方差调节器的算法原理。

10.17 已知对象特性 $B(1/z)/A(1/z)$，$C(1/z)/D(1/z)$，输出序列 $y(kT)$ 对控制量 $u(kT)$ 的响应滞后时间的拍数 $l=2$，试设计出最小方差调节器 $W(1/z)$ 和最小方差值 $E_y^2(kT)$。

$A(1/z)=1+2z^{-1}-3z^{-2}-4z^{-3}$

$B(1/z)=1+0.8z^{-1}+0.6z^{-2}$

$C(1/z)=1+z^{-1}+0.7z^{-2}$

$D(1/z)=1+z^{-1}+2z^{-2}+3z^{-3}$

10.18 结构程序设计的要点是什么？

10.19 简述农药杀虫双生产计算机控制系统。

10.20 简述智能移动机器人的结构和组成。

附录 A

拉氏变换及Z变换表

$Y(s)$	$y(t)$	$Y(z)$
e^{-nTs}	$\delta(t-nT)$	z^{-n}
1	$\delta(t)$	1 或 z^0
$\frac{1}{s}$	$1(t)$	$\frac{z}{z-1}$
$\frac{1}{s^2}$	t	$\frac{Tz}{(z-1)^2}$
$\frac{1}{s^3}$	$\frac{1}{2!}t^2$	$\frac{T^2z(z+1)}{2(z-1)^2}$
$\frac{1}{s^{n+1}}$	$\frac{1}{n!}t^n$	$\lim\limits_{a\to0}\frac{(-1)^n}{n!}\frac{\partial^n}{\partial a^n}\frac{z}{z-e^{-aT}}$
$\frac{1}{s-(1/T)\ln a}$	$a^{t/T}$	$\frac{z}{z-a}$
$\frac{1}{s+a}$	e^{-at}	$\frac{z}{z-e^{-aT}}$
$\frac{1}{(s+a)^2}$	te^{-at}	$\frac{Tze^{-aT}}{(z-e^{-aT})^2}$
$\frac{1}{(s+a)^{n+1}}$	$\frac{t^n}{n!}e^{-at}$	$\frac{(-1)^n}{n!}\frac{\partial^n}{\partial a^n}\frac{z}{z-e^{-aT}}$
$\frac{a}{s(s+a)}$	$1-e^{-at}$	$\frac{z(1-e^{-aT})}{(z-1)(z-e^{-aT})}$
$\frac{a}{s^2(s+a)}$	$t-\frac{1-e^{-at}}{a}$	$\frac{Tz}{(z-1)^2}-\frac{z(1-e^{-aT})}{a(z-1)(z-e^{-aT})}$

续表

$Y(s)$	$y(t)$	$Y(z)$
$\frac{1}{(s+a)(s+b)(s+c)}$	$\frac{e^{-at}}{(b-a)(c-a)}+\frac{e^{-bt}}{(a-b)(c-b)}+\frac{e^{-ct}}{(a-c)(b-c)}$	$\frac{z}{(b-a)(c-a)(z-e^{-aT})}+\frac{z}{(a-b)(c-b)(z-e^{-bT})}+\frac{z}{(a-c)(b-c)(z-e^{-cT})}$
$\frac{s+d}{(s+a)(s+b)(s+c)}$	$\frac{(d-a)e^{-at}}{(b-a)(c-a)}+\frac{(d-b)e^{-bt}}{(a-b)(c-b)}+\frac{(d-c)e^{-ct}}{(a-c)(b-c)}$	$\frac{(d-a)z}{(b-a)(c-a)(z-e^{-aT})}+\frac{(d-b)z}{(a-b)(c-b)(z-e^{-bT})}+\frac{(d-c)z}{(a-c)(b-c)(z-e^{-cT})}$
$\frac{abc}{s(s+a)(s+b)(s+c)}$	$1-\frac{bc}{(b-a)(c-a)}e^{-at}-\frac{ca}{(c-b)(c-a)}e^{-bt}-\frac{ab}{(a-c)(b-c)}e^{-ct}$	$\frac{z}{z-1}-\frac{bcz}{(b-a)(c-a)(z-e^{-aT})}+\frac{caz}{(a-b)(c-b)(z-e^{-bT})}+\frac{abz}{(a-c)(b-c)(z-e^{-cT})}$
$\frac{abc(s+d)}{s(s+a)(s+b)(s+c)}$	$d-\frac{bc(d-a)}{(b-a)(c-a)}e^{-at}-\frac{ca(d-b)}{(c-b)(c-a)}e^{-bt}-\frac{ab(d-c)}{(a-c)(b-c)}e^{-ct}$	$\frac{dz}{z-1}-\frac{bc(d-a)z}{(b-a)(c-a)(z-e^{-aT})}+\frac{ca(d-b)z}{(a-b)(c-b)(z-e^{-bT})}+\frac{ab(d-c)z}{(a-c)(b-c)(z-e^{-cT})}$
$\frac{\omega}{s^2+\omega^2}$	$\sin\omega t$	$\frac{z\sin\omega T}{z-2z\cos\omega T+1}$
$\frac{s}{s^2+\omega^2}$	$\cos\omega t$	$\frac{z(z-\cos\omega T)}{z^2-2z\cos\omega T+1}$
$\frac{\omega^2}{s(s^2+\omega^2)}$	$1-\cos\omega t$	$\frac{z}{z-1}\frac{z(z-\cos\omega T)}{z^2-2z\cos\omega T+1}$
$\frac{\omega}{(s+a)^2+\omega^2}$	$e^{-at}\sin\omega t$	$\frac{ze^{-aT}\sin\omega T}{z^2-2ze^{-aT}\cos\omega T+e^{-2aT}}$
$\frac{s+a}{(s+a)^2+\omega^2}$	$e^{-at}\cos\omega t$	$\frac{z^2-ze^{-aT}\cos\omega T}{z^2-2ze^{-aT}\cos\omega T+e^{-2aT}}$
$\frac{a^2}{s(s+a)^2}$	$1-(1+at)e^{-at}$	$\frac{z}{z-1}-\frac{z}{z-e^{-aT}}-\frac{aTe^{-aT}z}{(z-e^{-aT})^2}$
$\frac{a^2(s+b)}{s(s+a)^2}$	$b-be^{-aT}+a(a-b)te^{-at}$	$\frac{bz}{z-1}-\frac{bz}{z-e^{-aT}}+\frac{a(a-b)Te^{-aT}z}{(z-e^{-aT})^2}$
$\frac{a^3}{s^2(s+a)^2}$	$at-2+(at+2)e^{-at}$	$\frac{(aT+2)z-2z^2}{(z-1)^2}+\frac{2z}{z-e^{-aT}}+\frac{aTe^{-aT}z}{(z-e^{-aT})^2}$
$\frac{(a-b)^2}{(s+b)(s+a)^2}$	$e^{-bt}-e^{-at}+(a-b)te^{-at}$	$\frac{z}{z-e^{-bT}}+\frac{z}{z-e^{-aT}}+\frac{(a-b)Te^{-aT}z}{(z-e^{-aT})^2}$

$Y(s)$	$y(t)$	$Y(z)$
$\dfrac{(a-b)^2(s+c)}{(s+b)(s+a)^2}$	$(c-b)\mathrm{e}^{-bt}+(b-c)\mathrm{e}^{-at}$ $-(a-b)(c-a)t\mathrm{e}^{-at}$	$\dfrac{(c-b)z}{z-\mathrm{e}^{-bT}}+\dfrac{(b-c)z}{z-\mathrm{e}^{-aT}}+\dfrac{(a-b)(c-a)T\mathrm{e}^{-aT}z}{(z-\mathrm{e}^{-aT})^2}$
$\dfrac{a^2b}{s(s+b)(s+a)^2}$	$1-\dfrac{a^2}{(a-b)^2}\mathrm{e}^{-bt}+\dfrac{(2ab-b^2)}{(a-b)^2}\mathrm{e}^{-at}$ $-\dfrac{ab}{a-b}t\mathrm{e}^{-at}$	$\dfrac{z}{z-1}-\dfrac{a^2z}{(a-b)^2(z-\mathrm{e}^{-bT})}$ $+\dfrac{(2ab-b^2)z}{(a-b)^2(z-\mathrm{e}^{-aT})}+\dfrac{abT\mathrm{e}^{-aT}z}{(a-b)(z-\mathrm{e}^{-aT})^2}$
$\dfrac{a^2b(s+c)}{s(s+b)(s+a)^2}$	$c+\dfrac{a^2(b-c)z}{(a-b)^2}\mathrm{e}^{-bt}$ $+\dfrac{ab(c-a)+bc(a-b)}{(a-b)^2}\mathrm{e}^{-at}$ $+\dfrac{ab(c-a)}{a-b}t\mathrm{e}^{-aT}$	$\dfrac{cz}{z-1}+\dfrac{a^2(b-c)z}{(a-b)^2(z-\mathrm{e}^{-bt})}$ $+\dfrac{[ab(c-d)+bc(a-b)]z}{(a-b)^2(z-\mathrm{e}^{-aT})}$ $+\dfrac{ab(c-a)T\mathrm{e}^{-aT}}{(a-b)(z-\mathrm{e}^{-aT})^2}$
$\dfrac{b-a}{(s+a)(s+b)}$	$\mathrm{e}^{-at}-\mathrm{e}^{-bt}$	$\dfrac{z}{z-\mathrm{e}^{-aT}}-\dfrac{z}{z-\mathrm{e}^{-bT}}$
$\dfrac{(b-a)(s+c)}{(s+a)(s+b)}$	$(c-a)\mathrm{e}^{-at}+(b-c)\mathrm{e}^{-bt}$	$\dfrac{(c-a)z}{z-\mathrm{e}^{-aT}}+\dfrac{(b-c)z}{z-\mathrm{e}^{-bT}}$
$\dfrac{ab}{s(s+a)(s+b)}$	$1+\dfrac{b\mathrm{e}^{-at}}{a-b}-\dfrac{a\mathrm{e}^{-bt}}{a-b}$	$\dfrac{z}{z-1}+\dfrac{bz}{(a-b)(z-\mathrm{e}^{-at})}+\dfrac{az}{(a-b)(z-\mathrm{e}^{-bT})}$
$\dfrac{ab(s+c)}{s(s+a)(s+b)}$	$c+\dfrac{b(c-a)\mathrm{e}^{-at}}{a-b}+\dfrac{a(b-c)\mathrm{e}^{-bt}}{a-b}$	$\dfrac{cz}{z-1}+\dfrac{b(c-a)z}{(a-b)(z-\mathrm{e}^{-aT})}+\dfrac{a(b-c)z}{(a-b)(z-\mathrm{e}^{-bT})}$
$\dfrac{a^2b^2}{s^2(s+a)(s+b)}$	$abt-(a+b)-\dfrac{b^2\mathrm{e}^{-at}}{a-b}+\dfrac{a^2\mathrm{e}^{-bt}}{a-b}$	$\dfrac{abTz}{(z-1)^2}+\dfrac{(a+b)z}{(z-1)}-\dfrac{b^2z}{(a-b)(z-\mathrm{e}^{-aT})}$ $+\dfrac{a^2z}{(a-b)(z-\mathrm{e}^{-bT})}$

参 考 文 献

[1] 何克忠,郝忠恕.计算机控制系统分析与设计[M].北京：清华大学出版社,1989.

[2] 何克忠,郝忠恕.微型计算机过程控制[M].北京：国防工业出版社,1992.

[3] 刘植桢,郭木河,何克忠.计算机控制[M].北京：清华大学出版社,1981.

[4] 顾兴源.计算机控制系统[M].北京：冶金工业出版社,1981.

[5] 童天雄,梁昌鑫.武汉钢厂五机架冷连轧机自动化系统.国外自动化,1981,(5).

[6] 沈兰荪,张俊贤.制冷过程控制计算机系统.电子技术应用,1981,(1).

[7] 何克忠,郝忠恕.计算机控制及其在现代化建设中的作用.微型机与应用,1984,(3).

[8] 涂植英.过程控制系统[M].北京：机械工业出版社,1983.

[9] 绪方胜彦.卢伯英等译.现代控制工程[M].北京：科学出版社,1976.

[10] 李友善.自动控制原理[M].北京：国防工业出版社,1981.

[11] 王永初.自动调节系统工程设计[M].北京：机械工业出版社,1983.

[12] Cadzow J A, Martens H R. Discrete-Time and Computer Control Systems. 北京工业大学工业自动化系译,1980.

[13] Raymond G Jacquot. Modern Digital Control Systems. MARCEL DEKKER INC. 1981.

[14] Benjamin C Kuo. Digital Control Systems. Halt, Rinehart and Winston, Inc. 1980.

[15] Aström Karl J, Bijorm Wittenmark. Computer Controlled Systems. PrenticeHall, Inc. 1984.

[16] 成田诚之助.张贤达译.数字控制理论及应用[M].北京：机械工业出版社,1984.

[17] 王钧功.数字伺服系统[M].上海：上海交通大学出版社,1985.

[18] Rolf Isermann. Digital Control Systems, Springer-Verlag Berlin, Heidelberg, 1981.

[19] Unbehauen H .数字调节系统的状况.何克忠译,孙增圻校.国外自动化,1985.

[20] Dorate P. 离散时间控制理论上的进展.何克忠译,孙增圻校.自动化技术与应用,1984.

[21] Aström K J, hagander P and sternby J. 采样系统的零点.何克忠译.自动化技术与应用,1985.

[22] 蔡尚峰.自动控制理论[M].北京：机械工业出版社,1981.

[23] 王骥程.化工过程控制工程[M].北京：化学工业出版社,1981.

[24] 卢桂章等.现代控制理论基础[M].北京：化学工业出版社,1981.

[25] 戴世宗.数字随动系统[M].北京：科学出版社,1976

[26] Zadeh L A. Fuzzy Sets, Information and Control. 1965, 8:338～353.

[27] Mamdani E H, Gaines B R. Fuzzy Reasoning and its Applications. New York: Academic Press, 1981.

[28] Li W et al.: fuzzy control of robotic manipulators in the presence of joint friction and loads changes. The 1993 ASME International Computers in Engineering Conference. San Diego, USA, 1993.

[29] Li W, Sun Z Q, Janocha H. An approach to automatic tuning of a fuzzy logic controller for manipulators. Proc. Of IEEE/RSJ International Conference On Intelligent Robots and Systems, in press, 1994.

[30] Li W. Optimazition of a fuzzy logic controller using neural network, IEEE World Congress On Computational Intelligence, Proc. of FUZZ-IEEE, 94, 1994, 1:223～227.

[31] Li W, Wu Z W. A self-organizing fuzzy controller using neural networks. The 1994 ASME International Computers in Engineering Conference, USA, 1994, 2:807～812.

[32] Brooks R A. A robust layered control system for a mobile robot. IEEE J of Robotics and Automation,

1986,2:14(23)
[33] Arkin R C,Murphy R R. Autonomous navigation in a manufacturing environment. IEEE Tran. on Robotics and Automation,1990,6(4),445～454.
[34] Li Wei. Fuzzy logic based perception-action behavior control of a mobile robot in uncertain environments. In: IEEE World congress On Computational Intelligence(Proc. of FUZZ-IEEE,94). Piscataway,NJ: IEEE Press 1994. 1626(1631).
[35] Li Wei,Feng Xun. Behavior fusion for robot navigation in uncertain environments using fuzzy logic. In. Proc. of 1994 IEEE International Conference on Systems, Man and Cyernetics. Piscataway, NJ: IEEE Press. 1994. 1790(1796).
[36] 纺织工业部设计院二室自控组编译.分散型综合控制系统[M].北京：纺织工业出版社,1982.
[37] [日]山武-霍尼威尔公司等编.黄步余等译.应用微型计算机的仪表控制系统简介[M].北京：化学工业出版社,1982.
[38] 王常力,廖道文.集散型控制系统的设计与应用[M].北京：清华大学出版社,1993.
[39] [日]森下岩.施仁译.数字仪表控制系统[M].陕西：西安交通大学出版社,1988.
[40] 周炎勋等.计算机自动测量和控制系统[M].北京：国防工业出版社,1992.
[41] [日]上滝致孝等.张洪钺译.自动控制理论[M].北京：国防工业出版社,1979.
[42] G. Farber,黄贤容译.过程计算技术[M].北京：煤炭工业出版社,1984.
[43] 肖冬荣.微型计算机实时控制的抗干扰[M].武汉：湖北科学技术出版社,1985.
[44] Paul Katz. Digital Control Using Microprocessors. 1982.
[45] 何克忠.最小方差调节器的计算机辅助设计.自动化技术,1984.2
[46] 何克忠.智能移动机器人的一种体系结构.机器人,1992.3
[47] 何克忠,孙海航.移动机器人智能控制的实现.清华大学学报,1993.33
[48] 何克忠.智能机器人自动控制技术综述.机器人情报,1993.1
[49] 何克忠,郭木河等.智能移动机器人技术研究.机器人技术与应用,1996.2
[50] Kezhong He. Intelligent Control of mobile Robot, IFAC Workshop On SRAEICT(1994),Dec. 1994
[51] 何克忠,郭木河,叶榛.TH-STD-7000 十六位 STD 控制机在杀虫双农药生产中的应用.1993 年工业控制计算机国际学术研讨会,南京.1993.
[52] 陈兆宽.计算机过程控制软件设计[M].北京：电子工业出版社,1993.
[53] [美] Deshpande P B, Ash R H. Advanced Control Applications Elements of Computer Process Control. Instrument Society of America(North Carolina 27709)1981.
[54] [日]松本吉弘.李兴烈等译.计算机控制系统[M].北京：冶金工业出版社,1985.
[55] 王众托,杨德礼.分布式计算机控制与管理系统[M].北京：电子工业出版社,1986.
[56] 谢剑英.微型计算机控制技术[M].北京：国防工业出版社,1991.
[57] 机械工程手册、电机工程手册编辑委员会.电机工程手册第九卷[M].北京：机械工业出版社,1982.
[58] 钱学森,宋健著.工程控制论[M].北京：科学出版社,1980.
[59] 机电一体化技术手册编委会.机电一体化技术手册[M].北京：机械工业出版社,1994.
[60] 中国计算机技术服务公司编.STD BUS 工业控制机原理及应用[M].北京：电子工业出版社,1987.
[61] 王锦标,方崇智.过程计算机控制[M].北京：清华大学出版社,1992.
[62] 方康玲,陆忠华,郝国法.微型计算机控制系统分析与设计[M].北京：科学出版社,1992.